湖南省一流建设专业建设项目
湖南省数学应用与实践创新创业中心项目
湖南人文科技学院培育学科

高等代数

主　编　陈国华　廖小莲　刘成志
副主编　罗志军　史卫娟　邓　华
　　　　王历容　刘纯英

西南交通大学出版社
·成　都·

图书在版编目（CIP）数据

高等代数 / 陈国华，廖小莲，刘成志主编. —成都：西南交通大学出版社，2022.8（2023.7 重印）
ISBN 978-7-5643-8700-6

Ⅰ. ①高… Ⅱ. ①陈… ②廖… ③刘… Ⅲ. ①高等代数－高等学校－教材 Ⅳ. ①O15

中国版本图书馆 CIP 数据核字（2022）第 085417 号

Gaodeng Daishu

高等代数

主　编　陈国华　廖小莲　刘成志

责任编辑　孟秀芝
封面设计　何东琳设计工作室

出版发行　西南交通大学出版社
（四川省成都市金牛区二环路北一段 111 号
西南交通大学创新大厦 21 楼）
邮政编码　610031
发行部电话　028-87600564　028-87600533
网址　http://www.xnjdcbs.com
印刷　成都中永印务有限责任公司

成品尺寸　185 mm × 260 mm
总印张　20.25
总字数　507 千
版次　2022 年 8 月第 1 版
印次　2023 年 7 月第 2 次
书号　ISBN 978-7-5643-8700-6
套价　58.00 元

课件咨询电话：028-81435775
图书如有印装质量问题　本社负责退换

前　言

代数学是以代数结构作为研究对象的一门学科. 所谓代数结构,指带有一个或多个代数运算并且满足一定运算规则的非空集合. 高等代数是代数学的基础部分,是高等学校数学类专业学生的一门专业基础课程,它既是中学代数的延续和提高,也是数学各分支的基础和工具. 高等代数概念多,理论性强,内容抽象,充分体现了数学的严密逻辑性、高度抽象性、广泛应用性等特征. 通过该课程的学习,旨在培养和训练学生的抽象思维能力、逻辑推理能力和空间想象能力,提高学生的数学素质. 随着科学技术的进步,特别是计算机技术的迅速发展与普及,代数学在信息科学、统计学和物理学等许多领域都有着非常广泛的应用. 高等代数作为数学类专业的重要基础课,对其掌握得如何直接关系到多门后续课程的学习,同时关系到学生以后从事科学与技术研究的基本功. 作者认真研究了同类教材,对知识点进行了筛选,根据教学研究对内容框架做了相应调整,安排了丰富的例题与习题,每章后增加了更多的例题,其中有很多题目来自相关高校的考研题与数学竞赛试题,旨在开阔学生视野;每章提供了自测题,以供学生检测该章节学习效果,注重知识的前后联系,强调培养学生运用知识和解决问题的能力.

本书内容共九章,分别为第 1 章多项式,第 2 章行列式,第 3 章矩阵,第 4 章向量组与线性方程组,第 5 章线性空间,第 6 章线性变换,第 7 章若尔当(Jordan)标准形,第 8 章欧几里得空间,第 9 章二次型. 本书在结构上与相关概念的先后顺序处理上独具的特色,是我们高等代数教学团队多年教学的积累与总结.

本书的编写由陈国华教授主持,廖小莲副教授、刘成志副教授、罗志军副教授、史卫娟等老师参与了编写.

在本书的编写过程中，湖南人文科技学院数学与金融学院的领导和同事给予了热情的支持，得到了湖南省双一流建设专业数学与应用数学专业和湖南省数学应用与实践创新创业教育中心经费的资助. 本书参考了一些国内外同类教材，在此向这些教材的作者表示衷心感谢，有些内容来自互联网上部分老师的教案和教学资料或学生的毕业论文，可能没有在参考文献中一一列出，在此一并表示感谢！特别感谢杨涤尘老师，杨老师对全书的电子稿进行了审阅，提供相关素材并提出宝贵的修改意见. 最后感谢西南交通大学出版社的支持，没有他们的热心指导与出色编辑，本书不可能顺利出版，在此表示诚挚的谢意.

编著教材，兹事体大，我们力求严谨，行文再三推敲，不敢半点马虎，但是限于学术水平及眼界，疏漏在所难免，恳请读者批评指正并不吝赐教（hnldcgh@163. com）.

陈国华

2021 年 11 月

目录

第 1 章　多项式 ································ 1
1.1　数　域 ································ 1
1.2　一元多项式的定义和运算 ········ 3
1.3　多项式的整除性 ····················· 4
1.4　多项式的最大公因式 ··············· 7
1.5　多项式的因式分解与唯一分解定理 ··························12
1.6　重因式 ································15
1.7　多项式函数和多项式的根 ·······18
1.8　复系数与实系数多项式 ··········20
1.9　有理系数的多项式 ················25
1.10　更多的例题 ························28
多项式自测题 ·························29

第 2 章　行列式 ·························33
2.1　行列式的定义 ······················34
2.2　行列式的性质 ······················39
2.3　行列式的依行（列）展开 ·······45
2.4　克拉默（Cramer）法则 ··········54
2.5　更多的例题 ·························58
行列式自测题 ·························60

第 3 章　矩　阵 ·························65
3.1　矩阵及其运算 ······················65
3.2　矩阵的初等变换与初等矩阵 ····76
3.3　矩阵的秩 ····························82
3.4　矩阵的逆矩阵 ······················85
3.5　分块矩阵 ····························91
3.6　更多的例题 ······················· 100
矩阵自测题 ··························101

第 4 章　向量组与线性方程组 ············105
4.1　向量组及其线性组合 ············105
4.2　向量组的极大线性无关组与向量组的秩 ························113
4.3　消元法解线性方程组 ············119
4.4　线性方程组解的判定 ············124
4.5　线性方程组解的结构 ············130
4.6　更多的例题 ·······················138
向量组与线性方程组自测题 ··········140

第 5 章　线性空间 ·······················145
5.1　线性空间 ···························145
5.2　基、维数与坐标 ··················149
5.3　线性子空间 ························155
5.4　子空间的交与和 ··················162
5.5　子空间直和 ························167
5.6　线性空间的同构 ··················170
5.7　更多的例题 ························173
线性空间自测题 ······················174

第 6 章　线性变换 ·······················179
6.1　线性变换的定义 ··················179
6.2　线性变换的运算 ··················182
6.3　线性变换和矩阵 ··················185
6.4　线性变换的值域与核 ············193
6.5　特征值与特征向量 ···············199
6.6　对角化 ·····························208
6.7　不变子空间 ························214

6.8 哈密顿-凯莱定理与最小多项式 …… 218
6.9 更多的例题 …… 222
线性变换自测题 …… 223

第 7 章 若尔当（Jordan）标准形 …… 227

7.1 λ-矩阵及其标准形 …… 227
7.2 λ-矩阵的等价不变量 …… 232
7.3 矩阵相似的条件 …… 240
7.4 若尔当（Jordan）形矩阵 …… 243
7.5* 矩阵的有理标准形 …… 255
7.6 更多的例题 …… 256
若尔当标准形自测题 …… 256

第 8 章 欧几里得空间 …… 261

8.1 欧氏空间的概念 …… 261
8.2 标准正交基 …… 266
8.3 正交变换 …… 273
8.4 对称变换与实对称矩阵 …… 275
8.5 子空间的正交性 …… 281
8.6 更多的例题 …… 286
欧几里得空间自测题 …… 287

第 9 章 二次型 …… 291

9.1 二次型的矩阵形式和矩阵的合同 …… 291
9.2 二次型的标准形 …… 294
9.3 二次型的规范形 …… 303
9.4 实二次型定性判别 …… 308
9.5 更多的例题 …… 314
二次型自测题 …… 314

参考文献 …… 318

第1章 多项式

多项式不仅是代数学最基本的研究对象之一，而且是代数学及其相关学科的研究工具，在后继课程中时常会遇到，一元方程曾经在很长一段时间内是数学研究的核心内容之一. 本章主要介绍多项式的基础知识.

1.1 数 域

关于数的加、减、乘、除等运算的性质通常称为数的代数性质. 代数所研究的问题主要涉及数的代数性质，这方面的大部分性质是有理数、实数、复数的全体所共有的.

定义 1.1.1 设 S 是复数集的一个非空子集，如果 S 中的数对任意两个数的和、差、积仍属于 S，则称 S 是一个数环.

例 1.1.1 设 m,n 是整数，令 $m\mathbf{Z}+n\mathbf{Z}=\{mx+ny \mid x,y\in\mathbf{Z}\}$，证明：$m\mathbf{Z}+n\mathbf{Z}$ 是一个数环.

证明 因为 $m+n\in m\mathbf{Z}+n\mathbf{Z}$，所以 $m\mathbf{Z}+n\mathbf{Z}$ 是复数集的非空子集.

而且对任意的 $mx_1+ny_1, mx_2+ny_2\in m\mathbf{Z}+n\mathbf{Z}, x_1,y_1,x_2,y_2\in\mathbf{Z}$，有

$$(mx_1+ny_1)\pm(mx_2+ny_2)=m(x_1\pm x_2)+n(y_1\pm y_2)\in m\mathbf{Z}+n\mathbf{Z}$$

$$(mx_1+ny_1)(mx_2+ny_2)=m(mx_1x_2+nx_1y_2+ny_1x_2)+n(ny_1y_2)\in m\mathbf{Z}+n\mathbf{Z}$$

所以 $m\mathbf{Z}+n\mathbf{Z}$ 对加、减、乘运算具有封闭性，故 $m\mathbf{Z}+n\mathbf{Z}$ 为数环.

定义 1.1.2 设 F 是一个数环. 如果

（1）含有一个不为零的数；

（2）如果 $a,b\in F$，且 $b\neq 0$，则 $\dfrac{a}{b}\in F$，

那么称 F 是一个数域.

例如，复数集 **C**，实数集 **R**，有理数集 **Q** 都是数域. 而整数环 **Z** 不是数域.

例 1.1.2 所有具有形式 $a+b\sqrt{2}$ 的数（其中 a,b 是任意的有理数），构成一个数域，通常用 $\mathbf{Q}(\sqrt{2})$ 来表示，即 $\mathbf{Q}(\sqrt{2})=\{a+b\sqrt{2} \mid a,b\in\mathbf{Q}\}$.

证明 显然 $0=0+0\sqrt{2}\in\mathbf{Q}(\sqrt{2}), 1=1+0\sqrt{2}\in\mathbf{Q}(\sqrt{2})$.

$\forall x,y\in\mathbf{Q}(\sqrt{2})$，设 $x=a+b\sqrt{2}$，$y=c+d\sqrt{2}$，$a,b,c,d\in\mathbf{Q}$，则 $a\pm c\in\mathbf{Q}$，$b\pm d\in\mathbf{Q}$，$ac+2bd\in\mathbf{Q}$，$ad+bc\in\mathbf{Q}$，有

$$x\pm y=(a\pm c)+(b\pm d)\sqrt{2}\in\mathbf{Q}(\sqrt{2}),$$

$$x\cdot y=(ac+2bd)+(ad+bc)\sqrt{2}\in\mathbf{Q}(\sqrt{2})$$

因此$\mathbf{Q}(\sqrt{2})$对加减乘运算是封闭的.

设$a,b\in\mathbf{Q}$，$x=a+b\sqrt{2}\neq 0$，则$a-b\sqrt{2}\neq 0$，事实上，若$a-b\sqrt{2}=0$，则$a=b=0$，因此$a+b\sqrt{2}=0$与$x=a+b\sqrt{2}\neq 0$矛盾．又

$$\frac{c+d\sqrt{2}}{a+b\sqrt{2}}=\frac{(c+d\sqrt{2})(a-b\sqrt{2})}{(a+b\sqrt{2})(a-b\sqrt{2})}=\frac{ac-2bd}{a^2-2b^2}+\frac{ad-bc}{a^2-2b^2}\sqrt{2},$$

因为$a,b,c,d\in\mathbf{Q}$，所以$\dfrac{ac-2bd}{a^2-2b^2}\in\mathbf{Q}$，$\dfrac{ad-bc}{a^2-2b^2}\in\mathbf{Q}$．因此$\mathbf{Q}(\sqrt{2})$关于除法运算也是封闭的．故$\mathbf{Q}(\sqrt{2})$是一个数域.

把例 1.1.2 中的 2 换成其他的质数p，$\mathbf{Q}(\sqrt{p})$也是一个数域．质数有无穷多个，因此数域有无穷多个.

如果数的集合F中任意两个数作某一种运算的结果都仍在F中，就说数集F对这个运算是封闭的．因此数域的定义也可以说成，如果一个包含 0，1 在内的数集F对于加法、减法、乘法与除法（除数不为零）是封闭的，那么F就称为一个数域.

定理 1.1.1　任何数域都包含有理数域$\mathbf{Q}$.

证明　设F是一个数域，由条件（1），F含有一个不为 0 的数a，再由条件（2），$1=\dfrac{a}{a}\in F$，用 1 和其自身重复相加可以得到全体正整数，因而全体正整数都属于F．又$0=a-a\in F$，所以F也含有 0 与任何一个正整数的差，即含有全体负整数．这样，F也含有任意两个整数的商（分母不为 0）．因此F含有一切有理数.

注：该定理说明，有理数域是最小的数域.

例 1.1.3　设F是至少含两个数的数集，证明：若F中任意两个数的差与商（除数≠0）仍属于F，则F为一数域.

证明　$\forall\, a,b\in F$，有$0=a-a\in F$，$1=\dfrac{b}{b}(b\neq 0)\in F$，$a-b\in F$，$\dfrac{a}{b}\in F$．因此

$$a+b=a-(0-b)\in F.$$

若$b\neq 0$，有$ab=\dfrac{a}{1/b}\in F$；若$b=0$有$ab=0\in F$．因此F为一数域.

习题 1.1

1. 判断下列数集是否是数域：

（1）全体正实数$\mathbf{R}^+$；

（2）全体$b\sqrt{2}(b\in\mathbf{Q})$；

（3）全体$a+b\sqrt{2}(a,b\in\mathbf{Z})$；

（4）全体$a+b\mathrm{i}(\mathrm{i}^2=-1,a,b\in\mathbf{Q})$.

2. 证明：如果一个数环$S\neq\{0\}$，那么S有无限多个元素.

3. 证明：$S=\left\{\frac{m}{2^n}\middle| m,n\in\mathbf{Z}\right\}$是一个数环，$S$不是一个数域.

4. 证明：两个数环的交还是一个数环，两个数域的交还是一个数域. 思考：两个数环的并是不是数环?

1.2 一元多项式的定义和运算

定义 1.2.1 设 x 是一个符号（或称文字），n 是一个非负整数，表达式

$$a_nx^n+a_{n-1}x^{n-1}+\cdots+a_1x+a_0$$

其中 $a_0,\cdots,a_n\in F$，称为数域 F 上的一元多项式. 数域 F 上的一元多项式全体记为 $F[x]$，多项式常用 $f(x),g(x),h(x)$ 等表示.

a_ix^i 称为 i 次项，a_i 称为 i 次项系数. 若 $a_n\neq 0$，则称 a_nx^n 为 $f(x)$ 的首项，a_n 为首项系数. 若 $a_0=a_1=\cdots=a_n=0$，则称之为零多项式，记作 $f(x)=0$.

定义 1.2.2 设 $f(x)=a_nx^n+a_{n-1}x^{n-1}+\cdots+a_1x+a_0\in F[x],(a_n\neq 0)$，$a_nx^n$ 叫做 $f(x)$ 的最高次项，非负整数 n 叫做 $f(x)$ 的次数，记作 $\partial(f(x))$ 或 $\deg f(x)$（即 $\partial(f(x))=n,\deg(f(x))=n$）. 特别地，规定零多项式的次数为 $-\infty$（也有书上规定零多项式没有次数）. 所以在用到 $\partial(f(x))$ 时，总是假定 $f(x)\neq 0$，次数为 0 的多项式即非零常数叫作零次多项式.

注：

零多项式与零次多项式的区别：

零多项式：$f(x)=0$，系数全为 0.

零次多项式：$f(x)=a$，$a\in F,a\neq 0$，除常数项外的系数全为 0.

定义 1.2.3 若数域 F 上两个多项式称为相等当且仅当它们次数相同且各次项的系数相等，即若

$$f(x)=a_nx^n+a_{n-1}x^{n-1}+\cdots+a_1x+a_0,\quad g(x)=b_mx^m+b_{m-1}x^{m-1}+\cdots+b_1x+b_0$$

则 $f(x)=g(x)$ 当且仅当 $m=n,a_i=b_i,(i=0,1,\cdots,n)$.

定义 1.2.4 设 $f(x)=a_nx^n+a_{n-1}x^{n-1}+\cdots+a_1x+a_0$，$g(x)=b_mx^m+b_{m-1}x^{m-1}+\cdots+b_1x+b_0$ 是数域 F 上两个多项式，且 $m\leqslant n$.

（1）$f(x)$ 与 $g(x)$ 的和（记为）$f(x)+g(x)$ 指的是多项式

$$a_nx^n+a_{n-1}x^{n-1}+\cdots+a_{m+1}x^{m+1}+\cdots+(a_m+b_m)x^m+\cdots+(a_1+b_1)x+(a_0+b_0)$$

这里 $m<n$ 时，取 $b_{m+1}=\cdots=b_n=0$.

（2）$f(x)$ 与 $g(x)$ 的乘积为

$$f(x)g(x)=a_nb_mx^{n+m}+(a_nb_{m-1}+a_{n-1}b_m)x^{n+m-1}+\cdots+(a_1b_0+a_0b_1)x+a_0b_0$$

其中 s 次项的系数是 $a_sb_0+a_{s-1}b_1+\cdots+a_1b_{s-1}+a_0b_s=\sum\limits_{i+j=s}a_ib_j$.

所以 $f(x),g(x)$ 可表示成

$$f(x)g(x)=\sum_{s=0}^{n+m}(\sum_{i+j=s}a_ib_j)x^s$$

注：后续内容中，k 个 $f(x)$ 的乘积记作 $f^k(x)$.

由多项式运算的定义，数域 F 上两个多项式 $f(x),g(x)$ 的和、差、积的系数可由 $f(x),g(x)$ 的系数的和、差、积表示，由于 $f(x),g(x)$ 的系数属于 F，因而它们的和、差、积也属于 F，所以数域 F 上两个多项式的和、差、积仍是数环 F 上的多项式，故可类似于数环的概念：我们用 $F[x]$ 表示数域 F 上文字 x 的多项式的全体，且把其中如上定义了加法和乘法的 $F[x]$ 叫作数域 F 上的一元多项式环.

不难验证，$F[x]$ 中元素的乘积适合下列法则：

（1）（交换律）$f(x)+g(x)=g(x)+f(x), f(x)g(x)=g(x)f(x)$；

（2）（加法结合律）$(f(x)+g(x))+h(x)=f(x)+(g(x)+h(x))$；

（3）（乘法结合律）$(f(x)g(x))h(x)=f(x)(g(x)h(x))$；

（4）（乘法对加法的分配律）$f(x)(g(x)+h(x))=f(x)g(x)+f(x)h(x)$；

（5）若把 c 看成是常数多项式，则 c 与 $f(x)$ 的作为多项式的积与 c 作为数乘以 $f(x)$ 的积相同.

定理 1.2.1（次数定理） 设 $f(x),g(x)\in F[x]$，且 $f(x)\neq 0, g(x)\neq 0$，则

（1）$\partial(f(x)+g(x))\leqslant \max\{\partial(f(x)),\partial(g(x))\}$；

（2）$\partial(f(x)g(x))=\partial(f(x))+\partial(g(x))$；

（3）$\partial(cf(x))=\partial(f(x)), 0\neq c\in F$.

推论 1.2.1（乘法消去律） 若 $f(x)g(x)=f(x)h(x)$，而 $f(x)\neq 0$，则 $g(x)=h(x)$.

习题 1.2

1. 求 k,l 和 m 的值，使得 $(x^2-kx+1)(2x^2+lx-1)=2x^4+5x^3+mx^2-x-1$.

2. 设 $f(x)=6x^2+13x+4$ 与 $g(x)=ax(x+1)+b(x+1)(x+2)+cx(x+2)$ 是数域 F 上两个多项式，求 a,b,c 的值，使得（1）$\partial(f(x)-g(x))=0$，（2）$\partial(f(x)-g(x))=-\infty$.

3. 证明：在实数域上，等式 $f^2(x)=xg^2(x)+xh^2(x)$ 成立当且仅当 $f(x),g(x),h(x)$ 全为零多项式. 举例说明，在复数域上，存在三个不全为零的多项式 $f(x),g(x),h(x)$，使得等式 $f^2(x)=xg^2(x)+xh^2(x)$ 成立.

1.3 多项式的整除性

定义 1.3.1 设 $f(x),g(x)\in F[x]$，若 $\exists h(x)\in F[x]$，使得 $g(x)=f(x)h(x)$，则称 $f(x)$ 整除（除尽）$g(x)$，用符号 $f(x)|g(x)$ 表示. 而用符号 $f(x)\nmid g(x)$ 表示 $f(x)$ 不整除 $g(x)$（即对 $\forall h(x)\in F[x]$，都有 $g(x)\neq f(x)h(x)$）.

当 $f(x)|g(x)$ 时，称 $f(x)$ 是 $g(x)$ 的一个因式，$g(x)$ 是 $f(x)$ 的一个倍式.

从整除的定义知，零多项式的因式可以是任意多项式，但零多项式不能是任意非零多项式的因式. 不难得到，整除具有下列简单性质：

（1）若 $f(x)|g(x)$，$g(x)|h(x)$，则 $f(x)|h(x)$.

（2）若 $h(x)|f(x)$，$h(x)|g(x)$，则 $h(x)|(f(x)\pm g(x))$.

（3）若 $f(x)|g(x)$，则 $\forall h(x)\in F[x]$，有 $f(x)|g(x)h(x)$，特别地 $f(x)|f^2(x)$，$f(x)|f^n(x)\ (n\in\mathbf{N})$.

（4）由（2）（3）可知，若 $f(x)|g_i(x)\ (i=1,2,\cdots,n)$，则 $\forall h_i(x)\in F[x]\ (i=1,2,\cdots,n)$，有 $f(x)|\sum\limits_{i=1}^{n}g_i(x)h_i(x)$.

注：反之不然，例如 $f(x)=3x-2$，$g_1(x)=x^2+1$，$g_2(x)=2x+3$，$u_1(x)=-2, u_2(x)=x$，则 $u_1(x)g_1(x)+u_2(x)g_2(x)=3x-2$，有 $f(x)|u_1(x)g_1(x)+u_2(x)g_2(x)$，但是 $f(x)\nmid g_1(x), f(x)\nmid g_2(x)$.

通常称 $u_1(x)g_1(x)+u_2(x)g_2(x)+\cdots+u_r(x)g_r(x)$ 为 $g_1(x),g_2(x),\cdots,g_r(x)$ 的一个组合.

（5）零次多项式整除任一多项式.

（6）对 $f(x)\in F[x]$，有 $cf(x)|f(x), c\in F, c\neq 0$，特别地 $f(x)|f(x)$.

（7）若 $f(x)|g(x)$. $g(x)|f(x)$，则 $f(x)=cg(x), c\in F, c\neq 0$.

（8）若 $g(x)|f(x)$，则 $g(x)|af(x)$，$a\neq 0$，即当 $a\neq 0$ 时，$f(x)$ 与 $af(x)$ 有完全相同的因式和倍式.

（9）整除不变性：两多项式的整除关系不因系数域的扩大而改变.

整除不变性，即若 $f(x)$，$g(x)$ 是 $F[x]$ 中两个多项式，$\bar{F}$ 是包含 F 的一个较大的数域. 当然，$f(x), g(x)$ 也可以看成是 $\bar{F}[x]$ 中的多项式. 从带余除法可以看出，不论把 $f(x), g(x)$ 看成 $F[x]$ 中或者 $\bar{F}[x]$ 中的多项式，用 $g(x)$ 去除 $f(x)$ 所得的商式及余式都是一样的. 因此，若在 $F[x]$ 中 $g(x)$ 不能整除 $f(x)$，则在 $\bar{F}[x]$ 中 $g(x)$ 也不能整除 $f(x)$.

注：适合上述（7）的两个多项式（即可以相互整除的两个多项式），称为相伴多项式，记为 $g(x)\sim f(x)$.

例 1.3.1　求 l,m，使 $f(x)=x^3+lx^2+5x+2$ 能被 $g(x)=x^2+mx+1$ 整除.

解　因 $\partial(f(x))=3$，$\partial(g(x))=2$，故商 $q(x)$ 满足 $\partial(q(x))=1$.

设 $q(x)=x+p$，由 $f(x)=q(x)g(x)$，可得

$$x^3+lx^2+5x+2=x^3+(m+p)x^2+(pm+1)x+p$$

则有 $p=2, pm+1=5, p+m=l$，从而 $p=2, m=2, l=4$.

任意两个非零多项式 $f(x), g(x)\in F[x]$，未必有 $f(x)|g(x)$ 或 $g(x)|f(x)$，但是我们仍可做带余式的除法.

定理 1.3.1（带余除法）　设 $f(x), g(x)\in F[x]$，其中 $g(x)\neq 0$，则必存在 $q(x), r(x)\in F[x]$，使得

$$f(x)=q(x)g(x)+r(x) \tag{1.3.1}$$

成立，其中 $\partial(r(x))<\partial(g(x))$，并且这样的 $q(x), r(x)$ 是唯一确定的.

证明　（1）若 $f(x)=0$，或 $\partial(f(x))<\partial(g(x))$，只需令 $q(x)=0, r(x)=f(x)$ 即可.

（2）现若 $\partial(f(x))\geqslant\partial(g(x))$，对 $f(x)$ 的次数用数学归纳法.

若 $\partial(f(x))=0$，则 $\partial(g(x))=0$，因此可设 $f(x)=a, g(x)=b\ (a\neq 0, b\neq 0)$. 这时令 $q(x)=\dfrac{a}{b}$，$r(x)=0$ 即可，作为归纳假设，我们设结论对小于 n 次的多项式均成立. 设

$$f(x)=a_n x^n + a_{n-1}x^{n-1}+\cdots+a_1 x + a_0$$

$$g(x)=b_m x^m + b_{m-1}x^{m-1}+\cdots+b_1 x + b_0$$

由于$n \geqslant m$，可令

$$f_1(x)=f(x)-a_n b_m^{-1} x^{n-m} g(x)$$

若 $f_1(x)=0$，令 $q(x)=a_n b_m^{-1} x^{n-m}$，$r(x)=0$，得证.

若 $f_1(x)\neq 0$，由归纳假设，存在 $q_1(x), r(x)$，使得

$$f_1(x)=q_1(x)g(x)+r(x)$$

其中 $\partial(r(x))<\partial(g(x))$. 于是

$$f(x)=(a_n b_m^{-1} x^{n-m}+q_1(x))g(x)+r(x)$$

令

$$q(x)=a_n b_m^{-1} x^{n-m}+q_1(x)$$

即得式（1.3.1）.

再证唯一性. 若

$$f(x)=q(x)g(x)+r(x),\quad \partial(r(x))<\partial(g(x))$$

$$f(x)=q'(x)g(x)+r'(x),\quad \partial(r'(x))<\partial(g(x))$$

则

$$(q(x)-q'(x))g(x)=r'(x)-r(x) \tag{1.3.2}$$

若$q(x)\neq q'(x)$，由$g(x)\neq 0$，有$r'(x)-r(x)\neq 0$，则

$$\partial(q(x)-q'(x))+\partial(g(x))=\partial(r'(x)-r(x))\leqslant \max(\partial(r(x),\partial(r'(x))<\partial(g(x))$$

而$\partial(q(x)-q'(x))+\partial(g(x))\geqslant \partial(g(x))$，矛盾.

所以 $q(x)=q'(x)$，从而 $r'(x)=r(x)$.

带余除法中所得的 $q(x)$ 通常称为 $g(x)$ 除 $f(x)$ 的商，$r(x)$ 称为 $g(x)$ 除 $f(x)$ 的余式.

根据定理 1.3.1 容易得到下列结论.

推论 1.3.1 设 $f(x), g(x)\in F[x]$，有

（1）$g(x)=0, g(x)\mid f(x)$ 当且仅当 $f(x)=0$.

（2）$g(x)\neq 0, g(x)\mid f(x)$ 当且仅当 $g(x)$ 除 $f(x)$ 的余式为 0.

当 $g(x)\mid f(x)$时，如 $g(x)\neq 0$，$g(x)$ 除 $f(x)$ 的商 $q(x)$ 有时也用 $\dfrac{f(x)}{g(x)}$ 来表示.

例 1.3.2 设 $f(x)=2x^4-3x^2+x-5, g(x)=x^2-2x+3$，试求式（1.3.1）中的 $q(x)$ 和 $r(x)$.

解 算式计算如下：

$$\begin{array}{r|l}
 & 2x^2+4x-1 \\
\hline
x^2-2x+3 & 2x^4+\ 0\ -3x^2+x-5 \\
 & \underline{2x^4-4x^3+6x^2} \\
 & 4x^3-9x^2+x \\
 & \underline{4x^3-8x^2+12x} \\
 & -x^2-11x-5 \\
 & \underline{-x^2+\ 2x-3} \\
 & -13x-2
\end{array}$$

得到商式 $q(x)=2x^2+4x-1$ 和余式 $r(x)=-13x-2$.

所得结果可写成

$$2x^4-3x^2+x-5=(2x^2+4x-1)(x^2-2x+3)-13x-2$$

上面这种方法称为多项式的长除法（厂字除法）.

例 1.3.3 设 $f(x)\in F[x]$，k 为正整数，则 $x\mid f^k(x)$ 当且仅当 $x\mid f(x)$.

证明 充分性，显然满足.

下证必要性.

设 $f(x)=xq(x)+r, r\in F$，所以

$$f^k(x)=(xq(x)+r)^k=(xq(x))^k+k(xq(x))^{k-1}r+\cdots+kxq(x)r^{k-1}+r^k$$

由 $x\mid f^k(x)$ 得 $r^k=0$，从而 $r=0$.

习题 1.3

1. 设 $f(x)=2x^5-5x^3-8x, g(x)=x+3$，求 $g(x)$ 除 $f(x)$ 所得的商式和余式.

2. 多项式 $f(x)$ 被 $x-1$ 除时余式为 5，被 $x-1$ 除时余式为 -1，求 $f(x)$ 被 $(x-1)(x+1)$ 除时的余式.

3. 若 $g(x)\mid f(x), g(x)\nmid h(x)$，则 $g(x)\nmid f(x)+h(x)$.

4. 证明：x^d-1 整除 x^n-1 必要且只要 d 整除 n.

5. 求 k,l，使 $x^2+x+l\mid x^3+kx+1$.

1.4 多项式的最大公因式

定义 1.4.1 设 $f(x),g(x)\in F[x]$，若 $h(x)\in F[x]$ 适合 $h(x)\mid f(x), h(x)\mid g(x)$，则称 $h(x)$ 是 $f(x)$ 与 $g(x)$ 的一个公因式. 若 $l(x)\in F[x]$ 适合 $f(x)\mid l(x), g(x)\mid l(x)$，则称 $l(x)$ 是 $f(x)$ 与 $g(x)$ 的一个公倍式.

定义 1.4.2 设 $f(x),g(x),d(x)\in F[x]$，若 $d(x)$ 满足：

（1）$d(x)\mid f(x), d(x)\mid g(x)$；（$d(x)$ 是 $f(x)$ 与 $g(x)$ 的一个公因式）

（2）对 $\forall h(x)\in F[x]$，若 $h(x)\mid f(x), h(x)\mid g(x)$，则有 $h(x)\mid d(x)$，称 $d(x)$ 是 $f(x)$ 与 $g(x)$ 的一个最大公因式（或称 $h(x)$ 为 $f(x)$ 与 $g(x)$ 的 g.c.d）.

同理，设 $f(x),g(x),m(x)\in F[x]$，若 $m(x)$ 满足：

（1）$f(x)\mid m(x), g(x)\mid m(x)$（$m(x)$ 是 $f(x)$ 与 $g(x)$ 的一个公倍式）;

（2）对 $\forall l(x)\in F[x]$，若 $f(x)\mid l(x), g(x)\mid l(x)$，则有 $m(x)\mid l(x)$，称 $m(x)$ 是 $f(x)$ 与 $g(x)$ 的一个最小公倍式（或称 $m(x)$ 为 $f(x)$ 与 $g(x)$ 的 l.c.m）.

如何求两个多项式 $f(x)$ 与 $g(x)$ 的最大公因式 $d(x)$？不妨假设 $\partial(f(x))\geqslant\partial(g(x))$，由带余除法得

$$f(x)=q(x)g(x)+r(x)$$

其中 $\partial(r(x))<\partial(g(x))$. 若 $r(x)\neq 0$，因为 $d(x)\mid f(x), d(x)\mid g(x)$，故 $d(x)\mid r(x)$，这表明 $d(x)$ 是 $g(x)$

和 $r(x)$ 的公因式，注意到 $r(x)$ 的次数比 $f(x)$ 和 $g(x)$ 都小. 如果再将 $g(x)$ 除以 $r(x)$，得到的余式次数更小，而 $d(x)$ 是 $r(x)$ 和这个余式的公因式，这样不断做下去，肯定会得到余式为零的除式，其中的一个因子便是最大公因式，这个方法称为欧几里得（Euclid）辗转相除法.

定理 1.4.1 设 $f(x),g(x)\in F[x]$，则在 $F[x]$ 中存在 $f(x),g(x)$ 的一个最大公因式 $d(x)$，且 $d(x)$ 可表示成 $f(x),g(x)$ 的一个组合，即存在 $u(x),v(x)\in F[x]$，使

$$d(x)=u(x)f(x)+v(x)g(x) \tag{1.4.1}$$

该式即贝祖等式（Bezout Identity）.

证明 若 $f(x),g(x)$ 中有一个为 0，如 $g(x)=0$，则 $f(x)$ 就是一个最大公因式，且

$$f(x)=1\cdot f(x)+1\cdot g(x)=f(x)+0=f(x)$$

若 $f(x)\neq 0,g(x)\neq 0$，做带余除法.

首先，有下列等式：

$f(x)=q_1(x)g(x)+r_1(x),\partial(r_1(x)<\partial(g(x))$，

$g(x)=q_2(x)r_1(x)+r_2(x),\partial(r_2(x)<\partial(r_1(x))$，

$r_1(x)=q_3(x)r_2(x)+r_3(x),\partial(r_3(x)<\partial(r_2(x))$，

$\vdots$

$r_{i-2}(x)=q_i(x)r_{i-1}(x)+r_i(x),\partial(r_i(x)<\partial(r_{i-1}(x))$，

$\vdots$

$r_{s-2}(x)=q_s(x)r_{s-1}(x)+r_s(x),\partial(r_s(x)<\partial(r_{s-1}(x))$，

$\vdots$

余式的次数是严格递减的，因此经过有限步后，必有一个等式的余式为零，不妨设 $r_{s+1}(x)=0$，于是

$$r_{s-1}(x)=q_{s+1}(x)r_s(x) \tag{1.4.2}$$

下面说明 $r_s(x)(\neq 0)$ 即 $f(x),g(x)$ 的最大公因式. 由式（1.4.2）知 $r_s(x)\mid r_{s-1}(x)$，但是

$$r_{s-2}(x)=q_s(x)r_{s-1}(x)+r_s(x) \tag{1.4.3}$$

因此 $r_s(x)\mid r_{s-2}(x)$，这样可一直递推下去，得 $r_s(x)\mid g(x),r_s(x)\mid f(x)$，这表明 $r_s(x)$ 是 $g(x)$ 与 $f(x)$ 的公因式. 又设 $h(x)$ 是 $f(x)$ 与 $g(x)$ 的公因式，得 $h(x)\mid r_1(x)$，则 $h(x)\mid r_2(x)$，不断往下递推，容易看出 $h(x)\mid r_s(x)$，因此 $r_s(x)$ 是 $f(x)$ 与 $g(x)$ 的最大公因式. 再证明式（1.4.1）. 由式（1.4.3）得

$$r_s(x)=r_{s-2}(x)-q_s(x)r_{s-1}(x) \tag{1.4.4}$$

但是

$$r_{s-3}(x)=q_{s-1}(x)r_{s-2}(x)-r_{s-1}(x) \tag{1.4.5}$$

从式（1.4.5）中解出 $r_{s-1}(x)$，代入式（1.4.4）得

$$r_s(x)=r_{s-2}(x)(1+q_{s-1}(x)q_s(x))-q_s(x)r_{s-3}(x)$$

用类似的方法逐步将 $r_i(x)$ 用 $r_{i-1}(x),r_{i-2}(x)$ 代入，从而得到

$$d(x)=u(x)f(x)+v(x)g(x)$$

显然 $u(x),v(x)\in F[x]$.

注:（1）定理 1.4.1 中最大公因式的贝祖等式 $d(x)=u(x)f(x)+v(x)g(x)$ 中，$u(x),v(x)$ 不是唯一的. 事实上，对 $\forall h(x)$，贝祖等式可改写为

$$[u(x)-h(x)g(x)]f(x)+[v(x)+h(x)f(x)]g(x)=d(x)$$

（2）若对 $d(x), f(x), g(x)\in F[x]$, 存在 $u(x), v(x)\in F[x]$，使

$$d(x)=u(x)f(x)+v(x)g(x)$$

则 $d(x)$ 未必是 $f(x), g(x)$ 的最大公因式.

定理 1.4.1 的说明：$F[x]$ 中任意两个多项式 $f(x)$ 与 $g(x)$ 一定有最大公因式. 除一个零次因式外，不全为 0 的 $f(x)$ 与 $g(x)$ 的最大公因式是唯一的，即若 $d(x)$ 是 $f(x)$ 与 $g(x)$ 的一个最大公因式，则当 $f(x)$ 与 $g(x)$ 不全为 0 时，对 $\forall c\neq 0, c\in F, cd(x)$ 也是 $f(x)$ 与 $g(x)$ 的最大公因式，且只有这样的乘积才是 $f(x)$ 与 $g(x)$ 的最大公因式. 用 $(f(x),g(x))$ 表示首项系数为 1 的最大公因式，称为首 1 最大公因式. 显然，任意两个多项式的首 1 最大公因式是唯一的.

例 1.4.1 设 $f(x)=x^4+3x^3-x^2-4x-3$，$g(x)=3x^3+10x^2+2x-3$，求 $(f(x),g(x))$，并求 $u(x),v(x)$，使 $(f(x),g(x))=u(x)f(x)+v(x)g(x)$.

解（辗转相除法）可按下面的格式来做：

$$f(x)=\left(\frac{1}{3}x-\frac{1}{9}\right)g(x)+\left(-\frac{5}{9}x^2-\frac{25}{9}x-\frac{10}{3}\right)$$

$$\begin{aligned}g(x)&=\left(-\frac{27}{5}x+9\right)\left(-\frac{5}{9}x^2-\frac{25}{9}x-\frac{10}{3}\right)+(9x+27)-\frac{5}{9}x^2-\frac{25}{9}x-\frac{10}{3}\\&=\left(-\frac{5}{81}x-\frac{10}{81}\right)(9x+27)\end{aligned}$$

由辗转相除法可知，$9x+27$ 为 $f(x),g(x)$ 的一个最大公因式，因此 $(f(x),g(x))=x+3$.

而
$$\begin{aligned}9x+27&=g(x)-\left(-\frac{27}{5}x+9\right)\left(-\frac{5}{9}x^2-\frac{25}{9}x-\frac{10}{3}\right)\\&=g(x)-\left(-\frac{27}{5}x+9\right)\left[f(x)-\left(\frac{1}{3}x-\frac{1}{9}\right)g(x)\right]\\&=\left(\frac{27}{5}x-9\right)f(x)+\left(-\frac{9}{5}x^2-\frac{18}{5}x\right)g(x)\end{aligned}$$

则有
$$(f(x),g(x))=x+3=\left(\frac{3}{5}x-1\right)f(x)+\left(-\frac{1}{5}x^2-\frac{2}{5}x\right)g(x)$$

于是，令 $u(x)=\frac{3}{5}x-1$，$v(x)=-\frac{1}{5}x^2-\frac{2}{5}x$，即

$$(f(x),g(x))=u(x)f(x)+v(x)g(x)$$

对 m 个多项式，我们也可以定义最大公因式的概念. 设 $f_i(x)\ (i=1,2,\cdots,m)$ 是 $F[x]$ 中的元素，若 $d(x)|f_i(x)\ (i=1,2,\cdots,m)$，则称 $d(x)$ 是 $f_i(x)\ (i=1,2,\cdots,m)$ 的公因式. 如果对

$f_i(x)\ (i=1,2,\cdots,m)$的任一公因式$h(x)$，$h(x)\mid d(x)$，则称$d(x)$为$f_i(x)\ (i=1,2,\cdots,m)$的最大公因式. 同样，用$d(x)=(f_1(x),f_2(x),\cdots,f_m(x))$表示首1最大公因式.

定理 1.4.2 若$f_1(x),f_2(x),f_3(x)\in F[x]$，则

$$((f_1(x),f_2(x)),f_3(x))=(f_1(x),(f_2(x),f_3(x)))$$

证明 设

$$d_1(x)=(f_1(x),f_2(x)),\quad d_2(x)=(f_2(x),f_3(x)),\quad d(x)=(f_1(x),f_2(x),f_3(x))$$

则$d(x)\mid d_1(x),d(x)\mid f_3(x)$.

又若$u(x)\mid d_1(x),u(x)\mid f_3(x)$，则$u(x)\mid f_1(x),u(x)\mid f_2(x)$，从而$u(x)\mid d(x)$，这说明

$$d(x)=(d_1(x),f_3(x))=((f_1(x),f_2(x)),f_3(x))$$

同理，$d(x)=(d_1(x),f_3(x))=(f_1(x),(f_2(x)f_3(x)))$.

定理1.4.2告诉我们，求m个多项式的最大公因式时，可以先求出其中任意两个的最大公因式，再用同样的方法不断求下去，不必考虑先后次序，最后的结果总是一样的.

利用最大公因式，我们可以定义互素的概念.

定义 1.4.3 设$f(x),g(x)\in F[x]$，若$(f(x),g(x))=1$，则称$f(x),g(x)$互素（或互质）.

由定义知，$f(x),g(x)$互素当且仅当$f(x),g(x)$除去零次多项式外无其他公因式.

定理 1.4.3 设$f(x),g(x)\in F[x]$，则$f(x),g(x)$互素当且仅当存在$u(x),v(x)\in F[x]$，使

$$u(x)f(x)+v(x)g(x)=1 \tag{1.4.6}$$

证明（必要性）若$f(x),g(x)$互素，则$(f(x),g(x))=1$，由定理1.4.1知，存在$u(x),v(x)\in F[x]$，使$u(x)f(x)+v(x)g(x)=1$.

（充分性）设存在$u(x),v(x)$，使$u(x)f(x)+v(x)g(x)=1$. 设$\phi(x)$为$f(x),g(x)$的一个最大公因式，于是$\phi(x)\mid f(x),g(x)$，从而$\phi(x)\mid 1$，即$(f(x),g(x))=1$.

推论 1.4.1 若$(f(x),g(x))=1$，且$f(x)\mid g(x)h(x)$，则$f(x)\mid h(x)$.

证明 因为$(f(x),g(x))=1$，所以存在$u(x),v(x)$，使$u(x)f(x)+v(x)g(x)=1$，故

$$u(x)f(x)h(x)+v(x)g(x)h(x)=h(x)$$

又$f(x)\mid f(x)h(x),\ f(x)\mid g(x)h(x)$，所以$f(x)\mid h(x)$.

推论 1.4.2 若$f_1(x)\mid g(x),\ f_2(x)\mid g(x)$，且$(f_1(x),f_2(x))=1$，则$f_1(x)f_2(x)\mid g(x)$.

证明 因为$f_1(x)\mid g(x)$，$f_2(x)\mid g(x)$，则存在$h_1(x),h_2(x)$，使$g(x)=f_1(x)h_1(x)=f_2(x)h_2(x)$. 又$(f_1(x),f_2(x))=1$，则存在$u(x),v(x)$，使$u(x)f_1(x)+v(x)f_2(x)=1$，于是

$$\begin{aligned}g(x)&=u(x)f_1(x)g(x)+v(x)f_2(x)g(x)\\&=u(x)f_1(x)f_2(x)h_2(x)+v(x)f_2(x)f_1(x)h_1(x)\\&=f_1(x)f_2(x)(u(x)h_2(x)+v(x)h_1(x))\end{aligned}$$

即$f_1(x)f_2(x)\mid g(x)$.

推论1.4.2可以推广到多个多项式的情形：若多项式$f_1(x),f_2(x),\cdots,f_s(x)$都整除$h(x)$，且$f_1(x),f_2(x),\cdots,f_s(x)$两两互素，则$f_1(x)f_2(x)\cdots f_s(x)\mid h(x)$.

推论 1.4.3 若$(f(x),g(x))=1$，$(f(x),h(x))=1$，则$(f(x),g(x)h(x))=1$.

证明　因为$(f(x),g(x))=1$，所以存在$u(x),v(x)$，使

$$u(x)f(x)+v(x)g(x)=1 \tag{1.4.7}$$

又因为$(f(x),h(x))=1$，所以存在$r(x),s(x)$，使

$$r(x)f(x)+s(x)h(x)=1 \tag{1.4.8}$$

式（1.4.7）、式（1.4.8）相乘，得

$$f(x)(u(x)r(x)f(x)+u(x)s(x)h(x)+v(x)g(x)r(x))+(v(x)s(x))g(x)h(x)=1$$

故$(f(x),g(x)h(x))=1$.

推论 1.4.3 可以推广到多个多项式的情形：若多项式$f_1(x),f_2(x),\cdots,f_s(x)$都与$h(x)$互素，则$(f_1(x)f_2(x)\cdots f_s(x),h(x))=1$.

推论 1.4.4　若$(f(x),g(x))=d(x),f(x)=f_1(x)d(x),g(x)=g_1(x)d(x)$，则

$$(f_1(x),g_1(x))=1$$

证明　由$(f(x),g(x))=d(x)$，则存在$u(x),v(x)\in F[x]$，使得

$$u(x)f(x)+v(x)g(x)=d(x)$$

即

$$u(x)f_1(x)d(x)+v(x)g_1(x)d(x)=d(x)$$

两边消去$d(x)$得

$$u(x)f_1(x)+v(x)g_1(x)=1$$

因此$f_1(x),g_1(x)$互素，即$(f_1(x),g_1(x))=1$.

推论 1.4.5　设$(f(x),g(x))=d(x)$，则

$$(f(x)h(x),g(x)h(x))=(f(x),g(x))h(x)$$

其中，$h(x)$的首项系数等于 1.

（证明留作练习）

例 1.4.2　设$(f(x),g(x))=1$，证明$(f(x),f(x)+g(x))=1$，$(f(x)g(x),f(x)+g(x))=1$.

证明　因为$(f(x),g(x))=(f(x),f(x)+g(x))$，所以$(f(x),f(x)+g(x))=1$.

同理$(g(x),f(x)+g(x))=1$，由推论 1.4.3 得$(f(x)g(x),f(x)+g(x))=1$.

例 1.4.3　已知$f(x),g(x),h(x)$是数域F上的多项式，$a,b,c\in F,a\neq b,a\neq 0,c\neq 0$，且

$$\begin{cases}(x+a)f(x)+(x+b)g(x)=(x^2+c)h(x)\\(x-a)f(x)+(x-b)g(x)=(x^2+c)h(x)\end{cases}$$

则$x^2+c\mid f(x),x^2+c\mid g(x)$.

证明　将题设中两式相加得$2x(f(x)+g(x))=2(x^2+c)h(x)$，由$c\neq 0$得$(x,x^2+c)=1$，因此有$x^2+c\mid f(x)+g(x)$.

将题设中两式相减得$2af(x)+2bg(x)=0$，因此有$x^2+c\mid 2af(x)+2bg(x)=0$.

由$x^2+c\mid f(x)+g(x)$及$x^2+c\mid 2af(x)+2bg(x)$，可得$x^2+c\mid (2a-2b)f(x)$.

又$a\neq b$，因此有$x^2+c\mid f(x)$.

类似可证$x^2+c\mid g(x)$.

习题 1.4

1. 设 $f(x)=x^4+x^3-3x^2-4x-1, g(x)=x^3+x^2-x-1$，求 $(f(x),g(x))$，并求 $u(x),v(x)$，使 $(f(x),g(x))=u(x)f(x)+v(x)g(x)$.

2. 设 $f(x)=2x^4-5x^3+6x^2-5x+2, g(x)=3x^3-8x^2+7x-2$，求 $(f(x),g(x))$，并求 $u(x),v(x)$，使 $(f(x),g(x))=u(x)f(x)+v(x)g(x)$.

3. 设 $f(x)=x^3+(1+t)x^2+2x+2u, g(x)=x^3+tx^2+u$ 的最大公因式是一个二次多项式，求 t,u 的值.

4. 设 $(f_i(x),g_j(x))=1\,(i=1,2,\cdots,m; j=1,2,\cdots,n)$，求证：

$$(f_1(x)f_2(x)\cdots f_m(x), g_1(x)g_2(x)\cdots g_n(x))=1.$$

5. 证明：若 $(f(x),g(x))=1$，则 $(f(x)g(x), f(x)+g(x))=1$.

6. 设 $f(x)$, $g(x)$ 是数域 F 上的多项式.

（1）证明：$F[x]$ 中任意两个多项式都有最小公倍式，并且除了可能的零次因式的差别外，是唯一的.

（2）设 $f(x),g(x)$ 都是最高次项系数为 1 的多项式，令 $[f(x),g(x)]$ 表示 $f(x)$ 和 $g(x)$ 的最高次项系数 1 的最小公倍式. 证明：$f(x)g(x)=(f(x),g(x))[f(x),g(x)]$.

7. 若 $(f(x),g(x))=1$，则 $(f^m(x),g^m(x))=1$，其中 m 为正整数.

1.5 多项式的因式分解与唯一分解定理

大家都知道，多项式的因式分解与多项式系数所在数域有关，例如：

$$\begin{aligned} x^4-4 &= (x^2-2)(x^2+2) && \text{（在有理数域上）} \\ &= (x-\sqrt{2})(x+\sqrt{2})(x^2+2) && \text{（在实数域上）} \\ &= (x-\sqrt{2})(x+\sqrt{2})(x-\sqrt{2}\mathrm{i})(x+\sqrt{2}\mathrm{i}) && \text{（在复数域上）} \end{aligned}$$

下面介绍多项式因式分解的相关理论.

定义 1.5.1 设 $f(x)$ 是数域 F 上的非零多项式，若 $f(x)$ 可以分解为两个次数小于 $f(x)$ 次数的多项式之积，则称 $f(x)$ 是数域 F 上可约多项式，否则称之为数域 F 上不可约多项式.

关于不可约多项式的几点说明：

（1）一个多项式是否不可约依赖于所在的数域.

（2）一次多项式总是任何数域上的不可约多项式.

（3）$p(x)$ 不可约当且仅当 $p(x)$ 的因式只有零次多项式与它自身的非零常数倍（称为 $p(x)$ 的平凡因式）.

引理 1.5.1 若 $p(x)$ 在数域 F 上不可约，则对 $\forall f(x)\in F[x]$，有 $p(x)|f(x)$ 或 $(p(x),f(x))=1$.

证明 设 $(p(x),f(x))=d(x)$，则 $d(x)\mid p(x)$，因 $p(x)$ 在数域 F 上不可约，故 $d(x)=cp(x)$ 或 1，其中 c 为非零常数，所以 $p(x)|f(x)$ 或 $(p(x),f(x))=1$.

定理 1.5.1 若 $p(x)$ 在数域 F 上不可约，$f(x),g(x)\in F[x]$ 且 $p(x)\mid f(x)g(x)$，则 $p(x)\mid f(x)$，

$p(x)|g(x)$ 至少有一个成立.

证明 若 $p(x)$ 不能整除 $f(x)$，则由引理 1.5.1 知 $(p(x),f(x))=1$，由推论 1.4.1 即得 $p(x)|g(x)$.

推论 1.5.1 设 $p(x)$ 是数域上 F 不可约多项式，且

$$p(x)|f_1(x)f_2(x)\cdots f_m(x)$$

则 $p(x)$ 必可整除其中某个 $f_i(x)$.

对数域 F 中任意一个非零多项式，是否一定可分解为不可约因式的乘积？这种分解是否唯一？下面的因式分解定理将回答这一问题.

定理 1.5.2（因式分解定理） 设 $f(x)\in F[x]$，若 $\partial(f(x))\geqslant 1$，则 $f(x)$ 可唯一地分解成数域 F 上一些不可约多项式的乘积. 所谓唯一性是说，若有两个分解式

$$f(x)=p_1(x)p_2(x)\cdots p_s(x)=q_1(x)q_2(x)\cdots q_t(x) \qquad (1.5.1)$$

则 $s=t$，且适当排列因式的次序后，有 $p_i(x)=c_iq_i(x)$，其中 $c_i\ (i=1,2,\cdots,s)$ 是非零常数.（即“个数相等，对应相伴”.）

证明（1）对多项式 $f(x)$ 的次数作数学归纳法.

1°若 $\partial(f(x))=1$，因为一次多项式都不可约，所以结论成立.

2°假设对次数低于 n 的多项式结论成立，下证 $\partial(f(x))=n$ 的情形.

若 $f(x)$ 是数域 F 不可约多项式，结论显然成立.

若 $f(x)$ 不是数域 F 不可约多项式，则存在数域 F 上多项式 $f_1(x),f_2(x)$，且 $\partial(f_i(x))<n$ $(i=1,2)$，使

$$f(x)=f_1(x)f_2(x)$$

由归纳假设知，$f_1(x),f_2(x)$ 皆可分解成数域 F 上不可约多项式的积. 所以 $f(x)$ 可分解成数域 F 上不可约多项式的积.

（2）对式（1.5.1）中的 s 作数学归纳法.

1°当 $s=1$ 时，必有 $s=t=1, f(x)=p_1(x)=q_1(x)$. 结论成立.

2°假设对不可约因式个数小于的 s 多项式结论正确. 由式（1.5.1）有

$$p_1(x)\big|q_1(x)q_2(x)\cdots q_t(x)$$

由推论 1.5.1 可知，必存在某个 $q_j(x)$，使得 $p_1(x)\big|q_j(x)$. 不妨设 $q_j(x)=q_1(x)$，因 $p_i(x),q_j(x)$ 均为不可约多项式，则存在 $c_1\in F$，使

$$q_1(x)=cp_1(x)$$

此即 $q_1(x)\sim p_1(x)$，将上式代入式（1.5.1）的两边消去 $p_1(x)$，得

$$p_2(x)\cdots p_s(x)=c_1q_2(x)\cdots q_t(x)$$

这时左边为 $s-1$ 个不可约多项式之积，由归纳假设 $s-1=t-1$，即 $s=t$，存在 $c_i\in F,c_i\neq 0,$ $q_i(x)=c_ip_i(x)\ (i=1,2,\cdots,s)$.

应该指出，因式分解定理虽然在理论上有其重要性，但是它并没有给出一个具体的分解

多项式的方法. 实际上，对于一般的情形，普遍可行的分解多项式的方法是不存在的.

定理 1.5.2 表明，任一多项式可唯一地分解为若干个不可约多项式之积，这里的唯一是在相伴意义下的唯一，即相应的多项式可以差一个常数因子，如果把分解式中相同或只差一个常数的因式合并在一起，我们可以得到一个“标准分解”式：

$$f(x)=cp_1^{r_1}(x)p_2^{r_2}(x)\cdots p_s^{r_s}(x) \tag{1.5.2}$$

其中，c 为 $f(x)$ 的首项系数；$p_i(x)$ 为互不相同的首项系数为 1 的不可约多项式；$r_i\in\mathbf{Z}^+(i=1,2,\cdots,s)$.

若 $f(x),g(x)$ 的标准分解式分别为

$$f(x)=ap_1^{r_1}(x)p_2^{r_2}(x)\cdots p_s^{r_s}(x)$$

$$g(x)=bp_1^{l_1}(x)p_2^{l_2}(x)\cdots p_s^{l_s}(x)$$

则

$$(f(x),g(x))=p_1^{\lambda_1}(x)p_2^{\lambda_2}(x)\cdots p_s^{\lambda_s}(x)\text{，其中 }u_i=\min(r_i,l_i)\ (i=1,2,\cdots,s)$$

$$[f(x),g(x)]=p_1^{u_1}(x)p_2^{u_2}(x)\cdots p_s^{u_s}(x)\text{，其中 }u_i=\max(r_i,l_i)\ (i=1,2,\cdots,s)$$

$$f(x)\mid g(x)\Leftrightarrow r_i\leqslant l_i\ (i=1,2,\cdots,s)$$

上述求最大公因式的方法不能代替辗转相除法，因为在一般情况下，没有实际分解多项式为不可约多项式的乘积的方法，即使要判断数域 F 上一个多项式是否可约一般也是很困难的.

例 1.5.1 在有理数域上分解多项式 $f(x)=x^3+x^2-2x-2$ 为不可约多项式之积.

解 $f(x)=x^3+x^2-2x-2=x^2(x+1)-2(x+1)=(x^2-2)(x+1)$.

例 1.5.2 设 $k\geqslant 2$ 为正整数，证明：$f(x)\mid g(x)$ 当且仅当 $f^k(x)\mid g^k(x)$.

证明 当 $f(x)\mid g(x)$ 时，有 $g(x)=f(x)q(x)$, 因此 $g^k(x)=f^k(x)q^k(x)$, 即 $f^k(x)\mid g^k(x)$. 反之，设

$$f(x)=p_1^{r_1}(x)p_2^{r_2}(x)\cdots p_s^{r_s}(x)$$

$$g(x)=p_1^{m_1}(x)p_2^{m_2}(x)\cdots p_s^{m_s}(x)$$

其中 $p_1(x),p_2(x),\cdots,p_s(x)$ 是互不相同的不可约多项式，$r_i\geqslant 0,m_i\geqslant 0\ (i=1,2,\cdots,s)$. 由 $f^k(x)\mid g^k(x)$ 可得 $kr_i\leqslant km_i(i=1,2,\cdots,s)$，即 $r_i\leqslant m_i(i=1,2,\cdots,s)$. 因此有 $f(x)\mid g(x)$.

习题 1.5

1. 设 $p(x)$ 是数域 F 上不可约多项式，如果 $p(x)\mid(f(x)+g(x)),p(x)\mid f(x)g(x)$，那么 $p(x)\mid f(x),p(x)\mid g(x)$.

2. 求 $f(x)=x^5-x^3+4x^2-3x+2$ 在实数域上的标准分解式.

3. 数域 F 上的一个次数大于 0 的多项式 $f(x)$ 是 $F[x]$ 中的不可约多项式的方幂的充要条件是对于任意 $g(x)\in F[x]$，或者 $(f(x),g(x))=1$，或者存在一个正整数 m 使 $f(x)\mid g^m(x)$.

1.6 重因式

定义 1.6.1 令 $p(x)$ 是数域 F 上的不可约多项式，对于数域 F 上多项式 $f(x)$，如果存在正整数 k，使得

$$p^k(x)\mid f(x)，而\ p^{k+1}(x)\nmid f(x)$$

那么 $p(x)$ 就称为 $f(x)$ 的一个 k 重因式.

当 $k=1$ 时，称 $p(x)$ 为 $f(x)$ 的单因式；当 $k\geqslant 2$ 时，称 $p(x)$ 为 $f(x)$ 的重因式.

显然，若 $f(x)$ 的标准分解式为 $f(x)=cp_1^{r_1}(x)p_2^{r_2}(x)\cdots p_s^{r_s}(x)\ (r_i\geqslant 1, i=1,2,\cdots,s)$，则 $p_i(x)$ 为 $f(x)$ 的 r_i 重因式.

可是没有一个一般性方法来求一个多项式的标准分解式，所以我们还需寻求别的方法.

定义 1.6.2 设 $f(x)=a_0+a_1x+\cdots+a_nx^n\in F[x]$，称 $a_1+2a_2x+\cdots+na_nx^{n-1}$ 为 $f(x)$ 的一阶导数，记为 $f'(x)$，即 $f'(x)=a_1+2a_2x+\cdots+na_nx^{n-1}$. $f'(x)$ 的一阶导数称为 $f(x)$ 的二阶导数，记为 $f''(x)$，即 $f''(x)=n(n-1)a_nx^{n-2}+(n-1)(n-2)a_{n-1}x^{n-3}+\cdots+2a_2$. 如此可定义 $f(x)$ 的 k 阶导数 $f^{(k)}(x)=(f^{(k-1)}(x))'$.

一阶导数有如下性质：

（1）$(f(x)+g(x))'=f'(x)+g'(x)$；

（2）$(cf(x))'=cf'(x)$；

（3）$(f(x)g(x))'=f'(x)g(x)+f(x)g'(x)$ ；

（4）$(f^m(x))'=mf^{m-1}(x)f'(x)$.

定理 1.6.1 设 $p(x)\in F[x]$ 不可约，若 $p(x)$ 为 $f(x)$ 的一个 $k(\geqslant 1)$ 重因式，则 $p(x)$ 为 $f'(x)$ 的一个 $k-1$ 重因式，特别地 $f(x)$ 的单因式不是 $f'(x)$ 的因式.

证明 设 $f(x)$ 可分解为 $f(x)=p^k(x)g(x)$，其中 $p(x)\nmid g(x)$，则

$$f'(x)=p^{k-1}(x)(kg(x)p'(x)+p(x)g'(x))$$

所以 $p^{k-1}(x)\mid f'(x)$.

令 $h(x)=kg(x)p'(x)+p(x)g'(x)$，因为 $p(x)\nmid g(x)$，且 $p(x)\nmid p'(x)$，所以 $p(x)\nmid kg(x)p'(x)$. 又 $p(x)\nmid g'(x)p(x)$,所以 $p(x)\nmid h(x)$，从而 $p^k(x)\nmid f'(x)$. 故 $p(x)$ 是 $f'(x)$ 的 $k-1$ 重因式.

注： 定理 1.6.1 的逆命题不一定成立. 例如

$$f(x)=x^3-3x^2+3x+3\ ,\ f'(x)=3x^2-6x+3=3(x-1)^2$$

即 $x-1$ 是 $f'(x)$ 的二重因式，但不是 $f(x)$ 是因式，当然不是三重因式.

但是有如下结论：

推论 1.6.1 设数域 F 上不可约多项式 $p(x)$ 是 $f'(x)$ 的 k 重因式 $(k\geqslant 1)$，且 $p(x)\mid f(x)$，则 $p(x)$ 是 $f(x)$ 的 $k+1$ 重因式.

证明 因为 $p(x)\mid f(x)$，设 $p(x)$ 是 $f(x)$ 的 l 重因式，由定理 1.6.1 知，$p(x)$ 是 $f'(x)$ 的 $l-1$ 重因式，故 $l-1=k$，从而 $l=k+1$.

推论 1.6.2 若数域 F 上不可约多项式 $p(x)$ 是 $f(x)$ 的 k 重因式 $(k\geqslant 1)$，则 $p(x)$ 是 $f(x), f'(x),\cdots, f^{(k-1)}(x)$ 的因式，但不是 $f^{(k)}(x)$ 的因式.

证明 对 k 作数学归纳法.

（1）当 $k=1$ 时，$p(x)$ 是 $f(x)$ 的 1 重因式，由定理 1.6.1 知，$p(x)$ 是 $f'(x)$ 的 0 重因式，即 $p(x)$ 不是 $f(x)$ 的因式，结论成立.

（2）假设重数小于 k 时，命题成立，下证 k 重因式的情形.

设 $p(x)$ 是 $f(x)$ 的 k 重因式，由定理 1.6.1 知，$p(x)$ 是 $f'(x)$ 的 $k-1$ 重因式. 再由归纳假设，$p(x)$ 是 $f'(x), f''(x),\cdots,(f^{(k-2)}(x))'=f^{(k-1)}(x)$ 的因式，但不是 $(f^{(k-1)}(x))'=f^{(k)}(x)$ 的因式.

推论 1.6.3 数域 F 上不可约多项式 $p(x)$ 是 $f(x)$ 的重因式当且仅当 $p(x)$ 是 $f(x)$ 与 $f'(x)$ 的公因式.

证明（必要性）设 $p(x)$ 是 $f(x)$ 的 k 重因式 $(k>1)$，由定理 1.6.1 知，$p(x)$ 是 $f'(x)$ 的 $k-1$ 重因式，所以 $p(x)$ 是 $f(x)$ 与 $f'(x)$ 的公因式.

（充分性）若 $p(x)\mid f(x)$，$p(x)\mid f'(x)$. 设 $f(x)=p(x)g(x)$，则 $f'(x)=p'(x)g(x)+p(x)g'(x)$.

由 $p(x)\mid f'(x)$ 可知 $p(x)\mid p'(x)g(x)$，又 $p(x)\nmid p'(x)$ 且 $p(x)$ 是不可约多项式，则 $p(x)\mid g(x)$. 设 $g(x)=p(x)q(x)$,则 $f(x)=p^2(x)q(x)$，进而 $p^2(x)\mid f(x)$，所以 $p(x)$ 是 $f(x)$ 的重因式.

由此可得多项式无重因式的一个充要条件：

推论 1.6.4 数域 F 上多项式 $f(x)$ 没有重因式当且仅当 $(f(x), f'(x))=1$.

注： 虽然没有一般性方法因式分解，但是可以用辗转相除法判断多项式有无重因式，这种方法甚至是机械的.

推论 1.6.5 设 $f(x)\in F[x]$，若 $(f(x), f'(x))=p_1^{r_1}(x)\cdots p_s^{r_s}(x)$，其中 $p_i(x)$ 为不可约多项式，则 $p_i(x)$ 为 $f(x)$ 的 r_i+1 重因式($i=1,2,\cdots,s$).

推论 1.6.6 数域 F 上不可约多项式 $p(x)$ 为 $f(x)$ 的 k 重因式当且仅当 $p(x)$ 为 $(f(x), f'(x))$ 的 $k-1$ 重因式.

推论 1.6.7 $f(x)$ 与 $\dfrac{f(x)}{(f(x), f'(x))}$ 有完全相同的不可约因式，且 $\dfrac{f(x)}{(f(x), f'(x))}$ 的因式皆为单因式.

证明 当 $f(x)$ 无重因式时，结论成立. 设 $f(x)$ 有重因式，其标准分解式为

$$f(x)=cp_1(x)^{r_1}p_2(x)^{r_2}\cdots p_s(x)^{r_s}$$

那么由定理 1.6.1 有

$$f'(x)=p_1(x)^{r_1-1}p_2(x)^{r_2-1}\cdots p_s(x)^{r_s-1}g(x)$$

此处 $g(x)$ 不能被任何 $p_i(x)$ $(i=1,2,\cdots,s)$ 整除. 于是

$$(f(x), f'(x))=d(x)=p_1(x)^{r_1-1}p_2(x)^{r_2-1}\cdots p_s(x)^{r_s-1}$$

用 $d(x)$ 去除 $f(x)$ 所得的商为

$$h(x)=cp_1(x)p_2(x)\cdots p_s(x)$$

其中，c为常数.

这样得到一个没有重因式的多项式$h(x)$，且若不计重数，$h(x)$与$f(x)$含有完全相同的不可约因式.

推论 1.6.7 的含义：若用$f(x)$除以$(f(x),f'(x))$，则所得商$q(x)$是一个与$f(x)$具有完全相同的不可约因式且没有重因式的多项式. 由此得基本思想：若$q(x)$能分解的话，便知$f(x)$的不可约因式，再确定每个不可约多项式在$f(x)$中的重数（作带余除法直至不能整除）.

例 1.6.1 在$Q[x]$中分解$f(x)=x^4+5x^3+6x^2-4x-8$.

解 第一步：求$f'(x)$.

$$f'(x)=4x^3+15x^2+12x-4$$

第二步：求$(f(x),f'(x))$.

$$(f(x),f'(x))=x^2+4x+4$$

第三步：由带余除法得

$$f(x)=(x^2+4x+4)(x^2+x-2)$$

第四步：分解$q(x)$.

$$q(x)=(x-1)(x+2)$$

第五步：确定每个因式的重数.

$$f(x)=(x-1)(x+2)^3$$

例 1.6.2 判别多项式$f(x)=x^5-10x^3-20x^2-15x-4$在实数域上有无重因式，若有，求其重因式.

解 $f'(x)=5x^4-30x^2-40x-15$，由辗转相除法，$f(x)$与$f'(x)$的最大公因式为

$$(f(x),f'(x))=x^3+3x^2+3x+1=(x+1)^3$$

所以$f(x)$有重因式$x+1$，且$x+1$为$f(x)$的 4 重因式.

例 1.6.3 求多项式$f(x)=x^7+2x^6-6x^5-8x^4+17x^3+6x^2-20x+8$在实数域上的标准分解式.

解 因$f'(x)=7x^6+12x^5-30x^4-32x^3+51x^2+12x-20$，设

$$h(x)=(f(x)',f(x))=x^5+x^4-5x^3-x^2+8x+4$$

则
$$q(x)=\frac{f(x)}{h(x)}=x^2+x-2$$

又$f(x)$与$q(x)$有完全相同的不可约因式：$x-1,x+2$，用综合除法知 1 是$f(x)$的 4 重根，

-2 是 $f(x)$ 的 3 重根，故得标准分解式 $f(x)=(x-1)^4(x+2)^3$.

例 1.6.4 当 a,b 满足什么条件时，多项式 $f(x)=x^4+4ax+b$ 有重因式？

解 显然，当 $a=b=0$ 时，0 为 $f(x)$ 的四重因式. 当 $a\neq 0$ 时，

$$f'(x)=4x^3+4a=4(x^3+a)$$

$$f(x)=\frac{x}{4}f'(x)+(3ax+b)$$

即
$$f'(x)=(3ax+b)\left(\frac{4}{3a}x^2-\frac{4b}{9a^2}x+\frac{4b^2}{27a^3}\right)+4a-\frac{4b^3}{27a^3}$$

当 $b^3=27a^4$ 时，$(f(x),f'(x))=x+\dfrac{b}{3a}$，$-\dfrac{b}{3a}$ 为 $f(x)$ 的二重因式. 显然，$a=b=0$ 也满足 $b^3=27a^4$. 因此，当 $b^3=27a^4$ 时 $f(x)$ 有重因式.

习题 1.6

1. a,b 满足什么条件时，$f(x)=x^3+3ax+b$ 才有重因式？

2. 判别下列多项式有无重因式：

（1）$f(x)=x^5-5x^4+7x^3-2x^2+4x-8$；

（2）$f(x)=x^4+4x^2-4x-3$.

3. 分别在复数域、实数域、有理数域上分解多项式 $f(x)=x^4+1$ 为不可约因式的乘积.

4. 证明有理系数多项式 $f(x)=1+x+\dfrac{x^2}{2!}+\cdots+\dfrac{x^n}{n!}$ 没有重因式.

5. 证明 数域 F 上的一个 n 次多项式 $f(x)$ 能被它的导数整除的充分且必要条件是 $f(x)=a(x-b)^n$，这里的 a,b 是 F 中的数.

1.7 多项式函数和多项式的根

我们在定义数域 F 上的多项式 $f(x)$ 时，未定元 x 被看成一个形式元，多项式 $f(x)$ 是一个形式多项式. 若

$$f(x)=a_nx^n+a_{n-1}x^{n-1}+\cdots+a_1x+a_0$$

对 F 中任一元 b，定义

$$f(b)=a_nb^n+a_{n-1}b^{n-1}+\cdots+a_1b+a_0$$

则称 $f(b)$ 为 $f(x)$ 在点 b 的值. 多项式 $f(x)$ 又可看成数域 F 上的函数，这个函数称为多项式函数.

一个很自然的问题是：多项式函数与多项式是否是一回事？也就是说，若两个多项式 $f(x)$ 与 $g(x)$ 在 F 上取值相同，那么是否必 $f(x)=g(x)$，即是否它们对应的各次项的系数相同？我们将在下面给予肯定的回答.

定义 1.7.1 设 $f(x)\in F[x],b\in F$，若 $f(b)=0$，则称 b 是 $f(x)$ 的一个根或零点.

定理 1.7.1（余式定理） 设 $f(x)\in F[x],b\in F$，则存在 $g(x)\in F[x]$，使

$$f(x)=(x-b)g(x)+f(b)$$

证明 由带余除法知

$$f(x)=(x-b)g(x)+r(x) \tag{1.7.1}$$

$\partial(r(x))<1$，因此 $r(x)$ 为常数多项式，在式（1.7.1）中用 b 代 x，得 $r(b)=f(b)$.

推论 1.7.1（因式定理） b 是 $f(x)$ 的根当且仅当 $(x-b)\mid f(x)$.

推论 1.7.2 b 是 $f(x)$ 的 k 重根当且仅当 $(x-b)^k\mid f(x)$.

例 1.7.1 已知 $f(x)=x^4+x^2+4x-9$，求 $f(3)$.

解 易知 $f(x)=x^4+x^2+4x-9=(x^3+3x^2+10x+34)(x-3)+93$，则 $f(3)=93$.

引理 1.7.1 设 $f(x)$ 是数域 F 上不可约多项式，且 $\partial(f(x))\geqslant 2$，则 $f(x)$ 在 F 中没有根.

证明 用反证法，设 $b\in F$ 是 $f(x)$ 的根，由推论 1.7.1 知 $(x-b)\mid f(x)$，即 $f(x)=(x-b)g(x)$ 可分解为两个低次多项式的乘积，这与 $f(x)$ 不可约矛盾.

如果把 k 重根看成 $f(x)$ 有 k 个根，则我们有下列结论.

定理 1.7.2 $F[x]$ 中的任一 n 次多项式 $(n\geqslant 0)$ 在 F 中的根不可能多于 n 个.

证明 设 $f(x)\in F[x],\ \partial(f(x))=n\geqslant 0$.

若 $\partial(f(x))=0$，即 $f(x)=c\neq 0$，此时对 $\forall\alpha\in F$，有 $f(\alpha)=c\neq 0$，即 $f(x)$ 有 0 个根.

当 $\partial(f(x))>n$ 时，由因式分解及唯一性定理，$f(x)$ 可分解成不可约多项式的乘积，由推论 1.7.1，$f(x)$ 的根的个数等于 $f(x)$ 分解式中一次因式的个数，重根按重数计算，且重根数 $\leqslant n$.

推论 1.7.3 设 $f(x),g(x)\in F[x]$，且 $\partial(f(x))\leqslant n,\partial(g(x))\leqslant n$，若有互不相同的 $a_1,a_2,\cdots,a_{n+1}\in F$，使 $f(a_i)=g(a_i),\ (i=1,2,\cdots,n+1)$，则 $f(x)=g(x)$.

证明 令 $h(x)=f(x)-g(x)$，显然 $h(x)$ 次数不超过 n，但有 $n+1$ 个不同的根，因此只可能 $h(x)=0$，即 $f(x)=g(x)$.

推论 1.7.3 肯定地回答了我们在本节开始提出的问题，即若两个多项式 $f(x)$ 与 $g(x)$ 在 F 上取值相同，那么是否必 $f(x)=g(x)$. 数域 F 上的多项式既可以作为形式表达式来处理，也可以作为函数来处理. 但是应当指出，考虑到今后的应用与推广，多项式看成形式表达式要方便些.

例 1.7.2 设 $(x-1)^2\mid Ax^4+Bx^2+1$，求 A,B.

解 因为 $(x-1)^2\mid Ax^4+Bx^2+1$，故 1 至少为 $f(x)=Ax^4+Bx^2+1$ 的 2 重根，至少为 $f'(x)$ 的 1 重根. 于是

$$\begin{cases}f(1)=A+B+1=0\\ f'(1)=4A+2B=0\end{cases}$$

解得 $A=1,B=-2$.

例 1.7.3 证明：若 $(x-1)\mid f(x^3)$，则 $(x^3-1)\mid f(x^3)$.

证明 由 $(x-1)\mid f(x^3)$ 可知，存在 $g(x)$ 使得 $f(x^3)=(x-1)g(x)$，因而有 $f(1)=0$，由推论

1.7.1 可知 $(x-1)\mid f(x)$，则存在 $h(x)$ 使得 $f(x)=(x-1)h(x)$，进而有 $f(x^3)=(x^3-1)h(x^3)$，即 $(x^3-1)\mid f(x^3)$.

习题 1.7

1. 已知 $f(x)=x^3+6x^2+3px+8$，试确定 p 的值，使 $f(x)$ 有重根，并求其根.

2. 如果 a 是 $f'''(x)$ 的一个 k 重根，证明 a 是 $g(x)=\dfrac{x-a}{2}[f'(x)+f'(a)]-f(x)+f(a)$ 的一个 $k+3$ 重根.

3. 求多项式 x^3+px+q 有重根的条件.

4. 已知次数 $\leqslant n$ 的多项式 $f(x)$ 在 $x=c_i,(i=1,2,\cdots,n+1)$ 处的值 $f(c_i)=b_i,(i=1,2,\cdots,n+1)$.

设 $f(x)=\sum\limits_{i=1}^{n+1}k_i(x-c_1)\cdots(x-c_{i-1})(x-c_{i+1})\cdots(x-c_{n+1})$，依次令 $x=c_i$ 并代入 $f(x)$，得

$$k_i=\frac{b_i}{(c_i-c_1)\cdots(c_i-c_{i-1})(c_i-c_{i+1})\cdots(c_i-c_{n+1})},$$

$$f(x)=\sum_{i=1}^{n+1}\frac{b_i(x-c_1)\cdots(x-c_{i-1})(x-c_{i+1})\cdots(x-c_{n+1})}{(c_i-c_1)\cdots(c_i-c_{i-1})(c_i-c_{i+1})\cdots(c_i-c_{n+1})}$$

这个公式叫作拉格朗日（Lagrange）插值公式. 求次数小于 3 的多项式 $f(x)$，使 $f(1)=1$，$f(-1)=3$，$f(2)=3$.

1.8 复系数与实系数多项式

定理 1.8.1（代数基本定理） 设 $f(x)\in\mathbf{C}[x],\partial(f(x))=n>0$，则 $f(x)$ 在 $\mathbf{C}$ 内至少有一个根.

代数基本定理在代数乃至整个数学领域起着基础作用. 该定理最早由德国数学家罗特于 1608 年提出. 据说，关于代数基本定理的证明，现有 200 多种证法. 迄今为止，该定理尚无纯代数方法的证明. 数学家 J. P. 塞尔曾经指出：代数基本定理的所有证明本质上都是拓扑的. 美国数学家 John Willard Milnor 在数学名著《从微分观点看拓扑》一书中给出了一个几何直观的证明，但是其中用到了和临界点测度有关的 sard 定理. 复变函数论中，对代数基本定理的证明是相当优美的，其中用到了很多经典的复变函数的理论结果.

利用根与一次因式的关系，代数基本定理可以等价地叙述如下：

推论 1.8.1 设 $f(x)\in\mathbf{C}[x]$，若 $\partial(f(x))\geqslant 1$，则存在 $x-a\in\mathbf{C}[x]$，使 $(x-a)\mid f(x)$，即 $f(x)$ 在复数域上必有一个一次因式.

推论 1.8.2 复数域上的不可约多项式只有一次多项式，即对 $\forall f(x)\in\mathbf{C}[x]$，若 $\partial(f(x))>1$，则 $f(x)$ 可约的.

由推论 1.8.2 可得复系数多项式唯一分解定理：

定理 1.8.2 设 $f(x)\in\mathbf{C}[x]$，若 $\partial(f(x))\geqslant 1$，则 $f(x)$ 在 $\mathbf{C}$ 上可唯一分解成一次因式的乘积.

推论 1.8.3 设 $f(x)\in \mathbf{C}[x]$，若 $\partial(f(x))=n\geqslant 1$，则 $f(x)$ 在 $\mathbf{C}$ 上具有标准分解式

$$f(x)=c(x-a_1)^{r_1}(x-a_2)^{r_2}\cdots(x-a_s)^{r_s}$$

其中 $a_1,a_2,\cdots,a_s$ 是不同的复数，$r_i\in \mathbf{Z},\ r_i\geqslant 1,\ \sum\limits_{i=1}^{s} r_i=n$.

推论 1.8.4 设 $f(x)\in \mathbf{C}[x]$，若 $\partial(f(x))=n$，则 $f(x)$ 有 n 个复根（重根按重数计算）.

代数基本定理只说明了根的存在性，没有给出具体的求根方法，对复数域上的一元二次、三次、四次方程，相继得出了求根的公式解. 一元三次、四次方程求根公式找到后，人们在努力寻找一元五次方程求根公式，年轻的挪威数学家阿贝尔于 1824 年证实，$n(n\geqslant 5)$ 次方程没有公式解. 不过，对这个问题的研究，其实并没结束，因为人们发现有些 $n(n\geqslant 5)$ 次方程有求根公式. 那么又是什么样的一元 n 次方程才没有求根公式呢？这一问题在 19 世纪上半期，被法国天才数学家伽罗华利用他创造的全新的数学方法所证明，由此一门新的数学分支“群论”诞生了.

下面我们来探究根与系数的关系.

设 $f(x)=a_nx^n+a_{n-1}x^{n-1}+\cdots+a_1x+a_0\in \mathbf{C}[x]$，设 $x_1,x_2,\cdots,x_n$ 为 $f(x)$ 的 n 个复根，则 $f(x)=a_n(x-x_1)(x-x_2)\cdots(x-x_n)$.

由多项式相等知，根与系数的关系为

$$(x_1+x_2+\cdots+x_n)=-\frac{a_{n-1}}{a_n}$$

$$x_1x_2+x_1x_3+\cdots+x_1x_n+x_2x_3+\cdots+x_{n-1}x_n=\frac{a_{n-1}}{a_n}$$

$$x_1x_2x_3+x_1x_2x_4+\cdots+x_1x_2x_n+x_2x_3x_4+\cdots+x_{n-2}x_{n-1}x_n=-\frac{a_{n-3}}{a_n}$$

$$\vdots$$

$$x_1x_2x_3\cdots x_k+\cdots+x_{n-k}\cdots x_{n-2}x_{n-1}x_n=(-1)^k\frac{a_{n-k}}{a_n}$$

$$\vdots$$

$$x_1x_2x_3\cdots x_n=(-1)^n\frac{a_0}{a_n}$$

这组公式称为韦达公式. 它刻画了 $f(x)$ 的根与系数的关系.

例 1.8.1 设 x_1,x_2,x_3 为 $f(x)=x^3+px^2+qx+r$ 的根，其中 $r\neq 0$，求下列各式的值：

（1）$\dfrac{1}{x_1}+\dfrac{1}{x_2}+\dfrac{1}{x_3}$；

（2）$\dfrac{1}{x_1x_2}+\dfrac{1}{x_1x_3}+\dfrac{1}{x_2x_3}$；

（3）$x_1^2+x_2^2+x_3^2$.

解 根据根与系数的关系得

$$x_1+x_2+x_3=-p\,,\quad x_1x_2+x_1x_3+x_2x_3=q\,,\quad x_1x_2x_3=-r$$

则

（1）$\dfrac{1}{x_1}+\dfrac{1}{x_2}+\dfrac{1}{x_3}=\dfrac{x_1x_2+x_1x_3+x_2x_3}{x_1x_2x_3}=-\dfrac{q}{r}$；

（2）$\dfrac{1}{x_1x_2}+\dfrac{1}{x_1x_3}+\dfrac{1}{x_2x_3}=\dfrac{x_1+x_2+x_3}{x_1x_2x_3}=\dfrac{p}{r}$；

（3）$x_1^2+x_2^2+x_3^2=(x_1+x_2+x_3)^2-2(x_1x_2+x_1x_3+x_2x_3)=p^2-2q$.

例 1.8.2 求出有单根 5 与 −2 、二重根 3 的四次多项式.

解 设 $f(x)=x^4+ax^3+bx^2+cx+d$，由根与系数的关系得

$$a=-(5-2+3+3)=-9$$

$$b=5(-2)+5\times3+5\times3+3(-2)+3(-2)+3\times3=17$$

$$c=-[5\times(-2)\times3+5\times(-2)\times3+5\times3\times3+(-2)\times3\times3]=33$$

$$d=5\times(-2)\times3\times3=-90$$

所以

$$f(x)=x^4-9x^3+17x^2+33x-90$$

定理 1.8.3 设 $f(x)\in\mathbf{R}[x]$, $\partial(f(x))=n>0$，若 $\alpha\in\mathbf{C}$ 是 $f(x)$ 的一个非实复数根，则 α 的共轭 $\overline{\alpha}$ 也是 $f(x)$ 的根，且 α 与 $\overline{\alpha}$ 有同一重数（即实系数多项式的非实复根是以共轭的形式成对出现的）.

证明 设 $f(x)=a_nx^n+a_{n-1}x^{n-1}+\cdots+a_0$, $a_i\in\mathbf{R}$，若 α 为 $f(x)$ 的复根，则

$$f(\alpha)=a_n\alpha^n+a_{n-1}\alpha^{n-1}+\cdots+a_0=0$$

两边取共轭得

$$f(\overline{\alpha})=a_n\overline{\alpha}^n+a_{n-1}\overline{\alpha}^{n-1}+\cdots+a_0=0$$

所以 $\overline{\alpha}$ 也是 $f(x)$ 的复根.

定理 1.8.4 设 $f(x)\in\mathbf{R}[x]$，若 $\partial(f(x))\geqslant1$，则 $f(x)$ 可唯一地分解成一次因式与二次不可约因式的乘积.

证明 对 $f(x)$ 的次数作数学归纳.

（1）若 $\partial(f(x))=1$， $f(x)$ 就是一次因式，结论成立.

（2）假设对次数 $<n$ 的多项式结论成立，设 $\partial(f(x))=n$，由代数基本定理，$f(x)$ 有一复根 α.

若 α 为实数，则 $f(x)=(x-\alpha)f_1(x)$，其中 $\partial(f_1(x))=n-1$；

若 α 不为实数，则 $\overline{\alpha}$ 也是 $f(x)$ 的复根，于是

$$f(x)=(x-\alpha)(x-\overline{\alpha})f_2(x)=[x^2-(\alpha+\overline{\alpha})x+\alpha\overline{\alpha}]f_2(x)$$

设 $\alpha=a+b\mathrm{i}$，则 $\overline{\alpha}=a-b\mathrm{i}$, $\alpha+\overline{\alpha}=2a\in\mathbf{R}$, $\alpha\overline{\alpha}=a^2+b^2\in\mathbf{R}$，即在 $\mathbf{R}$ 上 $x^2-(\alpha+\overline{\alpha})x+\alpha\overline{\alpha}$ 是一个二次实系数不可约多项式，从而 $\partial(f_2(x))=n-2$.

由归纳假设，$f_1(x)$, $f_2(x)$ 可分解成一次因式与二次不可约多项式的乘积. 由归纳原理，定

理得证.

推论 1.8.5 设 $f(x)\in \mathbf{R}[x],\partial(f(x))=n>0$，则 $f(x)$ 的标准（典型）分解式为

$$f(x)=a(x-\alpha_1)^{k_1}(x-\alpha_2)^{k_2}\cdots(x-\alpha_r)^{k_r}(x^2+p_1x+q_1)^{l_1}\cdots(x^2+p_2x+q_2)^{l_s}$$

其中 a 是 $f(x)$ 的首项系数，$k_i,l_j\in \mathbf{N}$，$p_i^2-4q_i<0\ (i=1,\cdots,s)$，$\sum\limits_{i=1}^{r}k_i+2\sum\limits_{j=1}^{s}l_j=n$.

另外，实数域上的多项式的根（实根）的情况比较复杂（可有可无），但是：① 实系数奇次多项式至少有一个实根；② 实系数非零多项式的实根个数与多项式的次数有相同的奇偶性.

例 1.8.3 求有单根 $1-2\mathrm{i}$ 及二重根 1 的次数最低的复系数及实系数多项式.

解 复系数多项式：$f(x)=(x-(1-2\mathrm{i}))(x-1)^2$，

实系数多项式：$f(x)=(x-(1-2\mathrm{i}))(x-(1+2\mathrm{i}))(x-1)^2=(x^2-2x+5)(x-1)^2$.

例 1.8.4 分别在复数域和实数域上分解 x^n-1 为标准分解式.

解 （1）在复数范围内，x^n-1 有 n 个复根 $1,\varepsilon,\varepsilon^2,\cdots,\varepsilon^{n-1}$，这里

$$\varepsilon=\cos\frac{2\pi}{n}+\mathrm{i}\sin\frac{2\pi}{n},\quad \varepsilon^k=\cos\frac{2k\pi}{n}+\mathrm{i}\sin\frac{2k\pi}{n},\quad k=1,2,\cdots,n$$

所以
$$x^n-1=(x-1)(x-\varepsilon)(x-\varepsilon^2)\cdots(x-\varepsilon^{n-1})$$

（2）在实数域范围内，因为

$$\overline{\varepsilon^k}=\varepsilon^{n-k},\quad \varepsilon^k+\overline{\varepsilon^k}=2\cos\frac{2k\pi}{n},\quad \varepsilon^k\overline{\varepsilon^k}=1,\quad k=1,2,\cdots,n-1,n$$

所以当 n 为奇数时，

$$\begin{aligned}x^n-1&=(x-1)[x^2-(\varepsilon+\varepsilon^{n-1})x+\varepsilon\varepsilon^{n-1}]\cdots[x^2-(\varepsilon^{\frac{n-1}{2}}+\varepsilon^{\frac{n+1}{2}})x+\varepsilon^{\frac{n-1}{2}}\varepsilon^{\frac{n+1}{2}}]\\&=(x-1)\left(x^2-2x\cos\frac{2\pi}{n}+1\right)\cdots\left(x^2-2x\cos\frac{n-1}{n}\pi+1\right)\end{aligned}$$

当 n 为偶数时，

$$\begin{aligned}x^n-1&=(x^2-1)[x^2-(\varepsilon+\varepsilon^{n-1})x+\varepsilon\varepsilon^{n-1}]\cdots[x^2-(\varepsilon^{\frac{n-2}{2}}+\varepsilon^{\frac{n+2}{2}})x+\varepsilon^{\frac{n-2}{2}}\varepsilon^{\frac{n+2}{2}}]\\&=(x^2-1)\left(x^2-2x\cos\frac{2\pi}{n}+1\right)\cdots\left(x^2-2x\cos\frac{n-2}{n}\pi+1\right)\end{aligned}$$

例 1.8.5 设 $f(x),g(x)\in \mathbf{C}[x]$，证明：$x^2+x+1\mid f(x^3)+xg(x^3)$ 的充分必要条件是 $f(1)=g(1)=0$.

证明 在复数域 $\mathbf{C}$ 上，$x^2+x+1=0$ 的根为 ω,ω^2，其中 $\omega=\dfrac{-1+\mathrm{i}\sqrt{3}}{2}$.

（必要性）因为 $x^2+x+1\mid f(x^3)+xg(x^3)$，所以

$$(x-\omega)\mid f(x^3)+xg(x^3),(x-\omega^2)\mid f(x^3)+xg(x^3)$$

由因式定理得

$$\begin{cases}f(\omega^3)+\omega g(\omega^3)=0\\ f(\omega^6)+\omega^2 g(\omega^6)=0\end{cases}，\text{即}\begin{cases}f(1)+\omega g(1)=0\\ f(1)+\omega^2 g(1)=0\end{cases}$$

解得 $f(1)=g(1)=0$.

（充分性）若 $f(1)=g(1)=0$，则 $f(\omega^3)=f(1)=0, g(\omega^3)=g(1)=0$，进而

$$f(\omega^3)+\omega g(\omega^3)=0, f((\omega^2)^3)+\omega^2 g((\omega^2)^3)=0$$

由因式定理得

$$(x-\omega) \mid f(x^3)+xg(x^3), (x-\omega^2) \mid f(x^3)+xg(x^3)$$

又 $x-\omega, x-\omega^2$ 互素，所以 $(x-\omega)(x-\omega^2) \mid f(x^3)+xg(x^3)$，即

$$x^2+x+1 \mid f(x^3)+xg(x^3)$$

例 1.8.6*（2021 年大学数学竞赛题） 设 $f(x)=x^{2021}+a_{2020}x^{2020}+\cdots+a_1x+a_0$ 为整系数多项式，$a_0 \neq 0$，对任意 $0 \leqslant k \leqslant 2020$ 有 $|a_k| \leqslant 40$，证明：$f(x)=0$ 的根不可能全为实数.

证明 设 $f(x)=0$ 的根为 $x_1, x_2, \cdots, x_{2021}$，由 $a_0 \neq 0$ 知 $x_i \neq 0$ $(1 \leqslant i \leqslant 2021)$，若 x_i $(1 \leqslant i \leqslant 2021)$ 全为实根，则由柯西（Cauchy）不等式得

$$\sum_{i=1}^{2021} x_i^2 \cdot \sum_{i=1}^{2021} \frac{1}{x_i^2} \geqslant \left(\sum_{i=1}^{2021} x_i \frac{1}{x_i}\right)^2 = 2021^2$$

由韦达定理得

$$\sum_{i=1}^{2021} x_i = -a_{2020}, \sum_{i=1}^{2021} x_i x_j = a_{2019}$$

由此得到

$$\sum_{i=1}^{2021} x_i^2 = \left(\sum_{i=1}^{2021} x_i\right)^2 - 2\sum_{i=1}^{2021} x_i x_j = a_{2020}^2 - 2a_{2019}$$

注意到，$\dfrac{1}{x_i}$ $(1 \leqslant i \leqslant 2021)$ 是多项式 $g(x)=a_0x^{2021}+a_1x^{2021}+\cdots+a_{2020}x+1$ 的根. 继续由韦达定理得

$$\sum_{i=1}^{2021} \frac{1}{x_i} = -\frac{a_1}{a_0}, \sum_{i=1}^{2021} \frac{1}{x_i}\frac{1}{x_j} = \frac{a_2}{a_0}$$

由此得到

$$\sum_{i=1}^{2021} \frac{1}{x_i^2} = \left(\sum_{i=1}^{2021} \frac{1}{x_i}\right)^2 - 2\sum_{i=1}^{2021} \frac{1}{x_i}\frac{1}{x_j} = \left(\frac{a_1}{a_0}\right)^2 - 2\frac{a_2}{a_0}$$

因为对任意 $0 \leqslant k \leqslant 2020$ 有 $|a_k| \leqslant 40$，又 a_0 为非零整数，故 $|a_0| \geqslant 1$，所以

$$\begin{aligned}\sum_{i=1}^{2021} x_i^2 \cdot \sum_{i=1}^{2021} \frac{1}{x_i^2} \geqslant \left(\sum_{i=1}^{2021} x_i \frac{1}{x_i}\right)^2 &= \left(a_{2020}^2 - 2a_{2019}\right)\left[\left(\frac{a_1}{a_0}\right)^2 - 2\frac{a_2}{a_0}\right] \\ &\leqslant (40^2 + 2 \times 40) = 1680\end{aligned}$$

矛盾，证毕.

习题 1.8

1. 设 n 次多项式 $f(x)=a_0x^n+a_1x^{n-1}+\cdots+a_{n-1}x+a_n\in\mathbf{C}[x]$，令 $\alpha_1,\alpha_2,\cdots,\alpha_n$ 为 $f(x)$ 的 n 个复根，求：

（1）以 $c\alpha_1,c\alpha_2,\cdots,c\alpha_n$ 为根的多项式，这里 c 是一个数；

（2）以 $\dfrac{1}{\alpha_1},\dfrac{1}{\alpha_2},\cdots,\dfrac{1}{\alpha_n}$（假定 $\alpha_1,\alpha_2,\cdots,\alpha_n$ 都不等于零）为根的多项式.

2. 给出实系数四次多项式在实数域上所有不同类型的典型分解式.

3. 求有单根 $-1+3\mathrm{i}$ 和根为 1 的次数最低的复系数及实系数多项式.

4. 已知 $1-\mathrm{i}$ 是多项式 $f(x)=x^4-4x^3+5x^2-2x-2$ 的一个根，求其所有的根.

5. 设实系数多项式 $f(x)=x^3+2x^2+\cdots$ 有一个虚根 $-1+2\mathrm{i}$，求 $f(x)$ 的另两个根，并写出 $f(x)$ 的完整形式.

1.9 有理系数的多项式

设 $f(x)\in\mathbf{Q}[x]$，若 $f(x)$ 的系数不为整数，则以 $f(x)$ 的系数的公分母的整数倍 k 乘以 $f(x)$ 得 $kf(x)\in\mathbf{Z}[x]$，显然 $f(x)$ 与 $kf(x)$ 在有理数域上具有相同的可约性. 因此要研究有理数域上多项式的可约性，只需研究整系数多项式在有理数域上的可约性. 我们将证明，整系数多项式在有理数域上可约，可以归结为其是否可分解为两个次数较低的整系数多项式的乘积. 为此，我们引入本原多项式的概念.

定义 1.9.1 设 $f(x)\in\mathbf{Z}[x]$，若 $f(x)$ 的系数互素，则称 $f(x)$ 为一个本原多项式.

定理 1.9.1（Gauss 引理） 两个本原多项式的积仍是一个本原多项式.

证明 设 $f(x)=a_nx^n+a_{n-1}x^{n-1}+\cdots+a_0$，$g(x)=b_mx^m+b_{m-1}x^{m-1}+\cdots+b_0$ 是两个本原多项式. 而 $h(x)=f(x)g(x)=d_{n+m}x^{n+m}+d_{n+m-1}x^{n+m-1}+\cdots+d_0$.

（反证法）若 $h(x)$ 不是本原的，则存在素数 p，$p\mid d_r\ (r=0,1,\cdots,n+m)$.

又 $f(x)$ 是本原多项式，所以 p 不能整除 $f(x)$ 的每一个系数，令 a_i 为 $a_0,a_1,\cdots,a_n$ 中第一个不能被 p 整除的数，即 $p\mid a_0$，$p\mid a_1,\cdots,p\mid a_{i-1},p\nmid a_i$.

又 $g(x)$ 为本原多项式，同样令 b_j 为 $b_0,b_1,\cdots,b_m$ 中第一个不能被 p 整除的数，即 $p\mid b_0,p\mid b_1,\cdots,p\mid b_{j-1},p\nmid b_j$.

又 $d_{i+j}=a_ib_j+a_{i+1}b_{j-1}+\cdots$，在这里 $p\mid d_{i+j},p\nmid a_ib_j,p\mid a_{i+1}b_{j-1},\cdots$，矛盾. 因此 $h(x)$ 是本原的.

定理 1.9.2 设 $f(x)\in\mathbf{Z}[x]$，$\partial(f(x))=n>0$，若 $f(x)$ 在 $Q[x]$ 上可约，则 $f(x)$ 在 $\mathbf{Z}[x]$ 上也可约.

证明 设整系数多项式 $f(x)$ 有分解式 $f(x)=g(x)h(x)$，其中 $g(x),h(x)\in\mathbf{Q}[x]$，且 $\partial(g(x))<\partial(f(x)),\ \partial(h(x))<\partial(f(x))$.

令 $f(x)=af_1(x)$，$g(x)=rg_1(x)$，$h(x)=sh_1(x)$，这里 $f_1(x),g_1(x),h_1(x)$ 皆为本原多项式，$a\in\mathbf{Z}$，$r,s\in\mathbf{Q}$，于是 $af_1(x)=rsg_1(x)h_1(x)$.

由定理 1.9.1 可知 $g_1(x)h_1(x)$ 本原，从而 $a=\pm rs$，即 $rs\in\mathbf{Z}$，所以 $f(x)=(rsg_1(x))h_1(x)$，即 $f(x)$ 在 $\mathbf{Z}[x]$ 上也可约.

以上定理说明，整系数多项式在有理数域上的可约性与在整数环上的可约性一致.

推论 1.9.1 设 $f(x),g(x)$ 是整系数多项式，且 $g(x)$ 是本原的，若

$$f(x)=g(x)h(x),\quad h(x)\in\mathbf{Q}[x]$$

则 $h(x)$ 必为整系数多项式.

证明 令 $f(x)=af_1(x),\ h(x)=ch_1(x),\ a\in\mathbf{Z},c\in\mathbf{Q},\ f_1(x),h_1(x)$ 本原，则

$$af_1(x)=g(x)ch_1(x)=cg(x)h_1(x)$$

从而 $c=\pm a$，即 $c\in\mathbf{Z}$，所以 $h(x)=ch_1(x)$ 为整系数.

定理 1.9.3 设 $f(x)=a_nx^n+a_{n-1}x^{n-1}+\cdots+a_1x+a_0$ 是一个整系数多项式，而 $\dfrac{r}{s}$ 是它的一个有理根，其中 r,s 是互素的，则必有 $s\mid a_n,r\mid a_0$.

证明 因为 $\dfrac{r}{s}$ 是 $f(x)$ 的有理根，所以在有理数域上有 $\left(x-\dfrac{r}{s}\right)\Big| f(x)$，从而 $(sx-r)\mid f(x)$. 又 r,s 互素，所以 $sx-r$ 本原. 由推论 1.9.1 有

$$f(x)=(sx-r)(b_{n-1}x^{n-1}+\cdots+b_1x+b_0),\ b_i\in\mathbf{Z},\quad i=0,1,\cdots,n-1$$

比较两端系数得

$$a_n=sb_{n-1},\quad a_0=-rb_0$$

所以 $s\mid a_n,r\mid a$.

定理 1.9.3 给出了一个求整系数多项式的所有有理根的方法. 设 $f(x)$ 的最高次项系数的因数是 $v_1,v_2,\cdots,v_k$，常数项的因数是 $u_1,u_2,\cdots,u_l$. 那么根据定理 1.9.3，欲求 $f(x)$ 的有理根，只需对有限个有理数 $\dfrac{u_i}{v_j}$ 用综合除法来进行试验.

当有理数 $\dfrac{u_i}{v_j}$ 的个数很多时，对它们逐个进行试验还是比较麻烦的. 下面讨论如何简化计算.

首先，1 和−1 永远在有理数 $\dfrac{u_i}{v_j}$ 中出现，而计算 $f(1)$ 与 $f(-1)$ 并不困难.

其次，若有理数 $a(a\neq\pm1)$ 是 $f(x)$ 的根，那么由定理 1.9.3 有

$$f(x)=(x-a)q(x)$$

而 $q(x)$ 也是一个整系数多项式. 因此商

$$\frac{f(1)}{1-a}=q(1),\quad \frac{f(-1)}{1+a}=-q(-1)$$

都应该是整数. 这样只需对那些使商 $\dfrac{f(1)}{1-a}$ 与 $\dfrac{f(-1)}{1+a}$ 都是整数的 $\dfrac{u_i}{v_j}$ 来进行试验.（我们可以假定 $f(1)$ 与 $f(-1)$ 都不等于零,否则可以用 $x-1$ 或 $x+1$ 除 $f(x)$ 而考虑所得的商.）

例 1.9.1 求方程 $2x^4-x^3+2x-3=0$ 的有理根.

解 可能的有理根为 $\pm1,\pm3,\pm\frac{1}{2},\pm\frac{3}{2}$，运用综合除法知，有理根只有 1.

例 1.9.2 证明 $f(x)=x^3-5x+1$ 在 $\mathbf{Q}$ 上不可约.

证明 若 $f(x)$ 可约，它至少有 1 个一次因子，即有 1 个有理根，但 $f(x)$ 的有理根只可能是 ±1，而 $f(\pm1)\neq0$ $(f(1)=-3,f(-1)=5)$，所以 $f(x)$ 不可约.

例 1.9.3 设 $f(x)=x^5-2x^4-4x^3+4x^2-5x+6$.

（1）求 $f(x)$ 的所有有理根；

（2）在实数域上求 $f(x)$ 的标准分解式.

解（1）$f(x)$ 的所有有理根为 $1,-2,3$.

（2）$f(x)=(x-1)(x+2)(x-3)(x^2+1)$.

定理 1.9.4［爱森斯坦因（Eisenstein）判别法］ 设 $f(x)=a_0+a_1x+a_2x^2+\cdots+a_nx^n\in\mathbf{Z}[x]$，若存在一个素数 p，使得

① $p\nmid a_n$；

② $p\mid a_i(i=0,1,\cdots,n-1)$；

③ $p^2\nmid a_0$，则 $f(x)$ 在有理数域上不可约.

证明 若 $f(x)$ 在 $\mathbf{Q}$ 上可约，由定理 1.9.2 知，$f(x)$ 可分解为两次数较低的整系数多项式的积：

$$f(x)=(b_lx^l+b_{l-1}x^{l-1}+\cdots+b_0)(c_mx^m+c_{m-1}x^{m-1}+\cdots+c_0)$$

其中
$$b_i,c_j\in\mathbf{Z},\ l<n,m<n,\ l+m=n$$

所以 $a_n=b_lc_m$，$a_0=b_0c_0$.

因为 $p\mid a_0$，所以 $p\mid b_0$ 或 $p\mid c_0$，又 $p^2\nmid a_0$，所以 p 不能同时整除 b_0,c_0.

不妨设 $p\mid b_0$ 但 $p\nmid c_0$，又 $p\nmid a_n$，所以 $p\nmid b_l,p\nmid c_m$.

假设 $b_0,b_1,\cdots,b_l$ 中第一个不能被 p 整除的数为 b_k，比较两端 x^k 的系数得

$$a_k=b_kc_0+b_{k-1}c_1+\cdots+b_0c_k$$

其中 $a_k,b_{k-1},\cdots,b_0$ 皆能被 p 整除，所以 $p\mid b_kc_0$，故 $p\mid b_k$ 或 $p\mid c_0$，矛盾.

注：Eisenstein 判别法是判断整系数多项式不可约的充分条件，但非必要条件. 有时对于某一个多项式 $f(x)$，Eisenstein 判别法不能直接应用，而把 $f(x)$ 进行适当线性替换 $x=ay+b(a,b\in\mathbf{Q},a\neq0)$ 后，得到关于 y 的多项式 $g(y)=f(ay+b)$，就可以应用这个判别法对 $g(y)$ 进递判别，因为这种替换不改变 $f(x)$ 在有理数域上的可约性.

例 1.9.4 证明 $f(x)=x^2+1$ 在 $\mathbf{Q}$ 上不可约.

证明 作线性替换 $x=y+1$，则 $f(x)=y^2+2y+2$，取 $p=2$，由 Eisenstein 判别法知 y^2+2y+2 在 $\mathbf{Q}$ 上不可约，所以 $f(x)$ 在 $\mathbf{Q}$ 上不可约.

例 1.9.5 设 p 为素数，判断多项式 $f(x)=1+x+\frac{x^2}{2!}+\frac{x^3}{3!}+\cdots+\frac{x^p}{p!}$ 在 $\mathbf{Q}$ 上是否可约.

解 令 $g(x)=p!f(x)=p!+p!x+\frac{p!}{2}x^2+\cdots+\frac{p!}{(p-1)!}x^{p-1}+x^p$，则 $g(x)$ 为整系数多项式.

因为 $p\nmid 1$，$p\mid\frac{p!}{(p-1)!},\frac{p!}{(p-2)!},\cdots,p!$，但 $p^2\nmid p!$，所以 $g(x)$ 在 $\mathbf{Q}$ 上不可约，从而 $f(x)$ 在 $\mathbf{Q}$ 上不可约.

例 1.9.6 设 p 是一个素数，多项式 $f(x)=x^{p-1}+x^{p-2}+\cdots+x+1$ 叫做一个分圆多项式，证明 $f(x)$ 在 $\mathbf{Q}[x]$ 中不可约.

证明 令 $x=y+1$，则

$$(x-1)f(x)=x^p-1$$

即

$$yf(y+1)=(y+1)^p-1=y^p+C_p^1y^{p-1}+\cdots+C_p^{p-1}y$$

令 $g(y)=f(y+1)$，于是 $g(y)=y^{p-1}+C_p^1y^{p-2}+\cdots+C_p^{p-1}$. 由 Eisenstein 判别法，$g(y)$ 在有理数域上不可约，$f(x)$ 也在有理数域上不可约.

习题 1.9

1. 证明 x^n+2（其中 n 是任意正整数）在 $\mathbf{Q}$ 上不可约.

2. 证明以下多项式在有理数域上不可约：

（1）$x^4-2x^3+8x-10$；

（2）$2x^5+18x^4+6x^2+6$；

（3）x^4-2x^3+2x-3

3. 利用 Eisenstein 判别法，证明：若 $p_1,p_2,\cdots,p_t$ 是 t 个不相同的素数而 n 是一个大于 1 的整数，那么 $\sqrt[n]{p_1p_2\cdots p_t}$ 是一个无理数.

4. 设 $f(x)$ 是一个整系数多项式，证明：若 $f(0)$ 和 $f(1)$ 都是奇数，那么 $f(x)$ 不能有整数根.

5. 求以下多项式的有理根：

（1）$x^3-6x^2+15x-14$；（2）$4x^4-7x^2-5x-1$.

1.10 例题详细解答

1.10 更多的例题

例 1.10.1 设 $f(x)=x^3+(1+t)x^2+2x+2u, g(x)=x^3+tx+u$ 的最大公因式是一个二次多项式，求 t,u 的值.

例 1.10.2（中国科学院考研真题） 证明：多项式 $f(x)=x^{3m}+x^{3n+1}+x^{3p+2}$ 能被 x^2+x+1 整除.

例 1.10.3（北京大学考研真题） 设 $f(x)=x^{n+2}-(x+1)^{2n+1}$，证明：对任意非负整数 n，均有 $(x^2+x+1,f(x))=1$.

例 1.10.4（上海大学考研真题） 设 $f_1(x)$ 与 $f_2(x)$ 为次数不超过 3 的首项系数为 1 的互异

多项式，假设 x^4+x^2+1 整除 $f_1(x^3)+x^4f_2(x^3)$，试求 $f_1(x)$ 与 $f_2(x)$ 的最大公因式.

例 1.10.5（浙江大学、苏州大学考研真题） 设 $f(x)$ 是一个整系数多项式，证明：如果存在一个偶数 m 和一个奇数 n 使得 $f(m)$ 和 $f(n)$ 都是奇数，则 $f(x)$ 没有整数根.

例 1.10.6（兰州大学考研真题） 设 $f(x)$ 是一个整系数多项式，若 $g(x)=f(x)+1$ 至少有 3 个互异的整数根，证明 $f(x)$ 没有整数根.

例 1.10.7（华东师范大学考研真题） 设 $f(x)$ 为实系数多项式，证明：如果对任何实数 c 都有 $f(c)>0$，则存在实系数多项式 $g(x)$ 与 $h(x)$，使得 $f(x)=g^2(x)+h^2(x)$.

例 1.10.8 设 $f(x)$ 是复数域中的 n 次多项式，且 $f(0)=0$，令 $g(x)=xf(x)$，证明：如果 $f(x)$ 的导数 $f'(x)$ 能够整除 $g(x)$ 的导数 $g'(x)$，则 $g(x)$ 有 $n+1$ 重零根.

例 1.10.9 $f(x)$ 为整系数多项式，且 $f(1)=1$，证明 $f(3)\neq 0$.

例 1.10.10 如果 $(x-\alpha)^k \mid f(x^n)$，证明：$(x^n-\alpha^n)^k \mid f(x^n)$（$k\geqslant 1, n\geqslant 1$ 是正整数，α 是非零常数）.

多项式自测题

一、选择题

1. 在 $F[x]$ 中能整除任意多项式的多项式是（　　）.

   A. 零多项式　　B. 零次多项式

   C. 本原多项式　　D. 不可约多项式

2. 设 $g(x)=x+1$ 是 $f(x)=x^6-k^2x^4+4kx^2+x-4$ 的一个因式，则 $k=$（　　）.

   A. 1　　B. 2　　C. 3　　D. 4

3. 以下命题不正确的是（　　）.

   A. 若 $f(x)\mid g(x)$，则 $\overline{f(x)}\mid\overline{g(x)}$

   B. 集合 $F=\{a+b\mathrm{i}\mid a,b\in\mathbf{Q}\}$ 是数域

   C. 若 $(f(x),f'(x))=1$，则 $f(x)$ 没有重因式

   D. 设 $p(x)$ 是 $f'(x)$ 的 $k-1$ 重因式，则 $p(x)$ 是 $f(x)$ 的 k 重因式

4. 整系数多项式 $f(x)$ 在 $\mathbf{Z}$ 不可约是 $f(x)$ 在 $\mathbf{Q}$ 上不可约的（　　）条件.

   A. 充分　　B. 充分必要

   C. 必要　　D. 既不充分也不必要

5. 下列关于多项式的结论不正确的是（　　）.

   A. 如果 $f(x)\mid g(x), g(x)\mid f(x)$，那么 $f(x)=g(x)$

   B. 如果 $f(x)\mid g(x), f(x)\mid h(x)$，那么 $f(x)\mid (g(x)\pm h(x))$

   C. 如果 $f(x)\mid g(x)$，那么 $\forall h(x)\in F[x]$，有 $f(x)\mid g(x)h(x)$

   D. 如果 $f(x)\mid g(x), g(x)\mid h(x)$，那么 $f(x)\mid h(x)$

6. 关于多项式的重因式，以下结论正确的是（　　）.

A. 若 $p(x)$ 是 $f'(x)$ 的 k 重因式，则 $p(x)$ 是 $f(x)$ 的 $k+1$ 重因式

B. 若 $p(x)$ 是 $f(x)$ 的 k 重因式，则 $p(x)$ 是 $f(x)$ 与 $f'(x)$ 的公因式

C. 若 $p(x)$ 是 $f'(x)$ 的因式，则 $p(x)$ 是 $f(x)$ 的重因式

D. 若 $p(x)$ 是 $f'(x)$ 的重因式，则 $p(x)$ 是 $\dfrac{f(x)}{(f(x),f'(x))}$ 的单因式

7. 关于数域 F 上不可约多项式 $p(x)$，以下结论不正确的是（　　）.

A. 若 $p(x)\mid f(x)g(x)$，则 $p(x)\mid f(x)$ 或 $p(x)\mid g(x)$

B. 若 $q(x)$ 也是不可约多项式，则 $(p(x),q(x))=1$ 或 $p(x)=cq(x), c\neq 0$

C. $p(x)$ 是任何数域上的不可约多项式

D. $p(x)$ 在数域 F 上不能分解为两个次数更低的多项式的乘积

8. 设 $f(x)=x^3-3x+k$ 有重根，那么 $k=$（　　）.

A. 1　　　B. -1　　　C. ± 2　　　D. 0

9. 设 $f(x)=x^3-3x^2+tx-1$ 是整系数多项式，当 $t=$（　　）时，$f(x)$ 在有理数域上可约.

A. 1　　　B. 0　　　C. -1　　　D. 3 或 -5

10. 设 m,n 是大于 1 的整数，则 $x^{3m}+x^{3n}$ 除以 x^2+x+1 后的余式为（　　）.

A. $x+1$　　　B. 0　　　C. 1　　　D. 2

二、填空题

1. 最小的数环是＿＿＿＿＿＿＿＿，最小的数域是＿＿＿＿＿＿＿＿.

2. 已知实系数多项式 x^3+px+q 有一个虚根 $3+2\mathrm{i}$，则其余两个根为＿＿＿＿＿＿.

3. 设 $f(x),g(x)\in F[x]$，若 $\partial(f(x))=0,\ \partial(g(x))=m$，则 $\partial(f(x)g(x))=$＿＿＿＿＿＿.

4. 用 $x-2$ 除 $f(x)=x^4+2x^3-x+5$ 的商式为＿＿＿＿＿，余式为＿＿＿＿＿.

5. 设 x_1,x_2,x_3 是多项式 x^3-6x^2+5x-1 的 3 个根，则 $(x_1-x_2)^2+(x_2-x_3)^2+(x_3-x_1)^2=$＿＿＿＿＿＿＿.

6. 设 a,b 是两个不相等的常数，则多项式 $f(x)$ 除以 $(x-a)(x-b)$ 所得的余式为＿＿＿＿＿.

7. 设 $f(x)\in\mathbf{Q}[x]$ 使得 $\partial(f(x))\leqslant 3$，且 $f(1)=1$，$f(-1)=3$，$f(2)=3$，则 $f(x)=$＿＿＿＿＿.

8. 多项式 $f(x)=x^4+x^3-3x-4x-1$ 与 $g(x)=x^3+x^2-x-1$ 的最大公因式 $(f(x),g(x))=$＿＿＿.

9. 设 $f(x)=x^4+x^2+ax+b$. $g(x)=x^2+x-2$，若 $(f(x),g(x))=g(x)$，则 $a=$＿＿＿＿＿＿，$b=$＿＿＿＿＿＿.

10. 在有理数域上将多项式 $f(x)=x^3+x^2-2x-2$ 分解为不可约因式的乘积：＿＿＿＿＿.

三、判断题

1. 若整系数多项式 $f(x)$ 在有理数域上可约，则 $f(x)$ 一定有有理根.（　　）

2. 若 $p(x),q(x)$ 均为不可约多项式，且 $(p(x),q(x))\neq 1$，则存在非零常数 c，使得 $p(x)=cq(x)$.（　　）

3. 若 $f(x)$ 无有理根，则 $f(x)$ 在 $\mathbf{Q}$ 上不可约.（　　）

4. $\mathbf{Z}[x]$ 中两个本原多项式的和仍是本原多项式.（　　）

5. 对于整系数多项式 $f(x)$，若不存在满足 Eisenstein 判别法条件的素数 p，那么 $f(x)$ 不可约.　　(　　)

6. 设 $d(x)$ 为 $f(x),g(x)$ 的一个最大公因式，则 $d(x)$ 与 $(f(x),g(x))$ 的关系是相差一个非零常数倍.　　(　　)

7. 设 $p(x)$ 是多项式 $f(x)$ 的一个 $k(k\geqslant 1)$ 重因式，那么 $p(x)$ 是 $f(x)$ 的导数的一个 $k-1$ 重因式.　　(　　)

8. 如果一个非零整系数多项式能够分解成两个次数较低的有理系数多项式的乘积，那么它一定能分解成两个次数较低的整系数多项式的乘积.　　(　　)

9. 当 a,b 满足条件 $4a^3+b^2=0$ 时，多项式 $f(x)=x^3+3ax+b$ 才能有重因式.　　(　　)

10. 设 $f(x)$ 是有理系数多项式，则除了相差一个正负号外，$f(x)$ 可唯一表示成一个有理数与一个本原多项式的乘积.　　(　　)

四、计算题

1. 已知 $f(x)=x^4-4x^3-1, g(x)=x^2-3x-1$，求 $f(x)$ 被 $g(x)$ 除所得的商式和余式.

2. 设 $f(x)=x^4-2x^3-4x^2+4x-3, g(x)=2x^3-5x^2-4x+3$，求 $f(x),g(x)$ 的最大公因式 $(f(x),g(x))$.

3. 已知 2 是多项式 $f(x)=x^4-2x^3+ax^2+bx-8$ 的一个二重根，求 a,b.

4. 求多项式 $f(x)=3x^4+5x^3+x^2+5x-2$ 的有理根.

5. 设 x_1,x_2,x_3 是多项式 $x^3+px^2+qx+r=0$ 的 3 个根，求一个三次方程，使其根为 x_1^2,x_2^2,x_3^2.

五、证明题

1. 若 $(x^3+x^2+x+1)\mid(f(x^2)+xg(x^2))$，则 $(x+1)\mid f(x)$，$(x+1)\mid g(x)$.

2. 设 $a,b,c,d\in F$，且 $ad-bc\neq 0$，对于任意的 $f(x),g(x)\in F[x]$，则有 $(f(x),g(x))=(af(x)+bg(x),cf(x)+dg(x))$.

3. 设奇数次多项式 $f(x)=(x-a_1)(x-a_2)\cdots(x-a_n)+1$，$a_i(i=1,2,\cdots,n)$ 是互不相同的整数，求证 $f(x)$ 是有理数域上的不可约多项式.

4. 设 $f(x)=x^{2n+1}-1$，$f(x)$ 的不等于 1 的根为 $\omega_1,\omega_2,\cdots,\omega_{2n}$，求证 $(1-\omega_1)(1-\omega_2)\cdots(1-\omega_{2n})=2n+1$.

5. 设有实数 a,b,c，求证：$a>0,b>0,c>0$ 的充分必要条件是 $a+b+c>0$，$ab+bc+ca>0$，$abc>0$.

补充资料

1. **最小数原理**：正整数集 $\mathbf{N}^*$ 的任意一个非空子集 S 必含有一个最小数，也就是这样一个数 $a\in S$，对于任意 $c\in S$ 都有 $a\leqslant c$.

注 1：最小数原理并非对于任意数集都成立；

注 2：设 c 是任意一个整数. 令 $M_c=\{x\in\mathbf{Z}\mid x\geqslant c\}$.

那么以 M_c 代替正整数 $\mathbf{N}^*$，最小数原理对于 M_c 仍然成立.

2. 数学归纳法原理

定理 1 设有一个与正整数 n 有关的命题. 如果

（1）当 $n=1$ 时，命题成立；

（2）假设 $n=k$ 时命题成立，则 $n=k+1$ 时命题也成立，那么这个命题对于一切正整数 n 都成立.

注：由上述注意 2 可知，$n=1$ 可换为 $n=c$.

定理 2（第二数学归纳法原理）设有一个与正整数 n 有关的命题. 如果

（1）当 $n=1$ 时，命题成立；

（2）假设对于一切小于 k 的自然数命题成立，则 $n=k$ 时命题也成立，那么这个命题对于一切正整数 n 都成立.

第2章 行列式

行列式出现于线性方程组的求解过程中，它最早是一种速记的表达式，现在已经是数学中一种非常有用的工具. 1693 年 4 月，莱布尼兹（G. W. Leibniz，1646—1716）在写给洛比达（L. Hospital，1661—1704）的一封信中使用并给出了行列式，还给出了方程组的系数行列式为零的条件. 同时代的数学家关孝和（1642—1708）在其著作《解伏题元法》中也提出了行列式的概念与算法.

1750 年，数学家克拉默（Cramer，1704—1752）在其著作《线性代数分析导引》中，对行列式的定义和展开法则给出了比较完整、明确的阐述，并给出了现在我们所称的解线性方程组的克拉默法则. 随后，数学家贝祖（E. Bezout，1730—1783）将确定行列式每一项符号的方法进行了系统化，利用系数行列式概念指出了如何判断一个齐次线性方程组有非零解.

总之，在很长一段时间内，行列式只是作为解线性方程组的一种工具使用，并没有人意识到它可以独立于线性方程组之外，单独形成一门理论加以研究.

在行列式的发展史上，第一个对行列式理论做出连贯逻辑的阐述，即把行列式理论与线性方程组求解相分离的人，是数学家范德蒙（A-T. Vandermonde，1735—1796）. 范德蒙自幼在父亲的指导下学习音乐，但对数学有浓厚的兴趣，后来终于成为法兰西科学院院士. 特别地，他给出了用二阶子式和它们的余子式来展开行列式的法则. 就对行列式本身这一点来说，范德蒙是这门理论的奠基人. 1772 年，拉普拉斯在一篇论文中证明了范德蒙提出的一些规则，推广了他的展开行列式的方法.

继范德蒙之后，在行列式的理论方面，又一位做出突出贡献的是数学家柯西. 1815 年，柯西（A. L. Cauchy，1789—1857）在一篇论文中给出了行列式的第一个系统的、几乎是近代的处理. 其中主要结果之一是行列式的乘法定理. 另外，他最早将行列式的元素排成方阵，采用双足标记法；引进了行列式特征方程的术语；给出了相似行列式概念；改进了拉普拉斯的行列式展开定理并给出了一个证明等.

19 世纪的半个多世纪中，对行列式理论研究始终不渝的作者之一是詹姆士·西尔维斯特（J. Sylvester，1814—1894）. 他是一个活泼、敏感、兴奋、热情，甚至容易激动的人，然而由于他是犹太人的缘故，他受到剑桥大学的不平等对待. 西尔维斯特用火一般的热情介绍他的学术思想，他的重要成就之一是改进了从一个 n 次和一个 m 次的多项式中消去 x 的方法，他称之为配析法，并给出线性方程组形成的行列式为零时这两个多项式方程有公共根的充分必要条件这一结果，但没有给出证明.

继柯西之后，在行列式理论方面研究成果最多的就是数学家雅可比（J. Jacobi，1804—

1851），他引进了函数行列式，即“雅可比行列式”，指出函数行列式在多重积分的变量替换中的作用，给出了函数行列式的导数公式. 雅可比的著名论文《论行列式的形成和性质》标志着行列式系统理论的建成. 由于行列式在数学分析、几何学、线性方程组理论、二次型理论等多方面的应用，促使行列式理论自身在 19 世纪也得到了很大发展. 整个 19 世纪都有行列式的新结果. 除了一般行列式的大量定理外，还有许多有关特殊行列式的其他定理都相继得到.

2.1 行列式的定义

定义 2.1.1 由 n 个数码 $1,2,\cdots,n$ 组成的一个有序数组，称为一个 n 级（阶）排列.

例 2.1.1 2431 是一个四级排列，45213 是一个五级排列.

例 2.1.2 写出所有的三级排列.

解 三级排列：123, 132, 213, 231, 312, 321，共 3！=6 个.

注：（1）所有不同 n 级排列共 n！个，$n!=1\cdot 2\cdot\cdots\cdot(n-1)n=P_n$.

（2）自然序排列：$1234\cdots n$.

（它的排序按从小到大递增排列，而其他排列都或多或少破坏了这种自然顺序）

定义 2.1.2 在一个排列里，如果某一个较大的数码排在一个较小的数码前面，就说这两个数码构成一个反序（逆序）（否则构成顺序）. 在一个排列里出现的反序总数叫做这个排列的反序数，用 $\tau(a_1a_2\cdots a_n)$ 表示排列 $a_1a_2\cdots a_n$ 的反序数.

例 2.1.3 $\tau(31542)=5$，逆序有：31, 32, 54, 52, 42；

$\tau(35412)=7$，逆序有：31, 32, 54, 51, 52, 41, 42.

例 2.1.4 求 n 级排列 $n(n-1)\cdots 321$ 及 $1\cdot 2\cdot\cdots\cdot(n-1)n$ 的逆序数.

解

$$\tau(n(n-1)\cdots 321)=(n-1)+(n-2)+\cdots+2+1=\frac{n(n-1)}{2}$$

$$\tau(1\cdot 2\cdot\cdots\cdot(n-1)n)=0$$

注： $\tau(j_1j_2\cdots j_n)=j_1$ 后面比 j_1 小的数的个数 $+\cdots+j_{n-1}$ 后面比 j_{n-1} 小的数的个数.

$\tau(j_1j_2\cdots j_n)=j_n$ 前面比 j_n 大的数的个数$+\,j_{n-1}$ 前面比 j_{n-1} 大的数的个数 $+\cdots+j_2$ 前面比 j_2 大的数的个数.

定义 2.1.3 有偶数个反序的排列叫偶排列（即反序数为偶数）；有奇数个反序的排列叫奇排列（即反序数为奇数）.

如：31542 为奇排列，12345 为偶排列.

定义 2.1.4 把一个排列里任意两个数码 i 和 j 互换位置，而其余数码不动，就得到一个新排列. 对一个排列所施行的这样一个变换叫做一个对换，用 (i,j) 表示.

定理 2.1.1 每一对换都改变排列的奇偶性.

证明 先证相邻对换：① $a_1\cdots a_l\,a\,b\,b_1\cdots b_m$；② $a_1\cdots a_l\,b\,a\,b_1\cdots b_m$.

$a<b$：对换后 τ_a 增加 1，τ_b 不变，故 $t_2=t_1+1$；τ_a 分别表示 a 的逆序数（即在一个排列中 a 后面比 a 小的数的个数），τ_b 分别表示 b 的逆序数（即在一个排列中 b 后面比 b 小的数的个数），t_2 与 t_1 分别表示第 2 个与第 1 个排列的逆序数.

$a>b$：对换后 τ_a 不变，τ_b 减少 1，故 $t_2=t_1-1$. 所以 t_2 与 t_1 的奇偶性相反.

再证一般对换：① $a_1\cdots a_l\,a\,b_1\cdots b_m\,b\,c_1\cdots c_n$；② $a_1\cdots a_l\,b_1\cdots b_m\,a\,b\,c_1\cdots c_n$；③ $a_1\cdots a_l\,b\,b_1\cdots b_m\,a\,c_1\cdots c_n$

①→②经过 m 次相邻对换，②→③经过 $m+1$ 次相邻对换，①→③经过 $2m+1$ 次相邻对换，所以 t_3 与 t_1 的奇偶性相反. 这里 t_3 与 t_1 分别表示第 3 个排列与第 1 个排列的逆序数.

定理 2.1.2　$n\geqslant 2$ 时，n 个数码的排列中，奇排列与偶排列的个数相等，均为 $\frac{n!}{2}$ 个.

证明　设 n 级排列中，奇排列共有 p 个，偶排列共有 q 个. 对这 p 个奇排列进行同一个对换，如都将第 1 个与第 2 个位置的两个数对换. 由于对换改变排列的奇偶性，则原 p 个奇排列对换后变为 p 个不同的偶排列，因而 $p\leqslant q$，同理可得 $q\leqslant p$，因此 $p=q=\frac{n!}{2}$.

有了排列的定义，下面我们来定义行列式.

行列式，首先是一个运算式，但它与我们以前所见到的运算式在写法上有所不同. 我们熟悉的运算式是利用+，-，×，÷等运算符号将数字或字母从左到右连接起来. 而这里要介绍的行列式是将数字或字母排列成一行行、一列列的正方形数表，其中行数或列数称为行列式的阶数. 由于一阶行列式就是一个数，下面我们从简单的二阶、三阶行列式开始.

二阶行列式是由 2 行 2 列四个数所组成的表达式，通常记作 $\begin{vmatrix} a_{11} & a_{12} \\ a_{21} & a_{22} \end{vmatrix}$，这里数 $a_{ij}\,(i=1,2;\,j=1,2)$ 称为行列式的元素或元，元素 a_{ij} 的第一个下标 i 称为行标，表明该元素位于第 i 行，第二个下标 j 称为列标，表明该元素位于第 j 列. 位于第 i 行第 j 列的元素称为行列式的 (i,j) 元.

定义 2.1.5　二阶行列式

$$\begin{vmatrix} a_{11} & a_{12} \\ a_{21} & a_{22} \end{vmatrix} = a_{11}a_{22}-a_{12}a_{21} \tag{2.1.1}$$

定义 2.1.6　三阶行列式

$$\begin{vmatrix} a_{11} & a_{12} & a_{13} \\ a_{21} & a_{22} & a_{23} \\ a_{31} & a_{32} & a_{33} \end{vmatrix} = a_{11}a_{22}a_{33}+a_{12}a_{23}a_{31}+a_{13}a_{21}a_{32}-a_{13}a_{22}a_{31}-a_{11}a_{23}a_{32}-a_{12}a_{21}a_{33} \tag{2.1.2}$$

上述定义表明，三阶行列式含有 6 项，每项均为不同行不同列的三个元素的乘积再冠以正负号，其规律遵循图 2.1.1 所示的对角形法则：图中三条实线看作是平行于主对角线的连线，三条虚对角线看作是平行于副对角线的连线，实线上三元素的乘积冠以正号，虚线上三元素的乘积冠以负号.

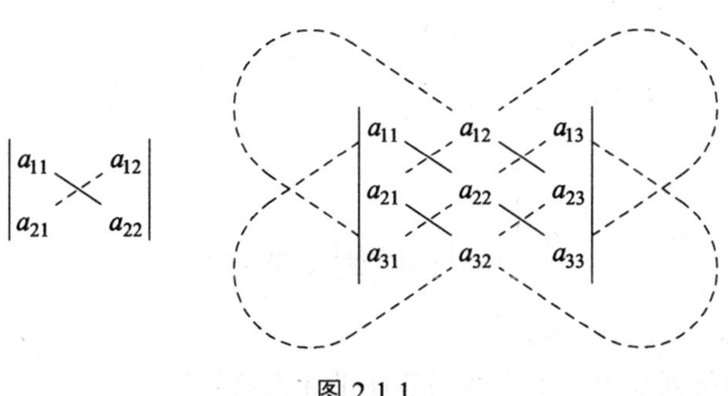

图 2.1.1

例 2.1.5 计算三阶行列式 $D=\begin{vmatrix}1 & 2 & -4\\ -2 & 2 & 1\\ -3 & 4 & -2\end{vmatrix}$.

解 按对角线法则，有

$$\begin{aligned}D&=1\times2\times(-2)+(-2)\times4\times(-4)+(-3)\times1\times2-\\&\quad(-4)\times2\times(-3)-2\times(-2)\times(-2)-1\times4\times1\\&=-14\end{aligned}$$

有了二阶行列式与三阶行列式的定义，下面我们来定义 n 阶行列式.

首先我们来观察三阶行列式：

$$\begin{vmatrix}a_{11} & a_{12} & a_{13}\\ a_{21} & a_{22} & a_{23}\\ a_{31} & a_{32} & a_{33}\end{vmatrix}=a_{11}a_{22}a_{33}+a_{21}a_{32}a_{13}+a_{31}a_{23}a_{12}-a_{13}a_{22}a_{31}-a_{12}a_{21}a_{33}-a_{11}a_{32}a_{23} \tag{2.1.3}$$

其中，符号 $\begin{vmatrix}a_{11} & a_{12} & a_{13}\\ a_{21} & a_{22} & a_{23}\\ a_{31} & a_{32} & a_{33}\end{vmatrix}$ 是由 3^2 个元素 a_{ij} 构成的三行三列方表，横排叫做行，纵排叫做列，从形式上看，三阶行列式是上述特定符号表示的一个数，这个数由一些项的和而得.

（1）项的构成：取自不同的行又不同的列上的 3 个元素的乘积.

（2）项数：三阶行列式是 3！=6 项的代数和.

（3）项的符号：每项的一般形式可以写成 $a_{1j_1}a_{2j_2}a_{3j_3}$，即行标为自然排列时，该项的符号为 $(-1)^{\tau(j_1j_2j_3)}$，即由列标排列 $j_1j_2j_3$ 的奇偶性决定.

定义 2.1.7 用符号 $D=\begin{vmatrix}a_{11} & a_{12} & \cdots & a_{1n}\\ a_{21} & a_{22} & \cdots & a_{2n}\\ \vdots & \vdots & & \vdots\\ a_{n1} & a_{n2} & \cdots & a_{nn}\end{vmatrix}$ 表示的 n 阶行列式，指的是 $n!$ 项的代数和，这些项是一切取自不同的行与不同的列上的 n 个元素的乘积，一般项可以写成 $(-1)^{\tau(j_1j_2\cdots j_n)}a_{1j_1}a_{2j_2}\cdots a_{nj_n}$. 即

$$D=\begin{vmatrix}a_{11} & a_{12} & \cdots & a_{1n}\\ a_{21} & a_{22} & \cdots & a_{2n}\\ \vdots & \vdots & & \vdots\\ a_{n1} & a_{n2} & \cdots & a_{nn}\end{vmatrix}=\sum_{j_1j_2\cdots j_n}(-1)^{\tau(j_1j_2\cdots j_n)}a_{1j_1}a_{2j_2}\cdots a_{nj_n}$$

这里 $\sum\limits_{j_1j_2\cdots j_n}$ 表示对所有 n 元排列求和.

注： 行列式 $\begin{vmatrix}a_{11} & a_{12} & \cdots & a_{1n}\\ a_{21} & a_{22} & \cdots & a_{2n}\\ \vdots & \vdots & & \vdots\\ a_{n1} & a_{n2} & \cdots & a_{nn}\end{vmatrix}$ 也可以记为 $|a_{ij}|$ 或 $\det(a_{ij})$.

例 2.1.6 在六阶行列式中，下列两项各应带什么符号？

（1）$a_{23}a_{31}a_{42}a_{56}a_{14}a_{65}$；

（2）$a_{32}a_{43}a_{14}a_{51}a_{66}a_{25}$.

解（1）首先把所求项 $a_{23}a_{31}a_{42}a_{56}a_{14}a_{65}$ 按行指标写成自然顺序 $a_{14}a_{23}a_{31}a_{42}a_{56}a_{65}$，此时列指标的排列为 431265，其逆序数为 6 即偶数，$a_{14}a_{23}a_{31}a_{42}a_{56}a_{65}$ 的符号为正，即 $a_{23}a_{31}a_{42}a_{56}a_{14}a_{65}$ 的符号为正.

（2）首先把所求项 $a_{32}a_{43}a_{14}a_{51}a_{66}a_{25}$ 按行指标写成自然顺序 $a_{14}a_{25}a_{32}a_{43}a_{51}a_{66}$，此时列指标的排列为 452316，其逆序数为 8 即偶数，$a_{14}a_{25}a_{32}a_{43}a_{51}a_{66}$ 的符号为正，即 $a_{32}a_{43}a_{14}a_{51}a_{66}a_{25}$ 的符号为正.

例 2.1.7 求几个特殊行列式的值.

（1）上三角行列式：$\begin{vmatrix} a_{11} & a_{12} & \cdots & a_{1n} \\ & a_{22} & \cdots & a_{2n} \\ & & \ddots & \vdots \\ & & & a_{nn} \end{vmatrix} = a_{11}a_{22}\cdots a_{nn}$.

（2）下三角行列式：$\begin{vmatrix} a_{11} & & & \\ a_{22} & a_{22} & & \\ \vdots & \vdots & \ddots & \\ a_{n1} & a_{n2} & \cdots & a_{nn} \end{vmatrix} = a_{11}a_{22}\cdots a_{nn}$.

（3）对角行列式：$\begin{vmatrix} a_{11} & & & \\ & a_{22} & & \\ & & \ddots & \\ & & & a_{nn} \end{vmatrix} = a_{11}a_{22}\cdots a_{nn}$.

（4）$\begin{vmatrix} a_{11} & \cdots & \cdots & a_{1n} \\ a_{21} & \cdots & a_{2,n-1} & \\ \vdots & ⋰ & & \\ a_{n1} & & & \end{vmatrix} = (-1)^{\frac{n(n-1)}{2}} a_{1n}a_{2,n-1}\cdots a_{n1}$.

（5）$\begin{vmatrix} & & & a_{1n} \\ & & a_{2,n-1} & a_{2n} \\ & ⋰ & \vdots & \vdots \\ a_{n1} & \cdots & a_{n,n-1} & a_{nn} \end{vmatrix} = (-1)^{\frac{n(n-1)}{2}} a_{1n}a_{2,n-1}\cdots a_{n1}$.

（6）$\begin{vmatrix} & & & a_{1n} \\ & & a_{2,n-1} & \\ & ⋰ & & \\ a_{n1} & & & \end{vmatrix} = (-1)^{\frac{n(n-1)}{2}} a_{1n}a_{2,n-1}\cdots a_{n1}$.

说明：上面这种行列式的写法，空白处均表示 0.

例 2.1.8*（2021 年大学数学竞赛试题） 设 $R=\{-1,0,1\}$，$S=\{\det(a_{ij})_{3\times 3}, a_{ij}\in \mathbf{R}\}$，证明：$S=\{-4,-3,-2,-1,0,1,2,3,4\}$.

证明 由对角线法则可知

$$\det(a_{ij})=a_{11}a_{22}a_{33}+a_{12}a_{23}a_{31}+a_{13}a_{21}a_{32}-a_{13}a_{22}a_{31}-a_{12}a_{21}a_{33}-a_{11}a_{23}a_{32}$$

记
$$b_1=a_{11}a_{22}a_{33}, b_2=a_{12}a_{23}a_{31}, b_3=a_{13}a_{21}a_{32}$$

$$b_4=-a_{13}a_{22}a_{31},b_5=-a_{12}a_{21}a_{33},b_6=-a_{11}a_{23}a_{32}$$

显然每个 a_{ij} 在 b_1,b_2,b_3,b_4,b_5,b_6 中共出现两次，且

$$b_1b_2b_3b_4b_5b_6=-a_{11}^2a_{12}^2a_{13}^2a_{21}^2a_{22}^2a_{23}^2a_{31}^2a_{32}^2a_{33}^2$$

因此可得，若有某个 $a_{ij}=0$，则 b_1,b_2,b_3,b_4,b_5,b_6 中至少有两个为零，从而 $\left|\det(a_{ij})\right|\leqslant 4$；若每个 a_{ij} 都不等于零，则由 $a_{ij}=\pm1$ 得 $b_1b_2b_3b_4b_5b_6=-1$，从而至少有一个 $b_i=-1$，同时至少有一个 $b_j=1$，结果 b_i 与 b_j 互相抵消，仍有 $\left|\det(a_{ij})\right|\leqslant 4$.

同时可以验证：

$$\begin{vmatrix}0&0&0\\0&0&0\\0&0&0\end{vmatrix}=0,\begin{vmatrix}1&0&0\\0&1&0\\0&0&1\end{vmatrix}=1,\begin{vmatrix}1&0&0\\0&1&1\\0&-1&1\end{vmatrix}=2,\begin{vmatrix}1&-1&0\\1&1&1\\0&-1&1\end{vmatrix}=3,\begin{vmatrix}1&1&1\\1&-1&1\\1&1&-1\end{vmatrix}=4$$

由交换行列式的两行行列式改变符号，可得 $S\subset\{-4,-3,-2,-1,0,1,2,3,4\}$.

综上可得

$$S=\{-4,-3,-2,-1,0,1,2,3,4\}$$

定义 2.1.8 （行列式的等价）从 n 阶行列式 $D=\left|a_{ij}\right|_n$ 的第 $i_1,i_2,\cdots,i_n$ 行和第 $j_1,j_2,\cdots,j_n$ 列取出元素 $a_{i_1j_1},a_{i_2j_2},\cdots,a_{i_nj_n}$ 作积 $a_{i_1j_1}a_{i_2j_2}\cdots a_{i_nj_n}$（其中 $i_1i_2\cdots i_n$，$j_1j_2\cdots j_n$ 是两个 n 元排列），则其为行列式的一项，此项在行列式中的符号为 $(-1)^{\tau(i_1i_2\cdots i_n)+\tau(j_1j_2\cdots j_n)}$. 即

$$D=\begin{vmatrix}a_{11}&a_{12}&\cdots&a_{1n}\\a_{21}&a_{22}&\cdots&a_{2n}\\\vdots&\vdots&&\vdots\\a_{n1}&a_{n2}&\cdots&a_{nn}\end{vmatrix}=\sum(-1)^{\tau(i_1i_2\cdots i_n)}a_{i_11}a_{i_22}\cdots a_{i_nn}$$

等价于

$$D=\begin{vmatrix}a_{11}&a_{12}&\cdots&a_{1n}\\a_{21}&a_{22}&\cdots&a_{2n}\\\vdots&\vdots&&\vdots\\a_{n1}&a_{n2}&\cdots&a_{nn}\end{vmatrix}=\sum(-1)^{\tau(i_1i_2\cdots i_n)+\tau(j_1j_2\cdots j_n)}a_{i_1j_1}a_{i_2j_2}\cdots a_{i_nj_n}$$

习题 2.1

1. 求下列排列的逆序数：

（1）$135\cdots(2n-1)(2n)(2n-2)\cdots42$；

（2）$(2n)1(2n-1)2(2n-2)3\cdots(n+1)n$.

2. 已知排列 $x_1x_2\cdots x_n$ 的逆序数为 k，求排列 $x_nx_{n-1}\cdots x_1$ 的逆序数.

3. 试判断 $a_{14}a_{23}a_{31}a_{42}a_{56}a_{65}$ 和 $-a_{32}a_{43}a_{14}a_{51}a_{25}a_{66}$ 是否都是六阶行列式中的项.

4. 若 $(-1)^{\tau(i432k)+\tau(52j14)}a_{i5}a_{42}a_{3j}a_{21}a_{k4}$ 是五阶行列式的一项，则 i,j,k 应为何值？此时该项的符号是什么？

5. 用定义计算下列各行列式：

（1）$\begin{vmatrix} 0 & 2 & 0 & 0 \\ 0 & 0 & 1 & 0 \\ 3 & 0 & 0 & 0 \\ 0 & 0 & 0 & 4 \end{vmatrix}$；（2）$\begin{vmatrix} 1 & 2 & 3 & 0 \\ 0 & 0 & 2 & 0 \\ 3 & 0 & 4 & 5 \\ 0 & 0 & 0 & 1 \end{vmatrix}$；（3）$\begin{vmatrix} a & -1 & 0 & 0 \\ 1 & b & -1 & 0 \\ 0 & 1 & c & -1 \\ 0 & 0 & 1 & d \end{vmatrix}$.

6. 已知 $f(x)=\begin{vmatrix} x & 1 & 1 & 2 \\ 1 & x & 1 & -1 \\ 3 & 2 & x & 1 \\ 1 & 1 & 2x & 1 \end{vmatrix}$，求 x^3 的系数.

2.2 行列式的性质

性质 2.2.1 行列互换，行列式不变. 即

$$\begin{vmatrix} a_{11} & a_{12} & \cdots & a_{1n} \\ a_{21} & a_{22} & \cdots & a_{2n} \\ \vdots & \vdots & & \vdots \\ a_{n1} & a_{n2} & \cdots & a_{nn} \end{vmatrix} = \begin{vmatrix} a_{11} & a_{21} & \cdots & a_{n1} \\ a_{12} & a_{22} & \cdots & a_{n2} \\ \vdots & \vdots & & \vdots \\ a_{1n} & a_{2n} & \cdots & a_{nn} \end{vmatrix} \quad (2.2.1)$$

证明 记等式（2.2.1）的右端 $=|b_{ij}|$，其中 $b_{ij}=a_{ji}(i,j=1,2,\cdots,n)$，且

$$|b_{ij}|=\sum_{i_1i_2\cdots i_n}(-1)^{\tau(i_1i_2\cdots i_n)}b_{i_11}b_{i_22}\cdots b_{i_nn}=\sum_{i_1i_2\cdots i_n}(-1)^{\tau(i_1i_2\cdots i_n)}a_{1i_1}a_{2i_2}\cdots a_{ni_n}=\text{左端}$$

右边行列式称为左边行列式的转置行列式. 行列式 D 的转置行列式通常记作 D^{T}，（也有书上记为 D'）.

例如，设 $\begin{vmatrix} 5 & -1 \\ 3 & 2 \end{vmatrix}=10+3=13$，则 $\begin{vmatrix} 5 & 3 \\ -1 & 2 \end{vmatrix}=10-3\times(-1)=13$.

性质 2.2.1 表明，在行列式中行与列的地位是对称的，因此凡是有关行的性质，对列也同样成立.

性质 2.2.2 用数 k 乘行列式的某一行（列），等于数 k 乘此行列式，即设 $D=|a_{ij}|$，则

$$D_1=\begin{vmatrix} a_{11} & a_{12} & \cdots & a_{1n} \\ \vdots & \vdots & & \vdots \\ ka_{i1} & ka_{i2} & \cdots & ka_{in} \\ \vdots & \vdots & & \vdots \\ a_{n1} & a_{n2} & \cdots & a_{nn} \end{vmatrix}=k\begin{vmatrix} a_{11} & a_{12} & \cdots & a_{1n} \\ \vdots & \vdots & & \vdots \\ a_{i1} & a_{i2} & \cdots & a_{in} \\ \vdots & \vdots & & \vdots \\ a_{n1} & a_{n2} & \cdots & a_{nn} \end{vmatrix}=kD$$

证明 由定义 2.1.7，有

$$D_1=\begin{vmatrix} a_{11} & a_{12} & \cdots & a_{1n} \\ \vdots & \vdots & & \vdots \\ ka_{i1} & ka_{i2} & \cdots & ka_{in} \\ \vdots & \vdots & & \vdots \\ a_{n1} & a_{n2} & \cdots & a_{nn} \end{vmatrix}=\sum(-1)^{\tau(j_1j_2\cdots j_n)}a_{1j_1}\cdots ka_{ij_i}\cdots a_{nj_n}$$

$$=k\sum(-1)^{\tau(j_1j_2\cdots j_n)}a_{1j_1}\cdots a_{ij_i}\cdots a_{nj_n}=kD$$

例如，设$D=\begin{vmatrix}0&-1&2\\-1&-1&0\\2&1&0\end{vmatrix}$，用 5 乘 D 的第三列得

$$D_1=\begin{vmatrix}0&-1&2\times5\\-1&-1&0\times5\\2&1&0\times5\end{vmatrix}=10$$

而

$$5D=5\times\begin{vmatrix}0&-1&2\\-1&-1&0\\2&1&0\end{vmatrix}=5\times2=10$$

推论 2.2.1　行列式某行（列）有公因子，则公因子可以提到行列式外.

推论 2.2.2　行列式某行（列）元素全为零，则行列式为零.

性质 2.2.3［分行（列）相加性］　如果行列式的某一行（列）的每个元素均表示为两个数的和，则该行列式等于两个行列式的和，即

$$D=\begin{vmatrix}a_{11}&a_{12}&\cdots&a_{1n}\\\vdots&\vdots&&\vdots\\b_{i1}+c_{i1}&b_{i2}+c_{i2}&\cdots&b_{in}+c_{in}\\\vdots&\vdots&&\vdots\\a_{n1}&a_{n2}&\cdots&a_{nn}\end{vmatrix}=\begin{vmatrix}a_{11}&a_{12}&\cdots&a_{1n}\\\vdots&\vdots&&\vdots\\b_{i1}&b_{i2}&\cdots&b_{in}\\\vdots&\vdots&&\vdots\\a_{n1}&a_{n2}&\cdots&a_{nn}\end{vmatrix}+\begin{vmatrix}a_{11}&a_{12}&\cdots&a_{1n}\\\vdots&\vdots&&\vdots\\c_{i1}&c_{i2}&\cdots&c_{in}\\\vdots&\vdots&&\vdots\\a_{n1}&a_{n2}&\cdots&a_{nn}\end{vmatrix}$$

证明　由定义 2.1.7 有

$$\begin{aligned}D&=\begin{vmatrix}a_{11}&a_{12}&\cdots&a_{1n}\\\vdots&\vdots&&\vdots\\b_{i1}+c_{i1}&b_{i2}+c_{i2}&\cdots&b_{in}+c_{in}\\\vdots&\vdots&&\vdots\\a_{n1}&a_{n2}&\cdots&a_{nn}\end{vmatrix}=\sum(-1)^{\tau(j_1j_2\cdots j_n)}a_{1j_1}\cdots(b_{ij_i}+c_{ij_i})\cdots a_{nj_n}\\&=\sum(-1)^{\tau(j_1j_2\cdots j_n)}a_{1j_1}\cdots b_{ij_i}\cdots a_{nj_n}+\sum(-1)^{\tau(j_1j_2\cdots j_n)}a_{1j_1}\cdots c_{ij_i}\cdots a_{nj_n}\\&=\begin{vmatrix}a_{11}&a_{12}&\cdots&a_{1n}\\\vdots&\vdots&&\vdots\\b_{i1}&b_{i2}&\cdots&b_{in}\\\vdots&\vdots&&\vdots\\a_{n1}&a_{n2}&\cdots&a_{nn}\end{vmatrix}+\begin{vmatrix}a_{11}&a_{12}&\cdots&a_{1n}\\\vdots&\vdots&&\vdots\\c_{i1}&c_{i2}&\cdots&c_{in}\\\vdots&\vdots&&\vdots\\a_{n1}&a_{n2}&\cdots&a_{nn}\end{vmatrix}\end{aligned}$$

例如，计算$D=\begin{vmatrix}332&342\\280&290\end{vmatrix}$的值.

$$\begin{aligned}D&=\begin{vmatrix}280+52&290+52\\280&290\end{vmatrix}=\begin{vmatrix}280&290\\280&290\end{vmatrix}+\begin{vmatrix}52&52\\280&290\end{vmatrix}\\&=0+52\times\begin{vmatrix}1&1\\280&290\end{vmatrix}=520\end{aligned}$$

推论 2.2.3 如果行列式的某一行（列）的每个元素均可表示为 m（ m 为大于 2 的整数）个数的和，则该行列式等于 m 个行列式的和.

性质 2.2.2 和性质 2.2.3 统称为行列式的线性性质.

性质 2.2.4 如果行列式 D 的两行（列）相同，那么行列式为零.

证明 设

$$D=\begin{vmatrix} a_{11} & a_{12} & \cdots & a_{1n} \\ \vdots & \vdots & & \vdots \\ a_{i1} & a_{i2} & \cdots & a_{in} \\ \vdots & \vdots & & \vdots \\ a_{k1} & a_{k2} & \cdots & a_{kn} \\ \vdots & \vdots & & \vdots \\ a_{n1} & a_{n2} & \cdots & a_{nn} \end{vmatrix}=\sum_{j_1j_2\cdots j_n}(-1)^{\tau(j_1\cdots j_i\cdots j_k\cdots j_n)}a_{1j_1}a_{2j_2}\cdots a_{ij_i}\cdots a_{kj_k}\cdots a_{nj_n}$$

且第 i 行与第 k 行相同，即 $a_{ij}=a_{kj}\,(j=1,2,\cdots,n)$.

由于项
$$(-1)^{\tau(j_1\cdots j_i\cdots j_k\cdots j_n)}a_{1j_1}\cdots a_{ij_i}\cdots a_{kj_k}\cdots a_{nj_n} \tag{2.2.2}$$

与项
$$(-1)^{\tau(j_1\cdots j_k\cdots j_i\cdots j_n)}a_{1j_1}\cdots a_{ij_k}\cdots a_{kj_i}\cdots a_{nj_n} \tag{2.2.3}$$

同时出现，且 $a_{ij_i}=a_{kj_i}$， $a_{ij_k}=a_{kj_k}$，所以项（2.2.2）、（2.2.3）除去符号外，具有相同的数值，但排列 $j_1\cdots j_i\cdots j_k\cdots j_n$ 与 $j_1\cdots j_k\cdots j_i\cdots j_n$ 相差一个对换，具有相反的奇偶性. 所以项（2.2.2）、（2.2.3）的符号相反，即（2.2.2）+（2.2.3）=0.

性质 2.2.5 如果行列式有两行（列）的对应元素成比例，则行列式为零. 即

$$\begin{vmatrix} a_{11} & a_{12} & \cdots & a_{1n} \\ \vdots & \vdots & & \vdots \\ a_{i1} & a_{i2} & \cdots & a_{in} \\ \vdots & \vdots & & \vdots \\ ka_{i1} & ka_{i2} & \cdots & ka_{in} \\ \vdots & \vdots & & \vdots \\ a_{n1} & a_{n2} & \cdots & a_{nn} \end{vmatrix}\begin{matrix} \\ \\ (i) \\ \\ (j) \\ \\ \\ \end{matrix}=0$$

因为将第 i 行的公因子 k 提出后，第 i 行与第 j 行相同，由性质 2.2.4 知行列式的值为 0.

性质 2.2.6 行列式的某一行（列）元素加上另一行（列）对应元素的 k 倍，行列式不变. 即

$$\begin{vmatrix} a_{11} & a_{12} & \cdots & a_{1n} \\ \vdots & \vdots & & \vdots \\ a_{i1}+ka_{s1} & a_{i2}+ka_{s2} & \cdots & a_{in}+ka_{sn} \\ \vdots & \vdots & & \vdots \\ a_{s1} & a_{s2} & \cdots & a_{sn} \\ \vdots & \vdots & & \vdots \\ a_{n1} & a_{n2} & \cdots & a_{nn} \end{vmatrix}=\begin{vmatrix} a_{11} & a_{12} & \cdots & a_{1n} \\ \vdots & \vdots & & \vdots \\ a_{i1} & a_{i2} & \cdots & a_{in} \\ \vdots & \vdots & & \vdots \\ a_{s1} & a_{s2} & \cdots & a_{sn} \\ \vdots & \vdots & & \vdots \\ a_{n1} & a_{n2} & \cdots & a_{nn} \end{vmatrix}\begin{matrix} \\ \\ (i) \\ \\ (s) \\ \\ \\ \end{matrix}$$

证明　由性质 2.2.3 知

$$\text{左端}=\begin{vmatrix} a_{11} & a_{12} & \cdots & a_{1n} \\ \vdots & \vdots & & \vdots \\ a_{i1} & a_{i2} & \cdots & a_{in} \\ \vdots & \vdots & & \vdots \\ a_{s1} & a_{s2} & \cdots & a_{sn} \\ \vdots & \vdots & & \vdots \\ a_{n1} & a_{n2} & \cdots & a_{nn} \end{vmatrix}+\begin{vmatrix} a_{11} & a_{12} & \cdots & a_{1n} \\ \vdots & \vdots & & \vdots \\ ka_{s1} & ka_{s2} & \cdots & ka_{sn} \\ \vdots & \vdots & & \vdots \\ a_{s1} & a_{s2} & \cdots & a_{sn} \\ \vdots & \vdots & & \vdots \\ a_{n1} & a_{n2} & \cdots & a_{nn} \end{vmatrix}$$

而由性质 2.2.5 知，上式的右端的第二个行列式为 0，即左端=右端.

性质 2.2.7　互换行列式中某两行（列）的位置，则行列式变号.

证明　设 $D=\begin{vmatrix} a_{11} & a_{12} & \cdots & a_{1n} \\ \vdots & \vdots & & \vdots \\ a_{i1} & a_{i2} & \cdots & a_{in} \\ \vdots & \vdots & & \vdots \\ a_{k1} & a_{k2} & \cdots & a_{kn} \\ \vdots & \vdots & & \vdots \\ a_{n1} & a_{n2} & \cdots & a_{nn} \end{vmatrix}$，考虑行列式 $D_1=\begin{vmatrix} a_{11} & a_{12} & \cdots & a_{1n} \\ \vdots & \vdots & & \vdots \\ a_{k1} & a_{k2} & \cdots & a_{kn} \\ \vdots & \vdots & & \vdots \\ a_{i1} & a_{i2} & \cdots & a_{in} \\ \vdots & \vdots & & \vdots \\ a_{n1} & a_{n2} & \cdots & a_{nn} \end{vmatrix}$.

$$D_1=\begin{vmatrix} a_{11} & a_{12} & \cdots & a_{1n} \\ \vdots & \vdots & & \vdots \\ a_{k1} & a_{k2} & \cdots & a_{kn} \\ \vdots & \vdots & & \vdots \\ a_{i1} & a_{i2} & \cdots & a_{in} \\ \vdots & \vdots & & \vdots \\ a_{n1} & a_{n2} & \cdots & a_{nn} \end{vmatrix}=\begin{vmatrix} a_{11} & a_{12} & \cdots & a_{1n} \\ \vdots & \vdots & & \vdots \\ a_{i1}+a_{k1} & a_{i2}+a_{k2} & \cdots & a_{in}+a_{kn} \\ \vdots & \vdots & & \vdots \\ a_{i1} & a_{i2} & \cdots & a_{in} \\ \vdots & \vdots & & \vdots \\ a_{n1} & a_{n2} & \cdots & a_{nn} \end{vmatrix}$$

$$=\begin{vmatrix} a_{11} & a_{12} & \cdots & a_{1n} \\ \vdots & \vdots & & \vdots \\ a_{i1}+a_{k1} & a_{i2}+a_{k2} & \cdots & a_{in}+a_{kn} \\ \vdots & \vdots & & \vdots \\ -a_{k1} & -a_{k2} & \cdots & -a_{kn} \\ \vdots & \vdots & & \vdots \\ a_{n1} & a_{n2} & \cdots & a_{nn} \end{vmatrix}=\begin{vmatrix} a_{11} & a_{12} & \cdots & a_{1n} \\ \vdots & \vdots & & \vdots \\ a_{i1} & a_{i2} & \cdots & a_{in} \\ \vdots & \vdots & & \vdots \\ -a_{k1} & -a_{k2} & \cdots & -a_{kn} \\ \vdots & \vdots & & \vdots \\ a_{n1} & a_{n2} & \cdots & a_{nn} \end{vmatrix}$$

$$=-\begin{vmatrix} a_{11} & a_{12} & \cdots & a_{1n} \\ \vdots & \vdots & & \vdots \\ a_{i1} & a_{i2} & \cdots & a_{in} \\ \vdots & \vdots & & \vdots \\ a_{k1} & a_{k2} & \cdots & a_{kn} \\ \vdots & \vdots & & \vdots \\ a_{n1} & a_{n2} & \cdots & a_{nn} \end{vmatrix}=-D$$

例如，设$D=\begin{vmatrix}1&0&3\\0&1&0\\0&0&1\end{vmatrix}=1$，若交换$D$的第一行与第二行，得

$$D_1=\begin{vmatrix}0&1&0\\1&0&3\\0&0&1\end{vmatrix}=-1\text{，即 }D=-D_1$$

从行列式定义可知，如果用行列式的定义来计算行列式，随着阶数的增加，计算量会很大，所以计算行列式时通常利用行列式的性质来减少计算量，下面举例说明如何运用行列式的性质来计算行列式.

在计算行列式时，为了使读者清楚地了解计算过程，我们对符号做如下约定：用$r_i \pm kr_j$表示将行列式的第j行的$k(-k)$倍加到第i行，用$r_i \leftrightarrow r_j$表示第i行与第j行交换，$kr_j(k \neq 0)$表示用不等于零的数k乘第j行；用$c_i \pm kc_j$表示将第j列的$k(-k)$倍加到第i列，用$c_i \leftrightarrow c_j$表示行列式的第i列与第j列交换，$kc_j(k \neq 0)$表示用不等于零的数k乘第j列.

下面介绍行列式的计算. 常常将行列式化为上三角形行列式来计算，化为上三角形行列式的步骤为：如果第一列第一个元素a_{11}为 0，将第一行与其他行交换，使第一列第一个元素a_{11}不为 0；然后把第一行分别乘以适当的数加到其他各行，使第一列除第一个元素a_{11}外其余元素全为 0；再用同样的方法处理除去第一行和第一列后的余下的低一阶行列式，依次进行下去，直到化成上三角形行列式为止，这时主对角线上的元素乘积就是行列式的值. 当然也可利用性质将行列式化为下三角行列式来计算.

例 2.2.1 计算四阶行列式$D=\begin{vmatrix}-2&5&-1&3\\1&-9&13&7\\3&-1&5&-5\\2&8&-7&-10\end{vmatrix}$.

解 尽量使a_{11}为 1，这样运算更简便. 因此，先将行列式的第一行与第二行交换，则有

$$D=-\begin{vmatrix}1&-9&13&7\\-2&5&-1&3\\3&-1&5&-5\\2&8&-7&-10\end{vmatrix}\xrightarrow[r_4+(-2)r_1]{\substack{r_2+2r_1\\r_3+(-3)r_1}}-\begin{vmatrix}1&-9&13&7\\0&-13&25&17\\0&26&-34&-26\\0&26&-33&-24\end{vmatrix}$$

$$\xrightarrow[r_4+2r_2]{r_3+2r_2}-\begin{vmatrix}1&-9&13&7\\0&-13&25&17\\0&0&16&8\\0&0&17&10\end{vmatrix}\xrightarrow{r_4+\left(-\frac{17}{16}\right)r_3}-\begin{vmatrix}1&-9&13&7\\0&-13&25&17\\0&0&16&8\\0&0&0&\frac{3}{2}\end{vmatrix}$$

$$=-1\times(-13)\times16\times\frac{3}{2}=312$$

例 2.2.2 （提取公因式法）计算 $n+1$ 阶行列式 $D_{n+1}=\begin{vmatrix} x & a_1 & a_2 & a_3 & \cdots & a_n \\ a_1 & x & a_2 & a_3 & \cdots & a_n \\ a_1 & a_2 & x & a_3 & \cdots & a_n \\ \vdots & \vdots & \vdots & \vdots & & \vdots \\ a_1 & a_2 & a_3 & a_4 & \cdots & x \end{vmatrix}$.

解 因为各行元素的和相同，所以将第 2, 3, …, $(n+1)$ 列分别乘以 1 加到第一列，再提取公因式. 即

$$D_{n+1}=\begin{vmatrix} x+\sum_{i=1}^{n}a_i & a_1 & a_2 & a_3 & \cdots & a_n \\ x+\sum_{i=1}^{n}a_i & x & a_2 & a_3 & \cdots & a_n \\ x+\sum_{i=1}^{n}a_i & a_2 & x & a_3 & \cdots & a_n \\ \vdots & \vdots & \vdots & \vdots & & \vdots \\ x+\sum_{i=1}^{n}a_i & a_2 & a_3 & a_4 & \cdots & x \end{vmatrix}=(x+\sum_{i=1}^{n}a_i)\begin{vmatrix} 1 & a_1 & a_2 & a_3 & \cdots & a_n \\ 1 & x & a_2 & a_3 & \cdots & a_n \\ 1 & a_2 & x & a_3 & \cdots & a_n \\ \vdots & \vdots & \vdots & \vdots & & \vdots \\ 1 & a_2 & a_3 & a_4 & \cdots & x \end{vmatrix}$$

$$\xlongequal[c_{n+1}-a_n c_1]{\substack{c_2-a_1c_1\\ c_3-a_2c_1\\ \vdots}}(x+\sum_{i=1}^{n}a_i)\begin{vmatrix} 1 & 0 & 0 & \cdots & 0 \\ 1 & x-a_1 & 0 & \cdots & 0 \\ 1 & a_2-a_1 & x-a_2 & \cdots & 0 \\ \vdots & \vdots & \vdots & & \vdots \\ 1 & a_2-a_1 & a_3-a_2 & \cdots & x-a_n \end{vmatrix}$$

$$=(x+\sum_{i=1}^{n}a_i)(x-a_1)(x-a_2)\cdots(x-a_n)=(x+\sum_{i=1}^{n}a_i)\prod_{i=1}^{n}(x-a_i)$$

例 2.2.3 （箭形行列式法）计算 n 阶行列式 $D=\begin{vmatrix} a_1 & c_2 & c_3 & \cdots & c_n \\ b_2 & a_2 & 0 & \cdots & 0 \\ b_3 & 0 & a_3 & \cdots & 0 \\ \vdots & \vdots & \vdots & & \vdots \\ b_n & 0 & 0 & \cdots & a_n \end{vmatrix}(a_i\neq 0, i=1,2,\cdots,n)$.

解 该行列式的形状如箭形，称为箭形行列式. 将第 i 列的 $\left(-\dfrac{b_i}{a_i}\right)$ 倍（$i=2,3,\cdots,n$）加到第 1 列，得上三角行列式

$$D=\begin{vmatrix} a_1-\sum_{i=2}^{n}\frac{b_i}{a_i}c_i & c_2 & c_3 & \cdots & c_n \\ 0 & a_2 & & & \\ \vdots & & a_3 & & \\ \vdots & & & \ddots & \\ 0 & & & & a_n \end{vmatrix}=\left(a_1-\sum_{i=2}^{n}\frac{b_i}{a_i}c_i\right)a_2a_3\cdots a_n$$

习题 2.2

1，计算下列 n 阶行列式：

（1）$D_n=\begin{vmatrix} x & 1 & \cdots & 1 \\ 1 & x & \cdots & 1 \\ \vdots & \vdots & & \vdots \\ 1 & 1 & \cdots & x \end{vmatrix}$；

（2）$D_n=\begin{vmatrix} 1 & 2 & 2 & \cdots & 2 \\ 2 & 2 & 2 & \cdots & 2 \\ 2 & 2 & 3 & \cdots & 2 \\ \vdots & \vdots & \vdots & & \vdots \\ 2 & 2 & 2 & \cdots & n \end{vmatrix}$；

（3）$D_n=\begin{vmatrix} 1+a_1 & a_2 & \cdots & a_n \\ a_1 & 1+a_2 & \cdots & a_n \\ \vdots & \vdots & & \vdots \\ a_1 & a_2 & \cdots & 1+a_n \end{vmatrix}$.

2. 证明下列各式：

（1）$\begin{vmatrix} a^2 & ab & b^2 \\ 2a & a+b & 2b \\ 1 & 1 & 1 \end{vmatrix}=(a-b)^3$；

（2）$\begin{vmatrix} a^2 & (a+1)^2 & (a+2)^2 & (a+3)^2 \\ b^2 & (b+1)^2 & (b+2)^2 & (b+3)^2 \\ c^2 & (c+1)^2 & (c+2)^2 & (c+3)^2 \\ d^2 & (d+1)^2 & (d+2)^2 & (d+3)^2 \end{vmatrix}=0$；

（3）$\begin{vmatrix} 1+a_1 & 1 & \cdots & 1 \\ 1 & 1+a_2 & \cdots & 1 \\ \vdots & \vdots & & \vdots \\ 1 & 1 & & 1+a_n \end{vmatrix}=\left(1+\sum_{i=1}^{n}\frac{1}{a_i}\right)\prod_{i=1}^{n}a_i$.

2.3 行列式的依行（列）展开

我们来看三阶行列式. 由

$$\begin{vmatrix} a_{11} & a_{12} & a_{13} \\ a_{21} & a_{22} & a_{23} \\ a_{31} & a_{32} & a_{33} \end{vmatrix}=a_{11}a_{22}a_{33}+a_{21}a_{32}a_{13}+a_{31}a_{23}a_{12}-a_{13}a_{22}a_{31}-a_{12}a_{21}a_{33}-a_{11}a_{32}a_{23}$$

得

$$\begin{vmatrix} a_{11} & a_{12} & a_{13} \\ a_{21} & a_{22} & a_{23} \\ a_{31} & a_{32} & a_{33} \end{vmatrix} = a_{11}\begin{vmatrix} a_{22} & a_{23} \\ a_{32} & a_{33} \end{vmatrix} - a_{12}\begin{vmatrix} a_{21} & a_{23} \\ a_{31} & a_{33} \end{vmatrix} + a_{13}\begin{vmatrix} a_{21} & a_{22} \\ a_{31} & a_{32} \end{vmatrix}$$

$$\begin{vmatrix} a_{11} & a_{12} & a_{13} \\ a_{21} & a_{22} & a_{23} \\ a_{31} & a_{32} & a_{33} \end{vmatrix} = a_{21}\begin{vmatrix} a_{12} & a_{13} \\ a_{32} & a_{33} \end{vmatrix} - a_{22}\begin{vmatrix} a_{11} & a_{13} \\ a_{31} & a_{33} \end{vmatrix} + a_{23}\begin{vmatrix} a_{11} & a_{12} \\ a_{31} & a_{32} \end{vmatrix}$$

$$\begin{vmatrix} a_{11} & a_{12} & a_{13} \\ a_{21} & a_{22} & a_{23} \\ a_{31} & a_{32} & a_{33} \end{vmatrix} = a_{31}\begin{vmatrix} a_{12} & a_{13} \\ a_{22} & a_{23} \end{vmatrix} - a_{32}\begin{vmatrix} a_{11} & a_{13} \\ a_{21} & a_{23} \end{vmatrix} + a_{33}\begin{vmatrix} a_{11} & a_{12} \\ a_{21} & a_{22} \end{vmatrix}$$

即三阶行列式可转化为（3 个）二阶行列式进行计算. 此结果具有一般性，首先来介绍几个相关概念.

定义 2.3.1 在 n 阶行列式

$$\begin{vmatrix} a_{11} & \cdots & a_{1j} & \cdots & a_{1n} \\ \vdots & & \vdots & & \vdots \\ a_{i1} & \cdots & a_{ij} & \cdots & a_{in} \\ \vdots & & \vdots & & \vdots \\ a_{n1} & \cdots & a_{nj} & \cdots & a_{nn} \end{vmatrix}$$

中划去元素 a_{ij} 所在的第 i 行与第 j 列，剩下的 $(n-1)^2$ 个元素按原来的排法构成一个 $n-1$ 阶行列式

$$M_{ij} = \begin{vmatrix} a_{11} & \cdots & a_{1,j-1} & a_{1,j+1} & \cdots & a_{1n} \\ \vdots & & \vdots & \vdots & & \vdots \\ a_{i-1,1} & \cdots & a_{i-1,j-1} & a_{i-1,j+1} & \cdots & a_{i-1,n} \\ a_{i+1,1} & \cdots & a_{i+1,j-1} & a_{i+1,j+1} & \cdots & a_{i+1,n} \\ \vdots & & \vdots & \vdots & & \vdots \\ a_{n1} & \cdots & a_{n,j-1} & a_{n,j+1} & \cdots & a_{nn} \end{vmatrix} \tag{2.3.1}$$

称为元素 a_{ij} 的余子式.

称 $A_{ij} = (-1)^{i+j} M_{ij}$ 为元素 a_{ij} 的代数余子式.

例如，在行列式 $D = \begin{vmatrix} 1 & -2 & 3 \\ 4 & 5 & -3 \\ 6 & 2 & 7 \end{vmatrix}$ 中，元素 a_{11}, a_{21}, a_{32} 的余子式分别为

$$M_{11} = \begin{vmatrix} 5 & -3 \\ 2 & 7 \end{vmatrix},\ M_{21} = \begin{vmatrix} -2 & 3 \\ 2 & 7 \end{vmatrix},\ M_{32} = \begin{vmatrix} 1 & 3 \\ 4 & -3 \end{vmatrix}$$

元素 a_{11}, a_{21}, a_{32} 的代数余子式分别为

$$A_{11} = (-1)^{1+1} M_{11} = \begin{vmatrix} 5 & -3 \\ 2 & 7 \end{vmatrix},$$

$$A_{21} = (-1)^{2+1} M_{21} = -\begin{vmatrix} -2 & 3 \\ 2 & 7 \end{vmatrix},$$

$$A_{32} = (-1)^{3+2} M_{32} = -\begin{vmatrix} 1 & 3 \\ 4 & -3 \end{vmatrix}$$

引理 2.3.1　一个 n 阶行列式 D，如果其中第 i 行所有元素除 a_{ij} 外都为 0，则 $D = a_{ij} A_{ij}$.

证明　分两步来证明.

第一步：考虑一种特殊情况，即

$$D = \begin{vmatrix} a_{11} & \cdots & a_{1,n-1} & a_{1n} \\ \vdots & & \vdots & \vdots \\ a_{n-1,1} & \cdots & a_{n-1,n-1} & a_{n-1,n} \\ 0 & \cdots & 0 & a_{nn} \end{vmatrix}$$

根据行列式的定义 2.1.7，有

$$D = \begin{vmatrix} a_{11} & \cdots & a_{1,n-1} & a_{1n} \\ \vdots & & \vdots & \vdots \\ a_{n-1,1} & \cdots & a_{n-1,n-1} & a_{n-1,n} \\ 0 & \cdots & 0 & a_{nn} \end{vmatrix} = \sum_{j_1 \cdots j_{n-1} j_n} (-1)^{\tau(j_1 \cdots j_{n-1} j_n)} a_{1j_1} \cdots a_{n-1,j_{n-1}} a_{n,j_n}$$

$$= \sum_{j_n = n} (-1)^{\tau(j_1 \cdots j_{n-1} j_n)} a_{1j_1} \cdots a_{n-1,j_{n-1}} a_{n,j_n} + \sum_{j_n \neq n} (-1)^{\tau(j_1 \cdots j_{n-1} j_n)} a_{1j_1} \cdots a_{n-1,j_{n-1}} a_{n,j_n}$$

$$= a_{nn} \sum_{j_1 \cdots j_{n-1}} (-1)^{\tau(j_1 \cdots j_{n-1} n)} a_{1j_1} \cdots a_{n-1,j_{n-1}} = a_{nn} \sum_{j_1 \cdots j_{n-1}} (-1)^{\tau(j_1 \cdots j_{n-1})} a_{1j_1} \cdots a_{n-1,j_{n-1}}$$

$$= a_{nn} M_{nn} = a_{nn} (-1)^{n+n} M_{nn} = a_{nn} A_{nn}$$

这里运用了

$$M_{nn} = \begin{vmatrix} a_{11} & \cdots & a_{1,n-1} \\ \vdots & & \vdots \\ a_{n-1,1} & \cdots & a_{n-1,n-1} \end{vmatrix} = \sum_{j_1 \cdots j_{n-1}} (-1)^{\tau(j_1 \cdots j_{n-1})} a_{1j_1} \cdots a_{n-1,j_{n-1}},\ 1 \leqslant j_i \leqslant n-1$$

第二步：考虑一般情况，若 $i \neq 1$ 或 $j \neq 1$，将行列式的第 i 行依次与第 $i+1$ 行，……，第 $n-1$ 行交换，交换 $n-i$ 次，然后将第 j 列依次与第 $j+1$ 列，……，第 $n-1$ 列交换，交换 $n-j$ 次，得到的行列式（记为 D_1）的第 n 行只有元素 (n,n) 是 a_{ij}，其余元素都为 0，将 D_1 的第 n 行 n 列划去，相当于在 D 中划去第 i 行 j 列. 剩下的元素按原来的次序排列的行列式正好是 M_{ij}，因此

$$D = (-1)^{(n-i)+(n-j)} D_1 = (-1)^{i+j} D_1 = (-1)^{i+j} a_{ij} M_{ij} = a_{ij} A_{ij}$$

定理 2.3.1　设 $D = |a_{ij}|_n$，A_{ij} 表示元素 a_{ij} 的代数余子式，则下列公式成立：

$$D=\sum_{s=1}^{n} a_{is}A_{is},\quad i=1,2,\cdots,n$$

证明 下面以行为例证明. 将 n 阶行列式的第 i 行写成

$$D=\begin{vmatrix} a_{11} & a_{12} & \cdots & a_{1n} \\ \vdots & \vdots & & \vdots \\ a_{i1}+0+\cdots+0 & 0+a_{i2}+\cdots+0 & \cdots & 0+\cdots+0+a_{in} \\ \vdots & \vdots & & \vdots \\ a_{n1} & a_{n2} & \cdots & a_{nn} \end{vmatrix}$$

$$=\begin{vmatrix} a_{11} & a_{12} & \cdots & a_{1n} \\ \vdots & \vdots & & \vdots \\ a_{i1} & 0 & \cdots & 0 \\ \vdots & \vdots & & \vdots \\ a_{n1} & a_{n2} & \cdots & a_{nn} \end{vmatrix}+\begin{vmatrix} a_{11} & a_{12} & \cdots & a_{1n} \\ \vdots & \vdots & & \vdots \\ 0 & a_{i2} & \cdots & 0 \\ \vdots & \vdots & & \vdots \\ a_{n1} & a_{n2} & \cdots & a_{nn} \end{vmatrix}+\cdots+\begin{vmatrix} a_{11} & a_{12} & \cdots & a_{1n} \\ \vdots & \vdots & & \vdots \\ 0 & 0 & \cdots & a_{in} \\ \vdots & \vdots & & \vdots \\ a_{n1} & a_{n2} & \cdots & a_{nn} \end{vmatrix}$$

$=a_{i1}A_{i1}+a_{i2}A_{i2}+\cdots+a_{in}A_{in}$（这里利用了推论 2.2.3 和引理 2.3.1）

同理可证 $D=\sum_{s=1}^{n} a_{sj}A_{sj}\ (j=1,2,\cdots,n)$.

例 2.3.1 利用依行列展开来计算四阶行列式 $D=\begin{vmatrix} 1 & -5 & 3 & -3 \\ 2 & 0 & 1 & -1 \\ 3 & 0 & 0 & 0 \\ 4 & 0 & 3 & -1 \end{vmatrix}$.

解

$$D=\begin{vmatrix} 1 & -5 & 3 & -3 \\ 2 & 0 & 1 & -1 \\ 3 & 0 & 0 & 0 \\ 4 & 0 & 3 & -1 \end{vmatrix}=(-5)(-1)^{1+2}\begin{vmatrix} 2 & 1 & -1 \\ 3 & 0 & 0 \\ 4 & 3 & -1 \end{vmatrix}=5\times 3(-1)^{1+2}\begin{vmatrix} 1 & -1 \\ 3 & -1 \end{vmatrix}=-30$$

定理 2.3.2 n 阶行列式 $D=\left|a_{ij}\right|$ 的某一行（列）的各元素与另一行（列）的对应元素的代数余子式乘积之和等于零，即

$$a_{s1}A_{i1}+a_{s2}A_{i2}+\cdots+a_{sn}A_{in}=0\ (i\neq s)$$

证明 由

$$D=\begin{vmatrix} a_{11} & a_{12} & \cdots & a_{1n} \\ \vdots & \vdots & & \vdots \\ a_{s1} & a_{s2} & \cdots & a_{sn} \\ \vdots & \vdots & & \vdots \\ a_{i1} & a_{i2} & \cdots & a_{in} \\ \vdots & \vdots & & \vdots \\ a_{n1} & a_{n2} & \cdots & a_{nn} \end{vmatrix}\xlongequal{r_i+r_s}\begin{vmatrix} a_{11} & a_{12} & \cdots & a_{1n} \\ \vdots & \vdots & & \vdots \\ a_{s1} & a_{s2} & \cdots & a_{sn} \\ \vdots & \vdots & & \vdots \\ a_{i1}+a_{s1} & a_{i2}+a_{s2} & \cdots & a_{in}+a_{sn} \\ \vdots & \vdots & & \vdots \\ a_{n1} & a_{n2} & \cdots & a_{nn} \end{vmatrix}$$

上式两边行列式都按第 i 行展开得

$$\sum_{j=1}^{n} a_{ij}A_{ij} = \sum_{j=1}^{n}(a_{ij}+a_{sj})A_{ij}$$

移项化简得

$$\sum_{j=1}^{n} a_{sj}A_{ij} = 0 \ \ (i \neq s)$$

同理可证 $a_{1j}A_{1t}+a_{2j}A_{2t}+\cdots+a_{nj}A_{nt}=0 \ (j \neq t)$.

例 2.3.2 已知 $D=\begin{vmatrix}1&2&3&4\\2&4&3&1\\4&1&3&2\\1&4&3&2\end{vmatrix}$，求 $A_{11}+A_{21}+A_{31}+A_{41}$.

解 （方法一）因为

$$D_1=\begin{vmatrix}1&2&3&4\\1&4&3&1\\1&1&3&2\\1&4&3&2\end{vmatrix}=0$$

D_1 与 D 的第 1 列元素的代数余子式相同，所以将 D_1 按第 1 列展开可得 $A_{11}+A_{21}+A_{31}+A_{41}=0$.

（方法二）因为 D 的第 3 列元素与 D 的第 1 列元素的代数余子式相乘求和为 0，即

$$3A_{11}+3A_{21}+3A_{31}+3A_{41}=0$$

所以

$$A_{11}+A_{21}+A_{31}+A_{41}=0$$

当然我们可以通过直接计算四个代数余子式 $A_{11},A_{21},A_{31},A_{41}$ 进行解答.

例 2.3.3 证明 n 阶范德蒙德（Vandermonde）行列式：

$$D_n=\begin{vmatrix}1&1&\cdots&1\\a_1&a_2&\cdots&a_n\\a_1^2&a_2^2&\cdots&a_n^2\\\vdots&\vdots&&\vdots\\a_1^{n-1}&a_2^{n-1}&\cdots&a_n^{n-1}\end{vmatrix}=\prod_{n\geqslant i>j\geqslant 1}(a_i-a_j)$$

其中，记号“$\prod$”表示全体同类因子的乘积.

证明 用数学归纳法来证明.

（1）当 $n=2$ 时，$\begin{vmatrix}1&1\\a_1&a_2\end{vmatrix}=a_2-a_1$.

（2）假设对于 $n-1$ 阶范德蒙行列式，结论成立.

下证 n 阶范德蒙行列式. 从 D_n 的第 $n-1$ 行开始，每行乘以 a_1 加到下一行，得

$$D_n=\begin{vmatrix}1 & 1 & \cdots & 1\\ 0 & a_2-a_1 & \cdots & a_n-a_1\\ 0 & a_2(a_2-a_1) & \cdots & a_n(a_n-a_1)\\ \vdots & \vdots & & \vdots\\ 0 & a_2^{n-2}(a_2-a_1) & \cdots & a_n^{n-2}(a_n-a_1)\end{vmatrix}$$

$$=(a_2-a_1)\cdots(a_n-a_1)\begin{vmatrix}1 & 1 & \cdots & 1\\ a_2 & a_3 & \cdots & a_n\\ a_2^2 & a_3^2 & \cdots & a_n^2\\ \vdots & \vdots & & \vdots\\ a_2^{n-2} & a_3^{n-2} & \cdots & a_n^{n-2}\end{vmatrix}$$

$$=(a_2-a_1)\cdots(a_n-a_1)\prod_{2\leqslant j<i\leqslant n}(a_i-a_j)$$

$$=\prod_{1\leqslant j<i\leqslant n}(a_i-a_j)$$

即对 n 阶行列式，结论成立.

定义 2.3.2 在一个 n 阶行列式 D 中任意选定 k 行 k 列($k\leqslant n$)，位于这些行和列的交点上的 k^2 个元素按照原来的次序组成一个 k 阶行列式 M，称为行列式 D 的一个 k 阶子式. 在 D 中划去这 k 行 k 列后余下的元素按照原来的次序组成的 $n-k$ 阶行列式 M'，称为 k 级子式 M 的余子式.

从定义看出，M 也是 M' 的余子式. 所以 M 和 M' 可以称为 D 的一对互余的子式.

例如，在四阶行列式 $D=\begin{vmatrix}1 & 2 & 1 & 4\\ 0 & -1 & 2 & 1\\ 0 & 0 & 2 & 1\\ 0 & 0 & 1 & 3\end{vmatrix}$ 中选定第一、三行，第二、四列，得到一个二阶子式 $M=\begin{vmatrix}2 & 4\\ 0 & 1\end{vmatrix}$，则 M 的余子式为 $M'=\begin{vmatrix}0 & 2\\ 0 & 1\end{vmatrix}$.

在五阶行列式 $D=\begin{vmatrix}a_{11} & a_{12} & a_{13} & a_{14} & a_{15}\\ a_{21} & a_{22} & a_{23} & a_{24} & a_{25}\\ a_{31} & a_{32} & a_{33} & a_{34} & a_{35}\\ a_{41} & a_{42} & a_{43} & a_{44} & a_{45}\\ a_{51} & a_{52} & a_{53} & a_{54} & a_{55}\end{vmatrix}$ 中选定第一、三、五行，第一、二、四列，得到一个三阶子式 $M=\begin{vmatrix}a_{12} & a_{13} & a_{15}\\ a_{22} & a_{23} & a_{25}\\ a_{42} & a_{43} & a_{45}\end{vmatrix}$，则 M 的余子式为 $M'=\begin{vmatrix}a_{31} & a_{34}\\ a_{51} & a_{54}\end{vmatrix}$.

定义 2.3.3 设D的k阶子式M在D中所在的行、列指标分别是$i_1, i_2, \cdots, i_k$，$j_1, j_2, \cdots, j_k$，则M的余子式M'前面加上符号$(-1)^{(i_1+i_2+\cdots+i_k)+(j_1+j_2+\cdots+j_k)}$后得到的$n-k$阶行列式称为$M$的代数余子式.

因为M与M'位于行列式D中不同的行和不同的列，所以有下述结论：

引理 2.3.2 n阶行列式D的任一个子式M与它的代数余子式A的乘积中的每一项都是行列式D的展开式中的一项，而且符号也一致.

考虑到证明较难，我们省去了证明，想要掌握证明过程的同学可参考文献[4].

定理 2.3.3（拉普拉斯定理） 设在n阶行列式D中任意取定k（$1 \leqslant k \leqslant n-1$）个行，由这$k$行元素所组成的一切$k$阶子式与它们的代数余子式的乘积的和等于行列式$D$.

证明* M_iA_i的每一项就是D中的一项且有相同的符号. 又M_iA_i与M_jA_j $(i \neq j)$无公共项，所以只需证明两边项数相同便可. 由于D的项数为$n!$，而M_i的项数为$r!$，A_i的项数为$(n-r)!$，又$t = \mathrm{C}_n^r = \dfrac{n!}{r!(n-r)!}$，所以被证等式右边的项数是$t \cdot r! \cdot (n-r)! = n!$，故定理 2.3.3 得证.

对拉普拉斯定理的证明，我们一般不做要求，但是应用拉普拉斯定理来解决问题，很有价值. 特别是按某些行展开只有一个子式不等于零的情形. 下面举例说明.

例 2.3.4 计算行列式$\begin{vmatrix} 2 & 3 & 0 & 0 & 1 & -1 \\ 9 & 4 & 0 & 0 & 3 & 7 \\ 4 & 5 & 1 & -1 & 2 & 4 \\ 3 & 8 & 3 & 7 & 6 & 9 \\ 1 & -1 & 0 & 0 & 0 & 0 \\ 3 & 7 & 0 & 0 & 0 & 0 \end{vmatrix}$.

解
$$\begin{vmatrix} 2 & 3 & 0 & 0 & 1 & -1 \\ 9 & 4 & 0 & 0 & 3 & 7 \\ 4 & 5 & 1 & -1 & 2 & 4 \\ 3 & 8 & 3 & 7 & 6 & 9 \\ 1 & -1 & 0 & 0 & 0 & 0 \\ 3 & 7 & 0 & 0 & 0 & 0 \end{vmatrix} = \begin{vmatrix} 1 & -1 \\ 3 & 7 \end{vmatrix} (-1)^{5+6+1+2} \begin{vmatrix} 0 & 0 & 1 & -1 \\ 0 & 0 & 3 & 7 \\ 1 & -1 & 2 & 4 \\ 3 & 7 & 6 & 9 \end{vmatrix} = 10 \begin{vmatrix} 0 & 0 & 1 & -1 \\ 0 & 0 & 3 & 7 \\ 1 & -1 & 2 & 4 \\ 3 & 7 & 6 & 9 \end{vmatrix}$$

$$= 10 \begin{vmatrix} 1 & -1 \\ 3 & 7 \end{vmatrix} (-1)^{1+2+3+4} \begin{vmatrix} 1 & -1 \\ 3 & 7 \end{vmatrix} = 1000$$

例 2.3.5 证明
$$\begin{vmatrix} a_{11} & \cdots & a_{1k} & 0 & \cdots & 0 \\ \vdots & & \vdots & \vdots & & \vdots \\ a_{k1} & \cdots & a_{kk} & 0 & \cdots & 0 \\ c_{11} & \cdots & c_{1k} & b_{11} & \cdots & b_{1r} \\ \vdots & & \vdots & \vdots & & \vdots \\ c_{r1} & \cdots & c_{rk} & b_{r1} & \cdots & b_{rr} \end{vmatrix} = \begin{vmatrix} a_{11} & \cdots & a_{1k} \\ \vdots & & \vdots \\ a_{k1} & \cdots & a_{kk} \end{vmatrix} \begin{vmatrix} b_{11} & \cdots & b_{1r} \\ \vdots & & \vdots \\ b_{r1} & \cdots & b_{rr} \end{vmatrix}.$$

证明 利用拉普拉斯定理，取前 k 行的 k 级子式，只有一个子式 $\begin{vmatrix} a_{11} & \cdots & a_{1k} \\ \vdots & & \vdots \\ a_{k1} & \cdots & a_{kk} \end{vmatrix}$，其他子式都为零，而 $\begin{vmatrix} a_{11} & \cdots & a_{1k} \\ \vdots & & \vdots \\ a_{k1} & \cdots & a_{kk} \end{vmatrix}$ 的余子式为 $\begin{vmatrix} b_{11} & \cdots & b_{1r} \\ \vdots & & \vdots \\ b_{r1} & \cdots & b_{rr} \end{vmatrix}$，故结论得证.

例 2.3.6 设 n 阶行列式 $D=\begin{vmatrix} a_{11} & a_{12} & \cdots & a_{1n} \\ a_{21} & a_{22} & \cdots & a_{2n} \\ \vdots & \vdots & & \vdots \\ a_{n1} & a_{n2} & \cdots & a_{nn} \end{vmatrix}$，正整数 $r<n$，如果 D 的所有 r 阶子式都等于 0，证明 $D=0$.

证明 D 等于前 r 行元组成的 r 阶子式与它们的代数余子式的乘积之和，由于所有 r 阶子式都等于 0，它们与各自代数余子式的乘积之和也是 0，因此 $D=0$.

例 2.3.7 计算 $2n$ 阶行列式 $D_{2n}=\underbrace{\begin{vmatrix} a & & & & & b \\ & \ddots & & & \iddots & \\ & & a & b & & \\ & & c & d & & \\ & \iddots & & & \ddots & \\ c & & & & & d \end{vmatrix}}_{2n}$.（其中未写出的元素为 0）

解（方法一）将行列式按第一行展开整理得

$$\begin{aligned} D_{2n} &= (-1)^{(2n-1)+(2n-1)}ad\cdot D_{2(n-1)}+(-1)(-1)^{(2n-1)+1}bc\cdot D_{2(n-1)} \\ &= (-1)^{(2n-1)+(2n-1)}ad\cdot D_{2(n-1)}+(-1)(-1)^{(2n-1)+1}bc\cdot D_{2(n-1)} \\ &= (ad-bc)D_{2(n-1)}=\cdots=(ad-bc)^{n-1}D_2 \end{aligned}$$

而
$$D_2=\begin{vmatrix} a & b \\ c & d \end{vmatrix}=ad-bc$$

故
$$D_{2n}=(ad-bc)^n$$

（方法二）将行列式利用拉普拉斯定理展开. 首先，取第 $n,n+1$ 行展开得

$$D_{2n}=(ad-bc)\cdot D_{2(n-1)}$$

中间两行依次利用拉普拉斯定理得

$$D_{2n}=(ad-bc)^n$$

习题 2.3

1. 计算下列 n 阶行列式：

（1）$D_n=\begin{vmatrix} x & y & 0 & \cdots & 0 & 0 \\ 0 & x & y & \cdots & 0 & 0 \\ \vdots & \vdots & \vdots & & \vdots & \vdots \\ 0 & 0 & 0 & \cdots & x & y \\ y & 0 & 0 & \cdots & 0 & x \end{vmatrix}$；

（2）$D_n=\begin{vmatrix} 2 & 1 & 0 & \cdots & 0 & 0 \\ 1 & 2 & 1 & \cdots & 0 & 0 \\ 0 & 1 & 2 & \cdots & 0 & 0 \\ \vdots & \vdots & \vdots & & \vdots & \vdots \\ 0 & 0 & 0 & \cdots & 2 & 1 \\ 0 & 0 & 0 & \cdots & 1 & 2 \end{vmatrix}$；

（3）$D_n=\left|a_{ij}\right|$，其中 $a_{ij}=\left|i-j\right|(i,j=1,2,\cdots,n)$.

2. 已知四阶行列式 $D_4=\begin{vmatrix} 1 & 2 & 3 & 4 \\ 3 & 3 & 4 & 4 \\ 1 & 5 & 6 & 7 \\ 1 & 1 & 2 & 2 \end{vmatrix}$，试求 $A_{41}+A_{42}$ 与 $A_{43}+A_{44}$，其中 A_{4j} 为行列式 D_4 的第 4 行第 j 个元素的代数余子式.

3. 设 n 阶行列式 $D_n=\begin{vmatrix} 1 & 2 & 3 & \cdots & n \\ 1 & 2 & 0 & \cdots & 0 \\ 1 & 0 & 3 & \cdots & 0 \\ \vdots & \vdots & \vdots & & \vdots \\ 1 & 0 & 0 & \cdots & n \end{vmatrix}$，求第一行各元素的代数余子式之和 $A_{11}+A_{12}+\cdots+A_{1n}$.

4. 利用范德蒙行列式证明下列结论：

$$\begin{vmatrix} 1 & a^2 & a^3 \\ 1 & b^2 & b^3 \\ 1 & c^2 & c^3 \end{vmatrix}=(ab+bc+ca)\begin{vmatrix} 1 & a & a^2 \\ 1 & b & b^2 \\ 1 & c & c^2 \end{vmatrix}$$

5. 令 $f_i(x)=a_{io}x^i+a_{i1}x^{i-1}+\cdots+a_{i,i-1}x+a_{ii}$，计算行列式：

$$\begin{vmatrix} f_0(x_1) & f_0(x_2) & \cdots & f_0(x_n) \\ f_1(x_1) & f_1(x_2) & \cdots & f_1(x_n) \\ \vdots & \vdots & & \vdots \\ f_{n-1}(x_1) & f_{n-1}(x_2) & \cdots & f_{n-1}(x_n) \end{vmatrix}$$

2.4 克拉默（Cramer）法则

对应用行列式解决线性方程组的问题，只考虑方程个数与未知量个数相等的情形.

定理 2.4.1（克拉默法则） 如果线性方程组

$$\begin{cases} a_{11}x_1 + a_{12}x_2 + \cdots + a_{1n}x_n = b_1 \\ a_{21}x_1 + a_{22}x_2 + \cdots + a_{2n}x_n = b_2 \\ \qquad\qquad \vdots \\ a_{n1}x_1 + a_{n2}x_2 + \cdots + a_{nn}x_n = b_n \end{cases} \tag{2.4.1}$$

的系数行列式不等于零，即

$$D = \begin{vmatrix} a_{11} & \cdots & a_{1n} \\ \vdots & & \vdots \\ a_{n1} & \cdots & a_{nn} \end{vmatrix} \neq 0$$

那么，方程组（2.4.1）有唯一解

$$x_1 = \frac{D_1}{D}, x_2 = \frac{D_2}{D}, \cdots, x_n = \frac{D_n}{D} \tag{2.4.2}$$

其中，$D_j(j=1,2,\cdots,n)$ 是把系数行列式 D 中的第 j 列元素用方程组右端的常数项代替后所得到的 n 阶行列式，即

$$D_j = \begin{vmatrix} a_{11} & \cdots & a_{1,j-1} & b_1 & a_{1,j+1} & \cdots & a_{1n} \\ a_{21} & \cdots & a_{2,j-1} & b_2 & a_{2,j+1} & \cdots & a_{2n} \\ \vdots & & \vdots & \vdots & \vdots & & \vdots \\ a_{n1} & \cdots & a_{n,j-1} & b_n & a_{n,j+1} & \cdots & a_{nn} \end{vmatrix}$$

证明 （1）验证式（2.4.2）是方程组（2.4.1）的解. 把方程组（2.4.1）简写为

$$\sum_{j=1}^{n} a_{ij}x_j = b_i, \quad i = 1,2,\cdots,n$$

把式（2.4.2）代入第 i 个方程，左端为

$$\sum_{j=1}^{n} a_{ij}\frac{D_j}{D} = \frac{1}{D}\sum_{j=1}^{n} a_{ij}D_j$$

因为

$$D_j = b_1A_{1j} + b_2A_{2j} + \cdots + b_nA_{nj} = \sum_{s=1}^{n} b_sA_{sj}$$

所以

$$\begin{aligned} \frac{1}{D}\sum_{j=1}^{n} a_{ij}D_j &= \frac{1}{D}\sum_{j=1}^{n} a_{ij}\sum_{s=1}^{n} b_sA_{sj} = \frac{1}{D}\sum_{j=1}^{n}\sum_{s=1}^{n} a_{ij}A_{sj}b_s \\ &= \frac{1}{D}\sum_{s=1}^{n}\sum_{j=1}^{n} a_{ij}A_{sj}b_s = \frac{1}{D}\sum_{s=1}^{n}(\sum_{j=1}^{n} a_{ij}A_{sj})b_s \\ &= \frac{1}{D}Db_i = b_i \end{aligned}$$

这相当于把式(2.4.2)代入方程组(2.4.1)的每个方程，使它们同时变成恒等式，因而式(2.4.2)确为方程组（2.4.1）的解.

（2）证明解唯一.

设$(c_1,c_2,\cdots,c_n)$为方程组（2.4.1）的一个解，于是有

$$\sum_{j=1}^{n}a_{ij}c_j=b_i,\quad i=1,2,\cdots,n \tag{**}$$

系数行列式D中第j列元素的代数余子式$A_{1j},A_{2j},\cdots,A_{nj}$依次乘以（**）中$n$个等式，再相加，得

$$(\sum_{s=1}^{n}a_{s1}A_{sj})c_1+\cdots+(\sum_{s=1}^{n}a_{sj}A_{sj})c_j+\cdots+(\sum_{s=1}^{n}a_{sn}A_{sj})c_n=\sum_{s=1}^{n}b_sA_{sj}$$

即

$$Dc_j=D_j$$

所以

$$c_j=\frac{D_j}{D},\quad j=1,2,\cdots,n$$

即$\left(\dfrac{D_1}{D},\dfrac{D_2}{D},\cdots,\dfrac{D_n}{D}\right)$为方程组（2.4.1）的唯一解.

综上所述，方程组（2.4.1）有唯一解.

例 2.4.1 解线性方程组

$$\begin{cases}2x_1+x_2-5x_3+x_4=8\\x_1-3x_2-6x_4=9\\2x_2-x_3+2x_4=-5\\x_1+4x_2-7x_3+6x_4=0\end{cases}$$

解 因为

$$D=\begin{vmatrix}2&1&-5&1\\1&-3&0&-6\\0&2&-1&2\\1&4&-7&6\end{vmatrix}=27$$

则

$$D_1=\begin{vmatrix}8&1&-5&1\\9&-3&0&-6\\-5&2&-1&2\\0&4&-7&6\end{vmatrix}=81,\quad D_2=\begin{vmatrix}2&8&-5&1\\1&9&0&-6\\0&-5&-1&2\\1&0&-7&6\end{vmatrix}=-108$$

$$D_3=\begin{vmatrix}2&1&8&1\\1&-3&9&-6\\0&2&-5&2\\1&4&0&6\end{vmatrix}=-27,\quad D_4=\begin{vmatrix}2&1&-5&8\\1&-3&0&9\\0&2&-1&-5\\1&4&-7&0\end{vmatrix}=27$$

故方程组有解$x_1=3,x_2=-4,x_3=-1,x_4=1$.

例 2.4.2 设方程组$\begin{cases} x+y+z=a+b+c \\ ax+by+cz=a^2+b^2+c^2 \\ bcx+cay+abz=3abc \end{cases}$，试问 a,b,c 满足什么条件时，方程组有唯一解，并求出唯一解.

解 系数行列式

$$D=\begin{vmatrix} 1 & 1 & 1 \\ a & b & c \\ bc & ca & ab \end{vmatrix}=(a-b)(b-c)(c-a)$$

由 Cramer 法则知，当 $D=(a-b)(b-c)(c-a)\neq 0$，即 a,b,c 两两不相等时，方程组有唯一解.此时

$$D_1=\begin{vmatrix} a+b+c & 1 & 1 \\ a^2+b^2+c^2 & b & c \\ 3abc & ca & ab \end{vmatrix}=a(a-b)(b-c)(c-a)$$

$$D_2=\begin{vmatrix} 1 & a+b+c & 1 \\ a & a^2+b^2+c^2 & c \\ bc & 3abc & ab \end{vmatrix}=b(a-b)(b-c)(c-a)$$

$$D_3=\begin{vmatrix} 1 & 1 & a+b+c \\ a & b & a^2+b^2+c^2 \\ bc & ca & 3abc \end{vmatrix}=c(a-b)(b-c)(c-a)$$

可得 $x=a,y=b,z=c$.

定理 2.4.1 的逆否命题为定理 2.4.2.

定理 2.4.2 如果线性方程组（2.4.1）无解或有两个不同的解，则它的系数行列式必为零.

特别地，当方程组右边的常数项全部为零时，方程组（2.4.1）变为齐次线性方程组

$$\begin{cases} a_{11}x_1+a_{12}x_2+\cdots+a_{1n}x_n=0 \\ a_{21}x_1+a_{22}x_2+\cdots+a_{2n}x_n=0 \\ \quad\vdots \\ a_{n1}x_1+a_{n2}x_2+\cdots+a_{nn}x_n=0 \end{cases} \tag{2.4.3}$$

方程组（2.4.3）总有解 $x_1=0,x_2=0,\cdots,x_n=0$，称为齐次线性方程组（2.4.3）的零解.

若一组不全为零的数，它是齐次线性方程组（2.4.3）的解，则称它为齐次线性方程组（2.4.3）的非零解. 由定理 2.4.1 知：

定理 2.4.3 如果齐次线性方程组（2.4.3）的系数行列式不等于零，则齐次线性方程组（2.4.3）没有非零解.

定理 2.4.3′ 如果齐次线性方程组（2.4.3）有非零解，则齐次线性方程组（2.4.3）的系数行列式必为零.

例 2.4.3 问 λ 为何值时，齐次线性方程组

$$\begin{cases}(5-\lambda)x_1+2x_2+2x_3=0\\ 2x_1+(6-\lambda)x_2=0\\ 2x_1+(4-\lambda)x_3=0\end{cases} \tag{2.4.4}$$

有非零解?

解 方程组的系数行列式

$$D=\begin{vmatrix}5-\lambda & 2 & 2\\ 2 & 6-\lambda & 0\\ 2 & 0 & 4-\lambda\end{vmatrix}=(5-\lambda)(2-\lambda)(8-\lambda)$$

若方程组（2.4.4）有非零解，则它的系数行列式 $D=0$，从而 $\lambda=2,5,8$.

克拉默法则的意义主要在于它给出了解与系数的明显关系，这一点在以后许多问题的讨论中是很重要的. 但是用克拉默法则进行计算是不方便的，因为按这一法则解一个 n 个未知量 n 个方程的线性方程组就要计算 $n+1$ 个 n 级行列式，计算量是很大的.

习题 2.4

1. 用克拉默法则解方程组

$$\begin{cases}x_1+x_2+x_3=5\\ 2x_1+x_2-x_3+x_4=1\\ x_1+2x_2-x_3+x_4=2\\ x_2+2x_3+3x_4=3\end{cases}$$

2. λ 和 μ 为何值时，齐次线性方程组

$$\begin{cases}\lambda x_1+x_2+x_3=0\\ x_1+\mu x_2+x_3=0\\ x_1+2\mu x_2+x_3=0\end{cases}$$

有非零解?

3. 齐次线性方程组

$$\begin{cases}x_1+x_2+x_3+ax_4=0\\ x_1+2x_2+x_3+x_4=0\\ x_1+x_2-3x_3+x_4=0\\ x_1+x_2+ax_3+bx_4=0\end{cases}$$

有非零解时，a,b 必须满足什么条件?

4. 求三次多项式 $f(x)=a_0+a_1x+a_2x^2+a_3x^3$，使得 $f(-1)=0, f(1)=4, f(2)=3, f(3)=16$.

5. 设 $f(x)=c_0+c_1x+\cdots+c_nx^n$，用线性方程组的理论证明，若 $f(x)$ 有 $n+1$ 个不同的根，那么 $f(x)$ 是零多项式.

2.5 更多的例题

2.5 例题详细解答

例 2.5.1 设

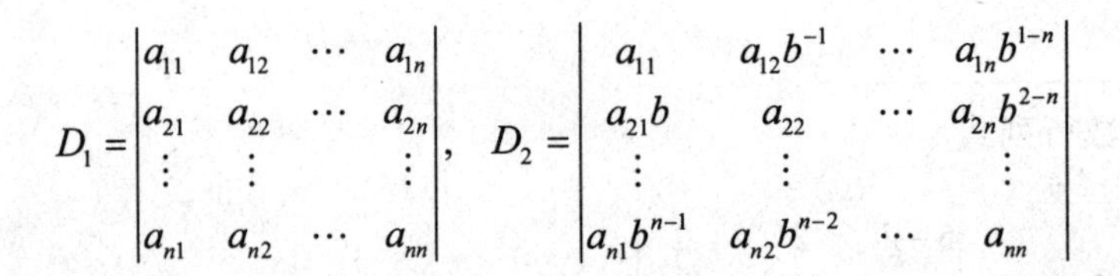

$$D_1=\begin{vmatrix} a_{11} & a_{12} & \cdots & a_{1n} \\ a_{21} & a_{22} & \cdots & a_{2n} \\ \vdots & \vdots & & \vdots \\ a_{n1} & a_{n2} & \cdots & a_{nn} \end{vmatrix},\quad D_2=\begin{vmatrix} a_{11} & a_{12}b^{-1} & \cdots & a_{1n}b^{1-n} \\ a_{21}b & a_{22} & \cdots & a_{2n}b^{2-n} \\ \vdots & \vdots & & \vdots \\ a_{n1}b^{n-1} & a_{n2}b^{n-2} & \cdots & a_{nn} \end{vmatrix}$$

证明：$D_1 = D_2$.

例 2.5.2 计算 n 阶行列式

$$D_n=\begin{vmatrix} a_1+b_1 & a_1+b_2 & \cdots & a_1+b_n \\ a_2+b_1 & a_2+b_2 & \cdots & a_2+b_n \\ \vdots & \vdots & & \vdots \\ a_n+b_1 & a_n+b_2 & \cdots & a_n+b_n \end{vmatrix}$$

例 2.5.3 已知 5 阶行列式

$$D=\begin{vmatrix} 1 & 2 & 3 & 4 & 5 \\ 5 & 5 & 5 & 3 & 3 \\ 3 & 2 & 5 & 4 & 2 \\ 2 & 2 & 2 & 1 & 1 \\ 4 & 6 & 5 & 2 & 3 \end{vmatrix}$$

求：（1）$A_{51}+2A_{52}+3A_{53}+4A_{54}+5A_{55}$；（2）$A_{31}+A_{32}+A_{33}$ 及 $A_{34}+A_{35}$.

例 2.5.4 计算 n 阶行列式

$$D_n=\begin{vmatrix} x & -1 & 0 & \cdots & 0 & 0 \\ 0 & x & -1 & \cdots & 0 & 0 \\ \vdots & \vdots & \vdots & & \vdots & \vdots \\ 0 & 0 & 0 & \cdots & x & -1 \\ a_n & a_n & a_{n-2} & \cdots & a_2 & a_1+x \end{vmatrix}$$

例 2.5.5 （浙江大学、重庆大学考研真题）计算 n 阶行列式

$$D_n=\begin{vmatrix} 1 & 2 & 3 & \cdots & n \\ 2 & 3 & 4 & \cdots & 1 \\ \vdots & \vdots & \vdots & & \vdots \\ n-1 & n & 1 & \cdots & n-2 \\ n & 1 & 2 & \cdots & n-1 \end{vmatrix}$$

例 2.5.6 计算 n 阶行列式

$$D_n=\begin{vmatrix}1&3&3&\cdots&3\\3&2&3&\cdots&3\\3&3&3&\cdots&3\\\vdots&\vdots&\vdots&&\vdots\\3&3&3&\cdots&n\end{vmatrix}$$

例 2.5.7（升阶法）　计算 n 阶行列式

$$D_n=\begin{vmatrix}x_1^2+1&x_1x_2&x_1x_3&\cdots&x_1x_n\\x_2x_1&x_2^2+1&x_2x_3&\cdots&x_2x_n\\\vdots&\vdots&\vdots&&\vdots\\x_nx_1&x_nx_2&x_nx_3&\cdots&x_n^2+1\end{vmatrix}$$

例 2.5.8（递推法）　计算 n 阶行列式

$$D_n=\begin{vmatrix}a+x&a&a&\cdots&a&a\\-y&x&0&\cdots&0&0\\0&-y&x&\cdots&0&0\\\vdots&\vdots&\vdots&&\vdots&\vdots\\0&0&0&\cdots&-y&x\end{vmatrix}$$

例 2.5.9　计算 n 阶行列式

$$D_n=\begin{vmatrix}\alpha+\beta&\alpha\beta&0&\cdots&0&0\\1&\alpha+\beta&\alpha\beta&\cdots&0&0\\0&1&\alpha+\beta&\cdots&0&0\\\vdots&\vdots&1&\cdots&\alpha\beta&0\\\vdots&\vdots&\vdots&&\alpha&\vdots\\0&0&0&\cdots&1&\alpha+\beta\end{vmatrix}$$

例 2.5.10（析因子法）　计算 $n+1$ 阶行列式

$$D_{n+1}=\begin{vmatrix}x&a_1&a_2&\cdots&a_{n-1}&1\\a_1&x&a_2&\cdots&a_{n-1}&1\\\vdots&\vdots&\vdots&&\vdots&\vdots\\a_1&a_2&a_3&\cdots&x&1\\a_1&a_2&a_3&\cdots&a_n&1\end{vmatrix}$$

例 2.5.11（利用范德蒙行列式）　计算 n 阶行列式

$$D_n=\begin{vmatrix}1&1&\cdots&1\\x_1&x_2&\cdots&x_n\\x_1^2&x_2^2&\cdots&x_n^2\\\vdots&\vdots&&\vdots\\x_1^{n-2}&x_2^{n-2}&\cdots&x_n^{n-2}\\x_1^n&x_2^n&\cdots&x_n^n\end{vmatrix}$$

例 2.5.12（数学归纳法）　计算 n 阶行列式

$$D_n=\begin{vmatrix} x & -1 & 0 & \cdots & 0 & 0 \\ 0 & x & -1 & \cdots & 0 & 0 \\ \vdots & \vdots & \vdots & & \vdots & \vdots \\ 0 & 0 & 0 & \cdots & x & -1 \\ a_n & a_{n-1} & a_{n-2} & \cdots & a_2 & a_1+x \end{vmatrix}$$

行列式自测题

一、判断题

1. $\begin{vmatrix} a_1+b_1 & a_2+b_2 \\ a_3+b_3 & a_4+b_4 \end{vmatrix}=\begin{vmatrix} a_1 & a_2 \\ a_3 & a_4 \end{vmatrix}+\begin{vmatrix} b_1 & b_2 \\ b_3 & b_4 \end{vmatrix}$.　（　　）

2. $\begin{vmatrix} a_1 & 0 & 0 & b_1 \\ 0 & a_2 & b_2 & 0 \\ 0 & b_3 & a_3 & 0 \\ b_4 & 0 & 0 & a_4 \end{vmatrix}=\begin{vmatrix} a_1 & b_1 \\ b_4 & a_4 \end{vmatrix}+\begin{vmatrix} a_2 & b_2 \\ b_3 & a_3 \end{vmatrix}$.　（　　）

3. 如果行列式 $D=0$，则 D 中必有一行为零.　（　　）

4. 若 n 阶行列式 $|a_{ij}|$ 中每行元素之和均为零，则 $|a_{ij}|$ 等于零.　（　　）

5. 行列式 $D=0$，则互换 D 的任意两行或两列，D 的值仍为零.　（　　）

6. n 阶行列式 D 中有多于 n^2-n 个元素为零，则 $D=0$.　（　　）

7. $D=|a_{ij}|_{3\times3}, A_{ij}$ 为 a_{ij} 的代数余子式，则 $a_{11}A_{21}+a_{12}A_{22}+a_{13}A_{23}=0$.　（　　）

8. $\begin{vmatrix} 0 & 0 & \cdots & 0 & \lambda_1 \\ 0 & 0 & \cdots & \lambda_2 & 0 \\ \vdots & \vdots & & \vdots & \vdots \\ \lambda_6 & 0 & \cdots & 0 & 0 \end{vmatrix}=\lambda_1\lambda_2\cdots\lambda_6$　（　　）

9. 若 n 阶行列式 $|a_{ij}|$ 满足 $a_{ij}=A_{ij}, i\ \ j=1,2\cdots n$，则 $|a_{ij}|\geqslant 0$.　（　　）

10. 若 n 阶行列式 $|a_{ij}|$ 的展开式中每一项都不为零，则 $|a_{ij}|\neq 0$.　（　　）

二、填空题

1. 在六阶行列式 $|a_{ij}|$ 的展开式中，$a_{23}a_{31}a_{42}a_{56}a_{14}a_{65}$ 带的符号是____________.

2. 行列式 $\begin{vmatrix} k-1 & 2 \\ 2 & k-1 \end{vmatrix}\neq 0$ 的充分必要条件是____________.

3. 若$\begin{vmatrix} x & 3 & 1 \\ y & 0 & -2 \\ z & 2 & -1 \end{vmatrix}=1$,则$\begin{vmatrix} x+2 & y-4 & z-2 \\ 3 & 0 & 2 \\ -1 & 2 & 1 \end{vmatrix}=$________.

4. 排列 217986354 的逆序数是________.

5. 若$D_n=|a_{ij}|=a$,则$D=|-a_{ij}|=$________.

6. 多项式$f(x)=\begin{vmatrix} 1 & a_1 & a_2 & a_3 \\ 1 & a_1+x & a_2 & a_3 \\ 1 & a_1 & a_2+x+1 & a_3 \\ 1 & a_1 & a_2 & a_3+x+2 \end{vmatrix}=0$ 的所有根是________.

7. 设$D=\begin{vmatrix} 3 & -1 & 2 \\ -2 & -3 & 1 \\ 0 & 1 & -4 \end{vmatrix}$,则$2A_{11}+A_{21}-4A_{31}=$________.

8. $D=\begin{vmatrix} a_{11} & a_{12} & a_{13} \\ a_{21} & a_{22} & a_{23} \\ a_{31} & a_{32} & a_{33} \end{vmatrix}=\dfrac{1}{2}$,则$D_1=\begin{vmatrix} 2a_{11} & a_{13} & a_{11}-2a_{12} \\ 2a_{21} & a_{23} & a_{21}-2a_{22} \\ 2a_{31} & a_{33} & a_{31}-2a_{32} \end{vmatrix}=$________.

9. 当a为________时,方程组$\begin{cases} x_1+x_2+x_3=0 \\ x_1+2x_2+ax_3=0 \\ x_1+4x_2+a^2x_3=0 \end{cases}$有非零解.

10. 设x_1,x_2,x_3是方程$x^3+px+q=0$的三个根,则行列式$\begin{vmatrix} x_1 & x_2 & x_3 \\ x_2 & x_3 & x_1 \\ x_3 & x_2 & x_1 \end{vmatrix}$的值是________.

三、选择题

1. 设$\tau(i_1i_2\cdots i_mi_{m+1}\cdots i_n)=k\ (i_m>i_{m+1})$,$i_1i_2\cdots i_mi_{m+1}\cdots i_n$是$1,2,\cdots,n$的一个排列,对排列$i_ni_{n-1}\cdots i_{m+1}i_m\cdots i_1$施行一次对换得到排列$i_ni_{n-1}\cdots i_mi_{m+1}\cdots i_1$的逆序数是(　　).

A. $k-1$　　　　B. $k+1$

C. $\dfrac{(n-1)n}{2}-k-1$　　　　D. $\dfrac{(n-1)n}{2}-k+1$

2. 方程$\begin{vmatrix} 1 & x & x^2 \\ 1 & 2 & 4 \\ 1 & 3 & 9 \end{vmatrix}=0$根的个数是(　　).

A. 0　　B. 1　　C. 2　　D. 3

3. 已知一个$n(n>1)$阶行列式中元素或为 1 或为-1,则其值必为(　　).

A. 1　　B. -1　　C. 奇数　　D. 偶数

4. 已知$\begin{vmatrix} a_{11} & a_{12} & a_{13} \\ a_{21} & a_{22} & a_{23} \\ a_{31} & a_{32} & a_{33} \end{vmatrix} = a$，那么$\begin{vmatrix} 2a_{11} & a_{13} & a_{11}+a_{12} \\ 2a_{21} & a_{23} & a_{21}+a_{22} \\ 2a_{31} & a_{33} & a_{31}+a_{32} \end{vmatrix} =$（　　）.

A. a　　B. $-a$　　C. $2a$　　D. $-2a$

5. 设$D = \begin{vmatrix} 2 & 0 & 8 \\ -3 & 1 & 5 \\ 2 & 9 & 7 \end{vmatrix}$，则代数余子式$A_{12} =$（　　）.

A. -31　　B. 31　　C. 0　　D. -11

6. 已知四阶行列式A的值为2，将A的第三行元素乘以-1加到第四行的对应元素上去，则现行列式的值（　　）.

A. 2　　B. 0　　C. -1　　D. -2

7. 设$D = \begin{vmatrix} 2a & b & 0 \\ 2c & 2a & 1 \\ b & 2c & 0 \end{vmatrix} = M$，其中$a,b,c$为实数且$a \neq 0$，则方程$ax^2+bx+c=0$有实根的充分必要条件是（　　）.

A. $M<0$　　B. $M>0$　　C. $M \leqslant 0$　　D. $M \geqslant 0$.

8. 行列式D中第2行元素的代数余子式之和$A_{21}+A_{22}+A_{23}+A_{24}=$（　　），其中

$$D = \begin{vmatrix} 1 & 1 & 1 & 1 \\ 1 & -1 & 1 & 1 \\ 1 & 1 & -1 & 1 \\ 1 & 1 & 1 & -1 \end{vmatrix}.$$

A. 0　　B. 1　　C. -1　　D. 3

9. 已知齐次线性方程组$\begin{cases} \lambda x + y + z = 0 \\ \lambda x + 3y - z = 0 \\ -y + \lambda z = 0 \end{cases}$仅有零解，则（　　）.

A. $\lambda \neq 0$且$\lambda \neq 1$　　B. $\lambda = 0$或$\lambda = 1$

C. $\lambda \neq 0$且$\lambda \neq -1$　　D. $\lambda = 0$或$\lambda = -1$

10. n阶行列式$\begin{vmatrix} 0 & -1 & 0 & \cdots & 0 \\ 0 & 0 & -1 & \cdots & 0 \\ \vdots & \vdots & \vdots & & \vdots \\ 0 & 0 & 0 & \cdots & -1 \\ -1 & 0 & 0 & \cdots & 0 \end{vmatrix}$的值为（　　）.

A. 1　　B. -1　　C. $(-1)^n$　　D. $(-1)^{n-1}$

四、计算题

1. 已知$D=\begin{vmatrix}1&0&1&2\\-1&1&0&3\\1&1&1&0\\-1&2&5&4\end{vmatrix}$，计算$A_{41}+A_{42}+A_{43}+A_{44}$.

2. 计算四阶行列式

$$D_4=\begin{vmatrix}a^3&b^3&c^3&d^3\\a^2&b^2&c^2&d^2\\a&b&c&d\\b+c+d&a+c+d&a+b+d&a+b+c\end{vmatrix}$$

3. 计算行列式

$$\begin{vmatrix}a_1+b&a_2&a_3&\cdots&a_n\\a_1&a_2+b&a_3&\cdots&a_n\\\vdots&\vdots&\vdots&&\vdots\\a_1&a_2&a_3&\cdots&a_n+b\end{vmatrix}$$

4. 已知齐次线性方程组$\begin{cases}\lambda x_1+x_2+x_3=0\\x_1+\lambda x_2+x_3=0\\x_1+x_2+\lambda x_3=0\end{cases}$有非零解，求$\lambda$.

5. 设n阶方阵A的行列式$|A|=a\neq 0$，且A的每行元素之和均为b，求$|A|$的第一列元素的代数余子式之和$A_{11}+A_{21}+\cdots+A_{n1}$.

五、证明题

1. 试证当$a\neq b$时，下式成立：

$$D_n=\begin{vmatrix}x&b&b&\cdots&b&b\\a&x&b&\cdots&b&b\\a&a&x&\cdots&b&b\\\vdots&\vdots&\vdots&&\vdots&\vdots\\a&a&a&\cdots&x&b\\a&a&a&\cdots&a&x\end{vmatrix}=\frac{b(x-a)^n-a(x-b)^n}{b-a}$$

2. 求证：若$a=b\cos C+c\cos B$，$b=c\cos A+a\cos C$，$c=a\cos B+b\cos A$，且a,b,c不全为零，则$\cos^2 A+\cos^2 B+\cos^2 C+2\cos A\cos B\cos C=1$.

3. 设$a_1,a_2,\cdots,a_n$为数域F上互不相同的数，$b_1,b_2,\cdots,b_n$是F上任一组给定的数，证明：存在唯一的数域F上次数小于n的多项式$f(x)$，使$f(a_i)=b_i\ (i=1,2,\cdots,n)$.

4. 设 $g_i(x)\,(i=1,\cdots,n)$ 是数域 F 上的多项式， $f(x)=\begin{vmatrix} g_1(x) & g_1^2(x) & \cdots & g_1^n(x) \\ g_2(x) & g_2^2(x) & \cdots & g_2^n(x) \\ \vdots & \vdots & & \vdots \\ g_n(x) & g_n^2(x) & \cdots & g_n^n(x) \end{vmatrix}$，证明：$f(x)=0$ 或者 $f(x)$ 在 F 上可约.

5. 若 $a^2 \neq b^2$，证明方程组 $\begin{cases} ax_1+bx_{2n}=1 \\ ax_2+bx_{2n-1}=1 \\ \quad\vdots \\ ax_n+bx_{n+1}=1 \\ bx_n+ax_{n+1}=1 \\ \quad\vdots \\ bx_2+ax_{2n-1}=1 \\ bx_1+ax_{2n}=1 \end{cases}$ 有唯一解.

第3章

矩阵

矩阵的现代概念在19世纪逐渐形成. 1801年，德国数学家高斯（F. Gauss，1777—1855）把一个线性变换的全部系数作为一个整体. 1844年，德国数学家爱森斯坦（Eissenstein，1823—1852）讨论了"变换"(矩阵)及其乘积. 1850年，英国数学家西尔维斯特(James Joseph Sylvester，1844—1897）首先使用矩阵一词. 1858年，英国数学家凯莱（A. Gayley，1821—1895）发表《关于矩阵理论的研究报告》. 他第一个将矩阵作为一个独立的数学对象加以研究，并关于这个主题发表了一系列文章，因而被认为是矩阵论的创立者，他给出了现在通用的一系列定义，如矩阵相等、零矩阵、单位矩阵、矩阵的和、一个数与一个矩阵的数量积、两个矩阵的积、矩阵的逆、转置矩阵等. 凯莱还注意到矩阵的乘法是可结合的，但一般不可交换，且$m\times n$矩阵只能用$n\times k$矩阵去右乘. 1854年，法国数学家埃米尔特（Hermite，1822—1901）使用了"正交矩阵"这一术语，但它的正式定义直到1878年才由德国数学家费罗贝尼乌斯(F. G. Frohenius，1849—1917）发表. 1879年，费罗贝尼乌斯引入矩阵秩的概念.

至此，矩阵的体系基本上建立起来了.

3.1 矩阵及其运算

定义 3.1.1 由$m\times n$个数$a_{ij}\ (i=1,2,\cdots,m;j=1,2,\cdots,n)$构成的一个$m$行$n$列的矩形列表

$$\begin{pmatrix} a_{11} & a_{12} & \cdots & a_{1n} \\ a_{21} & a_{22} & \cdots & a_{2n} \\ \vdots & \vdots & & \vdots \\ a_{m1} & a_{m2} & \cdots & a_{mn} \end{pmatrix} \text{或} \begin{bmatrix} a_{11} & a_{12} & \cdots & a_{1n} \\ a_{21} & a_{22} & \cdots & a_{2n} \\ \vdots & \vdots & & \vdots \\ a_{m1} & a_{m2} & \cdots & a_{mn} \end{bmatrix}$$

称为一个m行n列的矩阵. a_{ij}称为矩阵的第i行第j列的元素$(i=1,\cdots,m;\ j=1,\cdots,n)$.

若矩阵的元素属于数域$\boldsymbol{F}$，称其为数域$\boldsymbol{F}$的矩阵. 若无特别说明，本书里的矩阵均指实数域$\mathbf{R}$上的矩阵. 一般用大写字母$\boldsymbol{A}$，$\boldsymbol{B}$，$\boldsymbol{C}$,$\cdots$ 表示矩阵；有时为了突出矩阵的行列规模，也对大写字母右边添加下标，如$m\times n$的矩阵$\boldsymbol{A}$可以表示为$\boldsymbol{A}_{m\times n}$，有时简记为$\boldsymbol{A}_{mn}$；同时表明矩阵的规模和元素时采用形式$(a_{ij})_{m\times n}$或$(a_{ij})_{mn}$标记. 若$m\times n$的矩阵的所有元素为零，则称其为零矩阵，记为$\boldsymbol{O}_{m\times n}$，不引起混淆时也可简记为$\boldsymbol{O}$（为区别于数字 0，本书中用大写字母$\boldsymbol{O}$表示零矩阵）.

当矩阵$\boldsymbol{A}_{m\times n}$的行列数相等，即$m=n$时，称其为$n$阶矩阵$\boldsymbol{A}$或简称$n$阶方阵$\boldsymbol{A}$. 一阶方阵也常作为一个数对待. 对于方阵，从左上角到右下角的连线称为主对角线，而从左下角到右上

角的连线称为副对角线.

n阶方阵

$$A_n=\begin{pmatrix} a_{11} & 0 & \cdots & 0 \\ a_{21} & a_{22} & \cdots & 0 \\ \vdots & \vdots & & \vdots \\ a_{n1} & a_{n2} & \cdots & a_{nn} \end{pmatrix}$$

称为下三角矩阵. 同样地，n阶方阵

$$B_n=\begin{pmatrix} b_{11} & b_{12} & \cdots & b_{1n} \\ 0 & b_{22} & \cdots & b_{2n} \\ \vdots & \vdots & & \vdots \\ 0 & 0 & \cdots & b_{nn} \end{pmatrix}$$

称为上三角矩阵.

n阶方阵

$$A=\begin{pmatrix} a_{11} & 0 & \cdots & 0 \\ 0 & a_{22} & \cdots & 0 \\ \vdots & \vdots & & \vdots \\ 0 & 0 & \cdots & a_{nn} \end{pmatrix}$$

称为对角矩阵，有时对角矩阵简记为 $A=\text{diag}(a_{11},a_{22},\cdots,a_{nn})$.
主对角线上元素都相同的对角矩阵

$$A=\begin{pmatrix} a & 0 & \cdots & 0 \\ 0 & a & \cdots & 0 \\ \vdots & \vdots & & \vdots \\ 0 & 0 & \cdots & a \end{pmatrix}$$

称为数量矩阵（纯量矩阵）. 特别地，n阶方阵的主对角线上的元素都是1的对角矩阵

$$E_n=\begin{pmatrix} 1 & 0 & \cdots & 0 \\ 0 & 1 & \cdots & 0 \\ \vdots & \vdots & & \vdots \\ 0 & 0 & \cdots & 1 \end{pmatrix}$$

称为n阶单位矩阵，记为 E_n，如果不引起混淆，也可简记为 E.（有些书上也有用 I 表示的，本书后面均用 E 表示单位矩阵.）

今后我们用 $M_{m\times n}(F)$ 表示数域 F 上的 $m\times n$ 矩阵构成的集合，而用 $M_{n\times n}(F)$ 或者 $M_n(F)$ 表示数域 F 上的 n 阶方阵构成的集合.

定义 3.1.2 如果两个矩阵 $A=(a_{ij})_{m\times n}$，$B=(b_{ij})_{s\times t}$ 具有相同的行数、列数，即 $m=s,n=t$，称其为同型矩阵，若对应位置上的元素相等即 $a_{ij}=b_{ij}$，那么称矩阵 A 与矩阵 B 相等，记为 $A=B$.

例 3.1.1 设矩阵 $\boldsymbol{A}=\begin{pmatrix}1 & a\\ 2-b & 3\end{pmatrix}$，$\boldsymbol{B}=\begin{pmatrix}c+1 & -4\\ 0 & 3d\end{pmatrix}$，且 $\boldsymbol{A}=\boldsymbol{B}$，试求 a,b,c,d.

解 因为 $\boldsymbol{A}=\boldsymbol{B}$，故有

$$1=c+1,\ a=-4,\ 2-b=0,\ 3=3d$$

得

$$a=-4,\ b=2,\ c=0,\ d=1$$

定义 3.1.3 设

$$\boldsymbol{A}=\begin{pmatrix}a_{11} & a_{12} & \cdots & a_{1n}\\ a_{21} & a_{22} & \cdots & a_{2n}\\ \vdots & \vdots & & \vdots\\ a_{m1} & a_{m2} & \cdots & a_{mn}\end{pmatrix},\quad \boldsymbol{B}=\begin{pmatrix}b_{11} & b_{12} & \cdots & b_{1n}\\ b_{21} & b_{22} & \cdots & b_{2n}\\ \vdots & \vdots & & \vdots\\ b_{m1} & b_{m2} & \cdots & b_{mn}\end{pmatrix}$$

是两个同型矩阵，则矩阵

$$\boldsymbol{C}=(c_{ij})_{m\times n}=(a_{ij}+b_{ij})_{m\times n}=\begin{pmatrix}a_{11}+b_{11} & a_{12}+b_{12} & \cdots & a_{1n}+b_{1n}\\ a_{21}+b_{21} & a_{22}+b_{22} & \cdots & a_{2n}+b_{2n}\\ \vdots & \vdots & & \vdots\\ a_{m1}+b_{m1} & a_{m2}+b_{m2} & \cdots & a_{mn}+b_{mn}\end{pmatrix}$$

称为矩阵 $\boldsymbol{A}$ 和 $\boldsymbol{B}$ 的和，记为 $\boldsymbol{C}=\boldsymbol{A}+\boldsymbol{B}$.

矩阵

$$\begin{pmatrix}ka_{11} & ka_{12} & \cdots & ka_{1n}\\ ka_{21} & ka_{22} & \cdots & ka_{2n}\\ \vdots & \vdots & & \vdots\\ ka_{m1} & ka_{m2} & \cdots & ka_{mn}\end{pmatrix}$$

称为矩阵 $\boldsymbol{A}=(a_{ij})_{m\times n}$ 与数 k 的数量乘积，记为 $k\boldsymbol{A}$，即 $k\boldsymbol{A}=k(a_{ij})_{m\times n}=(ka_{ij})_{m\times n}$. 换句话说，用数 k 乘矩阵就是把矩阵的每个元素都乘上 k.

注：① 矩阵的加法就是矩阵对应的元素相加；② 相加的矩阵必须要有相同的行数和列数即只有同型矩阵才能相加.

例 3.1.2 已知 $\boldsymbol{A}=\begin{pmatrix}-1 & 2 & 3\\ 0 & 3 & -2\end{pmatrix}$，$\boldsymbol{B}=\begin{pmatrix}4 & 3 & 2\\ 5 & -3 & 0\end{pmatrix}$，求 $\boldsymbol{A}+\boldsymbol{B}$ 和 $3\boldsymbol{A}$.

解

$$\boldsymbol{A}+\boldsymbol{B}=\begin{pmatrix}-1+4 & 2+3 & 3+2\\ 0+5 & 3+(-3) & -2+0\end{pmatrix}=\begin{pmatrix}3 & 5 & 5\\ 5 & 0 & -2\end{pmatrix}$$

$$3\boldsymbol{A}=3\begin{pmatrix}-1 & 2 & 3\\ 0 & 3 & -2\end{pmatrix}=\begin{pmatrix}-3 & 6 & 9\\ 0 & 9 & -6\end{pmatrix}$$

将 $\boldsymbol{A}=(a_{ij})_{m\times n}$ 中的各元素反号得到的矩阵，称为 $\boldsymbol{A}$ 的负矩阵，记为 $-\boldsymbol{A}$，即 $-\boldsymbol{A}=(-a_{ij})_{m\times n}$.

如果 $\boldsymbol{A}=(a_{ij})_{m\times n}$，$\boldsymbol{B}=(b_{ij})_{m\times n}$，则定义矩阵减法为

$$\boldsymbol{A}-\boldsymbol{B}=\boldsymbol{A}+(-\boldsymbol{B})=(a_{ij})_{m\times n}+(-b_{ij})_{m\times n}=(a_{ij}-b_{ij})_{m\times n}$$

显然，矩阵的线性运算满足如下运算规律（设 $\boldsymbol{A},\boldsymbol{B},\boldsymbol{C}$ 都是 $m\times n$ 矩阵，λ,μ 为数）：

（1）$A+B=B+A$；

（2）$(A+B)+C=A+(B+C)$；

（3）$A+O=A$；

（4）$A+(-A)=O$；

（5）$\lambda(A+B)=\lambda A+\lambda B$；

（6）$(\lambda+\mu)A=\lambda A+\mu A$；

（7）$(\lambda\mu)A=\lambda(\mu A)$；

（8）$1\cdot A=A$；

（9）$\lambda A=O$ 当且仅当 $\lambda=0$ 或 $A=O$.

（证明略）

定义 3.1.4 设

$$A=(a_{ij})_{m\times s}=\begin{pmatrix} a_{11} & a_{12} & \cdots & a_{1s} \\ a_{21} & a_{22} & \cdots & a_{2s} \\ \vdots & \vdots & & \vdots \\ a_{m1} & a_{m2} & \cdots & a_{ms} \end{pmatrix},\ B=(b_{ij})_{s\times n}=\begin{pmatrix} b_{11} & b_{12} & \cdots & b_{1n} \\ b_{21} & b_{22} & \cdots & b_{2n} \\ \vdots & \vdots & & \vdots \\ b_{s1} & b_{s2} & \cdots & b_{sn} \end{pmatrix}$$

矩阵 A 与矩阵 B 的乘积记作 AB，规定

$$AB=(c_{ij})_{m\times n}=\begin{pmatrix} c_{11} & c_{12} & \cdots & c_{1n} \\ c_{21} & c_{22} & \cdots & c_{2n} \\ \vdots & \vdots & & \vdots \\ c_{m1} & c_{m2} & \cdots & c_{mn} \end{pmatrix}$$

其中，$c_{ij}=a_{i1}b_{1j}+a_{i2}b_{2j}+\cdots+a_{is}b_{sj}=\sum_{k=1}^{s}a_{ik}b_{kj}\ (i=1,2,\cdots,m;j=1,2,\cdots,n)$.

记号 AB，常读作 A 左乘 B 或 B 右乘 A.

注：只有当左边矩阵的列数等于右边矩阵的行数时，两个矩阵才能进行乘法运算.

若 $C=AB$，则矩阵 C 的元素 c_{ij} 为矩阵 A 的第 i 行元素与矩阵 B 的第 j 列对应元素乘积的和，即

$$c_{ij}=(a_{i1},a_{i2},\cdots,a_{is})\begin{pmatrix} b_{1j} \\ b_{2j} \\ \vdots \\ b_{sj} \end{pmatrix}=a_{i1}b_{1j}+a_{i2}b_{2j}+\cdots+a_{is}b_{sj} \tag{3.1.1}$$

例 3.1.3 设

$$A=\begin{pmatrix} 1 & 0 & -1 & 2 \\ -1 & 1 & 3 & 0 \\ 0 & 5 & -1 & 4 \end{pmatrix},\ B=\begin{pmatrix} 0 & 3 & 4 \\ 1 & 2 & 1 \\ 3 & 1 & -1 \\ -1 & 2 & 1 \end{pmatrix}$$

那么

$$AB=\begin{pmatrix}1&0&-1&2\\-1&1&3&0\\0&5&-1&4\end{pmatrix}\begin{pmatrix}0&3&4\\1&2&1\\3&1&-1\\-1&2&1\end{pmatrix}=\begin{pmatrix}-5&6&7\\10&2&-6\\-2&17&10\end{pmatrix}$$

矩阵的乘法满足如下运算规律（设 A,B,C 都是矩阵，k 为数，并且假定运算是可行的）：

（1）$(AB)C=A(BC)$；

（2）$(A+B)C=AC+BC$；

（3）$C(A+B)=CA+CB$；

（4）$k(AB)=(kA)B=A(kB)$.

注：矩阵的乘法一般不满足交换律，即 $AB\neq BA$.

例如，设 $A=\begin{pmatrix}-2&4\\1&-2\end{pmatrix}$，$B=\begin{pmatrix}2&4\\-3&-6\end{pmatrix}$，则

$$AB=\begin{pmatrix}-2&4\\1&-2\end{pmatrix}\begin{pmatrix}2&4\\-3&-6\end{pmatrix}=\begin{pmatrix}-16&-32\\8&16\end{pmatrix}$$

而

$$BA=\begin{pmatrix}2&4\\-3&-6\end{pmatrix}\begin{pmatrix}-2&4\\1&-2\end{pmatrix}=\begin{pmatrix}0&0\\0&0\end{pmatrix}$$

于是 $AB\neq BA$.

另外还发现一个很有趣的结果：$BA=O$，说明两个非零矩阵的乘积可能是零矩阵，故不能从 $AB=O$ 推出 $A=O$ 或 $B=O$.

此外，矩阵乘法一般也不满足消去律，即从 $AC=BC$ 不一定能推出 $A=B$. 例如，设

$$A=\begin{pmatrix}1&2\\0&3\end{pmatrix},\ B=\begin{pmatrix}1&0\\0&4\end{pmatrix},\ C=\begin{pmatrix}1&1\\0&0\end{pmatrix}$$

则

$$AC=\begin{pmatrix}1&2\\0&3\end{pmatrix}\begin{pmatrix}1&1\\0&0\end{pmatrix}=\begin{pmatrix}1&1\\0&0\end{pmatrix}=\begin{pmatrix}1&0\\0&4\end{pmatrix}\begin{pmatrix}1&1\\0&0\end{pmatrix}=BC$$

但 $A\neq B$.

定义 3.1.5 如果两个 n 阶矩阵 A 与 B 相乘，有

$$AB=BA$$

则称矩阵 A 与矩阵 B 可交换，简称 A 与 B 可换.

注：对于单位矩阵 E，容易证明

$$E_m A_{m\times n}=A_{m\times n},\ A_{m\times n}E_n=A_{m\times n}$$

或简写成

$$EA=AE=A$$

可见，单位矩阵 $\boldsymbol{E}$ 在矩阵的乘法中的作用类似于数 1.

对 $\boldsymbol{A}_{m\times n},\boldsymbol{O}_{p\times m}$ 及 $\boldsymbol{O}_{m\times l}$，有

$$\boldsymbol{O}_{p\times m}\boldsymbol{A}_{m\times n}=\boldsymbol{O}_{p\times n},\quad \boldsymbol{A}_{m\times n}\boldsymbol{O}_{n\times l}=\boldsymbol{O}_{m\times l}$$

更进一步，有如下命题.

命题 3.1.1 设 $\boldsymbol{B}$ 是一个 n 阶矩阵，则 $\boldsymbol{B}$ 是一个数量矩阵的充分必要条件是 $\boldsymbol{B}$ 与任何 n 阶矩阵 $\boldsymbol{A}$ 可换.

（证明作为习题）

同阶方阵显然可以相乘，据此对矩阵的正整数次幂规定如下：

$$\boldsymbol{A}^1=\boldsymbol{A},\boldsymbol{A}^2=\boldsymbol{AA},\cdots,\boldsymbol{A}^{k+1}=\boldsymbol{A}^k\boldsymbol{A}$$

由于矩阵的乘法满足结合律，所以方阵的幂满足如下运算规律：

$$\boldsymbol{A}^k\boldsymbol{A}^l=\boldsymbol{A}^{k+l}(\boldsymbol{A}^k)^l=\boldsymbol{A}^{kl}\ (k,l\text{ 为正整数})$$

下面来研究矩阵多项式及其运算.

设 $\varphi(x)=a_0+a_1x+\cdots+a_nx^m$ 为 x 的 m 次多项式，$\boldsymbol{A}$ 为 n 阶矩阵，记

$$\varphi(\boldsymbol{A})=a_0\boldsymbol{E}+a_1\boldsymbol{A}+\cdots+a_m\boldsymbol{A}^m$$

$\varphi(\boldsymbol{A})$ 称为矩阵 $\boldsymbol{A}$ 的 m 次多项式.

因为矩阵 $\boldsymbol{A}^k,\boldsymbol{A}^l$ 和 $\boldsymbol{E}$ 都是可交换的，所以矩阵 $\boldsymbol{A}$ 的两个多项式 $\phi(\boldsymbol{A})$ 和 $f(\boldsymbol{A})$ 总是可交换的，即总有

$$\varphi(\boldsymbol{A})f(\boldsymbol{A})=f(\boldsymbol{A})\varphi(\boldsymbol{A})$$

从而 $\boldsymbol{A}$ 的几个多项式可以像数 x 的多项式一样相乘或分解因式. 例如

$$(\boldsymbol{E}+\boldsymbol{A})(2\boldsymbol{E}-\boldsymbol{A})=2\boldsymbol{E}+\boldsymbol{A}-\boldsymbol{A}^2,$$
$$(\boldsymbol{E}-\boldsymbol{A})^3=\boldsymbol{E}-3\boldsymbol{A}+3\boldsymbol{A}^2-\boldsymbol{A}^3$$

例 3.1.4 设 $\boldsymbol{A}=\begin{pmatrix}-3&2&-1\\0&3&0\\1&4&-2\end{pmatrix}$，求 $P(\boldsymbol{A})=2\boldsymbol{A}^2-3\boldsymbol{A}+4\boldsymbol{E}$.

解 $P(\boldsymbol{A})=2\begin{pmatrix}-3&2&-1\\0&3&0\\1&4&-2\end{pmatrix}\begin{pmatrix}-3&2&-1\\0&3&0\\1&4&-2\end{pmatrix}-3\begin{pmatrix}-3&2&-1\\0&3&0\\1&4&-2\end{pmatrix}+4\begin{pmatrix}1&0&0\\0&1&0\\0&0&1\end{pmatrix}$

$$=2\begin{pmatrix}8&-4&5\\0&9&0\\-5&6&3\end{pmatrix}-3\begin{pmatrix}-3&2&-1\\0&3&0\\1&4&-2\end{pmatrix}+4\begin{pmatrix}1&0&0\\0&1&0\\0&0&1\end{pmatrix}=\begin{pmatrix}29&-14&13\\0&13&0\\-13&0&16\end{pmatrix}$$

定义 3.1.6 把矩阵 $\boldsymbol{A}$ 的行换成同序数的列得到的新矩阵，称为 $\boldsymbol{A}$ 的转置矩阵，记作 $\boldsymbol{A}^{\mathrm{T}}$（或 $\boldsymbol{A}'$），即若

$$
\boldsymbol{A}=\begin{pmatrix} a_{11} & a_{12} & \cdots & a_{1n} \\ a_{21} & a_{22} & \cdots & a_{2n} \\ \vdots & \vdots & & \vdots \\ a_{m1} & a_{m2} & \cdots & a_{mn} \end{pmatrix}
$$

则

$$
\boldsymbol{A}^{\mathrm{T}}=\begin{pmatrix} a_{11} & a_{21} & \cdots & a_{m1} \\ a_{12} & a_{22} & \cdots & a_{m2} \\ \vdots & \vdots & & \vdots \\ a_{1n} & a_{2n} & \cdots & a_{mn} \end{pmatrix}
$$

矩阵的转置满足以下运算规律（假设运算都是可行的）：

（1）$(\boldsymbol{A}^{\mathrm{T}})^{\mathrm{T}}=\boldsymbol{A}$；

（2）$(\boldsymbol{A}+\boldsymbol{B})^{\mathrm{T}}=\boldsymbol{A}^{\mathrm{T}}+\boldsymbol{B}^{\mathrm{T}}$；

（3）$(k\boldsymbol{A})^{\mathrm{T}}=k\boldsymbol{A}^{\mathrm{T}}$；

（4）$(\boldsymbol{A}\boldsymbol{B})^{\mathrm{T}}=\boldsymbol{B}^{\mathrm{T}}\boldsymbol{A}^{\mathrm{T}}$.

（1）~（3）成立是显然的，现在来证明（4）成立.

证明 设 $\boldsymbol{A}=(a_{ij})_{m\times l}$，$\boldsymbol{B}=(b_{ij})_{l\times s}$，那么 $\boldsymbol{AB}$ 为 $m\times s$ 的矩阵，$(\boldsymbol{AB})^{\mathrm{T}}$ 就为 $s\times m$ 的矩阵；

$\boldsymbol{B}^{\mathrm{T}}$ 为 $s\times l$ 的矩阵，$\boldsymbol{A}^{\mathrm{T}}$ 为 $l\times m$ 的矩阵，于是 $\boldsymbol{B}^{\mathrm{T}}\boldsymbol{A}^{\mathrm{T}}$ 为 $s\times m$ 的矩阵，则 $\boldsymbol{B}^{\mathrm{T}}\boldsymbol{A}^{\mathrm{T}}$ 与 $(\boldsymbol{AB})^{\mathrm{T}}$ 的行数、列数对应相等.

又 $\boldsymbol{B}^{\mathrm{T}}\boldsymbol{A}^{\mathrm{T}}$ 的第 i 行第 j 列元素为 $\boldsymbol{AB}$ 的第 j 行第 i 列元素，故

$$
a_{j1}b_{1i}+a_{j2}b_{2i}+\cdots+a_{jl}b_{li}=\sum_{k=1}^{l}a_{jk}b_{ki}
$$

$\boldsymbol{B}^{\mathrm{T}}\boldsymbol{A}^{\mathrm{T}}$ 的第 i 行第 j 列元素为 $\boldsymbol{B}^{\mathrm{T}}$ 的第 i 行与 $\boldsymbol{A}^{\mathrm{T}}$ 的第 j 列元素对应乘积之和. 而 $\boldsymbol{B}^{\mathrm{T}}$ 的第 i 行元素为 $\boldsymbol{B}$ 的第 i 列元素 $b_{1i},b_{2i},\cdots,b_{li}$；$\boldsymbol{A}^{\mathrm{T}}$ 的第 j 列元素为 $\boldsymbol{A}$ 的第 j 行元素 $a_{j1},a_{j2},\cdots,a_{jl}$. 故 $\boldsymbol{B}^{\mathrm{T}}\boldsymbol{A}^{\mathrm{T}}$ 的第 i 行第 j 列元素为

$$
b_{1i}a_{j1}+b_{2i}a_{j2}+\cdots+b_{li}a_{jl}=\sum_{k=1}^{l}a_{jk}b_{ki}
$$

因此，$(\boldsymbol{AB})^{\mathrm{T}}$ 与 $\boldsymbol{B}^{\mathrm{T}}\boldsymbol{A}^{\mathrm{T}}$ 对应位置上的元素相等，所以 $(\boldsymbol{AB})^{\mathrm{T}}=\boldsymbol{B}^{\mathrm{T}}\boldsymbol{A}^{\mathrm{T}}$.

定义 3.1.7 如果 n 阶方阵 $\boldsymbol{A}=(a_{ij})_{n\times n}$ 满足 $a_{ij}=a_{ji}\,(i,j=1,2,\cdots,n)$，即 $\boldsymbol{A}^{\mathrm{T}}=\boldsymbol{A}$，则称 $\boldsymbol{A}$ 为对称矩阵. 如果 n 阶方阵 $\boldsymbol{A}=(a_{ij})_{n\times n}$ 满足 $a_{ij}=-a_{ji}\,(i,j=1,2,\cdots,n)$，即 $\boldsymbol{A}^{\mathrm{T}}=-\boldsymbol{A}$，则称 $\boldsymbol{A}$ 为反对称矩阵.

反对称矩阵主对角线上的元素 a_{ii} 显然应满足 $a_{ii}=-a_{ii}$，则 $a_{ii}=0\,(i=1,2,\cdots,n)$.

例如 $\begin{pmatrix} 0 & -1 \\ -1 & 1 \end{pmatrix}$，$\begin{pmatrix} 1 & 1 \\ 1 & 1 \end{pmatrix}$，$\begin{pmatrix} 4 & 2 & 0 \\ 2 & -3 & -1 \\ 0 & -1 & 0 \end{pmatrix}$ 等均为对称矩阵，$\begin{pmatrix} 0 & -1 \\ 1 & 0 \end{pmatrix}$ 为反对称矩阵，但是对称矩阵的乘积不一定是对称矩阵，如 $\begin{pmatrix} 0 & -1 \\ -1 & 1 \end{pmatrix}\begin{pmatrix} 1 & 1 \\ 1 & 1 \end{pmatrix}=\begin{pmatrix} -1 & -1 \\ 0 & 0 \end{pmatrix}$.

性质 3.1.1 任一$n\times n$矩阵都可表示为一对称矩阵与一反对称矩阵之和.

证明 设$\boldsymbol{A}$为$n\times n$矩阵，$\boldsymbol{A}=\frac{1}{2}(\boldsymbol{A}+\boldsymbol{A}^{\mathrm{T}})+\frac{1}{2}(\boldsymbol{A}-\boldsymbol{A}^{\mathrm{T}})$，由矩阵转置的运算规律（2）易证$\frac{1}{2}(\boldsymbol{A}+\boldsymbol{A}^{\mathrm{T}})$是对称矩阵，$\frac{1}{2}(\boldsymbol{A}-\boldsymbol{A}^{\mathrm{T}})^{\mathrm{T}}=\frac{1}{2}(\boldsymbol{A}^{\mathrm{T}}-\boldsymbol{A})=-\frac{1}{2}(\boldsymbol{A}-\boldsymbol{A}^{\mathrm{T}})$，则$\frac{1}{2}(\boldsymbol{A}-\boldsymbol{A}^{\mathrm{T}})$是反对称矩阵.

例 3.1.5 设$\boldsymbol{A}$为n阶反对称矩阵，$\boldsymbol{B}$为n阶对称矩阵，证明：

（1）$\boldsymbol{A}^2$对称.

（2）$\boldsymbol{AB}-\boldsymbol{BA}$对称；$\boldsymbol{AB}+\boldsymbol{BA}$反对称.

（3）$\boldsymbol{AB}$反对称当且仅当$\boldsymbol{AB}=\boldsymbol{BA}$.

证明 （1）$(\boldsymbol{A}^2)^{\mathrm{T}}=(\boldsymbol{AA})^{\mathrm{T}}=\boldsymbol{A}^{\mathrm{T}}\boldsymbol{A}^{\mathrm{T}}=(-\boldsymbol{A})(-\boldsymbol{A})=\boldsymbol{A}^2$，故$\boldsymbol{A}^2$对称.

（2）因为$(\boldsymbol{AB}-\boldsymbol{BA})^{\mathrm{T}}=(\boldsymbol{AB})^{\mathrm{T}}-(\boldsymbol{BA})^{\mathrm{T}}=\boldsymbol{B}^{\mathrm{T}}\boldsymbol{A}^{\mathrm{T}}-\boldsymbol{A}^{\mathrm{T}}\boldsymbol{B}^{\mathrm{T}}=\boldsymbol{B}(-\boldsymbol{A})-(-\boldsymbol{A})\boldsymbol{B}=\boldsymbol{AB}-\boldsymbol{BA}$，所以$\boldsymbol{AB}-\boldsymbol{BA}$对称，同理$\boldsymbol{AB}+\boldsymbol{BA}$反对称.

（3）（必要性）由$\boldsymbol{AB}$反对称，则$\boldsymbol{AB}=-(\boldsymbol{AB})^{\mathrm{T}}=-\boldsymbol{B}^{\mathrm{T}}\boldsymbol{A}^{\mathrm{T}}=-\boldsymbol{B}(-\boldsymbol{A})=\boldsymbol{BA}$.

（充分性）因为$(\boldsymbol{AB})^{\mathrm{T}}=\boldsymbol{B}^{\mathrm{T}}\boldsymbol{A}^{\mathrm{T}}=\boldsymbol{B}(-\boldsymbol{A})=-\boldsymbol{BA}=-\boldsymbol{AB}$，所以$\boldsymbol{AB}$反对称.

例 3.1.6 $\boldsymbol{A}$为n阶实对称矩阵，且$\boldsymbol{A}^2=\boldsymbol{O}$，证明：$\boldsymbol{A}=\boldsymbol{O}$.

证明 设$\boldsymbol{A}=(a_{ij})_{n\times n}$. 因为$\boldsymbol{A}^{\mathrm{T}}=\boldsymbol{A}$，则有

$$\boldsymbol{A}^2=\boldsymbol{AA}^{\mathrm{T}}=\begin{pmatrix} a_{11} & a_{12} & \cdots & a_{1n} \\ a_{21} & a_{22} & \cdots & a_{2n} \\ \vdots & \vdots & & \vdots \\ a_{n1} & a_{n2} & \cdots & a_{nn} \end{pmatrix}\begin{pmatrix} a_{11} & a_{21} & \cdots & a_{n1} \\ a_{12} & a_{22} & \cdots & a_{n2} \\ \vdots & \vdots & & \vdots \\ a_{1n} & a_{2n} & \cdots & a_{nn} \end{pmatrix}$$

$$=\begin{pmatrix} \sum_{k=1}^{n}a_{1k}^2 & \cdots & * \\ \vdots & \ddots & \vdots \\ * & \cdots & \sum_{k=1}^{n}a_{nk}^2 \end{pmatrix}=\boldsymbol{O}$$

由矩阵相等定义，得$\sum_{k=1}^{n}a_{ik}^2=0\ (i=1,2,\cdots,n)$，从而由$\boldsymbol{A}$为实矩阵可得

$$a_{ik}=0\ (i=1,2,\cdots,n;k=1,2,\cdots,n)\text{，即 }\boldsymbol{A}=\boldsymbol{O}$$

定义 3.1.8 由n阶方阵$\boldsymbol{A}$的元素所构成的行列式（各元素的位置不变），称为方阵$\boldsymbol{A}$的行列式，记作$|\boldsymbol{A}|$或$\det\boldsymbol{A}$.

注：方阵与行列式是两个不同的概念，n阶方阵是n^2个数按一定方式排成的数表，而n阶行列式则是这些数按一定的运算法则所确定的一个数值（实数或复数）.

方阵$\boldsymbol{A}$的行列式$|\boldsymbol{A}|$满足以下运算规律（设$\boldsymbol{A},\boldsymbol{B}$为$n$阶方阵，$k$为常数）：

（1）$|\boldsymbol{A}^{\mathrm{T}}|=|\boldsymbol{A}|$.（行列式性质 2.2.1）

（2）$|k\boldsymbol{A}|=k^n|\boldsymbol{A}|$.（行列式性质推论 2.2.1）

定理 3.1.1 设$\boldsymbol{A},\boldsymbol{B}$为$n$阶方阵，则有$|\boldsymbol{AB}|=|\boldsymbol{A}||\boldsymbol{B}|$.

证明 设

$$A=\begin{pmatrix} a_{11} & a_{12} & \cdots & a_{1n} \\ a_{21} & a_{22} & \cdots & a_{2n} \\ \vdots & \vdots & & \vdots \\ a_{n1} & a_{n2} & \cdots & a_{nn} \end{pmatrix}, B=\begin{pmatrix} b_{11} & b_{12} & \cdots & b_{1n} \\ b_{21} & b_{22} & \cdots & b_{2n} \\ \vdots & \vdots & & \vdots \\ b_{n1} & b_{n2} & \cdots & b_{nn} \end{pmatrix}$$

构造矩阵

$$M=\begin{pmatrix} a_{11} & \cdots & a_{1n} & 0 & \cdots & 0 \\ \vdots & & \vdots & \vdots & & \vdots \\ a_{n1} & \cdots & a_{nn} & 0 & \cdots & 0 \\ -1 & \cdots & 0 & b_{11} & \cdots & b_{1n} \\ \vdots & & \vdots & \vdots & & \vdots \\ 0 & \cdots & -1 & b_{n1} & \cdots & b_{nn} \end{pmatrix}$$

利用拉普拉斯展开定理，易知$|M|=|A||B|$，利用行列式的性质 2.2.6 得

$$|M|=\begin{vmatrix} a_{11} & \cdots & a_{1n} & 0 & \cdots & 0 \\ \vdots & & \vdots & \vdots & & \vdots \\ a_{n1} & \cdots & a_{nn} & 0 & \cdots & 0 \\ -1 & \cdots & 0 & b_{11} & \cdots & b_{1n} \\ \vdots & & \vdots & \vdots & & \vdots \\ 0 & \cdots & -1 & b_{n1} & \cdots & b_{nn} \end{vmatrix}=\begin{vmatrix} 0 & \cdots & 0 & \sum\limits_{k=1}^{n} a_{1k}b_{k1} & \cdots & \sum\limits_{k=1}^{n} a_{1k}b_{kn} \\ \vdots & & \vdots & \vdots & & \vdots \\ 0 & \cdots & 0 & \sum\limits_{k=1}^{n} a_{nk}b_{k1} & \cdots & \sum\limits_{k=1}^{n} a_{nk}b_{kn} \\ -1 & \cdots & 0 & b_{11} & \cdots & b_{1n} \\ \vdots & & \vdots & \vdots & & \vdots \\ 0 & \cdots & -1 & b_{n1} & \cdots & b_{nn} \end{vmatrix}$$

再次利用拉普拉斯展开定理得

$$|M|=\begin{vmatrix} \sum\limits_{k=1}^{n} a_{1k}b_{k1} & \cdots & \sum\limits_{k=1}^{n} a_{1k}b_{kn} \\ \vdots & & \vdots \\ \sum\limits_{k=1}^{n} a_{nk}b_{k1} & \cdots & \sum\limits_{k=1}^{n} a_{nk}b_{kn} \end{vmatrix}(-1)^{1+2+\cdots+2n}(-1)^{n}=\begin{vmatrix} \sum\limits_{k=1}^{n} a_{1k}b_{k1} & \cdots & \sum\limits_{k=1}^{n} a_{1k}b_{kn} \\ \vdots & & \vdots \\ \sum\limits_{k=1}^{n} a_{nk}b_{k1} & \cdots & \sum\limits_{k=1}^{n} a_{nk}b_{kn} \end{vmatrix}=|AB|$$

即证$|AB|=|A||B|$.

由定理 3.1.1 容易得到$|A||B|=|AB|=|B||A|$.

性质 3.1.2 奇数阶反对称矩阵的行列式等于零.

证明 设A为n阶方阵，$A^{\mathrm{T}}=-A, |A^{\mathrm{T}}|=|-A|=(-1)^n|A|$，$n$为奇数，则$|A|=-|A|$，即$|A|=0$.

例 3.1.7（南开大学考研真题） 已知$A=\begin{pmatrix} a_{11} & a_{12} & \cdots & a_{1n} \\ a_{21} & a_{22} & \cdots & a_{2n} \\ \vdots & \vdots & & \vdots \\ a_{n1} & a_{n2} & \cdots & a_{nn} \end{pmatrix}$为$n$阶反对称矩阵，且$|A|=1$，

计算行列式$\begin{vmatrix} a_{11}+b & a_{12}+b & \cdots & a_{1n}+b \\ a_{21}+b & a_{22}+b & \cdots & a_{2n}+b \\ \vdots & \vdots & & \vdots \\ a_{n1}+b & a_{n1}+b & \cdots & a_{n1}+b \end{vmatrix}$.

解
$$\begin{vmatrix} a_{11}+b & a_{12}+b & \cdots & a_{1n}+b \\ a_{21}+b & a_{22}+b & \cdots & a_{2n}+b \\ \vdots & \vdots & & \vdots \\ a_{n1}+b & a_{n1}+b & \cdots & a_{n1}+b \end{vmatrix}$$

$$=\begin{vmatrix} 1 & b & \cdots & b \\ 0 & a_{11}+b & \cdots & a_{1n}+b \\ \vdots & \vdots & & \vdots \\ 0 & a_{n1}+b & \cdots & a_{n1}+b \end{vmatrix}=\begin{vmatrix} 1 & b & \cdots & b \\ -1 & a_{11} & \cdots & a_{1n} \\ \vdots & \vdots & & \vdots \\ -1 & a_{n1} & \cdots & a_{n1} \end{vmatrix}$$

$$=\begin{vmatrix} 0 & b & \cdots & b \\ -1 & a_{11} & \cdots & a_{1n} \\ \vdots & \vdots & & \vdots \\ -1 & a_{n1} & \cdots & a_{n1} \end{vmatrix}+\begin{vmatrix} 1 & 0 & \cdots & 0 \\ 0 & a_{11}+b & \cdots & a_{1n}+b \\ \vdots & \vdots & & \vdots \\ 0 & a_{n1}+b & \cdots & a_{n1}+b \end{vmatrix}$$

$$=b\begin{vmatrix} 0 & 1 & \cdots & 1 \\ -1 & a_{11} & \cdots & a_{1n} \\ \vdots & \vdots & & \vdots \\ -1 & a_{n1} & \cdots & a_{n1} \end{vmatrix}+\begin{vmatrix} 1 & 0 & \cdots & 0 \\ 0 & a_{11} & \cdots & a_{1n} \\ \vdots & \vdots & & \vdots \\ 0 & a_{n1} & \cdots & a_{n1} \end{vmatrix}=1$$

这里，因矩阵$\boldsymbol{A}$为n阶反对称矩阵，且$|\boldsymbol{A}|=1$，知n为偶数，从而$\begin{pmatrix} 0 & 1 & \cdots & 1 \\ -1 & a_{11} & \cdots & a_{1n} \\ \vdots & \vdots & & \vdots \\ -1 & a_{n1} & \cdots & a_{n1} \end{pmatrix}$为奇数阶反对称矩阵，从而行列式为 0.

定义 3.1.9　设$\boldsymbol{F}$是一个数域，并且矩阵$\boldsymbol{A}\in \boldsymbol{M}_n(\boldsymbol{F})$，那么矩阵$\boldsymbol{A}$的所有对角线的元素之和称为矩阵$\boldsymbol{A}$的迹，记为$\mathrm{tr}(\boldsymbol{A})=a_{11}+a_{22}+\cdots+a_{nn}$，或表示为$\mathrm{tr}(\boldsymbol{A})=\sum_{i=1}^{n}a_{ii}$.

性质 3.1.3　设F是一个数域，矩阵$\boldsymbol{A},\boldsymbol{B}\in \boldsymbol{M}_{n\times n}(\boldsymbol{F})$，则

（1）$\mathrm{tr}(a\cdot\boldsymbol{A}+b\cdot\boldsymbol{B})=a\cdot\mathrm{tr}(\boldsymbol{A})+b\cdot tr(\boldsymbol{B})$，其中$a,b\in\boldsymbol{F}$；

（2）$\mathrm{tr}(\boldsymbol{AB})=\mathrm{tr}(\boldsymbol{BA})$.

（证明留作练习）

例 3.1.8　矩阵$\boldsymbol{A},\boldsymbol{B}\in \mathbf{C}_{n\times n}$，若$\boldsymbol{AB}-\boldsymbol{BA}=\boldsymbol{E}$，则找不到任何$n$阶矩阵$\boldsymbol{A},\boldsymbol{B}$使等式成立.

证明 由矩阵迹的性质知 $\mathrm{tr}(\boldsymbol{AB})=\mathrm{tr}(\boldsymbol{BA})$， $\mathrm{tr}(\boldsymbol{A}-\boldsymbol{B})=\mathrm{tr}(\boldsymbol{A})-\mathrm{tr}(\boldsymbol{B})$.

因为 $\boldsymbol{AB}-\boldsymbol{BA}=\boldsymbol{E}$，所以两边同时取迹得 $\mathrm{tr}(\boldsymbol{AB}-\boldsymbol{BA})=\mathrm{tr}(\boldsymbol{E})$.

因为 $\mathrm{tr}(\boldsymbol{AB}-\boldsymbol{BA})=\mathrm{tr}(\boldsymbol{AB})-\mathrm{tr}(\boldsymbol{BA})=0$，而 $\mathrm{tr}(\boldsymbol{E})=n$，所以 $\mathrm{tr}(\boldsymbol{AB}-\boldsymbol{BA})\neq\mathrm{tr}(\boldsymbol{E})$.

故不存在任何矩阵 $\boldsymbol{A},\boldsymbol{B}$ 使 $\boldsymbol{AB}-\boldsymbol{BA}=\boldsymbol{E}$ 成立.

习题 3.1

1．计算下列矩阵的乘积.

（1）$\begin{pmatrix}1\\-1\\2\\3\end{pmatrix}(3,\ 2,\ -1,\ 0)$；（2）$\begin{pmatrix}5&0&0\\0&3&1\\0&2&1\end{pmatrix}\begin{pmatrix}1\\-2\\3\end{pmatrix}$；

（3）$(1,2,3,4)\begin{pmatrix}3\\2\\1\\0\end{pmatrix}$；（4）$(x_1,x_2,x_3)\begin{pmatrix}a_{11}&a_{12}&a_{13}\\a_{21}&a_{22}&a_{23}\\a_{31}&a_{32}&a_{33}\end{pmatrix}\begin{pmatrix}x_1\\x_2\\x_3\end{pmatrix}$；

（5）$\begin{pmatrix}a_{11}&a_{12}&a_{13}\\a_{21}&a_{22}&a_{23}\\a_{31}&a_{32}&a_{33}\end{pmatrix}\begin{pmatrix}1&0&0\\0&1&1\\0&0&1\end{pmatrix}$；（6）$\begin{pmatrix}1&2&1&0\\0&1&0&1\\0&0&2&1\\0&0&0&3\end{pmatrix}\begin{pmatrix}1&0&3&1\\0&1&2&-1\\0&0&-2&3\\0&0&0&-3\end{pmatrix}$.

2．设

$$\boldsymbol{A}=\begin{pmatrix}1&1&1\\-1&1&1\\1&-1&1\end{pmatrix},\ \boldsymbol{B}=\begin{pmatrix}1&2&1\\1&3&-1\\3&1&4\end{pmatrix}$$

（1）求 $\boldsymbol{AB}-2\boldsymbol{A}$；（2）求 $\boldsymbol{AB}-\boldsymbol{BA}$；（3）$(\boldsymbol{A}+\boldsymbol{B})(\boldsymbol{A}-\boldsymbol{B})=\boldsymbol{A}^2-\boldsymbol{B}^2$ 吗?

3. 举例说明下列命题是错误的.

（1）若 $\boldsymbol{A}^2=\boldsymbol{O}$，则 $\boldsymbol{A}=\boldsymbol{O}$；

（2）若 $\boldsymbol{A}^2=\boldsymbol{A}$，则 $\boldsymbol{A}=\boldsymbol{O}$ 或 $\boldsymbol{A}=\boldsymbol{E}$；

（3）若 $\boldsymbol{AX}=\boldsymbol{AY},\boldsymbol{A}\neq\boldsymbol{O}$，则 $\boldsymbol{X}=\boldsymbol{Y}$.

4. 求所有与 $\boldsymbol{A}=\begin{pmatrix}1&0&0\\0&1&2\\3&1&2\end{pmatrix}$ 可交换的三阶矩阵.

5. 用 $\boldsymbol{E}_{ij}$ 表示 i 行 j 列的元素（即 (i,j) 元）为 1 而其余元素全为零的 $n\times n$ 矩阵，$\boldsymbol{A}=(a_{ij})_{n\times n}$. 证明：

（1）如果 $\boldsymbol{AE}_{12}=\boldsymbol{E}_{12}\boldsymbol{A}$，那么当 $k\neq1$ 时 $a_{k1}=0$，当 $k\neq2$ 时 $a_{2k}=0$；

（2）如果 $\boldsymbol{AE}_{ij}=\boldsymbol{E}_{ij}\boldsymbol{A}$，那么当 $k\neq i$ 时 $a_{ki}=0$，当 $k\neq j$ 时 $a_{jk}=0$，且 $a_{ii}=a_{jj}$；

（3）如果 A 与所有的 n 阶矩阵可交换，那么 A 一定是数量矩阵，即 $A=aE$.

6. 已知 $A=\begin{pmatrix}\lambda & 1 & 0\\ 0 & \lambda & 1\\ 0 & 0 & \lambda\end{pmatrix}$，求 A,A^2，并证明：$A^k=\begin{pmatrix}\lambda^k & k\lambda^{k-1} & C_k^2\lambda^{k-2}\\ 0 & \lambda^k & k\lambda^{k-1}\\ 0 & 0 & \lambda^k\end{pmatrix}$.

这里 $C_k^2=\dfrac{k(k-1)}{2}$.

7. 设 A,B 为 n 阶方阵，且 A 为对称阵，证明：$A+A^{\mathrm T}$，$AA^{\mathrm T}$，$A^{\mathrm T}A$，$B^{\mathrm T}AB$ 也是对称阵.

8.（武汉大学、中科院大学考研真题）求下面的 $n+1$ 阶行列式：

$$D=\begin{vmatrix} s_0 & s_1 & s_2 & \cdots & s_{n-1} & 1\\ s_1 & s_2 & s_3 & \cdots & s_n & x\\ s_2 & s_3 & s_4 & \cdots & s_{n+1} & x^2\\ \vdots & \vdots & \vdots & & \vdots & \vdots\\ s_n & s_{n+1} & s_{n+2} & \cdots & s_{2n-1} & x^n\end{vmatrix}$$

其中 $s_k=x_1^k+x_2^k+\cdots+x_n^k\,(k=0,1,2,\cdots)$.

3.2 矩阵的初等变换与初等矩阵

在计算行列式时，利用行列式的性质可以将给定的行列式化为上（下）三角形行列式，从而简化行列式的计算，把行列式的某些性质引用到矩阵上，会给我们研究矩阵带来很大的方便，这些性质反映到矩阵上就是矩阵的初等变换.

定义 3.2.1 矩阵的下列三种变换分别称为矩阵的第一类、第二类、第三类初等行（列）变换：

（1）交换矩阵的两行（列）[交换 i,j 两行（列），记作 $r_i\leftrightarrow r_j$（$c_i\leftrightarrow c_j$）]；

（2）以一个非零的数 k 乘矩阵的某一行（列）[第 i 行（列）乘数 k，记作 $r_i\times k$ 或 kr_i（$c_i\times k$ 或 kc_i）]；

（3）把矩阵的某一行（列）的 k 倍加到另一行（列）[第 j 行（列）乘 k 加到 i 行（列），记为 r_i+kr_j（c_i+kc_j）].

矩阵的初等行变换与初等列变换统称为矩阵的初等变换.

注：初等变换的逆变换仍是初等变换，且变换类型相同.

例如，变换 $r_i\leftrightarrow r_j$ 的逆变换即其本身；变换 $r_i\times k$ 的逆变换为 $r_i\times\dfrac{1}{k}$；变换 r_i+kr_j 的逆变换为 $r_i+(-k)r_j$ 或 r_i-kr_j .

定义 3.2.2 若矩阵 A 经过有限次初等变换变成矩阵 B，则称矩阵 A 与 B 等价，记为 $A\sim B$（或 $A\to B$）.

注：在理论表述或证明中，常用记号"~"表示等价，在对矩阵作初等变换运算的过程中常用记号"$\to$".

矩阵之间的等价关系具有下列基本性质：

（1）反身性：$\boldsymbol{A}\sim\boldsymbol{A}$；

（2）对称性：若 $\boldsymbol{A}\sim\boldsymbol{B}$，则 $\boldsymbol{B}\sim\boldsymbol{A}$；

（3）传递性：若 $\boldsymbol{A}\sim\boldsymbol{B}$，$\boldsymbol{B}\sim\boldsymbol{C}$，则 $\boldsymbol{A}\sim\boldsymbol{C}$.

一般地，称满足下列条件的矩阵为行阶梯形矩阵：

（1）零行（元素全为零的行）位于矩阵的下方；

（2）各非零行的首非零元（从左至右的第一个不为零的元素）的列标随着行标的增大而严格增大（或说其列标一定不小于行标）.

一般地，称满足下列条件的阶梯形矩阵为行最简形矩阵：

（1）各非零行的首非零元都是 1；

（2）每个首非零元所在列的其余元素都是零.

一般地，矩阵 $\boldsymbol{A}$ 的标准形 $\boldsymbol{D}$ 具有如下特点：$\boldsymbol{D}$ 的左上角是一个单位矩阵，其余元素全为 0.

矩阵$\begin{pmatrix}1&2&0&3\\0&0&2&0\\0&0&0&4\\0&0&0&0\end{pmatrix}$为行阶梯形矩阵，$\begin{pmatrix}1&2&0&0\\0&0&1&0\\0&0&0&1\\0&0&0&0\end{pmatrix}$为行最简形矩阵，$\begin{pmatrix}1&0&0&0\\0&1&0&0\\0&0&1&0\\0&0&0&0\end{pmatrix}$为标准形矩阵.

定理 3.2.1 任一矩阵 $\boldsymbol{A}$ 总可以经过有限次初等行变换化为行阶梯形矩阵，进而化为行最简形矩阵.

证明 考察矩阵

$$\boldsymbol{A}=\begin{pmatrix}a_{11}&a_{12}&\cdots&a_{1n}\\a_{21}&a_{22}&\cdots&a_{2n}\\\vdots&\vdots&&\vdots\\a_{m1}&a_{m1}&\cdots&a_{mn}\end{pmatrix}$$

只要 $\boldsymbol{A}$ 中第一列的元素中有一个不为零，通过交换两行的位置，就能使第一列的第一个元素不为零，然后从第二行开始，每一行都加上第一行的一个适当倍数，使第一列除去第一个元素外全是零. 这就是说，经过一系列初等行变换后

$$\boldsymbol{A}=\begin{pmatrix}a'_{11}&a'_{12}&\cdots&a'_{1n}\\0&&&\\\vdots&&\boldsymbol{A}_1&\\0&&&\end{pmatrix}$$

再对 $\boldsymbol{A}_1$ 作同样的处理.

如果 $\boldsymbol{A}$ 中第一列的元素全为零，那么从矩阵 $\boldsymbol{A}$ 的非零列开始，重复以上的做法，持续下去，直到变成阶梯形为止.

对于行阶梯形矩阵的每一个非零行，用适当的非零数乘之，可使该行的第一个非零元素变成 1；注意到这个非零元素的正下方已全为零，只要把这一行的适当倍数加到它上面的各行，就可以使该元素的正上方也全为零. 进一步，$\boldsymbol{A}$ 化成行最简形矩阵.

例 3.2.1 设

$$A=\begin{pmatrix}0&0&-1&-1&2\\1&4&-1&0&2\\-1&-4&2&-1&0\\2&8&1&1&0\end{pmatrix}$$

$$A\xrightarrow{r_1\leftrightarrow r_2}\begin{pmatrix}1&4&-1&0&2\\0&0&-1&-1&2\\-1&-4&2&-1&0\\2&8&1&1&0\end{pmatrix}\xrightarrow[r_4-2r_1]{r_3+r_1}\begin{pmatrix}1&4&-1&0&2\\0&0&-1&-1&2\\0&0&1&-1&2\\0&0&3&1&-4\end{pmatrix}$$

$$\xrightarrow[r_4+3r_2]{r_3+r_2}\begin{pmatrix}1&4&-1&0&2\\0&0&-1&-1&2\\0&0&0&-2&4\\0&0&0&-2&2\end{pmatrix}\xrightarrow{r_4-r_3}\begin{pmatrix}1&4&-1&0&2\\0&0&-1&-1&2\\0&0&0&-2&4\\0&0&0&0&-2\end{pmatrix}$$

这样，A化成一个阶梯形矩阵. 进一步，

$$\begin{pmatrix}1&4&-1&0&2\\0&0&-1&-1&2\\0&0&0&-2&4\\0&0&0&0&-2\end{pmatrix}\xrightarrow[\substack{-r_3/2\\-r_4/2}]{-r_2}\begin{pmatrix}1&4&-1&0&2\\0&0&1&1&-2\\0&0&0&1&-2\\0&0&0&0&1\end{pmatrix}\xrightarrow[r_1+r_2]{r_2-r_3}\begin{pmatrix}1&4&0&0&2\\0&0&1&0&0\\0&0&0&1&-2\\0&0&0&0&1\end{pmatrix}$$

$$\xrightarrow[r_3+2r_4]{r_1-2r_4}\begin{pmatrix}1&4&0&0&0\\0&0&1&0&0\\0&0&0&1&0\\0&0&0&0&1\end{pmatrix}$$

A化成行最简形矩阵.

定理 3.2.2 任意一个矩阵 $A=(a_{ij})_{m\times n}$ 经过有限次初等变换，可以化为下列标准形矩阵

$$A=\begin{pmatrix}1&&&&&\\&\ddots&&&&\\&&1&&&\\&&&0&&\\&&&&\ddots&\\&&&&&0\end{pmatrix}$$

证明 如果 $A=O$，那么它已经是标准形了. 不妨假定 $A\neq O$，A经过初等变换一定可以变成一左上角不为零的矩阵.

当 $a_{11}\neq 0$ 时，把矩阵的第 i 行减去第一行的 $a_{11}^{-1}a_{i1}$ $(i=2,3,\cdots,m)$ 倍，把矩阵的第 j 列减去第 1 列的 $a_{11}^{-1}a_{1j}$ $(j=2,3,\cdots,n)$ 倍. 然后，用 a_{11}^{-1} 乘以第一行，A就变成

$$\begin{pmatrix}1&0&\cdots&0\\0&&&\\\vdots&&A_1&\\0&&&\end{pmatrix}$$

A_1 就是一个 $(m-1)\times(n-1)$ 矩阵，对 A_1 重复以上步骤，这样下去就得到所要求的等价标准形.

例 3.2.2 设

$$
A=\begin{pmatrix} 0 & 1 & -1 & 2 \\ 1 & 0 & 2 & -1 \\ 2 & 1 & 0 & -2 \end{pmatrix}
$$

求 A 的等价标准形.

解

$$
A\longrightarrow\begin{pmatrix} 1 & 0 & 2 & -1 \\ 0 & 1 & -1 & 2 \\ 2 & 1 & 0 & 0 \end{pmatrix}\longrightarrow\begin{pmatrix} 1 & 0 & 2 & -1 \\ 0 & 1 & -1 & 2 \\ 0 & 1 & -4 & 0 \end{pmatrix}
$$

$$
\longrightarrow\begin{pmatrix} 1 & 0 & 0 & 0 \\ 0 & 1 & -1 & 2 \\ 0 & 1 & -4 & 0 \end{pmatrix}\longrightarrow\begin{pmatrix} 1 & 0 & 0 & 0 \\ 0 & 1 & -1 & 2 \\ 0 & 0 & 3 & -2 \end{pmatrix}
$$

$$
\longrightarrow\begin{pmatrix} 1 & 0 & 0 & 0 \\ 0 & 1 & 0 & 0 \\ 0 & 0 & 3 & -2 \end{pmatrix}\longrightarrow\begin{pmatrix} 1 & 0 & 0 & 0 \\ 0 & 1 & 0 & 0 \\ 0 & 0 & 1 & -2 \end{pmatrix}
$$

$$
\longrightarrow\begin{pmatrix} 1 & 0 & 0 & 0 \\ 0 & 1 & 0 & 0 \\ 0 & 0 & 1 & 0 \end{pmatrix}=C
$$

C 为矩阵 A 的等价标准形.

定义 3.2.3 对单位矩阵 E 施以一次第一类、第二类、第三类初等变换得到的矩阵分别称为第一类、第二类、第三类初等矩阵.

三种初等变换分别对应着三种初等矩阵.

第一类初等矩阵：E 的第 i, j 行（列）互换得到的矩阵

$$
E(i,j)=\begin{pmatrix}
1 & & & & & & & & & \\
 & \ddots & & & & & & & & \\
 & & 1 & & & & & & & \\
 & & & 0 & & \cdots & & 1 & & \\
 & & & & 1 & & & & & \\
 & & & \vdots & & \ddots & & \vdots & & \\
 & & & & & & 1 & & & \\
 & & & 1 & & \cdots & & 0 & & \\
 & & & & & & & & 1 & \\
 & & & & & & & & & \ddots \\
 & & & & & & & & & & 1
\end{pmatrix}
\begin{matrix} \\ \\ \\ i\text{行} \\ \\ \\ \\ j\text{列} \\ \\ \\ \\ \end{matrix}
$$

$$
\qquad\qquad i\text{列} \qquad\qquad\qquad j\text{列}
$$

第二类初等矩阵：$\boldsymbol{E}$ 的第 i 行（列）乘以非零数 k 得到的矩阵

$$\boldsymbol{E}(i(k))=\begin{pmatrix}1 & & & & \\ & \ddots & & & \\ & & k & & \\ & & & \ddots & \\ & & & & 1\end{pmatrix}\begin{matrix}\\ \\ i\text{行}\\ \\ \\ \end{matrix}$$
$$i\text{列}$$

第三类初等矩阵：$\boldsymbol{E}$ 的第 j 行乘以数 k 加到第 i 行上，或 $\boldsymbol{E}$ 的第 i 列乘以数 k 加到第 j 列上得到的矩阵

$$\boldsymbol{E}(i,j(k))=\begin{pmatrix}1 & & & & & \\ & \ddots & & & & \\ & & 1 & \cdots & k & \\ & & & \ddots & \vdots & \\ & & & & 1 & \\ & & & & & \ddots & \\ & & & & & & 1\end{pmatrix}\begin{matrix}\\ \\ i\text{行}\\ \\ j\text{列}\\ \\ \\ \end{matrix}$$
$$i\text{列}\quad j\text{列}$$

命题 3.2.1　关于初等矩阵有下列性质：$|\boldsymbol{E}(i,j)|=-1$; $|\boldsymbol{E}(i(k))|=k$; $|\boldsymbol{E}(i,j(k))|=1$.

（证明留作练习）

定理 3.2.3　对一个 $s\times n$ 矩阵 $\boldsymbol{A}$ 作一初等行变换相当于在 $\boldsymbol{A}$ 的左边乘上相应的 $s\times s$ 初等矩阵；对 $\boldsymbol{A}$ 作一初等列变换相当于在 $\boldsymbol{A}$ 的右边乘上相应的 $n\times n$ 初等矩阵.

证明　我们只验证用第一类初等矩阵 $\boldsymbol{E}(i,j)$ 左乘矩阵 $\boldsymbol{A}$，相当于对 $\boldsymbol{A}$ 做一次相应的行初等变换的情形，其他的情形可作同样证明.

记
$$\boldsymbol{A}=\begin{pmatrix}a_{11} & a_{12} & \cdots & a_{1n}\\ \vdots & \vdots & & \vdots\\ a_{i1} & a_{i2} & \cdots & a_{in}\\ \vdots & \vdots & & \vdots\\ a_{j1} & a_{j2} & \cdots & a_{jn}\\ \vdots & \vdots & & \vdots\\ a_{m1} & a_{m2} & \cdots & a_{mn}\end{pmatrix}\begin{matrix}\\ \\ i\\ \\ j\\ \\ \\ \end{matrix}$$

则
$$\boldsymbol{E}(i,j)\boldsymbol{A}=\begin{pmatrix}a_{11} & a_{12} & \cdots & a_{1n}\\ \vdots & \vdots & & \vdots\\ a_{j1} & a_{j2} & \cdots & a_{jn}\\ \vdots & \vdots & & \vdots\\ a_{i1} & a_{i2} & \cdots & a_{in}\\ \vdots & \vdots & & \vdots\\ a_{m1} & a_{m2} & \cdots & a_{mn}\end{pmatrix}\begin{matrix}\\ \\ i\\ \\ j\\ \\ \\ \end{matrix}$$

这相当于把 $\boldsymbol{A}$ 的 i 行与 j 行互换.

思考题：设矩阵 $\boldsymbol{A}=\begin{pmatrix}3&4&1\\2&-7&-1\\8&1&5\end{pmatrix}$，$\boldsymbol{B}=\begin{pmatrix}8&1&5\\2&-7&-1\\3&4&1\end{pmatrix}$，且 $\boldsymbol{PA}=\boldsymbol{B}$，$\boldsymbol{P}$ 为初等矩阵，则 $\boldsymbol{P}=$_____.

习题 3.2

1. 判断题

（1）$\boldsymbol{A}$ 是一个 $m\times n$ 矩阵，对 $\boldsymbol{A}$ 施行一次初等行变换，相当于在 $\boldsymbol{A}$ 的左边乘以相应的 n 阶初等矩阵.（　　）

（2）设 $\boldsymbol{A}$ 是一个 $m\times n$ 矩阵，若用 n 阶初等矩阵 $\boldsymbol{E}(4,3(5))$ 右乘 $\boldsymbol{A}$，则相当于对 $\boldsymbol{A}$ 施行了一次“$\boldsymbol{A}$ 的第 3 列乘 5 加到第 4 列”的初等变换.（　　）

2. 选择题

（1）设 $\boldsymbol{A}$ 为 6×7 矩阵，如果对 $\boldsymbol{A}$ 实施了“第 3 列乘以 5 加到第 4 列”的初等变换，那么相当于用（　　）.

A. 6 阶初等矩阵 $\boldsymbol{E}(3,4(5))$ 左乘 $\boldsymbol{A}$　　B. 7 阶初等矩阵 $\boldsymbol{E}(3,4(5))$ 右乘 $\boldsymbol{A}$

C. 7 阶初等矩阵 $\boldsymbol{E}(4,3(5))$ 右乘 $\boldsymbol{A}$　　D. 7 阶初等矩阵 $\boldsymbol{E}(4,3(5))$ 左乘 $\boldsymbol{A}$

（2）第二种初等矩阵 $\boldsymbol{E}(i(k))=\begin{pmatrix}1&&&&&&\\&\ddots&&&&&\\&&1&&&&\\&&&k&&&\\&&&&1&&\\&&&&&\ddots&\\&&&&&&1\end{pmatrix}$，用它左乘矩阵 $\boldsymbol{A}$，其乘积 $\boldsymbol{E}(i(k))\boldsymbol{A}$ 等于（　　）.

A. 将 $\boldsymbol{A}$ 的第 i 列乘以 k　　B. 将 $\boldsymbol{A}$ 的第 i 行乘以 k

C. 将 $\boldsymbol{A}$ 的第 k 列乘以 i　　D. 将 $\boldsymbol{A}$ 的第 k 行乘以 i

3. 用初等行变换化下列矩阵为行阶梯形进而化为行最简形.

$$\boldsymbol{A}=\begin{pmatrix}0&1&2&1&0&4\\1&1&4&2&1&0\\2&-1&0&-2&3&1\end{pmatrix},\boldsymbol{B}=\begin{pmatrix}1&1&3&1\\2&3&2&5\\1&4&6&7\end{pmatrix}$$

4. 用初等变换将下列矩阵化为标准形.

$$\boldsymbol{A}=\begin{pmatrix}1&1&3&1\\1&3&2&5\\2&2&6&7\\2&4&5&6\end{pmatrix}$$

5.（南开大学考研真题）试将矩阵 $\begin{pmatrix}2&3\\3&5\end{pmatrix}$ 写成若干个形如 $\begin{pmatrix}1&0\\x&1\end{pmatrix}$ 和 $\begin{pmatrix}1&y\\0&1\end{pmatrix}$ 的矩阵的乘积.

3.3 矩阵的秩

定义 3.3.1 在矩阵 $\boldsymbol{A}=(a_{ij})_{m\times n}$ 中任选 k 行 k 列($k\leqslant\min(m,n)$)，其交叉位置上的元素按原有的相对位置构成一个 k 阶行列式，称为矩阵 $\boldsymbol{A}$ 的 k 阶子式.

如矩阵 $\begin{pmatrix} 1 & -1 & 0 & 1 & 1 & 0 \\ 2 & 2 & 3 & 4 & 2 & 3 \\ -1 & 2 & 1 & -1 & 2 & 3 \end{pmatrix}$ 的第 2 行与第 3 行、第 3 列与第 6 列上的元素构成的 2 阶子式为 $\begin{vmatrix} 3 & 3 \\ 1 & 3 \end{vmatrix}=6$；第 2 行与第 3 行、第 2 列与第 5 列上的元素构成的 3 阶子式为 $\begin{vmatrix} 2 & 2 \\ 2 & 2 \end{vmatrix}=0$；第 1 行、第 2 行与第 3 行，第 1 列、第 2 列与第 5 列上的元素构成的 3 阶子式为 $\begin{vmatrix} 1 & -1 & 1 \\ 2 & 2 & 2 \\ -1 & 2 & 2 \end{vmatrix}=12$.

一个 $m\times n$ 的矩阵中 k 阶子式有 $C_n^k\cdot C_m^k$ 个，其中可能有的子式为零，有的子式不为零. 不为零的子式称为非零子式.

定义 3.3.2 如果一个矩阵 $\boldsymbol{A}$ 有一个 r 阶非零子式，且所有 $r+1$ 阶（如果存在的话）子式全为零，数 r 称为矩阵 $\boldsymbol{A}$ 的秩，记为 $R(\boldsymbol{A})=r$ 或 $r(\boldsymbol{A})=r$. 规定：零矩阵的秩为 0.

对于矩阵 $\boldsymbol{A}=\begin{pmatrix} 1 & -1 & 0 & 1 & 1 & 0 \\ 2 & 2 & 3 & 4 & 2 & 3 \\ -1 & 2 & 1 & -1 & 2 & 3 \end{pmatrix}$，由子式 $\begin{vmatrix} 1 & -1 & 0 \\ 2 & 2 & 3 \\ -1 & 2 & 1 \end{vmatrix}=1\neq 0$ 知，矩阵 $\boldsymbol{A}$ 的秩为 3，即 $R(\boldsymbol{A})=3$.

在一个矩阵 $\boldsymbol{A}=(a_{ij})_{m\times n}$ 中，根据拉普拉斯定理推出，若所有 $r+1$ 阶子式的值全为零，则所有高于 $r+1$ 阶的子式的值必全为 0. 因此，一个矩阵的秩就是其最高阶非零子式的阶数. 显然，矩阵的秩 r 满足 $0\leqslant r\leqslant\min\{m,n\}$；若 $r=m$，称 $\boldsymbol{A}$ 为行满秩矩阵. 若 $r=n$，则称 $\boldsymbol{A}$ 为列满秩矩阵. 对于方阵 $\boldsymbol{A}=(a_{ij})_{n\times n}$，若 $r=n$，则称 $\boldsymbol{A}$ 为满秩矩阵. 矩阵的秩反映了矩阵内在的重要特性，在矩阵理论和应用中具有重要意义.

一般而言，要利用定义 3.3.1 求一个矩阵 $\boldsymbol{A}=(a_{ij})_{m\times n}$ 的秩并非易事. 而对于行阶梯形矩阵

$$\boldsymbol{B}=\begin{pmatrix} 1 & 0 & -2 & 3 & 1 \\ 0 & 2 & 1 & 4 & -2 \\ 0 & 0 & 0 & -5 & 3 \\ 0 & 0 & 0 & 0 & 0 \end{pmatrix}$$

的秩很容易看出，因为要使矩阵的子式 $\boldsymbol{B}$ 不为零，最多只可能 1 至 3 行都选，即非零子式最高只可能为 3 阶. 恰好所有梯级上的第一列构成的 3 阶非零上三角形子式 $\begin{vmatrix} 1 & 0 & 3 \\ 0 & 2 & 4 \\ 0 & 0 & -5 \end{vmatrix}=-10$，故据定义知，矩阵 $\boldsymbol{B}$ 的秩为 $R(\boldsymbol{B})=3$. 同理，阶梯形矩阵的秩等于其梯级数，即等于它的非零行数.

在 3.2 节我们已得出结论，任意一个 $m\times n$ 的矩阵都可以经过一系列初等行变换化为行阶

梯形矩阵，即任意一个矩阵都与一个阶梯形矩阵等价，而阶梯形矩阵的秩我们很容易得到，那么等价的两个矩阵的秩有何关联呢?

下面探究矩阵秩的求法.

定理 3.3.1 矩阵的初等变换不改变矩阵的秩.

证明 （我们以初等行变换为例）设 $m\times n$ 矩阵 $\boldsymbol{A}$ 经过初等行变换变为 $m\times n$ 矩阵 $\boldsymbol{B}$，且 $R(\boldsymbol{A})=r$.

（1）交换矩阵的两行：$\boldsymbol{A}\xrightarrow{r_i\leftrightarrow r_j}\boldsymbol{B}$.（交换矩阵的第 i 行与第 j 行）

显然 $\boldsymbol{B}$ 中的任一子式经过行重新排列必是矩阵 $\boldsymbol{A}$ 的一个子式，两者之间只可能有符号差别，而是否为零的性质不变，因此进行交换矩阵两行的变换后，秩不变.

（2）用不等于零的数乘矩阵的某一行变换：$\boldsymbol{A}\xrightarrow{kr_i}\boldsymbol{B}$.（用非零常数 k 乘矩阵的第 i 行）

用 k 乘矩阵 $\boldsymbol{A}$ 的第 i 行得矩阵 $\boldsymbol{B}$，$\boldsymbol{B}$ 矩阵的子式或是 $\boldsymbol{A}$ 的子式，或是 $\boldsymbol{A}$ 的相应子式的 k 倍，因而任一子式是否为零的性质不变，所以秩不变.

3. 矩阵的某行乘以一个数加到另一行变换：$\boldsymbol{A}\xrightarrow{r_i+kr_j}\boldsymbol{B}$.（矩阵的第 j 行的 k 倍加到第 i 行上）

考虑 $\boldsymbol{B}$ 中的 $r+1$ 阶子式（如果有），设 M 为 $\boldsymbol{B}$ 中的 $r+1$ 阶子式，那么有三种可能：

① M 不包含 $\boldsymbol{B}$ 中的第 i 行元素，这时 M 也是矩阵 $\boldsymbol{A}$ 中的 $r+1$ 阶子式，由 $R(\boldsymbol{A})=r$ 知，M=0.

② M 包含 $\boldsymbol{B}$ 中的第 i 行元素，同时也包含 $\boldsymbol{B}$ 中的第 j 行元素，这时由行列式性质 2.2.6 可知 M=0.

③ M 包含 $\boldsymbol{B}$ 中的第 i 行元素，但不包含 $\boldsymbol{B}$ 中的第 j 行元素. 这时

$$M=\begin{vmatrix} a_{ht_1} & \cdots & a_{ht_{r+1}} \\ \vdots & & \vdots \\ a_{it_1}+ka_{jt_1} & \cdots & a_{it_{r+1}}+ka_{jt_{r+1}} \\ \vdots & & \vdots \\ a_{pt_1} & \cdots & a_{pt_{r+1}} \end{vmatrix}=\begin{vmatrix} a_{ht_1} & \cdots & a_{ht_{r+1}} \\ \vdots & & \vdots \\ a_{it_1} & \cdots & a_{it_{r+1}} \\ \vdots & & \vdots \\ a_{pt_1} & \cdots & a_{pt_{r+1}} \end{vmatrix}+k\begin{vmatrix} a_{ht_1} & \cdots & a_{ht_{r+1}} \\ \vdots & & \vdots \\ a_{jt_1} & \cdots & a_{jt_{r+1}} \\ \vdots & & \vdots \\ a_{pt_1} & \cdots & a_{pt_{r+1}} \end{vmatrix}=D_1+kD_2$$

由于 D_1 为矩阵 $\boldsymbol{A}$ 中的 $r+1$ 阶子式，由 $R(\boldsymbol{A})=r$ 知，D_1=0. 而 D_2 与矩阵 $\boldsymbol{A}$ 中的一个 $r+1$ 阶子式最多差一个符号，由 $R(\boldsymbol{A})=r$ 知，D_2=0. 故 M=0.

由（1）（2）（3）可知，$R(\boldsymbol{B})\leqslant r=R(\boldsymbol{A})$. 由初等变换的可逆性同样可得 $R(\boldsymbol{A})\leqslant R(\boldsymbol{B})$，从而 $R(\boldsymbol{A})$=$R(\boldsymbol{B})$.

同理可证对初等列变换结论也成立.

定理 3.3.1 告诉我们，在求一个非特殊矩阵的秩时，可以先将其化为阶梯形矩阵，然后由阶梯形矩阵的秩来确定原矩阵的秩.

例 3.3.1 求下列矩阵的秩.

$$\boldsymbol{A}=\begin{pmatrix} 1 & 1 & 1 & 2 \\ 2 & 3 & 3 & 2 \\ 1 & 1 & 2 & 1 \end{pmatrix},\quad \boldsymbol{B}=\begin{pmatrix} 1 & -1 & 2 & 1 & 0 \\ 2 & -2 & 4 & -2 & 0 \\ 3 & 0 & 6 & -1 & 1 \\ 2 & 1 & 4 & 2 & 1 \end{pmatrix}$$

解 $\boldsymbol{A}=\begin{pmatrix}1&1&1&2\\2&3&3&2\\1&1&2&1\end{pmatrix}\xrightarrow[r_3-r_1]{r_2-2r}\begin{pmatrix}1&1&1&2\\0&1&1&-2\\0&0&1&-1\end{pmatrix}$

所以 $R(\boldsymbol{A})=3$.

$$\boldsymbol{B}=\begin{pmatrix}1&-1&2&1&0\\2&-2&4&-2&0\\3&0&6&-1&1\\2&1&4&2&1\end{pmatrix}\xrightarrow[\substack{r_3-3r_1\\r_4-2r_1}]{r_2-2r_1}\begin{pmatrix}1&-1&2&1&0\\0&0&0&-4&0\\0&3&0&-4&1\\0&3&0&0&1\end{pmatrix}$$

$$\xrightarrow{r_2\leftrightarrow r_4}\begin{pmatrix}1&-1&2&1&0\\0&3&0&0&1\\0&3&0&-4&1\\0&0&0&-4&0\end{pmatrix}\xrightarrow{r_3-r_2}\begin{pmatrix}1&-1&2&1&0\\0&3&0&0&1\\0&0&0&-4&0\\0&0&0&-4&0\end{pmatrix}$$

$$\xrightarrow{r_4-r_3}\begin{pmatrix}1&-1&2&1&0\\0&3&0&0&1\\0&0&0&-4&0\\0&0&0&0&0\end{pmatrix}$$

故 $R(\boldsymbol{B})=3$.

例 3.3.2 试证明：$R(\boldsymbol{A})=R(\boldsymbol{A}^{\mathrm{T}})$.

证明 $\boldsymbol{A}^{\mathrm{T}}$ 中的任意一个 k 阶子式都是 $\boldsymbol{A}$ 中的一个 k 阶子式的转置行列式，又行列式转置后值不变，故 $\boldsymbol{A}^{\mathrm{T}}$ 中非零子式的最高阶数与 $\boldsymbol{A}$ 中非零子式的最高阶数相等，即 $R(\boldsymbol{A})=R(\boldsymbol{A}^{\mathrm{T}})$.

习题 3.3

1. 设矩阵 $\boldsymbol{A}$ 的秩 $R(\boldsymbol{A})=r$ ，问 $\boldsymbol{A}$ 中有没有等于零的 $r-1$ 阶子式？有没有等于零的 r 阶子式？有没有不等于零的 $r+1$ 阶子式？

2. 如果从矩阵 $\boldsymbol{A}$ 中划去一行（或一列）得到矩阵 $\boldsymbol{B}$ ，问 $\boldsymbol{A}$ 的秩与 $\boldsymbol{B}$ 的秩有什么关系？

3. 设 $a_i,b_i(i=1,2,3)$ 都是非零实数，$\boldsymbol{\alpha}=\begin{pmatrix}a_1\\a_2\\a_3\end{pmatrix},\boldsymbol{\beta}=(b_1,b_2,b_3)$ ，则 3 阶方阵 $\boldsymbol{A}=\boldsymbol{\alpha\beta}$ 的秩等于（　　）.

A. 0　　B. 1　　C. 2　　D. 3

4. 求下列矩阵的秩.

$$\boldsymbol{A}=\begin{pmatrix}0&1&1&-1&2\\0&2&-2&-2&0\\0&-1&-1&1&1\\1&1&0&1&-1\end{pmatrix},\ \boldsymbol{B}=\begin{pmatrix}1&-1&2&1&0\\2&-2&4&-2&0\\3&0&6&-1&1\\0&3&0&0&1\end{pmatrix}$$

3.4 矩阵的逆矩阵

1）可逆矩阵的定义

定义 3.4.1 对于 n 阶矩阵 $\boldsymbol{A}$，如果存在一个 n 阶矩阵 $\boldsymbol{B}$，使得

$$\boldsymbol{AB}=\boldsymbol{BA}=\boldsymbol{E}$$

则称矩阵 $\boldsymbol{A}$ 为可逆矩阵，而矩阵 $\boldsymbol{B}$ 称为 $\boldsymbol{A}$ 的逆矩阵.

若矩阵 $\boldsymbol{A}$ 是可逆矩阵，则 $\boldsymbol{A}$ 的逆矩阵是唯一的. 事实上，设 $\boldsymbol{B},\boldsymbol{C}$ 都是 $\boldsymbol{A}$ 的逆矩阵，则有 $\boldsymbol{B}=\boldsymbol{BE}=\boldsymbol{B}(\boldsymbol{AC})=(\boldsymbol{BA})\boldsymbol{C}=\boldsymbol{EC}=\boldsymbol{C}$，所以 $\boldsymbol{A}$ 的逆矩阵是唯一的，$\boldsymbol{A}$ 的逆矩阵记作 $\boldsymbol{A}^{-1}$，即若 $\boldsymbol{AB}=\boldsymbol{BA}=\boldsymbol{E}$，则 $\boldsymbol{B}=\boldsymbol{A}^{-1}$.

定义 3.4.2 如果 n 阶矩阵 $\boldsymbol{A}$ 的行列式 $|\boldsymbol{A}|\neq 0$，称 $\boldsymbol{A}$ 为非奇异的，否则称 $\boldsymbol{A}$ 为奇异的.

显然，$\boldsymbol{A}$ 为可逆矩阵当且仅当 $\boldsymbol{A}$ 为非奇异的矩阵.（证明留给读者）

2）可逆矩阵的求解

显然，由可逆矩阵的定义可以求解矩阵的逆矩阵，大家可以自行练习. 下面我们介绍利用矩阵的伴随矩阵来求解矩阵的逆矩阵.

定义 3.4.3 行列式 $|\boldsymbol{A}|$ 的各个元素的代数余子式 A_{ij} 所构成的矩阵

$$\boldsymbol{A}^*=\begin{pmatrix} A_{11} & A_{21} & \cdots & A_{n1} \\ A_{12} & A_{22} & \cdots & A_{n2} \\ \vdots & \vdots & & \vdots \\ A_{1n} & A_{2n} & \cdots & A_{nn} \end{pmatrix}$$

称为矩阵 $\boldsymbol{A}$ 的伴随矩阵，记作 $\boldsymbol{A}^*$.

关于伴随矩阵，有一个很重要的结论：

定理 3.4.1 设 $\boldsymbol{A}^*$ 是 n 阶矩阵 $\boldsymbol{A}$ 的伴随矩阵，则

$$\boldsymbol{AA}^*=\boldsymbol{A}^*\boldsymbol{A}=|\boldsymbol{A}|\boldsymbol{E}$$

证明 记 $\boldsymbol{A}=(a_{ij})$，$\boldsymbol{AA}^*=(b_{ij})$，则

$$b_{ij}=a_{i1}A_{j1}+a_{i2}A_{j2}+\cdots+a_{in}A_{jn}=|\boldsymbol{A}|\delta_{ij}$$

故

$$\boldsymbol{AA}^*=(b_{ij})=(|\boldsymbol{A}|\delta_{ij})=|\boldsymbol{A}|(\delta_{ij})=|\boldsymbol{A}|\boldsymbol{E}$$

同理可得 $\boldsymbol{A}^*\boldsymbol{A}=|\boldsymbol{A}|\boldsymbol{E}$，即 $\boldsymbol{A}^*\boldsymbol{A}=\boldsymbol{AA}^*=|\boldsymbol{A}|\boldsymbol{E}$，这里 $\delta_{ij}=\begin{cases}1, & i=j \\ 0, & i\neq j\end{cases}$.

定理 3.4.2（矩阵可逆的充分必要条件） 设 $\boldsymbol{A}$ 是 n 阶矩阵，则 $\boldsymbol{A}$ 可逆的充分必要条件是 $|\boldsymbol{A}|\neq 0$.

证明（必要性）若 $\boldsymbol{A}$ 可逆，则存在 $\boldsymbol{A}^{-1}$，使得 $\boldsymbol{AA}^{-1}=\boldsymbol{A}^{-1}\boldsymbol{A}=\boldsymbol{E}$，$|\boldsymbol{A}||\boldsymbol{A}^{-1}|=|\boldsymbol{A}^{-1}||\boldsymbol{A}|=1$，所以 $|\boldsymbol{A}|\neq 0$.

（充分性）若 $|\boldsymbol{A}|\neq 0$，则由 $\boldsymbol{AA}^*=\boldsymbol{A}^*\boldsymbol{A}=|\boldsymbol{A}|\boldsymbol{E}$，得 $\boldsymbol{A}\dfrac{\boldsymbol{A}^*}{|\boldsymbol{A}|}=\dfrac{\boldsymbol{A}^*}{|\boldsymbol{A}|}\boldsymbol{A}=\boldsymbol{E}$，故 $\boldsymbol{A}$ 可逆.

在证明中可知

$$A^{-1}=\frac{A^*}{|A|}=\frac{1}{|A|}\begin{pmatrix}A_{11} & A_{21} & \cdots & A_{n1}\\ A_{12} & A_{22} & \cdots & A_{n2}\\ \vdots & \vdots & & \vdots\\ A_{1n} & A_{2n} & \cdots & A_{nn}\end{pmatrix}$$

这是 A^{-1} 的计算公式，其中 A^* 是 A 的伴随阵，A_{ij} 是元素 a_{ij} 的代数余子式.

例 3.4.1 设 $ad-bc\neq 0$，求二阶方阵 $A=\begin{pmatrix}a & b\\ c & d\end{pmatrix}$ 的逆矩阵.

解 因为 $|A|=\begin{vmatrix}a & b\\ c & d\end{vmatrix}=ad-bc\neq 0$，所以 A 可逆，则

$$A^{-1}=\frac{A^*}{|A|}=\frac{1}{ad-bc}\begin{pmatrix}d & -b\\ -c & a\end{pmatrix}$$

例 3.4.2 已知方阵 $A=\begin{pmatrix}3 & 7 & -3\\ -2 & -5 & 2\\ -4 & -10 & 3\end{pmatrix}$.

（1）求 A 的逆矩阵；（2）求 $(kA)^*(k\neq 0)$.

解 （1）因为

$$|A|=\begin{vmatrix}3 & 7 & -3\\ -2 & -5 & 2\\ -4 & -10 & 3\end{vmatrix}=1$$

所以 A 可逆.

则
$$A^{-1}=\frac{1}{|A|}A^*=A^*=\begin{pmatrix}A_{11} & A_{21} & A_{31}\\ A_{12} & A_{22} & A_{32}\\ A_{13} & A_{23} & A_{33}\end{pmatrix}$$

又
$$A_{11}=\begin{vmatrix}-5 & 2\\ -10 & 3\end{vmatrix}=5$$

$$A_{21}=9,\ A_{31}=-1,\ A_{12}=-2,\ A_{22}=-3,\ A_{32}=0,\ A_{13}=0,\ A_{23}=2,\ A_{33}=-1$$

所以
$$A^{-1}=A^*=\begin{pmatrix}5 & 9 & -1\\ -2 & -3 & 0\\ 0 & 2 & -1\end{pmatrix}$$

（2）$(kA)^*=k^2A^*=k^2\begin{pmatrix}5 & 9 & -1\\ -2 & -3 & 0\\ 0 & 2 & -1\end{pmatrix}$.

利用矩阵的伴随矩阵求解矩阵的逆矩阵的计算量还是很大的，要求解大量的代数余子式

即矩阵的行列式，下面介绍矩阵逆矩阵的第三种方法.

3.2 节介绍了每个矩阵都可利用初等行变换把矩阵化为行最简形矩阵，而初等变换不改变矩阵的秩，当矩阵 $\boldsymbol{A}$ 可逆时，矩阵的行最简形矩阵就是单位矩阵，此时可通过初等行变换把矩阵化为等价的单位矩阵，由于作一次初等行变换相当于左乘一个相应的初等矩阵，即有初等矩阵 $\boldsymbol{P}_1,\boldsymbol{P}_2,\cdots,\boldsymbol{P}_i$，使

$$\boldsymbol{P}_i\cdots\boldsymbol{P}_2\boldsymbol{P}_1\boldsymbol{A}=\boldsymbol{E}$$

那么

$$\boldsymbol{P}_i\cdots\boldsymbol{P}_2\boldsymbol{P}_1\boldsymbol{E}=\boldsymbol{A}^{-1}$$

这说明，如果用一系列初等行变换可以把可逆矩阵 $\boldsymbol{A}$ 化为单位矩阵，那么同样地用这一系列初等行变换去化单位矩阵，就得到 $\boldsymbol{A}^{-1}$. 如果把 $\boldsymbol{A},\boldsymbol{E}$ 这两个矩阵凑在一起作成一个 $n\times 2n$ 矩阵，则

$$\boldsymbol{P}_i\cdots\boldsymbol{P}_2\boldsymbol{P}_1(\boldsymbol{A},\boldsymbol{E})=(\boldsymbol{E},\boldsymbol{A}^{-1})$$

这就提供了一个求可逆矩阵 $\boldsymbol{A}$ 的逆矩阵的具体方法：作 $n\times 2n$ 矩阵 $(\boldsymbol{A},\boldsymbol{E})$，用初等行变换把它的左边化成 $\boldsymbol{E}$，这时右边就是 $\boldsymbol{A}^{-1}$.

例 3.4.3 求矩阵

$$\boldsymbol{A}=\begin{pmatrix}1&2&-1\\3&1&0\\-1&0&-2\end{pmatrix}$$

的逆矩阵.

解

$$(\boldsymbol{A},\boldsymbol{E})=\begin{pmatrix}1&2&-1&1&0&0\\3&1&0&0&1&0\\-1&0&-2&0&0&1\end{pmatrix}\to\begin{pmatrix}1&2&-1&1&0&0\\0&-5&3&-3&1&0\\0&2&-3&1&0&1\end{pmatrix}$$

$$\to\begin{pmatrix}1&0&\frac{1}{5}&-\frac{1}{5}&\frac{2}{5}&0\\0&1&-\frac{3}{5}&\frac{3}{5}&-\frac{1}{5}&0\\0&0&-\frac{9}{5}&-\frac{1}{5}&\frac{2}{5}&1\end{pmatrix}\to\begin{pmatrix}1&0&0&-\frac{2}{9}&\frac{4}{9}&\frac{1}{9}\\0&1&0&\frac{2}{3}&-\frac{1}{3}&-\frac{1}{3}\\0&0&1&\frac{1}{9}&-\frac{2}{9}&-\frac{5}{9}\end{pmatrix}$$

即

$$\boldsymbol{A}^{-1}=\begin{pmatrix}-\frac{2}{9}&\frac{4}{9}&\frac{1}{9}\\\frac{2}{3}&-\frac{1}{3}&-\frac{1}{3}\\\frac{1}{9}&-\frac{2}{9}&-\frac{5}{9}\end{pmatrix}$$

当然，同样可以证明，可逆矩阵也能用初等列变换化成单位矩阵，这就给出了用初等列

变换求逆矩阵的方法. 即$\begin{pmatrix} \boldsymbol{A} \\ \boldsymbol{E} \end{pmatrix} \to \cdots \to \begin{pmatrix} \boldsymbol{E} \\ \boldsymbol{A}^{-1} \end{pmatrix}$.

3）可逆矩阵的性质

定理 3.4.3 设 $\boldsymbol{A},\boldsymbol{B}$ 为 n 阶可逆矩阵，则

（1）矩阵 $\boldsymbol{A}^{-1}$ 可逆，且 $(\boldsymbol{A}^{-1})^{-1}=\boldsymbol{A}$.

（2）当 $k\neq 0$ 时，则 $k\boldsymbol{A}$ 可逆，且 $(k\boldsymbol{A})^{-1}=\dfrac{1}{k}\boldsymbol{A}^{-1}$.

（3）矩阵 $\boldsymbol{A}^{\mathrm{T}}$ 可逆，且 $(\boldsymbol{A}^{\mathrm{T}})^{-1}=(\boldsymbol{A}^{-1})^{\mathrm{T}}$.

（4）$|\boldsymbol{A}^{-1}|=|\boldsymbol{A}|^{-1}$.

（5）矩阵 $\boldsymbol{AB}$ 可逆且 $(\boldsymbol{AB})^{-1}=\boldsymbol{B}^{-1}\boldsymbol{A}^{-1}$.

证明 （1）因为矩阵 $\boldsymbol{A}$ 可逆，所以 $\boldsymbol{AA}^{-1}=\boldsymbol{E}=\boldsymbol{A}^{-1}\boldsymbol{A}$，所以矩阵 $\boldsymbol{A}^{-1}$ 可逆. 设 $\boldsymbol{B}=\boldsymbol{A}^{-1}$，则 $\boldsymbol{A}^{-1}\boldsymbol{B}=\boldsymbol{E}$，$\boldsymbol{B}^{-1}=\boldsymbol{A}$，即 $(\boldsymbol{A}^{-1})^{-1}=\boldsymbol{A}$.

（2）因为矩阵 $\boldsymbol{A}$ 可逆，所以存在矩阵 $\boldsymbol{B}$ 使 $\boldsymbol{AB}=\boldsymbol{BA}=\boldsymbol{E}$，即 $\boldsymbol{B}=\boldsymbol{A}^{-1}$.又因为 $k\neq 0$，所以 $k\boldsymbol{AB}=k\boldsymbol{BA}=k\boldsymbol{E}$，则 $(k\boldsymbol{A})\times\left(\dfrac{1}{k}\boldsymbol{B}\right)=\left(\dfrac{1}{k}\boldsymbol{B}\right)\times(k\boldsymbol{A})=\boldsymbol{E}$，故 $k\boldsymbol{A}$ 可逆，且 $(k\boldsymbol{A})^{-1}=\dfrac{1}{k}\boldsymbol{A}^{-1}$.

（3）因为矩阵 $\boldsymbol{A}$ 可逆，且 $\boldsymbol{A}^{\mathrm{T}}(\boldsymbol{A}^{-1})^{\mathrm{T}}=(\boldsymbol{A}^{-1}\boldsymbol{A})^{\mathrm{T}}=\boldsymbol{E}^{\mathrm{T}}=\boldsymbol{E}$，所以矩阵 $\boldsymbol{A}^{\mathrm{T}}$ 可逆且 $(\boldsymbol{A}^{\mathrm{T}})^{-1}=(\boldsymbol{A}^{-1})^{\mathrm{T}}$.

（4）因为矩阵 $\boldsymbol{A}$ 可逆，所以 $\boldsymbol{AA}^{-1}=\boldsymbol{E}$，$|\boldsymbol{AA}^{-1}|=|\boldsymbol{A}||\boldsymbol{A}^{-1}|=|\boldsymbol{E}|=1$，故 $|\boldsymbol{A}^{-1}|=\dfrac{1}{|\boldsymbol{A}|}$，即 $|\boldsymbol{A}^{-1}|=|\boldsymbol{A}|^{-1}$.

（5）因为矩阵 $\boldsymbol{A},\boldsymbol{B}$ 为可逆矩阵，所以它们的逆矩阵 $\boldsymbol{A}^{-1},\boldsymbol{B}^{-1}$ 均存在. 又由于

$$(\boldsymbol{B}^{-1}\boldsymbol{A}^{-1})(\boldsymbol{AB})=\boldsymbol{B}^{-1}(\boldsymbol{A}^{-1}\boldsymbol{A})\boldsymbol{B}=\boldsymbol{B}^{-1}\boldsymbol{B}=\boldsymbol{E}$$

$$(\boldsymbol{AB})(\boldsymbol{B}^{-1}\boldsymbol{A}^{-1})=\boldsymbol{A}(\boldsymbol{BB}^{-1})\boldsymbol{A}^{-1}=\boldsymbol{AA}^{-1}=\boldsymbol{E}$$

所以，矩阵 $\boldsymbol{AB}$ 可逆且 $(\boldsymbol{AB})^{-1}=\boldsymbol{B}^{-1}\boldsymbol{A}^{-1}$.

推广：（1）若矩阵 $\boldsymbol{A}_1,\boldsymbol{A}_2,\cdots,\boldsymbol{A}_k$ 均为 n 阶可逆矩阵，则矩阵 $\boldsymbol{A}_1,\boldsymbol{A}_2,\cdots,\boldsymbol{A}_k$ 可逆，且 $(\boldsymbol{A}_1\boldsymbol{A}_2\cdots\boldsymbol{A}_k)^{-1}=\boldsymbol{A}_k^{-1}\cdots\boldsymbol{A}_2^{-1}\boldsymbol{A}_1^{-1}$.

（2）可逆矩阵 $\boldsymbol{A}$ 的乘方仍可逆且 $(\boldsymbol{A}^m)^{-1}=(\boldsymbol{A}^{-1})^m$.

思考：判断下列两个命题是否正确？

（1）设矩阵 $\boldsymbol{A}$ 和 $\boldsymbol{B}$ 均为 n 阶矩阵，且 $\boldsymbol{A}$ 为可逆矩阵，若 $\boldsymbol{AB}=\boldsymbol{O}$，则 $\boldsymbol{B}=\boldsymbol{O}$.

（2）设矩阵 $\boldsymbol{A}$ 和 $\boldsymbol{B}$ 均为 n 阶矩阵，且 $\boldsymbol{A}$ 为可逆矩阵，若 $\boldsymbol{AB}=\boldsymbol{AC}$，则 $\boldsymbol{B}=\boldsymbol{C}$.

例 3.4.4 设 $\boldsymbol{A},\boldsymbol{B}$ 都是 n 阶可逆矩阵，证明：$(\boldsymbol{AB})^{-1}=\boldsymbol{A}^{-1}\boldsymbol{B}^{-1}$ 的充要条件是 $\boldsymbol{AB}=\boldsymbol{BA}$.

证明 （必要性）设 $(\boldsymbol{AB})^{-1}=\boldsymbol{A}^{-1}\boldsymbol{B}^{-1}$，则 $\boldsymbol{AB}(\boldsymbol{A}^{-1}\boldsymbol{B}^{-1})=\boldsymbol{E}$，两边同时右乘 $\boldsymbol{BA}$ 得 $\boldsymbol{AB}=\boldsymbol{BA}$.

（充分性）若 $\boldsymbol{AB}=\boldsymbol{BA}$，则 $(\boldsymbol{AB})^{-1}=(\boldsymbol{BA})^{-1}=\boldsymbol{A}^{-1}\boldsymbol{B}^{-1}$.

4）矩阵方程

有了可逆矩阵的定义，便可以求解矩阵方程.

矩阵方程一般为如下三种形式

$$\boldsymbol{AX}=\boldsymbol{C},\quad \boldsymbol{XA}=\boldsymbol{C},\quad \boldsymbol{AXB}=\boldsymbol{C}$$

的等式. 这里 $\boldsymbol{A},\boldsymbol{B},\boldsymbol{C}$ 是已知矩阵，$\boldsymbol{X}$ 是未知矩阵.

我们暂时只考虑矩阵 $\boldsymbol{A},\boldsymbol{B}$ 可逆的情况，利用矩阵乘法的运算规律和逆矩阵的运算性质，通过在方程两边左乘或右乘相应的矩阵的逆矩阵，可求出其解，分别为

$$\boldsymbol{X}=\boldsymbol{A}^{-1}\boldsymbol{C},\ \boldsymbol{X}=\boldsymbol{C}\boldsymbol{A}^{-1},\ \boldsymbol{X}=\boldsymbol{A}^{-1}\boldsymbol{C}\boldsymbol{B}^{-1}$$

而其他形式的矩阵方程，则可通过矩阵的有关运算性质转化为标准矩阵方程后进行求解.

例 3.4.5 解矩阵方程 $\boldsymbol{AX}=\boldsymbol{B}$，其中 $\boldsymbol{A}=\begin{pmatrix}1&-1&2\\2&-3&5\\3&-2&4\end{pmatrix}$，$\boldsymbol{B}=\begin{pmatrix}1&-1\\-2&3\\5&-4\end{pmatrix}$，

解 因为 $|\boldsymbol{A}|=1\neq 0$，故矩阵 $\boldsymbol{A}$ 可逆，则 $\boldsymbol{X}=\boldsymbol{A}^{-1}\boldsymbol{B}$. 利用矩阵的伴随矩阵得

$$\boldsymbol{A}^{-1}=\begin{pmatrix}-2&0&1\\7&-2&-1\\5&-1&-1\end{pmatrix}$$

所以
$$\boldsymbol{X}=\boldsymbol{A}^{-1}\boldsymbol{B}=\begin{pmatrix}-2&0&1\\7&-2&-1\\5&-1&-1\end{pmatrix}\begin{pmatrix}1&-1\\-2&3\\5&-4\end{pmatrix}=\begin{pmatrix}3&-2\\6&-9\\2&-4\end{pmatrix}$$

例 3.4.6 若 $\boldsymbol{A}^k=\boldsymbol{O}$（$k$ 为正整数），证明：$(\boldsymbol{E}-\boldsymbol{A})^{-1}=\boldsymbol{E}+\boldsymbol{A}+\cdots+\boldsymbol{A}^{k-1}$.

证明 由于 $1-x^k=(1-x)(1+x+\cdots+x^{k-1})$，故对于方阵 $\boldsymbol{A}$ 的多项式，仍有

$$\boldsymbol{E}-\boldsymbol{A}^k=(\boldsymbol{E}-\boldsymbol{A})(\boldsymbol{E}+\boldsymbol{A}+\cdots+\boldsymbol{A}^{k-1})$$

注意到 $\boldsymbol{A}^k=\boldsymbol{O}$，故有

$$\boldsymbol{E}=(\boldsymbol{E}-\boldsymbol{A})(\boldsymbol{E}+\boldsymbol{A}+\cdots+\boldsymbol{A}^{k-1})$$

因此 $(\boldsymbol{E}-\boldsymbol{A})$ 可逆且 $(\boldsymbol{E}-\boldsymbol{A})^{-1}=\boldsymbol{E}+\boldsymbol{A}+\cdots+\boldsymbol{A}^{k-1}$.

例 3.4.7 （Jacobson 引理）设 $\boldsymbol{A},\boldsymbol{B}$ 为 n 阶实矩阵，若 $\boldsymbol{E}-\boldsymbol{AB}$ 可逆，证明：$\boldsymbol{E}-\boldsymbol{BA}$ 可逆.

证明
$$\begin{aligned}\boldsymbol{E}&=\boldsymbol{E}-\boldsymbol{BA}+\boldsymbol{BA}=\boldsymbol{E}-\boldsymbol{BA}+\boldsymbol{BEAE}-\boldsymbol{BA}+\boldsymbol{B}(\boldsymbol{E}-\boldsymbol{AB})(\boldsymbol{E}-\boldsymbol{AB})^{-1}\boldsymbol{A}\\&=\boldsymbol{E}-\boldsymbol{BA}+(\boldsymbol{B}-\boldsymbol{BAB})(\boldsymbol{E}-\boldsymbol{AB})^{-1}\boldsymbol{A}=\boldsymbol{E}-\boldsymbol{BA}+(\boldsymbol{E}-\boldsymbol{BA})\boldsymbol{B}(\boldsymbol{E}-\boldsymbol{AB})^{-1}\boldsymbol{A}\\&=(\boldsymbol{E}-\boldsymbol{BA})[\boldsymbol{E}+\boldsymbol{B}(\boldsymbol{E}-\boldsymbol{AB})^{-1}\boldsymbol{A}].\end{aligned}$$

故 $\boldsymbol{E}-\boldsymbol{BA}$ 可逆，且 $(\boldsymbol{E}-\boldsymbol{BA})^{-1}=[\boldsymbol{E}+\boldsymbol{B}(\boldsymbol{E}-\boldsymbol{AB})^{-1}\boldsymbol{A}]$.

由命题 3.2.1 及定理 3.4.2 知初等矩阵都是可逆的，结合定理 3.2.3 可逆矩阵性质可得下列结论.

推论 3.4.1 两个 $s\times n$ 矩阵 $\boldsymbol{A},\boldsymbol{B}$ 等价的充分必要条件：存在可逆的 $s\times s$ 矩阵 $\boldsymbol{P}_1,\boldsymbol{P}_2,\cdots,\boldsymbol{P}_i$ 与可逆的 $n\times n$ 矩阵 $\boldsymbol{Q}_1,\boldsymbol{Q}_2,\cdots,\boldsymbol{Q}_s$，使

$$\boldsymbol{A}=\boldsymbol{P}_i\boldsymbol{P}_{i-1}\cdots\boldsymbol{P}_1\boldsymbol{B}\boldsymbol{Q}_1\boldsymbol{Q}_2\cdots\boldsymbol{Q}_s$$

由可逆矩阵的乘积仍为可逆矩阵，则有下列结论.

推论 3.4.2　两个 $s\times n$ 矩阵 $\boldsymbol{A},\boldsymbol{B}$ 等价的充分必要条件：存在可逆的 $s\times s$ 矩阵 $\boldsymbol{P}$ 与可逆的 $n\times n$ 矩阵 $\boldsymbol{Q}$，使 $\boldsymbol{A}=\boldsymbol{PBQ}$．特别地，$n$ 阶矩阵 $\boldsymbol{A}$ 与单位矩阵 $\boldsymbol{E}$ 等价的充分必要条件：存在可逆的 n 阶可逆矩阵 $\boldsymbol{P}$ 与 $\boldsymbol{Q}$，使 $\boldsymbol{A}=\boldsymbol{PQ}$．

推论 3.4.3　设 $s\times n$ 矩阵 $\boldsymbol{A}$ 的秩为 r，则存在可逆的 $s\times s$ 矩阵 $\boldsymbol{P}$ 与可逆的 $n\times n$ 矩阵 $\boldsymbol{Q}$，使 $\boldsymbol{PAQ}=\begin{pmatrix}\boldsymbol{E}_r & \boldsymbol{O}\\ \boldsymbol{O} & \boldsymbol{O}\end{pmatrix}$．

推论 3.4.4　n 阶矩阵 $\boldsymbol{A}$ 可逆的充分必要条件是 $\boldsymbol{A}$ 可表示为一些初等矩阵的乘积．

推论 3.4.5　n 阶矩阵 $\boldsymbol{A}$ 可逆的充分必要条件是 $R(\boldsymbol{A})=n$（即 $\boldsymbol{A}$ 满秩）．

证明　n 阶矩阵 $\boldsymbol{A}$ 可逆的充分必要条件是 $|\boldsymbol{A}|\neq 0$，故由矩阵秩的定义有 $R(\boldsymbol{A})=n$．结合秩与矩阵可逆给出矩阵秩的几个性质．

定理 3.4.4　设 $\boldsymbol{A},\boldsymbol{B}$ 分别为 $m\times n, n\times p$ 矩阵，则

（1）若 $\boldsymbol{P},\boldsymbol{Q}$ 分别为 m 阶、n 阶可逆矩阵，则 $R(\boldsymbol{PA})=R(\boldsymbol{A}), R(\boldsymbol{AQ})=R(\boldsymbol{A})$．

（2）$R(\boldsymbol{AB})\leqslant \min(R(\boldsymbol{A}),R(\boldsymbol{B}))$．

证明　（1）由于可逆矩阵可以写成初等矩阵的乘积，于是存在初等矩阵 $\boldsymbol{P}_1,\boldsymbol{P}_2,\cdots,\boldsymbol{P}_r$，使得 $\boldsymbol{P}=\boldsymbol{P}_1\boldsymbol{P}_2\cdots\boldsymbol{P}_r$，则 $\boldsymbol{PA}=\boldsymbol{P}_1\boldsymbol{P}_2\cdots\boldsymbol{P}_r\boldsymbol{A}$，由初等矩阵与初等变换的等价关系，$\boldsymbol{PA}$ 相当于对 $\boldsymbol{A}$ 作 r 次初等行变换．由于初等变换不改变矩阵的秩，所以 $R(\boldsymbol{PA})=R(\boldsymbol{A})$．同理，存在初等矩阵 $\boldsymbol{T}_1,\boldsymbol{T}_2,\cdots,\boldsymbol{T}_s$，使得 $\boldsymbol{Q}=\boldsymbol{T}_1,\boldsymbol{T}_2,\cdots,\boldsymbol{T}_s$，则 $\boldsymbol{AQ}=\boldsymbol{AT}_1,\boldsymbol{T}_2,\cdots,\boldsymbol{T}_s$，由初等矩阵与初等变换的等价关系，$\boldsymbol{AQ}$ 相当于对 $\boldsymbol{A}$ 作 s 次初等列变换．由于初等变换不改变矩阵的秩，所以 $R(\boldsymbol{AQ})=R(\boldsymbol{A})$．

（2）设 $R(\boldsymbol{A})=r$，由推论 3.4.3 知，存在 m 阶可逆矩阵 $\boldsymbol{P}$ 与 n 阶可逆矩阵 $\boldsymbol{Q}$，使 $\boldsymbol{PAQ}=\begin{pmatrix}\boldsymbol{E}_r & \boldsymbol{O}\\ \boldsymbol{O} & \boldsymbol{O}\end{pmatrix}$．

由（1）可知 $R(\boldsymbol{AB})=R(\boldsymbol{PAB})=R(\boldsymbol{PAQQ}^{-1}\boldsymbol{B})$，令 $\boldsymbol{Q}^{-1}\boldsymbol{B}=(c_{ij})_{n\times p}$，则

$$\boldsymbol{PAQQ}^{-1}\boldsymbol{B}=\begin{pmatrix}1 & & & & \\ & \ddots & & & \\ & & 1 & & \\ & & & 0 & \\ & & & & \ddots \\ & & & & & 0\end{pmatrix}\begin{pmatrix}c_{11} & \cdots & c_{1p}\\ \vdots & & \vdots\\ c_{n1} & \cdots & c_{np}\end{pmatrix}=\begin{pmatrix}c_{11} & \cdots & c_{1p}\\ \vdots & & \vdots\\ c_{i1} & \cdots & c_{ip}\\ 0 & \cdots & 0\\ \vdots & & \vdots\\ 0 & \cdots & 0\end{pmatrix}$$

由于最后矩阵的后 $n-r$ 行全为零，所以 $R(\boldsymbol{PAQQ}^{-1}\boldsymbol{B})\leqslant r$，即 $R(\boldsymbol{AB})\leqslant r=R(\boldsymbol{A})$．同理可证 $R(\boldsymbol{AB})\leqslant R(\boldsymbol{B})$．证毕．

显然，这个结论可推广到多个矩阵乘积的秩小于或等于因子的秩．

习题 3.4

1．求下列矩阵的逆矩阵．

（1）$\boldsymbol{A}=\begin{pmatrix}1 & 2\\ 2 & 5\end{pmatrix}$；（2）$\boldsymbol{B}=\begin{pmatrix}1 & 2 & 3\\ 0 & 1 & 2\\ 0 & 0 & 1\end{pmatrix}$；

（3）$C=\begin{pmatrix}1 & 2 & -1\\3 & 4 & -2\\5 & -4 & -1\end{pmatrix}$；（4）$D=\begin{pmatrix}0 & 1 & 2\\1 & 1 & 4\\2 & -1 & 0\end{pmatrix}$；

（5）$M=\begin{pmatrix}a_1 & & & \\ & a_2 & & \\ & & \ddots & \\ & & & a_n\end{pmatrix}(a_1,a_2,\cdots,a_n\neq 0)$.

注：未写出的元素都是 0（以下均同，不另注）.

2. 证明下列命题：

（1）若 A,B 是 n 阶可逆矩阵，则 $(AB)^*=B^*A^*$.

（2）若 A 可逆，则 A^* 可逆且 $(A^*)^{-1}=(A^{-1})^*$.

3. 解下列矩阵方程.

（1）$\begin{pmatrix}1 & 2\\1 & 3\end{pmatrix}X=\begin{pmatrix}4 & -6\\2 & 1\end{pmatrix}$；

（2）$X\begin{pmatrix}2 & 1 & -1\\2 & 1 & 0\\1 & -1 & 1\end{pmatrix}=\begin{pmatrix}2 & 1 & -1\\2 & 1 & 0\\1 & -1 & 1\end{pmatrix}$；

（3）$\begin{pmatrix}1 & 4\\-1 & 2\end{pmatrix}X\begin{pmatrix}2 & 0\\-1 & 1\end{pmatrix}=\begin{pmatrix}3 & 1\\0 & -1\end{pmatrix}$.

4. 设方阵 A 满足 $A^2-A-2E=O$，证明 A 及 $A+2E$ 都可逆，并求 A^{-1} 及 $(A+2E)^{-1}$.

5. 证明：秩为 r 的矩阵总可表示为 r 个秩为 1 的矩阵之和.

6. 设 n 阶方阵 A 的伴随矩阵为 A^*，证明：$\left|A^*\right|=\left|A\right|^{n-1}$.

7. 设 A,B 为 n 阶可逆矩阵，若 $AB-E$ 可逆，证明：$A-B^{-1}$ 与 $(A-B^{-1})-A^{-1}$ 可逆，并求其逆矩阵.

8. 设 $A=(a_{ij})_n$ 为 n 阶实矩阵，证明：

（1）如果 $\left|a_{ii}\right|>\sum\limits_{j\neq i}\left|a_{ij}\right|\ (i=1,2,\cdots,n)$，那么 $\left|A\right|\neq 0$.

（2）如果 $a_{ii}>\sum\limits_{j\neq i}\left|a_{ij}\right|\ (i=1,2,\cdots,n)$，那么 $\left|A\right|>0$.

3.5 分块矩阵

1）矩阵的分块与运算

对于行数和列数比较多的矩阵 A，在计算过程中经常采用“矩阵分块法”，使大矩阵的运算化为小矩阵的运算，将矩阵 A 用若干条纵线和横线分成许多个小矩阵，每个小矩阵称为 A 的子块，以子块为元素的矩阵称为分块矩阵.

例 3.5.1

$$A=\begin{pmatrix} a_{11} & a_{12} & a_{13} & a_{14} \\ a_{21} & a_{22} & a_{23} & a_{24} \\ a_{31} & a_{32} & a_{33} & a_{34} \end{pmatrix}$$

将A分成子块的分法很多，下面列举三种分块形式：

（1）$\left(\begin{array}{cc:cc} a_{11} & a_{12} & a_{13} & a_{14} \\ a_{21} & a_{22} & a_{23} & a_{24} \\ \hdashline a_{31} & a_{32} & a_{33} & a_{34} \end{array}\right)$；

（2）$\left(\begin{array}{c:cc:c} a_{11} & a_{12} & a_{13} & a_{14} \\ \hdashline a_{21} & a_{22} & a_{23} & a_{24} \\ a_{31} & a_{32} & a_{33} & a_{34} \end{array}\right)$；

（3）$\left(\begin{array}{c:c:cc} a_{11} & a_{12} & a_{13} & a_{14} \\ a_{21} & a_{22} & a_{23} & a_{24} \\ a_{31} & a_{32} & a_{33} & a_{34} \end{array}\right)$.

在分法（1）中，记

$$A=\begin{pmatrix} A_{11} & A_{12} \\ A_{21} & A_{22} \end{pmatrix}$$

其中

$$A_{11}=\begin{pmatrix} a_{11} & a_{12} \\ a_{21} & a_{22} \end{pmatrix},\ A_{12}=\begin{pmatrix} a_{13} & a_{14} \\ a_{23} & a_{24} \end{pmatrix},\ A_{21}=(a_{31} \quad a_{32}),\ A_{22}=(a_{33} \quad a_{34})$$

即$A_{11},A_{12},A_{21},A_{22}$为$A$的子块，而$A$成为以$A_{11},A_{12},A_{21},A_{22}$为元素的分块矩阵，分法（2）（3）的分块矩阵请读者自己写出来. 分块矩阵的运算法则与普通矩阵的运算法则类似，具体讨论如下：

（1）矩阵A与B为同型矩阵，采用同样的分块法，有

$$A=\begin{pmatrix} A_{11} & A_{12} & \cdots & A_{1r} \\ A_{21} & A_{22} & \cdots & A_{2r} \\ \vdots & \vdots & & \vdots \\ A_{s1} & A_{s2} & \cdots & A_{sr} \end{pmatrix},\ B=\begin{pmatrix} B_{11} & B_{12} & \cdots & B_{1r} \\ B_{21} & B_{22} & \cdots & B_{2r} \\ \vdots & \vdots & & \vdots \\ B_{s1} & B_{s2} & \cdots & B_{sr} \end{pmatrix}$$

其中A_{ij}与B_{ij}亦为同型矩阵. 容易证明

$$A+B=\begin{pmatrix} A_{11}+B_{11} & A_{12}+B_{12} & \cdots & A_{1r}+B_{1r} \\ A_{21}+B_{21} & A_{22}+B_{22} & \cdots & A_{2r}+B_{2r} \\ \vdots & \vdots & & \vdots \\ A_{s1}+B_{s1} & A_{s2}+B_{s2} & \cdots & A_{sr}+B_{sr} \end{pmatrix}$$

（2）$\boldsymbol{A}$为$m\times l$矩阵，$\boldsymbol{B}$为$l\times n$矩阵，将$\boldsymbol{A},\boldsymbol{B}$分成

$$\boldsymbol{A}=\begin{pmatrix}\boldsymbol{A}_{11} & \cdots & \boldsymbol{A}_{1t}\\ \vdots & & \vdots\\ \boldsymbol{A}_{s1} & \cdots & \boldsymbol{A}_{st}\end{pmatrix},\quad \boldsymbol{B}=\begin{pmatrix}\boldsymbol{B}_{11} & \cdots & \boldsymbol{B}_{1r}\\ \vdots & & \vdots\\ \boldsymbol{B}_{t1} & \cdots & \boldsymbol{B}_{tr}\end{pmatrix}$$

其中，$\boldsymbol{A}_{i1},\boldsymbol{A}_{i2},\cdots,\boldsymbol{A}_{it}$的列数分别等于$\boldsymbol{B}_{1j},\boldsymbol{B}_{2j},\cdots,\boldsymbol{B}_{tj}$的行数，则

$$\boldsymbol{AB}=\begin{pmatrix}\boldsymbol{C}_{11} & \cdots & \boldsymbol{C}_{1r}\\ \vdots & & \vdots\\ \boldsymbol{C}_{s1} & \cdots & \boldsymbol{C}_{sr}\end{pmatrix}$$

式中，$\boldsymbol{C}_{ij}=\sum\limits_{k=1}^{t}\boldsymbol{A}_{ik}\boldsymbol{B}_{kj}(i=1,2,\cdots,s;j=1,2,\cdots,r).$

例 3.5.2 设

$$\boldsymbol{A}=\begin{pmatrix}1&0&0&0\\0&1&0&0\\-1&2&1&0\\1&1&0&1\end{pmatrix},\quad \boldsymbol{B}=\begin{pmatrix}1&0&1&0\\-1&2&0&1\\1&0&4&1\\-1&-1&2&0\end{pmatrix}$$

利用分块矩阵求$\boldsymbol{AB}$.

解 $\boldsymbol{A},\boldsymbol{B}$分块成

$$\boldsymbol{A}=\left(\begin{array}{cc:cc}1&0&0&0\\0&1&0&0\\\hdashline -1&2&1&0\\1&1&0&1\end{array}\right)=\begin{pmatrix}\boldsymbol{E}&\boldsymbol{O}\\\boldsymbol{A}_1&\boldsymbol{E}\end{pmatrix},\quad \boldsymbol{B}=\left(\begin{array}{cc:cc}1&0&1&0\\-1&2&0&1\\\hdashline 1&0&4&1\\-1&-1&2&0\end{array}\right)=\begin{pmatrix}\boldsymbol{B}_{11}&\boldsymbol{E}\\\boldsymbol{B}_{21}&\boldsymbol{B}_{22}\end{pmatrix}$$

则

$$\boldsymbol{AB}=\begin{pmatrix}\boldsymbol{E}&\boldsymbol{O}\\\boldsymbol{A}_1&\boldsymbol{E}\end{pmatrix}\begin{pmatrix}\boldsymbol{B}_{11}&\boldsymbol{E}\\\boldsymbol{B}_{21}&\boldsymbol{B}_{22}\end{pmatrix}=\begin{pmatrix}\boldsymbol{B}_{11}&\boldsymbol{E}\\\boldsymbol{A}_1\boldsymbol{B}_{11}+\boldsymbol{B}_{21}&\boldsymbol{A}_1+\boldsymbol{B}_{22}\end{pmatrix}$$

$$\begin{aligned}\boldsymbol{A}_1\boldsymbol{B}_{11}+\boldsymbol{B}_{21}&=\begin{pmatrix}-1&2\\1&1\end{pmatrix}\begin{pmatrix}1&0\\-1&2\end{pmatrix}+\begin{pmatrix}1&0\\-1&-1\end{pmatrix}\\&=\begin{pmatrix}-3&4\\0&2\end{pmatrix}+\begin{pmatrix}1&0\\-1&-1\end{pmatrix}=\begin{pmatrix}-2&4\\-1&1\end{pmatrix}\end{aligned}$$

$$\boldsymbol{A}_1+\boldsymbol{B}_{22}=\begin{pmatrix}-1&2\\1&1\end{pmatrix}+\begin{pmatrix}4&1\\2&0\end{pmatrix}=\begin{pmatrix}3&3\\3&1\end{pmatrix}$$

$$\boldsymbol{AB}=\left(\begin{array}{cc:cc}1&0&1&0\\-1&2&0&1\\\hdashline -2&4&3&3\\-1&1&3&1\end{array}\right)$$

（3）设

$$A=\begin{pmatrix} A_{11} & A_{12} & \cdots & A_{1r} \\ A_{21} & A_{22} & \cdots & A_{2r} \\ \vdots & \vdots & & \vdots \\ A_{s1} & A_{s2} & \cdots & A_{sr} \end{pmatrix}$$

则矩阵 A 的转置为

$$A^{\mathrm{T}}=\begin{pmatrix} A_{11}^{\mathrm{T}} & A_{21}^{\mathrm{T}} & \cdots & A_{s1}^{\mathrm{T}} \\ A_{12}^{\mathrm{T}} & A_{22}^{\mathrm{T}} & \cdots & A_{s2}^{\mathrm{T}} \\ \vdots & \vdots & & \vdots \\ A_{1r}^{\mathrm{T}} & A_{2r}^{\mathrm{T}} & \cdots & A_{sr}^{\mathrm{T}} \end{pmatrix}$$

（4）设方阵 A 的分块矩阵为

$$A=\begin{pmatrix} A_1 & & & \\ & A_2 & & \\ & & \ddots & \\ & & & A_m \end{pmatrix}$$

除主对角线上的子块不为零子块外，其余子块都为零矩阵，且 $A_i(i=1,2,\cdots,m)$ 为方阵，则 A 称为分块对角矩阵（或准对角矩阵）.

关于准对角矩阵 A 有下列性质：

性质 3.5.1 准对角矩阵的行列式为 $|A|=|A_1||A_2|\cdots|A_m|$.

性质 3.5.2 准对角矩阵的秩为 $R(A)=R(A_1)+R(A_2)+\cdots+R(A_m)$.

性质 3.5.3 若准对角矩阵 A 可逆，则有

$$A^{-1}=\begin{pmatrix} A_1^{-1} & & & \\ & A_2^{-1} & & \\ & & \ddots & \\ & & & A_m^{-1} \end{pmatrix}$$

（证明留作练习）

若有与 A 同阶的准对角矩阵

$$B=\begin{pmatrix} B_1 & & & \\ & B_2 & & \\ & & \ddots & \\ & & & B_m \end{pmatrix}$$

其中 A_i 与 B_i $(i=1,2,\cdots,m)$ 亦为同阶方阵，则

$$AB=\begin{pmatrix} A_1B_1 & & & \\ & A_2B_2 & & \\ & & \ddots & \\ & & & A_mB_m \end{pmatrix}$$

2）分块初等矩阵及其应用

对分块矩阵而言，我们也有分块初等变换和分块初等矩阵的概念，它们是处理分块矩阵问题的有力工具.

所谓分块初等变换与普通的初等变换类似，包含以下三类：

第一类：交换分块矩阵的两块行或两块列；

第二类：以一个可逆矩阵左乘以分块矩阵的某块行，或右乘以分块矩阵的某块列；

第三类：以一个矩阵左乘以分块矩阵的某块行加到另一块行上去，或以一个矩阵右乘以分块矩阵的某块列加到另一块列上去.

我们假定上面所提到的运算是可行的.

和普通矩阵一样，我们给出分块初等矩阵的概念，它和分块初等变换的关系与普通矩阵类似.

记 $\boldsymbol{E}=\operatorname{diag}\{\boldsymbol{E}_{m_1},\boldsymbol{E}_{m_2},\cdots,\boldsymbol{E}_{m_k}\}$ 是分块单位矩阵，定义下列三种矩阵为三类分块初等矩阵：

第一类：对调分块矩阵的两块行或两块列得到的矩阵；

第二类：以一个可逆矩阵左（右）乘以分块单位矩阵的某块行（列），得到的矩阵；

第三类：以一个矩阵左（右）乘以分块单位矩阵的某块行（列）加到另一块行（列）上去得到的矩阵.

下面仅介绍二阶形式的初等分块矩阵.

将单位矩阵进行如下分块：

$$\begin{pmatrix}\boldsymbol{E}_m & \boldsymbol{O}\\ \boldsymbol{O} & \boldsymbol{E}_n\end{pmatrix}$$

分块初等矩阵有如下三种类型：

第一类分块初等矩阵：$\begin{pmatrix}\boldsymbol{O} & \boldsymbol{E}_m\\ \boldsymbol{E}_n & \boldsymbol{O}\end{pmatrix}$；

第二类分块初等矩阵：$\begin{pmatrix}\boldsymbol{P} & \boldsymbol{O}\\ \boldsymbol{O} & \boldsymbol{E}_n\end{pmatrix}$或$\begin{pmatrix}\boldsymbol{E}_m & \boldsymbol{O}\\ \boldsymbol{O} & \boldsymbol{P}\end{pmatrix}$；

第三类分块初等矩阵：$\begin{pmatrix}\boldsymbol{E}_m & \boldsymbol{Q}\\ \boldsymbol{O} & \boldsymbol{E}_n\end{pmatrix}$或$\begin{pmatrix}\boldsymbol{E}_m & \boldsymbol{O}\\ \boldsymbol{Q} & \boldsymbol{E}_n\end{pmatrix}$.

其中 $\boldsymbol{P}$ 为可逆矩阵.

与定理 3.2.3 类似，可得以下结论：

推论 3.5.1 对一个分块矩阵 $\boldsymbol{A}$ 作一初等分块行变换相当于在 $\boldsymbol{A}$ 的左边乘上相应的初等分块矩阵；对 A 作一初等分块列变换相当于在 A 的右边乘上相应的初等分块矩阵.

例 3.5.3 设 $\boldsymbol{A},\boldsymbol{B}$ 均为 n 阶方阵，证明：$\begin{vmatrix}\boldsymbol{A} & \boldsymbol{B}\\ \boldsymbol{B} & \boldsymbol{A}\end{vmatrix}=|\boldsymbol{A}+\boldsymbol{B}||\boldsymbol{A}-\boldsymbol{B}|$.

证明 依据分块矩阵初等变换，左右两边分别乘一个单位矩阵得

$$\begin{pmatrix}\boldsymbol{E} & \boldsymbol{E}\\ \boldsymbol{O} & \boldsymbol{E}\end{pmatrix}\begin{pmatrix}\boldsymbol{A} & \boldsymbol{B}\\ \boldsymbol{B} & \boldsymbol{A}\end{pmatrix}\begin{pmatrix}\boldsymbol{E} & -\boldsymbol{E}\\ \boldsymbol{O} & \boldsymbol{E}\end{pmatrix}=\begin{pmatrix}\boldsymbol{A}+\boldsymbol{B} & \boldsymbol{O}\\ \boldsymbol{B} & \boldsymbol{A}-\boldsymbol{B}\end{pmatrix}$$

两边同时取行列式得

$$\begin{vmatrix} E & E \\ O & E \end{vmatrix} \begin{vmatrix} A & B \\ B & A \end{vmatrix} \begin{vmatrix} E & -E \\ O & E \end{vmatrix} = \begin{vmatrix} A+B & O \\ B & A-B \end{vmatrix}$$

即
$$\begin{vmatrix} A & B \\ B & A \end{vmatrix} = |A+B||A-B|$$

例 3.5.4 设 A,C 分别为 r 阶和 s 阶可逆矩阵，求分块矩阵 $X = \begin{pmatrix} O & A \\ C & B \end{pmatrix}$ 的逆矩阵.

解 设分块矩阵

$$X^{-1} = \begin{pmatrix} X_{11} & X_{12} \\ X_{21} & X_{22} \end{pmatrix}$$

$$XX^{-1} = \begin{pmatrix} O & A \\ C & B \end{pmatrix} \begin{pmatrix} X_{11} & X_{12} \\ X_{21} & X_{22} \end{pmatrix} = E$$

即
$$\begin{pmatrix} AX_{21} & AX_{22} \\ CX_{11} + BX_{21} & CX_{12} + BX_{22} \end{pmatrix} = \begin{pmatrix} E_r & O \\ O & E_s \end{pmatrix}$$

比较等式两边对应的子块，可得矩阵方程组

$$\begin{cases} AX_{21} = E_r \\ AX_{22} = O \\ CX_{11} + BX_{21} = O \\ CX_{12} + BX_{22} = E_s \end{cases}$$

注意到 A,C 可逆，解得

$$X_{21} = A^{-1}, X_{22} = O，\ X_{11} = -C^{-1}BA^{-1}，\ X_{12} = C^{-1}$$

所以
$$X^{-1} = \begin{pmatrix} -C^{-1}BA^{-1} & C^{-1} \\ A^{-1} & O \end{pmatrix}$$

特别地，当 $B = O$ 时

$$\begin{pmatrix} O & A \\ C & O \end{pmatrix}^{-1} = \begin{pmatrix} O & C^{-1} \\ A^{-1} & O \end{pmatrix}$$

这一结论还可推广到一般情形，即分块矩阵

$$A = \begin{bmatrix} & & & A_1 \\ & & A_2 & \\ & \iddots & & \\ A_s & & & \end{bmatrix}$$

若子矩阵 $A_i(i=1,2,\cdots,s)$ 都可逆，则

$$A^{-1}=\begin{pmatrix} & & & A_s^{-1} \\ & & A_{s-1}^{-1} & \\ & \iddots & & \\ A_1^{-1} & & & \end{pmatrix}$$

例 3.5.5 设 A,B 分别为 $n\times m,m\times n$ 阶实矩阵，证明：$|E_n-AB|=|E_m-BA|$.

证明 构造矩阵

$$M=\begin{pmatrix} E_n & A \\ B & E_m \end{pmatrix}$$

则

$$\begin{pmatrix} E_n & O \\ -B & E_m \end{pmatrix}\begin{pmatrix} E_n & A \\ B & E_m \end{pmatrix}=\begin{pmatrix} E_n & A \\ O & E_m-BA \end{pmatrix} \tag{3.5.1}$$

$$\begin{pmatrix} E_n & A \\ B & E_m \end{pmatrix}\begin{pmatrix} E_n & O \\ -B & E_m \end{pmatrix}=\begin{pmatrix} E_n-AB & A \\ O & E_m \end{pmatrix} \tag{3.5.2}$$

对式（3.5.1）两边取行列式，并利用拉普拉斯定理得

$$\begin{vmatrix} E_n & A \\ B & E_m \end{vmatrix}=|E_m-BA|$$

对式（3.5.2）两边取行列式，并利用拉普拉斯定理得

$$\begin{vmatrix} E_n & A \\ B & E_m \end{vmatrix}=|E_n-AB|$$

从而证得 $|E_n-AB|=|E_m-BA|$.

由 $E-AB$ 可逆知 $|E-AB|\neq 0$，因而 $|E-BA|\neq 0$，故 $E-BA$ 可逆.

例 3.5.6 设 A,B,C,D 为 n 阶实矩阵，且满足 $AC=CA$ 可逆，证明：$\begin{vmatrix} A & B \\ C & D \end{vmatrix}=|AD-CB|$.

证明 先考虑 A 可逆的情形.

对分块矩阵作分块初等行变换 $\begin{pmatrix} A & B \\ C & D \end{pmatrix}$，有

$$\begin{pmatrix} E & O \\ -CA^{-1} & E \end{pmatrix}\begin{pmatrix} A & B \\ C & D \end{pmatrix}=\begin{pmatrix} A & B \\ O & D-CA^{-1}B \end{pmatrix}$$

两边同时取行列式，并利用 $AC=CA$，得

$$\begin{vmatrix} A & B \\ C & D \end{vmatrix}=|A||D-CA^{-1}B|=|AD-CB|$$

再考虑 $\boldsymbol{A}$ 不可逆的情形.

用扰动法，取 $\lambda_0 \in \mathbf{R}$，使得当 $\lambda > \lambda_0$ 时，$\boldsymbol{A}+\lambda\boldsymbol{E}$ 可逆，显然 $(\boldsymbol{A}+\lambda\boldsymbol{E})\boldsymbol{C}=\boldsymbol{C}(\boldsymbol{A}+\lambda\boldsymbol{E})$，根据已证得的情形，有

$$\begin{vmatrix} \boldsymbol{A}+\lambda\boldsymbol{E} & \boldsymbol{B} \\ \boldsymbol{C} & \boldsymbol{D} \end{vmatrix} = |(\boldsymbol{A}+\lambda\boldsymbol{E})\boldsymbol{D}-\boldsymbol{C}\boldsymbol{B}|$$

在上述恒等式中，令 $\lambda=0$，得

$$\begin{vmatrix} \boldsymbol{A} & \boldsymbol{B} \\ \boldsymbol{C} & \boldsymbol{D} \end{vmatrix} = |\boldsymbol{A}\boldsymbol{D}-\boldsymbol{C}\boldsymbol{B}|$$

最后，我们利用分块矩阵来证明矩阵秩的几个性质.

性质 3.5.4 设 $\boldsymbol{A},\boldsymbol{B}$ 是 $m\times n$ 矩阵，则 $R(\boldsymbol{A}\pm\boldsymbol{B}) \leqslant R(\boldsymbol{A})+R(\boldsymbol{B})$.

证明 构造分块矩阵 $\begin{pmatrix} \boldsymbol{A} & \boldsymbol{O} \\ \boldsymbol{O} & \boldsymbol{B} \end{pmatrix}$，对其施行用分块初等变换得

$$\begin{pmatrix} \boldsymbol{A} & \boldsymbol{O} \\ \boldsymbol{O} & \boldsymbol{B} \end{pmatrix} \to \begin{pmatrix} \boldsymbol{A} & \boldsymbol{B} \\ \boldsymbol{O} & \boldsymbol{B} \end{pmatrix} \to \begin{pmatrix} \boldsymbol{A} & \boldsymbol{A}+\boldsymbol{B} \\ \boldsymbol{O} & \boldsymbol{B} \end{pmatrix}$$

根据初等变换不改变矩阵的秩可以推出

$$R\begin{pmatrix} \boldsymbol{A} & \boldsymbol{O} \\ \boldsymbol{O} & \boldsymbol{B} \end{pmatrix} = R\begin{pmatrix} \boldsymbol{A} & \boldsymbol{A}+\boldsymbol{B} \\ \boldsymbol{O} & \boldsymbol{B} \end{pmatrix} \geqslant R\begin{pmatrix} \boldsymbol{A}+\boldsymbol{B} \\ \boldsymbol{B} \end{pmatrix} \geqslant R(\boldsymbol{A}+\boldsymbol{B})$$

又由于

$$R\begin{pmatrix} \boldsymbol{A} & \boldsymbol{O} \\ \boldsymbol{O} & \boldsymbol{B} \end{pmatrix} = R(\boldsymbol{A})+R(\boldsymbol{B})$$

得

$$R(\boldsymbol{A}+\boldsymbol{B}) \leqslant R(\boldsymbol{A})+R(\boldsymbol{B})$$

同理可证 $R(\boldsymbol{A}-\boldsymbol{B}) \leqslant R(\boldsymbol{A})+R(\boldsymbol{B})$.

性质 3.5.5 矩阵 $\boldsymbol{A},\boldsymbol{B}$ 乘积的秩不大于因子的秩，即 $R(\boldsymbol{A}\boldsymbol{B}) \leqslant \min\{R(\boldsymbol{A}),R(\boldsymbol{B})\}$.

证明 设 $\boldsymbol{A}$ 为 $m\times s$ 矩阵，$\boldsymbol{B}$ 为 $s\times n$ 矩阵，设 $\boldsymbol{A}$ 在初等变换下的标准形为

$$\boldsymbol{D}_1 = \begin{pmatrix} \boldsymbol{E}_{r_1} & \boldsymbol{O} \\ \boldsymbol{O} & \boldsymbol{O} \end{pmatrix},\ r_1 = R(\boldsymbol{A})$$

$\boldsymbol{B}$ 在初等变换下的标准形为

$$\boldsymbol{D}_2 = \begin{pmatrix} \boldsymbol{E}_{r_2} & \boldsymbol{O} \\ \boldsymbol{O} & \boldsymbol{O} \end{pmatrix},\ r_2 = R(\boldsymbol{B})$$

则存在 m 阶可逆矩阵 $\boldsymbol{P}_1$ 和 s 阶可逆矩阵 $\boldsymbol{Q}_1$，以及 s 阶可逆矩阵 $\boldsymbol{P}_2$ 和 n 阶可逆矩阵 $\boldsymbol{Q}_2$，使

$$\boldsymbol{A} = \boldsymbol{P}_1\begin{pmatrix} \boldsymbol{E}_{r_1} & \boldsymbol{O} \\ \boldsymbol{O} & \boldsymbol{O} \end{pmatrix}\boldsymbol{Q}_1,\ \boldsymbol{B} = \boldsymbol{P}_2\begin{pmatrix} \boldsymbol{E}_{r_2} & \boldsymbol{O} \\ \boldsymbol{O} & \boldsymbol{O} \end{pmatrix}\boldsymbol{Q}_2$$

因此 $$AB = P_1\begin{pmatrix} E_{r_1} & O \\ O & O \end{pmatrix}Q_1P_2\begin{pmatrix} E_{r_2} & O \\ O & O \end{pmatrix}Q_2=P_1\begin{pmatrix} M & O \\ O & O \end{pmatrix}Q_2$$

其中，M 是 s 阶 Q_1P_2 的左上角的 $r_1 \times r_2$ 矩阵子块，由 P_1 和 Q_2 可逆得

$$R(AB) = R(M) \leqslant \min\{r_1, r_2\} = \min\{R(A), R(B)\}$$

性质 3.5.6［西尔维斯特（Sylvester）秩不等式］ 设 A 为 $m\times n$ 矩阵，B 为 $k\times l$ 矩阵，则 $R\left(\begin{pmatrix} A & C \\ O & B \end{pmatrix}\right) \geqslant R(A)+R(B)$.

证明 （方法一）设矩阵 A,B 的秩分别为 r,s，则矩阵 A,B 分别存在 r 阶子式和 s 阶子式 A_1,B_1，满足 $|A_1|\neq 0,|B_1|\neq 0$，于是 $\begin{pmatrix} A & C \\ O & B \end{pmatrix}$ 的子式 $\begin{vmatrix} A_1 & X \\ O & B_1 \end{vmatrix}=|A_1||B_1|\neq 0$，则

$$R\left(\begin{pmatrix} A & C \\ O & B \end{pmatrix}\right) \geqslant R\begin{pmatrix} A_1 & X \\ O & B_1 \end{pmatrix} = r+s = R(A)+R(B)$$

（方法二）记 $M = \begin{pmatrix} A & C \\ O & B \end{pmatrix}$，设 A 为 $m\times n$ 矩阵，B 为 $k\times l$ 矩阵，A 在初等变换下的标准形为

$$D_1 = \begin{pmatrix} E_r & O \\ O & O \end{pmatrix}，\quad r = R(A)$$

B 在初等变换下的标准形为

$$D_2 = \begin{pmatrix} E_s & O \\ O & O \end{pmatrix}，\quad s = R(B)$$

则对 M 的前 m 行前 n 列作初等变换，对它的后 k 行后 l 列也作初等变换，这样可以把 M 化为

$$M_1 = \begin{pmatrix} D_1 & C_1 \\ 0 & D_2 \end{pmatrix}$$

现在利用 D_1 左上角的“1”经过初等列变换消去它右边 C_1 位置中的非零元，再利用 D_2 左上角的“1”经过初等行变换消去它上面 C_1 处的非零元，于是 M_1 化为

$$M_2 = \begin{pmatrix} E_r & O & O & O \\ O & O & O & C_2 \\ O & O & E_s & O \\ O & O & O & O \end{pmatrix}$$

则有 $R(M) = R(M_1) = R(M_2) = r+s+R(C_2) \geqslant r+s = R(A)+R(B)$. 证毕.

性质 3.5.7［弗罗贝尼乌斯（Frobenius）不等式］ 设 A,B,C 为数域 F 上的三个可以连乘的矩阵，则

$$R(ABC)+R(B) \geqslant R(AB)+R(BC)$$

证明 设 $\boldsymbol{A},\boldsymbol{B},\boldsymbol{C}$ 分别为 $m\times n, n\times l$ 和 $l\times s$ 矩阵．令

$$\boldsymbol{M}=\begin{pmatrix}\boldsymbol{AB} & \boldsymbol{O}\\ \boldsymbol{B} & \boldsymbol{BC}\end{pmatrix}$$

考虑

$$\boldsymbol{N}=\begin{pmatrix}\boldsymbol{E}_m & -\boldsymbol{A}\\ \boldsymbol{O} & \boldsymbol{E}_n\end{pmatrix}\begin{pmatrix}\boldsymbol{AB} & \boldsymbol{O}\\ \boldsymbol{B} & \boldsymbol{BC}\end{pmatrix}\begin{pmatrix}\boldsymbol{E}_l & \boldsymbol{O}\\ \boldsymbol{O} & \boldsymbol{E}_s\end{pmatrix}=\begin{pmatrix}\boldsymbol{O} & -\boldsymbol{ABC}\\ \boldsymbol{B} & \boldsymbol{O}\end{pmatrix}$$

则

$$R(\boldsymbol{ABC})+R(\boldsymbol{B})=R(\boldsymbol{N})=R(\boldsymbol{M})\geqslant R(\boldsymbol{AB})+R(\boldsymbol{BC})$$

（这里利用了性质 3.5.7 的结论）

习题 3.5

1. 用矩阵分块的方法，证明下列矩阵可逆，并求其逆矩阵．

$$\boldsymbol{A}=\begin{pmatrix}1&2&0&0&0\\2&5&0&0&0\\0&0&3&0&0\\0&0&0&1&0\\0&0&0&0&1\end{pmatrix},\quad \boldsymbol{B}=\begin{pmatrix}0&0&3&-1\\0&0&2&1\\2&1&0&0\\-2&3&0&0\end{pmatrix}$$

2. 已知矩阵 $\boldsymbol{A}=\begin{pmatrix}0&1&0&\cdots&0&0\\0&0&1&\cdots&0&0\\\vdots&\vdots&\vdots&&\vdots&\vdots\\0&0&0&\cdots&0&1\\1&0&0&\cdots&0&0\end{pmatrix}$．

（1）求 $\boldsymbol{A}$ 的逆矩阵；（2）证明：$\boldsymbol{A}^n=\boldsymbol{E}$．

3. 设 $\boldsymbol{A},\boldsymbol{B}$ 都是 n 阶矩阵，利用分块矩阵证明：$|\boldsymbol{AB}|=|\boldsymbol{A}||\boldsymbol{B}|$．

4.（中科院大学、上海大学考研真题）计算行列式

$$\boldsymbol{D}=\begin{vmatrix}1+a_1+x_1 & a_1+x_2 & \cdots & a_1+x_n\\ a_2+x_1 & 1+a_2+x_2 & \cdots & a_2+x_n\\ \vdots & \vdots & & \vdots\\ a_n+x_1 & a_n+x_2 & \cdots & 1+a_n+x_n\end{vmatrix}.$$

3.6 更多的例题

3.6 例题详细解答

例 3.6.1 设 $\boldsymbol{A},\boldsymbol{B}$ 为 3 阶方阵，已知 $|\boldsymbol{A}|=3, |\boldsymbol{B}|=2$，$|\boldsymbol{A}^{-1}+\boldsymbol{B}|=2$，求 $|\boldsymbol{A}+\boldsymbol{B}^{-1}|$．

例 3.6.2 证明 n 阶实方阵 $\boldsymbol{A}=\boldsymbol{O}$ 的充要条件是 $\boldsymbol{A}^{\mathrm{T}}\boldsymbol{A}=\boldsymbol{O}$．

例 3.6.3 设 $\boldsymbol{A}$ 是 n 阶非零实矩阵，且满足 $\boldsymbol{A}^*=\boldsymbol{A}^{\mathrm{T}}$，证明：$|\boldsymbol{A}|\neq 0$．

例 3.6.4 设 $\boldsymbol{A},\boldsymbol{B}$ 是同阶方阵，已知 $\boldsymbol{B}$ 是可逆矩阵，且满足 $\boldsymbol{A}^2+\boldsymbol{AB}+\boldsymbol{B}^2=\boldsymbol{O}$，证明：$\boldsymbol{A}$ 和 $\boldsymbol{A}+\boldsymbol{B}$ 都是可逆矩阵，并求它们的逆矩阵.

例 3.6.5（箭形行列式）计算行列式：

$$\begin{vmatrix} a_0 & 1 & 1 & \cdots & 1 \\ 1 & a_1 & 0 & \cdots & 0 \\ 1 & 0 & a_2 & \cdots & 0 \\ \vdots & \vdots & \vdots & & \vdots \\ 1 & 0 & 0 & \cdots & a_n \end{vmatrix},\ a_i\neq 0,\quad i=1,2,\cdots,n$$

例 3.6.6 设 $\boldsymbol{A}$ 为 $m\times k$ 矩阵，$\boldsymbol{B}$ 为 $k\times n$ 矩阵，试证明：$R(\boldsymbol{A})+R(\boldsymbol{B})-k\leqslant R(\boldsymbol{AB})\leqslant\min\{R(\boldsymbol{A}),R(\boldsymbol{B})\}$.

例 3.6.7 设 n 阶矩阵 $\boldsymbol{A},\boldsymbol{B}$ 可交换，证明：$R(\boldsymbol{A}+\boldsymbol{B})\leqslant R(\boldsymbol{A})+R(\boldsymbol{B})-R(\boldsymbol{AB})$.

例 3.6.8 设 $\boldsymbol{A}$ 是 n 阶方阵，且 $R(\boldsymbol{A})=R(\boldsymbol{A}^2)$，证明：对任意自然数 k，有 $R(\boldsymbol{A}^k)=R(\boldsymbol{A})$.

例 3.6.9（特征多项式的降阶定理）设 $\boldsymbol{A}$ 是 $m\times n$ 矩阵，$\boldsymbol{B}$ 是 $n\times m$ 矩阵，证明：$\lambda^n\left|\lambda\boldsymbol{E}_m-\boldsymbol{AB}\right|=\lambda^m\left|\lambda\boldsymbol{E}_n-\boldsymbol{BA}\right|$.

矩阵自测题

一、填空题

1. 设 $\boldsymbol{A},\boldsymbol{B}$ 是两个可逆矩阵，则 $\begin{pmatrix}\boldsymbol{0} & \boldsymbol{A}\\ \boldsymbol{B} & \boldsymbol{0}\end{pmatrix}^{-1}=$_______________.

2. 设 $\boldsymbol{A}$ 可逆，则数乘矩阵 $k\boldsymbol{A}$ 可逆的充要条件是_______________.

3. 设 $\boldsymbol{A}$ 是 n 阶方阵，$\boldsymbol{A}^*$ 为 $\boldsymbol{A}$ 的伴随矩阵，$R(\boldsymbol{A})=n-2$，则 $R(\boldsymbol{A}^*)=$_______________.

4. 设 $\boldsymbol{A}$ 为三阶方阵，$\boldsymbol{A}^*$ 为 $\boldsymbol{A}$ 的伴随矩阵，有 $|\boldsymbol{A}|=2$，则 $\left|\left(\frac{1}{3}\boldsymbol{A}\right)^{-1}-2\boldsymbol{A}^*\right|=$_______________.

5. 设 $\boldsymbol{A}=\begin{pmatrix}1 & 2 & 3\\ 0 & 2 & 3\\ 0 & 0 & 3\end{pmatrix}$，则 $(\boldsymbol{A}^*)^{-1}=$_______________.

6. 设 $\boldsymbol{A}=\begin{pmatrix}-1 & 0 & 0\\ 1 & -1 & 0\\ 1 & 1 & -1\end{pmatrix}$，则 $(\boldsymbol{A}+2\boldsymbol{E})^{-1}(\boldsymbol{A}^2-4\boldsymbol{E})=$______________________________.

7. 设 3 级方阵 $\boldsymbol{A},\boldsymbol{B}$ 满足 $2\boldsymbol{A}^{-1}\boldsymbol{B}=\boldsymbol{B}-4\boldsymbol{E}$，则 $(\boldsymbol{A}-2\boldsymbol{E})^{-1}=$______________________________.

8. 设 $\boldsymbol{AB}=\begin{pmatrix}3 & 3\\ -4 & 1\end{pmatrix}$，$|\boldsymbol{A}|=3$，则 $|\boldsymbol{B}|=$_______________.

9. 已知 $\begin{pmatrix}2 & 5\\ 1 & 3\end{pmatrix}\boldsymbol{X}=\begin{pmatrix}4 & -6\\ 2 & 1\end{pmatrix}$，则 $\boldsymbol{X}=$_______________.

10. 设矩阵 $\boldsymbol{A}=\begin{pmatrix}2 & 2 & 1\\ 2 & -7 & -1\\ 1 & 1 & 3\end{pmatrix}$，$\boldsymbol{B}=\begin{pmatrix}1 & 1 & 3\\ 2 & -7 & -1\\ 2 & 2 & 1\end{pmatrix}$，且 $\boldsymbol{PA}=\boldsymbol{B}$，$\boldsymbol{P}$ 为初等矩阵，则 $\boldsymbol{P}=$______.

二、判断题

1. 若 $\boldsymbol{A},\boldsymbol{B}$ 都可逆，则 $\boldsymbol{A}+\boldsymbol{B}$ 也可逆. (　　)

2. 若 $\boldsymbol{AB}$ 不可逆，则 $\boldsymbol{A},\boldsymbol{B}$ 都不可逆. (　　)

3. 若 $\boldsymbol{A}$ 满足 $\boldsymbol{A}^2+3\boldsymbol{A}+\boldsymbol{E}=\boldsymbol{O}$，则 $\boldsymbol{A}$ 可逆. (　　)

4. n 阶矩阵 $\boldsymbol{A}$ 可逆，则 $\boldsymbol{A}^*$ 也可逆. (　　)

5. 设 $\boldsymbol{A}$ 是 n 阶方阵，若任意的 n 维向量 $\boldsymbol{X}$ 均满足 $\boldsymbol{AX}=\boldsymbol{O}$，则 $\boldsymbol{A}=\boldsymbol{O}$. (　　)

6. $R(\boldsymbol{AB})=R(\boldsymbol{A})+R(\boldsymbol{B})$. (　　)

7. 如果 $R(\boldsymbol{A})=3$，那么矩阵 $\boldsymbol{A}$ 中必定有一个 3 阶子式不等于零. (　　)

8. 初等矩阵都是可逆矩阵. (　　)

9. 设 $\boldsymbol{A},\boldsymbol{B},\boldsymbol{C}$ 都是同阶矩阵，且 $\boldsymbol{C}=\boldsymbol{AB}$，那么 $R(\boldsymbol{C})\leqslant R(\boldsymbol{A})$且$R(\boldsymbol{C})\leqslant R(\boldsymbol{B})$. (　　)

10. $\boldsymbol{A}$ 是一个 $m\times n$ 矩阵，对 $\boldsymbol{A}$ 施行一次初等行变换，相当于在 $\boldsymbol{A}$ 的左边乘以相应的 $\boldsymbol{n}$ 阶初等矩阵. (　　)

三、选择题

1. 对任一 $s\times n$ 矩阵 $\boldsymbol{A}$，则 $\boldsymbol{AA}^{\mathrm{T}}$ 一定是（　　）.

   A. 可逆矩阵　　B. 不可逆矩阵

   C. 对称矩阵　　D. 反对称矩阵

2. 若 $\boldsymbol{A}$ 可逆，则 $(\boldsymbol{A}^*)^{-1}=$（　　）.

   A. $\dfrac{1}{|\boldsymbol{A}|}\boldsymbol{A}$　　B. $\dfrac{1}{|\boldsymbol{A}|}\boldsymbol{A}^{-1}$

   C. $|\boldsymbol{A}|\boldsymbol{A}$　　D. $|\boldsymbol{A}|\boldsymbol{A}^{-1}$

3. $\boldsymbol{A},\boldsymbol{B},\boldsymbol{C}$ 均是 n 阶矩阵，下列命题正确的是（　　）.

   A. 若 $\boldsymbol{A}$ 是可逆矩阵，则由 $\boldsymbol{AB}=\boldsymbol{AC}$ 可推出 $\boldsymbol{BA}=\boldsymbol{CA}$

   B. 若 $\boldsymbol{A}$ 是可逆矩阵，则必有 $\boldsymbol{AB}=\boldsymbol{BA}$

   C. 若 $\boldsymbol{A}\neq 0$，则由 $\boldsymbol{AB}=\boldsymbol{AC}$ 可推出 $\boldsymbol{B}=\boldsymbol{C}$

   D. 若 $\boldsymbol{B}\neq\boldsymbol{C}$，则必有 $\boldsymbol{AB}\neq\boldsymbol{AC}$

4. 设 $\boldsymbol{A}$ 是 5 阶方阵，且 $|\boldsymbol{A}|\neq 0$，则 $|\boldsymbol{A}^*|=$（　　）.

   A. $|\boldsymbol{A}|$　　B. $|\boldsymbol{A}|^2$　　C. $|\boldsymbol{A}|^3$　　D. $|\boldsymbol{A}|^4$

5. 设 $\boldsymbol{A}=\begin{pmatrix} a_1 & b_1 & c_1 \\ a_2 & b_2 & c_2 \\ a_3 & b_3 & c_3 \end{pmatrix}$，若 $\boldsymbol{AP}=\begin{pmatrix} a_1 & c_1 & b_1 \\ a_2 & c_2 & b_2 \\ a_3 & c_3 & b_3 \end{pmatrix}$，则 $\boldsymbol{P}=$（　　）.

   A. $\begin{pmatrix} 1 & 0 & 0 \\ 0 & 0 & 1 \\ 0 & 1 & 0 \end{pmatrix}$　　B. $\begin{pmatrix} 0 & 0 & 1 \\ 1 & 0 & 0 \\ 0 & 0 & 1 \end{pmatrix}$

   C. $\begin{pmatrix} 0 & 0 & 1 \\ 0 & 1 & 0 \\ 1 & 0 & 0 \end{pmatrix}$　　D. $\begin{pmatrix} 0 & 0 & 0 \\ 0 & 0 & 1 \\ 0 & 1 & 0 \end{pmatrix}$

6. 设 A 为 3 阶方阵，A_1, A_2, A_3 为按列划分的三个子块，则下列行列式中与 $|A|$ 等值的是（　　）.

A. $|A_1 - A_2 \quad A_2 - A_3 \quad A_3 - A_1|$

B. $|A_1 \quad A_1 + A_2 \quad A_1 + A_2 + A_3|$

C. $|A_1 + A_2 \quad A_1 - A_2 \quad A_3|$

D. $|2A_3 - A_1 \quad A_1 \quad A_1 + A_3|$

7. 设 A, B 为 n 级矩阵，以下命题错误的是（　　）.

A. $|AB| = |A||B|$　　B. 秩 $(AB) \leqslant$ 秩 (A)

C. $AB = BA$　　D. AB 不可逆的充分必要条件是 A, B 中至少有一个不可逆

8. 设 A, B 均为 n 阶满秩矩阵，则（　　）.

A. $(kA)^{-1} = kA^{-1}$（当 k 为非零的常数）　　B. $(AB)^{-1} = A^{-1}B^{-1}$

C. $(A+B) = A^{-1} + B^{-1}$　　D. $(AB)^{-1} = B^{-1}A^{-1}$

9.（武汉大学考研真题）设 A, B 为 $n(n \geqslant 2)$ 阶矩阵，A^*, B^* 分别是 A, B 的伴随矩阵，又设分块矩阵 $M = \begin{pmatrix} A & O \\ O & B \end{pmatrix}$，则下列命题中正确的是（　　）.

A. $M^* = \begin{pmatrix} |A|A^* & O \\ O & |B|B^* \end{pmatrix}$　　B. $M^* = \begin{pmatrix} |A|B^* & O \\ O & |B|A^* \end{pmatrix}$

C. $M^* = \begin{pmatrix} |B|B^* & O \\ O & |A|A^* \end{pmatrix}$　　D. $M^* = \begin{pmatrix} |B|A^* & O \\ O & |A|B^* \end{pmatrix}$

10.（武汉大学考研真题）设 A, B 为 $n(n \geqslant 2)$ 阶矩阵，A^*, B^* 分别是 A, B 的伴随矩阵，已知 B 是交换 A 的第一行与第二行得到的矩阵，则下列命题中正确的是（　　）.

A. 交换 A^* 的第一列与第二列得到 B^*

B. 交换 A^* 的第一行与第二行得到 B^*

C. 交换 A^* 的第一列与第二列得到 $-B^*$

D. 交换 A^* 的第一行与第二行得到 $-B^*$

四、计算题

1. 已知矩阵 A, B 满足关系式 $AB = 2A + B$，其中 $B = \begin{pmatrix} 4 & 2 & 3 \\ 1 & 1 & 0 \\ -1 & 2 & 3 \end{pmatrix}$，求 A.

2. 设 $P^{-1}AP = \Lambda$，其中 $P = \begin{pmatrix} -1 & -4 \\ 1 & 1 \end{pmatrix}$，$\Lambda = \begin{pmatrix} -1 & 0 \\ 0 & 2 \end{pmatrix}$，求 A^{11}.

3. 已知 3 阶矩阵 A 的伴随矩阵 $A^* = \begin{pmatrix} 1 & 0 & 0 \\ 2 & 1 & 0 \\ 3 & 2 & 4 \end{pmatrix}$，求矩阵 A.

4.（武汉大学考研真题）已知矩阵 $\boldsymbol{A}=\begin{pmatrix}1&2&0&0\\1&3&0&0\\0&0&0&2\\0&0&-1&0\end{pmatrix}$，且 $\left[\left(\frac{1}{2}\boldsymbol{A}\right)^*\right]^{-1}\boldsymbol{B}\boldsymbol{A}^{-1}=2\boldsymbol{A}\boldsymbol{B}+12\boldsymbol{E}$，其中 $\boldsymbol{A}^*$ 是矩阵 $\boldsymbol{A}$ 的伴随矩阵，求矩阵 $\boldsymbol{B}$.

5.（复旦大学考研真题）设矩阵 $\boldsymbol{A}=\begin{pmatrix}1&0&0&2\\0&0&0&1\\-3&0&0&0\end{pmatrix}$，求 3 阶矩阵 $\boldsymbol{P}$ 和 4 阶矩阵 $\boldsymbol{Q}$，使得

$$\boldsymbol{A}=\boldsymbol{P}\begin{pmatrix}1&0&0&0\\0&1&0&0\\0&0&0&0\end{pmatrix}\boldsymbol{Q}.$$

五、证明题

1. 设 $\boldsymbol{A}$ 为 n 阶矩阵，证明存在非零的 $n\times s$ 矩阵 $\boldsymbol{B}$，使 $\boldsymbol{A}\boldsymbol{B}=\boldsymbol{O}$ 的充要条件是 $R(\boldsymbol{A})<n$.

2. 设 $\boldsymbol{A}$ 是 n 阶矩阵，$f(x)$ 是一个多项式使得 $f(\boldsymbol{A})=\boldsymbol{O}$. 若 $f(b)\neq 0$，证明 $\boldsymbol{A}-b\boldsymbol{E}$ 可逆，并求其逆.

3. 设 $\boldsymbol{A}$ 是 n 阶矩阵，证明：存在一个 n 阶可逆矩阵 $\boldsymbol{B}$ 与一个 n 阶幂等矩阵 $\boldsymbol{C}$，使 $\boldsymbol{A}=\boldsymbol{B}\boldsymbol{C}$.（方阵 $\boldsymbol{C}$ 称为是幂等的，若 $\boldsymbol{C}^2=\boldsymbol{C}$）

4. 设 $\boldsymbol{A}$ 是 n 阶矩阵且 $\boldsymbol{A}^2=\boldsymbol{E}$，证明：

（1）$R(\boldsymbol{E}+\boldsymbol{A})+R(\boldsymbol{E}-\boldsymbol{A})=n$；

（2）若 $n=3$ 且 $\boldsymbol{A}\neq\pm\boldsymbol{E}$，则 $\boldsymbol{A}+\boldsymbol{E}$ 与 $\boldsymbol{A}-\boldsymbol{E}$ 中必有一个秩为 1.

5. 设 $\boldsymbol{A}=(a_{ij})$ 是一个 n 阶可逆矩阵，$\boldsymbol{\beta}=(b_1\quad b_2\quad\cdots\quad b_n)^{\mathrm{T}}$ 是一个 $n\times 1$ 矩阵，且 $\boldsymbol{\beta}^{\mathrm{T}}\boldsymbol{A}^{-1}\boldsymbol{\beta}\neq 1$，证明 $\begin{pmatrix}\boldsymbol{A}&\boldsymbol{\beta}\\\boldsymbol{\beta}^{\mathrm{T}}&1\end{pmatrix}$ 可逆，并求其逆.

第4章

向量组与线性方程组

线性方程组是高等代数中重要的研究对象，线性方程组模型在科学技术与经济管理领域中应用广泛．本章讲述了消元法，通过矩阵初等变换，给出线性方程组的解法，以及利用矩阵秩的术语，给出线性方程组解存在性定理，介绍向量组相关性概念，给出线性方程组解的结构．

4.1 向量组及其线性组合

定义 4.1.1 n个有次序的数$a_1,a_2,\cdots,a_n$所组成的数组称为n维向量，记为

$$\boldsymbol{\alpha}=\begin{pmatrix}a_1\\a_2\\\vdots\\a_n\end{pmatrix}\text{或}\boldsymbol{\alpha}^{\mathrm{T}}=(a_1,a_2,\cdots,a_n)$$

其中，$a_i(i=1,2,\cdots,n)$称为向量$\boldsymbol{\alpha}$或$\boldsymbol{\alpha}^{\mathrm{T}}$的第$i$个分量．

分量全为实数的向量称为实向量，分量为复数的向量称为复向量．

向量$\boldsymbol{\alpha}=\begin{pmatrix}a_1\\a_2\\\vdots\\a_n\end{pmatrix}$称为列向量，向量$\boldsymbol{\alpha}^{\mathrm{T}}=(a_1,a_2,\cdots,a_n)$称为行向量．向量一般用希腊字母$\boldsymbol{\alpha},\boldsymbol{\beta}$等表示．如无特别声明，向量都当作列向量．

n维向量可以看作矩阵，按矩阵的运算规则进行运算．

若干个同维数的列向量（或同维数的行向量）所组成的集合叫做向量组．

矩阵的列向量组和行向量组都是只含有限个向量的向量组；反之，一个含有限个向量的向量组总可以构成一个矩阵，例如，n个m维列向量所组成的向量组$\boldsymbol{\alpha}_1,\boldsymbol{\alpha}_2,\cdots,\boldsymbol{\alpha}_n$构成一个$m\times n$矩阵

$$\boldsymbol{A}_{m\times n}=(\boldsymbol{\alpha}_1,\boldsymbol{\alpha}_2,\cdots,\boldsymbol{\alpha}_n)$$

m个n维行向量所组成的向量组$\boldsymbol{\beta}_1^{\mathrm{T}},\boldsymbol{\beta}_2^{\mathrm{T}},\cdots,\boldsymbol{\beta}_m^{\mathrm{T}}$构成一个$m\times n$矩阵

$$\boldsymbol{B}_{m\times n}=\begin{pmatrix}\boldsymbol{\beta}_1^{\mathrm{T}}\\\boldsymbol{\beta}_2^{\mathrm{T}}\\\vdots\\\boldsymbol{\beta}_m^{\mathrm{T}}\end{pmatrix}$$

综上所述，含有限个向量的有序向量组与矩阵一一对应.

定义 4.1.2 如果两个 n 维向量 $\boldsymbol{\alpha}=\begin{pmatrix}a_1\\a_2\\\vdots\\a_n\end{pmatrix}$ 和 $\boldsymbol{\beta}=\begin{pmatrix}b_1\\b_2\\\vdots\\b_n\end{pmatrix}$ 对应的分量都相等，即

$$a_i=b_i,\quad i=1,2,\cdots,n$$

就称这两个向量相等，记为 $\boldsymbol{\alpha}=\boldsymbol{\beta}$.

定义 4.1.3 设 $\boldsymbol{\alpha}=\begin{pmatrix}a_1\\a_2\\\vdots\\a_n\end{pmatrix}$，$\boldsymbol{\beta}=\begin{pmatrix}b_1\\b_2\\\vdots\\b_n\end{pmatrix}$ 是两个 n 维向量，向量 $\begin{pmatrix}a_1+b_1\\a_2+b_2\\\vdots\\a_n+b_n\end{pmatrix}$ 称为 $\boldsymbol{\alpha}$ 与 $\boldsymbol{\beta}$ 的和，记为 $\boldsymbol{\alpha}+\boldsymbol{\beta}$. 向量 $\begin{pmatrix}ka_1\\ka_2\\\vdots\\ka_n\end{pmatrix}$ 称为 $\boldsymbol{\alpha}$ 与 k 的数量乘积，简称数乘，记为 $k\boldsymbol{\alpha}$.

定义 4.1.4 分量全为零的向量 $\mathbf{0}=\begin{pmatrix}0\\0\\\vdots\\0\end{pmatrix}$ 称为零向量，记为 $\mathbf{0}$.

（注意：零向量和零矩阵的表示不同，但是向量也是一个矩阵，请读者通过上下文理解.）

$\boldsymbol{\alpha}=\begin{pmatrix}a_1\\a_2\\\vdots\\a_n\end{pmatrix}$ 与 -1 的数乘 $(-1)\boldsymbol{\alpha}=\begin{pmatrix}-a_1\\-a_2\\\vdots\\-a_n\end{pmatrix}$ 称为 $\boldsymbol{\alpha}$ 的负向量，记为 $-\boldsymbol{\alpha}$.

向量的减法定义为 $\boldsymbol{\alpha}-\boldsymbol{\beta}=\boldsymbol{\alpha}+(-\boldsymbol{\beta})$.

向量的加法与数乘具有下列性质：

（1）$\boldsymbol{\alpha}+\boldsymbol{\beta}=\boldsymbol{\beta}+\boldsymbol{\alpha}$；

（2）$(\boldsymbol{\alpha}+\boldsymbol{\beta})+\boldsymbol{\gamma}=\boldsymbol{\alpha}+(\boldsymbol{\beta}+\boldsymbol{\gamma})$；

（3）$\boldsymbol{\alpha}+\mathbf{0}=\boldsymbol{\alpha}$；

（4）$\boldsymbol{\alpha}+(-\boldsymbol{\alpha})=\mathbf{0}$；

（5）$1\boldsymbol{\alpha}=\boldsymbol{\alpha}$；

（6）$k(l\boldsymbol{\alpha})=(kl)\boldsymbol{\alpha}$；

（7）$k(\boldsymbol{\alpha}+\boldsymbol{\beta})=k\boldsymbol{\alpha}+k\boldsymbol{\beta}$；

（8）$(k+l)\boldsymbol{\alpha}=k\boldsymbol{\alpha}+l\boldsymbol{\alpha}$.

在数学中，满足性质（1）至（8）的运算称为线性运算. 我们还可以证明性质（9）：

（9）如果 $k\neq 0$ 且 $\boldsymbol{\alpha}\neq\mathbf{0}$，那么 $k\boldsymbol{\alpha}\neq\mathbf{0}$.

显然 n 维行向量的相等和加法、减法及数乘运算的定义，与把它们看作 $1\times n$ 矩阵时的相

等和加法、减法及数乘运算的定义是一致的. 对应地，我们也可以定义列向量的加法、减法和数乘运算，这些运算与把它们看成矩阵时的加法、减法和数乘运算也是一致的，并且同样具有性质（1）至（9）.

定义 4.1.5　n 维向量的全体所组成的集合 $\mathbf{R}^n=\left\{\boldsymbol{X}=\begin{pmatrix}x_1\\x_2\\\vdots\\x_n\end{pmatrix}\middle| x_1,x_2,\cdots,x_n\in\mathbf{R}\right\}$，对向量的加法和数量乘法构成实数集上 n 维实向量空间.

定义 4.1.6　给定 n 维向量组 $\boldsymbol{\alpha}_1,\boldsymbol{\alpha}_2,\cdots,\boldsymbol{\alpha}_m$，对于任何一组实数 $k_1,k_2,\cdots,k_m$，表达式

$$k_1\boldsymbol{\alpha}_1+k_2\boldsymbol{\alpha}_2+\cdots+k_m\boldsymbol{\alpha}_m$$

称为向量组 $\boldsymbol{\alpha}_1,\boldsymbol{\alpha}_2,\cdots,\boldsymbol{\alpha}_m$ 的一个线性组合，$k_1,k_2,\cdots,k_m$ 称为其系数.

给定向量组 $\boldsymbol{\alpha}_1,\boldsymbol{\alpha}_2,\cdots,\boldsymbol{\alpha}_m$ 和向量 $\boldsymbol{\beta}$，如果存在一组数 $\lambda_1,\lambda_2,\cdots,\lambda_m$，使

$$\boldsymbol{\beta}=\lambda_1\boldsymbol{\alpha}_1+\lambda_2\boldsymbol{\alpha}_2+\cdots+\lambda_m\boldsymbol{\alpha}_m$$

则称向量 $\boldsymbol{\beta}$ 可由向量组 $\boldsymbol{\alpha}_1,\boldsymbol{\alpha}_2,\cdots,\boldsymbol{\alpha}_m$ 线性表示（出）.

向量 $\boldsymbol{\beta}$ 可由向量组 $\boldsymbol{\alpha}_1,\boldsymbol{\alpha}_2,\cdots,\boldsymbol{\alpha}_m$ 线性表示，也就是方程组 $x_1\boldsymbol{\alpha}_1+x_2\boldsymbol{\alpha}_2+\cdots+x_m\boldsymbol{\alpha}_m=\boldsymbol{\beta}$ 有解.

例 4.1.1　向量组

$$\boldsymbol{e}_1=\begin{pmatrix}1\\0\\\vdots\\0\end{pmatrix},\boldsymbol{e}_2=\begin{pmatrix}0\\1\\\vdots\\0\end{pmatrix},\cdots,\boldsymbol{e}_n=\begin{pmatrix}0\\0\\\vdots\\1\end{pmatrix}$$

称为 n 维单位坐标向量（标准向量组）. 对任一 n 维向量 $\boldsymbol{\alpha}=\begin{pmatrix}\alpha_1\\\alpha_2\\\vdots\\\alpha_n\end{pmatrix}$，有

$$\boldsymbol{\alpha}=a_1\boldsymbol{e}_1+a_2\boldsymbol{e}_2+\cdots+a_n\boldsymbol{e}_n$$

例 4.1.2　设 $\boldsymbol{\alpha}_1=\begin{pmatrix}1\\2\\1\end{pmatrix},\boldsymbol{\alpha}_2=\begin{pmatrix}2\\1\\-1\end{pmatrix},\boldsymbol{\alpha}_3=\begin{pmatrix}2\\-2\\-4\end{pmatrix},\boldsymbol{\beta}=\begin{pmatrix}5\\1\\-4\end{pmatrix}$，则向量 $\boldsymbol{\beta}$ 可由向量组 $\boldsymbol{\alpha}_1,\boldsymbol{\alpha}_2,\boldsymbol{\alpha}_3$ 线性表示，并求出表示式.

证明　设 $\boldsymbol{\beta}=k_1\boldsymbol{\alpha}_1+k_2\boldsymbol{\alpha}_2+k_3\boldsymbol{\alpha}_3$，则有

$$\begin{cases}k_1+2k_2+2k_3=5\\2k_1+k_2-2k_3=1\\k_1-k_2-4k_3=-4\end{cases}$$

解得 $k_1=k_2=k_3=1$，所以向量 $\boldsymbol{\beta}$ 可由向量组 $\boldsymbol{\alpha}_1,\boldsymbol{\alpha}_2,\boldsymbol{\alpha}_3$ 线性表示，且表示为

$$\beta=\alpha_1+\alpha_2+\alpha_3$$

定义 4.1.7 设有两个 n 维向量组 $\alpha_1,\alpha_2,\cdots,\alpha_m$ 及 $\beta_1,\beta_2,\cdots,\beta_l$，若 $\beta_1,\beta_2,\cdots,\beta_l$ 组中的每个向量都可由向量组 $\alpha_1,\alpha_2,\cdots,\alpha_m$ 线性表示，则称向量组 $\beta_1,\beta_2,\cdots,\beta_l$ 可由向量组 $\alpha_1,\alpha_2,\cdots,\alpha_m$ 线性表示（出）. 若向量组 $\alpha_1,\alpha_2,\cdots,\alpha_m$ 与向量组 $\beta_1,\beta_2,\cdots,\beta_l$ 可相互线性表示，则称这两个向量组等价.

显然，每一个向量组都可以经其自身线性表示. 同时，如果向量组 $\alpha_1,\alpha_2,\cdots,\alpha_m$ 可以经向量组 $\beta_1,\beta_2,\cdots,\beta_l$ 线性表示，向量组 $\beta_1,\beta_2,\cdots,\beta_l$ 可以经向量组 $\gamma_1,\gamma_2,\cdots,\gamma_p$ 线性表示，那么向量组 $\alpha_1,\alpha_2,\cdots,\alpha_m$ 可以经向量组 $\gamma_1,\gamma_2,\cdots,\gamma_p$ 线性表示.

事实上，如果

$$\alpha_i=\sum_{j=1}^{s}k_{ij}\beta_j,\quad i=1,2,\cdots,t$$

$$\beta_j=\sum_{m=1}^{p}l_{jm}\gamma_m,\quad j=1,2,\cdots,s$$

那么

$$\alpha_i=\sum_{j=1}^{s}k_{ij}\sum_{m=1}^{p}l_{jm}\gamma_m=\sum_{j=1}^{s}\sum_{m=1}^{p}k_{ij}l_{jm}\gamma_m=\sum_{m=1}^{p}\left(\sum_{j=1}^{s}k_{ij}l_{jm}\right)\gamma_m$$

这就是说，向量组 $\alpha_1,\alpha_2,\cdots,\alpha_m$ 中每一个向量都可以经向量组 $\gamma_1,\gamma_2,\cdots,\gamma_p$ 线性表出. 因而，向量组 $\alpha_1,\alpha_2,\cdots,\alpha_m$ 可以经向量组 $\gamma_1,\gamma_2,\cdots,\gamma_p$ 线性表出.

由上述结论，得到向量组的等价具有下述性质：

（1）（反身性）向量组 $\alpha_1,\alpha_2,\cdots,\alpha_t$ 与它自己等价.

（2）（对称性）如果向量组 $\alpha_1,\alpha_2,\cdots,\alpha_t$ 与 $\beta_1,\beta_2,\cdots,\beta_s$ 等价，那么 $\beta_1,\beta_2,\cdots,\beta_s$ 也与 $\alpha_1,\alpha_2,\cdots,\alpha_t$ 等价.

（3）（传递性）如果向量组 $\alpha_1,\alpha_2,\cdots,\alpha_t$ 与 $\beta_1,\beta_2,\cdots,\beta_s$ 等价，而向量组 $\beta_1,\beta_2,\cdots,\beta_s$ 又与 $\gamma_1,\gamma_2,\cdots,\gamma_p$ 等价，那么 $\alpha_1,\alpha_2,\cdots,\alpha_t$ 与 $\gamma_1,\gamma_2,\cdots,\gamma_p$ 等价.

定义 4.1.8 给定 n 维向量组 $\alpha_1,\alpha_2,\cdots,\alpha_m$，如果存在不全为零的数 $k_1,k_2,\cdots,k_m$，使

$$k_1\alpha_1+k_2\alpha_2+\cdots+k_m\alpha_m=\mathbf{0}$$

则称向量组 $\alpha_1,\alpha_2,\cdots,\alpha_m$ 是线性相关的，否则称为线性无关.

向量组 $\alpha_1,\alpha_2,\cdots,\alpha_m$ 构成矩阵 $\boldsymbol{A}=(\alpha_1,\alpha_2,\cdots,\alpha_m)$，向量组 $\alpha_1,\alpha_2,\cdots,\alpha_m$ 线性相关，就是线性方程组 $x_1\alpha_1+x_2\alpha_2+\cdots+x_m\alpha_m=\mathbf{0}$，即 $\boldsymbol{AX}=\mathbf{0}$ 有非零解.

例 4.1.3 单独一个向量 $\alpha\in\mathbf{R}^n$，线性相关即 $\alpha=\mathbf{0}$，线性无关即 $\alpha\neq\mathbf{0}$. 事实上，若 α 线性相关，则存在数 $k\neq0$，使得 $k\alpha=\mathbf{0}$，于是 $\alpha=\mathbf{0}$.

例 4.1.4 两个向量 $\alpha,\beta\in\mathbf{R}^n$ 线性相关的充分必要条件是对应分量成比例. 因为若 α,β 线性相关，则存在不全为零的数 k_1,k_2，使得 $k_1\alpha+k_2\beta=\mathbf{0}$. k_1,k_2 不全为零，不妨假设 $k_1\neq0$，则 $\alpha=-\dfrac{k_2}{k_1}\beta$，故 α,β 平行，即对应分量成比例. 如果 α,β 平行，不妨假设存在 λ，使得 $\alpha=\lambda\beta$，则 $\alpha-\lambda\beta=\mathbf{0}$，于是 α,β 线性相关.

例 4.1.5 n 维单位坐标向量组 $\boldsymbol{e}_1,\boldsymbol{e}_2,\cdots,\boldsymbol{e}_n$ 线性无关.

证明 设存在数 $x_1,x_2,\cdots,x_n$ 使 $x_1\boldsymbol{e}_1+x_2\boldsymbol{e}_2+\cdots+x_n\boldsymbol{e}_n=\boldsymbol{0}$，即

$$(x_1,x_2,\cdots,x_n)^{\mathrm{T}}=\boldsymbol{0}$$

故 $x_1=x_2=\cdots=x_n=0$，所以 $\boldsymbol{e}_1,\boldsymbol{e}_2,\cdots,\boldsymbol{e}_n$ 线性无关.

例 4.1.6 设 $\boldsymbol{\beta}_1=\boldsymbol{\alpha}_1+\boldsymbol{\alpha}_2,\boldsymbol{\beta}_2=\boldsymbol{\alpha}_2+\boldsymbol{\alpha}_3,\boldsymbol{\beta}_3=\boldsymbol{\alpha}_3+\boldsymbol{\alpha}_4,\boldsymbol{\beta}_4=\boldsymbol{\alpha}_4+\boldsymbol{\alpha}_1$，证明：向量组 $\boldsymbol{\beta}_1,\boldsymbol{\beta}_2,\boldsymbol{\beta}_3,\boldsymbol{\beta}_4$ 线性相关.

证明 由于 $\boldsymbol{\beta}_1+\boldsymbol{\beta}_3=\boldsymbol{\beta}_2+\boldsymbol{\beta}_4$，所以向量组 $\boldsymbol{\beta}_1,\boldsymbol{\beta}_2,\boldsymbol{\beta}_3,\boldsymbol{\beta}_4$ 线性相关.

例 4.1.7 设 n 维向量组 $\boldsymbol{\alpha}_1,\boldsymbol{\alpha}_2,\cdots,\boldsymbol{\alpha}_m$ 线性无关，$\boldsymbol{P}$ 为 n 阶可逆矩阵，证明：$\boldsymbol{P\alpha}_1,\boldsymbol{P\alpha}_2,\cdots,\boldsymbol{P\alpha}_m$ 也线性无关.

证明 设

$$x_1\boldsymbol{P\alpha}_1+x_2\boldsymbol{P\alpha}_2+\cdots+x_m\boldsymbol{P\alpha}_m=\boldsymbol{0}$$

对上式两边左乘 $\boldsymbol{P}^{-1}$ 得

$$x_1\boldsymbol{\alpha}_1+x_2\boldsymbol{\alpha}_2+\cdots+x_m\boldsymbol{\alpha}_m=\boldsymbol{0}$$

由于 $\boldsymbol{\alpha}_1,\boldsymbol{\alpha}_2,\cdots,\boldsymbol{\alpha}_m$ 线性无关，则 $x_1=x_2=\cdots=x_n=0$，因此 $\boldsymbol{P\alpha}_1,\boldsymbol{P\alpha}_2,\cdots,\boldsymbol{P\alpha}_m$ 线性无关.

下面给出线性相关和线性无关的一些重要结论.

定理 4.1.1 n 维向量组 $\boldsymbol{\alpha}_1,\boldsymbol{\alpha}_2,\cdots,\boldsymbol{\alpha}_m(m\geqslant 2)$ 线性相关的充要条件是在向量组 $\boldsymbol{\alpha}_1,\boldsymbol{\alpha}_2,\cdots,\boldsymbol{\alpha}_m$ 中至少有一个向量可由其余 $m-1$ 个向量线性表示.

证明 （必要性）设向量组 $\boldsymbol{\alpha}_1,\boldsymbol{\alpha}_2,\cdots,\boldsymbol{\alpha}_m$ 线性相关，则有不全为 0 的数 $k_1,k_2,\cdots,k_m$（不妨设 $k_1\neq 0$），使

$$k_1\boldsymbol{\alpha}_1+k_2\boldsymbol{\alpha}_2+\cdots+k_m\boldsymbol{\alpha}_m=\boldsymbol{0}$$

从而

$$\boldsymbol{\alpha}_1=-\frac{k_2}{k_1}\boldsymbol{\alpha}_2-\cdots-\frac{k_m}{k_1}\boldsymbol{\alpha}_m$$

即 $\boldsymbol{\alpha}_1$ 可由 $\boldsymbol{\alpha}_2,\cdots,\boldsymbol{\alpha}_m$ 线性表示.

（充分性）设向量组 $\boldsymbol{\alpha}_1,\boldsymbol{\alpha}_2,\cdots,\boldsymbol{\alpha}_m$ 中某个向量可由其余 $m-1$ 个向量线性表示，不妨设 $\boldsymbol{\alpha}_m$ 可由 $\boldsymbol{\alpha}_1,\cdots,\boldsymbol{\alpha}_{m-1}$ 线性表示，即存在 $\lambda_1,\lambda_2,\cdots,\lambda_{m-1}$，使

$$\boldsymbol{\alpha}_m=\lambda_1\boldsymbol{\alpha}_1+\lambda_2\boldsymbol{\alpha}_2+\cdots+\lambda_{m-1}\boldsymbol{\alpha}_{m-1}$$

于是

$$\lambda_1\boldsymbol{\alpha}_1+\lambda_2\boldsymbol{\alpha}_2+\cdots+\lambda_{m-1}\boldsymbol{\alpha}_{m-1}+(-1)\boldsymbol{\alpha}_m=\boldsymbol{0}$$

因为 $\lambda_1,\lambda_2,\cdots,\lambda_{m-1},-1$ 这 m 个数不全为 0，所以向量组 $\boldsymbol{\alpha}_1,\boldsymbol{\alpha}_2,\cdots,\boldsymbol{\alpha}_m$ 线性相关.

推论 4.1.1 含有零向量的向量组必线性相关.

定理 4.1.2 若 n 维向量组 $\boldsymbol{\alpha}_1,\boldsymbol{\alpha}_2,\cdots,\boldsymbol{\alpha}_r$ 线性相关，则向量组 $\boldsymbol{\alpha}_1,\boldsymbol{\alpha}_2,\cdots,\boldsymbol{\alpha}_r,\boldsymbol{\alpha}_{r+1}$ 也线性相关. 反之，若向量组 $\boldsymbol{\alpha}_1,\boldsymbol{\alpha}_2,\cdots,\boldsymbol{\alpha}_r,\boldsymbol{\alpha}_{r+1}$ 线性无关，则向量组 $\boldsymbol{\alpha}_1,\boldsymbol{\alpha}_2,\cdots,\boldsymbol{\alpha}_r$ 也线性无关.

证明 由于向量组 $\boldsymbol{\alpha}_1,\boldsymbol{\alpha}_2,\cdots,\boldsymbol{\alpha}_r$ 线性相关，所以存在不全为零的 r 个数 $k_1,k_2,\cdots,k_r$，使

$$k_1\boldsymbol{\alpha}_1+k_2\boldsymbol{\alpha}_2+\cdots+k_r\boldsymbol{\alpha}_r=\boldsymbol{0}$$

从而 $$k_1\boldsymbol{\alpha}_1+k_2\boldsymbol{\alpha}_2+\cdots+k_r\boldsymbol{\alpha}_r+0\cdot\boldsymbol{\alpha}_{r+1}=\mathbf{0}$$

且 $k_1,k_2,\cdots,k_r,0$ 这 $r+1$ 个数不全为零. 因此，$\boldsymbol{\alpha}_1,\boldsymbol{\alpha}_2,\cdots,\boldsymbol{\alpha}_r,\boldsymbol{\alpha}_{r+1}$ 线性相关. 定理的后一部分是前一部分的逆否命题，当然成立.

定理 4.1.3 设 n 维向量组 $\boldsymbol{\alpha}_1,\boldsymbol{\alpha}_2,\cdots,\boldsymbol{\alpha}_r$ 线性无关，而向量组 $\boldsymbol{\alpha}_1,\boldsymbol{\alpha}_2,\cdots,\boldsymbol{\alpha}_r,\boldsymbol{\beta}$ 线性相关，则向量 $\boldsymbol{\beta}$ 必可由向量组 $\boldsymbol{\alpha}_1,\boldsymbol{\alpha}_2,\cdots,\boldsymbol{\alpha}_r$ 唯一地线性表示.

证明 由于向量组 $\boldsymbol{\alpha}_1,\boldsymbol{\alpha}_2,\cdots,\boldsymbol{\alpha}_r,\boldsymbol{\beta}$ 线性相关，所以存在不全为零的 $r+1$ 个数 $k_1,k_2,\cdots,k_r,k$，使

$$k_1\boldsymbol{\alpha}_1+k_2\boldsymbol{\alpha}_2+\cdots+k_r\boldsymbol{\alpha}_r+k\boldsymbol{\beta}=\mathbf{0}$$

如果 $k=0$，则 $k_1,k_2,\cdots,k_r$ 必不全为零，于是

$$k_1\boldsymbol{\alpha}_1+k_2\boldsymbol{\alpha}_2+\cdots+k_r\boldsymbol{\alpha}_r=\mathbf{0}$$

这与向量组 $\boldsymbol{\alpha}_1,\boldsymbol{\alpha}_2,\cdots,\boldsymbol{\alpha}_r$ 线性无关矛盾，所以 $k\neq 0$. 故

$$\boldsymbol{\beta}=-\frac{k_1}{k}\boldsymbol{\alpha}_1-\frac{k_2}{k}\boldsymbol{\alpha}_2-\cdots-\frac{k_r}{k}\boldsymbol{\alpha}_r$$

设有 $\boldsymbol{\beta}=\lambda_1\boldsymbol{\alpha}_1+\lambda_2\boldsymbol{\alpha}_2+\cdots+\lambda_r\boldsymbol{\alpha}_r$，$\boldsymbol{\beta}=\mu_1\boldsymbol{\alpha}_1+\mu_1\boldsymbol{\alpha}_2+\cdots+\mu_1\boldsymbol{\alpha}_r$，两式相减有

$$(\lambda_1-\mu_1)\boldsymbol{\alpha}_1+(\lambda_2-\mu_2)\boldsymbol{\alpha}_2+\cdots+(\lambda_r-\mu_r)\boldsymbol{\alpha}_r=\mathbf{0}$$

由向量组 $\boldsymbol{\alpha}_1,\boldsymbol{\alpha}_2,\cdots,\boldsymbol{\alpha}_r$ 线性无关，则 $\lambda_i-\mu_i=0\ (i=1,2,\cdots,r)$，即 $\lambda_i=\mu_i\ (i=1,2,\cdots,r)$.

所以，向量 $\boldsymbol{\beta}$ 可由向量组 $\boldsymbol{\alpha}_1,\boldsymbol{\alpha}_2,\cdots,\boldsymbol{\alpha}_r$ 唯一地线性表示.

定理 4.1.4 若向量组

$$\boldsymbol{\alpha}_1=\begin{pmatrix}a_{11}\\a_{21}\\\vdots\\a_{n1}\end{pmatrix},\boldsymbol{\alpha}_2=\begin{pmatrix}a_{12}\\a_{22}\\\vdots\\a_{n2}\end{pmatrix},\cdots,\boldsymbol{\alpha}_s=\begin{pmatrix}a_{1s}\\a_{2s}\\\vdots\\a_{ns}\end{pmatrix}$$

线性无关，则各向量添加一个分量得到向量组

$$\boldsymbol{\beta}_1=\begin{pmatrix}a_{11}\\a_{21}\\\vdots\\a_{n1}\\a_{n+1,1}\end{pmatrix},\boldsymbol{\beta}_2=\begin{pmatrix}a_{12}\\a_{22}\\\vdots\\a_{n2}\\a_{n+1,2}\end{pmatrix},\cdots,\boldsymbol{\beta}_s=\begin{pmatrix}a_{1s}\\a_{2s}\\\vdots\\a_{ns}\\a_{n+1,s}\end{pmatrix}$$

也线性无关；反之，若向量组 $\boldsymbol{\beta}_1,\boldsymbol{\beta}_2,\cdots,\boldsymbol{\beta}_s$ 线性相关，则向量组 $\boldsymbol{\alpha}_1,\boldsymbol{\alpha}_2,\cdots,\boldsymbol{\alpha}_s$ 线性相关.

我们把后一个向量组叫做前一个向量组的加长组，前一个向量组叫做后一个向量组的截断组.

证明 令 $k_1\boldsymbol{\beta}_1+k_2\boldsymbol{\beta}_2+\cdots+k_s\boldsymbol{\beta}_s=\mathbf{0}$，得

$$\begin{cases} a_{11}k_1 + a_{12}k_2 + \cdots + a_{1s}k_s = 0 \\ a_{21}k_1 + a_{22}k_2 + \cdots + a_{2s}k_s = 0 \\ \quad\vdots \\ a_{n1}k_1 + a_{n2}k_2 + \cdots + a_{ns}k_s = 0 \\ a_{n+1,1}k_1 + a_{n+1,2}k_2 + \cdots + a_{n+1,s}k_s = 0 \end{cases}$$

则有

$$\begin{cases} a_{11}k_1 + a_{12}k_2 + \cdots + a_{1s}k_s = 0 \\ a_{21}k_1 + a_{22}k_2 + \cdots + a_{2s}k_s = 0 \\ \quad\vdots \\ a_{n1}k_1 + a_{n2}k_2 + \cdots + a_{ns}k_s = 0 \end{cases}$$

即 $k_1\boldsymbol{\alpha}_1 + k_2\boldsymbol{\alpha}_2 + \cdots + k_s\boldsymbol{\alpha}_s = \mathbf{0}$，由 $\boldsymbol{\alpha}_1,\boldsymbol{\alpha}_2,\cdots,\boldsymbol{\alpha}_s$ 线性无关可知 $k_1 = k_2 = \cdots = k_s = 0$，从而 $\boldsymbol{\beta}_1,\boldsymbol{\beta}_2,\cdots,\boldsymbol{\beta}_s$ 线性无关. 后一个结论是前一个结论的逆否命题，因此也正确.

定理 4.1.4 说明：截断组无关，则加长组无关；加长组相关，则截断组相关.

定理 4.1.5 已知向量组 $\boldsymbol{\alpha}_1,\boldsymbol{\alpha}_2,\cdots,\boldsymbol{\alpha}_r$ 可由向量组 $\boldsymbol{\beta}_1,\boldsymbol{\beta}_2,\cdots,\boldsymbol{\beta}_s$ 线性表示，若 $\boldsymbol{\alpha}_1,\boldsymbol{\alpha}_2,\cdots,\boldsymbol{\alpha}_r$ 线性无关，则 $r \leqslant s$.

证明 先用反证法. 假设结论不成立，于是 $r > s$. 下面我们来推出矛盾.

由已知，$\boldsymbol{\alpha}_1,\boldsymbol{\alpha}_2,\cdots,\boldsymbol{\alpha}_r$ 中向量 $\boldsymbol{\alpha}_1$ 可由向量组 $\boldsymbol{\beta}_1,\boldsymbol{\beta}_2,\cdots,\boldsymbol{\beta}_s$ 线性表示，即存在数 $k_1,k_2,\cdots,k_s$，使

$$\boldsymbol{\alpha}_1 = k_1\boldsymbol{\beta}_1 + k_2\boldsymbol{\beta}_2 + \cdots + k_s\boldsymbol{\beta}_s \tag{4.1.1}$$

因为向量组 $\boldsymbol{\alpha}_1,\boldsymbol{\alpha}_2,\cdots,\boldsymbol{\alpha}_r$ 线性无关，故 $\boldsymbol{\alpha}_1 \neq \mathbf{0}$，从而 $k_1,k_2,\cdots,k_s$ 中至少有一个不为零，不妨设 $k_1 \neq 0$，由式（4.1.1）解出

$$\boldsymbol{\beta}_1 = \frac{1}{k_1}\boldsymbol{\alpha}_1 - \frac{k_2}{k_1}\boldsymbol{\beta}_2 - \cdots - \frac{k_s}{k_1}\boldsymbol{\beta}_s \tag{4.1.2}$$

但对任意的 $\boldsymbol{\alpha}_i (i = 2,3,\cdots,r)$，已知 $\boldsymbol{\alpha}_i$ 可由向量组 $\boldsymbol{\beta}_1,\boldsymbol{\beta}_2,\cdots,\boldsymbol{\beta}_s$ 线性表示，将式（4.1.2）代入 $\boldsymbol{\alpha}_i$ 的表示式，则 $\boldsymbol{\alpha}_i$ 可由向量组 $\boldsymbol{\alpha}_1,\boldsymbol{\beta}_2,\cdots,\boldsymbol{\beta}_s$ 线性表示，这样，我们可将向量组 $\boldsymbol{\beta}_1,\boldsymbol{\beta}_2,\cdots,\boldsymbol{\beta}_s$ 中的 $\boldsymbol{\beta}_1$ 换成 $\boldsymbol{\alpha}_1$ 得到新的向量组 $\boldsymbol{\alpha}_1,\boldsymbol{\beta}_2,\cdots,\boldsymbol{\beta}_s$，这时向量组 $\boldsymbol{\alpha}_1,\boldsymbol{\alpha}_2,\cdots,\boldsymbol{\alpha}_r$ 中任一向量仍可用新的向量组 $\boldsymbol{\alpha}_1,\boldsymbol{\beta}_2,\cdots,\boldsymbol{\beta}_s$ 线性表示.

再用归纳法. 设向量组 $\boldsymbol{\beta}_1,\boldsymbol{\beta}_2,\cdots,\boldsymbol{\beta}_s$ 已经换成 $\boldsymbol{\alpha}_1,\cdots,\boldsymbol{\alpha}_m,\boldsymbol{\beta}_{m+1},\cdots,\boldsymbol{\beta}_s$，且向量组 $\boldsymbol{\alpha}_1,\boldsymbol{\alpha}_2,\cdots,\boldsymbol{\alpha}_r$ 中任一向量都可以用向量组 $\boldsymbol{\alpha}_1,\cdots,\boldsymbol{\alpha}_m,\boldsymbol{\beta}_{m+1},\cdots,\boldsymbol{\beta}_s$ 线性表示，假设 $m < r$，则 $\boldsymbol{\alpha}_{m+1}$ 可表示为

$$\boldsymbol{\alpha}_{m+1} = l_1\boldsymbol{\alpha}_1 + \cdots + l_m\boldsymbol{\alpha}_m + l_{m+1}\boldsymbol{\beta}_{m+1} + \cdots + l_s\boldsymbol{\beta}_s$$

其中至少有一个 $l_i (i = m+1,\cdots,s)$ 不为零，这时因为若 $l_{m+1} = \cdots = l_s = 0$，则 $\boldsymbol{\alpha}_{m+1}$ 可以用向量组 $\boldsymbol{\alpha}_1,\boldsymbol{\alpha}_2,\cdots,\boldsymbol{\alpha}_m$ 线性表示，这与向量组 $\boldsymbol{\alpha}_1,\boldsymbol{\alpha}_2,\cdots,\boldsymbol{\alpha}_r$ 线性无关矛盾. 不失一般性，可设 $l_{m+1} \neq 0$，用上述相同的论证，又可将 $\boldsymbol{\beta}_{m+1}$ 换成 $\boldsymbol{\alpha}_{m+1}$，得到向量组 $\boldsymbol{\alpha}_1,\cdots,\boldsymbol{\alpha}_{m+1},\boldsymbol{\beta}_{m+2},\cdots,\boldsymbol{\beta}_s$，且向量组 $\boldsymbol{\alpha}_1,\boldsymbol{\alpha}_2,\cdots,\boldsymbol{\alpha}_r$ 中任一向量都可由向量组 $\boldsymbol{\alpha}_1,\cdots,\boldsymbol{\alpha}_{m+1},\boldsymbol{\beta}_{m+2},\cdots,\boldsymbol{\beta}_s$ 线性表示，这一事实表明，我们将向量组 $\boldsymbol{\alpha}_1,\boldsymbol{\alpha}_2,\cdots,\boldsymbol{\alpha}_r$ 中向量依次换入向量组 $\boldsymbol{\beta}_1,\boldsymbol{\beta}_2,\cdots,\boldsymbol{\beta}_s$，但 $r > s$，因此可将向量组 $\boldsymbol{\alpha}_1,\boldsymbol{\alpha}_2,\cdots,\boldsymbol{\alpha}_r$ 中 s 个向

量依次换入向量组$\beta_1,\beta_2,\cdots,\beta_s$. 不妨设向量组$\beta_1,\beta_2,\cdots,\beta_s$经调换后的向量组为$\alpha_1,\alpha_2,\cdots,\alpha_s$，则向量组$\alpha_1,\alpha_2,\cdots,\alpha_r$中向量$\alpha_r$也可用向量组$\alpha_1,\alpha_2,\cdots,\alpha_s$线性表示，从而向量组$\alpha_1,\alpha_2,\cdots,\alpha_r$线性相关，引出矛盾.

由定理 4.1.5 容易得到下列结论：

定理 4.1.6 已知向量组$\alpha_1,\alpha_2,\cdots,\alpha_r$可由向量组$\beta_1,\beta_2,\cdots,\beta_s$线性表示，若$r>s$，则$\alpha_1,\alpha_2,\cdots,\alpha_r$线性相关.

推论 4.1.2 两个线性无关的等价的向量组必含有相同个数的向量.

推论 4.1.3 $n+1$个n维向量一定线性相关.

证明 $n+1$个n维向量组一定可由

$$e_1=(1,0,\cdots,0)^{\mathrm{T}},e_2=(0,1,\cdots,0)^{\mathrm{T}},\cdots,e_n=(0,0,\cdots,1)^{\mathrm{T}}$$

线性表示.

由定理 4.1.6 可得推论 4.1.3 的更一般情况：

推论 4.1.4 $m(m>n)$个n维向量一定线性相关.

习题 4.1

1. 填空题.

（1）已知$\alpha_1=\begin{pmatrix}1\\1\\2\\1\end{pmatrix},\alpha_2=\begin{pmatrix}1\\0\\0\\2\end{pmatrix},\alpha_3=\begin{pmatrix}-1\\-4\\-8\\k\end{pmatrix}$线性相关，则$k=$__________.

（2）设向量组$\alpha_1=\begin{pmatrix}a\\0\\c\end{pmatrix},\alpha_2=\begin{pmatrix}b\\c\\0\end{pmatrix},\alpha_3=\begin{pmatrix}0\\a\\b\end{pmatrix}$线性无关，则$a,b,c$满足关系式__________.

2. 判断下列命题是否正确.

（1）若向量组$\alpha_1,\alpha_2,\cdots,\alpha_s$线性相关，那么其中每个向量可由其他向量线性表示. （ ）

（2）如果向量$\beta_1,\beta_2,\cdots,\beta_t$可经向量组$\alpha_1,\alpha_2,\cdots,\alpha_s$线性表示，且$\alpha_1,\alpha_2,\cdots,\alpha_s$线性相关，那么$\beta_1,\beta_2,\cdots,\beta_t$也线性相关. （ ）

（3）如果向量β可经向量组$\alpha_1,\alpha_2,\cdots,\alpha_s$线性表示且表示式是唯一的，那么$\alpha_1,\alpha_2,\cdots,\alpha_s$线性无关. （ ）

3. 设向量组$\alpha_1,\alpha_2,\cdots,\alpha_r$线性无关，证明向量组$\beta_1,\beta_2,\cdots,\beta_r$也线性无关，这里$\beta_i=\alpha_1+\cdots+\alpha_i\ (i=1,2,\cdots,r)$.

4. 设$t_1,t_2,\cdots,t_r$是互不相同的数，证明：向量组$\alpha_i=(1,t_i,t_i^2,\cdots,t_i^{r-1})^{\mathrm{T}}\ (i=1,2,\cdots,r)$是线性无关的.

5. 设向量组$\alpha_1,\alpha_2,\alpha_3$线性相关，向量组$\alpha_2,\alpha_3,\alpha_4$线性无关，证明：

（1）α_1 能由α_2,α_3线性表示；

（2）α_4不能由$\alpha_1,\alpha_2,\alpha_3$线性表示.

6. （华东师范大学考研真题）设向量组$\alpha_1,\alpha_2,\cdots,\alpha_n$线性无关，讨论向量组$\beta_1=\alpha_1+\alpha_2$，$\beta_2=\alpha_2+\alpha_3,\cdots,\beta_{n-1}=\alpha_{n-1}+\alpha_n,\beta_n=\alpha_n+\alpha_1$的线性无关性.

4.2 向量组的极大线性无关组与向量组的秩

在讨论向量组的线性组合和线性相关性时，矩阵的秩起到很关键的作用. 向量组的秩也是一个很重要的概念，它在向量组的线性相关性问题中同样起到十分重要的作用.

定义 4.2.1 给定向量组$\alpha_1,\alpha_2,\cdots,\alpha_t$，如果部分组$\alpha_{i_1},\alpha_{i_2},\cdots,\alpha_{i_r}$，满足

（1）$\alpha_{i_1},\alpha_{i_2},\cdots,\alpha_{i_r}$线性无关；

（2）向量组$\alpha_1,\alpha_2,\cdots,\alpha_t$中每一个向量都可以由$\alpha_{i_1},\alpha_{i_2},\cdots,\alpha_{i_r}$线性表示，

那么称向量组$\alpha_{i_1},\alpha_{i_2},\cdots,\alpha_{i_r}$是向量组$\alpha_1,\alpha_2,\cdots,\alpha_t$的一个极大线性无关向量组（简称极大无关组，也有书上称最大无关组）.

注 1：设$\alpha_1,\alpha_2,\cdots,\alpha_t\in\mathbf{R}^n$，$\alpha_{i_1},\alpha_{i_2},\cdots,\alpha_{i_r}$为其极大线性无关组. 按照定义，$\alpha_1,\alpha_2,\cdots,\alpha_t$可由$\alpha_{i_1},\alpha_{i_2},\cdots,\alpha_{i_r}$线性表示. 但另一方面，显然$\alpha_{i_1},\alpha_{i_2},\cdots,\alpha_{i_r}$也可以由$\alpha_1,\alpha_2,\cdots,\alpha_t$线性表示. 因此，$\alpha_1,\alpha_2,\cdots,\alpha_t$与$\alpha_{i_1},\alpha_{i_2},\cdots,\alpha_{i_r}$等价. 也就是说，任何一个向量组都与其极大线性无关组等价.

向量组的极大线性无关组可能不止一个，但都与原向量组等价，按照向量组等价的传递性，它们彼此之间是等价的，即可以相互线性表示. 它们又都是线性无关的，因此，由推论 4.1.2 可知，向量组的任意两个极大线性无关组含有相同的向量个数. 这是一个固定的参数，由向量组本身所决定，与其极大线性无关组的选取无关，我们称其为向量组的秩，即向量组的任何一个极大线性无关组所含的向量个数. r称为向量组$\alpha_1,\alpha_2,\cdots,\alpha_t$的秩，记作$R(\alpha_1,\alpha_2,\cdots,\alpha_t)=r$或$r(\alpha_1,\alpha_2,\cdots,\alpha_t)=r$.

规定：只含零向量的向量组的秩为 0.

注 2：按照定义 4.2.1，向量组$\alpha_1,\alpha_2,\cdots,\alpha_t$线性无关的充分必要条件是向量组的秩为$t$.

而线性相关的充分必要条件是秩小于t.

定义 4.2.2 设向量组$\alpha_1,\alpha_2,\cdots,\alpha_t\in\mathbf{R}^n$，如果其中有$r$个线性无关的向量$\alpha_{i_1},\alpha_{i_2},\cdots,\alpha_{i_r}$，但没有更多的线性无关向量（任意$r+1$个向量都线性相关），则称$\alpha_{i_1},\alpha_{i_2},\cdots,\alpha_{i_r}$为$\alpha_1,\alpha_2,\cdots,\alpha_t$的极大线性无关组，而$r$为$\alpha_1,\alpha_2,\cdots,\alpha_t$的秩.

定义 4.2.2 生动地体现了极大线性无关组的意义：一方面，有r个线性无关的向量，体现了“无关性”；另一方面，没有更多的线性无关向量，又体现了“极大性”.

定理 4.2.1 定义 4.2.1 与定义 4.2.2 是等价的.

证明 一方面，如果$\alpha_{i_1},\alpha_{i_2},\cdots,\alpha_{i_r}$线性无关，且$\alpha_1,\alpha_2,\cdots,\alpha_t$中每一个向量都可以由$\alpha_{i_1},\alpha_{i_2},\cdots,\alpha_{i_r}$线性表示，那么，$\alpha_1,\alpha_2,\cdots,\alpha_t$就没有更多的线性无关向量. 否则，假设有线性无关向量，设为$\beta_1,\beta_2,\cdots,\beta_s$（$s>r$）. $\beta_1,\beta_2,\cdots,\beta_s$显然可以由$\alpha_{i_1},\alpha_{i_2},\cdots,\alpha_{i_r}$线性表示且线性无关，

按照定理 4.1.6，$s \leqslant r$，这与假设矛盾！另一方面，假设 $\alpha_{i_1}, \alpha_{i_2}, \cdots, \alpha_{i_r}$ 为 $\alpha_1, \alpha_2, \cdots, \alpha_t$ 中 r 个线性无关向量，但没有更多的线性无关向量，任取 $\alpha_1, \alpha_2, \cdots, \alpha_t$ 中一个向量，记为 β，则 $\alpha_{i_1}, \alpha_{i_2}, \cdots, \alpha_{i_r}, \beta$ 线性相关. 按照定理 4.1.3，β 可由 $\alpha_{i_1}, \alpha_{i_2}, \cdots, \alpha_{i_r}$ 线性表示（且表示方法唯一）.

例 4.2.1 标准向量组 $e_1, e_2, \cdots, e_n$ 是 n 维向量空间 $\mathbf{R}^n$ 的一个极大无关组，$\mathbf{R}^n$ 的秩等于 n.

定理 4.2.2 如果向量组 $\alpha_1, \alpha_2, \cdots, \alpha_n$ 可以由向量组 $\beta_1, \beta_2, \cdots, \beta_m$ 线性表示，则 $R(\alpha_1, \alpha_2, \cdots, \alpha_n) \leqslant R(\beta_1, \beta_2, \cdots, \beta_m)$.

证明 设向量组 $\alpha_1, \alpha_2, \cdots, \alpha_n$ 和向量组 $\beta_1, \beta_2, \cdots, \beta_m$ 的极大无关组分别是 $\alpha_1, \alpha_2, \cdots, \alpha_s$ 与 $\beta_1, \beta_2, \cdots, \beta_t$，显然 $\alpha_1, \alpha_2, \cdots, \alpha_s$ 可以由 $\beta_1, \beta_2, \cdots, \beta_t$ 线性表示，因为 $\alpha_1, \alpha_2, \cdots, \alpha_s$ 线性无关，由定理 4.1.6 知 $s \leqslant t$，即 $R(\alpha_1, \alpha_2, \cdots, \alpha_n) \leqslant R(\beta_1, \beta_2, \cdots, \beta_m)$.

推论 4.2.1 若 n 维向量组 $\alpha_1, \alpha_2, \cdots, \alpha_r$ 线性相关，向量组 $\beta_1, \beta_2, \cdots, \beta_r$ 可由向量组 $\alpha_1, \alpha_2, \cdots, \alpha_r$ 线性表示，则向量组 $\beta_1, \beta_2, \cdots, \beta_r$ 也线性相关.

推论 4.2.2 等价的向量组具有相同的秩.

例 4.2.2（北京大学考研真题） 设向量组 $\alpha_1, \alpha_2, \cdots, \alpha_s$ 线性无关，并且可由向量组 $\beta_1, \beta_2, \cdots, \beta_t$ 线性表示，证明：必存在某个 $\beta_j\ (j=1,2,\cdots,t)$，使得向量组 $\beta_j, \alpha_1, \alpha_2, \cdots, \alpha_s$ 线性无关.

证明 取 $\beta_1, \beta_2, \cdots, \beta_t$ 的一个极大无关组 $\beta_{j_1}, \beta_{j_2}, \cdots, \beta_{j_r}$，则向量组 $\alpha_1, \alpha_2, \cdots, \alpha_s$ 可由 $\beta_{j_1}, \beta_{j_2}, \cdots, \beta_{j_r}$ 线性表示. 由 $\alpha_1, \alpha_2, \cdots, \alpha_s$ 线性无关，$s \leqslant r$，则 $\alpha_2, \cdots, \alpha_s$ 线性无关.

假设对任意 $\beta_{j_i}\ (i=1,2,\cdots,r)$，向量组 $\beta_{j_i}, \alpha_2, \cdots, \alpha_s$ 线性相关，则 β_{j_i} 可由向量组 $\alpha_2, \cdots, \alpha_s$ 线性表示，所以向量组 $\beta_{j_1}, \beta_{j_2}, \cdots, \beta_{j_r}$ 可由 $\alpha_2, \cdots, \alpha_s$ 线性表示. 因此这两个向量组等价，从而 $R(\beta_{j_1}, \beta_{j_2}, \cdots, \beta_{j_r}) = R(\alpha_2, \cdots, \alpha_s)$，于是 $r = s-1$，与 $s \leqslant r$ 矛盾，故必存在某个 $\beta_j\ (j=1,2,\cdots,t)$，使得向量组 $\beta_j, \alpha_1, \alpha_2, \cdots, \alpha_s$ 线性无关.

定义 4.2.3 设 $\boldsymbol{A} = (a_{ij})_{m\times n} \in \boldsymbol{M}_{m\times n}(\mathbf{R})$，则 $\boldsymbol{A}$ 的 m 个行向量构成的行向量组的秩称为矩阵 $\boldsymbol{A}$ 的行秩，$\boldsymbol{A}$ 的 n 个列向量构成的列向量组的秩称为矩阵 $\boldsymbol{A}$ 的列秩.

矩阵的行秩与列秩有什么关系呢？它们与第三章定义的矩阵的秩又有什么关系呢？下面矩阵的将证明矩阵的列秩等于矩阵的行秩等于矩阵的秩.

定理 4.2.3 矩阵的行秩与列秩在初等变换下不变.

证明 分两步走：第一步，证明矩阵的行秩在初等行变换下不变，列秩在初等列变换下不变；第二步，证明矩阵的列秩在初等行变换下不变，行秩在初等列变换下不变.

第一步：设 $\boldsymbol{A} = (a_{ij})_{m\times n}$，为简单起见，将其写成分块的形式：

$$\boldsymbol{A} = \begin{pmatrix} \alpha_1 \\ \alpha_2 \\ \vdots \\ \alpha_m \end{pmatrix}$$

其中，$\alpha_i = (a_{i1}, a_{i2}, \cdots, a_{in})(i=1,2,\cdots,m)$ 是 $\boldsymbol{A}$ 的第 i 个行向量，对换 $\boldsymbol{A}$ 的任意两行并不改变 $\boldsymbol{A}$ 的行向量组，因此也不改变 $\boldsymbol{A}$ 的行秩，这表明 $\boldsymbol{A}$ 在第一类初等行变换下行秩不变. 又若以一个非零常数 k 乘以 $\boldsymbol{A}$ 的第 i 行，则 $\boldsymbol{A}$ 变成如下矩阵：

$$A_1=\begin{pmatrix}\alpha_1\\ \vdots\\ k\alpha_i\\ \vdots\\ \alpha_m\end{pmatrix}$$

显然，A_1 的行向量组与 A 的行向量组等价（相互线性表出），因而 A 的行秩等于 A_1 的行秩. 接下来再看第三类初等变换，将矩阵 A 的第 i 行乘以 k 加到第 j 行上去，矩阵 A 变成如下矩阵：

$$A_2=\begin{pmatrix}\alpha_1\\ \vdots\\ \alpha_i\\ \vdots\\ k\alpha_i+\alpha_j\\ \vdots\\ \alpha_m\end{pmatrix}$$

显然，A_2 的行向量组与 A 的行向量组等价（相互线性表出），从而 A 与 A_2 的行秩相等. 这就证明了 A 的行秩在初等行变换下不变，同理，A 的列秩在初等列变换下也不变.

第二步:证明 A 的列秩在初等行变换下不变. 由于 A 的初等行变换等价于一个初等矩阵左乘以 A，我们只需证明对任一初等矩阵 Q，QA 与 A 的列秩相等即可. 把 A 写成列分块的形式：

$$A=(\gamma_1,\gamma_2,\cdots,\gamma_n)$$

其中 γ_j 是 A 的第 j 个列向量，由分块矩阵的乘法得

$$QA=(Q\gamma_1,Q\gamma_2,\cdots,Q\gamma_n)$$

设 A 的列向量组的极大无关组为 $\gamma_{j_1},\cdots,\gamma_{j_r}$，现在证明 $Q\gamma_{j_1},\cdots,Q\gamma_{j_r}$ 是 QA 的列向量组的极大无关组.

先证明 $Q\gamma_{j_1},\cdots,Q\gamma_{j_r}$ 线性无关. 设有 $\lambda_1,\cdots,\lambda_r\in F$，使

$$\lambda_1Q\gamma_{j_1}+\cdots+\lambda_rQ\gamma_{j_r}=\mathbf{0}$$

则

$$Q(\lambda_1\gamma_{j_1}+\cdots+\lambda_r\gamma_{j_r})=\mathbf{0}$$

但 Q 是可逆矩阵，在上式两边左乘 Q^{-1} 得

$$\lambda_1\gamma_{j_1}+\cdots+\lambda_r\gamma_{j_r}=\mathbf{0}$$

再由 $\gamma_{j_1},\cdots,\gamma_{j_r}$ 线性无关得 $\lambda_1=\cdots=\lambda_r=0$，这就证明了 $Q\gamma_{j_1},\cdots,Q\gamma_{j_r}$ 是一组线性无关的向量.

再证明任一 $Q\gamma_j$ 均可表示为 $Q\gamma_{j_1},\cdots,Q\gamma_{j_r}$ 的线性组合. 由于 $\gamma_{j_1},\cdots,\gamma_{j_r}$ 是 A 的列向量组的极大无关组，故

$$\gamma_j=\mu_1\gamma_{j_1}+\cdots+\mu_r\gamma_{j_r}$$

上式两边左乘 Q 得

$$Q\gamma_j=\mu_1Q\gamma_{j_1}+\cdots+\mu_rQ\gamma_{j_r}$$

由上面的论证可知，$\boldsymbol{A}$ 与 $\boldsymbol{QA}$ 的列向量组的极大无关组有相同个数的向量，因此 $\boldsymbol{A}$ 与 $\boldsymbol{QA}$ 的列秩相等. 同理可证，行秩在初等列变换下不变.

推论 4.2.3 矩阵的秩等于其列向量组的秩，也等于其行向量组的秩.

证明 由定理 3. 2. 1 知，任意矩阵经过初等变换可以化为标准形

$$\boldsymbol{A}\to\begin{pmatrix}1&&&&&\\&\ddots&&&&\\&&1&&&\\&&&0&&\\&&&&\ddots&\\&&&&&0\end{pmatrix}=\begin{pmatrix}\boldsymbol{E}_r&\boldsymbol{O}\\\boldsymbol{O}&\boldsymbol{O}\end{pmatrix}$$

结合定理 3. 3. 1 和定理 4.2.3，矩阵 $\boldsymbol{A}$ 的行秩等于列秩等于矩阵的秩等于 r.

由定理 4.2.2 和推论 4.2.2 可得下面的结论.

推论 4.2.4 矩阵初等行变换不改变矩阵的列向量组的线性关系和线性组合关系.

证明 设矩阵 $\boldsymbol{A}$ 经 l 次初等行变换化为矩阵 $\boldsymbol{B}$，即

$$\boldsymbol{A}=(\boldsymbol{\alpha}_1,\boldsymbol{\alpha}_2,\cdots,\boldsymbol{\alpha}_n)\xrightarrow{\text{初等行变换}}\boldsymbol{B}=(\boldsymbol{\beta}_1,\boldsymbol{\beta}_2,\cdots,\boldsymbol{\beta}_n)$$

则存在初等矩阵 $\boldsymbol{P},\boldsymbol{P}_2,\cdots,\boldsymbol{P}_l$，使 $\boldsymbol{P}_1\boldsymbol{P}_2\cdots\boldsymbol{P}_l\boldsymbol{A}=\boldsymbol{B}$.

设 $\boldsymbol{P}=\boldsymbol{P}_1\boldsymbol{P}_2\cdots\boldsymbol{P}_l$，则 $\boldsymbol{P}$ 可逆，且 $\boldsymbol{PA}=\boldsymbol{B}$，由矩阵的运算可得 $\boldsymbol{P\alpha}_i=\boldsymbol{\beta}_i\ (i=1,\cdots,n)$.

（1）若有一组数 $k_1,k_2,\cdots,k_n$，使

$$k_1\boldsymbol{\alpha}_1+k_2\boldsymbol{\alpha}_2+\cdots+k_n\boldsymbol{\alpha}_n=\boldsymbol{0}$$

两边左乘矩阵 $\boldsymbol{P}$ 得

$$k_1\boldsymbol{P\alpha}_1+k_2\boldsymbol{P\alpha}_2+\cdots+k_n\boldsymbol{P\alpha}_n=\boldsymbol{0}$$

即

$$k_1\boldsymbol{\beta}_1+k_2\boldsymbol{\beta}_2+\cdots+k_n\boldsymbol{\beta}_n=\boldsymbol{0}$$

所以，向量组 $\boldsymbol{\alpha}_1,\boldsymbol{\alpha}_2,\cdots,\boldsymbol{\alpha}_n$ 与向量组 $\boldsymbol{\beta}_1,\boldsymbol{\beta}_2,\cdots,\boldsymbol{\beta}_n$ 同时线性相（无）关，即矩阵的初等行变换不改变矩阵的列向量组的线性关系.

（2）若矩阵 $\boldsymbol{A}$ 的列向量 $\boldsymbol{\alpha}_1,\boldsymbol{\alpha}_2,\cdots,\boldsymbol{\alpha}_n$ 之间存在某种线性关系，不妨设 $\boldsymbol{\alpha}_n$ 能由 $\boldsymbol{\alpha}_1,\boldsymbol{\alpha}_2,\cdots,\boldsymbol{\alpha}_{n-1}$ 线性表示，即存在一组数 $\lambda_1,\lambda_2,\cdots,\lambda_{n-1}$，使

$$\boldsymbol{\alpha}_n=\lambda_1\boldsymbol{\alpha}_1+\lambda_2\boldsymbol{\alpha}_2\cdots+\lambda_{n-1}\boldsymbol{\alpha}_{n-1}$$

两边左乘矩阵 $\boldsymbol{P}$ 得

$$\boldsymbol{P\alpha}_n=\lambda_1\boldsymbol{P\alpha}_1+\lambda_2\boldsymbol{P\alpha}_2\cdots+\lambda_{n-1}\boldsymbol{P\alpha}_{n-1}$$

即

$$\boldsymbol{\beta}_n=\lambda_1\boldsymbol{\beta}_1+\lambda_2\boldsymbol{\beta}_2\cdots+\lambda_{n-1}\boldsymbol{\beta}_{n-1}$$

因此，矩阵 $\boldsymbol{B}$ 的列向量也具有同样的线性关系.

推论 4.2.4 给出了求向量组秩的一种方法.

例 4.2.3 求向量组

$$\boldsymbol{\alpha}_1=\begin{pmatrix}2\\6\\12\\4\end{pmatrix},\boldsymbol{\alpha}_2=\begin{pmatrix}1\\3\\6\\2\end{pmatrix},\boldsymbol{\alpha}_3=\begin{pmatrix}2\\1\\2\\-1\end{pmatrix},\boldsymbol{\alpha}_4=\begin{pmatrix}3\\5\\10\\2\end{pmatrix},\boldsymbol{\alpha}_5=\begin{pmatrix}-2\\1\\2\\10\end{pmatrix}$$

的秩与它的极大无关组.

解

$$\begin{aligned}\boldsymbol{A}&=(\boldsymbol{\alpha}_1,\boldsymbol{\alpha}_2,\boldsymbol{\alpha}_3,\boldsymbol{\alpha}_4,\boldsymbol{\alpha}_5)\\&=\begin{pmatrix}2&1&2&3&-2\\6&3&1&5&1\\12&6&2&10&2\\4&2&-1&2&10\end{pmatrix}\to\begin{pmatrix}2&1&2&3&-2\\0&0&-5&-4&7\\0&0&0&0&7\\0&0&0&0&0\end{pmatrix}\\&\to\begin{pmatrix}1&\frac{1}{2}&1&\frac{3}{2}&-1\\0&0&1&\frac{4}{5}&-\frac{7}{5}\\0&0&0&0&1\\0&0&0&0&0\end{pmatrix}\to\begin{pmatrix}1&\frac{1}{2}&0&\frac{7}{10}&0\\0&0&1&\frac{4}{5}&0\\0&0&0&0&1\\0&0&0&0&0\end{pmatrix}\\&=(\boldsymbol{\beta}_1,\boldsymbol{\beta}_2,\boldsymbol{\beta}_3,\boldsymbol{\beta}_4,\boldsymbol{\beta}_5)=\boldsymbol{B}\end{aligned}$$

矩阵 $\boldsymbol{B}$ 作为矩阵 $\boldsymbol{A}$ 的行最简形，矩阵 $\boldsymbol{B}$ 的列向量 $\boldsymbol{\beta}_1,\boldsymbol{\beta}_3,\boldsymbol{\beta}_5$ 为一个极大无关组，且 $\boldsymbol{\beta}_2=\frac{1}{2}\boldsymbol{\beta}_1,\boldsymbol{\beta}_4=\frac{7}{10}\boldsymbol{\beta}_1+\frac{4}{5}\boldsymbol{\beta}_3$，由推论 4.2.3 得 $\boldsymbol{\alpha}_1,\boldsymbol{\alpha}_3,\boldsymbol{\alpha}_5$ 为一个极大无关组，且 $\boldsymbol{\alpha}_2=\frac{1}{2}\boldsymbol{\alpha}_1$，$\boldsymbol{\alpha}_4=\frac{7}{10}\boldsymbol{\alpha}_1+\frac{4}{5}\boldsymbol{\alpha}_3$.

利用矩阵的初等行变换确定向量组 $\boldsymbol{\alpha}_1,\boldsymbol{\alpha}_2,\cdots,\boldsymbol{\alpha}_m$ 的线性关系和线性组合关系，具体做法如下：

（1）以 $\boldsymbol{\alpha}_1,\boldsymbol{\alpha}_2,\cdots,\boldsymbol{\alpha}_m$ 作为矩阵 $\boldsymbol{A}$ 的列向量构造矩阵 $\boldsymbol{A}$，对 $\boldsymbol{A}$ 进行行初等变换化为行最简形，即 $\boldsymbol{A}=(\boldsymbol{\alpha}_1,\boldsymbol{\alpha}_2,\cdots,\boldsymbol{\alpha}_m)\to$ 行最简形.

（2）根据行最简形矩阵，求出矩阵 $\boldsymbol{A}$ 的列向量 $\boldsymbol{\alpha}_1,\boldsymbol{\alpha}_2,\cdots,\boldsymbol{\alpha}_m$ 的秩，从而确定向量组的线性相关性，找出向量组的极大无关组，若向量组线性相关，可对 $\boldsymbol{A}$ 的阶梯形矩阵继续做行初等变换化为行最简形，确定其余向量用极大无关组的线性表达式.

例 4.2.4 设矩阵

$$\boldsymbol{A}=\begin{pmatrix}1&-2&1&0&-2\\4&4&-8&7&7\\3&-7&4&-3&0\\2&5&-7&6&5\end{pmatrix}$$

求矩阵 $\boldsymbol{A}$ 的列向量组的一个极大无关组，并把不属于极大无关组的列向量用极大无关组线性表示.

解
$$A=(\alpha_1,\alpha_2,\alpha_3,\alpha_4,\alpha_5)\to\begin{pmatrix}1&0&-1&0&4\\0&1&-1&0&3\\0&0&0&1&-3\\0&0&0&0&0\end{pmatrix}$$
$$=(\beta_1,\beta_2,\beta_3,\beta_4,\beta_5)=B$$

由于向量$\alpha_1,\alpha_2,\alpha_3,\alpha_4,\alpha_5$之间与向量$\beta_1,\beta_2,\beta_3,\beta_4,\beta_5$之间有相同的线性关系，而$\beta_1,\beta_2,\beta_4$是$\beta_1,\beta_2,\beta_3,\beta_4,\beta_5$的一个极大无关组，且

$$\beta_3=-\beta_1-\beta_2,\quad \beta_5=4\beta_1+3\beta_2-3\beta_4$$

所以$\alpha_1,\alpha_2,\alpha_4$是$\alpha_1,\alpha_2,\alpha_3,\alpha_4,\alpha_5$的一个极大无关组，且

$$\alpha_3=-\alpha_1-\alpha_2,\quad \alpha_5=4\alpha_1+3\alpha_2-3\alpha_4$$

作为定理 4.2.2 的应用，结合推论 4.2.2，我们再证性质 3.5.5.

例 4.2.5 矩阵A,B乘积的秩不大于因子的秩，即$R(AB)\leqslant\min\{R(A),R(B)\}$.

证明 设A是数域F上$n\times m$矩阵，B是数域F上$m\times s$矩阵，且

$$A=\begin{pmatrix}a_{11}&a_{12}&\cdots&a_{1m}\\a_{21}&a_{22}&\cdots&a_{2m}\\\vdots&\vdots&&\vdots\\a_{n1}&a_{n2}&\cdots&a_{nm}\end{pmatrix},\quad B=\begin{pmatrix}b_{11}&b_{12}&\cdots&b_{1s}\\b_{21}&b_{22}&\cdots&b_{2s}\\\vdots&\vdots&&\vdots\\b_{m1}&b_{m2}&\cdots&b_{ms}\end{pmatrix}$$

令$B_1,B_2,\cdots,B_m$表示B的行向量，$C_1,C_2,\cdots,C_n$表示$C=AB$的行向量. 由于C_i的第j个分量和$a_{i1}B_1+a_{i2}B_2+\cdots+a_{im}B_m$的第$j$个分量都等于$\sum\limits_{k=1}^{m}a_{ik}b_{kj}$，因而

$$C_i=a_{i1}B_1+a_{i2}B_2+\cdots+a_{im}B_m,\quad i=1,2,\cdots,n$$

即矩阵AB的行向量组$C_1,C_2,\cdots,C_n$可经B的行向量组线性表出，所以AB的秩不超过B的秩，即$r(AB)\leqslant r(B)$.

同样，令$A_1,A_2,\cdots,A_m$表示A的列向量，$D_1,D_2,\cdots,D_s$表示$C=AB$的列向量，则有

$$D_i=b_{1i}A_1+b_{2i}A_2+\cdots+b_{mi}A_m,\quad i=1,2,\cdots,s$$

即 AB 的列向量组可经矩阵 A 的列向量组线性表出，所以$r(AB)\leqslant r(A)$，也就是$r(AB)\leqslant\min\{r(A),r(B)\}$.

推论 4.2.5 n维向量组$\alpha_1,\alpha_2,\cdots,\alpha_r$线性相关当且仅当$R(A)<r$. 换言之，向量组$\alpha_1,\alpha_2,\cdots,\alpha_r$线性无关当且仅当$R(A)=r$，这里$A=(\alpha_1,\alpha_2,\cdots,\alpha_r)$.

作为推论 4.2.4 的一种特殊情况，n个n维向量的线性无关或线性相关可通过n个n维向量构成行列式的值是否等于零来判定.

推论 4.2.6 如果n阶方阵A的行列式等于零，那么A的行（列）向量组线性相关. 即$A=(\alpha_1,\alpha_2,\cdots,\alpha_n)$，则向量组$\alpha_1,\alpha_2,\cdots,\alpha_n$线性相关当且仅当$R(A)<n$当且仅当$|A|=0$.

推论 4.2.7 如果n阶方阵A的行列式不等于零，那么A的行（列）向量组线性无关. 即$A=(\alpha_1,\alpha_2,\cdots,\alpha_n)$，则向量组$\alpha_1,\alpha_2,\cdots,\alpha_n$线性无关当且仅当$R(A)=n$当且仅当$|A|\neq 0$.

习题 4.2

1. 向量组 $\boldsymbol{\alpha}_1=\begin{pmatrix}a\\3\\1\end{pmatrix},\boldsymbol{\alpha}_2=\begin{pmatrix}2\\b\\3\end{pmatrix},\boldsymbol{\alpha}_3=\begin{pmatrix}1\\2\\1\end{pmatrix},\boldsymbol{\alpha}_4=\begin{pmatrix}2\\3\\1\end{pmatrix}$ 的秩为 2，求 a,b 的值.

2. 设矩阵 $\boldsymbol{A}=\begin{pmatrix}2&-1&-1&1&2\\1&1&-2&1&4\\4&-6&2&-2&4\\3&6&-9&7&9\end{pmatrix}$，求 $\boldsymbol{A}$ 的列向量组的一个极大线性无关组，并把其余列向量用极大线性无关组线性表示.

3. 设 $\boldsymbol{\alpha}_1,\boldsymbol{\alpha}_2,\cdots,\boldsymbol{\alpha}_n$ 为一组 n 维向量. 证明：$\boldsymbol{\alpha}_1,\boldsymbol{\alpha}_2,\cdots,\boldsymbol{\alpha}_n$ 线性无关的充要条件是任一 n 维向量都可经它们线性表出.

4. 若向量组 $(1,0,0)^{\mathrm{T}},(1,1,0)^{\mathrm{T}},(1,1,1)^{\mathrm{T}}$ 可由向量组 $\boldsymbol{\alpha}_1,\boldsymbol{\alpha}_2,\boldsymbol{\alpha}_3$ 线性表出，也可由向量组 $\boldsymbol{\beta}_1,\boldsymbol{\beta}_2,\boldsymbol{\beta}_3,\boldsymbol{\beta}_4$ 线性表出，则向量组 $\boldsymbol{\alpha}_1,\boldsymbol{\alpha}_2,\boldsymbol{\alpha}_3$ 与向量组 $\boldsymbol{\beta}_1,\boldsymbol{\beta}_2,\boldsymbol{\beta}_3,\boldsymbol{\beta}_4$ 等价.

5. 求下列向量组的秩与一个极大线性无关组.

（1）$\boldsymbol{\alpha}_1=\begin{pmatrix}1\\2\\1\\3\end{pmatrix},\boldsymbol{\alpha}_2=\begin{pmatrix}4\\-1\\-5\\-6\end{pmatrix},\boldsymbol{\alpha}_3=\begin{pmatrix}1\\-3\\-4\\-7\end{pmatrix}$；

（2）$\boldsymbol{\alpha}_1=\begin{pmatrix}6\\4\\1\\-1\\2\end{pmatrix},\boldsymbol{\alpha}_2=\begin{pmatrix}1\\0\\2\\3\\-4\end{pmatrix},\boldsymbol{\alpha}_3=\begin{pmatrix}1\\4\\-9\\-6\\22\end{pmatrix},\boldsymbol{\alpha}_4=\begin{pmatrix}7\\1\\0\\1\\3\end{pmatrix}$.

6. 设向量组 $\boldsymbol{\alpha}_1,\boldsymbol{\alpha}_2,\cdots,\boldsymbol{\alpha}_n$ 与 $\boldsymbol{\beta}_1,\boldsymbol{\beta}_2,\cdots,\boldsymbol{\beta}_s$ 秩相同且 $\boldsymbol{\alpha}_1,\boldsymbol{\alpha}_2,\cdots,\boldsymbol{\alpha}_n$ 能经 $\boldsymbol{\beta}_1,\boldsymbol{\beta}_2,\cdots,\boldsymbol{\beta}_s$ 线性表出，证明：$\boldsymbol{\alpha}_1,\boldsymbol{\alpha}_2,\cdots,\boldsymbol{\alpha}_n$ 与 $\boldsymbol{\beta}_1,\boldsymbol{\beta}_2,\cdots,\boldsymbol{\beta}_s$ 等价.

7. 设 $\begin{cases}\boldsymbol{\beta}_1=\boldsymbol{\alpha}_2+\boldsymbol{\alpha}_3+\cdots+\boldsymbol{\alpha}_n\\\boldsymbol{\beta}_2=\boldsymbol{\alpha}_1+\boldsymbol{\alpha}_3+\cdots+\boldsymbol{\alpha}_n\\\qquad\vdots\\\boldsymbol{\beta}_n=\boldsymbol{\alpha}_1+\boldsymbol{\alpha}_2+\cdots+\boldsymbol{\alpha}_{n-1}\end{cases}$，证明：向量组 $\boldsymbol{\alpha}_1,\boldsymbol{\alpha}_2,\cdots,\boldsymbol{\alpha}_n$ 与向量组 $\boldsymbol{\beta}_1,\boldsymbol{\beta}_2,\cdots,\boldsymbol{\beta}_n$ 等价.

8. 设 $\boldsymbol{A}$ 为 $s\times n$ 矩阵且 $\boldsymbol{A}$ 的行向量组线性无关，$\boldsymbol{K}$ 为 $r\times s$ 矩阵，证明：$\boldsymbol{B}=\boldsymbol{KA}$ 的行向量组线性无关的充分必要条件是 $R(\boldsymbol{K})=r$.

4.3 消元法解线性方程组

第 1 章中已经给出线性方程组的概念，为方便起见，我们在此重述.

定义 4.3.1 形如下列的含有 n 个变量的 m 个方程，称为 n 元线性方程组：

$$
\begin{cases}
a_{11}x_1 + a_{12}x_2 + \cdots + a_{1n}x_n = b_1 \\
a_{21}x_1 + a_{22}x_2 + \cdots + a_{2n}x_n = b_2 \\
\qquad\qquad \vdots \\
a_{m1}x_1 + a_{m2}x_2 + \cdots + a_{mn}x_n = b_m
\end{cases}
\tag{4.3.1}
$$

其中，$x_1, x_2, \cdots, x_n$ 是未知数；$a_{ij}\ (i=1,2,\cdots,m; j=1,2,\cdots,n)$ 称为线性方程组的系数；$b_1, b_2, \cdots, b_m$ 称为常数项. 如果将 $x_1 = c_1, x_2 = c_2, \cdots, x_n = c_n$ 代入线性方程组（4.3.1）使得 m 个方程成为 m 个恒等式，则称 $x_1 = c_1, x_2 = c_2, \cdots, x_n = c_n$ 为线性方程组（4.3.1）的一组解，通常用列矩阵（列向量）$\boldsymbol{X} = (c_1, c_2, \cdots, c_n)^{\mathrm{T}}$ 表示，这组解称为方程组（4.3.1）的一个解向量. 如果线性方程组（4.3.1）中常数项 $b_1, b_2, \cdots, b_m$ 全部为 0，即

$$
\begin{cases}
a_{11}x_1 + a_{12}x_2 + \cdots + a_{1n}x_n = 0 \\
a_{21}x_1 + a_{22}x_2 + \cdots + a_{2n}x_n = 0 \\
\qquad\qquad \vdots \\
a_{m1}x_1 + a_{m2}x_2 + \cdots + a_{mn}x_n = 0
\end{cases}
\tag{4.3.2}
$$

式（4.3.1）称为 n 元齐次线性方程组；否则，称式（4.3.1）为 n 元非齐次线性方程组.

显然，齐次线性方程组（4.3.2）有一个平凡解向量 $(0, 0, \cdots, 0)^{\mathrm{T}}$，称为零解，其他解向量称为非零解向量.

我们目前面临三个问题：

（1）如何求线性方程组的解？

（2）线性方程组解的存在的条件是什么？

（3）线性方程组解的结构是什么？

下面分别回答这三个问题.

在初等数学中，我们已经学习过用消元法（加减或者代入）解三元线性方程组. 首先我们将通过一个具体的例子，进一步说明用消元法解 n 元线性方程组的一般过程.

例 4.3.1 求解线性方程组

$$
\begin{cases}
x_1 + 2x_2 + 2x_3 + 2x_4 = 3 & ① \\
2x_1 + 2x_2 + 2x_3 + 2x_4 = 4 & ② \\
3x_1 + 3x_2 + 4x_3 + 4x_4 = 6 & ③ \\
3x_1 + 3x_2 + 3x_3 + 4x_4 = 7 & ④
\end{cases}
$$

解 第二个方程乘 $\frac{1}{2}\left(\frac{1}{2} \times ②\right)$：

$$
\begin{cases}
x_1 + 2x_2 + 2x_3 + 2x_4 = 3 & ① \\
x_1 + x_2 + x_3 + x_4 \qquad = 2 & ② \\
3x_1 + 3x_2 + 4x_3 + 4x_4 = 6 & ③ \\
3x_1 + 3x_2 + 3x_3 + 4x = 7 & ④
\end{cases}
$$

第一个方程和第二个方程对调（①↔②）：

$$\begin{cases} x_1+x_2+x_3+x_4 \quad\quad =2 & ① \\ x_1+2x_2+2x_3+2x_4=3 & ② \\ 3x_1+3x_2+4x_3+4x_4=6 & ③ \\ 3x_1+3x_2+3x_3+4x=7 & ④ \end{cases}$$

第二个方程减去第一个方程，第三个方程减去第一个方程乘 3，第四个方程减去第一个方程乘 3（②-①，③-3×①，④-3×①）：

$$\begin{cases} x_1+x_2+x_3+x_4=2 \\ \quad\quad x_2+x_3+x_4=1 \\ \quad\quad\quad\quad x_3+x_4=0 \\ \quad\quad\quad\quad\quad\quad x_4=1 \end{cases} \tag{4.3.3}$$

线性方程组（4.3.3）是阶梯形状的线性方程组.

将 $x_4=1$ 回代到第三个方程，得 $x_3=-1$；将 $x_3=-1,x_4=1$ 回代到第二个方程，得 $x_2=1$；将 $x_2=1,x_3=-1,x_4=1$ 回代到第一个方程，得 $x_1=1$. 因此 $(1,1,-1,1)^{\mathrm{T}}$ 为所求线性方程组的解向量，且是唯一解向量.

从例 4.3.1 的求解过程中可看到：

（1）利用消元法（通常叫做高斯消元法）解线性方程组，我们仅采用下面三种运算把线性方程组变形：①交换两个方程的位置；②用一个非零的数乘某个方程；③把一个数乘某个方程再加到另一个方程上.

（2）以上三种运算是可逆的. 例如交换第一个方程与第二个方程得到新的方程组，然后交换新的方程组第一个方程与第二个方程，可得原方程组. 因此经过消元变形，前后两个方程组具有相同的解（通常叫做同解线性方程组或等价线性方程组），从而阶梯形方程组的解（通过回代求得）就是原方程组的解.

（3）上述三种运算只对系数与常数进行运算，未知数并不参与运算. 因此，撇开未知数以及“+”号与“=”号，那么三种运算就是矩阵的三种初等行变换，这就是说，消元法本质是矩阵的初等行变换，从而可利用矩阵的初等行变换求解方程组.

例如，对于例 4.3.1，可采用矩阵行变换方法：

$$\overline{\boldsymbol{A}}=\begin{pmatrix} 1 & 2 & 2 & 2 & 3 \\ 2 & 2 & 2 & 2 & 4 \\ 3 & 3 & 4 & 4 & 6 \\ 3 & 3 & 3 & 4 & 7 \end{pmatrix} \xrightarrow{r_2\times\frac{1}{2}} \begin{pmatrix} 1 & 2 & 2 & 2 & 3 \\ 1 & 1 & 1 & 1 & 2 \\ 3 & 3 & 4 & 4 & 6 \\ 3 & 3 & 3 & 4 & 7 \end{pmatrix}$$

$$\xrightarrow{r_1\leftrightarrow r_2} \begin{pmatrix} 1 & 1 & 1 & 1 & 2 \\ 1 & 2 & 2 & 2 & 3 \\ 3 & 3 & 4 & 4 & 6 \\ 3 & 3 & 3 & 4 & 7 \end{pmatrix} \xrightarrow[r_4-3r_1]{r_2-r_1,\,r_3-3r_1} \begin{pmatrix} 1 & 1 & 1 & 1 & 2 \\ 0 & 1 & 1 & 1 & 1 \\ 0 & 0 & 1 & 1 & 0 \\ 0 & 0 & 0 & 1 & 1 \end{pmatrix}$$

其中，$\overline{\boldsymbol{A}}$ 的第一行就是第一个方程的系数再添上常数项，第二、三、四行也是如此. 最后一个阶梯矩阵对应于线性方程组（4.3.3）. 因此，例 4.3.1 从线性方程组（4.3.2）到线性方程组（4.3.3）的过程，就是将矩阵 $\overline{\boldsymbol{A}}$ 化为行阶梯形矩阵的过程，而回代就是将 $\overline{\boldsymbol{A}}$ 化为行最简矩阵

$$\begin{pmatrix}1&1&1&1&2\\0&1&1&1&1\\0&0&1&1&0\\0&0&0&1&1\end{pmatrix}\xrightarrow[r_3-r_4]{r_1-r_4,r_2-r_4}\begin{pmatrix}1&1&1&0&1\\0&1&1&0&0\\0&0&1&0&-1\\0&0&0&1&1\end{pmatrix}\xrightarrow[r_2-r_3]{r_1-r_3}\begin{pmatrix}1&1&0&0&2\\0&1&0&0&1\\0&0&1&0&-1\\0&0&0&1&1\end{pmatrix}$$

$$\xrightarrow{r_1-r_2}\begin{pmatrix}1&0&0&0&1\\0&1&0&0&1\\0&0&1&0&-1\\0&0&0&1&1\end{pmatrix}$$

从而解为 $\boldsymbol{X}=\begin{pmatrix}1\\1\\-1\\1\end{pmatrix}$.

回到一般线性方程组（4.3.1），通常记

$$\boldsymbol{A}=\begin{pmatrix}a_{11}&a_{12}&\cdots&a_{1n}\\a_{21}&a_{22}&\cdots&a_{2n}\\\vdots&\vdots&&\vdots\\a_{m1}&a_{m2}&\cdots&a_{mn}\end{pmatrix},\ \boldsymbol{X}=\begin{pmatrix}x_1\\x_2\\\vdots\\x_n\end{pmatrix},\ \boldsymbol{b}=\begin{pmatrix}b_1\\b_2\\\vdots\\b_m\end{pmatrix}$$

定义 4.3.2 矩阵 A 称为线性方程组(4.3.1)的系数矩阵，$\overline{\boldsymbol{A}}=(\boldsymbol{A},\boldsymbol{b})$ 称为线性方程组(4.3.1)的增广矩阵，$\boldsymbol{AX}=\boldsymbol{b}$ 称为线性方程组（4.3.1）的矩阵方程.

由例 4.3.1 可概括得出，一般线性方程组（4.3.1）的求解步骤：

（1）写出线性方程组的系数矩阵 $\boldsymbol{A}$ 与增广矩阵 $\overline{\boldsymbol{A}}$；

（2）对 $\overline{\boldsymbol{A}}$ 进行初等行变换，将其化为行最简矩阵；

（3）写出行最简矩阵对应的线性方程组；

（4）根据对应的线性方程组确定原线性方程组的解.

例 4.3.2 求解线性方程组

$$\begin{cases}x_1-x_2-x_3+x_4=0\\2x_1-x_2-3x_3+x_4=-1\\3x_1-2x_2-4x_3+3x_4=0\\3x_1-3x_2-4x_3+4x_4=-1\end{cases}$$

解 写出方程组的增广矩阵

$$\overline{\boldsymbol{A}}=\begin{pmatrix}1&-1&-1&1&0\\2&-1&-3&1&-1\\3&-2&-4&3&0\\3&-3&-4&4&-1\end{pmatrix}$$

对矩阵 $\overline{\boldsymbol{A}}$ 进行初等行变换：

$$\overline{\boldsymbol{A}} \xrightarrow[r_4-3r_1]{r_2-2r_1,r_3-3r_1} \begin{pmatrix} 1 & -1 & -1 & 1 & 0 \\ 0 & 1 & -1 & -1 & -1 \\ 0 & 1 & -1 & 0 & 0 \\ 0 & 0 & -1 & 1 & -1 \end{pmatrix} \xrightarrow{r_3-r_2} \begin{pmatrix} 1 & -1 & -1 & 1 & 0 \\ 0 & 1 & -1 & -1 & -1 \\ 0 & 0 & 0 & 1 & 1 \\ 0 & 0 & -1 & 1 & -1 \end{pmatrix}$$

$$\xrightarrow[-r_3]{r_3 \leftrightarrow r_4} \begin{pmatrix} 1 & -1 & -1 & 1 & 0 \\ 0 & 1 & -1 & -1 & -1 \\ 0 & 0 & 1 & -1 & 1 \\ 0 & 0 & 0 & 1 & 1 \end{pmatrix} \xrightarrow[r_3+r_4]{r_1-r_4,r_2+r_4} \begin{pmatrix} 1 & -1 & -1 & 0 & -1 \\ 0 & 1 & -1 & 0 & 0 \\ 0 & 0 & 1 & 0 & 2 \\ 0 & 0 & 0 & 1 & 1 \end{pmatrix}$$

$$\xrightarrow[r_2+r_3]{r_1+r_3} \begin{pmatrix} 1 & -1 & 0 & 0 & 1 \\ 0 & 1 & 0 & 0 & 2 \\ 0 & 0 & 1 & 0 & 2 \\ 0 & 0 & 0 & 1 & 1 \end{pmatrix} \xrightarrow{r_1+r_2} \begin{pmatrix} 1 & 0 & 0 & 0 & 3 \\ 0 & 1 & 0 & 0 & 2 \\ 0 & 0 & 1 & 0 & 2 \\ 0 & 0 & 0 & 1 & 1 \end{pmatrix}$$

最后一个矩阵（行最简矩阵）对应的方程组为

$$\begin{cases} x_1 = 3 \\ x_2 = 2 \\ x_3 = 2 \\ x_4 = 1 \end{cases}$$

这是方程组的一组解，可见原方程组只有唯一一组解.

例 4.3.3 求解线性方程组

$$\begin{cases} x_1 + x_2 + x_3 + x_4 = 0 \\ 2x_1 + x_2 + x_3 + 2x_4 = 0 \\ 3x_1 + 2x_2 + 3x_3 + 4x_4 = 0 \end{cases}$$

解 写出方程组对应的矩阵

$$\boldsymbol{A} = \begin{pmatrix} 1 & 1 & 1 & 1 \\ 2 & 1 & 1 & 2 \\ 3 & 2 & 3 & 4 \end{pmatrix}$$

由于方程组是齐次线性方程组，所以只需要用系数矩阵进行初等行变换（常数项为零，而零的四则运算结果还是零）:

$$A \xrightarrow[r_3-3r_1]{r_2-2r_1} \begin{pmatrix} 1 & 1 & 1 & 1 \\ 0 & -1 & -1 & 0 \\ 0 & -1 & 0 & 1 \end{pmatrix} \xrightarrow[-r_2]{r_3-r_2} \begin{pmatrix} 1 & 1 & 1 & 1 \\ 0 & 1 & 1 & 0 \\ 0 & 0 & 1 & 1 \end{pmatrix} \xrightarrow[r_2-r_3]{r_1-r_2} \begin{pmatrix} 1 & 0 & 0 & 1 \\ 0 & 1 & 0 & -1 \\ 0 & 0 & 1 & 1 \end{pmatrix}$$

最后一个矩阵对应的方程组为

$$\begin{cases} x_1 = -x_4 \\ x_2 = x_4 \\ x_3 = -x_4 \end{cases}$$

如果设 $x_4 = a$，求得解为 $x_1 = -a, x_2 = a, x_3 = -a, x_4 = a$，用列向量可表示为

$$\begin{pmatrix} x_1 \\ x_2 \\ x_3 \\ x_4 \end{pmatrix} = \begin{pmatrix} -a \\ a \\ -a \\ a \end{pmatrix} = a\begin{pmatrix} -1 \\ 1 \\ -1 \\ 1 \end{pmatrix}$$

换言之，原方程组有无穷多组解，即有无穷多个解向量.

例 4.3.4 求解线性方程组

$$\begin{cases} x_1 + x_2 + x_3 = 3 \\ x_1 + \quad\quad x_3 = 2 \\ 2x_1 + x_2 + 2x_3 = 6 \end{cases}$$

解 写出方程组对应的增广矩阵

$$\overline{\boldsymbol{A}} = (\boldsymbol{A}, \boldsymbol{b}) = \begin{pmatrix} 1 & 1 & 1 & 3 \\ 1 & 0 & 1 & 2 \\ 2 & 1 & 2 & 6 \end{pmatrix}$$

对 $\overline{\boldsymbol{A}}$ 进行初等行变换：

$$\overline{\boldsymbol{A}} \xrightarrow[r_3-2r_1]{r_2-r_1} \begin{pmatrix} 1 & 1 & 1 & 3 \\ 0 & -1 & 0 & -1 \\ 0 & -1 & 0 & 1 \end{pmatrix} \xrightarrow[-r_2]{r_3-r_2} \begin{pmatrix} 1 & 1 & 1 & 3 \\ 0 & 1 & 0 & 1 \\ 0 & 0 & 0 & 2 \end{pmatrix} \xrightarrow[\frac{1}{2}r_3]{r_1-r_2} \begin{pmatrix} 1 & 0 & 1 & 2 \\ 0 & 1 & 0 & 1 \\ 0 & 0 & 0 & 1 \end{pmatrix}$$

最后一个矩阵对应的方程组为

$$\begin{cases} x_1 + x_3 = 2 \\ x_2 = 1 \\ 0 = 1 \end{cases}$$

显然这是一个矛盾方程组，因此原方程组无解.

习题 4.3

1. 用消元法求解下列线性方程组：

（1）$\begin{cases} x_1 - x_2 - x_3 = 2 \\ 2x_1 - x_2 - 3x_3 = 0 \\ x_1 + 2x_2 - 5x_3 = 0 \end{cases}$；

（2）$\begin{cases} x_1 + x_2 + x_3 = 0 \\ x_1 + 2x_2 - x_3 = 1 \\ 2x_1 - 3x_2 + x_3 = 2 \end{cases}$；

（3）$\begin{cases} 4x_1 + 2x_2 - x_3 = 2 \\ 3x_1 - x_2 + 2x_3 = 10 \\ 11x_1 + 3x_2 = 8 \end{cases}$；

（4）$\begin{cases} 2x_1 + x_2 - x_3 + x_4 = 1 \\ 4x_1 + 2x_2 - 2x_3 + x_4 = 2 \\ 2x_1 + x_2 - x_3 - x_4 = 1 \end{cases}$.

4.4 线性方程组解的判定

本节通过分析增广矩阵的初等行变换，利用矩阵秩的术语，导出线性方程组解的存在性条件. 如果解存在，可判断是唯一一组解还是有无穷多组解，以及齐次线性方程组存在非零解的判断定理.

不失一般性，设非齐次线性方程组（4.3.1）的增广矩阵 $\overline{\boldsymbol{A}}=(\boldsymbol{A},\boldsymbol{b})$ 经过初等行变换，化为如下行最简矩阵：

$$\begin{pmatrix} 1 & & & & c_{1(r+1)} & c_{1(r+2)} & \cdots & c_{1n} & d_1 \\ & 1 & & & c_{2(r+1)} & c_{2(r+2)} & \cdots & c_{2n} & d_2 \\ & & \ddots & & \vdots & \vdots & & \vdots & \vdots \\ & & & 1 & c_{r(r+1)} & c_{r(r+2)} & \cdots & c_{rn} & d_r \\ 0 & 0 & \cdots & 0 & 0 & 0 & \cdots & 0 & d_{r+1} \\ 0 & 0 & \cdots & 0 & 0 & 0 & \cdots & 0 & 0 \\ \vdots & \vdots & & \vdots & \vdots & \vdots & & \vdots & \vdots \\ 0 & 0 & \cdots & 0 & 0 & 0 & \cdots & 0 & 0 \end{pmatrix} \tag{4.4.1}$$

对应于矩阵（4.4.1），同解非齐次线性方程组为

$$\begin{cases} x_1 \qquad\qquad +c_{1(r+1)}x_{r+1}+c_{1(r+2)}x_{r+1}\cdots+c_{1n}x_n=d_1 \\ \quad x_2 \qquad\quad +c_{2(r+1)}x_{r+1}+c_{2(r+2)}x_{r+1}\cdots+c_{2n}x_n=d_2 \\ \qquad\qquad\qquad \vdots \\ \qquad\quad x_r \ +c_{r(r+1)}x_{r+1}+c_{r(r+2)}x_{r+1}\cdots+c_{rn}x_n=d_r \\ \qquad\qquad\qquad\qquad\qquad\qquad\qquad\quad 0=d_{r+1} \end{cases} \tag{4.4.2}$$

显然，如果 $d_{r+1}\neq 0$，那么线性方程组（4.4.2）的第 $r+1$ 个方程为矛盾方程，这时线性方程组无解；如果 $d_{r+1}=0$，那么线性方程组（4.4.2）有解.

但是，由矩阵（4.4.1）及秩的求法可知：$R(\boldsymbol{A})=r$，且当 $d_{r+1}=0$ 时，$R(\overline{\boldsymbol{A}})=r$；当 $d_{r+1}\neq 0$ 时，$R(\overline{\boldsymbol{A}})=r+1$. 由此得到如下关于非齐次线性方程组存在解的判定定理.

定理 4.4.1 非齐次线性方程组（4.3.1）有解的充分必要条件是：线性方程系数矩阵 $\boldsymbol{A}$ 与增广矩阵 $\overline{\boldsymbol{A}}$ 的秩相等，即 $R(\boldsymbol{A})=R(\overline{\boldsymbol{A}})$.

设非齐次线性方程组（4.3.1）有解，即 $R(\boldsymbol{A})=R(\overline{\boldsymbol{A}})=r$，则由线性方程组（4.4.2），将含有 $x_{r+1},x_{r+2},\cdots,x_n$ 的项移到等式右边（省略“$0=0$”的等式），得

$$\begin{cases} x_1=-c_{1(r+1)}x_{r+1}-c_{1(r+2)}x_{r+1}\cdots-c_{1n}x_n+d_1 \\ x_2=-c_{2(r+1)}x_{r+1}-c_{2(r+2)}x_{r+1}\cdots-c_{2n}x_n+d_2 \\ \qquad\qquad\vdots \\ x_r=-c_{r(r+1)}x_{r+1}-c_{r(r+2)}x_{r+1}\cdots-c_{rn}x_n+d_r \end{cases} \tag{4.4.3}$$

当 $r=n$ 时，由式（4.4.3）得原线性方程组（4.3.1）的唯一解：

$$\begin{cases} x_1 = d_1 \\ x_2 = d_2 \\ \quad\vdots \\ x_n = d_n \end{cases} \tag{4.4.4}$$

或

$$\boldsymbol{X}=\begin{pmatrix} x_1 \\ x_2 \\ \vdots \\ x_n \end{pmatrix}=\begin{pmatrix} d_1 \\ d_2 \\ \vdots \\ d_n \end{pmatrix}$$

当 $r<n$ 时，在式（4.4.3）中任取一组值 $x_{r+1}=c_1, x_{r+1}=c_2, \cdots, x_n=c_{n-r}$，都能得到原方程组的一组解，因此得原线性方程组（4.3.1）的无穷多组解：

$$\begin{cases} x_1=-c_{1(r+1)}c_{r+1}-c_{1(r+2)}c_{r+1}\cdots-c_{1n}c_n+d_1 \\ x_2=-c_{2(r+1)}c_{r+1}-c_{2(r+2)}c_{r+1}\cdots-c_{2n}c_n+d_2 \\ \qquad\vdots \\ x_r=-c_{r(r+1)}c_{r+1}-c_{r(r+2)}c_{r+1}\cdots-c_{rn}c_n+d_r \\ x_{r+1}=c_{r+1} \\ \qquad\vdots \\ x_n=c_n \end{cases} \tag{4.4.5}$$

综上所述，得到如下关于非齐次线性方程组存在唯一解、无穷多组解的判断定理.

定理 4.4.2 设非齐次线性方程组（4.3.1）有解，即 $R(\boldsymbol{A})=R(\overline{\boldsymbol{A}})=r$，则当 $r=n$ 时，线性方程组（4.3.1）有唯一解；当 $r<n$ 时，线性方程组（4.3.1）有无穷多组解.

推论 4.4.1 设非齐次线性方程组（4.3.1）有解（$R(\boldsymbol{A})=R(\overline{\boldsymbol{A}})=r$），则存在唯一解的充分必要条件是 $r=n$，存在无穷多组解的充分必要条件是 $r<n$.

例 4.4.1 判断线性方程组

$$\begin{cases} x_1+2x_2+x_3=3 \\ x_1+3x_2+x_3=2 \\ 2x_1+5x_2+2x_3=6 \end{cases}$$

是否有解.

解 方程组对应的增广矩阵

$$\overline{\boldsymbol{A}}=(\boldsymbol{A},\boldsymbol{b})=\begin{pmatrix} 1 & 2 & 1 & 3 \\ 1 & 3 & 1 & 2 \\ 2 & 5 & 2 & 6 \end{pmatrix}$$

对 $\overline{\boldsymbol{A}}$ 进行初等行变换：

$$\overline{\boldsymbol{A}}\xrightarrow[r_3-2r_1]{r_2-r_1}\begin{pmatrix} 1 & 1 & 1 & 3 \\ 0 & -1 & 0 & -1 \\ 0 & 1 & 0 & 0 \end{pmatrix}\xrightarrow[-r_2]{r_3-r_2}\begin{pmatrix} 1 & 0 & 1 & 2 \\ 0 & 1 & 0 & 1 \\ 0 & 0 & 0 & 1 \end{pmatrix}$$

则有

$$R(\boldsymbol{A})=2\neq 3=R(\overline{\boldsymbol{A}})$$

根据定理 4.4.1，线性方程组无解.

例 4.4.2 判断下列线性方程组，是否有解. 如果有解，是存在唯一解还是存在无穷多组解？

（1）$\begin{cases} x_1+x_2+x_3=3 \\ x_1+3x_2+x_3=2 \\ 2x_1+4x_2+3x_3=5 \end{cases}$；（2）$\begin{cases} x_1+x_2+x_3+x_4=3 \\ x_1+3x_2+x_3+x_4=2 \\ 2x_1+4x_2+2x_3+3x_4=6 \end{cases}$.

解 （1）增广矩阵

$$\overline{\boldsymbol{A}}=\begin{pmatrix}1 & 1 & 1 & 3\\ 1 & 3 & 1 & 2\\ 2 & 4 & 3 & 5\end{pmatrix}$$

对 $\overline{\boldsymbol{A}}$ 进行初等行变换：

$$\overline{\boldsymbol{A}}\xrightarrow[r_2-2r_1]{r_2-r_1}\begin{pmatrix}1 & 1 & 1 & 3\\ 0 & 2 & 0 & -1\\ 0 & 2 & 1 & -1\end{pmatrix}\xrightarrow{r_3-r_2}\begin{pmatrix}1 & 1 & 1 & 3\\ 0 & 2 & 0 & -1\\ 0 & 0 & 1 & 0\end{pmatrix}$$

得 $R(\boldsymbol{A})=R(\overline{\boldsymbol{A}})=3$，所以根据定理 4.4.1 与定理 4.4.2，线性方程组有解，而且有唯一解.

（2）增广矩阵

$$\overline{\boldsymbol{A}}=\begin{pmatrix}1 & 1 & 1 & 1 & 3\\ 1 & 3 & 1 & 1 & 2\\ 2 & 4 & 2 & 3 & 6\end{pmatrix}$$

对 $\overline{\boldsymbol{A}}$ 进行初等行变换：

$$\overline{\boldsymbol{A}}\xrightarrow[r_2-2r_1]{r_2-r_1}\begin{pmatrix}1 & 1 & 1 & 1 & 3\\ 0 & 2 & 0 & 0 & -1\\ 0 & 2 & 0 & 1 & 0\end{pmatrix}\xrightarrow{r_3-r_2}\begin{pmatrix}1 & 1 & 1 & 1 & 3\\ 0 & 2 & 0 & 0 & -1\\ 0 & 0 & 0 & 1 & 1\end{pmatrix}$$

得 $R(\boldsymbol{A})=R(\overline{\boldsymbol{A}})=3<4$，所以根据定理 4.4.1 与定理 4.4.2，线性方程组有解，而且有无穷多组解.

对于齐次线性方程组（4.3.2），由于 $R(\boldsymbol{A})=R(\overline{\boldsymbol{A}})$，所以一定存在解，特别是存在零解. 因此只要讨论存在非零解的条件.

不失一般性，设齐次线性方程组（4.3.2）的系数矩阵 $\boldsymbol{A}$ 经初等行变换，化为如下行最简矩阵：

$$\begin{pmatrix}1 & & & & c_{1(r+1)} & c_{1(r+2)} & \cdots & c_{1n}\\ & 1 & & & c_{2(r+1)} & c_{2r(+2)} & \cdots & c_{2n}\\ & & \ddots & & \vdots & \vdots & & \vdots\\ & & & 1 & c_{r(r+1)} & c_{r(r+2)} & \cdots & c_{rn}\\ 0 & 0 & \cdots & 0 & 0 & 0 & \cdots & 0\\ \vdots & \vdots & & \vdots & 0 & 0 & \cdots & 0\\ 0 & 0 & \cdots & 0 & 0 & 0 & \cdots & 0\end{pmatrix} \qquad (4.4.6)$$

对应于矩阵（4.4.6），同解齐次线性方程组为

$$\begin{cases}x_1 \qquad\qquad +c_{1(r+1)}x_{r+1}+c_{1(r+2)}x_{r+1}\cdots+c_{1n}x_n=0\\ \quad x_2 \qquad\quad +c_{2(r+1)}x_{r+1}+c_{2(r+2)}x_{r+1}\cdots+c_{2n}x_n=0\\ \qquad\qquad\qquad\qquad \vdots\\ \qquad\qquad x_r\ +c_{r(r+1)}x_{r+1}+c_{r(r+2)}x_{r+1}\cdots+c_{rn}x_n=0\end{cases} \qquad (4.4.7)$$

任取一组值 $x_{r+1}=d_1,x_{r+2}=d_2,\cdots,x_n=d_{n-r}$（$x_{r+1},x_{r+2},\cdots,x_n$ 通常称为自由变量或未知量），得原齐次线性方程组（4.3.2）的解：

$$\begin{cases} x_1=-c_{1r+1}d_1-c_{1r+2}d_2-\cdots-c_{1n}d_{n-r} \\ x_1=-c_{1r+1}d_1-c_{1r+2}d_2-\cdots-c_{1n}d_{n-r} \\ \qquad\vdots \\ x_1=-c_{1r+1}d_1-c_{1r+2}d_2-\cdots-c_{1n}d_{n-r} \\ x_{r+1}\ =d_1 \\ \qquad\vdots \\ x_{r+1}\ = \qquad\qquad d_{n-r} \end{cases} \tag{4.4.8}$$

从而可得关于齐次线性方程组解的判断定理.

定理 4.4.3 设齐次线性方程组 $\boldsymbol{AX}=\boldsymbol{0}$ 的系数矩阵 $\boldsymbol{A}$ 的秩 $R(\boldsymbol{A})=r$，则当 $r=n$ 时，线性方程组（4.3.2）只有唯一零解；当 $r<n$ 时，线性方程组（4.3.2）有无穷多组解.

由定理 4.4.3 立即得到如下结论.

推论 4.4.2 n 元齐次线性方程组 $\boldsymbol{AX}=\boldsymbol{0}$ 存在非零解的充分必要条件是系数矩阵 $\boldsymbol{A}$ 的秩 $R(\boldsymbol{A})<n$.

推论 4.4.3 当系数矩阵 $\boldsymbol{A}$ 为方阵时，齐次线性方程组 $\boldsymbol{AX}=\boldsymbol{0}$ 存在非零解的充分必要条件是 $|\boldsymbol{A}|=0$.

推论 4.4.4 设系数矩阵 $\boldsymbol{A}$ 为 $m\times n$ 矩阵，若 $m<n$，则齐次线性方程组 $\boldsymbol{AX}=\boldsymbol{0}$ 必有非零解.

例 4.4.3 判别下列齐次线性方程组是否有非零解.

（1）$\begin{cases} x_1+2x_2+2x_3+x_4=0 \\ 2x_1+x_2-2x_3-2x_4=0 \\ x_1-x_2-4x_3-3x_4=0 \end{cases}$；（2）$\begin{cases} x_1+2x_2+2x_3=0 \\ 2x_1+x_2-2x_3=0 \\ x_1-x_2-5x_3=0 \end{cases}$.

解 （1）设方程组系数矩阵为 $\boldsymbol{A}$，$\boldsymbol{A}$ 是 3×4 阶矩阵，所以 $R(\boldsymbol{A})\leqslant 3<4$，则由定理 4.4.3 知，线性方程组有非零解.

（2）方程组系数矩阵的行列式

$$|A|=\begin{vmatrix} 1 & 2 & 2 \\ 2 & 1 & -2 \\ 1 & -1 & -5 \end{vmatrix} \xlongequal{r_2-2r_1,r_3-r_1} \begin{vmatrix} 1 & 2 & 2 \\ 0 & -3 & -6 \\ 0 & -3 & -7 \end{vmatrix}=3\neq0$$

所以，线性方程组只有零解.

例 4.4.4 问 λ 取何值时，齐次线性方程组

$$\begin{cases} (1-\lambda)x_1-2x_2+4x_3=0 \\ 2x_1+(3-\lambda)x_2+x_3=0 \\ x_1+x_2+(1-\lambda)x_3=0 \end{cases}$$

有非零解.

解

$$D=\begin{vmatrix}1-\lambda & -2 & 4\\ 2 & 3-\lambda & 1\\ 1 & 1 & 1-\lambda\end{vmatrix}=\begin{vmatrix}1-\lambda & -3+\lambda & 4\\ 2 & 1-\lambda & 1\\ 1 & 0 & 1-\lambda\end{vmatrix}$$

$$=(1-\lambda)^3+(\lambda-3)-4(1-\lambda)-2(1-\lambda)(-3+\lambda)$$

$$=(1-\lambda)^3+2(1-\lambda)^2+\lambda-3$$

$$=\lambda(\lambda-3)(2-\lambda)$$

因此，齐次线性方程组有非零解的充分必要条件是

$$\lambda(\lambda-3)(2-\lambda)=0\text{，即 }\lambda=0,2,3$$

例 4.4.5（利用推论 4.4.4 再证定理 4.1.5） 又知向量组 $\boldsymbol{\alpha}_1,\boldsymbol{\alpha}_2,\cdots,\boldsymbol{\alpha}_r$ 可由向量组线性 $\boldsymbol{\beta}_1,\boldsymbol{\beta}_2,\cdots,\boldsymbol{\beta}_s$ 表示，若 $\boldsymbol{\alpha}_1,\boldsymbol{\alpha}_2,\cdots,\boldsymbol{\alpha}_r$ 线性无关，则 $r\leqslant s$.

证明 由已知向量组 $\boldsymbol{\alpha}_1,\boldsymbol{\alpha}_2,\cdots,\boldsymbol{\alpha}_r$ 可由向量组 $\boldsymbol{\beta}_1,\boldsymbol{\beta}_2,\cdots,\boldsymbol{\beta}_s$ 线性表示，不妨设

$$\boldsymbol{\alpha}_j=c_{1j}\boldsymbol{\beta}_1+c_{2j}\boldsymbol{\beta}_2+\cdots+c_{sj}\boldsymbol{\beta}_s=\sum_{i=1}^{s}c_{ij}\boldsymbol{\beta}_i,\quad j=1,\cdots,r$$

则

$$\sum_{j=1}^{r}x_j\boldsymbol{\alpha}_j=\sum_{j=1}^{r}x_j\sum_{i=1}^{s}c_{ij}\boldsymbol{\beta}_i=\sum_{i=1}^{s}\left(\sum_{j=1}^{r}c_{ij}x_j\right)\boldsymbol{\beta}_i \tag{**}$$

考虑齐次线性方程组：

$$\sum_{j=1}^{r}c_{ij}x_j=0,\quad i=1,\cdots,s$$

若 $s<r$，则齐次线性方程组 $\sum\limits_{j=1}^{r}c_{ij}x_j=0\ (i=1,\cdots,s)$ 有非零解，设 $(k_1,k_2,\cdots,k_r)^{\mathrm{T}}$ 为其一组非零解，将其代入式（**）可得

$$\sum_{j=1}^{r}k_j\boldsymbol{\alpha}_j=\sum_{i=1}^{s}0\boldsymbol{\beta}_i=0$$

这说明 $\boldsymbol{\alpha}_1,\boldsymbol{\alpha}_2,\cdots,\boldsymbol{\alpha}_r$ 线性相关，与已知矛盾，所以 $r\leqslant s$.

习题 4.4

1. 当 λ 为何值时，下列线性方程组无解、有唯一一组解、有无穷多组解？在有无穷组解时，求其通解.

（1）$\begin{cases}\lambda x_1-x_2-x_3=1\\ -x_1+\lambda x_2-x_3=-\lambda\\ -x_1-x_2+\lambda x_3=\lambda^2\end{cases}$；　　（2）$\begin{cases}2x_1-x_2+x_3+x_4=1\\ x_1+2x_2-x_3+4x_4=2\\ x_1+7x_2-4x_3+11x_4=\lambda\end{cases}$；

（3）$\begin{cases}(2-\lambda)x_1+2x_2-2x_3=1\\2x_1+(5-\lambda)x_2-4x_3=2\\-2x_1-4x_2+(5-\lambda)x_3=-\lambda-1\end{cases}$；（4）（西南大学考研真题）$\begin{cases}\lambda x_1+x_2+x_3+x_4=1\\x_1+\lambda x_2+x_3+x_4=\lambda\\x_1+x_2+\lambda x_3+x_4=\lambda^2\\x_1+x_2+x_3+\lambda x_4=\lambda^3\end{cases}$.

4.5 线性方程组解的结构

1）齐次线性方程组解的结构

定义 4.5.1 齐次线性方程组（4.3.2）的矩阵方程为

$$\boldsymbol{AX}=\boldsymbol{0}$$

如果 $x_1=c_1,x_2=c_2,\cdots,x_n=c_n$ 为方程组（4.3.2）的解，则

$$\boldsymbol{X}=(c_1,c_2,\cdots,c_n)^{\mathrm{T}}$$

为方程组（4.3.2）的解向量，它是矩阵方程 $\boldsymbol{AX}=\boldsymbol{0}$ 的解，也是向量方程

$$x_1\boldsymbol{\alpha}_1+x_2\boldsymbol{\alpha}_2++x_n\boldsymbol{\alpha}_n=\boldsymbol{0}$$

的解，其中 $\boldsymbol{A}=(\boldsymbol{\alpha}_1,\boldsymbol{\alpha}_2,\cdots,\boldsymbol{\alpha}_n)$.

定理 4.5.1 设 $\boldsymbol{\alpha},\boldsymbol{\beta}$ 为齐次线性方程组 $\boldsymbol{AX}=\boldsymbol{0}$ 的解，则 $c_1\boldsymbol{\alpha}+c_2\boldsymbol{\beta}$ 也是 $\boldsymbol{AX}=\boldsymbol{0}$ 的解.

证明 根据假设有

$$\boldsymbol{A\alpha}=\boldsymbol{0},\ \boldsymbol{A\beta}=\boldsymbol{0}$$

于是

$$\boldsymbol{A}(c_1\boldsymbol{\alpha}+c_2\boldsymbol{\beta})=c_1\boldsymbol{A\alpha}+c_2\boldsymbol{A\beta}=\boldsymbol{0}+\boldsymbol{0}=\boldsymbol{0}$$

这说明 $c_1\boldsymbol{\alpha}+c_2\boldsymbol{\beta}$ 是方程组 $\boldsymbol{AX}=\boldsymbol{0}$ 的解.

由定理 4.5.1 知，当 $R(\boldsymbol{A})=r<n$ 时，方程组 $\boldsymbol{AX}=\boldsymbol{0}$ 有无穷多组解. 将它的全部解向量记为集合 $\boldsymbol{S}$（含有无穷多个 n 维向量的向量组），即

$$\boldsymbol{S}=\left\{\boldsymbol{X}\,\middle|\,\boldsymbol{AX}=\boldsymbol{0},\ \boldsymbol{X}\text{ 为 }n\text{ 维列向量}\right\}$$

能否求得 $\boldsymbol{AX}=\boldsymbol{0}$ 的一组解 $\xi_1,\xi_2,\cdots,\xi_t$，使得 $\boldsymbol{AX}=\boldsymbol{0}$ 的任意解都能由 $\xi_1,\xi_2,\cdots,\xi_t$ 线性表示呢？下面我们来研究这一问题.

定义 4.5.2 齐次线性方程组（4.3.2）的解集 $\boldsymbol{S}$ 的极大无关组称为方程组的基础解系. 具体说来，如果解向量组 $\xi_1,\xi_2,\cdots,\xi_t$ 满足条件：

（1）$\xi_1,\xi_2,\cdots,\xi_t$ 线性无关；

（2）方程组（4.3.2）的任一个解向量都能由 $\xi_1,\xi_2,\cdots,\xi_t$ 线性表示，则称 $\xi_1,\xi_2,\cdots,\xi_t$ 为齐次线性方程组的一个基础解系.

如果 $\xi_1,\xi_2,\cdots,\xi_t$ 为齐次线性方程组的一个基础解系，那么 $\boldsymbol{X}=c_1\xi_1+c_2\xi_2+\cdots+c_t\xi_t$，其中 $c_1,c_2,\cdots,c_t$ 为任意常数，也是 $\boldsymbol{AX}=\boldsymbol{0}$ 的解，我们称之为方程组 $\boldsymbol{AX}=\boldsymbol{0}$ 的一般解（也叫做通解）.

由上述可见，求齐次线性方程组的解就是求它的基础解系. 齐次线性方程组解的结构是：每一个解都是基础解系的线性组合. 下面的定理证明过程，给出了求基础解系的方法.

定理 4.5.2　如果n元齐次线性方程组（4.3.2）的系数矩阵$\boldsymbol{A}$的秩$R(\boldsymbol{A})=r<n$，则方程组（4.3.2）的基础解系存在，且基础解系中含有$n-r$个解向量，即解向量集$\boldsymbol{S}$的秩为$n-r$.

证明　由 4.4 节可知，设齐次线性方程组（4.3.2）的系数矩阵$\boldsymbol{A}$经过初等行变换化为行最简矩阵，其所对应的同解阶梯形方程组的解为

$$\begin{cases} x_1 = -c_{1(r+1)}d_1 - c_{1(r+2)}d_2 - \cdots - c_{1n}d_{n-r} \\ x_1 = -c_{1(r+1)}d_1 - c_{1(r+2)}d_2 - \cdots - c_{1n}d_{n-r} \\ \qquad\qquad \vdots \\ x_1 = -c_{1(r+1)}d_1 - c_{1(r+2)}d_2 - \cdots - c_{1n}d_{n-r} \\ x_{r+1} = d_1 \\ \qquad\qquad \vdots \\ x_{r+1} = \qquad\qquad d_{n-r} \end{cases} \tag{4.5.1}$$

将式（4.5.1）写成向量形式：

$$\begin{pmatrix} x_1 \\ x_2 \\ \vdots \\ x_n \end{pmatrix} = d_1 \begin{pmatrix} -c_{1(r+1)} \\ -c_{2(r+1)} \\ \vdots \\ -c_{r(r+1)} \\ 1 \\ 0 \\ \vdots \\ 0 \end{pmatrix} + d_2 \begin{pmatrix} -c_{1(r+2)} \\ -c_{2(r+2)} \\ \vdots \\ -c_{r(r+2)} \\ 0 \\ 1 \\ \vdots \\ 0 \end{pmatrix} + \cdots + d_{n-r} \begin{pmatrix} -c_{1n} \\ -c_{2n} \\ \vdots \\ -c_{rn} \\ 0 \\ 0 \\ \vdots \\ 1 \end{pmatrix}$$

记

$$\xi_1 = \begin{pmatrix} -c_{1(r+1)} \\ -c_{2(r+1)} \\ \vdots \\ -c_{r(r+1)} \\ 1 \\ 0 \\ \vdots \\ 0 \end{pmatrix}, \xi_2 = \begin{pmatrix} -c_{1(r+2)} \\ -c_{2(r+2)} \\ \vdots \\ -c_{r(r+2)} \\ 0 \\ 1 \\ \vdots \\ 0 \end{pmatrix}, \cdots, \xi_{n-r} = \begin{pmatrix} -c_{1n} \\ -c_{2n} \\ \vdots \\ -c_{rn} \\ 0 \\ 0 \\ \vdots \\ 1 \end{pmatrix}$$

则方程组通解为

$$\boldsymbol{X} = d_1\xi_1 + d_2\xi_2 + \cdots + d_{n-r}\xi_{n-r} \tag{4.5.2}$$

由于

$$\begin{pmatrix} 1 \\ 0 \\ \vdots \\ 0 \end{pmatrix}, \begin{pmatrix} 0 \\ 1 \\ \vdots \\ 0 \end{pmatrix}, \cdots, \begin{pmatrix} 0 \\ 0 \\ \vdots \\ 1 \end{pmatrix}$$

是 $n-r$ 个 $n-r$ 维的标准单位向量组，它们是线性无关的，由定理 4.1.5 可知 $\xi_1,\xi_2,\cdots,\xi_{n-r}$ 也线性无关. 这样就证明了 $\xi_1,\xi_2,\cdots,\xi_{n-r}$ 是一个基础解系，并且解向量组的秩为 $n-r$，方程组的**通解**为式（4.5.2）.

需要注意的是，齐次线性方程组 $\boldsymbol{AX}=\mathbf{0}$ 的任意 $n-R(\boldsymbol{A})$ 个线性无关解向量都是方程组 $\boldsymbol{AX}=\mathbf{0}$ 的基础解系（留给同学们自行证明）.

例 4.5.1 求线性方程组

$$\begin{cases} x_1+2x_2+2x_3+x_4=0 \\ 2x_1+x_2-2x_3-2x_4=0 \\ x_1-x_2-4x_3-3x_4=0 \end{cases}$$

的通解.

解

$$\boldsymbol{A}=\begin{pmatrix} 1 & 2 & 2 & 1 \\ 2 & 1 & -2 & -2 \\ 1 & -1 & -4 & -3 \end{pmatrix} \xrightarrow[r_3-r_1]{r_2-2r_1} \begin{pmatrix} 1 & 2 & 2 & 1 \\ 0 & -3 & -6 & -4 \\ 0 & -3 & -6 & -4 \end{pmatrix}$$

$$\xrightarrow[r_2\div(-3)]{r_3-r_2} \begin{pmatrix} 1 & 2 & 2 & 1 \\ 0 & 1 & 2 & \frac{4}{3} \\ 0 & 0 & 0 & 0 \end{pmatrix} \xrightarrow{r_1-2r_2} \begin{pmatrix} 1 & 0 & -2 & -\frac{5}{3} \\ 0 & 1 & 2 & \frac{4}{3} \\ 0 & 0 & 0 & 0 \end{pmatrix}$$

即得与原方程组同解的方程组

$$\begin{cases} x_1-2x_3-\dfrac{5}{3}x_4=0 \\ x_2+2x_3+\dfrac{4}{3}x_4=0 \end{cases}$$

由此得

$$\begin{cases} x_1=2x_3+\dfrac{5}{3}x_4 \\ x_2=-2x_3-\dfrac{4}{3}x_4 \end{cases}$$

取 $\begin{pmatrix} x_3 \\ x_4 \end{pmatrix}=\begin{pmatrix} 1 \\ 0 \end{pmatrix},\begin{pmatrix} 0 \\ 1 \end{pmatrix}$，得基础解系

$$\xi_1=\begin{pmatrix} 2 \\ -2 \\ 1 \\ 0 \end{pmatrix},\quad \xi_2=\begin{pmatrix} \frac{5}{3} \\ -\frac{4}{3} \\ 0 \\ 1 \end{pmatrix}$$

这时通解为

$$X = k_1\xi_1 + k_2\xi_2 \text{，} \quad k_1, k_2 \text{为任意常数}$$

例 4.5.2 设 n 元 m 个方程的齐次线性方程组 $\boldsymbol{AX}=\boldsymbol{0}$ 的系数矩阵 $\boldsymbol{A}$ 的秩为 $n-1$，如果矩阵 $\boldsymbol{A}$ 的每行元素之和均为零，试求线性方程组 $\boldsymbol{AX}=\boldsymbol{0}$ 的通解.

解 因为 $R(\boldsymbol{A})=r=n-1$，所以基础解系所含向量个数为 $n-(n-1)=1$. 又

$$a_{i1}+a_{i2}+\cdots+a_{in}=1\cdot a_{i1}+1\cdot a_{i2}+\cdots+1\cdot a_{in}=0,\ \ i=1,2,\cdots,m$$

因此，所求通解为

$$\boldsymbol{X}=c\begin{pmatrix}1\\1\\\vdots\\1\end{pmatrix}, \quad c\text{为任意常数}$$

2）非齐次线性方程组解的结构

设非齐次线性方程组（4.3.1）的矩阵方程为

$$\boldsymbol{AX}=\boldsymbol{b} \tag{4.5.3}$$

或向量方程为

$$x_1\boldsymbol{\alpha}_1+x_2\boldsymbol{\alpha}_2++x_n\boldsymbol{\alpha}_n=\boldsymbol{b} \tag{4.5.4}$$

先讨论非齐次线性方程组（4.3.1）解的性质.

定理 4.5.3 设 $\boldsymbol{\eta}_1,\boldsymbol{\eta}_2$ 是非齐次线性方程组（4.5.3）的任意解，则 $\boldsymbol{X}=\boldsymbol{\eta}_1-\boldsymbol{\eta}_2$ 是对应的齐次线性方程组 $\boldsymbol{AX}=\boldsymbol{0}$ 的解.

证明 由 $$\boldsymbol{A}(\boldsymbol{\eta}_1-\boldsymbol{\eta}_2)=\boldsymbol{A\eta}_1-\boldsymbol{A\eta}_2=\boldsymbol{b}-\boldsymbol{b}=\boldsymbol{0}$$

得 $\boldsymbol{X}=\boldsymbol{\eta}_1-\boldsymbol{\eta}_2$ 满足齐次线性方程组 $\boldsymbol{AX}=\boldsymbol{0}$.

定理 4.5.4 设 $\boldsymbol{\eta}$ 是非齐次线性方程组（4.5.3）的一个解，$\boldsymbol{\xi}$ 是对应的齐次线性方程组 $\boldsymbol{AX}=\boldsymbol{0}$ 的任一解，则 $\boldsymbol{X}=\boldsymbol{\eta}+\boldsymbol{\xi}$ 是非齐次线性方程组（4.5.3）的解.

证明 由 $$\boldsymbol{A}(\boldsymbol{\eta}+\boldsymbol{\xi})=\boldsymbol{A\eta}+\boldsymbol{A\xi}=\boldsymbol{b}+\boldsymbol{0}=\boldsymbol{b}$$

得 $\boldsymbol{X}=\boldsymbol{\eta}+\boldsymbol{\xi}$ 满足齐次线性方程组 $\boldsymbol{AX}=\boldsymbol{b}$，即为非齐次线性方程组的解.

由定理 4.5.3 和定理 4.5.4，可得非齐次线性方程组解的结构定理.

定理 4.5.5 如果非齐次线性方程组 $\boldsymbol{AX}=\boldsymbol{b}$ 满足关系 $R(\boldsymbol{A})=R(\overline{\boldsymbol{A}})=r<n$，则方程组通解为对应的齐次线性方程组 $\boldsymbol{AX}=\boldsymbol{0}$ 的通解加上非齐次线性方程组的一个解.

证明 设非齐次线性方程组一个解 $\boldsymbol{\eta}^*$，那么对于非齐次线性方程组任意一个解 $\boldsymbol{X}$，根据定理 4.5.4，$\boldsymbol{X}-\boldsymbol{\eta}^*$ 可由 $\boldsymbol{AX}=\boldsymbol{0}$ 的一个基础解系 $\xi_1,\xi_2,\cdots,\xi_{n-r}$ 线性表示，即

$$\boldsymbol{X}-\boldsymbol{\eta}^*=c_1\xi_1+c_2\xi_2+\cdots+c_{n-r}\xi_{n-r}$$

于是 $$\boldsymbol{X}=\boldsymbol{\eta}^*+c_1\xi_1+c_2\xi_2+\cdots+c_{n-r}\xi_{n-r} \tag{4.5.5}$$

再根据定理 4.5.4，对任一组数 $c_1,c_2,\cdots,c_{n-r}$，式（4.5.5）所表示的向量是非齐次线性方程组

$\boldsymbol{AX}=\boldsymbol{b}$的解向量，从而式（4.5.4）是方程组$\boldsymbol{AX}=\boldsymbol{b}$的通解.

对非齐次线性方程组$\boldsymbol{AX}=\boldsymbol{b}$，当常数项$\boldsymbol{b}=\boldsymbol{0}$时得齐次线性方程组$\boldsymbol{AX}=\boldsymbol{0}$，称为由非齐次线性方程组$\boldsymbol{AX}=\boldsymbol{b}$导出的齐次线性方程组，亦称导出组.

例 4.5.3 求下列线性方程组的通解

$$\begin{cases} x_1+x_2-3x_3-x_4=1 \\ 3x_1+2x_2-3x_3+4x_4=4 \\ x_1+2x_2-9x_3-8x_4=0 \end{cases}$$

解

$$\overline{A}=\begin{pmatrix} 1 & 1 & -3 & -1 & 1 \\ 3 & 2 & -3 & 4 & 4 \\ 1 & 2 & -9 & -8 & 0 \end{pmatrix}\xrightarrow[r_2-3r_1]{r_3-r_1}\begin{pmatrix} 1 & 1 & -3 & -1 & 1 \\ 0 & -1 & 6 & 7 & 1 \\ 0 & 1 & -6 & -7 & -1 \end{pmatrix}$$

$$\xrightarrow{r_3+r_2}\begin{pmatrix} 1 & 1 & -3 & -1 & 1 \\ 0 & -1 & 6 & 7 & 1 \\ 0 & 0 & 0 & 0 & 0 \end{pmatrix}\xrightarrow{r_1+r_2}\begin{pmatrix} 1 & 0 & 3 & 6 & 2 \\ 0 & -1 & 6 & 7 & 1 \\ 0 & 0 & 0 & 0 & 0 \end{pmatrix}$$

于是

$$\begin{cases} x_1=-3x_3-6x_4+2 \\ x_2=6x_3+7x_4-1 \end{cases}$$

自由变量是x_3,x_4，其对应的齐次线性方程组为

$$\begin{cases} x_1=-3x_3-6x_4 \\ x_2=6x_3+7x_4 \end{cases}$$

令齐次线性方程组中$\begin{pmatrix} x_3 \\ x_4 \end{pmatrix}=\begin{pmatrix} 1 \\ 0 \end{pmatrix},\begin{pmatrix} 0 \\ 1 \end{pmatrix}$，得齐次线性方程组的基础解系：

$$\xi_1=\begin{pmatrix} -3 \\ 6 \\ 1 \\ 0 \end{pmatrix},\ \xi_2=\begin{pmatrix} -6 \\ 7 \\ 0 \\ 1 \end{pmatrix}$$

齐次线性方程组的通解为

$$X=k_1\xi_1+k_2\xi_2,\ k_1,k_2\text{为任意常数}$$

对

$$\begin{cases} x_1=-3x_3-6x_4+2 \\ x_2=6x_3+7x_4-1 \end{cases}$$

令$x_3=x_4=0$，得非齐次线性方程组的一个解

$$\eta_0=\begin{pmatrix} 2 \\ -1 \\ 0 \\ 0 \end{pmatrix}$$

因此，所求通解为

$$\boldsymbol{X}=\begin{pmatrix}x_1\\x_2\\x_3\\x_4\end{pmatrix}=k_1\begin{pmatrix}-3\\6\\1\\0\end{pmatrix}+k_2\begin{pmatrix}-6\\7\\0\\1\end{pmatrix}+\begin{pmatrix}2\\-1\\0\\0\end{pmatrix},\quad k_1,k_2\text{ 为任意常数}$$

例 4.5.4 设 n 元非齐次线性方程组 $\boldsymbol{AX}=\boldsymbol{b}$ 满足 $R(\boldsymbol{A})=R(\overline{\boldsymbol{A}})=n-2$，且 $\boldsymbol{\alpha},\boldsymbol{\beta},\boldsymbol{\gamma}$ 为线性方程组 $\boldsymbol{AX}=\boldsymbol{b}$ 的线性无关的三个解，求方程组 $\boldsymbol{AX}=\boldsymbol{b}$ 的通解.

解 因为 $\boldsymbol{\alpha},\boldsymbol{\beta},\boldsymbol{\gamma}$ 为方程组 $\boldsymbol{AX}=\boldsymbol{b}$ 的解，所以 $\boldsymbol{\alpha}-\boldsymbol{\gamma},\boldsymbol{\beta}-\boldsymbol{\gamma}$ 为导出组 $\boldsymbol{AX}=\boldsymbol{0}$ 的解. 又 $\boldsymbol{\alpha},\boldsymbol{\beta},\boldsymbol{\gamma}$ 线性无关，则 $\boldsymbol{\alpha}-\boldsymbol{\gamma},\boldsymbol{\beta}-\boldsymbol{\gamma}$ 线性无关，这是因为，如果存在数 k_1,k_2，使

$$k_1(\boldsymbol{\alpha}-\boldsymbol{\gamma})+k_2(\boldsymbol{\beta}-\boldsymbol{\gamma})=\boldsymbol{0}$$

则有

$$k_1\boldsymbol{\alpha}+k_2\boldsymbol{\beta}+(-k_1-k_2)\boldsymbol{\gamma}=\boldsymbol{0}$$

由 $\boldsymbol{\alpha},\boldsymbol{\beta},\boldsymbol{\gamma}$ 线性无关，知 $k_1=k_2=-(k_1+k_2)=0$，即 $\boldsymbol{\alpha}-\boldsymbol{\gamma},\boldsymbol{\beta}-\boldsymbol{\gamma}$ 线性无关.

另外，由 $R(\boldsymbol{A})=R(\overline{\boldsymbol{A}})=n-2$ 知，$\boldsymbol{AX}=\boldsymbol{0}$ 基础解系含有 $n-(n-2)=2$ 个向量，所以 $\boldsymbol{\alpha}-\boldsymbol{\gamma},\boldsymbol{\beta}-\boldsymbol{\gamma}$ 为 $\boldsymbol{AX}=\boldsymbol{0}$ 的基础解系. 则 $\boldsymbol{AX}=\boldsymbol{b}$ 的通解为

$$\boldsymbol{X}=\boldsymbol{\alpha}+k_1(\boldsymbol{\alpha}-\boldsymbol{\gamma})+k_2(\boldsymbol{\beta}-\boldsymbol{\gamma}),\quad k_1,k_2\text{ 为任意常数}$$

例 4.5.5 设线性方程组

$$\begin{cases}\lambda x_1+x_2+x_3=\lambda-3\\x_1+\lambda x_2+x_3=-2\\x_1+x_2+\lambda x_3=-2\end{cases}$$

讨论 λ 取何值时，方程组无解，方程组有唯一解，方程组有无穷多解？

解 （方法一）对方程组的增广矩阵施行初等行变换，化系数矩阵为行最简形.

$$\overline{\boldsymbol{A}}=\begin{pmatrix}\lambda&1&1&\lambda-3\\1&\lambda&1&-2\\1&1&\lambda&-2\end{pmatrix}\to\begin{pmatrix}1&1&\lambda&-2\\1&\lambda&1&-2\\\lambda&1&1&\lambda-3\end{pmatrix}$$

$$\to\begin{pmatrix}1&1&\lambda&-2\\0&\lambda-1&1-\lambda&0\\0&1-\lambda&1-\lambda^2&3\lambda-3\end{pmatrix}\to\begin{pmatrix}1&1&\lambda&-2\\0&\lambda-1&1-\lambda&0\\0&0&(2+\lambda)(1-\lambda)&3(\lambda-1)\end{pmatrix}$$

当 $\lambda=1$ 时，

$$\begin{pmatrix}1&1&\lambda&-2\\0&\lambda-1&1-\lambda&0\\0&0&(2+\lambda)(1-\lambda)&3(\lambda-1)\end{pmatrix}=\begin{pmatrix}1&1&1&-2\\0&0&0&0\\0&0&0&0\end{pmatrix}$$

此时 $R(\boldsymbol{A})=R(\overline{\boldsymbol{A}})=1<3$，方程组有无穷多解.

当 $\lambda\neq1$ 时，

$$\begin{pmatrix}1 & 1 & \lambda & -2\\0 & \lambda-1 & 1-\lambda & 0\\0 & 0 & (2+\lambda)(1-\lambda) & 3(\lambda-1)\end{pmatrix}\to\begin{pmatrix}1 & 1 & \lambda & -2\\0 & 1 & 1 & 0\\0 & 0 & (2+\lambda) & -3\end{pmatrix}$$

当 $\lambda=-2$ 时，

$$\begin{pmatrix}1 & 1 & \lambda & -2\\0 & 1 & 1 & 0\\0 & 0 & (2+\lambda) & -3\end{pmatrix}=\begin{pmatrix}1 & 1 & -2 & -2\\0 & 1 & 1 & 0\\0 & 0 & 0 & -3\end{pmatrix}$$

此时 $R(\boldsymbol{A})=2<R(\overline{\boldsymbol{A}})=3$，方程组无解.

当 $\lambda\neq-2$ 时，

$$\begin{pmatrix}1 & 1 & \lambda & -2\\0 & 1 & 1 & 0\\0 & 0 & (2+\lambda) & -3\end{pmatrix}\to\begin{pmatrix}1 & 1 & -2 & -2\\0 & 1 & 1 & 0\\0 & 0 & 1 & \dfrac{-3}{2+\lambda}\end{pmatrix}$$

此时 $R(\boldsymbol{A})=R(\overline{\boldsymbol{A}})=3$，原方程组有唯一解.

（方法二）先计算方程组的系数矩阵的行列式

$$|\boldsymbol{A}|=\begin{vmatrix}\lambda & 1 & 1\\1 & \lambda & 1\\1 & 1 & \lambda\end{vmatrix}=(\lambda+2)(\lambda-1)^2$$

当 $\lambda\neq1$, 且 $\lambda\neq-2$ 时，系数行列式 $|\boldsymbol{A}|\neq0$，方程组有唯一解.

当 $\lambda=1$时，增广矩阵为

$$\overline{\boldsymbol{A}}=\begin{pmatrix}1 & 1 & 1 & -2\\1 & 1 & 1 & -2\\1 & 1 & 1 & -2\end{pmatrix}\xrightarrow[r_2-r_1]{r_3-r_1}\begin{pmatrix}1 & 1 & 1 & -2\\0 & 0 & 0 & 0\\0 & 0 & 0 & 0\end{pmatrix}$$

此时 $R(\boldsymbol{A})=R(\overline{\boldsymbol{A}})=1<3$，方程组有无穷多解.

当 $\lambda=-2$ 时，增广矩阵为

$$\overline{\boldsymbol{A}}=\begin{pmatrix}-2 & 1 & 1 & -5\\1 & -2 & 1 & -2\\1 & 1 & -2 & -2\end{pmatrix}\to\begin{pmatrix}1 & 1 & -2 & -2\\1 & -2 & 1 & -2\\-2 & 1 & 1 & -5\end{pmatrix}$$

$$\to\begin{pmatrix}1 & 1 & -2 & -2\\0 & -3 & 3 & 0\\0 & 3 & -3 & -9\end{pmatrix}\to\begin{pmatrix}1 & 1 & -2 & -2\\0 & -3 & 3 & 0\\0 & 0 & 0 & -9\end{pmatrix}$$

此时 $R(A)=2<R(\overline{A})=3$，方程组无解.

例 4.5.6（华南理工大学考研真题） 设线性方程组

$$\begin{cases} a_{11}x_1+a_{12}x_2+\cdots+a_{1n}x_n=b_1 \\ a_{21}x_1+a_{22}x_2+\cdots+a_{2n}x_n=b_2 \\ \qquad\vdots \\ a_{n1}x_1+a_{n2}x_2+\cdots+a_{nn}x_n=b_n \end{cases} \tag{4.5.6}$$

的系数矩阵 $\boldsymbol{A}$ 的秩等于矩阵

$$\boldsymbol{B}=\begin{pmatrix} a_{11} & a_{12} & \cdots & a_{1n} & b_1 \\ a_{21} & a_{22} & \cdots & a_{2n} & b_2 \\ \vdots & \vdots & & \vdots & \vdots \\ a_{n1} & a_{n2} & \cdots & a_{nn} & b_n \\ b_1 & b_2 & \cdots & b_n & 0 \end{pmatrix}$$

的秩，证明方程组（4.5.6）有解，问你命题是否成立？为什么？

解 记向量 $\boldsymbol{b}=(b_1,b_2,\cdots,b_n)^{\mathrm{T}}$，则方程组（4.5.6）的增广矩阵为 $(\boldsymbol{A},\boldsymbol{b})$. 因为

$$R(\boldsymbol{A})\leqslant R(\boldsymbol{A},\boldsymbol{b})\leqslant R\begin{pmatrix} \boldsymbol{A} & \boldsymbol{b} \\ \boldsymbol{b}^{\mathrm{T}} & \boldsymbol{0} \end{pmatrix}=R(\boldsymbol{B})=R(\boldsymbol{A})$$

于是 $R(\boldsymbol{A})=R(\boldsymbol{A},\boldsymbol{b})$，所以方程组（4.5.6）有解.

逆命题不成立. 例如，线性方程组 $\begin{cases} x_1+2x_2=1 \\ 3x_1+4x_2=3 \end{cases}$ 有解，这里

$$\boldsymbol{A}=\begin{pmatrix} 1 & 2 \\ 3 & 4 \end{pmatrix},\ \boldsymbol{B}=\begin{pmatrix} 1 & 2 & 1 \\ 3 & 4 & 3 \\ 1 & 3 & 0 \end{pmatrix}$$

易知 $R(\boldsymbol{A})=2, R(\boldsymbol{B})=3$，所以 $R(\boldsymbol{A})\neq R(\boldsymbol{B})$.

习题 4.5

1. 求解下列齐次线性方程组的通解：

（1）$\begin{cases} x_1+2x_2-5x_3+4x_4=0 \\ x_1+3x_2+3x_3-3x_4=0 \\ 2x_1+5x_2-2x_3+x_4=0 \end{cases}$；（2）$\begin{cases} 2x_1-4x_2+5x_3+3x_4=0 \\ 3x_1-6x_2+4x_3+2x_4=0 \\ 5x_1-10x_2+9x_3+5x_4=0 \end{cases}$.

2. 求解下列非齐次线性方程组的通解：

（1）$\begin{cases}2x_1+3x_2+x_3=4\\x_1-2x_2+4x_3=-5\\3x_1+8x_2-2x_3=13\\4x_1-x_2+9x_3=-6\end{cases}$；（2）$\begin{cases}2x_1+x_2-x_3+x_4=1\\3x_1-2x_2+x_3-3x_4=4\\x_1+4x_2-3x_3+5x_4=-2\end{cases}$.

3. 设 $\boldsymbol{A}=\begin{pmatrix}1&1&2\\2&2&4\\3&3&6\end{pmatrix}$，求一秩为 2 的 3 阶方阵 $\boldsymbol{B}$，使 $\boldsymbol{AB}=\boldsymbol{O}$.

4. 设 n 元非齐次线性方程组 $\boldsymbol{AX}=\boldsymbol{b}$ 有解，且 $R(\boldsymbol{A})=n-1$，又已知 $\boldsymbol{\alpha},\boldsymbol{\beta},\boldsymbol{\gamma}$ 为线性方程组 $\boldsymbol{AX}=\boldsymbol{b}$ 的解，且 $\boldsymbol{\alpha}=\begin{pmatrix}1\\2\\3\\4\end{pmatrix},\boldsymbol{\beta}+\boldsymbol{\gamma}=\begin{pmatrix}2\\5\\6\\4\end{pmatrix}$，求方程组 $\boldsymbol{AX}=\boldsymbol{b}$ 的导出组 $\boldsymbol{AX}=\boldsymbol{0}$ 的通解.

5. 已知 $\boldsymbol{\eta}_1,\boldsymbol{\eta}_2,\boldsymbol{\eta}_3$ 是三元非齐次线性方程组 $\boldsymbol{AX}=\boldsymbol{b}$ 的解，且 $R(\boldsymbol{A})=1$ 及

$$\boldsymbol{\eta}_1+\boldsymbol{\eta}_2=\begin{pmatrix}1\\0\\0\end{pmatrix},\boldsymbol{\eta}_2+\boldsymbol{\eta}_3=\begin{pmatrix}1\\1\\0\end{pmatrix},\boldsymbol{\eta}_1+\boldsymbol{\eta}_3=\begin{pmatrix}1\\1\\1\end{pmatrix}$$

求方程组 $\boldsymbol{AX}=\boldsymbol{b}$ 的通解.

6. 求出一个齐次线性方程组，使它的基础解系由下列向量组成：

$$\xi_1=\begin{pmatrix}1\\-2\\0\\3\\-1\end{pmatrix},\quad \xi_2=\begin{pmatrix}2\\-3\\2\\5\\-3\end{pmatrix},\quad \xi_3=\begin{pmatrix}1\\-2\\1\\2\\-2\end{pmatrix}$$

7. 设 $\boldsymbol{\eta}^*$ 是非齐次线性方程组 $\boldsymbol{AX}=\boldsymbol{b}$ 的一个解，$\xi_1,\xi_2,\cdots,\xi_{n-r}$ 是对应的齐次线性方程组的一个基础解系，证明：

（1）$\eta^*,\xi_1,\cdots,\xi_{n-r}$ 线性无关；

（2）$\eta^*,\eta^*+\xi_1,\cdots,\eta^*+\xi_{n-r}$ 线性无关.

8. 设 $\boldsymbol{A}$ 为阶方阵，$\boldsymbol{A}^*$ 为 $\boldsymbol{A}$ 的伴随矩阵且 $A_{11}\neq\boldsymbol{0}$，又设 $\boldsymbol{b}\neq\boldsymbol{0}$ 为 n 维列向量，证明 $\boldsymbol{AX}=\boldsymbol{b}$ 有无穷多个解当且仅当 $\boldsymbol{b}$ 是 $\boldsymbol{A}^*\boldsymbol{X}=\boldsymbol{0}$ 的解.

4.6 更多的例题

4.6 例题详细解答

例 4.6.1 写出一个以 $\boldsymbol{X}=c_1\begin{pmatrix}2\\-3\\1\\0\end{pmatrix}+c_2\begin{pmatrix}-2\\4\\0\\1\end{pmatrix}$ 为通解的齐次线性方程组.

例 4.6.2 设线性方程组

$$\begin{cases} a_{11}x_1 + a_{12}x_2 + \cdots a_{1n}x_n = 0 \\ \vdots \\ a_{m1}x_1 + a_{m2}x_2 + \cdots + a_{mn}x_n = 0 \end{cases} \tag{4.6.1}$$

的解都是 $b_1x_1 + b_2x_2 + \cdots + b_nx_n = 0$ 的解，试证 $\boldsymbol{\beta} = (b_1, b_2, \cdots, b_n)^{\mathrm{T}}$ 是向量组 $\boldsymbol{\alpha}_1 = (a_{11}, a_{12}, \cdots, a_{1n})^{\mathrm{T}}$，$\boldsymbol{\alpha}_2 = (a_{21}, a_{22}, \cdots, a_{2n})^{\mathrm{T}}$，$\cdots$，$\boldsymbol{\alpha}_m = (a_{m1}, a_{m2}, \cdots, a_{mn})$ 的线性组合.

例 4.6.3 试证明：$R(\boldsymbol{AB}) = R(\boldsymbol{B})$ 的充分必要条件是齐次线性方程组 $\boldsymbol{ABX} = \boldsymbol{0}$ 的解都是 $\boldsymbol{BX} = \boldsymbol{0}$ 的解.

例 4.6.4 证明 $R(\boldsymbol{A}) = 1$ 的充分必要条件是存在非零列向量 $\boldsymbol{\alpha}$ 及非零行向量 $\boldsymbol{\beta}^{\mathrm{T}}$，使 $\boldsymbol{A} = \boldsymbol{\alpha}\boldsymbol{\beta}^{\mathrm{T}}$.

例 4.6.5 讨论 λ 取何值时，下述方程组有解，并求其解.

$$\begin{cases} \lambda x + y + z = 1 \\ x + \lambda y + z = \lambda \\ x + y + \lambda z = \lambda^2 \end{cases}$$

例 4.6.6 设四元非齐次线性方程组的系数矩阵的秩为 3，已知 ξ_1, ξ_2, ξ_3 是它的三个解向量，且

$$\xi_1 = \begin{pmatrix} 2 \\ 3 \\ 4 \\ 5 \end{pmatrix}, \quad \xi_2 + \xi_3 = \begin{pmatrix} 1 \\ 2 \\ 3 \\ 4 \end{pmatrix}$$

求该方程组的通解.

例 4.6.7 设 ξ^* 是非齐次线性方程组 $\boldsymbol{AX} = \boldsymbol{B}$ 的一个解，$\eta_1, \eta_2, \cdots, \eta_{n-r}$ 是它对应的齐次线性方程组的一个基础解系，证明：

（1）$\xi^*, \eta_1, \eta_2, \cdots \eta_{n-r}$ 线性无关；

（2）$\xi^*, \xi^* + \eta_1, \xi^* + \eta_2, \cdots, \xi^* + \eta_{n-r}$ 线性无关.

例 4.6.8 设线性方程组

$$\begin{cases} a_{11}x_1 + a_{12}x_2 + \cdots + a_{1n}x_n = b_1 \\ a_{21}x_1 + a_{22}x_2 + \cdots + a_{2n}x_n = b_2 \\ \vdots \\ a_{n1}x_1 + a_{n2}x_2 + \cdots + a_{nn}x_n = b_n \end{cases}$$

的系数矩阵的秩等于矩阵

$$\begin{pmatrix} a_{11} & a_{12} & \cdots & a_{1n} & b_1 \\ a_{21} & a_{22} & \cdots & a_{2n} & b_2 \\ \vdots & \vdots & & \vdots & \vdots \\ a_{n1} & a_{n2} & \cdots & a_{nn} & b_n \\ b_1 & b_2 & \cdots & b_n & 0 \end{pmatrix}$$

的秩，试证这个方程组有解.

例 4.6.9 设 $\boldsymbol{A}$ 是 n 阶方阵，$\boldsymbol{A}^*$ 是 $\boldsymbol{A}$ 的伴随矩阵，证明：$R(\boldsymbol{A}^*)=\begin{cases}n, & R(\boldsymbol{A})=n\\ 1, & R(\boldsymbol{A})=n-1\\ 0, & R(\boldsymbol{A})<n-1\end{cases}$.

向量组与线性方程组自测题

一、判断题

1. 若 $\boldsymbol{\alpha}_1+\boldsymbol{\alpha}_2+\cdots+\boldsymbol{\alpha}_s=\boldsymbol{0}$，则向量组 $\boldsymbol{\alpha}_1,\boldsymbol{\alpha}_2,\cdots,\boldsymbol{\alpha}_s$ 必线性相关.（　　）

2. 设 $\boldsymbol{\alpha}_1,\boldsymbol{\alpha}_2$ 线性相关，$\boldsymbol{\beta}_1,\boldsymbol{\beta}_2$ 也线性相关，则 $\boldsymbol{\alpha}_1+\boldsymbol{\beta}_1,\boldsymbol{\alpha}_2+\boldsymbol{\beta}_2$ 线性相关.（　　）

3. 若线性方程组 $\boldsymbol{AX}=\boldsymbol{b}$ 的方程的个数大于未知量的个数，则 $\boldsymbol{AX}=\boldsymbol{b}$ 一定无解.（　　）

4. 若向量组 $\boldsymbol{\alpha}_1,\boldsymbol{\alpha}_2,\cdots,\boldsymbol{\alpha}_n$ 线性相关，则它的任意一部分向量也线性相关.（　　）

5. 若线性方程组 $\boldsymbol{AX}=\boldsymbol{b}$ 的导出组 $\boldsymbol{AX}=\boldsymbol{0}$ 只有零解，则 $\boldsymbol{AX}=\boldsymbol{b}$ 有唯一解.（　　）

6. 若行列式的某两列的数据组成的向量线性无关，则此行列式不等于零.（　　）

7. 若矩阵 $\boldsymbol{A}$ 的列向量组线性无关，则方程组 $\boldsymbol{AX}=\boldsymbol{0}$ 只有零解.（　　）

8. 一个非齐次线性方程组的两个解（向量）之差一定是它的导出组的解.（　　）

9. 设方程的个数与未知量的个数相等的非齐次线性方程组的系数行列式等于 0，则该线性方程组无解.

10. 若 n 元齐次线性方程组 $\boldsymbol{AX}=\boldsymbol{0}$ 满足 $R(\boldsymbol{A})<n$,则它有无穷多个基础解系.（　　）

二、选择题

1. 若齐次线性方程组 $\begin{cases}\lambda x_1+x_2+x_3=0\\ x_1+\lambda x_2-x_3=0\\ 2x_1-x_2+x_3=0\end{cases}$ 仅有零解，则（　　）.

A. $\lambda=4$ 或 $\lambda=-1$　　B. $\lambda=-4$ 或 $\lambda=1$

C. $\lambda\neq 4$ 且 $\lambda\neq -1$　　D. $\lambda\neq -4$ 且 $\lambda\neq 1$

2. 如果向量组 $\boldsymbol{\alpha}_1=\begin{pmatrix}1\\0\\0\end{pmatrix},\boldsymbol{\alpha}_2=\begin{pmatrix}1\\1\\0\end{pmatrix},\boldsymbol{\alpha}_3=\begin{pmatrix}a\\b\\c\end{pmatrix}$ 线性无关，那么（　　）.

A. $a=b=c$　　B. $b=c=0$　　C. $c=0$　　D. $c\neq 0$

3. 已知向量组 $\boldsymbol{\alpha}_1,\boldsymbol{\alpha}_2,\cdots,\boldsymbol{\alpha}_n$ 线性相关，则下列命题中成立的是（　　）.

A. $\boldsymbol{\alpha}_1,\boldsymbol{\alpha}_2,\cdots,\boldsymbol{\alpha}_n$ 中至少有一个零向量

B. 对任意一组不全为零的常数 $k_1,k_2,\cdots,k_n$，有 $k_1\boldsymbol{\alpha}_1+k_2\boldsymbol{\alpha}_2+\cdots+k_n\boldsymbol{\alpha}_n=\boldsymbol{0}$

C. $\boldsymbol{\alpha}_1,\boldsymbol{\alpha}_2,\cdots,\boldsymbol{\alpha}_n$ 中任意一个向量均可由其余 $n-1$ 个向量线性表示

D. $R(\boldsymbol{\alpha}_1,\boldsymbol{\alpha}_2,\cdots,\boldsymbol{\alpha}_n)<n$

4. n 元线性方程组 $\boldsymbol{AX}=\boldsymbol{b}$ 有唯一解的充要条件是（　　）.

A. 秩 $(\boldsymbol{A})=n$　　B. $\boldsymbol{A}$ 为方阵且 $|\boldsymbol{A}|\neq 0$

C. 秩$(\boldsymbol{A})$=秩$(\boldsymbol{A},\boldsymbol{b})\leqslant n$　　D. 秩$(\boldsymbol{A})=n$且$\boldsymbol{b}$可由$\boldsymbol{A}$的列向量线性表示

5. 设$\boldsymbol{A}$为n阶矩阵，若$R(\boldsymbol{A})=n$，则方程组$\boldsymbol{AX}=\boldsymbol{0}$的基础解系（　　）.

A. 唯一　　B. 有限　　C. 无限　　D. 不存在

6. ξ_1,ξ_2是非齐次线性方程组$\boldsymbol{AX}=\boldsymbol{b}$的两个不同解，$\boldsymbol{\eta}$是齐次线性方程组$\boldsymbol{AX}=\boldsymbol{0}$的一个非零解，则（　　）.

A. 向量组$\xi_1-\xi_2,\xi_1$线性无关

B. 向量组$\xi_1-\xi_2,\boldsymbol{\eta}$线性相关

C. $\boldsymbol{AX}=\boldsymbol{b}$的通解为$\xi_1+k\boldsymbol{\eta}$，其中$k$为任意数

D. $\boldsymbol{AX}=\boldsymbol{b}$的通解为$\xi_1+s(\xi_1-\xi_2)+t\boldsymbol{\eta}$，其中$s,t$为任意数

7. 设$\boldsymbol{\alpha}_1,\boldsymbol{\alpha}_2,\cdots,\boldsymbol{\alpha}_m$均为$n$维向量，则下列结论正确的是（　　）.

A. 若$k_1\boldsymbol{\alpha}_1+k_2\boldsymbol{\alpha}_2+\cdots+k_m\boldsymbol{\alpha}_m=\boldsymbol{0}$，则$\boldsymbol{\alpha}_1,\boldsymbol{\alpha}_2,\cdots,\boldsymbol{\alpha}_m$线性相关

B. 若对任意一组不全为零的数$k_1,k_2,\cdots,k_m$，都有$k_1\boldsymbol{\alpha}_1+k_2\boldsymbol{\alpha}_2+\cdots+k_m\boldsymbol{\alpha}_m\neq\boldsymbol{0}$，则$\boldsymbol{\alpha}_1,\boldsymbol{\alpha}_2,\cdots,\boldsymbol{\alpha}_m$线性无关

C. 若$\boldsymbol{\alpha}_1,\boldsymbol{\alpha}_2,\cdots,\boldsymbol{\alpha}_m$线性相关，则对任意一组不全为零的数$k_1,k_2,\cdots,k_m$，都有$k_1\boldsymbol{\alpha}_1+k_2\boldsymbol{\alpha}_2+\cdots+k_m\boldsymbol{\alpha}_m=\boldsymbol{0}$

D. 若$0\boldsymbol{\alpha}_1+0\boldsymbol{\alpha}_2+\cdots+0\boldsymbol{\alpha}_m=\boldsymbol{0}$，则$\boldsymbol{\alpha}_1,\boldsymbol{\alpha}_2,\cdots,\boldsymbol{\alpha}_m$线性无关

8. 齐次线性方程组$\boldsymbol{AX}=\boldsymbol{0}$仅有零解的充分条件是（　　）.

A. $\boldsymbol{A}$的列向量组线性无关　　B. $\boldsymbol{A}$的列向量组线性相关

C. $\boldsymbol{A}$的行向量组线性无关　　D. $\boldsymbol{A}$的行向量组线性相关

9. 要使$\xi_1=\begin{pmatrix}1\\0\\2\end{pmatrix},\xi_2=\begin{pmatrix}0\\1\\-1\end{pmatrix}$都是线性方程组$\boldsymbol{AX}=\boldsymbol{0}$的解，只要系数矩阵$\boldsymbol{A}$为（　　）.

A. $(-2,1,1)$　　B. $\begin{pmatrix}2&0&-1\\0&1&1\end{pmatrix}$　　C. $\begin{pmatrix}-1&0&2\\0&1&-1\end{pmatrix}$　　D. $\begin{pmatrix}0&1&-1\\4&-2&-2\\0&1&1\end{pmatrix}$

10. n维向量组$\boldsymbol{\alpha}_1,\boldsymbol{\alpha}_2,\cdots,\boldsymbol{\alpha}_s$线性无关，$\boldsymbol{\beta}$为一$n$维向量，则（　　）.

A. $\boldsymbol{\alpha}_1,\boldsymbol{\alpha}_2,\cdots,\boldsymbol{\alpha}_s,\boldsymbol{\beta}$线性相关

B. $\boldsymbol{\beta}$一定能被$\boldsymbol{\alpha}_1,\boldsymbol{\alpha}_2,\cdots,\boldsymbol{\alpha}_s$线性表出

C. $\boldsymbol{\beta}$一定不能被$\boldsymbol{\alpha}_1,\boldsymbol{\alpha}_2,\cdots,\boldsymbol{\alpha}_s$线性表出

D. 当$s=n$时，$\boldsymbol{\beta}$一定能被$\boldsymbol{\alpha}_1,\boldsymbol{\alpha}_2,\cdots,\boldsymbol{\alpha}_s$线性表出

三、填空题

1. 向量组$\boldsymbol{\alpha}_1=\begin{pmatrix}1\\2\\3\\-2\end{pmatrix},\boldsymbol{\alpha}_2=\begin{pmatrix}2\\4\\0\\5\end{pmatrix},\boldsymbol{\alpha}_3=\begin{pmatrix}0\\1\\0\\6\end{pmatrix}$的秩是________.

2. 设$\alpha_1,\alpha_2,\alpha_3$是齐次线性方程组$\boldsymbol{AX}=\boldsymbol{0}$的一个基础解系，若$\alpha_1+a\alpha_2,\alpha_2+\alpha_3,\alpha_3+\alpha_1$也是该方程组的基础解系，则参数$a$＿＿＿＿＿＿.

3. 设$R(\boldsymbol{A})$表示线性方程组$\boldsymbol{AX}=\boldsymbol{b}$系数矩阵的秩，$R(\boldsymbol{A},\boldsymbol{b})$表示其增广矩阵的秩，当$R(\boldsymbol{A})$＿＿＿＿＿$R(\boldsymbol{A},\boldsymbol{b})$＿＿＿＿＿$n$时，方程组有解（$n$为未知量的个数）.

4. 当方程的个数和未知量的个数相同时，非齐次线性方程组$\boldsymbol{AX}=\boldsymbol{b}$有唯一解的充要条件是＿＿＿＿＿＿＿.

5. 方程的个数和未知量的个数相同时，齐次线性方程组$\boldsymbol{AX}=\boldsymbol{0}$有非零解的充要条件是＿＿＿＿＿＿＿.

6. 方程组$\begin{cases}x_1+2x_2=2\\2x_1-5x_3=4\end{cases}$的解为＿＿＿＿＿＿＿＿.

7. 若齐次线性方程组$\begin{cases}x_1+kx_2+x_3=0\\2x_1+x_2+x_3=0\\kx_2+3x_3=0\end{cases}$仅有零解，则$k$应满足的条件是＿＿＿＿.

8. 齐次线性方程组$\boldsymbol{AX}=\boldsymbol{0}$的基础解系组成的向量组一定线性＿＿＿＿＿＿＿＿＿.

9. 设$\boldsymbol{A}$是秩为 3 的 5×4 矩阵,$\alpha_1,\alpha_2,\alpha_3$是非齐次线性方程组$\boldsymbol{AX}=\boldsymbol{b}$的三个不同的解. 若

$$\alpha_1+\alpha_2+2\alpha_3=\begin{pmatrix}2\\0\\0\\0\end{pmatrix},\ 3\alpha_1+\alpha_2=\begin{pmatrix}2\\4\\6\\8\end{pmatrix}$$，则方程组$\boldsymbol{AX}=\boldsymbol{b}$的通解为＿＿＿＿＿＿.

10. 如果$R(\boldsymbol{A})=n-1$，且代数余子式$A_{11}\neq 0$，则齐次线性方程组$\boldsymbol{AX}=\boldsymbol{0}$的通解为＿＿＿＿＿.

四、计算题

1. 判断下列各向量组的线性相关性，若相关，则求其最大线性无关组.

（1）$\alpha_1=\begin{pmatrix}1\\-2\\3\\-1\\2\end{pmatrix},\alpha_2=\begin{pmatrix}3\\-1\\5\\-4\\2\end{pmatrix},\alpha_3=\begin{pmatrix}5\\0\\8\\-5\\-4\end{pmatrix},\alpha_4=\begin{pmatrix}2\\1\\2\\-2\\-3\end{pmatrix}$；

（2）$\alpha_1=\begin{pmatrix}1\\1\\1\\1\end{pmatrix},\alpha_2=\begin{pmatrix}1\\0\\1\\1\end{pmatrix},\alpha_3=\begin{pmatrix}2\\3\\3\\3\end{pmatrix},\alpha_4=\begin{pmatrix}4\\6\\5\\7\end{pmatrix}$.

2. λ取何值时，齐次线性方程组$\begin{cases}(\lambda-2)x_1-3x_2-2x_3=0\\-x_1+(\lambda-8)x_2-2x_3=0\\2x_1+14x_2+(\lambda+3)x_3=0\end{cases}$有非零解？并求出一般解.

3. 求解下列非齐次方程组的通解：

（1）$\begin{cases} x_1+x_2=0 \\ 2x_1+x_2+x_3+2x_4=0 \\ 5x_1+3x_2+2x_3+2x_4=0 \end{cases}$；（2）$\begin{cases} x_1-5x_2+2x_3-3x_4=11 \\ 5x_1+3x_2+6x_3-x_4=-1 \\ 2x_1+4x_2+2x_3+x_4=-6 \end{cases}$.

4. 已知非齐次线性方程组$\begin{cases} x_1+x_2+x_3+x_4=-1 \\ 4x_1+3x_2+5x_3-x_4=-1 \\ ax_1+x_2+3x_3+bx_4=1 \end{cases}$有 3 个线性无关的解.

（1）证明方程组系数矩阵 $\boldsymbol{A}$ 的秩 $R(\boldsymbol{A})=2$；

（2）求 a,b 的值及方程组的通解.

5. 设四元非齐次线性方程组的系数矩阵的秩为 3，已知 $\boldsymbol{\eta}_1,\boldsymbol{\eta}_2,\boldsymbol{\eta}_3$ 是它的三个解向量，且 $\boldsymbol{\eta}_1=(2,3,4,5)^{\mathrm{T}},\boldsymbol{\eta}_2+\boldsymbol{\eta}_3=(1,2,3,4)^{\mathrm{T}}$. 求该方程组的通解.

五、证明题

1. 已知向量组 $\boldsymbol{\alpha}_1,\boldsymbol{\alpha}_2,\cdots,\boldsymbol{\alpha}_m$ 线性无关，令

$$\boldsymbol{\beta}_1=\boldsymbol{\alpha}_1+\boldsymbol{\alpha}_2,\boldsymbol{\beta}_2=\boldsymbol{\alpha}_2+\boldsymbol{\alpha}_3,\cdots,\boldsymbol{\beta}_{m-1}=\boldsymbol{\alpha}_{m-1}+\boldsymbol{\alpha}_m,\boldsymbol{\beta}_m=\boldsymbol{\alpha}_m+\boldsymbol{\alpha}_1$$

讨论向量组 $\boldsymbol{\beta}_1,\boldsymbol{\beta}_2,\cdots,\boldsymbol{\beta}_m$ 的线性相关性.

2. 设向量组 $\boldsymbol{\alpha}_1,\boldsymbol{\alpha}_2,\cdots,\boldsymbol{\alpha}_n$ 线性无关，且 $\boldsymbol{\beta}=\boldsymbol{\alpha}_1+\boldsymbol{\alpha}_2+\cdots+\boldsymbol{\alpha}_n(n>1)$，证明：$\boldsymbol{\beta}-\boldsymbol{\alpha}_1,\boldsymbol{\beta}-\boldsymbol{\alpha}_2,\cdots$ $\boldsymbol{\beta}-\boldsymbol{\alpha}_n$ 也线性无关.

3. 设 n 阶行列式 $\begin{vmatrix} a_{11} & a_{12} & \cdots & a_{1,n-1} & a_{1n} \\ a_{21} & a_{22} & \cdots & a_{2,n-1} & a_{2n} \\ \vdots & \vdots & & \vdots & \vdots \\ a_{n1} & a_{n2} & \cdots & a_{n,n-1} & a_{nn} \end{vmatrix}\neq 0$，证明：线性方程组$\begin{cases} a_{11}x_1+a_{12}x_2+\cdots+a_{1,n-1}x_{n-1}=a_{1n} \\ a_{21}x_1+a_{22}x_2+\cdots+a_{2,n-1}x_{n-1}=a_{2n} \\ \vdots \\ a_{n1}x_1+a_{n2}x_2+\cdots+a_{2,n-1}x_{n-1}=a_{nn} \end{cases}$ 无解.

4. （东南大学、华南理工大学、湘潭大学考研真题）设齐次线性方程组

$$\begin{cases} (a_{11}+b)x_1+a_{12}x_2+\cdots+a_{1n}x_n=0 \\ a_{21}x_1+(a_{22}+b)x_2+\cdots+a_{2n}x_n=0 \\ \vdots \\ a_{n1}x_1+a_{n2}x_2+\cdots+(a_{nn}+b)x_n=0 \end{cases}$$

其中 $\sum_{i=1}^{n}a_i\neq 0$，试讨论 $a_1,a_2,\cdots,a_n$ 和 b 满足什么条件时：

（1）方程组仅有零解；

（2）方程组有非零解，此时，用基础解析标出所有解.

5. （南京航空航天大学考研真题）设有向量组

$$\boldsymbol{\alpha}_1=\begin{pmatrix}1\\1\\a\end{pmatrix},\boldsymbol{\alpha}_2=\begin{pmatrix}-2\\a\\4\end{pmatrix},\boldsymbol{\alpha}_3=\begin{pmatrix}-2\\a\\a\end{pmatrix} \quad ①$$

$$\boldsymbol{\beta}_1=\begin{pmatrix}1\\1\\a\end{pmatrix},\boldsymbol{\beta}_2=\begin{pmatrix}1\\a\\1\end{pmatrix},\boldsymbol{\beta}_3=\begin{pmatrix}a\\1\\1\end{pmatrix} \quad ②$$

（1）求a的值，使得向量组①线性相关；

（2）求a的值，使得向量组①不能由向量组②线性表示；

（3）在①和②同时成立的情况下，将向量$\boldsymbol{\gamma}=(1,-2,-5)^{\mathrm{T}}$用$\boldsymbol{\beta}_1,\boldsymbol{\beta}_2,\boldsymbol{\alpha}_3$线性表示.

第5章

线性空间

线性空间是在考察了大量的数学对象（如几何学与物理学中的向量，代数学中的 n 元向量、矩阵、多项式，分析学中的函数等）的本质属性后抽象出来的数学概念，近代数学中不少的研究对象，如赋范线性空间、模等都与线性空间有着密切的关系. 它的理论与方法已经渗透到自然科学、工程技术的许多领域. 本章将详细给出线性空间的概念和相关理论.

5.1 线性空间

线性空间是线性代数中所涉及的线性空间 $\mathbf{R}^n$ 在元素和线性运算上的推广及抽象.

定义 5.1.1 令 V 是一个非空集合，F 是一个数域. 在集合 V 的元素之间定义了一种代数运算，叫做加法，这就是说给出了一个法则，对于 V 中任意两个向量 α 与 β，在 V 中都有唯一的一个元素 γ 与它们对应，称为 α 与 β 的和，记为 $\gamma=\alpha+\beta$. 在数域 F 与集合 V 的元素之间还定义了一种运算，叫做数量乘法，这就是说，对于数域 F 中任一个数 k 与 V 中任一个元素 α，在 V 中都有唯一的一个元素 δ 与它们对应，称为 k 与 α 的数量乘积，记为 $\delta=k\alpha$. 如果加法与数量乘法满足下述规则，那么 V 称为数域 F 上的线性空间（向量空间）.

如果对 $\forall\alpha,\beta,\gamma\in V$ 和 $\forall k,l\in F$，满足如下八条法则：

（1）$\alpha+\beta=\beta+\alpha$；

（2）$(\alpha+\beta)+\gamma=\alpha+(\beta+\gamma)$；

（3）在 V 中存在元素 $\mathbf{0}$，使得 $\forall\alpha\in V$，有 $\alpha+\mathbf{0}=\alpha$（$\mathbf{0}$ 称为 V 的零元素）；

（4）对 $\alpha\in V$，在 V 中存在元素 β，使得 $\alpha+\beta=\mathbf{0}$（β 称为 α 的负元素，记为 $-\alpha$）；

（5）$1\alpha=\alpha$；

（6）$(kl)\alpha=k(l\alpha)=l(k\alpha)=lk\alpha$；

（7）$(k+l)\alpha=k\alpha+l\alpha$；

（8）$k(\alpha+\beta)=k\alpha+k\beta$；

可以看到，一个线性空间的构成，需要一个非空集合和一个数域，同时还维系着两种满足要求的运算，所以，一般谈到集合 V 是线性空间时，需要说明 V 是哪一个数域 F 上的线性空间. 但是，在不需要特别强调数域 F 时，线性空间 $V(F)$ 通常记为 V. 例如，第四章第 1 节中的 n 维线性空间 $\mathbf{R}^n$，就是实数域 $\mathbf{R}$ 上的线性空间，也是一个非常重要的线性空间.

例 5.1.1 全体 n 维复向量所构成的集合 $\mathbf{C}^n=\left\{\left(x_1,x_2,\cdots,x_n\right)^{\mathrm{T}}\mid x_i\in\mathbf{C}\right\}$，对通常向量的加法和

数乘运算构成复数域$\mathbf{C}$上的线性空间. 称为复线性空间，记为$\mathbf{C}^n$. 全体n维实向量所构成的集合$\mathbf{R}^n=\{(x_1,x_2,\cdots,x_n)^{\mathrm{T}}\mid x_i\in\mathbf{R}\}$，对通常向量的加法和数乘运算构成实数域$\mathbf{R}$上的线性空间，称为实线性空间，记为$\mathbf{R}^n$.

例 5.1.2 数域$\boldsymbol{F}$上所有$m\times n$矩阵$\boldsymbol{M}_{m\times n}(\boldsymbol{F})=\{\boldsymbol{A}_{m\times n}=(a_{ij})\big|a_{ij}\in\boldsymbol{F},i=1,2,\cdots m;j=1,2,\cdots n\}$，对通常矩阵的加法和数乘运算构成数域$\boldsymbol{F}$上的线性空间，称为矩阵空间，记为$\boldsymbol{M}_{m\times n}(\boldsymbol{F})$. 特别地，当$m=n$时，记作$\boldsymbol{M}_n(\boldsymbol{F})$. $\boldsymbol{M}_{m\times n}(\boldsymbol{F})$也有书上记作$\boldsymbol{F}^{m\times n}$，本书两种记号都有使用.

例 5.1.3 数域$\boldsymbol{F}$上次数小于n的多项式的全体构成的集合$\boldsymbol{F}[x]_n$，对通常多项式的加法和数乘运算构成数域$\boldsymbol{F}$上的线性空间，称为多项式空间，记为$\boldsymbol{F}[x]_n$.

其中
$$\boldsymbol{F}[x]_n=\{a_0+a_1x+\cdots+a_{n-1}x^{n-1}\big|a_i\in\boldsymbol{F};i=0,1,\cdots,n\}$$

而仅由n次多项式的全体构成的集合$\boldsymbol{Q}[x]$不构成线性空间.

其中
$$\boldsymbol{Q}[x]=\{a_0+a_1x+\cdots+a_nx^n\big|a_n\neq 0,a_i\in\boldsymbol{F};i=0,1,2,\cdots,n\}$$

例 5.1.4 区间$[a,b]$上连续实函数全体所构成的集合$\mathbf{C}[a,b]$，对通常函数的加法和数乘运算构成相应实数域$\mathbf{R}$上的线性空间，称为函数空间，记为$\mathbf{C}[a,b]$.

对于数域$\boldsymbol{F}$上的线性空间$\boldsymbol{V}$，当数域$\boldsymbol{F}$为实数域时，$\boldsymbol{V}$称为实线性空间；当数域$\boldsymbol{F}$为复数域时，$\boldsymbol{V}$称为复线性空间.

以上给出的线性空间的举例，是常见的一些线性空间，在一个线性空间中，所研究的对象，如$\mathbf{C}^n$中的向量、$\mathbf{C}^{m\times n}$中的矩阵、$\boldsymbol{F}[x]_n$中的多项式和$\mathbf{C}[a,b]$中的连续函数等在其对应的线性空间中都可以称为“向量”.

所以，在本书中的“向量”，不局限于$\mathbf{R}^n$和$\mathbf{C}^n$中的元素，也有其拓展性的含义. 另外，在线性空间中定义的“加法”和“数乘”运算，已不再局限在数的加法、数乘的概念中，下面举例说明.

例 5.1.5 设集合$\mathbf{R}^+=\{$全体正实数$\}$，$\forall x,y\in\mathbf{R}^+$和$\forall k\in\mathbf{R}$，定义其“加法”及“数乘”运算为$x\oplus y=xy$，$k\otimes x=x^k$，试证明：$\mathbf{R}^+$是实数域$\mathbf{R}$上的线性空间.

证明 运算结果的唯一性，显然；若$x>0$，$y>0$，$k\in\mathbf{R}$，则有$x\oplus y=xy\in\mathbf{R}^+$，$k\otimes x=x^k\in\mathbf{R}^+$，封闭性得证.

下证八条性质：$\forall x,y,z\in\mathbf{R}^+$，$\forall k,l\in\mathbf{R}$.

（1）$x\oplus(y\oplus z)=x(yz)=(xy)z=(x\oplus y)\oplus z$；

（2）$x\oplus y=xy=yx=y\oplus x$；

（3）$x\oplus 1=x\cdot 1=x$，存在$1\in\mathbf{R}^+$是零元素；

（4）$x\oplus\dfrac{1}{x}=x\cdot\dfrac{1}{x}=1$，即$\dfrac{1}{x}$是$x$的负元素；

（5）$k\otimes(x\oplus y)=(xy)^k=x^ky^k=(k\otimes x)\oplus(k\otimes y)$；

（6）$(k+l)\otimes x=x^{k+l}=x^kx^l=(k\otimes x)\oplus(l\otimes x)$；

（7）$k\otimes(l\otimes x)=(x^l)^k=x^{kl}=(kl)\otimes x$；

（8）$1\otimes x=x^1=x$.

由此知，$\mathbf{R}^+$ 是实数域 $\mathbf{R}$ 上的线性空间.

例 5.1.6 设集合 $V=\{\boldsymbol{x}\mid\boldsymbol{x}=(x_1,x_2,1)^{\mathrm{T}},\ x_1,x_2\in\mathbf{R}\}$，对于通常 $\mathbf{R}^3$ 上的加法和数乘运算，验证 V 是否是实数域 $\mathbf{R}$ 上的线性空间.

证明 任取 $\boldsymbol{x},\boldsymbol{y}\in V$，其中 $\boldsymbol{x}=(x_1,x_2,1)^{\mathrm{T}}$，$\boldsymbol{y}=(y_1,y_2,1)^{\mathrm{T}}$，则

$$\boldsymbol{x}+\boldsymbol{y}=(x_1+y_1,x_2+y_2,2)^{\mathrm{T}}\notin V$$

即 V 中元素对加法运算不封闭，所以 V 不是 $\mathbf{R}$ 上的线性空间.

在例 5.1.6 中，也可以通过 V 中没有零元素等其他理由来说明 V 不是线性空间.

下面给出线性空间的简单性质.

定理 5.1.1 设 V 为数域 F 上线性空间，$\boldsymbol{x}\in V,k\in F$，则有如下性质：

（1）V 中零元素是唯一的，V 中任一元素的负元素也是唯一的.

（2）$0\boldsymbol{x}=\boldsymbol{0}$，$k\boldsymbol{0}=\boldsymbol{0}$.

（3）$(-1)\boldsymbol{x}=-\boldsymbol{x}$.

（4）若 $k\boldsymbol{x}=\boldsymbol{0}$，则一定有 $k=0$ 或 $\boldsymbol{x}=\boldsymbol{0}$.

（5）对任意的 $\boldsymbol{x},\boldsymbol{y},\boldsymbol{z}\in V$，如果 $\boldsymbol{x}+\boldsymbol{y}=\boldsymbol{x}+\boldsymbol{z}$，则必有 $\boldsymbol{y}=\boldsymbol{z}$.

（证明留作练习）

线性空间 $\mathbf{R}^n$ 是线性空间的特例，由 $\mathbf{R}^n$ 中的一些向量构成的 $\mathbf{R}^n$ 的子集称为 $\mathbf{R}^n$ 中的向量组，伴随着这个概念的产生，自然也有 $\mathbf{R}^n$ 中向量组的若干个诸如线性相关和线性无关等概念和性质产生. 我们在前面已经说过，线性空间 V 中的元素也称为“向量”，虽然 V 中的向量比 $\mathbf{R}^n$ 中的向量的含义更为广泛，但向量组和线性相关等概念和结论却与其类似，下面对 V 中的这些概念做简单叙述.

定义 5.1.2 设 V 是数域 F 上的线性空间，$\boldsymbol{\alpha}_1,\boldsymbol{\alpha}_2,\cdots,\boldsymbol{\alpha}_r(r\geqslant 1)$ 是 V 中的一组向量，若对于 V 中向量 $\boldsymbol{\alpha}$，存在 $k_1,k_2,\cdots,k_r\in F$，使得 $\boldsymbol{\alpha}=k_1\boldsymbol{\alpha}_1+k_2\boldsymbol{\alpha}_2+\cdots+k_r\boldsymbol{\alpha}_r$，则称 $\boldsymbol{\alpha}_1,\boldsymbol{\alpha}_2,\cdots,\boldsymbol{\alpha}_r$ 是 $\boldsymbol{\alpha}$ 的线性组合，也称 $\boldsymbol{\alpha}$ 可由 $\boldsymbol{\alpha}_1,\boldsymbol{\alpha}_2,\cdots,\boldsymbol{\alpha}_r$ 线性表示.

定义 5.1.3 设 V 是数域 F 上的线性空间，$\boldsymbol{\alpha}_1,\boldsymbol{\alpha}_2,\cdots,\boldsymbol{\alpha}_r(r\geqslant 1)$ 是 V 中的一组向量，若存在不全为零的 $k_1,k_2,\cdots,k_r\in F$，使得 $k_1\boldsymbol{\alpha}_1+k_2\boldsymbol{\alpha}_2+\cdots+k_r\boldsymbol{\alpha}_r=\boldsymbol{0}$，则称 $\boldsymbol{\alpha}_1,\boldsymbol{\alpha}_2,\cdots,\boldsymbol{\alpha}_r$ 线性相关，否则称 $\boldsymbol{\alpha}_1,\boldsymbol{\alpha}_2,\cdots,\boldsymbol{\alpha}_r$ 线性无关.

从定义 5.1.3 可以看出，V 中的一组向量 $\boldsymbol{\alpha}_1,\boldsymbol{\alpha}_2,\cdots,\boldsymbol{\alpha}_r(r\geqslant 1)$ 线性无关当且仅当如果 $k_1\boldsymbol{\alpha}_1+k_2\boldsymbol{\alpha}_2+\cdots+k_r\boldsymbol{\alpha}_r=\boldsymbol{0}$ 成立，必有 $k_1=k_2=\cdots=k_r=0$.

V 中含有零向量的向量组必线性相关. 由一个向量构成的向量组线性相关当且仅当该向量是零向量，而由一个向量构成的向量组线性无关当且仅当该向量是非零向量.

定理 5.1.2 设 V 为数域 F 上的线性空间，$\boldsymbol{\alpha}_1,\boldsymbol{\alpha}_2,\cdots,\boldsymbol{\alpha}_r,\boldsymbol{\beta}\in V$，若 $\boldsymbol{\alpha}_1,\boldsymbol{\alpha}_2,\cdots,\boldsymbol{\alpha}_r$ 线性无关，而 $\boldsymbol{\alpha}_1,\boldsymbol{\alpha}_2,\cdots,\boldsymbol{\alpha}_r,\boldsymbol{\beta}$ 线性相关，则 $\boldsymbol{\beta}$ 可由 $\boldsymbol{\alpha}_1,\boldsymbol{\alpha}_2,\cdots,\boldsymbol{\alpha}_r$ 唯一的线性表出.

例 5.1.7 在 $\boldsymbol{M}_{2\times 3}(\mathbf{R})$ 中，向量 $\boldsymbol{A}=\begin{pmatrix}1&-1&3\\0&2&-3\end{pmatrix}$ 可由向量组 $\begin{pmatrix}1&0&0\\0&0&0\end{pmatrix}$，$\begin{pmatrix}0&1&0\\0&0&0\end{pmatrix}$，$\begin{pmatrix}0&0&1\\0&0&0\end{pmatrix}$，$\begin{pmatrix}0&0&0\\1&0&0\end{pmatrix}$，$\begin{pmatrix}0&0&0\\0&1&0\end{pmatrix}$，$\begin{pmatrix}0&0&0\\0&0&1\end{pmatrix}$ 线性表示，因为

$$\begin{pmatrix}1 & -1 & 3\\ 0 & 2 & -3\end{pmatrix}=1\cdot\begin{pmatrix}1 & 0 & 0\\ 0 & 0 & 0\end{pmatrix}-1\cdot\begin{pmatrix}0 & 1 & 0\\ 0 & 0 & 0\end{pmatrix}+3\cdot\begin{pmatrix}0 & 0 & 3\\ 0 & 0 & 0\end{pmatrix}+$$

$$0\cdot\begin{pmatrix}0 & 0 & 0\\ 1 & 0 & 0\end{pmatrix}+2\cdot\begin{pmatrix}0 & 0 & 0\\ 0 & 1 & 0\end{pmatrix}-3\cdot\begin{pmatrix}0 & 0 & 0\\ 0 & 0 & 1\end{pmatrix}$$

例 5.1.8 在 $\mathbf{R}[x]_4=\{a_0+a_1x+a_2x^2+a_3x^3\mid a_i\in\mathbf{R};i=0,1,2,3\}$ 中，$3,1+x,(1+x)^2,(1+x)^3$ 是线性无关的，而 $2x,5x,-3x$ 是线性相关的.

在线性空间 $\boldsymbol{V}$ 中的向量组之间，也有如下相关定义.

定义 5.1.4 设 $\boldsymbol{V}$ 为数域 $\boldsymbol{F}$ 上的线性空间，$\boldsymbol{\alpha}_1,\boldsymbol{\alpha}_2,\cdots,\boldsymbol{\alpha}_s$，$\boldsymbol{\beta}_1,\boldsymbol{\beta}_2,\cdots,\boldsymbol{\beta}_t$ 为 $\boldsymbol{V}$ 中的两个向量组，如果 $\boldsymbol{\alpha}_1,\boldsymbol{\alpha}_2,\cdots,\boldsymbol{\alpha}_s$ 中任一向量 $\boldsymbol{\alpha}_i(i=1,2,\cdots s)$ 可由 $\boldsymbol{\beta}_1,\boldsymbol{\beta}_2,\cdots,\boldsymbol{\beta}_t$ 向量组线性表示，则称向量组 $\boldsymbol{\alpha}_1,\boldsymbol{\alpha}_2,\cdots,\boldsymbol{\alpha}_s$ 可由向量组 $\boldsymbol{\beta}_1,\boldsymbol{\beta}_2,\cdots,\boldsymbol{\beta}_t$ 线性表示；如果向量组 $\boldsymbol{\alpha}_1,\boldsymbol{\alpha}_2,\cdots,\boldsymbol{\alpha}_s$ 和向量组 $\boldsymbol{\beta}_1,\boldsymbol{\beta}_2,\cdots,\boldsymbol{\beta}_t$ 可以互相线性表示，则称向量组 $\boldsymbol{\alpha}_1,\boldsymbol{\alpha}_2,\cdots,\boldsymbol{\alpha}_s$ 和向量组 $\boldsymbol{\beta}_1,\boldsymbol{\beta}_2,\cdots,\boldsymbol{\beta}_t$ 等价.

定义 5.1.5 设 $\boldsymbol{V}$ 为数域 $\boldsymbol{F}$ 上的线性空间，$\boldsymbol{\alpha}_1,\boldsymbol{\alpha}_2,\cdots,\boldsymbol{\alpha}_m$ 为 $\boldsymbol{V}$ 中的向量组，如果 $\boldsymbol{\alpha}_1,\boldsymbol{\alpha}_2,\cdots,\boldsymbol{\alpha}_m$ 中有 $r(r\leqslant m)$ 个向量线性无关，而任意 $r+1$ 个（如果有的话）都线性相关，则称这 r 个向量为向量组 $\boldsymbol{\alpha}_1,\boldsymbol{\alpha}_2,\cdots,\boldsymbol{\alpha}_m$ 的一个极大无关组.

在线性空间 $\boldsymbol{V}$ 中，向量组的极大无关组未必唯一，但极大无关组所含向量个数相等.

定义 5.1.6 设 $\boldsymbol{\alpha}_1,\boldsymbol{\alpha}_2,\cdots,\boldsymbol{\alpha}_m$ 为数域 F 上的线性空间 $\boldsymbol{V}$ 中的向量组，如果 $\boldsymbol{\alpha}_1,\boldsymbol{\alpha}_2,\cdots,\boldsymbol{\alpha}_m$ 的极大无关组所含向量个数为 $r(r\leqslant m)$，则称 r 为 $\boldsymbol{\alpha}_1,\boldsymbol{\alpha}_2,\cdots,\boldsymbol{\alpha}_m$ 的秩，记为 $R(\boldsymbol{\alpha}_1,\boldsymbol{\alpha}_2,\cdots,\boldsymbol{\alpha}_m)=r$，或 $r(\boldsymbol{\alpha}_1,\boldsymbol{\alpha}_2,\cdots,\boldsymbol{\alpha}_m)=r$.

例 5.1.9 在 $\mathbf{R}[x]_4$ 中，$\{3,x,x^2,2x,1,-5x^2,x^3\}\subset\mathbf{R}[x]_4$，$3,x,x^2,x^3$ 是向量组 $3,\ x,x^2,2x,1,-5x^2,x^3$ 的一个极大无关组，$3,2x,-5x^2,x^3$ 也是向量组 $3,x,x^2,2x,1,-5x^2,x^3$ 的一个极大无关组，则 $\mathbf{R}(3,x,x^2,2x,1,-5x^2,x^3)=4$.

定理 5.1.3 线性空间 $\boldsymbol{V}$ 中的向量组具有如下性质：

（1）向量组线性相关的充要条件是向量组中有某个向量可由其他向量线性表示.

（2）若向量组中有某一个子向量组线性相关，则向量组线性相关.

（3）若向量组线性无关，则其任意非空子向量组也线性无关.

（说明：第 4 章关于 n 维向量组的性质与结论在一般线性空间中依然成立，所以本节省略了相关定理的证明.）

习题 5.1

1. 验证以下集合对于所指的运算是否构成实数域 $\mathbf{R}$ 上的线性空间：

（1）次数等于 $n(n\geqslant 1)$ 的实系数多项式的全体，对于通常多项式的加法和数乘.

（2）令 $\boldsymbol{V}=\{(a,b)|a,b\in\mathbf{R}\}$ 对于如下定义的加法“$\oplus$”和数量乘法“$\circ$”：

$$(a_1,b_1)\oplus(a_2,b_2)=(a_1+a_2,b_1+b_2+a_1a_2)\,,\quad k\circ(a_1,b_1)=\left(ka_1,kb_1+\frac{k(k-1)}{2}a_1^2\right)$$

（3）全体 n 阶上三角实矩阵（对称阵），对于矩阵的加法和数量乘法.

（4）设 $\boldsymbol{A}$ 是 n 阶实数矩阵. $\boldsymbol{A}$ 的实系数多项式 $f(\boldsymbol{A})$ 的全体，对于矩阵的加法和数乘.

5.2 基、维数与坐标

前面已经给出了线性空间的基本概念，为了对线性空间有更进一步的刻画，下面依赖于线性空间中向量组的线性相关和线性无关给出基底与维数的定义.

定义 5.2.1 设 $\boldsymbol{V}$ 是数域 $\boldsymbol{F}$ 上线性空间，$\boldsymbol{\alpha}_1,\boldsymbol{\alpha}_2,\cdots,\boldsymbol{\alpha}_n \in \boldsymbol{V}$，若满足：

（1）$\boldsymbol{\alpha}_1,\boldsymbol{\alpha}_2,\cdots,\boldsymbol{\alpha}_n$ 线性无关；

（2）任意的 $\boldsymbol{\alpha}\in\boldsymbol{V}$，$\boldsymbol{\alpha}$ 都可由 $\boldsymbol{\alpha}_1,\boldsymbol{\alpha}_2,\cdots,\boldsymbol{\alpha}_n$ 线性表示，

则称 $\boldsymbol{\alpha}_1,\boldsymbol{\alpha}_2,\cdots,\boldsymbol{\alpha}_n$ 为线性空间 $\boldsymbol{V}$ 的基底（简称基），并称基底所含向量的个数 n 为线性空间 $\boldsymbol{V}$ 的维数，记作 $\dim\boldsymbol{V}=n$. 此时，$\boldsymbol{V}$ 称作 n 有限维线性空间，简记为 $\boldsymbol{V}_n$.

显然，有限维非零线性空间 $\boldsymbol{V}$ 的基不唯一，但维数唯一.

如果对于任意的 n，均可在线性空间 $\boldsymbol{V}$ 中找到 n 个线性无关的向量，则称 $\boldsymbol{V}$ 是无限维的线性空间. 特别地，只含有零向量的线性空间 $\boldsymbol{V}$ 称为零空间，显然零空间的维数为 0.

如果把线性空间 $\boldsymbol{V}$ 看成是一个大的向量组，那么 $\boldsymbol{V}$ 的基相当于这个向量组的一个极大无关组. 对于有限维线性空间 $\boldsymbol{V}$，其个数与空间 $\boldsymbol{V}$ 的维数相同的线性无关向量组都可以作为 $\boldsymbol{V}$ 的基.

例 5.2.1 复数域 $\mathbf{C}$ 上的线性空间 $\mathbf{C}^n=\left\{\begin{pmatrix}x_1\\x_2\\\vdots\\x_n\end{pmatrix}\middle| x_i\in\mathbf{C}\right\}$ 中，$\boldsymbol{\varepsilon}_1=\begin{pmatrix}1\\0\\\vdots\\0\end{pmatrix},\boldsymbol{\varepsilon}_2=\begin{pmatrix}0\\1\\\vdots\\0\end{pmatrix},\cdots,\boldsymbol{\varepsilon}_n=\begin{pmatrix}0\\0\\\vdots\\1\end{pmatrix}$ 与

$\boldsymbol{\varepsilon}_1'=\begin{pmatrix}1\\1\\\vdots\\1\end{pmatrix},\boldsymbol{\varepsilon}_2'=\begin{pmatrix}1\\1\\\vdots\\0\end{pmatrix},\cdots,\boldsymbol{\varepsilon}_n'=\begin{pmatrix}1\\0\\\vdots\\0\end{pmatrix}$ 都是 $\mathbf{C}^n$ 的基.

$\mathbf{C}^n$ 的维数 $\dim\mathbf{C}^n=n$. 一般称 $\boldsymbol{\varepsilon}_1,\boldsymbol{\varepsilon}_2,\cdots,\boldsymbol{\varepsilon}_n$ 为 $\mathbf{C}^n$ 的自然基（标准基）.

例 5.2.2 在矩阵空间 $\boldsymbol{M}_{m\times n}(\mathbf{C})=\{\boldsymbol{A}_{m\times n}\,|\,\boldsymbol{A}_{m\times n}=(a_{ij}),a_{ij}\in\mathbf{C},i=1,2,\cdots m;j=1,2,\cdots n\}$ 中，令

$$\boldsymbol{E}_{ij}=\begin{pmatrix} & & & 0 & & & \\ & & & \vdots & & & \\ & & & 0 & & & \\ 0 & \cdots & 0 & 1 & 0 & \cdots & 0 \\ & & & 0 & & & \\ & & & \vdots & & & \\ & & & 0 & & & \end{pmatrix}\begin{matrix}\\ \\ \\ (i)\\ \\ \\ \\ \end{matrix},\quad i=1,2,\cdots,m;\ j=1,2,\cdots,n$$

$$(j)$$

则 $\boldsymbol{M}_{m\times n}(\mathbf{C})$ 中的这 mn 个向量 $\boldsymbol{E}_{ij}$ 为 $\boldsymbol{M}_{m\times n}(\mathbf{C})$ 的一组基（自然基），$\dim\boldsymbol{M}_{m\times n}(\mathbf{C})=mn$.

例 5.2.3 在多项式空间 $\boldsymbol{F}[x]_n=\left\{a_0+a_1x+\cdots+a_{n-1}x^{n-1}\,\middle|\,a_i\in\boldsymbol{F};i=0,1,2,\cdots n\right\}$ 中，$1,x,x^2,\cdots,x^{n-1}$ 是 $\boldsymbol{F}[x]_n$ 的一组基，$\dim\boldsymbol{F}[x]_n=n$. $1,x-1,(x-1)^2,\cdots,(x-1)^{n-1}$ 也是 $\boldsymbol{F}[x]_n$ 的一组基. 其中 $1,x,x^2,\cdots,x^{n-1}$ 为 $\boldsymbol{F}[x]_n$ 的自然基.

注：这里提到了自然基，不同的书上有不同的说法，请读者通过上下文判断.

例 5.2.4 区间$[a,b]$上连续实函数全体构成函数空间$\mathbf{C}[a,b]$，对任意的正整数n，总能找到n个$\mathbf{C}[a,b]$中的线性无关的向量，所以$\mathbf{C}[a,b]$是无限维的.

如果将线性空间用维数来分类，则分有限维和无限维两大类（只含零向量的 0 维线性空间$\boldsymbol{V}=\{\mathbf{0}\}$属于有限维的）.

定义 5.2.2 设$\boldsymbol{V}$是数域$\boldsymbol{F}$上的n维线性空间，$\boldsymbol{\alpha}_1,\boldsymbol{\alpha}_2,\cdots,\boldsymbol{\alpha}_n$是$\boldsymbol{V}$的一组基，对$\forall\boldsymbol{\alpha}\in\boldsymbol{V}$，可由基$\boldsymbol{\alpha}_1,\boldsymbol{\alpha}_2,\cdots,\boldsymbol{\alpha}_n$唯一表示，其表达式为

$$\boldsymbol{\alpha}=x_1\boldsymbol{\alpha}_1+x_2\boldsymbol{\alpha}_2+\cdots+x_n\boldsymbol{\alpha}_n=\sum_{i=1}^{n}x_i\boldsymbol{\alpha}_i=(\boldsymbol{\alpha}_1,\boldsymbol{\alpha}_2,\cdots,\boldsymbol{\alpha}_n)\begin{pmatrix}x_1\\x_2\\\vdots\\x_n\end{pmatrix},\quad x_i\in\boldsymbol{F},i=1.2,\cdots,n$$

称$(x_1,x_2,\cdots,x_n)^{\mathrm{T}}\in\boldsymbol{F}^n$为向量$\boldsymbol{\alpha}$在基$\boldsymbol{\alpha}_1,\boldsymbol{\alpha}_2,\cdots,\boldsymbol{\alpha}_n$下的坐标.

在线性空间$\boldsymbol{V}$中，向量$\boldsymbol{\alpha}$关于基$\boldsymbol{\alpha}_1,\boldsymbol{\alpha}_2,\cdots,\boldsymbol{\alpha}_n$的坐标为数域$\boldsymbol{F}$上的$n$维向量，即$(x_1,x_2,\cdots,x_n)^{\mathrm{T}}\in\boldsymbol{F}^n$. 并且，向量$\boldsymbol{\alpha}$在不同基下的坐标是不相同的.

例 5.2.5 在例 5.1.7 的$\boldsymbol{M}_{2\times3}(\mathbf{R})$中，$\dim\boldsymbol{M}_{2\times3}(\mathbf{R})=6$，向量$\boldsymbol{A}=\begin{pmatrix}1&-1&3\\0&2&-3\end{pmatrix}$在$\boldsymbol{M}_{2\times3}(\mathbf{R})$中的自然基$\begin{pmatrix}1&0&0\\0&0&0\end{pmatrix}$，$\begin{pmatrix}0&1&0\\0&0&0\end{pmatrix}$，$\begin{pmatrix}0&0&1\\0&0&0\end{pmatrix}$，$\begin{pmatrix}0&0&0\\1&0&0\end{pmatrix}$，$\begin{pmatrix}0&0&0\\0&1&0\end{pmatrix}$，$\begin{pmatrix}0&0&0\\0&0&1\end{pmatrix}$下的坐标为$(1,-1,3,0,2,-3)^{\mathrm{T}}\in\mathbf{R}^6$.

我们知道，有限维线性空间的基是不唯一的，而对于线性空间的任意一个向量，在不同基下会有不同的坐标. 下面将研究有限维线性空间不同基之间的联系和向量在不同基下的坐标之间的联系.

设$\boldsymbol{V}$是数域$\boldsymbol{F}$上n维线性空间，$\boldsymbol{\varepsilon}_1,\boldsymbol{\varepsilon}_2,\cdots,\boldsymbol{\varepsilon}_n$和$\boldsymbol{\varepsilon}_1',\boldsymbol{\varepsilon}_2',\cdots,\boldsymbol{\varepsilon}_n'$为$\boldsymbol{V}$的两组基，用$\boldsymbol{\varepsilon}_1,\boldsymbol{\varepsilon}_2,\cdots,\boldsymbol{\varepsilon}_n$来表示$\boldsymbol{\varepsilon}_1',\boldsymbol{\varepsilon}_2',\cdots,\boldsymbol{\varepsilon}_n'$中的每一个$\boldsymbol{\varepsilon}_i'(i=1,2,\cdots,n)$，形式如下：

$$\begin{cases}\boldsymbol{\varepsilon}_1'=p_{11}\boldsymbol{\varepsilon}_1+p_{21}\boldsymbol{\varepsilon}_2+\cdots+p_{n1}\boldsymbol{\varepsilon}_n\\\boldsymbol{\varepsilon}_2'=p_{12}\boldsymbol{\varepsilon}_1+p_{22}\boldsymbol{\varepsilon}_2+\cdots+p_{n2}\boldsymbol{\varepsilon}_n\\\qquad\vdots\\\boldsymbol{\varepsilon}_n'=p_{1n}\boldsymbol{\varepsilon}_1+p_{2n}\boldsymbol{\varepsilon}_2+\cdots+p_{nn}\boldsymbol{\varepsilon}_n\end{cases}\qquad(5.2.1)$$

可以看到，$(p_{1i},p_{2i},\cdots,p_{ni})^{\mathrm{T}}\ (i=1,2,\cdots,n)$是$\boldsymbol{\varepsilon}_i'$在基$\boldsymbol{\varepsilon}_1,\boldsymbol{\varepsilon}_2,\cdots,\boldsymbol{\varepsilon}_n$下的坐标，将式（5.2.1）写成如下形式：

$$(\boldsymbol{\varepsilon}_1',\boldsymbol{\varepsilon}_2',\cdots,\boldsymbol{\varepsilon}')=(\boldsymbol{\varepsilon}_1,\boldsymbol{\varepsilon}_2,\cdots,\boldsymbol{\varepsilon}_n)\begin{pmatrix}p_{11}&p_{12}&\cdots&p_{1n}\\p_{21}&p_{22}&\cdots&p_{2n}\\\vdots&\vdots&&\vdots\\p_{n1}&p_{n2}&\cdots&p_{nn}\end{pmatrix}\qquad(5.2.2)$$

由此得到如下定义.

定义 5.2.3 称式（5.2.2）为基变换公式. 称式（5.2.2）中的 $P=\begin{pmatrix} p_{11} & p_{12} & \cdots & p_{1n} \\ p_{21} & p_{22} & \cdots & p_{2n} \\ \vdots & \vdots & & \vdots \\ p_{n1} & p_{n2} & \cdots & p_{nn} \end{pmatrix}$ 为由基 $\varepsilon_1,\varepsilon_2,\cdots,\varepsilon_n$ 到基 $\varepsilon_1',\varepsilon_2',\cdots,\varepsilon_n'$ 的过渡矩阵. 其中 P 的第 j 列是 ε_j' 在基 $\varepsilon_1,\varepsilon_2,\cdots,\varepsilon_n$ 下的坐标.

定理 5.2.1 过渡矩阵 P 是可逆的.

证明 设 $PX=0$，则 $(\varepsilon_1,\varepsilon_2,\cdots,\varepsilon_n)PX=0$，而由 $(\varepsilon_1',\varepsilon_2',\cdots,\varepsilon_n')=(\varepsilon_1,\varepsilon_2,\cdots,\varepsilon_n)P$ 可得 $(\varepsilon_1',\varepsilon_2',\cdots,\varepsilon_n')X=(\varepsilon_1,\varepsilon_2,\cdots,\varepsilon_n)PX=0$，由 $\varepsilon_1',\varepsilon_2',\cdots,\varepsilon_n'$ 线性无关可得 $X=0$，即 $PX=0$ 只有零解，故过渡矩阵 P 是可逆的.

例 5.2.6 设 $\mathbf{R}^3$ 的两个基是

$$\varepsilon_1=\begin{pmatrix}1\\1\\-1\end{pmatrix},\ \varepsilon_2=\begin{pmatrix}-1\\0\\1\end{pmatrix},\ \varepsilon_3=\begin{pmatrix}0\\1\\1\end{pmatrix},\ \varepsilon_1'=\begin{pmatrix}1\\0\\1\end{pmatrix},\ \varepsilon_2'=\begin{pmatrix}0\\0\\1\end{pmatrix},\ \varepsilon_3'=\begin{pmatrix}1\\1\\1\end{pmatrix}$$

求由基 $\varepsilon_1,\varepsilon_2,\varepsilon_3$ 到基 $\varepsilon_1',\varepsilon_2',\varepsilon_3'$ 的过渡矩阵 P.

解 由 $(\varepsilon_1',\varepsilon_2',\cdots,\varepsilon')=(\varepsilon_1,\varepsilon_2,\cdots,\varepsilon_n)P$ 得

$$\begin{pmatrix}1&0&1\\0&0&1\\1&1&1\end{pmatrix}=\begin{pmatrix}1&-1&0\\1&0&1\\-1&1&1\end{pmatrix}P$$

所以
$$P=\begin{pmatrix}1&-1&0\\1&0&1\\-1&1&1\end{pmatrix}^{-1}\begin{pmatrix}1&0&1\\0&0&1\\1&1&1\end{pmatrix}=\begin{pmatrix}-1&1&-1\\-2&1&-1\\1&0&1\end{pmatrix}\begin{pmatrix}1&0&1\\0&0&1\\1&1&1\end{pmatrix}=\begin{pmatrix}-2&-1&-1\\-3&-1&-2\\2&1&2\end{pmatrix}$$

即由基 $\varepsilon_1,\varepsilon_2,\varepsilon_3$ 到基 $\varepsilon_1',\varepsilon_2',\varepsilon_3'$ 的过渡矩阵

$$P=\begin{pmatrix}-2&-1&-1\\-3&-1&-2\\2&1&2\end{pmatrix}$$

例 5.2.7 设线性空间 $M_2(\mathbf{R})$ 中的两组基分别为

$$E_{11}=\begin{pmatrix}1&0\\0&0\end{pmatrix},\ E_{12}=\begin{pmatrix}0&1\\0&0\end{pmatrix},\ E_{21}=\begin{pmatrix}0&0\\1&0\end{pmatrix},\ E_{22}=\begin{pmatrix}0&0\\0&1\end{pmatrix};$$

$$F_{11}=\begin{pmatrix}0&1\\-1&1\end{pmatrix},\ F_{12}=\begin{pmatrix}1&0\\1&-1\end{pmatrix},\ F_{21}=\begin{pmatrix}-1&1\\0&1\end{pmatrix},\ F_{22}=\begin{pmatrix}1&1\\-1&0\end{pmatrix}$$

求第一组基到第二组基的过渡矩阵.

解 根据公式有 $(F_{11},F_{12},F_{21},F_{22})=(E_{11},E_{12},E_{21},E_{22})P$，又由于构成过渡矩阵 P 的列就是 $F_{ij}\ (i,j=1,2)$ 在基 $E_{11},E_{12},E_{21},E_{22}$ 下的坐标，所以过渡矩阵为

$$P=\begin{pmatrix}0&1&-1&1\\1&0&1&1\\-1&1&0&-1\\1&-1&1&0\end{pmatrix}$$

定理 5.2.2 设 $\varepsilon_1,\varepsilon_2,\cdots,\varepsilon_n$ 与 $\varepsilon_1',\varepsilon_2',\cdots,\varepsilon_n'$ 是 n 维线性空间 V 的两组基，P 为由 $\varepsilon_1,\varepsilon_2,\cdots,\varepsilon_n$ 到 $\varepsilon_1',\varepsilon_2',\cdots,\varepsilon_n'$ 的过渡矩阵，对 V 中向量 X，它在两组基下的坐标分别为 $(x_1,x_2,\cdots,x_n)^{\mathrm{T}}$ 与 $(x_1',x_2',\cdots,x')^{\mathrm{T}}$，则

$$\begin{pmatrix}x_1\\x_2\\\vdots\\x_n\end{pmatrix}=P\begin{pmatrix}x_1'\\x_2'\\\vdots\\x_n'\end{pmatrix}\tag{5.2.3}$$

证明 因为

$$X=(\varepsilon_1,\varepsilon_2,\cdots,\varepsilon_n)\begin{pmatrix}x_1\\x_2\\\vdots\\x_n\end{pmatrix},\text{且 }X=(\varepsilon_1',\varepsilon_2',\cdots,\varepsilon_n')\begin{pmatrix}x_1'\\x_2'\\\vdots\\x_n'\end{pmatrix}$$

所以

$$(\varepsilon_1,\varepsilon_2,\cdots,\varepsilon_n)\begin{pmatrix}x_1\\x_2\\\vdots\\x_n\end{pmatrix}=(\varepsilon_1',\varepsilon_2',\cdots,\varepsilon_n')\begin{pmatrix}x_1'\\x_2'\\\vdots\\x_n'\end{pmatrix}\tag{5.2.4}$$

而 $(\varepsilon_1',\varepsilon_2',\cdots,\varepsilon_n')=(\varepsilon_1,\varepsilon_2,\cdots,\varepsilon_n)P$，将其代入式（5.2.4）得

$$(\varepsilon_1,\varepsilon_2,\cdots,\varepsilon_n)\begin{pmatrix}x_1\\x_2\\\vdots\\x_n\end{pmatrix}=(\varepsilon_1,\varepsilon_2,\cdots,\varepsilon_n)P\begin{pmatrix}x_1'\\x_2'\\\vdots\\x_n'\end{pmatrix}\tag{5.2.5}$$

对比式（5.2.5）的两端，又由于 $\varepsilon_1,\varepsilon_2,\cdots,\varepsilon_n$ 线性无关，从而得到

$$\begin{pmatrix}x_1\\x_2\\\vdots\\x_n\end{pmatrix}=P\begin{pmatrix}x_1'\\x_2'\\\vdots\\x_n'\end{pmatrix}$$

式（5.2.5）给出了 V 中向量 X 在不同基下的坐标之间的关系，称为坐标变换公式.

例 5.2.8 已知 $\alpha_1,\alpha_2,\alpha_3$ 是 3 维线性空间 V 的一组基，向量组 β_1,β_2,β_3 满足 $\beta_1+\beta_3=\alpha_1+\alpha_2+\alpha_3$，$\beta_1+\beta_2=\alpha_2+\alpha_3$，$\beta_2+\beta_3=\alpha_1+\alpha_3$.

（1）证明：β_1,β_2,β_3 也是 V 的一组基；

（2）求由基 β_1,β_2,β_3 到基 $\alpha_1,\alpha_2,\alpha_3$ 的过渡矩阵；

（3）求向量 $\alpha=\alpha_1+2\alpha_2-\alpha_3$ 在基 β_1,β_2,β_3 下的坐标.

解 （1）由于向量组 β_1,β_2,β_3 满足 $\beta_1+\beta_3=\alpha_1+\alpha_2+\alpha_3$，$\beta_1+\beta_2=\alpha_2+\alpha_3$，$\beta_2+\beta_3=\alpha_1+\alpha_3$，因此

$$(\beta_1,\beta_2,\beta_3)\begin{pmatrix}1&1&0\\0&1&1\\1&0&1\end{pmatrix}=(\alpha_1,\alpha_2,\alpha_3)\begin{pmatrix}1&0&1\\1&1&0\\1&1&1\end{pmatrix}$$

因为 $\begin{vmatrix}1&0&1\\1&1&0\\1&1&1\end{vmatrix}=1\neq0$，则 $\begin{pmatrix}1&0&1\\1&1&0\\1&1&1\end{pmatrix}$ 可逆，且 $\begin{pmatrix}1&0&1\\1&1&0\\1&1&1\end{pmatrix}^{-1}=\begin{pmatrix}1&1&-1\\-1&0&1\\0&-1&1\end{pmatrix}$，所以

$$(\alpha_1,\alpha_2,\alpha_3)=(\beta_1,\beta_2,\beta_3)\begin{pmatrix}1&1&0\\0&1&1\\1&0&1\end{pmatrix}\begin{pmatrix}1&1&-1\\-1&0&1\\0&-1&1\end{pmatrix}=(\beta_1,\beta_2,\beta_3)\begin{pmatrix}0&1&0\\-1&-1&2\\1&0&0\end{pmatrix}$$

故 $3=R(\alpha_1,\alpha_2,\alpha_3)\leqslant R(\beta_1,\beta_2,\beta_3)\leqslant3$，则 $R(\beta_1,\beta_2,\beta_3)=3$. 因此 β_1,β_2,β_3 线性无关，且 β_1,β_2,β_3 为 $\boldsymbol{V}_1$ 的一组基.

（2）由（1）知

$$(\alpha_1,\alpha_2,\alpha_3)=(\beta_1,\beta_2,\beta_3)\begin{pmatrix}0&1&0\\-1&-1&2\\1&0&0\end{pmatrix}$$

则基 β_1,β_2,β_3 到基 $\alpha_1,\alpha_2,\alpha_3$ 的过渡矩阵为 $\boldsymbol{P}=\begin{pmatrix}0&1&0\\-1&-1&2\\1&0&0\end{pmatrix}$.

（3）由

$$\begin{aligned}\alpha=\alpha_1+2\alpha_2-\alpha_3&=(\alpha_1,\alpha_2,\alpha_3)\begin{pmatrix}1\\2\\-1\end{pmatrix}\\&=(\beta_1,\beta_2,\beta_3)\begin{pmatrix}0&1&0\\-1&-1&2\\1&0&0\end{pmatrix}\begin{pmatrix}1\\2\\-1\end{pmatrix}\\&=(\beta_1,\beta_2,\beta_3)\begin{pmatrix}2\\-5\\1\end{pmatrix}\end{aligned}$$

因此，向量 $\alpha=\alpha_1+2\alpha_2-\alpha_3$ 在基 β_1,β_2,β_3 下的坐标是 $\begin{pmatrix}2\\-5\\1\end{pmatrix}$.

定理 5.2.3 任何有限维线性空间 $\boldsymbol{V}$ 中的向量组 $\alpha_1,\alpha_2,\cdots,\alpha_s$ $(s\leqslant\dim\boldsymbol{V})$ 线性无关当且仅当向量组 $\alpha_1,\alpha_2,\cdots,\alpha_s$ 的每个向量在同一基下的坐标构成的向量组是线性无关的.

证明 设 $\dim \boldsymbol{V}=n$， $\boldsymbol{\varepsilon}_1,\boldsymbol{\varepsilon}_2,\cdots,\boldsymbol{\varepsilon}_n$ 为 $\boldsymbol{V}$ 的一组基， $\boldsymbol{\alpha}_1,\boldsymbol{\alpha}_2,\cdots,\boldsymbol{\alpha}_s$ 在基 $\boldsymbol{\varepsilon}_1,\boldsymbol{\varepsilon}_2,\cdots,\boldsymbol{\varepsilon}_n$ 下的表示为

$$\begin{cases}\boldsymbol{\alpha}_1=a_{11}\boldsymbol{\varepsilon}_1+a_{21}\boldsymbol{\varepsilon}_2+\cdots+a_{n1}\boldsymbol{\varepsilon}_n\\ \boldsymbol{\alpha}_2=a_{12}\boldsymbol{\varepsilon}_1+a_{22}\boldsymbol{\varepsilon}_2+\cdots+a_{n2}\boldsymbol{\varepsilon}_n\\ \qquad\vdots\\ \boldsymbol{\alpha}_s=a_{1s}\boldsymbol{\varepsilon}_1+a_{2s}\boldsymbol{\varepsilon}_2+\cdots+a_{ns}\boldsymbol{\varepsilon}_n\end{cases}$$

即 $\boldsymbol{\alpha}_1,\boldsymbol{\alpha}_2,\cdots,\boldsymbol{\alpha}_s$ 在基 $\boldsymbol{\varepsilon}_1,\boldsymbol{\varepsilon}_2,\cdots,\boldsymbol{\varepsilon}_n$ 下的坐标构成的向量组为

$$\boldsymbol{\beta}_1=\begin{pmatrix}a_{11}\\a_{21}\\\vdots\\a_{n1}\end{pmatrix},\boldsymbol{\beta}_2=\begin{pmatrix}a_{12}\\a_{22}\\\vdots\\a_{n2}\end{pmatrix},\cdots,\boldsymbol{\beta}_s=\begin{pmatrix}a_{1s}\\a_{2s}\\\vdots\\a_{ns}\end{pmatrix}$$

设
$$k_1\boldsymbol{\alpha}_1+k_2\boldsymbol{\alpha}_2,\cdots+k_s\boldsymbol{\alpha}_s=\mathbf{0}，即 (\boldsymbol{\alpha}_1,\boldsymbol{\alpha}_2,\cdots,\boldsymbol{\alpha}_s)\begin{pmatrix}k_1\\k_2\\\vdots\\k_s\end{pmatrix}=\mathbf{0}$$

又
$$(\boldsymbol{\alpha}_1,\boldsymbol{\alpha}_2,\cdots,\boldsymbol{\alpha}_s)\begin{pmatrix}k_1\\k_2\\\vdots\\k_s\end{pmatrix}=(\boldsymbol{\varepsilon}_1,\boldsymbol{\varepsilon}_2,\cdots,\boldsymbol{\varepsilon}_n)\begin{pmatrix}a_{11}&a_{12}&\cdots&a_{1s}\\a_{21}&a_{22}&\cdots&a_{2s}\\\vdots&\vdots&&\vdots\\a_{n1}&a_{n2}&\cdots&a_{ns}\end{pmatrix}\begin{pmatrix}k_1\\k_2\\\vdots\\k_s\end{pmatrix}$$

由于 $\boldsymbol{\varepsilon}_1,\boldsymbol{\varepsilon}_2,\cdots,\boldsymbol{\varepsilon}_n$ 为基，因而 $(\boldsymbol{\alpha}_1,\boldsymbol{\alpha}_2,\cdots,\boldsymbol{\alpha}_s)\begin{pmatrix}k_1\\k_2\\\vdots\\k_s\end{pmatrix}=\mathbf{0}$ 当且仅当

$$\begin{pmatrix}a_{11}&a_{12}&\cdots&a_{1s}\\a_{21}&a_{22}&\cdots&a_{2s}\\\vdots&\vdots&&\vdots\\a_{n1}&a_{n2}&\cdots&a_{ns}\end{pmatrix}\begin{pmatrix}k_1\\k_2\\\vdots\\k_s\end{pmatrix}=\mathbf{0}，即 (\boldsymbol{\beta}_1,\boldsymbol{\beta}_2,\cdots,\boldsymbol{\beta}_s)\begin{pmatrix}k_1\\k_2\\\vdots\\k_s\end{pmatrix}=\mathbf{0}$$

故 $\boldsymbol{\alpha}_1,\boldsymbol{\alpha}_2,\cdots,\boldsymbol{\alpha}_s$ 线性无关当且仅当 $\boldsymbol{\beta}_1,\boldsymbol{\beta}_2,\cdots,\boldsymbol{\beta}_s$ 线性无关.

由定理 5.2.3 可知，研究一般 n 维线性空间的向量组的线性相关性可以转化为研究 $\mathbf{R}^n$ 的一组向量组的线性相关性.

例 5.2.9 验证 $\boldsymbol{\alpha}_1=\begin{pmatrix}1&0\\2&1\end{pmatrix},\boldsymbol{\alpha}_2=\begin{pmatrix}1&1\\-2&3\end{pmatrix},\boldsymbol{\alpha}_3=\begin{pmatrix}2&1\\1&1\end{pmatrix},\boldsymbol{\alpha}_4=\begin{pmatrix}1&0\\2&4\end{pmatrix}$ 是 $\boldsymbol{M}_2(\mathbf{R})$ 的一组基，并求 $\begin{pmatrix}5&-1\\3&2\end{pmatrix}$ 在该组基下的坐标.

解 向量组 $\boldsymbol{\alpha}_1,\boldsymbol{\alpha}_2,\boldsymbol{\alpha}_3,\boldsymbol{\alpha}_4$ 在基 $\boldsymbol{E}_{11},\boldsymbol{E}_{12},\boldsymbol{E}_{21},\boldsymbol{E}_{22}$ 下的坐标分别为

$$\boldsymbol{\beta}_1=\begin{pmatrix}1\\0\\2\\1\end{pmatrix},\boldsymbol{\beta}_2=\begin{pmatrix}1\\1\\-2\\3\end{pmatrix},\boldsymbol{\beta}_3=\begin{pmatrix}2\\1\\1\\1\end{pmatrix},\boldsymbol{\beta}_4=\begin{pmatrix}1\\0\\2\\4\end{pmatrix}$$

由$\begin{vmatrix}1&1&2&1\\0&1&1&0\\2&-2&1&2\\1&3&1&4\end{vmatrix}=3\neq 0$，知$\boldsymbol{\beta}_1,\boldsymbol{\beta}_2,\boldsymbol{\beta}_3,\boldsymbol{\beta}_4$线性无关，则$\boldsymbol{\alpha}_1,\boldsymbol{\alpha}_2,\boldsymbol{\alpha}_3,\boldsymbol{\alpha}_4$线性无关.

又由于$\dim \boldsymbol{M}_2(\mathbf{R})=4$，则$\boldsymbol{\alpha}_1,\boldsymbol{\alpha}_2,\boldsymbol{\alpha}_3,\boldsymbol{\alpha}_4$是$\boldsymbol{M}_2(\mathbf{R})$的一组基.

设$\begin{pmatrix}5&-1\\3&2\end{pmatrix}=k_1\boldsymbol{\alpha}_1+k_2\boldsymbol{\alpha}_2+k_3\boldsymbol{\alpha}_3+k_4\boldsymbol{\alpha}_4$，即得方程组

$$\begin{pmatrix}1&1&2&1\\0&1&1&0\\2&-2&1&2\\1&3&1&4\end{pmatrix}\begin{pmatrix}k_1\\k_2\\k_3\\k_4\end{pmatrix}=\begin{pmatrix}5\\-1\\3\\2\end{pmatrix}，解得\begin{pmatrix}k_1\\k_2\\k_3\\k_4\end{pmatrix}=\frac{1}{3}\begin{pmatrix}85\\30\\-33\\-34\end{pmatrix}$$

求解方程组可得$\begin{pmatrix}5&-1\\3&2\end{pmatrix}$在该组基下的坐标$\frac{1}{3}(85,30,-33,-34)^{\mathrm{T}}$.

习题 5.2

1. 判断$x-1,x+2,(x-1)(x+2)$是否为线性空间$\boldsymbol{F}[x]_3$的一组基.

2. 在 $\mathbf{R}^4$ 中给定两组基 $\boldsymbol{\xi}_1=(1,0,0,0)^{\mathrm{T}},\boldsymbol{\xi}_2=(0,1,0,0)^{\mathrm{T}}$，$\boldsymbol{\xi}_3=(0,0,1,0)^{\mathrm{T}},\boldsymbol{\xi}_4=(0,0,0,1)^{\mathrm{T}}$ 与 $\boldsymbol{\eta}_1=(2,1,-1,1)^{\mathrm{T}}$，$\boldsymbol{\eta}_2=(0,3,1,0)^{\mathrm{T}}$，$\boldsymbol{\eta}_3=(5,3,2,1)^{\mathrm{T}}$，$\boldsymbol{\eta}_4=(6,6,1,3)^{\mathrm{T}}$，求一非零向量，使它在两组基下有相同的坐标.

3. 在多项式空间$\boldsymbol{F}[x]_4=\{a_0+a_1x+a_2x^2+a_3x^3 \mid a_i\in \boldsymbol{F};i=0,1,2,3\}$中，

（1）求由基$1,x,x^2,x^3$到基$1,x-1,(x-1)^2,(x-1)^3$的过渡矩阵；

（2）求$f(x)=1+x+x^2+x^3$在基$1,x-1,(x-1)^2,(x-1)^3$下的坐标.

4. 设$\boldsymbol{\alpha}_1,\boldsymbol{\alpha}_2,\cdots,\boldsymbol{\alpha}_n$是$n$维线性空间$\boldsymbol{V}$的一组基，$\boldsymbol{\alpha}_1,\boldsymbol{\alpha}_1+\boldsymbol{\alpha}_2,\cdots,\boldsymbol{\alpha}_1+\boldsymbol{\alpha}_2+\cdots+\boldsymbol{\alpha}_n$也是$\boldsymbol{V}$的一组基，又若向量$\boldsymbol{\xi}$关于前一组基的坐标为$(n,n-1,\cdots,2,1)^{\mathrm{T}}$，求$\boldsymbol{\xi}$关于后一组基的坐标.

5.3 线性子空间

定义 5.3.1 设$\boldsymbol{W}$是数域$\boldsymbol{F}$上线性空间$\boldsymbol{V}$的一个非空子集，如果$\boldsymbol{W}$对$\boldsymbol{V}$上的加法和数乘两种运算也构成数域$\boldsymbol{F}$上的线性空间，则称$\boldsymbol{W}$为$\boldsymbol{V}$的一个线性子空间.

线性子空间简称为子空间.

在验证$\boldsymbol{V}$的一个非空子集$\boldsymbol{W}$是否为子空间时，是否一定要对$\boldsymbol{V}$上的加法和数乘两种运算在$\boldsymbol{W}$上逐一验证线性空间定义中的封闭性和八条法则呢？如下定理将给出结论.

定理 5.3.1 数域$\boldsymbol{F}$上线性空间$\boldsymbol{V}$的一个非空子集$\boldsymbol{W}$是$\boldsymbol{V}$的一个子空间的充分必要条件是对$\forall a\in \boldsymbol{F},\boldsymbol{\alpha},\boldsymbol{\beta}\in \boldsymbol{W}$,有

（1）$\boldsymbol{\alpha}+\boldsymbol{\beta}\in \boldsymbol{W}$；

（2）$a\boldsymbol{\alpha}\in \boldsymbol{W}$.

证明（充分性） 由$\forall k\in \boldsymbol{F},\boldsymbol{\alpha},\boldsymbol{\beta}\in \boldsymbol{W}$,有$\boldsymbol{\alpha}+\boldsymbol{\beta}\in \boldsymbol{W},k\boldsymbol{\alpha}\in \boldsymbol{W}$，知$\boldsymbol{W}$对于$\boldsymbol{V}$的加法和数乘运

算的封闭，这就保证了线性空间定义 5.1.1 中的（1）（2）成立，由于 $\boldsymbol{W}$ 非空，$0=\boldsymbol{\alpha}+(-1)\boldsymbol{\alpha}$，因此（3）成立，又 $-\boldsymbol{\alpha}=(-1)\boldsymbol{\alpha}$ 知（4）成立，（5）至（8）显然对 $\boldsymbol{W}$ 成立，故 $\boldsymbol{W}$ 是一个线性空间，因而 $\boldsymbol{W}$ 是 $\boldsymbol{V}$ 的子空间.

（必要性）显然满足.

由定理 5.3.1 可见，只需对非空子集 $\boldsymbol{W}$ 验证对加法和数乘运算的封闭性即可.

显然，定理 5.3.1 中的（1）$\boldsymbol{\alpha}+\boldsymbol{\beta}\in\boldsymbol{W}$，（2）$a\boldsymbol{\alpha}\in\boldsymbol{W}$ 可用（3）$a\boldsymbol{\alpha}+b\boldsymbol{\beta}\in\boldsymbol{W}$ 来代替. 该证明留给读者.

线性空间 $\boldsymbol{V}$ 中的由单个的零向量所组成的子集 $\{\mathbf{0}\}$ 是一个子空间，称为 $\boldsymbol{V}$ 的零子空间；线性空间 $\boldsymbol{V}$ 本身也是 $\boldsymbol{V}$ 的一个子空间.

零子空间和线性空间 $\boldsymbol{V}$ 本身这两个子空间称为 $\boldsymbol{V}$ 的平凡子空间，$\boldsymbol{V}$ 的其他子空间称为 $\boldsymbol{V}$ 的非平凡子空间.

由于线性子空间本身也是一个线性空间，所以，子空间 $\boldsymbol{W}$ 和整个空间 $\boldsymbol{V}$ 共有零元素 0，同时，上节引入的维数、基、坐标等概念都可以应用到子空间上.

显然，线性空间 $\boldsymbol{V}$ 无论是有限维还是无限维，其子空间 $\boldsymbol{W}$ 的维数不可能超过整个空间 $\boldsymbol{V}$ 的维数.

例 5.3.1 证明：$\boldsymbol{V}=\{\boldsymbol{A}\,|\,\boldsymbol{A}=\boldsymbol{A}^{\mathrm{T}},\boldsymbol{A}\in\mathbf{R}^{2\times2}\}$ 是 $\mathbf{R}^{2\times2}$ 的子空间，并求 $\dim\boldsymbol{V}$ 及一组基.

证明 因为 $\boldsymbol{O}_{2\times2}=\begin{pmatrix}0&0\\0&0\end{pmatrix}\in\boldsymbol{V}$，所以 $\boldsymbol{V}$ 非空，下证 $\boldsymbol{V}$ 对 $\mathbf{R}^{2\times2}$ 中的加法和数乘运算满足封闭性.

任取 $\boldsymbol{B},\boldsymbol{C}\in\boldsymbol{V}$ 和 $\forall\lambda\in\mathbf{R}$，则有 $\boldsymbol{B}=\boldsymbol{B}^{\mathrm{T}},\boldsymbol{C}=\boldsymbol{C}^{\mathrm{T}}$，并且

$$(\boldsymbol{B}+\boldsymbol{C})^{\mathrm{T}}=\boldsymbol{B}^{\mathrm{T}}+\boldsymbol{C}^{\mathrm{T}}=\boldsymbol{B}+\boldsymbol{C}\in\boldsymbol{V},\quad(\lambda\boldsymbol{B})^{\mathrm{T}}=\lambda\boldsymbol{B}^{\mathrm{T}}=\lambda\boldsymbol{B}\in\boldsymbol{V}$$

从而由定理 5.3.1 知，$\boldsymbol{V}$ 是 $\mathbf{R}^{n\times n}$ 的子空间.

下面求 $\dim\boldsymbol{V}$ 及 $\boldsymbol{V}$ 的一组基.

对 $\forall\boldsymbol{A}=\begin{pmatrix}a_{11}&b\\b&a_{22}\end{pmatrix}\in\boldsymbol{V}$，有

$$\boldsymbol{A}=\begin{pmatrix}a_{11}&b\\b&a_{22}\end{pmatrix}=a_{11}\begin{pmatrix}1&0\\0&0\end{pmatrix}+b\begin{pmatrix}0&1\\1&0\end{pmatrix}+a_{22}\begin{pmatrix}0&0\\0&1\end{pmatrix}$$

即 $\boldsymbol{V}$ 中任一元素 $\boldsymbol{A}$ 都可由 $\boldsymbol{E}_{11}=\begin{pmatrix}1&0\\0&0\end{pmatrix},\boldsymbol{E}_{12}+\boldsymbol{E}_{21}=\begin{pmatrix}0&1\\1&0\end{pmatrix},\boldsymbol{E}_{22}=\begin{pmatrix}0&0\\0&1\end{pmatrix}$ 线性表示，且容易证明 $\boldsymbol{E}_{11},\boldsymbol{E}_{12}+\boldsymbol{E}_{21},\boldsymbol{E}_{22}$ 线性无关，所以 $\dim\boldsymbol{V}=3$，$\boldsymbol{E}_{11},\boldsymbol{E}_{12}+\boldsymbol{E}_{21},\boldsymbol{E}_{22}$ 为 $\boldsymbol{V}$ 的一组基. 可见 $\dim\boldsymbol{V}\leqslant\dim\mathbf{R}^{2\times2}$.

例 5.3.2 设 $\boldsymbol{W}=\left\{\begin{pmatrix}a&b&0\\0&0&c\end{pmatrix}\middle|\,a,b,c\in\mathbf{R}\right\}$ 为 $\mathbf{R}^{2\times3}$ 的一个子集，验证 $\boldsymbol{W}$ 是 $\boldsymbol{M}_{2\times3}(\mathbf{R})$ 的子空间，并求 $\boldsymbol{W}$ 的维数和一组基.

解 由于 $\begin{pmatrix}0&0&0\\0&0&0\end{pmatrix}\in\boldsymbol{W}$，即 $\boldsymbol{W}$ 非空；对 $\forall k_1,k_2\in\mathbf{R}$ 和 $\forall\boldsymbol{A}_1=\begin{pmatrix}a_1&b_1&0\\0&0&c_1\end{pmatrix}$，$\boldsymbol{A}_2=\begin{pmatrix}a_2&b_2&0\\0&0&c_2\end{pmatrix}\in\boldsymbol{W}$，

$k_1\boldsymbol{A}_1+k_2\boldsymbol{A}_2=\begin{pmatrix}k_1a_1+k_2a_2 & k_1b_1+k_2b_2 & 0\\ 0 & 0 & k_1c_1+k_2c_2\end{pmatrix}\in\boldsymbol{W}$，所以 $\boldsymbol{W}$ 是 $\boldsymbol{M}_{2\times3}(\mathbf{R})$ 的子空间.

又由于 $\forall\boldsymbol{A}=\begin{pmatrix}a & b & 0\\ 0 & 0 & c\end{pmatrix}\in\boldsymbol{W}$，$\boldsymbol{A}=a\begin{pmatrix}1&0&0\\0&0&0\end{pmatrix}+b\begin{pmatrix}0&1&0\\0&0&0\end{pmatrix}+c\begin{pmatrix}0&0&0\\0&0&1\end{pmatrix}$，而 $\begin{pmatrix}1&0&0\\0&0&0\end{pmatrix}$，$\begin{pmatrix}0&1&0\\0&0&0\end{pmatrix}$，$\begin{pmatrix}0&0&0\\0&0&1\end{pmatrix}\in\boldsymbol{W}$ 且线性无关，所以 $\dim\boldsymbol{W}=3$，$\begin{pmatrix}1&0&0\\0&0&0\end{pmatrix}$，$\begin{pmatrix}0&1&0\\0&0&0\end{pmatrix}$，$\begin{pmatrix}0&0&0\\0&0&1\end{pmatrix}$ 为 $\boldsymbol{W}$ 的一组基.

例 5.3.3 判断 $\boldsymbol{M}_2(\mathbf{R})$ 的下列子集是否构成它的子空间，若是，求子空间的维数和一组基.

（1）$\boldsymbol{V}_1=\{\boldsymbol{A}\,|\,\det\boldsymbol{A}=0,\boldsymbol{A}\in\boldsymbol{M}_2(\mathbf{R})\}$；

（2）$\boldsymbol{V}_2=\{\boldsymbol{A}\,|\,\boldsymbol{A}^2=\boldsymbol{A},\boldsymbol{A}\in\boldsymbol{M}_2(\mathbf{R})\}$；

（3）$\boldsymbol{V}_3=\left\{\begin{pmatrix}a_{11}&a_{12}\\a_{21}&a_{22}\end{pmatrix}\middle|\,a_{11}+a_{12}+a_{21}+a_{22}=0\right\}$；

（4）$\boldsymbol{V}_4=\left\{\begin{pmatrix}a_{11}&a_{12}\\a_{21}&a_{22}\end{pmatrix}\middle|\,a_{11}+a_{12}+a_{21}+a_{22}=1\right\}$.

解 （1）取 $\boldsymbol{A}=\begin{pmatrix}1&0\\0&0\end{pmatrix},\boldsymbol{B}=\begin{pmatrix}0&0\\0&1\end{pmatrix}\in\boldsymbol{M}_2(\mathbf{R})$，有 $\det\boldsymbol{A}=0$，$\det\boldsymbol{B}=0$，所以 $\boldsymbol{A}\in\boldsymbol{V}_1$，$\boldsymbol{B}\in\boldsymbol{V}_1$，因为 $\boldsymbol{A}+\boldsymbol{B}=\begin{pmatrix}1&0\\0&1\end{pmatrix}$，则 $\det(\boldsymbol{A}+\boldsymbol{B})=1\neq0$，从而 $\boldsymbol{A}+\boldsymbol{B}\notin\boldsymbol{V}_1$，故 $\boldsymbol{V}_1$ 不是 $\boldsymbol{M}_2(\mathbf{R})$ 的子空间.

（2）取 $\boldsymbol{A}=\begin{pmatrix}1&0\\0&0\end{pmatrix}$，则有 $\boldsymbol{A}^2=\boldsymbol{A}$，从而 $\boldsymbol{A}\in\boldsymbol{V}_2$，因为 $2\boldsymbol{A}=\begin{pmatrix}2&0\\0&0\end{pmatrix}$，$(2\boldsymbol{A})^2=\begin{pmatrix}4&0\\0&0\end{pmatrix}\neq2\boldsymbol{A}$，所以 $2\boldsymbol{A}\notin\boldsymbol{V}_2$，故 $\boldsymbol{V}_2$ 不是 $\boldsymbol{M}_2(\mathbf{R})$ 的子空间.

（3）因为 $\boldsymbol{O}\in\boldsymbol{V}_3$，所以 $\boldsymbol{V}_3$ 非空. 任取 $\boldsymbol{A},\boldsymbol{B}\in\boldsymbol{V}_3$，$k\in\mathbf{R}$，设 $\boldsymbol{A}=\begin{pmatrix}a_{11}&a_{12}\\a_{21}&a_{22}\end{pmatrix}$，$\boldsymbol{B}=\begin{pmatrix}b_{11}&b_{12}\\b_{21}&b_{22}\end{pmatrix}$，且 $a_{11}+a_{12}+a_{21}+a_{22}=0$，$b_{11}+b_{12}+b_{21}+b_{22}=0$，得

$$\boldsymbol{A}+\boldsymbol{B}=\begin{pmatrix}a_{11}+b_{11}&a_{12}+b_{12}\\a_{21}+b_{21}&a_{22}+b_{22}\end{pmatrix}\text{且 }a_{11}+b_{11}+a_{12}+b_{12}+a_{21}+b_{21}+a_{22}+b_{22}=0$$

则 $\boldsymbol{A}+\boldsymbol{B}\in\boldsymbol{V}_3$；

$$k\boldsymbol{A}=\begin{pmatrix}ka_{11}&ka_{12}\\ka_{21}&ka_{22}\end{pmatrix}\text{且 }k(a_{11}+a_{12}+a_{21}+a_{22})=0$$

则 $k\boldsymbol{A}\in\boldsymbol{V}_3$.

所以 $\boldsymbol{V}_3$ 是 $\boldsymbol{M}_2(\mathbf{R})$ 的子空间.

任取 $\boldsymbol{A}\in\boldsymbol{V}_3$，则

$$\boldsymbol{A}=\begin{pmatrix}a_{11}&a_{12}\\a_{21}&-a_{11}-a_{12}-a_{21}\end{pmatrix}=a_{11}\begin{pmatrix}1&0\\0&-1\end{pmatrix}+a_{12}\begin{pmatrix}0&1\\0&-1\end{pmatrix}+a_{21}\begin{pmatrix}0&0\\1&-1\end{pmatrix}$$

由于$\begin{pmatrix}1 & 0\\0 & -1\end{pmatrix},\begin{pmatrix}0 & 1\\0 & -1\end{pmatrix},\begin{pmatrix}0 & 0\\1 & -1\end{pmatrix}$线性无关，所以$\begin{pmatrix}1 & 0\\0 & -1\end{pmatrix},\begin{pmatrix}0 & 1\\0 & -1\end{pmatrix},\begin{pmatrix}0 & 0\\1 & -1\end{pmatrix}$是$\boldsymbol{V}_3$的一组基，且$\dim(\boldsymbol{V}_3)=3$.

（4）设$\boldsymbol{A}=\begin{pmatrix}a_{11} & a_{12}\\a_{21} & a_{22}\end{pmatrix}\in\boldsymbol{V}_4$，则$a_{11}+a_{12}+a_{21}+a_{22}=1$，因为$2\boldsymbol{A}=\begin{pmatrix}2a_{11} & 2a_{12}\\2a_{21} & 2a_{22}\end{pmatrix}$，$2(a_{11}+a_{12}+a_{21}+a_{22})=2\neq1$，所以$2\boldsymbol{A}\notin\boldsymbol{V}_4$，即$\boldsymbol{V}_4$对数乘运算不封闭，故$\boldsymbol{V}_4$不是$\boldsymbol{M}_2(\mathbf{R})$的子空间.

定义 5.3.2 设$\boldsymbol{V}$是数域$\boldsymbol{F}$上的线性空间，$\boldsymbol{\alpha}_1,\boldsymbol{\alpha}_2,\cdots,\boldsymbol{\alpha}_r\in\boldsymbol{V}$，称由这组向量所有可能的线性组合所构成的集合$\{k_1\boldsymbol{\alpha}_1+k_2\boldsymbol{\alpha}_2+\cdots+k_r\boldsymbol{\alpha}_r \mid k_i\in\boldsymbol{F};i=1,2,\cdots,r\}$为由$\boldsymbol{\alpha}_1,\boldsymbol{\alpha}_2,\cdots,\boldsymbol{\alpha}_r$生成的子空间，记为$\boldsymbol{L}[\boldsymbol{\alpha}_1,\boldsymbol{\alpha}_2,\cdots,\boldsymbol{\alpha}_r]$或$\mathbf{span}[\boldsymbol{\alpha}_1,\boldsymbol{\alpha}_2,\cdots,\boldsymbol{\alpha}_r]$. 也有书上记为$\boldsymbol{L}(\boldsymbol{\alpha}_1,\boldsymbol{\alpha}_2,\cdots,\boldsymbol{\alpha}_r)$.

本书以后用$\boldsymbol{L}[\boldsymbol{\alpha}_1,\boldsymbol{\alpha}_2,\cdots,\boldsymbol{\alpha}_r]$表示生成子空间，显然，作为$\boldsymbol{V}$的子集$\boldsymbol{L}[\boldsymbol{\alpha}_1,\boldsymbol{\alpha}_2,\cdots,\boldsymbol{\alpha}_r]$对两种运算封闭且是非空的，满足子空间的要求，因而是$\boldsymbol{V}$的一个子空间.

有了生成子空间的定义，任何n维线性空间$\boldsymbol{V}$，都可以看成是由其一组基所生成的，即若$\boldsymbol{\alpha}_1,\boldsymbol{\alpha}_2,\cdots,\boldsymbol{\alpha}_n$是$\boldsymbol{V}_n$的一组基，则有$\boldsymbol{V}_n=\boldsymbol{L}[\boldsymbol{\alpha}_1,\boldsymbol{\alpha}_2,\cdots,\boldsymbol{\alpha}_n]$.

线性空间的生成子空间是一类非常重要的子空间，也有很多重要而实用的性质. 下面给出定理 5.3.2.

定理 5.3.2 设$\boldsymbol{V}$为n维线性空间，$\boldsymbol{\alpha}_1,\boldsymbol{\alpha}_2,\cdots,\boldsymbol{\alpha}_r\ (r\leqslant n)$与$\boldsymbol{\beta}_1,\boldsymbol{\beta}_2,\cdots,\boldsymbol{\beta}_s\ (s\leqslant n)$是$\boldsymbol{V}$中的两组向量，则有如下结论：

（1）$\boldsymbol{L}[\boldsymbol{\alpha}_1,\boldsymbol{\alpha}_2,\cdots,\boldsymbol{\alpha}_r]=\boldsymbol{L}[\boldsymbol{\beta}_1,\boldsymbol{\beta}_2,\cdots,\boldsymbol{\beta}_s]$的充要条件为向量组$\boldsymbol{\alpha}_1,\boldsymbol{\alpha}_2,\cdots,\boldsymbol{\alpha}_r$与向量组$\boldsymbol{\beta}_1,\boldsymbol{\beta}_2,\cdots,\boldsymbol{\beta}_s$等价.

（2）$\dim\boldsymbol{L}[\boldsymbol{\alpha}_1,\boldsymbol{\alpha}_2,\cdots,\boldsymbol{\alpha}_r]=R(\boldsymbol{\alpha}_1,\boldsymbol{\alpha}_2,\cdots,\boldsymbol{\alpha}_r)$.

证明 （1）（必要性）假设$\boldsymbol{L}[\boldsymbol{\alpha}_1,\boldsymbol{\alpha}_2,\cdots,\boldsymbol{\alpha}_r]=\boldsymbol{L}[\boldsymbol{\beta}_1,\boldsymbol{\beta}_2,\cdots,\boldsymbol{\beta}_s]$，则对$\boldsymbol{\alpha}_i\ (i=1,2,\cdots,r)$，显然有$\boldsymbol{\alpha}_i\in\boldsymbol{L}[\boldsymbol{\beta}_1,\boldsymbol{\beta}_2,\cdots,\boldsymbol{\beta}_s]$，即$\boldsymbol{\alpha}_i$可由$\boldsymbol{\beta}_1,\boldsymbol{\beta}_2,\cdots,\boldsymbol{\beta}_s$线性表示，所以，向量组$\boldsymbol{\alpha}_1,\boldsymbol{\alpha}_2,\cdots,\boldsymbol{\alpha}_r$可由向量$\boldsymbol{\beta}_1,\boldsymbol{\beta}_2,\cdots,\boldsymbol{\beta}_s$线性表示. 同理可证，向量组$\boldsymbol{\beta}_1,\boldsymbol{\beta}_2,\cdots,\boldsymbol{\beta}_s$可由向量组$\boldsymbol{\alpha}_1,\boldsymbol{\alpha}_2,\cdots,\boldsymbol{\alpha}_r$线性表示. 即向量组$\boldsymbol{\alpha}_1,\boldsymbol{\alpha}_2,\cdots,\boldsymbol{\alpha}_r$与向量组$\boldsymbol{\beta}_1,\boldsymbol{\beta}_2,\cdots,\boldsymbol{\beta}_s$等价.

（充分性）假设向量组$\boldsymbol{\alpha}_1,\boldsymbol{\alpha}_2,\cdots,\boldsymbol{\alpha}_r$与$\boldsymbol{\beta}_1,\boldsymbol{\beta}_2,\cdots,\boldsymbol{\beta}_s$等价，取$\boldsymbol{\alpha}\in\boldsymbol{L}[\boldsymbol{\alpha}_1,\boldsymbol{\alpha}_2,\cdots,\boldsymbol{\alpha}_r]$，则$\boldsymbol{\alpha}$可由向量组$\boldsymbol{\alpha}_1,\boldsymbol{\alpha}_2,\cdots,\boldsymbol{\alpha}_r$线性表示，由充分假设，每个$\boldsymbol{\alpha}_i(i=1,2,\cdots,r)$都可由向量组$\boldsymbol{\beta}_1,\boldsymbol{\beta}_2,\cdots,\boldsymbol{\beta}_s$线性表示，所以$\boldsymbol{\alpha}$可由$\boldsymbol{\beta}_1,\boldsymbol{\beta}_2,\cdots,\boldsymbol{\beta}_s$线性表示，$\boldsymbol{\alpha}\in\boldsymbol{L}[\boldsymbol{\beta}_1,\boldsymbol{\beta}_2,\cdots,\boldsymbol{\beta}_s]$，$\boldsymbol{L}[\boldsymbol{\alpha}_1,\boldsymbol{\alpha}_2,\cdots,\boldsymbol{\alpha}_r]\subseteq\boldsymbol{L}[\boldsymbol{\beta}_1,\boldsymbol{\beta}_2,\cdots,\boldsymbol{\beta}_s]$；同理可证$\boldsymbol{L}[\boldsymbol{\beta}_1,\boldsymbol{\beta}_2,\cdots,\boldsymbol{\beta}_s]\subseteq\boldsymbol{L}[\boldsymbol{\alpha}_1,\boldsymbol{\alpha}_2,\cdots,\boldsymbol{\alpha}_r]$，从而$\boldsymbol{L}[\boldsymbol{\alpha}_1,\boldsymbol{\alpha}_2,\cdots,\boldsymbol{\alpha}_r]=\boldsymbol{L}[\boldsymbol{\beta}_1,\boldsymbol{\beta}_2,\cdots,\boldsymbol{\beta}_s]$.

（2）设向量组$\boldsymbol{\alpha}_1,\boldsymbol{\alpha}_2,\cdots,\boldsymbol{\alpha}_r$的秩为$t(t\leqslant r)$，不妨假设$\boldsymbol{\alpha}_1,\boldsymbol{\alpha}_2,\cdots,\boldsymbol{\alpha}_t(t\leqslant r)$为向量组的一个极大无关组，则由（1）知$\boldsymbol{L}[\boldsymbol{\alpha}_1,\boldsymbol{\alpha}_2,\cdots,\boldsymbol{\alpha}_r]=\boldsymbol{L}[\boldsymbol{\alpha}_1,\boldsymbol{\alpha}_2,\cdots,\boldsymbol{\alpha}_t]$，由此可见，$\boldsymbol{\alpha}_1,\boldsymbol{\alpha}_2,\cdots,\boldsymbol{\alpha}_t$就是$\boldsymbol{L}[\boldsymbol{\alpha}_1,\boldsymbol{\alpha}_2,\cdots,\boldsymbol{\alpha}_r]$的一组基，即$\dim\boldsymbol{L}[\boldsymbol{\alpha}_1,\boldsymbol{\alpha}_2,\cdots,\boldsymbol{\alpha}_r]=t$.

例 5.3.4 设

$$\boldsymbol{\alpha}_1=\begin{pmatrix}1\\2\\2\\3\end{pmatrix},\boldsymbol{\alpha}_2=\begin{pmatrix}1\\1\\2\\3\end{pmatrix},\quad\boldsymbol{\alpha}_3=\begin{pmatrix}-1\\1\\-4\\-5\end{pmatrix},\boldsymbol{\alpha}_4=\begin{pmatrix}1\\-3\\6\\7\end{pmatrix}$$

求生成子空间$\boldsymbol{L}[\boldsymbol{\alpha}_1,\boldsymbol{\alpha}_2,\boldsymbol{\alpha}_3,\boldsymbol{\alpha}_4]$的基及维数.

解 $$A=(\alpha_1,\alpha_2,\alpha_3,\alpha_4)=\begin{pmatrix}1&1&-1&1\\2&1&1&-3\\2&2&-4&6\\3&3&-5&7\end{pmatrix}\to\begin{pmatrix}1&0&0&0\\0&1&0&-1\\0&0&1&-2\\0&0&0&0\end{pmatrix}=B$$

得 $R(A)=R(B)=3$，所以 $\dim L[\alpha_1,\cdots,\alpha_4]=R(A)=3$．又由于 $\alpha_1,\alpha_2,\alpha_3$ 是 $\alpha_1,\alpha_2,\alpha_3,\alpha_4$ 的一个极大无关组，故 $\alpha_1,\alpha_2,\alpha_3$ 是 $L[\alpha_1,\alpha_2,\alpha_3,\alpha_4]$ 的一组基.

定理 5.3.3 设 $\alpha_1,\alpha_2,\cdots,\alpha_n$ 是 n 维线性空间 V 的一组基，A 是一个 $n\times s$ 矩阵，且 $(\beta_1,\beta_2,\cdots,\beta_s)=(\alpha_1,\alpha_2,\cdots,\alpha_n)A$，则 $L[\beta_1,\beta_2,\cdots,\beta_s]$ 的维数等于 A 的秩.

证明 要证明 $L[\beta_1,\beta_2,\cdots,\beta_s]$ 的维数等于 A 的秩，只需证 $\beta_1,\beta_2,\cdots,\beta_s$ 的极大线性无关组所含向量的个数等于 A 的秩.

设 $$A=\begin{pmatrix}a_{11}&\cdots&a_{1r}&\cdots&a_{1s}\\a_{21}&\cdots&a_{2r}&\cdots&a_{2s}\\\vdots&&\vdots&&\vdots\\a_{n1}&\cdots&a_{nr}&\cdots&a_{ns}\end{pmatrix}$$

且 $R(A)=r, r\leqslant\min(n,s)$．不失一般性，可设 A 的前 r 列是 A 的列向量组的极大线性无关组，由条件得

$$\begin{cases}\beta_1=a_{11}\alpha_1+a_{21}\alpha_2+\dots+a_{n1}\alpha_n\\\quad\vdots\\\beta_r=a_{1r}\alpha_1+a_{2r}\alpha_2+\dots+a_{nr}\alpha_n\\\quad\vdots\\\beta_s=a_{1s}\alpha_1+a_{2s}\alpha_2+\dots+a_{ns}\alpha_n\end{cases}$$

可证 $\beta_1,\beta_2,\cdots,\beta_r$ 构成 $\beta_1,\beta_2,\cdots,\beta_r,\beta_{r+1},\cdots,\beta_s$ 的一个极大线性方程组.

事实上，设 $k_1\beta_1+k_2\beta_2+\dots+k_r\beta_r=\mathbf{0}$，于是

$$(k_1a_{11}+\cdots+k_ra_{1r})\alpha_1+(k_1a_{21}+\cdots+k_ra_{2r})\alpha_2+\cdots+(k_1a_{n1}+\cdots+k_ra_{1r})\alpha_n=\mathbf{0}$$

因为 $\alpha_1,\alpha_2,\cdots,\alpha_n$ 线性无关，所以

$$\begin{cases}a_{11}k_1+a_{12}k_2+\cdots+a_{1r}k_r=0\\\quad\vdots\\a_{n1}k_1+a_{n2}k_2+\cdots+a_{nr}k_r=0\end{cases}$$

该方程组系数矩阵的秩为 r，故方程组只有零解，即 $k_1=k_2=\cdots=k_r=0$，于是 $\beta_1,\beta_2,\cdots,\beta_r$ 线性无关.

另外可证：任意添加一个向量 β_j 后，向量组 $\beta_1,\beta_2,\cdots,\beta_r,\beta_j$ 一定线性相关.

事实上，设 $k_1\beta_1+k_2\beta_2+\cdots+k_r\beta_r+k_j\beta_j=\mathbf{0}$，于是

$$\begin{cases}a_{11}k_1+a_{12}k_2+\cdots+a_{1r}k_r+a_{1j}k_j=0\\\quad\vdots\\a_{n1}k_1+a_{n2}k_2+\cdots+a_{nr}k_r+a_{nj}k_j=0\end{cases}$$

其系数矩阵的秩为 $r<r+1$，所以方程组有非零解 $k_1,k_2,\cdots,k_r,k$，即 $\beta_1,\beta_2,\cdots,\beta_r,\beta_j$ 线性相关. 因此，$\beta_1,\beta_2,\cdots,\beta_r$ 是 $\beta_1,\beta_2,\cdots,\beta_s$ 的极大线性无关组. 故 $\boldsymbol{L}[\beta_1,\beta_2,\cdots,\beta_s]$ 的维数等于 $\boldsymbol{A}$ 的秩，即等于 $R(\boldsymbol{A})$.

定理 5.3.3 给出了一种求生成子空间的基的方法.

例 5.3.5 求 $\boldsymbol{M}_2(\mathbf{R})$ 中由矩阵 $\boldsymbol{A}_1=\begin{pmatrix}2&1\\1&0\end{pmatrix},\boldsymbol{A}_2=\begin{pmatrix}1&0\\2&0\end{pmatrix},\boldsymbol{A}_3=\begin{pmatrix}2&1\\1&1\end{pmatrix},\boldsymbol{A}_4=\begin{pmatrix}3&1\\3&0\end{pmatrix}$ 生成的子空间的基与维数.

解 易知

$$\boldsymbol{E}_{11}=\begin{pmatrix}1&0\\0&0\end{pmatrix},\quad \boldsymbol{E}_{12}=\begin{pmatrix}0&1\\0&0\end{pmatrix},\quad \boldsymbol{E}_{21}=\begin{pmatrix}0&0\\1&0\end{pmatrix},\quad \boldsymbol{E}_{22}=\begin{pmatrix}0&0\\0&1\end{pmatrix}$$

为 $\boldsymbol{M}_2(\mathbf{R})$ 的一组基，且

$$(\boldsymbol{A}_1,\boldsymbol{A}_2,\boldsymbol{A}_3,\boldsymbol{A}_4)=(\boldsymbol{E}_{11},\boldsymbol{E}_{12},\boldsymbol{E}_{21},\boldsymbol{E}_{22})\begin{pmatrix}2&1&2&3\\1&0&1&1\\1&2&1&3\\0&0&1&0\end{pmatrix}=(\boldsymbol{E}_{11},\boldsymbol{E}_{12},\boldsymbol{E}_{21},\boldsymbol{E}_{22})\boldsymbol{B}$$

$$\boldsymbol{B}=\begin{pmatrix}2&1&2&3\\1&0&1&1\\1&2&1&3\\0&0&1&0\end{pmatrix}\to\begin{pmatrix}1&0&1&1\\2&1&2&3\\1&2&1&1\\0&0&1&0\end{pmatrix}\to\begin{pmatrix}1&0&1&1\\0&1&0&1\\0&2&0&2\\0&0&1&0\end{pmatrix}\to\begin{pmatrix}1&0&1&1\\0&1&0&1\\0&0&1&0\\0&0&0&0\end{pmatrix}$$

得矩阵 $\boldsymbol{B}$ 的秩为 3，第一、第二、第三列对应的向量为列向量组的一个极大无关组，从而由矩阵 $\boldsymbol{A}_1=\begin{pmatrix}2&1\\1&0\end{pmatrix},\boldsymbol{A}_2=\begin{pmatrix}1&0\\2&0\end{pmatrix},\boldsymbol{A}_3=\begin{pmatrix}2&1\\1&1\end{pmatrix},\boldsymbol{A}_4=\begin{pmatrix}3&1\\3&0\end{pmatrix}$ 生成的子空间的一组基为 $\boldsymbol{A}_1=\begin{pmatrix}2&1\\1&0\end{pmatrix}$, $\boldsymbol{A}_2=\begin{pmatrix}1&0\\2&0\end{pmatrix},\boldsymbol{A}_3=\begin{pmatrix}2&1\\1&1\end{pmatrix}$，$\boldsymbol{L}[\boldsymbol{A}_1,\boldsymbol{A}_2,\boldsymbol{A}_3,\boldsymbol{A}_4]$ 的维数为 3.

定理 5.3.4（基扩充原理） 设 $\boldsymbol{W}$ 是 $\boldsymbol{V}$ 的子空间，$\dim\boldsymbol{V}=n$，$\dim\boldsymbol{W}=m\ (m\leqslant n)$，若 $\boldsymbol{\alpha}_1,\boldsymbol{\alpha}_2,\cdots,\boldsymbol{\alpha}_m$ 是 $\boldsymbol{W}$ 的一组基，则在 $\boldsymbol{V}$ 中存在 $n-m$ 个向量 $\boldsymbol{\alpha}_{m+1},\boldsymbol{\alpha}_{m+2},\cdots,\boldsymbol{\alpha}_n$，使得 $\boldsymbol{\alpha}_1,\boldsymbol{\alpha}_2,\cdots,\boldsymbol{\alpha}_m,\boldsymbol{\alpha}_{m+1}$, $\boldsymbol{\alpha}_{m+2},\cdots,\boldsymbol{\alpha}_n$ 是 $\boldsymbol{V}$ 的一组基.

证明 对 $n-m$ 采用归纳法.

当 $n-m=0$ 时，$n=m$，$\boldsymbol{\alpha}_1,\boldsymbol{\alpha}_2,\cdots,\boldsymbol{\alpha}_m$ 就是 $\boldsymbol{V}$ 的一组基，结论正确.

假设当 $n-m=k$ 时结论成立，要证 $n-m=k+1$ 的情形：

因为 $\boldsymbol{\alpha}_1,\boldsymbol{\alpha}_2,\cdots,\boldsymbol{\alpha}_m$ 是 $\boldsymbol{W}$ 的基，则 $\boldsymbol{\alpha}_1,\boldsymbol{\alpha}_2,\cdots,\boldsymbol{\alpha}_m$ 线性无关. 又由于 $\dim\boldsymbol{V}=n$，且 $m\leqslant n$，则在 $\boldsymbol{V}$ 中必有向量 $\boldsymbol{\alpha}_{m+1}$ 使得 $\boldsymbol{\alpha}_1,\boldsymbol{\alpha}_2,\cdots,\boldsymbol{\alpha}_m,\boldsymbol{\alpha}_{m+1}$ 线性无关，由此得到 $m+1$ 维的生成子空间 $\boldsymbol{L}[\boldsymbol{\alpha}_1,\boldsymbol{\alpha}_2,\cdots,\boldsymbol{\alpha}_m,\boldsymbol{\alpha}_{m+1}]$. $n-(m+1)=(n-m)-1=(k+1)-1=k$，由归纳假设，$\boldsymbol{L}[\boldsymbol{\alpha}_1,\boldsymbol{\alpha}_2,\cdots,\boldsymbol{\alpha}_m,\boldsymbol{\alpha}_{m+1}]$ 的基 $\boldsymbol{\alpha}_1,\boldsymbol{\alpha}_2,\cdots,\boldsymbol{\alpha}_m,\boldsymbol{\alpha}_{m+1}$ 可以扩充到整个空间 $\boldsymbol{V}$ 的一组基，由归纳原理定理得证.

例 5.3.6 已知 $\boldsymbol{\alpha}_1=\begin{pmatrix}1\\0\\0\\0\end{pmatrix},\boldsymbol{\alpha}_2=\begin{pmatrix}1\\2\\0\\0\end{pmatrix}$，$\boldsymbol{V}_1=\boldsymbol{L}[\boldsymbol{\alpha}_1,\boldsymbol{\alpha}_2]$，求 $\dim \boldsymbol{V}_1$ 和 $\boldsymbol{V}_1$ 的一组基，并把 $\boldsymbol{V}_1$ 的基扩充为 $\mathbf{R}^4$ 的基.

解 显然 $\boldsymbol{\alpha}_1,\boldsymbol{\alpha}_2$ 线性无关，故 $\boldsymbol{\alpha}_1,\boldsymbol{\alpha}_2$ 为 $\boldsymbol{V}_1=\boldsymbol{L}[\boldsymbol{\alpha}_1,\boldsymbol{\alpha}_2]$ 的一组基，且 $\dim \boldsymbol{V}_1=2$，又

$$|\boldsymbol{\alpha}_1,\ \boldsymbol{\alpha}_2,\boldsymbol{\varepsilon}_1,\boldsymbol{\varepsilon}_2|=\begin{vmatrix}1&1&0&0\\0&2&0&0\\0&0&1&0\\0&0&0&1\end{vmatrix}=2\neq 0$$

故 $\boldsymbol{\alpha}_1,\ \boldsymbol{\alpha}_2,\boldsymbol{\varepsilon}_1,\boldsymbol{\varepsilon}_2$ 即为 $\mathbf{R}^4$ 的基.

显然，这里扩充为 $\mathbf{R}^4$ 的基不唯一.

习题 5.3

1. $\mathbf{C}[0,1]$ 表示定义在闭区间 $[0,1]$ 上所有连续实函数构成的实域 $\mathbf{R}$ 上的线性空间. 下列集合是否构成 $\boldsymbol{V}=\mathbf{C}[0,1]$ 的子空间?

（1）$\boldsymbol{W}_1=\{f(x)\in \boldsymbol{V}\mid f(x)=0\}$；

（2）$\boldsymbol{W}_2=\{f(x)\in \boldsymbol{V}\mid f(x)=f(1-x)\}$；

（3）$\boldsymbol{W}_3=\{f(x)\in \boldsymbol{V}\mid 2f(0)=f(1)\}$；

（4）$\boldsymbol{W}_4=\{f(x)\in \boldsymbol{V}\mid f(x)>0\}$.

2. 下列集合是否为 $\mathbf{R}^n$ 的子空间？为什么？其中 $\mathbf{R}$ 为实数域.

（1）$\boldsymbol{W}_1=\{\boldsymbol{\alpha}=(x_1,x_2,\cdots,x_n)^{\mathrm{T}}\mid x_1+x_2+\cdots+x_n=0,x_i\in\mathbf{R}\}$；

（2）$\boldsymbol{W}_2=\{\boldsymbol{\alpha}=(x_1,x_2,\cdots,x_n)^{\mathrm{T}}\mid x_1x_2\cdots x_n=0,x_i\in\mathbf{R}\}$；

（3）$\boldsymbol{W}_3=\{\boldsymbol{\alpha}=(x_1,x_2,\cdots,x_n)^{\mathrm{T}}\mid$ 每个分量 x_i 是整数$\}$.

3. 在线性空间 $\mathbf{R}^4$ 中，求由向量 $\boldsymbol{\alpha}_1=(2,1,3,-1)^{\mathrm{T}},\boldsymbol{\alpha}_2=(4,5,3,-1)^{\mathrm{T}},\boldsymbol{\alpha}_3=(-1,1,-3,1)^{\mathrm{T}}$ $\boldsymbol{\alpha}_4=(1,5,-3,1)^{\mathrm{T}}$ 生成的子空间的一组基和维数.

4. （华南理工大学考研真题）求 $\boldsymbol{F}[t]_n$ 的子空间 $\boldsymbol{W}=\{f(t)=a_0+a_1t+\cdots+a_{n-1}t^{n-1}\mid f(1)=0,$ $f(t)\in \boldsymbol{F}[t]_n\}$ 的维数与一组基.

5. 求 $\boldsymbol{M}_2(\mathbf{R})$ 中由矩阵 $\boldsymbol{A}_1=\begin{pmatrix}2&1\\-1&3\end{pmatrix},\boldsymbol{A}_2=\begin{pmatrix}1&0\\2&0\end{pmatrix},\boldsymbol{A}_3=\begin{pmatrix}3&1\\1&3\end{pmatrix},\boldsymbol{A}_4=\begin{pmatrix}1&1\\-3&3\end{pmatrix}$ 生成的子空间的基与维数.

6. 设 $\boldsymbol{A}\in \boldsymbol{M}_n(\boldsymbol{F}),\boldsymbol{C}(\boldsymbol{A})=\{\boldsymbol{B}\big|\boldsymbol{B}\in\boldsymbol{M}_n(\boldsymbol{F}),\boldsymbol{AB}=\boldsymbol{BA}\}$.

（1）证明 $\boldsymbol{C}(\boldsymbol{A})$ 是 $\boldsymbol{M}_n(\boldsymbol{F})$ 子空间；

（2）当 $\boldsymbol{A}=\boldsymbol{E}$ 时，求 $\boldsymbol{C}(\boldsymbol{A})$；

（3）当 $\boldsymbol{A}=\begin{pmatrix}1 & & & \\ & 2 & & \\ & & \ddots & \\ & & & n\end{pmatrix}$ 时，求 $\boldsymbol{C}(\boldsymbol{A})$ 的维数和一组基.

7. 求实数域上关于矩阵 $\boldsymbol{A}$ 的全体实系数多项式构成的线性空间 $\boldsymbol{V}$ 的一组基与维数. 其中 $\boldsymbol{A}=\begin{pmatrix}1 & 0 & 0\\ 0 & \omega & 0\\ 0 & 0 & \omega^2\end{pmatrix}$，$\omega=\dfrac{-1+\sqrt{3}\mathrm{i}}{2}$.

5.4 子空间的交与和

定理 5.4.1 设 $\boldsymbol{V}_1,\boldsymbol{V}_2$ 是线性空间 $\boldsymbol{V}$ 的两个子空间，则

（1）$\boldsymbol{V}_1\cap\boldsymbol{V}_2=\{\boldsymbol{\alpha}|\boldsymbol{\alpha}\in\boldsymbol{V}_1,\boldsymbol{\alpha}\in\boldsymbol{V}_2\}$ 是 $\boldsymbol{V}$ 的子空间；

（2）$\boldsymbol{V}_1+\boldsymbol{V}_2=\{\boldsymbol{\alpha}+\boldsymbol{\beta}|\boldsymbol{\alpha}\in\boldsymbol{V}_1,\boldsymbol{\beta}\in\boldsymbol{V}_2\}$ 是 $\boldsymbol{V}$ 的子空间.

证明（1）因为 $\boldsymbol{V}_1,\boldsymbol{V}_2$ 都是 $\boldsymbol{V}$ 的子空间，所以 $0\in\boldsymbol{V}_1$，$0\in\boldsymbol{V}_2$，则 $0\in\boldsymbol{V}_1\cap\boldsymbol{V}_2$，即 $\boldsymbol{V}_1\cap\boldsymbol{V}_2$ 非空；$\forall\boldsymbol{\alpha},\boldsymbol{\beta}\in\boldsymbol{V}_1\cap\boldsymbol{V}_2$，则由 $\boldsymbol{\alpha},\boldsymbol{\beta}\in\boldsymbol{V}_1$ 得 $\boldsymbol{\alpha}+\boldsymbol{\beta}\in\boldsymbol{V}_1$，由 $\boldsymbol{\alpha},\boldsymbol{\beta}\in\boldsymbol{V}_2$ 得 $\boldsymbol{\alpha}+\boldsymbol{\beta}\in\boldsymbol{V}_2$，所以 $\boldsymbol{\alpha}+\boldsymbol{\beta}\in\boldsymbol{V}_1\cap\boldsymbol{V}_2$；$\boldsymbol{V}_1\cap\boldsymbol{V}_2$ 对加法运算封闭；$\forall\boldsymbol{\alpha}\in\boldsymbol{V}_1\cap\boldsymbol{V}_2$，$k\in\boldsymbol{F}$，$k\boldsymbol{\alpha}\in\boldsymbol{V}_1$，$k\boldsymbol{\alpha}\in\boldsymbol{V}_2$，所以 $k\boldsymbol{\alpha}\in\boldsymbol{V}_1\cap\boldsymbol{V}_2$，$\boldsymbol{V}_1\cap\boldsymbol{V}_2$ 对数乘封闭.

所以，$\boldsymbol{V}_1\cap\boldsymbol{V}_2$ 是 $\boldsymbol{V}$ 的一个线性子空间.

（2）因为 $\boldsymbol{V}_1,\boldsymbol{V}_2$ 都是子空间，$0\in\boldsymbol{V}_1$，$0\in\boldsymbol{V}_2$，所以 $0\in\boldsymbol{V}_1+\boldsymbol{V}_2$，即 $\boldsymbol{V}_1+\boldsymbol{V}_2$ 非空；$\forall\boldsymbol{\alpha},\boldsymbol{\beta}\in\boldsymbol{V}_1+\boldsymbol{V}_2$，$\exists\boldsymbol{\alpha}_1,\boldsymbol{\beta}_1\in\boldsymbol{V}_1$，$\boldsymbol{\alpha}_2,\boldsymbol{\beta}_2\in\boldsymbol{V}_2$，使得 $\boldsymbol{\alpha}=\boldsymbol{\alpha}_1+\boldsymbol{\alpha}_2,\boldsymbol{\beta}=\boldsymbol{\beta}_1+\boldsymbol{\beta}_2$，$\boldsymbol{\alpha}+\boldsymbol{\beta}=(\boldsymbol{\alpha}_1+\boldsymbol{\alpha}_2)+(\boldsymbol{\beta}_1+\boldsymbol{\beta}_2)=(\boldsymbol{\alpha}_1+\boldsymbol{\beta}_1)+(\boldsymbol{\alpha}_2+\boldsymbol{\beta}_2)$，由于 $(\boldsymbol{\alpha}_1+\boldsymbol{\beta}_1)\in\boldsymbol{V}_1$，$(\boldsymbol{\alpha}_2+\boldsymbol{\beta}_2)\in\boldsymbol{V}_2$，所以 $\boldsymbol{\alpha}+\boldsymbol{\beta}\in\boldsymbol{V}_1+\boldsymbol{V}_2$，即 $\boldsymbol{V}_1+\boldsymbol{V}_2$ 对加法满足封闭性.

$\forall k\in\boldsymbol{F},\boldsymbol{\alpha}\in\boldsymbol{V}_1+\boldsymbol{V}_2$，$\exists\boldsymbol{\alpha}_1\in\boldsymbol{V}_1,\boldsymbol{\alpha}_2\in\boldsymbol{V}_2$，使得

$$\boldsymbol{\alpha}=\boldsymbol{\alpha}_1+\boldsymbol{\alpha}_2,\quad k\boldsymbol{\alpha}=k(\boldsymbol{\alpha}_1+\boldsymbol{\alpha}_2)=k\boldsymbol{\alpha}_1+k\boldsymbol{\alpha}_2$$

由于 $k\boldsymbol{\alpha}_1\in\boldsymbol{V}_1,k\boldsymbol{\alpha}_2\in\boldsymbol{V}_2$，所以 $k\boldsymbol{\alpha}\in\boldsymbol{V}_1+\boldsymbol{V}_2$，$\boldsymbol{V}_1+\boldsymbol{V}_2$ 对数乘满足封闭性，即 $\boldsymbol{V}_1+\boldsymbol{V}_2$ 是 $\boldsymbol{V}$ 的子空间.

定义 5.4.1 设 $\boldsymbol{V}_1,\boldsymbol{V}_2$ 是线性空间 $\boldsymbol{V}$ 的两个子空间，则子空间 $\boldsymbol{V}_1\cap\boldsymbol{V}_2,\boldsymbol{V}_1+\boldsymbol{V}_2$ 分别称为子空间 $\boldsymbol{V}_1$ 和 $\boldsymbol{V}_2$ 的交子空间、和子空间.

显然，$\boldsymbol{V}_1\cap\boldsymbol{V}_2$ 不仅仅是 $\boldsymbol{V}$ 的子空间，也是 $\boldsymbol{V}_1$ 和 $\boldsymbol{V}_2$ 的子空间；而两个子空间 $\boldsymbol{V}_1$ 和 $\boldsymbol{V}_2$ 的并 $\boldsymbol{V}_1\cup\boldsymbol{V}_2$ 只是 $\boldsymbol{V}$ 的子集未必是 $\boldsymbol{V}$ 的子空间.

例 5.4.1 在 $\mathbf{R}^{2\times2}$ 中，$\boldsymbol{E}_{12}=\begin{pmatrix}0 & 1\\ 0 & 0\end{pmatrix},\boldsymbol{E}_{21}=\begin{pmatrix}0 & 0\\ 1 & 0\end{pmatrix}$，令 $\boldsymbol{V}_1=\boldsymbol{L}[\boldsymbol{E}_{12}],\boldsymbol{V}_2=\boldsymbol{L}[\boldsymbol{E}_{21}]$，则 $\boldsymbol{V}_1\cup\boldsymbol{V}_2=\boldsymbol{L}[\boldsymbol{E}_{12}]\cup\boldsymbol{L}[\boldsymbol{E}_{21}]$，显然 $\boldsymbol{E}_{12}\in\boldsymbol{V}_1\cup\boldsymbol{V}_2,\boldsymbol{E}_{21}\in\boldsymbol{V}_1\cup\boldsymbol{V}_2$，但 $\boldsymbol{E}_{12}+\boldsymbol{E}_{21}\notin\boldsymbol{V}_1\cup\boldsymbol{V}_2$.

关于交空间 $\boldsymbol{V}_1\cap\boldsymbol{V}_2$、和空间 $\boldsymbol{V}_1+\boldsymbol{V}_2$ 的维数与基的问题，我们给出如下常用的定理.

定理 5.4.2 设 $\boldsymbol{V}$ 是数域 $\boldsymbol{F}$ 上 n 维线性空间，$\boldsymbol{\alpha}_1,\boldsymbol{\alpha}_2,\cdots,\boldsymbol{\alpha}_m$ 和 $\boldsymbol{\beta}_1,\boldsymbol{\beta}_2,\cdots,\boldsymbol{\beta}_s$ 为 $\boldsymbol{V}$ 中的两组向量，令 $\boldsymbol{V}_1=\boldsymbol{L}[\boldsymbol{\alpha}_1,\boldsymbol{\alpha}_2,\cdots,\boldsymbol{\alpha}_m]$，$\boldsymbol{V}_2=\boldsymbol{L}[\boldsymbol{\beta}_1,\boldsymbol{\beta}_2,\cdots,\boldsymbol{\beta}_s]$，则

$$\boldsymbol{V}_1+\boldsymbol{V}_2=\boldsymbol{L}[\boldsymbol{\alpha}_1,\boldsymbol{\alpha}_2,\cdots,\boldsymbol{\alpha}_m,\boldsymbol{\beta}_1,\boldsymbol{\beta}_2,\cdots,\boldsymbol{\beta}_s]$$

证明 对任意 $\gamma \in V_1+V_2$，存在 $\alpha \in V_1, \beta \in V_2$ 使得 $\gamma=\alpha+\beta$，而 α 和 β 分别可由 $\alpha_1,\alpha_2,\cdots,\alpha_m$ 和 $\beta_1,\beta_2,\cdots,\beta_s$ 线性表示，则 γ 可由 $\alpha_1,\alpha_2,\cdots,\alpha_m,\beta_1,\beta_2,\cdots,\beta_s$ 线性表示，即 $\gamma \in L[\alpha_1,\alpha_2,\cdots,\alpha_m, \beta_1,\beta_2,\cdots,\beta_s]$，$V_1+V_2 \subseteq L[\alpha_1,\alpha_2,\cdots,\alpha_m,\beta_1,\beta_2,\cdots,\beta_s]$.

反之，对任意 $\eta \in L[\alpha_1,\alpha_2,\cdots,\alpha_m,\beta_1,\beta_2,\cdots,\beta_s]$，则存在 $k_i,t_j \in F(i=1,2,\cdots m; j=1,2,\cdots s)$，使得 $\eta=k_1\alpha_1+k_2\alpha_2+\cdots+k_m\alpha_m+t_1\beta_1+t_2\beta_2+\cdots+t_s\beta_s$，即 $\eta \in V_1+V_2$，$L[\alpha_1,\alpha_2,\cdots,\alpha_m,\beta_1,\beta_2,\cdots,\beta_s] \subseteq V_1+V_2$，所以 $V_1+V_2=L[\alpha_1,\alpha_2,\cdots,\alpha_m,\beta_1,\beta_2,\cdots,\beta_s]$.

定理 5.4.2 给出了已知子空间 V_1,V_2，求 V_1+V_2 的一种方法.

定理 5.4.3 设 V 是数域 F 上的线性空间，V_1,V_2 是 V 的子空间，则

$$\dim(V_1+V_2)+\dim(V_1\cap V_2)=\dim V_1+\dim V_2$$

证明 设 $\dim V_1=n_1, \dim V_2=n_2, \dim(V_1\cap V_2)=m$，只需证 $\dim(V_1+V_2)=n_1+n_2-m$.

设 $\alpha_1,\alpha_2,\cdots,\alpha_m$ 是 $V_1\cap V_2$ 的一组基，根据基扩定理，存在 $\beta_1,\beta_2,\cdots,\beta_{n_1-m} \in V_1$，使得 $\alpha_1,\alpha_2,\cdots,\alpha_m,\beta_1,\beta_2,\cdots,\beta_{n_1-m}$ 成为 V_1 的一组基，存在 $\gamma_1,\gamma_2,\cdots,\gamma_{n_2-m} \in V_2$，使得 $\alpha_1,\alpha_2,\cdots,\alpha_m,\gamma_1,\gamma_2,\cdots,\gamma_{n_2-m}$ 成为 V_2 的一组基，即存在 $V_1=L[\alpha_1,\alpha_2,\cdots,\alpha_m,\beta_1,\beta_2,\cdots,\beta_{n_1-m}]$，$V_2=L[\alpha_1,\alpha_2,\cdots,\alpha_m,\gamma_1,\gamma_2,\cdots,\gamma_{n_2-m}]$，由定理 5.4.2 得

$$V_1+V_2=L[\alpha_1,\alpha_2,\cdots,\alpha_m,\beta_1,\beta_2,\cdots,\beta_{n_1-m},\gamma_1,\gamma_2,\cdots,\gamma_{n_2-m}]$$

下证 $\alpha_1,\alpha_2,\cdots,\alpha_m,\beta_1,\beta_2,\cdots,\beta_{n_1-m},\gamma_1,\gamma_2,\cdots,\gamma_{n_2-m}$ 线性无关.

假设等式 $k_1\alpha_1+\cdots+k_m\alpha_m+p_1\beta_1+\cdots+p_{n_1-m}\beta_{n_1-m}+z_1\gamma_1+\cdots+z_{n_2-m}\gamma_{n_2-m}=\mathbf{0}$ 成立.

令 $\alpha=k_1\alpha_1+\cdots+k_m\alpha_m+p_1\beta_1+\cdots+p_{n_1-m}\beta_{n_1-m}=-(z_1\gamma_1+\cdots+z_{n_2-m}\gamma_{n_2-m})$，则有 $\alpha\in V_1, \alpha \in V_2$，于是 $\alpha \in V_1\cap V_2$，即 α 可由 $\alpha_1,\alpha_2,\cdots,\alpha_m$ 线性表示.

再令 $\alpha=l_1\alpha_1+\cdots+l_m\alpha_m$，则 $l_1\alpha_1+\cdots+l_m\alpha_m=-(z_1\gamma_1+\cdots+z_{n_2-m}\gamma_{n_2-m})$，即 $l_1\alpha_1+\cdots+l_m\alpha_m+z_1\gamma_1+\cdots+z_{n_2-m}\gamma_{n_2-m}=\mathbf{0}$，由于 $\alpha_1,\alpha_2,\cdots,\alpha_m,\gamma_1,\gamma_2,\cdots,\gamma_{n_2-m}$ 线性无关，所以 $l_1=\cdots=l_m=z_1=\cdots=z_{n_2-m}=0$，因而 $\alpha=\mathbf{0}$.

由 $(\alpha=k_1\alpha_1+\cdots+k_m\alpha_m+p_1\beta_1+\cdots+p_{n_1-m}\beta_{n_1-m}=-(z_1\gamma_1+\cdots+z_{n_2-m}\gamma_{n_2-m})$，得 $k_1\alpha_1+\cdots+k_m\alpha_m+p_1\beta_1+\cdots+p_{n_1-m}\beta_{n_1-m}=\mathbf{0}$，由 $\alpha_1,\alpha_2\cdots,\alpha_m,\beta_1,\beta_2\cdots,\beta_{n_1-m}$ 线性无关，得 $k_1=\cdots=k_m=p_1=\cdots=p_{n_2-m}=0$，由此证明了 $\alpha_1,\alpha_2\cdots,\alpha_m,\beta_1,\beta_2\cdots,\beta_{n_1-m},\gamma_1,\gamma_2\cdots,\gamma_{n_2-m}$ 线性无关，并为 V_1+V_2 的一组基，即 $\dim(V_1+V_2)=m+(n_1-m)+(n_2-m)=n_1+n_2-m$，于是 $\dim(V_1+V_2)+\dim(V_1\cap V_2)=\dim V_1+\dim V_2$.

例 5.4.2 在 $\mathbf{R}^4$ 中，设 $W_1=L[\alpha_1,\alpha_2]$，$W_2=L[\beta_1,\beta_2]$，其中

$$\alpha_1=\begin{pmatrix}1\\2\\1\\0\end{pmatrix},\alpha_2=\begin{pmatrix}-1\\1\\1\\1\end{pmatrix},\quad \beta_1=\begin{pmatrix}2\\-1\\0\\1\end{pmatrix},\beta_2=\begin{pmatrix}1\\-1\\3\\7\end{pmatrix}$$

（1）求 W_1 与 W_2 的和 W_1+W_2 的维数和基；

（2）求 W_1 与 W_2 的交 $W_1\cap W_2$ 的维数和基.

解（1）由定理知 $\boldsymbol{W}_1+\boldsymbol{W}_2=\boldsymbol{L}[\alpha_1,\alpha_2]+\boldsymbol{L}[\beta_1,\beta_2]=\boldsymbol{L}[\alpha_1,\alpha_2,\beta_1,\beta_2]$，考虑向量组 $\alpha_1,\alpha_2,\beta_1,\beta_2$ 的秩和极大线性无关组，对矩阵 $(\alpha_1,\alpha_2,\beta_1,\beta_2)$ 作初等行变换：

$$(\alpha_1,\alpha_2,\beta_1,\beta_2)=\begin{pmatrix}1&-1&2&1\\2&1&-1&-1\\1&1&0&3\\0&1&1&7\end{pmatrix}\to\begin{pmatrix}1&-1&2&1\\0&3&-5&-3\\0&2&-2&2\\0&1&1&7\end{pmatrix}\to\begin{pmatrix}1&-1&2&1\\0&1&1&7\\0&0&1&3\\0&0&0&0\end{pmatrix}$$

则 $\alpha_1,\alpha_2,\beta_1$ 为向量组 $\alpha_1,\alpha_2,\beta_1,\beta_2$ 的极大线性无关组，故 $\dim(\boldsymbol{W}_1+\boldsymbol{W}_2)=3$，$\alpha_1,\alpha_2,\beta_1$ 是 $\boldsymbol{W}_1+\boldsymbol{W}_2$ 的一组基.

（2）（方法一）因为 $\dim\boldsymbol{W}_1=\dim\boldsymbol{W}_2=2$，由维数定理知

$$\dim(\boldsymbol{W}_1\cap\boldsymbol{W}_2)=\dim\boldsymbol{W}_1+\dim\boldsymbol{W}_2-\dim(\boldsymbol{W}_1+\boldsymbol{W}_2)=1$$

设 $\alpha\in\boldsymbol{W}_1\cap\boldsymbol{W}_2$，$\alpha=x_1\alpha_1+x_2\alpha_2=x_3\beta_1+x_4\beta_2$，则有

$$(\alpha_1,\alpha_2,-\beta_1,-\beta_2)\begin{pmatrix}x_1\\x_2\\x_3\\x_4\end{pmatrix}=0\text{，即}\begin{pmatrix}1&-1&-2&-1\\2&1&1&1\\1&1&0&-3\\0&1&-1&-7\end{pmatrix}\begin{pmatrix}x_1\\x_2\\x_3\\x_4\end{pmatrix}=0$$

求其通解为

$$\begin{pmatrix}-k\\4k\\-3k\\k\end{pmatrix}\text{，}k\text{ 为任意常数}$$

则

$$\alpha=-k\alpha_1+4k\alpha_2=k\begin{pmatrix}-5\\2\\3\\4\end{pmatrix}$$

故 $\boldsymbol{W}_1\cap\boldsymbol{W}_2=\{k(-5,2,3,4)^{\mathrm{T}}\mid k\text{为任意常数}\}$，$(-5,2,3,4)^{\mathrm{T}}$ 是 $\boldsymbol{W}_1\cap\boldsymbol{W}_2$ 的一组基.

（方法二）维数计算同方法一，由

$$(\alpha_1,\alpha_2,\beta_1,\beta_2)=\begin{pmatrix}1&-1&2&1\\2&1&-1&-1\\1&1&0&3\\0&1&1&7\end{pmatrix}\to\begin{pmatrix}1&-1&2&1\\0&3&-5&-3\\0&2&-2&2\\0&1&1&7\end{pmatrix}\to\begin{pmatrix}1&-1&2&1\\0&1&1&7\\0&0&1&3\\0&0&0&0\end{pmatrix}$$

$$\to\begin{pmatrix}1&0&3&8\\0&1&1&7\\0&0&1&3\\0&0&0&0\end{pmatrix}\to\begin{pmatrix}1&0&0&-1\\0&1&0&4\\0&0&1&3\\0&0&0&0\end{pmatrix}$$

可得 $\beta_2=-\alpha_1+4\alpha_2+3\beta_1$，则 $\gamma=-3\beta_1+\beta_2=-\alpha_1+4\alpha_2=(-5,2,3,4)^{\mathrm{T}}$ 是 $\boldsymbol{W}_1\cap\boldsymbol{W}_2$ 的一组基.

例 5.4.3 设 $\mathbf{R}^{2\times 2}$ 的两个子空间为 $\boldsymbol{V}_1=\left\{\boldsymbol{A}\middle|\boldsymbol{A}=\begin{pmatrix}x_1 & x_2\\ x_3 & x_4\end{pmatrix}, x_1-x_2+x_3-x_4=0\right\}$，$\boldsymbol{V}_2=\boldsymbol{L}[\boldsymbol{B}_1,\boldsymbol{B}_2]$，

$\boldsymbol{B}_1=\begin{pmatrix}1 & 0\\ 2 & 3\end{pmatrix},\boldsymbol{B}_2=\begin{pmatrix}1 & -1\\ 0 & 1\end{pmatrix}$.

（1）将 $\boldsymbol{V}_1+\boldsymbol{V}_2$ 表示为生成子空间；

（2）求 $\boldsymbol{V}_1+\boldsymbol{V}_2$ 的基和维数；

（3）求 $\boldsymbol{V}_1\cap\boldsymbol{V}_2$ 的基与维数.

解 （1）先将 $\boldsymbol{V}_1$ 表示成生成子空间，因为齐次线性方程组 $x_1-x_2+x_3-x_4=0$ 的基础解系为

$$\boldsymbol{\alpha}_1=\begin{pmatrix}1\\1\\0\\0\end{pmatrix},\boldsymbol{\alpha}_2=\begin{pmatrix}-1\\0\\1\\0\end{pmatrix},\boldsymbol{\alpha}_3=\begin{pmatrix}1\\0\\0\\1\end{pmatrix}$$

所以 $\boldsymbol{V}_1$ 的一组基为

$$\boldsymbol{A}_1=\begin{pmatrix}1 & 1\\ 0 & 0\end{pmatrix},\ \boldsymbol{A}_2=\begin{pmatrix}-1 & 0\\ 1 & 0\end{pmatrix},\ \boldsymbol{A}_3=\begin{pmatrix}1 & 0\\ 0 & 1\end{pmatrix}$$

于是 $\boldsymbol{V}_1=\boldsymbol{L}[\boldsymbol{A}_1,\boldsymbol{A}_2,\boldsymbol{A}_3]$，从而有 $\boldsymbol{V}_1+\boldsymbol{V}_2=\boldsymbol{L}[\boldsymbol{A}_1,\boldsymbol{A}_2,\boldsymbol{A}_3,\boldsymbol{B}_1,\boldsymbol{B}_2]$.

（2）向量组 $\boldsymbol{A}_1,\boldsymbol{A}_2,\boldsymbol{A}_3,\boldsymbol{B}_1,\boldsymbol{B}_2$ 在 $\mathbf{R}^{2\times 2}$ 的自然基 $\boldsymbol{E}_{11},\boldsymbol{E}_{12},\boldsymbol{E}_{21},\boldsymbol{E}_{22}$ 下的坐标依次为

$$\boldsymbol{\alpha}_1=\begin{pmatrix}1\\1\\0\\0\end{pmatrix},\quad \boldsymbol{\alpha}_2=\begin{pmatrix}-1\\0\\1\\0\end{pmatrix},\quad \boldsymbol{\alpha}_3=\begin{pmatrix}1\\0\\0\\1\end{pmatrix},\quad \boldsymbol{\beta}_1=\begin{pmatrix}1\\0\\2\\3\end{pmatrix},\quad \boldsymbol{\beta}_2=\begin{pmatrix}1\\-1\\0\\1\end{pmatrix}$$

由

$$\begin{pmatrix}1 & -1 & 1 & 1 & 1\\ 1 & 0 & 0 & 0 & -1\\ 0 & 1 & 0 & 2 & 0\\ 0 & 0 & 1 & 3 & 1\end{pmatrix}\to\cdots\to\begin{pmatrix}1 & -1 & 1 & 1 & 1\\ 0 & 1 & -1 & -1 & -2\\ 0 & 0 & 1 & 3 & 2\\ 0 & 0 & 0 & 0 & -1\end{pmatrix}$$

得向量组 $\boldsymbol{\alpha}_1,\boldsymbol{\alpha}_2,\boldsymbol{\alpha}_3,\boldsymbol{\beta}_1,\boldsymbol{\beta}_2$ 的一个极大无关组为 $\boldsymbol{\alpha}_1,\boldsymbol{\alpha}_2,\boldsymbol{\alpha}_3,\boldsymbol{\beta}_2$，从而向量组 $\boldsymbol{A}_1,\boldsymbol{A}_2,\boldsymbol{A}_3,\boldsymbol{B}_1,\boldsymbol{B}_2$ 的一个极大无关组为 $\boldsymbol{A}_1,\boldsymbol{A}_2,\boldsymbol{A}_3,\boldsymbol{B}_2$，它们构成 $\boldsymbol{V}_1+\boldsymbol{V}_2$ 的一组基，且 $\dim(\boldsymbol{V}_1+\boldsymbol{V}_2)=4$.

（3）设 $\boldsymbol{A}\in\boldsymbol{V}_1\cap\boldsymbol{V}_2$，则有数组 x_1,x_2,x_3,x_4,x_5，使得

$$\boldsymbol{A}=x_1\boldsymbol{A}_1+x_2\boldsymbol{A}_2+x_3\boldsymbol{A}_3=x_4\boldsymbol{B}_1+x_5\boldsymbol{B}_2，\ 即\ x_1\boldsymbol{A}_1+x_2\boldsymbol{A}_2+x_3\boldsymbol{A}_3-x_4\boldsymbol{B}_1-x_5\boldsymbol{B}_2=\boldsymbol{O}$$

比较上式等号两端矩阵的对应元素，可得

$$\begin{cases}x_1 - x_4 - x_5 = 0\\ x_1+x_2 + x_5 = 0\\ x_2+x_3-2x_4 = 0\\ x_3-3x_4-x_5=0\end{cases}$$

该齐次线性方程组的通解为

$$\begin{pmatrix} x_1 \\ x_2 \\ x_3 \\ x_4 \\ x_5 \end{pmatrix} = k\begin{pmatrix} 1 \\ -1 \\ 3 \\ 1 \\ 0 \end{pmatrix}, \ k \in \mathbf{R}$$

于是
$$\boldsymbol{A} = x_4\boldsymbol{B}_1 + x_5\boldsymbol{B}_2 = k\boldsymbol{B}_1 = k\begin{pmatrix} 1 & 0 \\ 2 & 3 \end{pmatrix}$$

故$\boldsymbol{V}_1 \cap \boldsymbol{V}_2$的一组基为$\begin{pmatrix} 1 & 0 \\ 2 & 3 \end{pmatrix}$，且$\dim(\boldsymbol{V}_1 \cap \boldsymbol{V}_2) = 1$.

定理 5.4.4 设$\boldsymbol{V}$是数域$\boldsymbol{F}$上的线性空间，$\boldsymbol{V}_1, \boldsymbol{V}_2, \boldsymbol{V}_3$是$\boldsymbol{V}$的子空间，则有

（1）$\boldsymbol{V}_1 \cap \boldsymbol{V}_2 = \boldsymbol{V}_2 \cap \boldsymbol{V}_1$；

（2）$(\boldsymbol{V}_1 \cap \boldsymbol{V}_2) \cap \boldsymbol{V}_3 = \boldsymbol{V}_1 \cap (\boldsymbol{V}_2 \cap \boldsymbol{V}_3)$；

（3）$\boldsymbol{V}_1 + \boldsymbol{V}_2 = \boldsymbol{V}_2 + \boldsymbol{V}_1$；

（4）$(\boldsymbol{V}_1 + \boldsymbol{V}_2) + \boldsymbol{V}_3 = \boldsymbol{V}_1 + (\boldsymbol{V}_2 + \boldsymbol{V}_3)$.

（证明略）

子空间的交与和的概念都可以推广到有限个的情形，即若$\boldsymbol{V}_1, \boldsymbol{V}_2, \cdots, \boldsymbol{V}_s$为线性空间$\boldsymbol{V}$的子空间，则

$$\bigcap_{i=1}^{s} \boldsymbol{V}_i = \boldsymbol{V}_1 \cap \boldsymbol{V}_2 \cap \cdots \cap \boldsymbol{V}_s = \{\boldsymbol{\alpha} \mid \boldsymbol{\alpha} \in \boldsymbol{V}_i, i = 1, 2, 3, \cdots, s\}$$

$$\sum_{i=1}^{s} \boldsymbol{V}_i = \boldsymbol{V}_1 + \boldsymbol{V}_2 + \cdots + \boldsymbol{V}_s = \{\boldsymbol{\alpha}_1 + \boldsymbol{\alpha}_2 + \cdots + \boldsymbol{\alpha}_s \mid \boldsymbol{\alpha}_i \in \boldsymbol{V}_i, i = 1, 2, 3, \cdots, s\}$$

也为线性空间$\boldsymbol{V}$的子空间.

习题 5.4

1. 设$\boldsymbol{W}_1, \boldsymbol{W}_2$为数域$\boldsymbol{F}$上$n$维线性空间$\boldsymbol{V}$的两个子空间，证明：$\boldsymbol{W}_1 + \boldsymbol{W}_2$是$\boldsymbol{V}$的既含$\boldsymbol{W}_1$又含$\boldsymbol{W}_2$的最小子空间.

2. 设$\boldsymbol{W}_1, \boldsymbol{W}_2$为数域$\boldsymbol{F}$上$n$维线性空间$\boldsymbol{V}$的两个子空间，$\boldsymbol{\alpha}, \boldsymbol{\beta}$是$\boldsymbol{V}$的两个向量，其中$\boldsymbol{\alpha} \in \boldsymbol{W}_2$，但$\boldsymbol{\alpha} \notin \boldsymbol{W}_1$，又$\boldsymbol{\beta} \notin \boldsymbol{W}_2$. 证明：

（1）对任意$k \in \boldsymbol{F}, \boldsymbol{\beta} + k\boldsymbol{\alpha} \notin \boldsymbol{W}_2$；

（2）至多有一个$k \in \boldsymbol{F}$, 使得$\boldsymbol{\beta} + k\boldsymbol{\alpha} \in \boldsymbol{W}_1$.

3. 设$\boldsymbol{W}_1, \boldsymbol{W}_2$为数域$\boldsymbol{F}$上$n$维线性空间$\boldsymbol{V}$的两个子空间，证明：若$\boldsymbol{W}_1 + \boldsymbol{W}_2 = \boldsymbol{W}_1 \cup \boldsymbol{W}_2$，则$\boldsymbol{W}_1 \subseteq \boldsymbol{W}_2$或$\boldsymbol{W}_2 \subseteq \boldsymbol{W}_1$.

4. 设$\boldsymbol{V}_1, \boldsymbol{V}_2, \cdots, \boldsymbol{V}_s$是数域$\boldsymbol{F}$上$n$维线性空间$\boldsymbol{V}$的$s$个非平凡的子空间，证明：$\boldsymbol{V}$中至少有一向量$\boldsymbol{\alpha}$不属于$\boldsymbol{V}_1, \boldsymbol{V}_2, \cdots, \boldsymbol{V}_s$中的任何一个.

5. 在$\mathbf{R}^4$中，设$\boldsymbol{W}_1 = \boldsymbol{L}[\alpha_1, \alpha_2, \alpha_3], \boldsymbol{W}_2 = \boldsymbol{L}[\beta_1, \beta_2]$，其中

$$\alpha_1=\begin{pmatrix}1\\2\\-1\\-2\end{pmatrix},\alpha_2=\begin{pmatrix}3\\1\\1\\1\end{pmatrix},\alpha_2=\begin{pmatrix}-1\\0\\1\\-1\end{pmatrix},\beta_1=\begin{pmatrix}2\\5\\-6\\-5\end{pmatrix},\beta_2=\begin{pmatrix}-1\\2\\-7\\3\end{pmatrix}$$

求W_1与W_2的交$W_1\cap W_2$、和W_1+W_2的维数和基.

5.5 子空间直和

定义 5.5.1 设V_1,V_2是数域F上n维线性空间V的子空间，如果V_1+V_2中每个向量α的分解式

$$\alpha=\alpha_1+\alpha_2,\alpha_1\in V_1,\alpha_2\in V_2$$

是唯一的，这个和称为直和，记为$V_1\oplus V_2$.

如在$\mathbf{R}^2$中，自然基为$\varepsilon_1=\begin{pmatrix}1\\0\end{pmatrix},\varepsilon_2=\begin{pmatrix}0\\1\end{pmatrix}$，$\mathbf{R}^2=L[\varepsilon_1]\oplus L[\varepsilon_2]$.

定理 5.5.1 设V_1,V_2为V的有限维子空间，则下述四条等价：

（1）V_1+V_2是直和；

（2）零向量的表示法唯一；

（3）$V_1\cap V_2=\{\mathbf{0}\}$；

（4）$\dim(V_1+V_2)=\dim V_1+\dim V_2$.

证明 （1）$\Rightarrow$（2）：显然.

（2）$\Rightarrow$（1）：设$\alpha=\alpha_1+\alpha_2=\beta_1+\beta_2$，则

$$(\alpha_1-\beta_1)+(\alpha_2-\beta_2)=\mathbf{0}$$

由（2）知，零向量的表示法唯一，于是$\alpha_i=\beta_i\ (i=1,2)$，即$\alpha$的表示法唯一. 由直和的定义可知，$V_1+V_2$是直和.

（2）$\Rightarrow$（3）：假若$V_1\cap V_2\neq\{\mathbf{0}\}$，则存在向量$\alpha\neq\mathbf{0}$且$\alpha\in V_1\cap V_2$，由线性空间的定义，得$-\alpha\in V_1\cap V_2$，则$\alpha+(-\alpha)=\mathbf{0}$，与零向量的表示法唯一矛盾，于是$V_1\cap V_2=\{\mathbf{0}\}$.

（3）$\Rightarrow$（2）：若（2）不真，则有$\mathbf{0}=\alpha_1+\alpha_2$，其中$\alpha_j\in V_j\ (j=1,2)$且$\exists\alpha_i\neq\mathbf{0}$. 于是$-\alpha_1=\alpha_2\in V_1\cap V_2$，与（3）矛盾，故（2）成立.

（3）$\Rightarrow$（4）：若$V_1\cap V_2=\{\mathbf{0}\}$，则$\dim(V_1\cap V_2)=0$，由维数公式得

$$\dim(V_1+V_2)=\dim V_1+\dim V_2-\dim(V_1\cap V_2)=\dim V_1+\dim V_2$$

（4）$\Rightarrow$（3）：若$\dim(V_1+V_2)=\dim V_1+\dim V_2$，则$\dim(V_1\cap V_2)=0$，从而$V_1\cap V_2=\{\mathbf{0}\}$.

例 5.5.1 设V_1与V_2分别是齐次线性方程组$x_1+x_2+\cdots+x_n=0$和$x_1=x_2=\cdots=x_n$的解空间，证明：$\mathbf{R}^n=V_1\oplus V_2$.

证明 方程组$x_1+x_2+\cdots+x_n=0$的解空间是$n-1$维的空间，则

$$\boldsymbol{\alpha}_1=\begin{pmatrix}-1\\1\\0\\\vdots\\0\end{pmatrix},\boldsymbol{\alpha}_2=\begin{pmatrix}-1\\0\\1\\\vdots\\0\end{pmatrix},\cdots,\boldsymbol{\alpha}_{n-1}=\begin{pmatrix}-1\\0\\0\\\vdots\\1\end{pmatrix}$$

是方程组的一组基，即 $\boldsymbol{V}_1=\boldsymbol{L}[\boldsymbol{\alpha}_1,\boldsymbol{\alpha}_2,\cdots,\boldsymbol{\alpha}_{n-1}]$.

方程组 $x_1=x_2=\cdots=x_n$ 的解空间是 1 维的，则

$$\boldsymbol{\alpha}=(1,1,1,\cdots,1)^{\mathrm{T}}$$

是其一组基，即 $\boldsymbol{V}_2=\boldsymbol{L}[\boldsymbol{\alpha}]$.

由于 $\boldsymbol{\alpha}_1,\boldsymbol{\alpha}_2,\cdots,\boldsymbol{\alpha}_{n-1},\boldsymbol{\alpha}$ 线性无关，故

$$\boldsymbol{V}_1+\boldsymbol{V}_2=\boldsymbol{L}[\boldsymbol{\alpha}_1,\boldsymbol{\alpha}_2,\cdots,\boldsymbol{\alpha}_{n-1}]+\boldsymbol{L}[\boldsymbol{\alpha}]=\boldsymbol{L}[\boldsymbol{\alpha}_1,\boldsymbol{\alpha}_2,\cdots,\boldsymbol{\alpha}_{n-1},\boldsymbol{\alpha}]=\mathbf{R}^n$$

又 $\dim\mathbf{R}^n=\dim\boldsymbol{V}_1+\dim\boldsymbol{V}_2$，根据维数定理，有 $\boldsymbol{V}_1\cap\boldsymbol{V}_2=\{\boldsymbol{0}\}$，故 $\mathbf{R}^n=\boldsymbol{V}_1\oplus\boldsymbol{V}_2$.

例 5.5.2 设 $\boldsymbol{K},\boldsymbol{S}$ 是实系数多项式空间 $\mathbf{R}[x]$ 中的两个子集，其定义为

$$\boldsymbol{K}=\{p(x)\,|\,p(x)=-p(-x),\forall x\in\mathbf{R}\}，\quad \boldsymbol{S}=\{p(x)\,|\,p(-x)=p(x),\forall x\in\mathbf{R}\}$$

证明：$\mathbf{R}[x]=\boldsymbol{K}\oplus\boldsymbol{S}$.

证明 对任意的 $p(x)\in\mathbf{R}[x]$，有

$$p(x)=\frac{1}{2}[p(x)+p(-x)]+\frac{1}{2}[p(x)-p(-x)]=p_1(x)+p_2(x)$$

其中 $$p_1(x)=\frac{1}{2}[p(x)+p(-x)]\in\boldsymbol{K}，\quad p_2(x)=\frac{1}{2}[p(x)-p(-x)]\in\boldsymbol{S}$$

即 $\mathbf{R}[x]$ 中的多项式均可表示为 $\boldsymbol{K}$ 中的多项式与 $\boldsymbol{S}$ 中的多项式的和，故 $\mathbf{R}[x]=\boldsymbol{K}+\boldsymbol{S}$.

又 $\boldsymbol{K}\cap\boldsymbol{S}=\{\boldsymbol{0}\}$，若 $p(x)\in\boldsymbol{K}\cap\boldsymbol{S}$，则 $p(x)=p(-x)=-p(x)$，故 $p(x)=0$. 从而 $\boldsymbol{K}+\boldsymbol{S}$ 是直和，故 $\mathbf{R}[x]=\boldsymbol{K}\oplus\boldsymbol{S}$.

下面给出余子空间的概念.

定义 5.5.2 设 $\boldsymbol{V}_1$ 是数域 $\boldsymbol{F}$ 上 n 维线性空间 $\boldsymbol{V}$ 的子空间，则存在另一个子空间 $\boldsymbol{W}$，使得 $\boldsymbol{V}=\boldsymbol{V}_1\oplus\boldsymbol{W}$，称这样的子空间 $\boldsymbol{W}$ 为子空间 $\boldsymbol{V}_1$ 的余子空间（补空间）.

例 5.5.3 已知 $\boldsymbol{\alpha}_1=(1,0,0,0)^{\mathrm{T}},\boldsymbol{\alpha}_2=(1,2,0,0)^{\mathrm{T}}$，$\boldsymbol{V}_1=L[\boldsymbol{\alpha}_1,\boldsymbol{\alpha}_2]$，求 $\boldsymbol{V}_1$ 的余子空间 $\boldsymbol{V}_2$，使 $\boldsymbol{V}_1\oplus\boldsymbol{V}_2=\mathbf{R}^4$.

解 以 $\boldsymbol{\alpha}_1,\boldsymbol{\alpha}_2,\boldsymbol{\varepsilon}_3,\boldsymbol{\varepsilon}_4$ 为列构造矩阵 $\boldsymbol{A}$：

$$\boldsymbol{A}=\begin{pmatrix}1&1&0&0\\0&2&0&0\\0&0&1&0\\0&0&0&1\end{pmatrix}$$

由 $|\boldsymbol{A}|=2$ 知 $\boldsymbol{\alpha}_1,\boldsymbol{\alpha}_2,\boldsymbol{\varepsilon}_3,\boldsymbol{\varepsilon}_4$ 线性无关，设 $\boldsymbol{V}_2=\boldsymbol{L}[\boldsymbol{\varepsilon}_3,\boldsymbol{\varepsilon}_4]$，故 $\boldsymbol{V}_2$ 为所求.

注：余子空间一般不唯一（除非$\boldsymbol{V}_1$是平凡子空间）.

如例 5.5.3 中，令 $\boldsymbol{\beta}_1=(1,0,1,0)^{\mathrm{T}},\boldsymbol{\beta}_2=(1,2,0,1)^{\mathrm{T}}$，同样可证$\boldsymbol{V}_3=\boldsymbol{L}[\boldsymbol{\beta}_1,\boldsymbol{\beta}_2]$也是$\boldsymbol{V}_1$的余子空间.

利用直和的性质我们可得余子空间的结论.

定理 5.5.2 n维线性空间$\boldsymbol{V}$的任一子空间$\boldsymbol{V}_1$都有余子空间，若$\boldsymbol{W}$是$\boldsymbol{V}_1$的一个余子空间，则$\dim\boldsymbol{V}_1+\dim\boldsymbol{W}=\dim\boldsymbol{V}$.

定义 5.5.3 设$\boldsymbol{V}$是数域$\boldsymbol{F}$上的线性空间，$\boldsymbol{V}_1,\boldsymbol{V}_2,\cdots,\boldsymbol{V}_m$是$\boldsymbol{V}$的有限维子空间. 若对于$\sum\limits_{i=1}^{m}\boldsymbol{V}_i$中任一向量，表达式$\boldsymbol{\alpha}=\boldsymbol{\alpha}_1+\boldsymbol{\alpha}_2+\cdots+\boldsymbol{\alpha}_m$，$\boldsymbol{\alpha}_i\in\boldsymbol{V}_i\ (i=1,2,\cdots,m)$是唯一的，则称$\sum\limits_{i=1}^{m}\boldsymbol{V}_i$为直和，记为$\boldsymbol{V}_1\oplus\boldsymbol{V}_2\oplus\cdots\oplus\boldsymbol{V}_m$.

定理 5.5.3 设$\boldsymbol{V}_1,\boldsymbol{V}_2,\cdots,\boldsymbol{V}_m$为数域$\boldsymbol{F}$上的线性空间$\boldsymbol{V}$上的有限维子空间，则下述四条等价：

（1）$\boldsymbol{V}_1+\boldsymbol{V}_2+\cdots+\boldsymbol{V}_m$是直和；

（2）零向量表示法唯一；

（3）$\boldsymbol{V}_i\bigcap(\boldsymbol{V}_1+\cdots+\boldsymbol{V}_{i-1}+\boldsymbol{V}_{i+1}+\cdots+\boldsymbol{V}_m)=\{\boldsymbol{0}\},\forall i=1,2,\cdots,m$；

（4）$\dim(\boldsymbol{V}_1+\boldsymbol{V}_2+\cdots+\boldsymbol{V}_m)=\dim\boldsymbol{V}_1+\dim\boldsymbol{V}_2+\cdots+\dim\boldsymbol{V}_m$.

证明 （1）⇒（2）：显然.

（2）⇒（1）：设$\boldsymbol{\alpha}=\boldsymbol{\alpha}_1+\boldsymbol{\alpha}_2+\cdots+\boldsymbol{\alpha}_m=\boldsymbol{\beta}_1+\boldsymbol{\beta}_2+\cdots+\boldsymbol{\beta}_m$，则

$$(\boldsymbol{\alpha}_1-\boldsymbol{\beta}_1)+(\boldsymbol{\alpha}_2-\boldsymbol{\beta}_2)+\cdots+(\boldsymbol{\alpha}_m-\boldsymbol{\beta}_m)=\boldsymbol{0}$$

由（2）知，零向量的表示法唯一，于是

$$\boldsymbol{\alpha}_i=\boldsymbol{\beta}_i,\ i=1,2,\cdots,m$$

即$\boldsymbol{\alpha}$的表示法唯一. 由直和的定义可知，$\boldsymbol{V}_1+\boldsymbol{V}_2+\cdots+\boldsymbol{V}_m$是直和.

（2）⇒（3）：假设存在某个$i\ (1\leqslant i\leqslant m)$，使得$\boldsymbol{V}_i\bigcap(\boldsymbol{V}_1+\cdots+\boldsymbol{V}_{i-1}+\boldsymbol{V}_{i+1}+\cdots+\boldsymbol{V}_m)\neq\{\boldsymbol{0}\}$，则存在向量$\boldsymbol{\alpha}\neq\boldsymbol{0}$且$\boldsymbol{\alpha}\in\boldsymbol{V}_i\bigcap(\boldsymbol{V}_1+\cdots+\boldsymbol{V}_{i-1}+\boldsymbol{V}_{i+1}+\cdots+\boldsymbol{V}_m)$，于是存在$\boldsymbol{\alpha}_j\in\boldsymbol{V}_j$，使得

$$\boldsymbol{\alpha}=\boldsymbol{\alpha}_1+\cdots+\boldsymbol{\alpha}_{i-1}+\boldsymbol{\alpha}_{i+1}+\cdots+\boldsymbol{\alpha}_m$$

由线性空间的定义得

$$-\boldsymbol{\alpha}\in\boldsymbol{V}_i\bigcap(\boldsymbol{V}_1+\cdots+\boldsymbol{V}_{i-1}+\boldsymbol{V}_{i+1}+\cdots+\boldsymbol{V}_m)$$

则$\boldsymbol{\alpha}_1+\cdots+(-\boldsymbol{\alpha})+\cdots+\boldsymbol{\alpha}_m=\boldsymbol{\alpha}+(-\boldsymbol{\alpha})=\boldsymbol{0}$，与零向量的表示法唯一矛盾，于是

$$\boldsymbol{V}_i\bigcap(\boldsymbol{V}_1+\cdots+\boldsymbol{V}_{i-1}+\boldsymbol{V}_{i+1}+\cdots+\boldsymbol{V}_m)=\{\boldsymbol{0}\},\ \forall i=1,2,\cdots,m$$

（3）⇒（2）：若（2）不真，则有$\boldsymbol{0}=\boldsymbol{\alpha}_1+\cdots+\boldsymbol{\alpha}_i+\cdots+\boldsymbol{\alpha}_m$，其中$\boldsymbol{\alpha}_j\in\boldsymbol{V}_j\ (j=1,2,\cdots,m)$且$\exists\boldsymbol{\alpha}_i\neq\boldsymbol{0}$，于是

$$-\boldsymbol{\alpha}_i=\boldsymbol{\alpha}_1+\cdots+\boldsymbol{\alpha}_{i-1}+\boldsymbol{\alpha}_{i+1}+\cdots+\boldsymbol{\alpha}_m\in\boldsymbol{V}_i\bigcap(\boldsymbol{V}_1+\cdots+\boldsymbol{V}_{i-1}+\boldsymbol{V}_{i+1}+\cdots+\boldsymbol{V}_m)$$

与（3）矛盾，故（2）成立.

（3）⇒（4）：对 m 作数学归纳．$m=2$ 时，由维数公式得

$$\dim(V_1+V_2)=\dim V_1+\dim V_2-\dim(V_1\cap V_2)=\dim V_1+\dim V_2$$

设 $m-1(m\geqslant 3)$，已证

$$\begin{aligned}\dim(V_1+V_2+\cdots+V_m)&=\dim V_m+\dim(V_1+V_2+\cdots+V_{m-1})-\dim(V_m\cap(V_1+V_2+\cdots+V_{m-1}))\\&=\dim V_m+\dim(V_1+V_2+\cdots+V_{m-1})\end{aligned}$$

而 $\forall i\ (1\leqslant i\leqslant m-1)$，都有

$$V_i\cap(V_1+\cdots+V_{i-1}+V_{i+1}+\cdots+V_{m-1})\subseteq V_i\cap(V_1+\cdots+V_{i-1}+V_{i+1}+\cdots+V_m)=\{\mathbf{0}\}$$

用归纳假设，可以得到

$$\dim(V_1+V_2+\cdots+V_m)=\dim V_1+\dim V_2+\cdots+\dim V_m$$

（4）⇒（3）：$\forall i\ (1\leqslant i\leqslant m)$，都有

$$\begin{aligned}&\dim(V_i\cap(V_1+\cdots+V_{i-1}+V_{i+1}+\cdots+V_m))\\&=\dim(V_i)+\dim(V_1+\cdots+V_{i-1}+V_{i+1}+\cdots+V_m)-\dim(V_1+V_2+\cdots+V_m)\leqslant 0\end{aligned}$$

于是 $V_i\cap(V_1+\cdots+V_{i-1}+V_{i+1}+\cdots+V_m)=\{\mathbf{0}\}\ (\forall i=1,2,\cdots,m)$．证毕．

命题 5.5.1 设 $V=V_1\oplus V_2\oplus\cdots\oplus V_m$，则 $V_1,V_2,\cdots,V_m$ 的基的并集为 V 的一组基．

证明 设 $\varepsilon_{i_1},\varepsilon_{i_2},\cdots,\varepsilon_{i_{r_i}}$ 是 V_i 的一组基，则 V 中任一向量可被 $\bigcup\limits_{i=1}^{m}\{\varepsilon_{i_1},\varepsilon_{i_2},\cdots,\varepsilon_{i_{r_i}}\}$ 线性表出．又 $\dim V=\sum\limits_{i=1}^{m}\dim V_i=r_1+r_2+\cdots+r_m$，则它们线性无关，于是它们是 V 的一组基．

习题 5.5

1. 设 F 为数域，给出 F^3 的两个子空间 $V_1=\{(a,b,c)^{\mathrm{T}}\mid a=b=c,a,b,c\in F\}$，$V_2=\{(0,x,y)^{\mathrm{T}}\mid x,y\in F\}$，证明：$F^3=V_1\oplus V_2$．

2. 证明：如果 $V=V_1+V_2,V_1=V_{11}\oplus V_{12}$，那么 $V=V_{11}\oplus V_{12}\oplus V_2$．

3. 证明：每一个 n 维线性空间都可以表示成 n 个一维子空间的直和．

4. 证明：和 $\sum\limits_{i=1}^{s}V_i$ 是直和的充分必要条件是 $V_i\cap\sum\limits_{j=1}^{i-1}V_j=\{\mathbf{0}\}(i=2,\cdots,s)$．

5. 设 A 是数域 F 上的 n 阶矩阵，且 $A^2=E$，记 V_1,V_2 分别是方程组 $(A+E)X=\mathbf{0}$ 与 $(A-E)X=\mathbf{0}$ 的解空间，证明：$F^n=V_1\oplus V_2$．

5.6 线性空间的同构

设 V 是数域 F 上的 n 维线性空间，$\varepsilon_1,\varepsilon_2,\cdots,\varepsilon_n$ 是 V 的一组基，在这组基下，V 中每个向量

都有确定的坐标，即 $\forall\boldsymbol{\alpha}\in\boldsymbol{V}$，$\boldsymbol{\alpha}$ 在 $\boldsymbol{\varepsilon}_1,\boldsymbol{\varepsilon}_2,\cdots,\boldsymbol{\varepsilon}_n$ 下的坐标可以看成线性空间 $\boldsymbol{F}^n$ 中的元素，因此，可以说向量 $\boldsymbol{\alpha}$ 与它在基底下的坐标之间的关系实质上是一个 $\boldsymbol{V}$ 到 $\boldsymbol{F}^n$ 的对应关系，即映射，显然这个映射是单射与满射，换言之，线性空间 $\boldsymbol{V}$ 中的向量在给定一组基下的坐标给出了线性空间 $\boldsymbol{V}$ 与 $\boldsymbol{F}^n$ 的一个双射，这个对应的重要性表现在它与运算的关系上．设 $\boldsymbol{\alpha},\boldsymbol{\beta}\in\boldsymbol{V}$，在基 $\boldsymbol{\varepsilon}_1,\boldsymbol{\varepsilon}_2,\cdots,\boldsymbol{\varepsilon}_n$ 下：

$$\boldsymbol{\alpha}=(\boldsymbol{\varepsilon}_1,\boldsymbol{\varepsilon}_2,\cdots,\boldsymbol{\varepsilon}_n)\begin{pmatrix}a_1\\a_2\\\vdots\\a_n\end{pmatrix}=a_1\boldsymbol{\varepsilon}_1+a_2\boldsymbol{\varepsilon}_2+\cdots+a_n\boldsymbol{\varepsilon}_n$$

$$\boldsymbol{\beta}=(\boldsymbol{\varepsilon}_1,\boldsymbol{\varepsilon}_2,\cdots,\boldsymbol{\varepsilon}_n)\begin{pmatrix}b_1\\b_2\\\vdots\\b_n\end{pmatrix}=b_1\boldsymbol{\varepsilon}_1+b_2\boldsymbol{\varepsilon}_2+\cdots+b_n\boldsymbol{\varepsilon}_n$$

向量 $\boldsymbol{\alpha},\boldsymbol{\beta}$ 的坐标分别是 $(b_1,b_2,\cdots,b_n)^{\mathrm{T}},(a_1,a_2,\cdots,a_n)^{\mathrm{T}}$，则

$$\boldsymbol{\alpha}+\boldsymbol{\beta}=(a_1+b_1)\boldsymbol{\varepsilon}_1+(a_2+b_2)\boldsymbol{\varepsilon}_2+\cdots+(a_n+b_n)\boldsymbol{\varepsilon}_n$$

$$k\boldsymbol{\alpha}=ka_1\boldsymbol{\varepsilon}_1+ka_2\boldsymbol{\varepsilon}_2+\cdots+ka_n\boldsymbol{\varepsilon}_n,\quad k\in\boldsymbol{F}$$

于是，向量 $k\boldsymbol{\alpha},\boldsymbol{\alpha}+\boldsymbol{\beta}$ 的坐标分别是

$$k\begin{pmatrix}a_1\\a_2\\\vdots\\a_n\end{pmatrix},\begin{pmatrix}a_1+b_1\\a_2+b_2\\\vdots\\a_n+b_n\end{pmatrix}$$

以上式子说明对于有限维线性空间，在同一基底下，将向量用坐标表示之后，它们之间的运算可以归结为它们的坐标运算．下面给出同构的概念，用以说明 n 维线性空间 $\boldsymbol{V}$ 与同维数的线性空间 $\boldsymbol{F}^n$ 之间的一种关系．

定义 5.6.1 设 $\boldsymbol{V}$ 与 $\boldsymbol{V}'$ 为数域 $\boldsymbol{F}$ 上的两个有限维线性空间，若存在一个双射 $\boldsymbol{\phi}:\boldsymbol{V}\to\boldsymbol{V}'$，对 $\forall\boldsymbol{\alpha},\boldsymbol{\beta}\in\boldsymbol{V}$ 和 $\forall k\in\boldsymbol{F}$，有

（1）$\boldsymbol{\phi}(\boldsymbol{\alpha}+\boldsymbol{\beta})=\boldsymbol{\phi}(\boldsymbol{\alpha})+\boldsymbol{\phi}(\boldsymbol{\beta})$；

（2）$\boldsymbol{\phi}(k\boldsymbol{\alpha})=k\boldsymbol{\phi}(\boldsymbol{\alpha})$，

则称线性空间 $\boldsymbol{V}$ 与 $\boldsymbol{V}'$ 为同构的，映射 $\boldsymbol{\phi}$ 称为同构映射，记作 $\boldsymbol{V}\overset{\phi}{\cong}\boldsymbol{V}'$．

由此可见，在数域 $\boldsymbol{F}$ 上 n 维线性空间 $\boldsymbol{V}_n$ 中，取定一组基后，向量与它的坐标之间的对应就是 $\boldsymbol{V}_n$ 到 $\boldsymbol{F}^n$ 的一个同构映射．因而，有如下结论．

定理 5.6.1 数域 $\boldsymbol{F}$ 上任一个 n 维线性空间 $\boldsymbol{V}_n$ 与 $\boldsymbol{F}^n$ 同构．

证明 设 $\varepsilon_1,\varepsilon_2,\cdots,\varepsilon_n$ 是 $\boldsymbol{V}$ 的一组基．对 $\boldsymbol{V}$ 中任一向量 $\boldsymbol{\alpha}$，它可唯一地表示为

$$\boldsymbol{\alpha}=x_1\boldsymbol{\varepsilon}_1+x_2\boldsymbol{\varepsilon}_2+\cdots+x_n\boldsymbol{\varepsilon}_n$$

令 $\boldsymbol{\sigma}$: $\boldsymbol{V}\to\boldsymbol{F}^n$，有

$$\boldsymbol{\alpha}=x_1\boldsymbol{\varepsilon}_1+x_2\boldsymbol{\varepsilon}_2+\cdots+x_n\boldsymbol{\varepsilon}_n\to\boldsymbol{x}=\begin{pmatrix}x_1\\x_2\\\vdots\\x_n\end{pmatrix}$$

则 $\boldsymbol{\sigma}$ 是 $\boldsymbol{V}_n$ 到 $\boldsymbol{F}^n$ 上的双映射，并且 $\boldsymbol{\sigma}$ 保持运算关系不变.

事实上，对 $k\in\boldsymbol{F}$ 及 $\boldsymbol{V}_n$ 中向量 $\boldsymbol{\beta}$，有

$$\boldsymbol{\beta}=y_1\boldsymbol{\varepsilon}_1+y_2\boldsymbol{\varepsilon}_2+\cdots+y_n\boldsymbol{\varepsilon}_n$$

$$\boldsymbol{\alpha}+\boldsymbol{\beta}=(x_1+y_1)\boldsymbol{\varepsilon}_1+(x_2+y_2)\boldsymbol{\varepsilon}_2+\cdots+(x_n+y_n)\boldsymbol{\varepsilon}_n$$

$$k\boldsymbol{\alpha}=kx_1\boldsymbol{\varepsilon}_1+kx_2\boldsymbol{\varepsilon}_2+\cdots+kx_n\boldsymbol{\varepsilon}_n$$

因为

$$\boldsymbol{\sigma}(\boldsymbol{\alpha})=\begin{pmatrix}x_1\\x_2\\\vdots\\x_n\end{pmatrix},\ \boldsymbol{\sigma}(\boldsymbol{\beta})=\begin{pmatrix}y_1\\y_2\\\vdots\\y_n\end{pmatrix}$$

则

$$\boldsymbol{\sigma}(\boldsymbol{\alpha}+\boldsymbol{\beta})=x+y=\boldsymbol{\sigma}(\boldsymbol{\alpha})+\boldsymbol{\sigma}(\boldsymbol{\beta}),\ \boldsymbol{\sigma}(k\boldsymbol{\alpha})=kx=k\boldsymbol{\sigma}(\boldsymbol{\alpha})$$

即 $\boldsymbol{\sigma}$ 是 $\boldsymbol{V}$ 到 $\boldsymbol{F}^n$ 的同构映射. 因此，n 维线性空间 $\boldsymbol{V}_n$ 与 $\boldsymbol{F}^n$ 同构.

定理 5.6.2 设 $\boldsymbol{V}$ 与 $\boldsymbol{V}'$ 为数域 $\boldsymbol{F}$ 上的两个有限维线性空间，σ: $\boldsymbol{V}\to\boldsymbol{V}'$ 是同构映射，则有

（1）$\boldsymbol{\sigma}(\mathbf{0})=\mathbf{0}, \boldsymbol{\sigma}(-\boldsymbol{\alpha})=-\boldsymbol{\sigma}(\boldsymbol{\alpha})$；

（2）$\boldsymbol{\sigma}(k_1\boldsymbol{\alpha}_1+k_2\boldsymbol{\alpha}_2+\cdots+k_r\boldsymbol{\alpha}_r)=k_1\boldsymbol{\sigma}(\boldsymbol{\alpha}_1)+k_2\boldsymbol{\sigma}(\boldsymbol{\alpha}_2)+\cdots+k_r\boldsymbol{\sigma}(\boldsymbol{\alpha}_r)$；

（3）线性空间 $\boldsymbol{V}$ 中向量组 $\boldsymbol{\alpha}_1,\boldsymbol{\alpha}_2,\cdots,\boldsymbol{\alpha}_r$ 线性相（无）关的充要条件为它们在同构映射下的象 $\boldsymbol{\sigma}(\boldsymbol{\alpha}_1),\boldsymbol{\sigma}(\boldsymbol{\alpha}_2),\cdots,\boldsymbol{\sigma}(\boldsymbol{\alpha}_r)$ 线性相（无）关；

（4）如果 $\boldsymbol{V}$ 是 n 维的，$\boldsymbol{\varepsilon}_1,\cdots,\boldsymbol{\varepsilon}_n$ 是 $\boldsymbol{V}$ 的一组基，则 $\boldsymbol{V}'$ 也是 n 维的，并且 $\boldsymbol{\sigma}(\boldsymbol{\varepsilon}_1),\cdots,\boldsymbol{\sigma}(\boldsymbol{\varepsilon}_n)$ 是 $\boldsymbol{V}'$ 的一组基.

证明 （1）至（2）由定义 5.6.1 可得.

（3）如果向量组 $\boldsymbol{\alpha}_1,\cdots,\boldsymbol{\alpha}_m$ 线性相关，则存在不全为零的数 $k_1,\cdots,k_m\in\boldsymbol{F}$，使得

$$k_1\boldsymbol{\alpha}_1+\cdots+k_m\boldsymbol{\alpha}_m=\mathbf{0}$$

由（1）和（2）得

$$k_1\boldsymbol{\sigma}(\boldsymbol{\alpha}_1)+\cdots+k_m\boldsymbol{\sigma}(\boldsymbol{\alpha}_m)=\mathbf{0}$$

所以 $\boldsymbol{\sigma}(\boldsymbol{\alpha}_1),\cdots,\boldsymbol{\sigma}(\boldsymbol{\alpha}_m)$ 线性相关.

反过来，如果 $\boldsymbol{\sigma}(\boldsymbol{\alpha}_1),\cdots,\boldsymbol{\sigma}(\boldsymbol{\alpha}_m)$ 线性相关，则存在不全为零的数 $k_1,\cdots,k_m\in\boldsymbol{F}$，使得

$$k_1\boldsymbol{\sigma}(\boldsymbol{\alpha}_1)+\cdots+k_m\boldsymbol{\sigma}(\boldsymbol{\alpha}_m)=\mathbf{0}$$

即

$$\boldsymbol{\sigma}(k_1\boldsymbol{\alpha}_1+\cdots+k_m\boldsymbol{\alpha}_m)=\mathbf{0}$$

因为 σ 是双映射，所以 $k_1\alpha_1+\cdots+k_m\alpha_m=\mathbf{0}$ ，从而 $\alpha_1,\alpha_2,\cdots,\alpha_m$ 线性相关.

线性无关的情况同理可证.

（4）由（3）知 $\sigma(\varepsilon_1),\cdots,\sigma(\varepsilon_n)$ 是 V' 的线性无关向量组. 对任意 $\alpha'\in V'$ ，因为 σ 是满映射，所以存在 $\alpha\in V$ 使得 $\sigma(\alpha)=\alpha'$. 因为 $\alpha=x_1\varepsilon_1+\cdots+x_n\varepsilon_n$ ，则

$$\alpha'=\sigma(x_1\varepsilon_1+\cdots+x_n\varepsilon_n)=x_1\sigma(\varepsilon_1)+\cdots+x_n\sigma(\varepsilon_n)$$

则 $\sigma(\varepsilon_1),\cdots,\sigma(\varepsilon_n)$ 是 V' 的一组基， V' 是 n 维的.

定理 5.6.3 同构映射的逆映射以及两个同构映射的乘积仍是同构映射.

同构作为线性空间之间的一种关系，具有反身性、对称性与传递性. 既然数域 F 上任意一个 n 维线性空间 V_n 都与 F^n 同构，数域 F 上任意两个 n 维线性空间也同构.

定理 5.6.4 两个有限维线性空间同构的充要条件是它们有相同的维数.

证明 必要性可由定理 5.6.2（4）得到. 下证充分性.

设 $\dim(V)=\dim(V')=n$. 由定理 5.6.1 知， V 与 F^n 同构，并且 V' 与 F^n 同构. 因为线性空间的同构是等价关系，所以 V 与 V' 同构.

在抽象的线性空间讨论中，并没有考虑线性空间的元素是什么，也没有考虑其中运算是如何定义的，而只涉及线性空间在所定义的运算下的代数性质. 从这个观点看来，同构的线性空间可以不加区别. 并且，对于 n 维线性空间 V_n 来说，很多性质都可以通过线性空间 F^n 来讨论.

习题 5.6

1. 证明，复数域 $\mathbf{C}$ 作为实数域 $\mathbf{R}$ 上线性空间，与 $\mathbf{R}^2$ 同构.

2. 设 $f:V\to W$ 是线性空间 V 到 W 的一个同构映射，V_1 是 V 的一个子空间. 证明 $f(V_1)$ 是 W 的一个子空间.

3. 证明：线性空间 $F[x]$ 可以与它的一个真子空间同构.

5.7 更多的例题

5.7 例题详细解答

例 5.7.1 设 V_1,V_2 是数域 F 上的线性空间. 设 $V_1\times V_2=\{(\alpha_1,\alpha_2)\mid\alpha_1\in V_1,\alpha_2\in V_2\}$ ， $\forall(\alpha_1,\alpha_2)$, $(\beta_1,\beta_2)\in V_1\times V_2, k\in F$ ，规定： $(\alpha_1,\alpha_2)+(\beta_1,\beta_2)=(\alpha_1+\beta_1,\alpha_2+\beta_2)$, $k(\alpha_1,\alpha_2)=(k\alpha_1,k\alpha_2)$.

（1）证明： $V_1\times V_2$ 关于以上运算构成数域 F 上的线性空间；

（2） $\dim V_1=m,\dim V_2=n$ ，求 $\dim(V_1\times V_2)$.

例 5.7.2 如果 f_1,f_2,f_3 是线性空间 $F[x]$ 中的三个互素的多项式，但是其中任意两个都不互素，证明 f_1,f_2,f_3 线性无关.

例 5.7.3 求下列线性空间的维数与一组基：

（1）数域 F 上的矩阵空间 $M_n(F)$.

（2） $M_n(F)$ 中的全体对称（ $S(F)$ ）、反对称（ $AS(F)$ ）、上三角（ $U(F)$ ）、下三角（ $D(F)$ ）

矩阵所成的数域 F 上的线性空间.

例 5.7.4 设 $A=\begin{pmatrix}1&0&0\\0&1&0\\3&1&2\end{pmatrix}$，求 $M_3(F)$ 中全体与 A 可交换的矩阵所成子空间 $C(A)$ 的维数和一组基.

例 5.7.5 设 V 是数域 F 上所有 n 阶对称矩阵关于矩阵的加法与数乘运算构成的线性空间，令 $V_1=\{A\in V\mid \mathrm{tr}(A)=0\}$，$V_2=\{\lambda E_n\mid \lambda\in F\}$，这里 $\mathrm{tr}(A)=\sum_{i=1}^{n}a_{ii}, A=(a_{ij})_{n\times n}$.

（1）证明：V_1, V_2 都是 V 的子空间；

（2）分别求出 V_1, V_2 的一组基和维数；

（3）证明：$V=V_1\oplus V_2$.

例 5.7.6 求线性方程组，使得它的解是由下列向量组 $\alpha_1,\alpha_2,\alpha_3$ 所生成的线性子空间，其中 $\alpha_1=\begin{pmatrix}1\\-1\\1\\0\end{pmatrix}, \alpha_2=\begin{pmatrix}1\\1\\0\\1\end{pmatrix}, \alpha_3=\begin{pmatrix}2\\0\\1\\1\end{pmatrix}$.

例 5.7.7 设 n 阶方阵 A,B,C,D 两两可交换，且满足 $AC+BD=E$，记 $ABX=0$ 的解空间为 W，$BX=0$ 的解空间为 W_1，$AX=0$ 的解空间为 W_2，证明：$W=W_1\oplus W_2$.

例 5.7.8（南京大学考研真题） 设 V 是复数域上 n 维线性空间，V_1 和 V_2 各为 V 的 r_1 维和 r_2 维子空间，试求 V_1+V_2 之维数的一切可能值.

例 5.7.9（上海交通大学考研真题） 设 V_1,V_2 均为有限维线性空间 V 的子空间，且

$$\dim(V_1+V_2)-\dim(V_1\cap V_2)=1$$

则和空间 V_1+V_2 与 V_1,V_2 中一个重合，$V_1\cap V_2$ 与另一个重合.

例 5.7.10 设 V 是数域 F 上 n 维线性空间，$V_1,\cdots,V_s$ 是 V 的 s 个真子空间，证明：存在 $\alpha\in V$，使得 $\alpha\notin V_i\ (i=1,2,\cdots,s)$，即 $\alpha\notin V_1\cup\cdots\cup V_s$.

例 5.7.11（大学数学竞赛 2019 年初赛题） 设 $\varepsilon_1,\varepsilon_2,\cdots,\varepsilon_n$ 是 n 维实线性空间 V 的一组基，令 $\varepsilon_1+\varepsilon_2+\cdots+\varepsilon_n+\varepsilon_{n+1}=0$. 证明：

（1）对 $i=1,2,\cdots,n+1$，$\varepsilon_1,\varepsilon_2,\cdots,\varepsilon_{i-1},\varepsilon_{i+1},\cdots,\varepsilon_{n+1}$ 都构成 V 的基；

（2）$\forall\alpha\in V$ 在（1）中的 $n+1$ 组基中，必存在一组基使在 α 此基下的坐标分量均非负；

（3）若 $\alpha=a_1\varepsilon_1+a_2\varepsilon_2+\cdots+a_n\varepsilon_n$，且 $|a_i|(i=1,2,\cdots,n)$ 互不相同，则在（1）中的 $n+1$ 组基中，满足（2）中非负坐标表示的基是唯一的.

线性空间自测题

一、判断题

1. 平面上全体向量对于通常的向量加法和数量乘法：$k\circ\alpha=\alpha, k\in\mathbf{R}$，作成实数域 $\mathbf{R}$ 上的线性空间. （ ）

2. 所有 n 阶非可逆矩阵的集合为全矩阵空间 $\boldsymbol{M}_n(\mathbf{R})$ 的子空间.（　　）

3. 若 $\boldsymbol{\alpha}_1,\boldsymbol{\alpha}_2,\boldsymbol{\alpha}_3,\boldsymbol{\alpha}_4$ 是数域 $\boldsymbol{F}$ 上的 4 维线性空间 $\boldsymbol{V}$ 的一组基，那么 $\boldsymbol{\alpha}_1,\boldsymbol{\alpha}_2,\boldsymbol{\alpha}_2+\boldsymbol{\alpha}_3,\boldsymbol{\alpha}_3+\boldsymbol{\alpha}_4$ 是 $\boldsymbol{V}$ 的一组基.（　　）

4. 设 $\boldsymbol{\alpha}_1,\boldsymbol{\alpha}_2,\cdots,\boldsymbol{\alpha}_n$ 是 n 维线性空间 $\boldsymbol{V}$ 中 n 个向量，且 $\boldsymbol{V}$ 中每一个向量都可由 $\boldsymbol{\alpha}_1,\boldsymbol{\alpha}_2,\cdots,\boldsymbol{\alpha}_n$ 线性表示，则 $\boldsymbol{\alpha}_1,\boldsymbol{\alpha}_2,\cdots,\boldsymbol{\alpha}_n$ 是 $\boldsymbol{V}$ 的一组基.（　　）

5. $x-1,x+2,(x-1)(x+2)$ 是线性空间 $\boldsymbol{F}_2[x]$ 的一组基.（　　）

6. x^3 关于基 $x^3,x^3+x,x^2+1,x+1$ 的坐标为 $(1,1,0,0)^{\mathrm{T}}$.（　　）

7. 设 $\boldsymbol{V}_1,\boldsymbol{V}_2,\cdots,\boldsymbol{V}_s$ 为 n 维线性空间 $\boldsymbol{V}$ 的子空间，且 $\boldsymbol{V}=\boldsymbol{V}_1+\boldsymbol{V}_2+\cdots+\boldsymbol{V}_s$. 若 $\dim\boldsymbol{V}_1+\dim\boldsymbol{V}_2+\cdots+\dim\boldsymbol{V}_s=n$，则 $\boldsymbol{V}_1+\boldsymbol{V}_2+\cdots+\boldsymbol{V}_s$ 为直和.（　　）

8. 设 $\boldsymbol{V}_1,\boldsymbol{V}_2,\cdots,\boldsymbol{V}_s$ 为 n 维空间 $\boldsymbol{V}$ 的子空间，且 $\boldsymbol{V}=\boldsymbol{V}_1+\boldsymbol{V}_2+\cdots+\boldsymbol{V}_s$. 零向量表示法是唯一的，则 $\boldsymbol{V}_1+\boldsymbol{V}_2+\cdots+\boldsymbol{V}_s$ 为直和.（　　）

9. 设 $\boldsymbol{\alpha}_1,\boldsymbol{\alpha}_2,\cdots,\boldsymbol{\alpha}_n$ 是线性空间 $\boldsymbol{V}$ 的一组基，$\boldsymbol{f}$ 是 $\boldsymbol{V}$ 到 $\boldsymbol{W}$ 的一个同构映射，则 $\boldsymbol{W}$ 的一组基是 $\boldsymbol{f}(\boldsymbol{\alpha}_1),\boldsymbol{f}(\boldsymbol{\alpha}_2),\cdots,\boldsymbol{f}(\boldsymbol{\alpha}_n)$.（　　）

10. 数域 $\boldsymbol{F}$ 上任一 n 维线性空间 $\boldsymbol{V}$ 都与线性空间 $\boldsymbol{F}^n$ 同构.（　　）

二、填空题

1. 全体正实数的集合 $\mathbf{R}^+$，对加法和纯量乘法 $a\oplus b=ab,k\circ a=a^k$, 构成 $\mathbf{R}$ 上的线性空间，则此空间的零向量为________.

2. 数域 $\boldsymbol{F}$ 上一切次数小于 5 的多项式添加零多项式构成的线性空间 $\boldsymbol{F}[x]_5$ 维数等于________.

3. 维数大于零的有限维的线性空间的基有很多，但任意两个基所含向量个数是______的.

4. 复数域 $\mathbf{C}$ 作为实数域 $\mathbf{R}$ 上的线性空间，维数等于________.

5. 复数域 $\mathbf{C}$ 看成它本身上的线性空间，维数等于________.

6. 实数域 $\mathbf{R}$ 上的全体 3 阶上三角形矩阵，对矩阵的加法和纯量乘法作成线性空间，它的维数等于________.

7. x^2+2x+3 关于 $\boldsymbol{F}_3[x]$ 的一组基 $x^3,x^3+x,x^2+1,x+1$ 的坐标为________.

8. 把同构的子空间算作一类，5 维线性空间的子空间能分成________类.

9. 设 $\boldsymbol{V}$ 的子空间 $\boldsymbol{W}_1,\boldsymbol{W}_2,\boldsymbol{W}_3$, 有 $\boldsymbol{W}_1\cap\boldsymbol{W}_2=\boldsymbol{W}_1\cap\boldsymbol{W}_3=\boldsymbol{W}_2\cap\boldsymbol{W}_3=0$，则 $\boldsymbol{W}_1+\boldsymbol{W}_2+\boldsymbol{W}_3$ 是______和________.

10. $\boldsymbol{\alpha}_1=\begin{pmatrix}1\\2\\3\end{pmatrix},\boldsymbol{\alpha}_2=\begin{pmatrix}3\\-1\\2\end{pmatrix},\boldsymbol{\alpha}_3=\begin{pmatrix}2\\3\\x\end{pmatrix}$，则 $x=$______时，$\boldsymbol{\alpha}_1,\boldsymbol{\alpha}_2,\boldsymbol{\alpha}_3$ 线性相关.

三、选择题

1. $\mathbf{R}^3$ 中下列子集（　　）不是 $\mathbf{R}^3$ 的子空间.

A. $\boldsymbol{W}_1=\{(x_1,x_2,x_3)^{\mathrm{T}}\in\mathbf{R}^3\mid x_2=1\}$　　B. $\boldsymbol{W}_2=\{(x_1,x_2,x_3)^{\mathrm{T}}\in\mathbf{R}^3\mid x_3=0\}$

C. $\boldsymbol{W}_3=\{(x_1,x_2,x_3)^{\mathrm{T}}\in\mathbf{R}^3\mid x_1=x_2=x_3\}$　　D. $\boldsymbol{W}_4=\{(x_1,x_2,x_3)^{\mathrm{T}}\in\mathbf{R}^3\mid x_1=x_2-x_3\}$

2. 若$\boldsymbol{W}_1,\boldsymbol{W}_2$均为线性空间$\boldsymbol{V}$的子空间，则下列等式成立的是（　　）.

A. $\boldsymbol{W}_1+(\boldsymbol{W}_1\cap\boldsymbol{W}_2)=\boldsymbol{W}_1\cap\boldsymbol{W}_2$　　B. $\boldsymbol{W}_1+(\boldsymbol{W}_1\cap\boldsymbol{W}_2)=\boldsymbol{W}_1+\boldsymbol{W}_2$

C. $\boldsymbol{W}_1+(\boldsymbol{W}_1\cap\boldsymbol{W}_2)=\boldsymbol{W}_1$　　D. $\boldsymbol{W}_1+(\boldsymbol{W}_1\cap\boldsymbol{W}_2)=\boldsymbol{W}_2$

3. 设$\boldsymbol{\alpha}_1,\boldsymbol{\alpha}_2,\boldsymbol{\alpha}_3,\boldsymbol{\alpha}_4$为线性空间$\boldsymbol{V}$的一组基，则$\boldsymbol{V}$的维数是（　　）.

A. 4　　B. 3　　C. 2　　D. 不确定

4. 线性空间$\boldsymbol{L}((2,-3,1)^{\mathrm{T}},(1,4,2)^{\mathrm{T}},(5,-2,4)^{\mathrm{T}})\subseteq\mathbf{R}^3$的维数是（　　）.

A. 1　　B. 2　　C. 3　　D. 不确定

5. 实数域$\mathbf{R}$上，全体n阶对称矩阵构成的线性空间的维数是（　　）.

A. $\dfrac{n(n+1)}{2}$　　B. n　　C. n^2　　D. $\dfrac{n(n-1)}{2}$

6. 实数域$\mathbf{R}$上，全体n阶反对称矩阵构成的线性空间的维数是（　　）.

A. $\dfrac{n(n+1)}{2}$　　B. n　　C. n^2　　D. $\dfrac{n(n-1)}{2}$

7. 已知$\mathbf{R}^2$的两组基：$\boldsymbol{\varepsilon}_1=\begin{pmatrix}a_1\\a_2\end{pmatrix},\boldsymbol{\varepsilon}_2=\begin{pmatrix}b_1\\b_2\end{pmatrix}$与$\boldsymbol{\eta}_1=\begin{pmatrix}c_1\\c_2\end{pmatrix},\boldsymbol{\eta}_2=\begin{pmatrix}d_1\\d_2\end{pmatrix}$，则由基$\boldsymbol{\varepsilon}_1,\boldsymbol{\varepsilon}_2$到基$\boldsymbol{\eta}_1,\boldsymbol{\eta}_2$的过渡矩阵为（　　）.

A. $\begin{pmatrix}a_1&b_1\\a_2&b_2\end{pmatrix}^{-1}\begin{pmatrix}c_1&d_1\\c_2&d_2\end{pmatrix}$　　B. $\begin{pmatrix}c_1&d_1\\c_2&d_2\end{pmatrix}^{-1}\begin{pmatrix}a_1&b_1\\a_2&b_2\end{pmatrix}$

C. $\begin{pmatrix}a_1&a_2\\b_1&b_2\end{pmatrix}^{-1}\begin{pmatrix}c_1&c_2\\d_1&d_2\end{pmatrix}$　　D. $\begin{pmatrix}c_1&c_2\\d_1&d_2\end{pmatrix}^{-1}\begin{pmatrix}a_1&a_2\\b_1&b_2\end{pmatrix}$

8. 数域$\boldsymbol{F}$上线性空间$\boldsymbol{V}$的维数为r，$\boldsymbol{\alpha}_1,\boldsymbol{\alpha}_2,\cdots,\boldsymbol{\alpha}_n\in\boldsymbol{V}$，且$\boldsymbol{V}$中任意向量可由$\boldsymbol{\alpha}_1,\boldsymbol{\alpha}_2,\cdots,\boldsymbol{\alpha}_n$线性表出，则下列结论成立的是（　　）.

A. $r=n$　　B. $r\leqslant n$

C. $r<n$　　D. $r>n$

9. 已知$\boldsymbol{W}=\left\{\begin{pmatrix}a\\2a\\3a\end{pmatrix}\middle| a\in\mathbf{R}\right\}$为$\mathbf{R}^3$的子空间，则$\boldsymbol{W}$的基为（　　）.

A. $\begin{pmatrix}1\\2\\3\end{pmatrix}$　　B. $\begin{pmatrix}a\\a\\a\end{pmatrix}$

C. $\begin{pmatrix}a\\2a\\3a\end{pmatrix}$　　D. $\begin{pmatrix}1\\0\\0\end{pmatrix},\begin{pmatrix}0\\2\\0\end{pmatrix},\begin{pmatrix}0\\0\\3\end{pmatrix}$

10. 设 $\alpha_1,\alpha_2,\alpha_3$ 是三维线性空间 V 的基，且 $\beta_1=\alpha_1,\beta_2=\alpha_1+\alpha_2,\beta_3=\alpha_1+\alpha_2+\alpha_3$，则矩阵 $P=\begin{pmatrix}1&1&1\\1&0&1\\0&0&1\end{pmatrix}$ 是由基 $\alpha_1,\alpha_2,\alpha_3$ 到（　　）的过渡矩阵.

A. β_2,β_1,β_3　　B. β_1,β_2,β_3　　C. β_2,β_3,β_1　　D. β_3,β_2,β_1

四、计算题

1. 在线性空间 $\mathbf{R}^4$ 中，求由向量组 $\alpha_1=(2,1,3,-1)^{\mathrm{T}}$，$\alpha_2=(4,5,3,-1)^{\mathrm{T}}$，$\alpha_3=(-1,1,-3,1)^{\mathrm{T}}$，$\alpha_4=(1,5,-3,1)^{\mathrm{T}}$ 生成的子空间的一组基和维数.

2. 在 $\mathbf{R}^4$ 中求出向量组 $\alpha_1,\alpha_2,\alpha_3,\alpha_4,\alpha_5$ 的一个极大无关组，然后用它表出剩余的向量.

这里 $\alpha_1=\begin{pmatrix}2\\1\\3\\1\end{pmatrix},\alpha_2=\begin{pmatrix}1\\2\\0\\1\end{pmatrix},\alpha_3=\begin{pmatrix}-1\\1\\-3\\0\end{pmatrix},\alpha_4=\begin{pmatrix}1\\1\\1\\1\end{pmatrix},\alpha_5=\begin{pmatrix}0\\12\\-12\\5\end{pmatrix}$.

3. 设 $\alpha_1,\alpha_2,\cdots,\alpha_n$ 是 n 维线性空间 V 的一组基，$\alpha_1,\alpha_1+\alpha_2,\cdots,\alpha_1+\alpha_2+\cdots+\alpha_n$ 也是 V 的一组基，又向量 ξ 关于前一组基的坐标为 $(n,n-1,\cdots,2,1)^{\mathrm{T}}$，求 ξ 关于后一组基的坐标.

4. 在 $\mathbf{R}^3$ 中求基 $\alpha_1=\begin{pmatrix}1\\0\\1\end{pmatrix},\alpha_2=\begin{pmatrix}1\\1\\-1\end{pmatrix},\alpha_3=\begin{pmatrix}1\\-1\\1\end{pmatrix}$ 到基 $\beta_1=\begin{pmatrix}3\\0\\1\end{pmatrix},\beta_2=\begin{pmatrix}2\\0\\0\end{pmatrix},\beta_3=\begin{pmatrix}0\\2\\-2\end{pmatrix}$ 的过渡矩阵.

5. 已知 $\alpha_1=\begin{pmatrix}1\\2\\2\\-2\end{pmatrix},\alpha_2=\begin{pmatrix}-1\\3\\0\\-1\end{pmatrix},\alpha_3=\begin{pmatrix}2\\-1\\-2\\5\end{pmatrix}$，$\beta_1=\begin{pmatrix}3\\1\\0\\3\end{pmatrix},\beta_2=\begin{pmatrix}2\\-1\\0\\3\end{pmatrix},\beta_3=\begin{pmatrix}3\\-4\\-2\\16\end{pmatrix},\beta_4=\begin{pmatrix}1\\7\\4\\-15\end{pmatrix}$，设由 $\alpha_1,\alpha_2,\alpha_3$ 生成 $\mathbf{R}^4$ 的子空间 W，设由 $\beta_1,\beta_2,\beta_3,\beta_4$ 生成 $\mathbf{R}^4$ 的子空间 V. 分别求子空间 $W\cap V$ 与 $W+V$ 的一组基和维数.

五、证明题

1. 设数域 F 上 n 维线性空间 V 的向量组 $\alpha_1,\alpha_2,\cdots,\alpha_n$ 的秩为 r，令

$$W=\left\{\begin{pmatrix}k_1\\k_2\\\vdots\\k_n\end{pmatrix}\middle| k_1\alpha_1+k_2\alpha_2+\cdots+k_n\alpha_n=\mathbf{0},k_i\in F,i=1,\cdots,n\right\}$$

证明：W 是 F^n 的 $n-r$ 维子空间.

2. 设 $a_1,a_2,\cdots,a_n$ 是数域 F 上 n 个不同的数，且 $f(x)=(x-a_1)(x-a_2)\cdots(x-a_n)$，证明：多项式组 $f_i(x)=\dfrac{f(x)}{(x-a_i)}(i=1,2,\cdots,n)$ 是线性空间 $F[x]_{n-1}$ 的一组基.

3. 若 n 维线性空间 V 的两个子空间，若对于 V 的两个子空间 W_1,W_2 的和空间 W_1+W_2 的维数减去 1 等于他们交空间 $W_1\cap W_2$ 的维数，证明：他们的和空间 W_1+W_2 与其中一个子空间相等，交空间 $W_1\cap W_2$ 与其中另一个子空间相等.

4. 设 a,b 是实数，$V=\{f(x)\in R[x]\mid f(a)=0\},W=\{g(x)\in R[x]\mid g(b)=0\}$，

证明：V,W 是 $\mathbf{R}$ 上的线性空间，并且 $V\cong W$.

5. 设 $A\in M_n(F)$，且 $A^2=E$，令 $W_1=\{\alpha\in F^n\mid A\alpha=\alpha\},W_2=\{\alpha\in F^n\mid A\alpha=-\alpha\}$，证明：（1）$W_1,W_2$ 为 F^n 的子空间.（2）$F^n=W_1\oplus W_2$.

第6章 线性变换

6.1 线性变换的定义

线性空间$\boldsymbol{V}$到自身的映射称为$\boldsymbol{V}$的一个变换.

定义 6.1.1 线性空间$\boldsymbol{V}$的一个变换σ称为线性变换，如果对于$\boldsymbol{V}$中任意的元素α,β和数域$\boldsymbol{F}$中任意数k，都有

（1）$\sigma(\alpha+\beta)=\sigma(\alpha)+\sigma(\beta)$；

（2）$\sigma(k\alpha)=k\sigma(\alpha)$.

一般，用希腊字母σ,δ表示$\boldsymbol{V}$的线性变换，$\sigma(\alpha)$或$\sigma\alpha$代表元素α在变换σ下的像.

也有用大写英文字母表示线性变换的，有用花体英文字母表示线性变换的，有用一些特殊字母表示线性变换的，请大家通过上下文判断线性变换的表示.

定义中等式（1）（2）所表示的性质，有时也说成线性变换保持向量的加法与数量乘法.

例 6.1.1 平面上的向量构成实数域上的二维线性空间. 把平面围绕坐标原点按反时钟方向旋转θ角，就是一个线性变换，用σ_θ表示. 如果平面上一个向量α在直角坐标系下的坐标是(x,y)，那么像$\sigma_\theta(\alpha)$的坐标，即α旋转θ角之后的坐标(x',y')是按照公式

$$\begin{pmatrix} x' \\ y' \end{pmatrix}=\begin{pmatrix} \cos\theta & -\sin\theta \\ \sin\theta & \cos\theta \end{pmatrix}\begin{pmatrix} x \\ y \end{pmatrix}$$

来计算的. 同样，空间中绕轴的旋转也是一个线性变换.

例 6.1.2 设α是几何空间中一固定非零向量，每个向量ξ到它在α上的内射影的变换也是一个线性变换，以$\prod_\alpha$表示. 用公式表示就是

$$\prod_\alpha(\xi)=\frac{(\alpha,\xi)}{(\alpha,\alpha)}\alpha$$

这里$(\alpha,\xi),(\alpha,\alpha)$表示内积.

例 6.1.3 线性空间$\boldsymbol{V}$中，恒等变换或称单位变换$\boldsymbol{e}$，即$\boldsymbol{e}(\alpha)=\alpha\ (\forall\alpha\in\boldsymbol{V})$，零变换$\theta$，即$\theta(\alpha)=\boldsymbol{0}\ (\forall\alpha\in\boldsymbol{V})$，它们都是线性变换.

例 6.1.4 设$\boldsymbol{V}$是数域$\boldsymbol{F}$上的线性空间，k是$\boldsymbol{F}$中的某个数，定义$\boldsymbol{V}$的变换如下：

$$\alpha\to k\alpha,\ \alpha\in\boldsymbol{V}$$

这是一个线性变换，称为由数k决定的数乘变换，可用K表示. 显然当$k=1$时，便得恒等变

换；当 $k=0$ 时，便得零变换.

例 6.1.5 在线性空间 $\boldsymbol{F}[x]$ 或者 $\boldsymbol{F}[x]_n$ 中，求微商是一个线性变换. 这个变换通常用 $\boldsymbol{D}$ 代表，即 $\boldsymbol{D}(f(x))=f'(x)$.

例 6.1.6 定义在闭区间 $[a,b]$ 上的全体连续函数组成实数域上一线性空间，以 $\mathbf{C}(a,b)$ 表示. 在这个空间中变换 $\sigma(f(x))=\int_a^x f(t)\mathrm{d}t$ 是一线性变换.

例 6.1.7 在线性空间 $\mathbf{R}^3$ 中，变换

$$\sigma(\alpha)=\alpha+\gamma, \forall\alpha\in\mathbf{R}^3$$

这里 $\gamma=\begin{pmatrix}1\\0\\0\end{pmatrix}$ 为已知向量. 验证 σ 不是 $\mathbf{R}^3$ 的线性变换.

解 因为

$$\sigma(0\alpha)=0\sigma(\alpha)=\mathbf{0}\text{，}\sigma(0\alpha)=\sigma(\mathbf{0})=\mathbf{0}+\gamma=\gamma$$

矛盾，故 σ 不是 $\mathbf{R}^3$ 的线性变换.

定义 6.1.2 设 σ 是线性空间 $\boldsymbol{V}$ 的一个线性变换，σ 的全体像组成的集合称为 σ 的值域，用 $\sigma(\boldsymbol{V})$ 或 Im σ 表示. 所有被 σ 变成零向量的向量组成的集合称为 σ 的核，用 $\sigma^{-1}(\mathbf{0})$ 或 Ker σ 表示.

若用集合的记号，则 $\sigma(\boldsymbol{V})=\{\sigma(\xi)\mid\xi\in\boldsymbol{V}\}$，$\sigma^{-1}(\mathbf{0})=\{\xi\mid\sigma(\xi)=\mathbf{0},\xi\in\boldsymbol{V}\}$.

定理 6.1.1 线性空间 $\boldsymbol{V}$ 的线性变换 σ 的值域与核都是 $\boldsymbol{V}$ 的子空间.

证明 设 $\beta_1,\beta_2\in\sigma(\boldsymbol{V})$，那么，存在 $\alpha_1,\alpha_2\in\boldsymbol{V}$ 使

$$\beta_1=\sigma(\alpha_1),\beta_2=\sigma(\alpha_2)$$

从而

$$\beta_1+\beta_2=\sigma(\alpha_1)+\sigma(\alpha_2)=\sigma(\alpha_1+\alpha_2)\in\sigma(\boldsymbol{V})\text{（因 }\alpha_1+\alpha_2\in\boldsymbol{V}\text{）}$$

$$k\beta_1=k\sigma(\alpha_1)=\sigma(k\alpha_1)\in\sigma(\boldsymbol{V})\text{（因 }k\alpha_1\in\boldsymbol{V}\text{）}$$

因此，$\sigma\boldsymbol{V}$ 是 $\boldsymbol{V}$ 的子空间.

设 $\alpha_1,\alpha_2\in\sigma^{-1}(\mathbf{0})$，那么 $\sigma(\alpha_1)=\sigma(\alpha_2)=\mathbf{0}$，从而

$$\sigma(\alpha_1+\alpha_2)=\sigma(\alpha_1)+\sigma(\alpha_2)=\mathbf{0}+\mathbf{0}=\mathbf{0}\text{，即 }\alpha_1+\alpha_2\in\sigma^{-1}(\mathbf{0})$$

$$\sigma(k\alpha_1)=k\sigma(\alpha_1)=k\cdot\mathbf{0}=\mathbf{0}\text{，即 }k\alpha_1\in\sigma^{-1}(\mathbf{0})$$

因此，$\sigma^{-1}(\mathbf{0})$ 是 $\boldsymbol{V}$ 的子空间.

$\sigma(\boldsymbol{V})$ 的维数称为 σ 的秩，记作 $\mathbf{R}(\sigma)$，显然 $\mathbf{R}(\sigma)=\dim\sigma(\boldsymbol{V})$；

$\sigma^{-1}(\mathbf{0})$ 的维数称为 σ 的零度，显然 σ 的零度 $=\dim\sigma^{-1}(\mathbf{0})$.

例 6.1.8 在线性空间 $\mathbf{R}[x]_n$ 中，令 $\boldsymbol{D}(f(x))=f'(x)$，则 $\boldsymbol{D}$ 的值域就是 $\mathbf{R}[x]_{n-1}$，$\boldsymbol{D}$ 的核就是 $\mathbf{R}$，$R(\boldsymbol{D})=\dim\boldsymbol{D}\mathbf{R}[x]_n=n-1$，$\boldsymbol{D}$ 的核就是子空间 $\mathbf{R}$，$\dim\boldsymbol{D}^{-1}(\mathbf{0})=1$.

例 6.1.9 几何空间 $\boldsymbol{V}=\mathbf{R}^3$，$\sigma$ 为关于 XOY 平面的投影：$\sigma(\boldsymbol{V})=\mathbf{R}^2$，$\sigma^{-1}(\mathbf{0})=\mathbf{R}$，$R(\boldsymbol{D})=2$，$N(\boldsymbol{D})=1$.

例 6.1.10 设 F 是数域，$A=\begin{pmatrix}-2 & 1\\ 0 & -2\end{pmatrix}\in M_2(F)$, $f(x)=x^2+3x+2$，定义变换 σ：

$$\sigma(X)=f(A)X,\quad X\in M_2(F)$$

证明 σ 是数域 F 上线性空间 $M_2(F)$ 的线性变换.

证明 因为

$$f(A)=A^2+3A+2E=\begin{pmatrix}0 & -1\\ 0 & 0\end{pmatrix}$$

记 $D=\begin{pmatrix}0 & -1\\ 0 & 0\end{pmatrix}$，则

$$\sigma(X)=DX, X\in M_2(F)$$

对任意 $X_1, X_2\in M_2(F), k\in F$，有

$$\sigma(X_1+X_2)=D(X_1+X_2)=D(X_1)+D(X_2)=\sigma(X_1)+\sigma(X_2)$$

$$\sigma(kX_1)=D(kX_1)=k\sigma(X_1)$$

故 σ 是 $M_2(F)$ 上的线性变换.

下面介绍线性变换的简单性质：

性质 6.1.1 设 σ 是 V 的线性变换，则 $\sigma(0)=0$，$\sigma(-\alpha)=-\sigma(\alpha)$.

性质 6.1.2 线性变换保持线性组合与线性关系式不变. 换句话说，如果 β 是 $\alpha_1,\alpha_2,\cdots,\alpha_r$ 的线性组合：$\beta=k_1\alpha_1+k_2\alpha_2+\cdots+k_r\alpha_r$，那么经过线性变换 σ 之后，$\sigma(\beta)$ 是 $\sigma(\alpha_1),\sigma(\alpha_2),\cdots,\sigma(\alpha_r)$ 同样的线性组合：$\sigma(\beta)=k_1\sigma(\alpha_1)+k_2\sigma(\alpha_2)+\cdots+k_r\sigma(\alpha_r)$.

性质 6.1.3 线性变换把线性相关的向量组变成线性相关的向量组.

证明 如果 $\alpha_1,\alpha_2,\cdots,\alpha_r$ 之间有一线性关系式

$$k_1\alpha_1+k_2\alpha_2+\cdots+k_r\alpha_r=0$$

那么它们的像之间也有同样的关系式

$$k_1\sigma(\alpha_1)+k_2\sigma(\alpha_2)+\cdots+k_r\sigma(\alpha_r)=0$$

因而若 $\alpha_1,\alpha_2,\cdots,\alpha_r$ 线性相关，则 $\sigma(\alpha_1), \sigma(\alpha_2),\cdots, \sigma(\alpha_r)$ 线性相关.

注： $\alpha_1,\alpha_2,\cdots,\alpha_r$ 线性无关，不一定有 $\sigma(\alpha_1), \sigma(\alpha_2),\cdots, \sigma(\alpha_r)$ 线性无关，如零变换.

习题 6.1

1. 判断正误，对错误的命题要举出反例.

（1）线性变换把线性相关的向量组变成线性相关的向量组. （　　）

（2）线性变换把线性无关的向量组变成线性无关的向量组. （　　）

（3）在线性空间 $\mathbf{R}^3$ 中，$\sigma(x_1,x_2,x_3)^{\mathrm{T}}=(2x_1,x_2,x_2-x_3)^{\mathrm{T}}$，则 σ 是 $\mathbf{R}^3$ 的一个线性变换. （　　）

（4）在线性空间 $\mathbf{R}_n[x]$ 中，$\sigma(f(x)) = f^2(x)$，则 σ 是 $\mathbf{R}_n[x]$ 的一个线性变换.　　（　　）

（5）取定 $A \in M_n(F)$，对任意的 n 阶矩阵 $X \in M_n(F)$，定义 $\sigma(X) = AX - XA$，则 σ 是 $M_n(F)$ 的一个线性变换.　　（　　）

2. 举例说明，线性变换的乘法不满足交换律.

3. 在数域 F 上全体 n 阶对称矩阵所组成的线性空间 V 中定义变换 $\sigma:\sigma(X) = C^{\mathrm{T}}XC$，其中 C 为一个固定的 n 阶方阵，X 为 V 中任一对称矩阵. 证明：σ 是 V 的一个线性变换.

4. 在线性空间 F^n 中，对任意向量 α，规定 $\sigma(\alpha) = A\alpha$，这里 A 为取定的一个 n 阶方阵. 证明：σ 是 F^n 的一个线性变换.

6.2　线性变换的运算

设 V 是数域 F 上的线性空间，我们用 $L(V)$ 表示数域 F 上线性空间 V 的一切线性变换构成的集合.

就像判断两个映射相等一样，判断线性空间 V 上两个的线性变换 σ 与 τ 相等，只要 $\forall\alpha \in V$，有 $\sigma(\alpha) = \tau(\alpha)$.

设 σ,τ 是线性空间 V 的两个线性变换，定义它们的和 $\sigma+\tau$ 为

$$(\sigma+\tau)(\alpha) = \sigma(\alpha) + \tau(\alpha)\ (\alpha \in V)$$

则线性变换的和仍是线性变换.

线性变换的加法适合结合律与交换律，即

$$(\sigma+\tau)+\gamma = \sigma+(\tau+\gamma)$$

$$\sigma+\tau = \tau+\sigma$$

对于加法，零变换 θ 与所有线性变换 σ 的和仍等于 σ：

$$\sigma+\theta = \sigma$$

对于每个线性变换 σ，可以定义它的负变换 $(-\sigma)$：

$$(-\sigma)(\alpha) = -\sigma(\alpha)(\alpha \in V).$$

则负变换 $(-\sigma)$ 也是线性变换，且 $\sigma+(-\sigma)=\theta$.

数域 F 中的数与线性变换 σ 的数量乘法定义为

$$(k\sigma)(\alpha) = k(\sigma(\alpha))$$

当然 $k\sigma$ 还是线性变换. 线性变换的数量乘法适合以下规律：

$$(kl)\sigma = k(l\sigma)$$

$$(k+l)\sigma = k\sigma + l\sigma$$

$$k(\sigma+\tau) = k\sigma + k\tau$$

$$1\sigma=\sigma$$

这样我们得到如下定理：

定理 6.2.1 数域 $\boldsymbol{F}$ 上线性空间 $\boldsymbol{V}$ 的全体线性变换 $\boldsymbol{L(V)}$ 对于线性变换的加法和数量乘法构成数域 $\boldsymbol{F}$ 上的线性空间.

设 σ,τ 是线性空间 $\boldsymbol{V}$ 的两个线性变换，定义它们的乘积为

$$(\sigma\tau)(\alpha)=\sigma(\tau(\alpha)), \alpha\in \boldsymbol{V}$$

容易证明线性变换的乘积也是线性变换.

线性变换的乘法对加法有左右分配律，即

$$\sigma(\tau+\rho)=\sigma\tau+\sigma\rho,\ (\sigma+\tau)\rho=\sigma\rho+\tau\rho$$

我们验证第一个等式：$\forall\alpha\in \boldsymbol{V}$，有

$$\begin{aligned}\sigma(\tau+\rho)(\alpha)&=\sigma((\tau+\rho)(\alpha))=\sigma(\tau(\alpha)+\rho(\alpha))=\sigma(\tau(\alpha))+\sigma(\rho(\alpha))\\&=\sigma\tau(\alpha)+\sigma\rho(\alpha)=(\sigma\tau+\sigma\rho)(\alpha)\end{aligned}$$

因为一般映射的乘法适合结合律，所以线性变换的乘法当然也适合结合律，即

$$(\sigma\tau)\rho=\sigma(\tau\rho)$$

但线性变换的乘法不适合交换律. 例如，在实数域上的线性空间中，线性变换

$$\boldsymbol{D}(f(x))=f'(x)$$

$$\sigma(f(x))=\int_a^x f(t)\mathrm{d}t$$

的乘积 $\boldsymbol{D}\sigma=\boldsymbol{e}$（单位变换），但一般 $\sigma\boldsymbol{D}\neq\boldsymbol{e}$.

对于任意线性变换 σ，都有

$$\sigma\boldsymbol{e}=\boldsymbol{e}\sigma=\sigma$$

$\boldsymbol{V}$ 的变换 σ 称为可逆的，如果有 $\boldsymbol{V}$ 的变换 τ 存在，使

$$\sigma\tau=\tau\sigma=\boldsymbol{e}$$

这时，变换 τ 称为 σ 的逆变换，记为 σ^{-1}. 如果线性变换 σ 是可逆的，那么它的逆变换 σ^{-1} 也是线性变换. 事实上

$$\begin{aligned}\sigma^{-1}(\alpha+\beta)&=\sigma^{-1}(\sigma\sigma^{-1}(\alpha)+\sigma\sigma^{-1}(\beta))=\sigma^{-1}(\sigma(\sigma^{-1}(\alpha)+\sigma^{-1}(\beta)))\\&=(\sigma^{-1}\sigma)(\sigma^{-1}(\alpha)+\sigma^{-1}(\beta))=\sigma^{-1}(\alpha)+\sigma^{-1}(\beta)\end{aligned}$$

$$\sigma^{-1}(k\alpha)=\sigma^{-1}(k\sigma\sigma^{-1}(\alpha))=\sigma^{-1}(\sigma(k\sigma^{-1}(\alpha)))=(\sigma^{-1}\sigma)(k\sigma^{-1}(\alpha))=k\sigma^{-1}(\alpha)$$

所以 $\sigma^{-1}\in \boldsymbol{L(V)}$.

不难证明，线性变换 σ 可逆当且仅当线性变换 σ 是双射.

既然线性变换的乘法满足结合律，当若干个线性变换 σ 重复相乘时，其最终结果是完全确定的，与乘法的结合方法无关. 因此当 n 个（n 是正整数）线性变换 σ 相乘时，就可以定义

σ 的方幂 $\sigma^0 = e$ ， $\sigma^n = \overbrace{\sigma\sigma\cdots\sigma}^{n个}$.

根据线性变换幂的定义，可以推出指数法则：

$$\sigma^{m+n} = \sigma^m\sigma^n, \ (\sigma^m)^n = \sigma^{mn} (m,n \geqslant 0)$$

当线性变换 σ 可逆时，定义 σ 的负整数幂为

$$\sigma^{-n} = (\sigma^{-1})^n, \ n\text{是正整数}$$

值得注意的是，线性变换乘积的指数法则不成立，即一般来说

$$(\sigma\tau)^n \neq \sigma^n\tau^n$$

设 $f(x) = a_m x^m + a_{m-1}x^{m-1} + \cdots + a_0$ 是 $F[x]$ 中一多项式， σ 是 V 的一个线性变换，定义 $f(\sigma) = a_m\sigma^m + a_{m-1}\sigma^{m-1} + \cdots + a_0 e$ ，显然 $f(\sigma)$ 是一线性变换，称为线性变换 σ 的多项式.

不难验证，如果在 $F[x]$ 中 $h(x) = f(x) + g(x), p(x) = f(x)g(x)$, 那么 $h(\sigma) = f(\sigma) + g(\sigma)$, $p(\sigma) = f(\sigma)g(\sigma)$.

特别地， $f(\sigma)g(\sigma) = g(\sigma)f(\sigma)$ ，即同一个线性变换的多项式的乘法是可交换的.

例 6.2.1 在线性空间 $F[x]_n$ 中， D 为微商变换，显然有 $D^n = \theta$.

其次，对于 $a \in F$ ，定义 $\sigma_a(f(x)) \to f(x+a) \ (a \in F)$ ，显然 σ_a 是一个线性变换（变量平移变换）.

根据泰勒展开式，有

$$f(\lambda + a) = f(\lambda) + af'(\lambda) + \frac{a^2}{2!}f''(\lambda) + \cdots + \frac{a^{n-1}}{(n-1)!}f^{(n-1)}(\lambda)$$

因此， σ_a 实质上是 D 的多项式：

$$\sigma_a = e + aD + \frac{a^2}{2!}D^2 + \cdots + \frac{a^{n-1}}{(n-1)!}D^{(n-1)}$$

习题 6.2

1. 判断下列命题是否正确.

（1）在线性空间 $\mathbf{R}^3$ 中，已知线性变换 $\sigma(x_1,x_2,x_3)^{\mathrm{T}} = (x_1+x_2, x_2+x_3, x_3)^{\mathrm{T}}$, $\tau(x_1,x_2,x_3)^{\mathrm{T}} = (x_1,0,x_3)^{\mathrm{T}}$ ，则 $(\sigma - 2\tau)(x_1,x_2,x_3)^{\mathrm{T}} = (x_2 - x_1, x_2 + x_3, -x_3)^{\mathrm{T}}$. （ ）

（2）对线性空间 V 的任意线性变换 σ ，有线性变换 τ ，使 $\sigma\tau = e$ （e 是单位变换）. （ ）.

（3）线性空间 $\mathbf{R}^2$ 的两个线性变换 σ, τ 分别为 $\sigma(x_1,x_2)^{\mathrm{T}} = (x_1, x_2 - x_1)^{\mathrm{T}}$， $\tau(x_1,x_2)^{\mathrm{T}} = (x_1 - x_2, x_2)^{\mathrm{T}}$ ，则 $(\sigma\tau - \sigma^2)(x_1,x_2)^{\mathrm{T}} = (-x_2, x_1 + x_2)^{\mathrm{T}}$. （ ）

2. σ, τ 是线性空间 V 的线性变换. 若 $\sigma\tau = \theta$ ，则 $\sigma = \theta$ 或 $\tau = \theta$ 不成立，试举一反例.

3. 对任意 $f(x) \in F[x]$ ， $F[x]$ 的两个线性变换为 $\sigma(f(x)) = f'(x), \tau(f(x)) = xf(x)$ ，证明：

$\sigma\tau-\tau\sigma=e$（e是单位变换）.

4. 设σ,τ,ρ是$V(F)$的线性变换，定义$[\sigma,\tau]=\sigma\tau-\tau\sigma$，证明对任意$\sigma,\tau,\rho$，以下等式成立：$[[\sigma,\tau],\rho]+[[\tau,\rho],\sigma]+[[\rho,\sigma],\tau]=\theta$.

5. 证明：若$f(\sigma)=\theta,g(\sigma)=\theta$，则$d(\sigma)=\theta$，其中$d(x)$是$F[x]$中多项式$f(x)$与$g(x)$的最大公因式.

6. 令$\xi=(x_1,x_2,x_3)^{\mathrm{T}}$是$\mathbf{R}^3$中任意向量，$\sigma$是线性变换：$\sigma(\xi)=(x_1+x_2,x_2,x_3-x_2)^{\mathrm{T}}$，试证$\sigma$可逆.

7. 设$\sigma\in L(V)$，$\xi\in V$，且$\xi,\sigma(\xi),\cdots,\sigma^{k-1}(\xi)$都不等于零，但$\sigma^k(\xi)=\mathbf{0}$. 证明：$\xi,\sigma(\xi),\cdots,\sigma^{k-1}(\xi)$线性无关.

6.3 线性变换的矩阵

设V是数域F上n维线性空间，$\varepsilon_1,\varepsilon_2,\cdots,\varepsilon_n$是$V$的一组基，现建立线性变换与矩阵之间的关系. 由于线性空间V中任意一个向量ξ可以被基$\varepsilon_1,\varepsilon_2,\cdots,\varepsilon_n$线性表出，即有关系式

$$\xi=x_1\varepsilon_1+x_2\varepsilon_2+\cdots+x_n\varepsilon_n$$

其中系数是唯一确定的，它们就是ξ在这组基下的坐标. 又由于线性变换保持线性关系不变，于是

$$\sigma(\xi)=\sigma(x_1\varepsilon_1+x_2\varepsilon_2+\cdots+x_n\varepsilon_n)=x_1\sigma(\varepsilon_1)+x_2\sigma(\varepsilon_2)+\cdots+x_n\sigma(\varepsilon_n)$$

$\sigma(\varepsilon_1),\sigma(\varepsilon_2),\cdots,\sigma(\varepsilon_n)$仍然是线性空间$V$中的向量，可以被基$\varepsilon_1,\varepsilon_2,\cdots,\varepsilon_n$线性表出.

我们给出下面的定义.

定义 6.3.1 设$\varepsilon_1,\varepsilon_2,\cdots,\varepsilon_n$是数域$F$上$n$维线性空间$V$的一组基，$\sigma$是$V$中的一个线性变换. 基向量的像可以被基线性表出：

$$\begin{cases}\sigma\varepsilon_1=a_{11}\varepsilon_1+a_{21}\varepsilon_2+\cdots+a_{n1}\varepsilon_n\\ \sigma\varepsilon_2=a_{12}\varepsilon_1+a_{22}\varepsilon_2+\cdots+a_{n2}\varepsilon_n\\ \qquad\vdots\\ \sigma\varepsilon_n=a_{1n}\varepsilon_1+a_{2n}\varepsilon_2+\cdots+a_{nn}\varepsilon_n\end{cases}$$

用矩阵表示就是

$$\sigma(\varepsilon_1,\varepsilon_2,\cdots,\varepsilon_n)=(\sigma(\varepsilon_1),\sigma(\varepsilon_2),\cdots,\sigma(\varepsilon_n))=(\varepsilon_1,\varepsilon_2,\cdots,\varepsilon_n)\boldsymbol{P}$$

其中
$$\boldsymbol{P}=\begin{pmatrix}a_{11}&a_{12}&\cdots&a_{1n}\\a_{21}&a_{22}&\cdots&a_{2n}\\\vdots&\vdots&&\vdots\\a_{n1}&a_{n2}&\cdots&a_{nn}\end{pmatrix}$$

矩阵$\boldsymbol{P}$称为线性变换σ在基$\varepsilon_1,\varepsilon_2,\cdots,\varepsilon_n$下的矩阵.

例 6.3.1 在$\mathbf{R}^3$中，取基$\boldsymbol{e}_1=\begin{pmatrix}1\\0\\0\end{pmatrix}$，$\boldsymbol{e}_2=\begin{pmatrix}0\\1\\0\end{pmatrix}$，$\boldsymbol{e}_3=\begin{pmatrix}0\\0\\1\end{pmatrix}$，$\boldsymbol{\sigma}$表示将向量投影到$YOZ$平面的线性变换，即$\boldsymbol{\sigma}(x\boldsymbol{e}_1+y\boldsymbol{e}_2+z\boldsymbol{e}_3)=y\boldsymbol{e}_2+z\boldsymbol{e}_3$，求$\boldsymbol{\sigma}$在基$\boldsymbol{e}_1,\boldsymbol{e}_2,\boldsymbol{e}_3$下的矩阵.

解 $\boldsymbol{\sigma}(\boldsymbol{e}_1)=\mathbf{0}$，$\boldsymbol{\sigma}(\boldsymbol{e}_2)=\boldsymbol{e}_2$，$\boldsymbol{\sigma}(\boldsymbol{e}_3)=\boldsymbol{e}_3$，即

$$\boldsymbol{\sigma}(\boldsymbol{e}_1,\boldsymbol{e}_2,\boldsymbol{e}_3)=(\boldsymbol{e}_1,\boldsymbol{e}_2,\boldsymbol{e}_3)\begin{pmatrix}0&0&0\\0&1&0\\0&0&1\end{pmatrix}$$

所以$\boldsymbol{\sigma}$在基$\boldsymbol{e}_1,\boldsymbol{e}_2,\boldsymbol{e}_3$下的矩阵为$\begin{pmatrix}0&0&0\\0&1&0\\0&0&1\end{pmatrix}$.

例 6.3.2 设$\boldsymbol{\varepsilon}_1,\boldsymbol{\varepsilon}_2,\cdots,\boldsymbol{\varepsilon}_m$是$n\ (n>m)$维线性空间$\boldsymbol{V}$的子空间$\boldsymbol{W}$的一组基，把它扩充为$\boldsymbol{V}$的一组基$\boldsymbol{\varepsilon}_1,\boldsymbol{\varepsilon}_2,\cdots,\boldsymbol{\varepsilon}_n$，指定线性变换$\boldsymbol{\sigma}$如下：

$$\begin{cases}\boldsymbol{\sigma}(\boldsymbol{\varepsilon}_i)=\boldsymbol{\varepsilon}_i,\ i=1,2,\cdots,m\\ \boldsymbol{\sigma}(\boldsymbol{\varepsilon}_i)=0,\ i=m+1,\cdots,n\end{cases}$$

这样确定的线性变换$\boldsymbol{\sigma}$称为子空间W的一个投影.

不难证明$\boldsymbol{\sigma}^2=\boldsymbol{\sigma}$.

投影$\boldsymbol{\sigma}$在基$\boldsymbol{\varepsilon}_1,\boldsymbol{\varepsilon}_2,\cdots,\boldsymbol{\varepsilon}_n$下的矩阵是

$$\begin{pmatrix}1&&&&&&\\&1&&&&&\\&&\ddots&&&&\\&&&1&&&\\&&&&0&&\\&&&&&\ddots&\\&&&&&&0\end{pmatrix}$$

定义 6.3.1 给出了这样的结论：确定数域$\boldsymbol{F}$上n维线性空间$\boldsymbol{V}$的一组基$\boldsymbol{\varepsilon}_1,\boldsymbol{\varepsilon}_2,\cdots,\boldsymbol{\varepsilon}_n$，对于线性空间$\boldsymbol{V}$的每一个线性变换$\boldsymbol{\sigma}$，有唯一确定的数域$\boldsymbol{F}$上的$n$阶矩阵$\boldsymbol{A}$与之对应.

现假设给定数域$\boldsymbol{F}$上的n阶矩阵$\boldsymbol{A}$，我们反过来提出这样的问题：是否存在数域$\boldsymbol{F}$上n维线性空间$\boldsymbol{V}$的一个线性变换$\boldsymbol{\sigma}$，它关于$\boldsymbol{V}$的一个给定的基的矩阵恰好是$\boldsymbol{A}$？答案是肯定的，为此我们先给出证明.

引理 6.3.1 设$\boldsymbol{\varepsilon}_1,\boldsymbol{\varepsilon}_2,\cdots,\boldsymbol{\varepsilon}_n$是数域$\boldsymbol{F}$上$n$维线性空间$\boldsymbol{V}$的一组基，$\boldsymbol{\beta}_1,\boldsymbol{\beta}_2,\cdots,\boldsymbol{\beta}_n$是$\boldsymbol{V}$的任意$n$个向量，则存在唯一的线性变换$\boldsymbol{\sigma}$，使得$\boldsymbol{\sigma}(\boldsymbol{\varepsilon}_i)=\boldsymbol{\beta}_i\ (i=1,2,\cdots,n)$.

证明 设$\boldsymbol{\xi}=x_1\boldsymbol{\varepsilon}_1+x_2\boldsymbol{\varepsilon}_2+\cdots+x_n\boldsymbol{\varepsilon}_n\in\boldsymbol{V}$，我们定义$\boldsymbol{V}$的一个变换$\boldsymbol{\sigma}$：

$$\boldsymbol{\sigma}(\boldsymbol{\xi})=x_1\boldsymbol{\beta}_1+x_2\boldsymbol{\beta}_2+\cdots+x_n\boldsymbol{\beta}_n$$

下证 σ 是 V 的一个线性变换. 设

$$\eta = y_1\alpha_1 + y_2\alpha_2 + \cdots + y_n\alpha_n \in V$$

那么

$$\begin{aligned}\sigma(\xi+\eta) &= \sigma((x_1+y_1)\varepsilon_1 + (x_2+y_2)\varepsilon_2 + \cdots + (x_n+y_n)\varepsilon_n) \\ &= (x_1+y_1)\beta_1 + (x_2+y_2)\beta_2 + \cdots + (x_n+y_n)\beta_n \\ &= x_1\beta_1 + x_2\beta_2 + \cdots + x_n\beta_n + y_1\beta_1 + y_2\beta_2 + \cdots + y_n\beta_n \\ &= \sigma(\xi) + \sigma(\eta)\end{aligned}$$

设 $k \in F$ ，那么

$$\begin{aligned}\sigma(k\xi) &= \sigma(kx_1\varepsilon_1 + kx_2\varepsilon_2 + \cdots + kx_n\varepsilon_n) = kx_1\beta_1 + kx_2\beta_2 + \cdots + kx_n\beta_n \\ &= k(x_1\beta_1 + x_2\beta_2 + \cdots + x_n\beta_n) = k\sigma(\xi)\end{aligned}$$

这就证明了 σ 是 V 的一个线性变换. 一个线性变换 σ 显然满足定理要求的条件:

$$\sigma(\varepsilon_i) = \beta_i,\quad i = 1, 2, \cdots, n$$

如果 V 的线性变换 τ 满足 $\tau(\varepsilon_i) = \beta_i\ (i = 1, 2, \cdots, n)$ ，则

$$\forall \xi = x_1\varepsilon_1 + x_2\varepsilon_2 + \cdots + x_n\varepsilon_n \in V,\quad \tau(\xi) = x_1\beta_1 + x_2\beta_2 + \cdots + x_n\beta_n = \sigma(\xi),\quad \tau = \sigma$$

利用这个引理，容易证明如下定理.

定理 6.3.1 设 $\varepsilon_1, \varepsilon_2, \cdots, \varepsilon_n$ 是数域 F 上 n 维线性空间 V 的一组基，对于 V 的每一个线性变换 σ ,令 σ 关于基 $\varepsilon_1, \varepsilon_2, \cdots, \varepsilon_n$ 的矩阵 A 与之对应. 这样就得到 V 的全体线性变换所成的集合 $L(V)$ 到 F 上全体 n 阶矩阵所成的集合 $M_n(F)$ 的一个双射 $\varphi(\sigma) = A$. 并且如果 $\sigma, \tau \in L(V), k \in F$ ，则有

（1）$\varphi(\sigma+\tau) = \varphi(\sigma) + \varphi(\tau)$；

（2）$\varphi(k\sigma) = k\varphi(\sigma)$；

（3）$\varphi(\sigma\tau) = \varphi(\sigma)\varphi(\tau)$；

（4）当 σ 可逆时，$\varphi(\sigma^{-1}) = \varphi(\sigma)^{-1} = A^{-1}$.

证明 设线性变换 σ 关于基 $\varepsilon_1, \varepsilon_2, \cdots, \varepsilon_n$ 的矩阵是 A，那么 $\varphi(\sigma) = A$ 是 $L(V)$ 到 $M_n(F)$ 的一个映射.

设 $\sigma, \tau \in L(V)$ 且 $\varphi(\sigma) = A, \varphi(\tau) = A$ ，则

$$\sigma(\varepsilon_1, \varepsilon_2, \cdots, \varepsilon_n) = (\varepsilon_1, \varepsilon_2, \cdots, \varepsilon_n)A,\quad \tau(\varepsilon_1, \varepsilon_2, \cdots, \varepsilon_n) = (\varepsilon_1, \varepsilon_2, \cdots, \varepsilon_n)A$$

则 $\sigma(\varepsilon_i) = \tau(\varepsilon_i)(i = 1, 2, \cdots, n)$ ，那么 $\sigma = \tau$ ，即 φ 是单射.

反过来，设

$$A = \begin{pmatrix} a_{11} & a_{12} & \cdots & a_{1n} \\ a_{21} & a_{22} & \cdots & a_{2n} \\ \vdots & \vdots & & \vdots \\ a_{n1} & a_{n2} & \cdots & a_{nn} \end{pmatrix} = (\alpha_1, \alpha_2, \cdots, \alpha_n)$$

是数域 $\boldsymbol{F}$ 上任意一个 n 阶矩阵. 令

$$\beta_j = a_{1j}\varepsilon_1 + a_{2j}\varepsilon_2 + \cdots + a_{nj}\varepsilon_n,\quad j = 1,2,\cdots,n$$

由引理 6.3.1，存在唯一的 $\sigma \in \boldsymbol{L}(\boldsymbol{V})$ 使

$$\sigma(\varepsilon_j) = \beta_j,\ j = 1,2,\cdots,n$$

显然 σ 关于基 $\varepsilon_1,\varepsilon_2,\cdots,\varepsilon_n$ 的矩阵就是 $\boldsymbol{A}$. 这个映射 φ 是满射. 这就证明了如上建立的映射是 $\boldsymbol{L}(\boldsymbol{V})$ 到 $\boldsymbol{M}_n(\boldsymbol{F})$ 的双射.

（1）设

$$(\sigma(\varepsilon_1),\sigma(\varepsilon_2),\cdots,\sigma(\varepsilon_n)) = (\varepsilon_1,\varepsilon_2,\cdots,\varepsilon_n)\boldsymbol{A}\text{，即 }\varphi(\sigma) = \boldsymbol{A}$$

$$(\tau(\varepsilon_1),\tau(\varepsilon_2),\cdots,\tau(\varepsilon_n)) = (\varepsilon_1,\varepsilon_2,\cdots,\varepsilon_n)\boldsymbol{B}\text{，即 }\varphi(\tau) = \boldsymbol{B}$$

则

$$\begin{aligned}
&((\sigma+\tau)(\varepsilon_1),(\sigma+\tau)(\varepsilon_2),\cdots,(\sigma+\tau)(\varepsilon_n))\\
&= (\sigma(\varepsilon_1)+\tau(\varepsilon_1),\sigma(\varepsilon_2)+\tau(\varepsilon_2),\cdots,\sigma(\varepsilon_n)+\tau(\varepsilon_n))\\
&= (\sigma(\varepsilon_1),\sigma(\varepsilon_2),\cdots,\sigma(\varepsilon_n)) + (\tau(\varepsilon_1),\tau(\varepsilon_2),\cdots,\tau(\varepsilon_n))\\
&= (\varepsilon_1,\varepsilon_2,\cdots,\varepsilon_n)\boldsymbol{A} + (\varepsilon_1,\varepsilon_2,\cdots,\varepsilon_n)\boldsymbol{B}\\
&= (\varepsilon_1,\varepsilon_2,\cdots,\varepsilon_n)(\boldsymbol{A}+\boldsymbol{B})
\end{aligned}$$

即 $\varphi(\sigma+\tau) = \boldsymbol{A}+\boldsymbol{B} = \varphi(\sigma)+\varphi(\tau)$.

（2）$(k\sigma(\varepsilon_1),k\sigma(\varepsilon_2),\cdots,k\sigma(\varepsilon_n)) = k(\sigma(\varepsilon_1),\sigma(\varepsilon_2),\cdots,\sigma(\varepsilon_n))$

$$= k(\varepsilon_1,\varepsilon_2,\cdots,\varepsilon_n)\boldsymbol{A} = (\varepsilon_1,\varepsilon_2,\cdots,\varepsilon_n)k\boldsymbol{A}$$

即 $\varphi(k\sigma) = k\boldsymbol{A} = k\varphi(\sigma)$.

（3）注意到 $\tau(\varepsilon_j) = \sum\limits_{k=1}^{n} b_{kj}\varepsilon_k$，所以

$$\sigma\tau(\varepsilon_j) = \sum_{k=1}^{n} b_{kj}\sigma(\varepsilon_k)$$

$$(\sigma\tau(\varepsilon_1),\sigma\tau(\varepsilon_2),\cdots,\sigma\tau(\varepsilon_n)) = (\sigma(\varepsilon_1),\sigma(\varepsilon_2),\cdots,\sigma(\varepsilon_n))\boldsymbol{B} = (\varepsilon_1,\varepsilon_2,\cdots,\varepsilon_n)\boldsymbol{AB}$$

即 $\varphi(\sigma\tau) = \boldsymbol{AB} = \varphi(\sigma)\varphi(\tau)$.

（4）当 σ 可逆时，设为 τ 其逆变换，则

$$\sigma\tau = \tau\sigma = e$$

$$(\sigma\tau(\varepsilon_1),\sigma\tau(\varepsilon_2),\cdots,\sigma\tau(\varepsilon_n)) = (\varepsilon_1,\varepsilon_2,\cdots,\varepsilon_n) = (\tau\sigma(\varepsilon_1),\tau\sigma(\varepsilon_2),\cdots,\tau\sigma(\varepsilon_n))$$

$$(\varepsilon_1,\varepsilon_2,\cdots,\varepsilon_n)\boldsymbol{AB} = (\varepsilon_1,\varepsilon_2,\cdots,\varepsilon_n)\boldsymbol{E} = (\varepsilon_1,\varepsilon_2,\cdots,\varepsilon_n)\boldsymbol{BA}$$

可得 $\boldsymbol{AB} = \boldsymbol{BA} = \boldsymbol{E}$，$\boldsymbol{B} = \boldsymbol{A}^{-1}$，即 $\varphi(\sigma^{-1}) = \varphi(\tau) = \boldsymbol{B} = \boldsymbol{A}^{-1} = \varphi(\sigma)^{-1}$.

（1）和（2）说明，作为线性空间来说，$\boldsymbol{L}(\boldsymbol{V}) \overset{\varphi}{\cong} \boldsymbol{M}_n(\boldsymbol{F})$；（3）说明，$\boldsymbol{L}(\boldsymbol{V})$ 与 $\boldsymbol{M}_n(\boldsymbol{F})$ 在 φ 之下保持乘法；（4）说明，σ 可逆当且仅当 $\varphi(\sigma) = \boldsymbol{A}$ 可逆. 即

（1）线性变换的和对应于矩阵的和；

（2）线性变换的乘积对应于矩阵的乘积；

（3）线性变换的数量乘积对应于矩阵的数量乘积；

（4）可逆的线性变换与可逆矩阵对应，且逆变换对应于逆矩阵.

定理 6.3.1 说明，数域 $\boldsymbol{F}$ 上 n 维线性空间 $\boldsymbol{V}$ 的全体线性变换组成的集合 $\boldsymbol{L}(\boldsymbol{V})$ 对于线性变换的加法与数量乘法构成 $\boldsymbol{F}$ 上一个线性空间，与数域 $\boldsymbol{F}$ 上 n 级方阵构成的线性空间 $\boldsymbol{M}_n(\boldsymbol{F})$ 同构.

数域 $\boldsymbol{F}$ 上 n 维线性空间 $\boldsymbol{V}$ 的基 $\boldsymbol{\varepsilon}_1,\boldsymbol{\varepsilon}_2,\cdots,\boldsymbol{\varepsilon}_n$ 一旦选定，对于 $\boldsymbol{V}$ 的每一个线性变换，有唯一确定的数域上的 n 阶矩阵 $\boldsymbol{A}$ 与之对应，利用线性变换 $\boldsymbol{\sigma}$ 关于基的矩阵，可以得到向量 ξ 和它的像 $\boldsymbol{\sigma}(\xi)$ 的坐标之间的关系.

定理 6.3.2 设线性变换 $\boldsymbol{\sigma}$ 在基 $\boldsymbol{\varepsilon}_1,\boldsymbol{\varepsilon}_2,\cdots,\boldsymbol{\varepsilon}_n$ 下的矩阵是 $\boldsymbol{A}$，向量 ξ 在基 $\boldsymbol{\varepsilon}_1,\boldsymbol{\varepsilon}_2,\cdots,\boldsymbol{\varepsilon}_n$ 下的坐标是 $(x_1,x_2,\cdots,x_n)^{\mathrm{T}}$，则 $\boldsymbol{\sigma}(\xi)$ 在基 $\boldsymbol{\varepsilon}_1,\boldsymbol{\varepsilon}_2,\cdots,\boldsymbol{\varepsilon}_n$ 下的坐标 $(y_1,y_2,\cdots,y_n)^{\mathrm{T}}$ 可以按公式

$$\begin{pmatrix} y_1 \\ y_2 \\ \vdots \\ y_n \end{pmatrix} = \boldsymbol{A}\begin{pmatrix} x_1 \\ x_2 \\ \vdots \\ x_n \end{pmatrix}$$

计算.

证明 由于

$$\boldsymbol{\sigma}(\boldsymbol{\varepsilon}_1,\boldsymbol{\varepsilon}_2,\cdots,\boldsymbol{\varepsilon}_n)=(\boldsymbol{\varepsilon}_1,\boldsymbol{\varepsilon}_2,\cdots,\boldsymbol{\varepsilon}_n)\boldsymbol{A}$$

$$\xi = x_1\boldsymbol{\varepsilon}_1 + x_2\boldsymbol{\varepsilon}_2 + \cdots + x_n\boldsymbol{\varepsilon}_n = (\boldsymbol{\varepsilon}_1,\boldsymbol{\varepsilon}_2,\cdots,\boldsymbol{\varepsilon}_n)\begin{pmatrix} x_1 \\ x_2 \\ \vdots \\ x_n \end{pmatrix}$$

$$\boldsymbol{\sigma}(\xi) = x_1\boldsymbol{\sigma}\boldsymbol{\varepsilon}_1 + x_2\boldsymbol{\sigma}\boldsymbol{\varepsilon}_2 + \cdots + x_n\boldsymbol{\sigma}\boldsymbol{\varepsilon}_n = (\boldsymbol{\varepsilon}_1,\boldsymbol{\varepsilon}_2,\cdots,\boldsymbol{\varepsilon}_n)\boldsymbol{A}\begin{pmatrix} x_1 \\ x_2 \\ \vdots \\ x_n \end{pmatrix}$$

则 $\boldsymbol{\sigma}(\xi)$ 在基 $\boldsymbol{\varepsilon}_1,\boldsymbol{\varepsilon}_2,\cdots,\boldsymbol{\varepsilon}_n$ 下的坐标 $(y_1,y_2,\cdots,y_n)^{\mathrm{T}}$ 为

$$\begin{pmatrix} y_1 \\ y_2 \\ \vdots \\ y_n \end{pmatrix} = \boldsymbol{A}\begin{pmatrix} x_1 \\ x_2 \\ \vdots \\ x_n \end{pmatrix}$$

线性变换的矩阵是与空间中一组基联系在一起的. 一般来说，随着基的改变，同一个线性变换就有不同的矩阵. 为了利用矩阵来研究线性变换，有必要弄清楚线性变换的矩阵是如何随着基的改变而改变的.

定理 6.3.3 设线性空间 $\boldsymbol{V}$ 中线性变换 $\boldsymbol{\sigma}$ 在两组基 $\boldsymbol{\varepsilon}_1,\boldsymbol{\varepsilon}_2,\cdots,\boldsymbol{\varepsilon}_n$，$\boldsymbol{\eta}_1,\boldsymbol{\eta}_2,\cdots,\boldsymbol{\eta}_n$ 下的矩阵分别为 $\boldsymbol{A}$ 和 $\boldsymbol{B}$，设从基 $\boldsymbol{\varepsilon}_1,\boldsymbol{\varepsilon}_2,\cdots,\boldsymbol{\varepsilon}_n$ 到 $\boldsymbol{\eta}_1,\boldsymbol{\eta}_2,\cdots,\boldsymbol{\eta}_n$ 的过渡矩阵是 $\boldsymbol{P}$，则有 $\boldsymbol{B}=\boldsymbol{P}^{-1}\boldsymbol{A}\boldsymbol{P}$.

证明 由假设，$(\boldsymbol{\eta}_1,\boldsymbol{\eta}_2,\cdots,\boldsymbol{\eta}_n)=(\boldsymbol{\varepsilon}_1,\boldsymbol{\varepsilon}_2,\cdots,\boldsymbol{\varepsilon}_n)\boldsymbol{P}$，且 $\boldsymbol{P}$ 可逆，则

$$\sigma(\boldsymbol{\varepsilon}_1,\boldsymbol{\varepsilon}_2,\cdots,\boldsymbol{\varepsilon}_n)=(\boldsymbol{\varepsilon}_1,\boldsymbol{\varepsilon}_2,\cdots,\boldsymbol{\varepsilon}_n)\boldsymbol{A}$$

$$\sigma(\boldsymbol{\eta}_1,\boldsymbol{\eta}_2,\cdots,\boldsymbol{\eta}_n)=(\boldsymbol{\eta}_1,\boldsymbol{\eta}_2,\cdots,\boldsymbol{\eta}_n)\boldsymbol{B}$$

$$\sigma(\boldsymbol{\eta}_1,\boldsymbol{\eta}_2,\cdots,\boldsymbol{\eta}_n)=\sigma(\boldsymbol{\varepsilon}_1,\boldsymbol{\varepsilon}_2,\cdots,\boldsymbol{\varepsilon}_n)\boldsymbol{P}$$

于是
$$(\boldsymbol{\eta}_1,\boldsymbol{\eta}_2,\cdots,\boldsymbol{\eta}_n)\boldsymbol{B}=(\boldsymbol{\varepsilon}_1,\boldsymbol{\varepsilon}_2,\cdots,\boldsymbol{\varepsilon}_n)\boldsymbol{AP}=(\boldsymbol{\eta}_1,\boldsymbol{\eta}_2,\cdots,\boldsymbol{\eta}_n)\boldsymbol{P}^{-1}\boldsymbol{AP}$$

因 $\boldsymbol{\eta}_1,\boldsymbol{\eta}_2,\cdots,\boldsymbol{\eta}_n$ 线性无关，所以

$$\boldsymbol{B}=\boldsymbol{P}^{-1}\boldsymbol{AP}$$

定理 6.3.3 证明了同一个线性变换 $\boldsymbol{\sigma}$ 在不同基下的矩阵之间的关系.

定义 6.3.2 设 $\boldsymbol{A}$，$\boldsymbol{B}$ 为数域 $\boldsymbol{F}$ 上两个 n 阶方阵，如果可以找到数域 $\boldsymbol{F}$ 上的 n 阶可逆方阵 $\boldsymbol{P}$，使得 $\boldsymbol{B}=\boldsymbol{P}^{-1}\boldsymbol{AP}$，就称 $\boldsymbol{A}$ 相似于 $\boldsymbol{B}$，记作 $\boldsymbol{A}\sim\boldsymbol{B}$.

相似是矩阵之间的一种关系，这种关系具有以下三个性质：

（1）反身性：$\boldsymbol{A}\sim\boldsymbol{A}$.

（2）对称性：如果 $\boldsymbol{A}\sim\boldsymbol{B}$，那么 $\boldsymbol{B}\sim\boldsymbol{A}$.

（3）传递性：如果 $\boldsymbol{A}\sim\boldsymbol{B}$，$\boldsymbol{B}\sim\boldsymbol{C}$，那么 $\boldsymbol{A}\sim\boldsymbol{C}$.

由定理 6.3.3 和相似矩阵的定义，我们容易得到结论：线性变换在不同基下所对应的矩阵是相似的.

例 6.3.3 $1,x,x^2$ 是 $\boldsymbol{F}_3[x]$ 的一组基，$\boldsymbol{D}$ 是求导数的线性变换，求 $\boldsymbol{D}$ 在 $\boldsymbol{F}[x]_3$ 的另一组基 $1,x-1,(x-1)^2$ 下的矩阵.

解 因为

$$(1,x-1,(x-1)^2)=(1,x,x^2)\begin{pmatrix}1&-1&1\\0&1&-2\\0&0&1\end{pmatrix}$$

$$(\boldsymbol{D}(1),\boldsymbol{D}(x),\boldsymbol{D}(x^2))=(1,x,x^2)\begin{pmatrix}0&1&0\\0&0&2\\0&0&0\end{pmatrix}$$

$$(\boldsymbol{D}(1),\boldsymbol{D}(x-1),\boldsymbol{D}((x-1)^2))=(\boldsymbol{D}(1),\boldsymbol{D}(x),\boldsymbol{D}(x^2))\begin{pmatrix}1&-1&1\\0&1&-2\\0&0&1\end{pmatrix}$$

$$=(1,x,x^2)\begin{pmatrix}0&1&0\\0&0&2\\0&0&0\end{pmatrix}\begin{pmatrix}1&-1&1\\0&1&-2\\0&0&1\end{pmatrix}$$

$$=(1,x-1,(x-1)^2)\begin{pmatrix}1&-1&1\\0&1&-2\\0&0&1\end{pmatrix}^{-1}\begin{pmatrix}0&1&0\\0&0&2\\0&0&0\end{pmatrix}\begin{pmatrix}1&-1&1\\0&1&-2\\0&0&1\end{pmatrix}$$

$$=(1,x-1,(x-1)^2)\begin{pmatrix}0&1&0\\0&0&2\\0&0&0\end{pmatrix}$$

$\boldsymbol{D}$ 在 $\boldsymbol{F}[x]_3$ 的另一组基 $1, x-1, (x-1)^2$ 下的矩阵为 $\begin{pmatrix}0&1&0\\0&0&2\\0&0&0\end{pmatrix}$.

例 6.3.4 给定 $\boldsymbol{F}^3$ 的两组基：$\boldsymbol{\varepsilon}_1=\begin{pmatrix}1\\0\\0\end{pmatrix},\boldsymbol{\varepsilon}_2=\begin{pmatrix}0\\1\\0\end{pmatrix},\boldsymbol{\varepsilon}_1=\begin{pmatrix}0\\0\\1\end{pmatrix}$ 和 $\boldsymbol{\eta}_1=\boldsymbol{\varepsilon}_1,\boldsymbol{\eta}_2=2\boldsymbol{\varepsilon}_2+\boldsymbol{\varepsilon}_1$, $\boldsymbol{\eta}_3=3\boldsymbol{\varepsilon}_3+2\boldsymbol{\varepsilon}_2+\boldsymbol{\varepsilon}_1$.

设 $\boldsymbol{\sigma}$ 为 $\boldsymbol{F}^3$ 上的线性变换，使

$$\boldsymbol{\sigma}\begin{pmatrix}a_1\\a_2\\a_3\end{pmatrix}=\begin{pmatrix}2a_2-3a_3\\a_1+a_2+a_3\\a_1+5a_2\end{pmatrix}$$

（1）求 $\boldsymbol{\sigma}$ 在基 $\boldsymbol{\varepsilon}_1,\boldsymbol{\varepsilon}_2,\boldsymbol{\varepsilon}_3$ 下的矩阵；

（2）求 $\boldsymbol{\sigma}$ 在基 $\boldsymbol{\eta}_1,\boldsymbol{\eta}_2,\boldsymbol{\eta}_3$ 下的矩阵.

解 （1）因为

$$\boldsymbol{\sigma}(\boldsymbol{\varepsilon}_1)=\begin{pmatrix}0\\1\\1\end{pmatrix},\boldsymbol{\sigma}(\boldsymbol{\varepsilon}_2)=\begin{pmatrix}2\\1\\5\end{pmatrix},\boldsymbol{\sigma}(\boldsymbol{\varepsilon}_3)=\begin{pmatrix}-3\\1\\0\end{pmatrix}$$

所以

$$\boldsymbol{\sigma}(\boldsymbol{\varepsilon}_1,\boldsymbol{\varepsilon}_2,\boldsymbol{\varepsilon}_3)=(\boldsymbol{\varepsilon}_1,\boldsymbol{\varepsilon}_2,\boldsymbol{\varepsilon}_3)\begin{pmatrix}0&2&3\\1&1&1\\1&5&0\end{pmatrix}$$

即 $\boldsymbol{\sigma}$ 在基 $\boldsymbol{\varepsilon}_1,\boldsymbol{\varepsilon}_2,\boldsymbol{\varepsilon}_3$ 下的矩阵为

$$\boldsymbol{A}=\begin{pmatrix}0&2&3\\1&1&1\\1&5&0\end{pmatrix}$$

（2）$\boldsymbol{\sigma}$ 在基 $\boldsymbol{\eta}_1,\boldsymbol{\eta}_2,\boldsymbol{\eta}_3$ 下的矩阵为 $\boldsymbol{B}=\boldsymbol{P}^{-1}\boldsymbol{A}\boldsymbol{P}$，其中 $\boldsymbol{P}=\begin{pmatrix}1&1&1\\0&2&2\\0&0&3\end{pmatrix}$，所以

$$\boldsymbol{B}=\begin{pmatrix}-\frac{1}{2}&\frac{5}{2}&-8\\\frac{1}{2}&-\frac{13}{6}&-\frac{2}{3}\\\frac{1}{3}&\frac{11}{3}&\frac{11}{3}\end{pmatrix}$$

关于相似矩阵，有如下结论：

（1）相似矩阵的转置矩阵也相似；

（2）相似矩阵的幂也相似；

（3）相似矩阵的多项式也相似；

（4）相似矩阵的秩相等；

（5）相似矩阵的行列式相等；

（6）相似矩阵具有相同的可逆性，当它们都可逆时，它们的逆矩阵也相似.

（证明留作练习）

习题 6.3

1. 设三维线性空间 $\boldsymbol{V}$ 上的线性变换 $\boldsymbol{\sigma}$ 在基 $\boldsymbol{\varepsilon}_1,\boldsymbol{\varepsilon}_2,\boldsymbol{\varepsilon}_3$ 下的矩阵为

$$\boldsymbol{A}=\begin{pmatrix} a_{11} & a_{12} & a_{13} \\ a_{21} & a_{22} & a_{23} \\ a_{31} & a_{32} & a_{33} \end{pmatrix}$$

（1）求 $\boldsymbol{\sigma}$ 在基 $\boldsymbol{\varepsilon}_3,\boldsymbol{\varepsilon}_2,\boldsymbol{\varepsilon}_1$ 下的矩阵；

（2）求 $\boldsymbol{\sigma}$ 在基 $\boldsymbol{\varepsilon}_1,k\boldsymbol{\varepsilon}_2,\boldsymbol{\varepsilon}_3$ 下的矩阵，其中 $k\neq 0$；

（3）求 $\boldsymbol{\sigma}$ 在基 $\boldsymbol{\varepsilon}_1+\boldsymbol{\varepsilon}_2,\boldsymbol{\varepsilon}_2,\boldsymbol{\varepsilon}_3$ 下的矩阵.

2. 设 $\gamma_1,\gamma_2,\cdots,\gamma_n$ 是 n 维线性空间 $\boldsymbol{V}$ 的一组基，$\boldsymbol{\alpha}_j=\sum\limits_{i=1}^{n}a_{ij}\gamma_i,\boldsymbol{\beta}_j=\sum\limits_{i=1}^{n}b_{ij}\gamma_i\ (j=1,2,\cdots,n)$，并且 $\boldsymbol{\alpha}_1,\boldsymbol{\alpha}_2,\cdots,\boldsymbol{\alpha}_n$ 线性无关. 又设 $\boldsymbol{\sigma}$ 是 $\boldsymbol{V}$ 的一个线性变换，使得 $\boldsymbol{\sigma}(\boldsymbol{\alpha}_j)=\boldsymbol{\beta}_j\ (j=1,2,\cdots,n)$，求 $\boldsymbol{\sigma}$ 关于基 $\gamma_1,\gamma_2,\cdots,\gamma_n$ 的矩阵.

3. 设 $\boldsymbol{A},\boldsymbol{B}$ 是 n 阶矩阵，且 $\boldsymbol{A}$ 可逆，证明：$\boldsymbol{AB}$ 与 $\boldsymbol{BA}$ 相似.

4. 设 $\boldsymbol{A}$ 是数域 $\boldsymbol{F}$ 上一个 n 阶矩阵，证明：存在 $\boldsymbol{F}$ 上一个非零多项式 $f(x)$ 使得 $f(\boldsymbol{A})=0$.

5. 证明：数域 $\boldsymbol{F}$ 上 n 维线性空间 $\boldsymbol{V}$ 的一个线性变换 $\boldsymbol{\sigma}$ 是一个位似（即单位变换的一个标量倍）必要且只要 $\boldsymbol{\sigma}$ 关于 $\boldsymbol{V}$ 的任意基的矩阵都相等.

6. 令 $\boldsymbol{M}_n(\boldsymbol{F})$ 是数域 $\boldsymbol{F}$ 上全体 n 阶矩阵所成的线性空间. 取定一个矩阵 $\boldsymbol{A}\in\boldsymbol{M}_n(\boldsymbol{F})$，对任意 $\boldsymbol{X}\in\boldsymbol{M}_n(\boldsymbol{F})$，定义 $\boldsymbol{\sigma}(\boldsymbol{X})=\boldsymbol{AX}-\boldsymbol{XA}$. 证明：

（1）$\boldsymbol{\sigma}$ 是 $\boldsymbol{M}_n(\boldsymbol{F})$ 的一个线性变换；

（2）若 $\boldsymbol{A}=\begin{pmatrix} a_1 & 0 \\ 0 & a_2 \end{pmatrix}$，则 $\boldsymbol{\sigma}$ 关于 $\boldsymbol{M}_2(\boldsymbol{F})$ 的标准基 $\{E_{ij}(1\leqslant i,j\leqslant 2)\}$ 的矩阵是对角形矩阵，它的主对角线上的元素是一切 $a_i-a_j(1\leqslant i,j\leqslant 2)$.

7. 设 $\boldsymbol{\sigma}$ 是数域 $\boldsymbol{F}$ 上 n 维线性空间 $\boldsymbol{V}$ 的一个线性变换. 证明：总存在 $\boldsymbol{V}$ 的两组基 $\boldsymbol{\alpha}_1,\boldsymbol{\alpha}_2,\cdots,\boldsymbol{\alpha}_n$ 和 $\boldsymbol{\beta}_1,\boldsymbol{\beta}_2,\cdots,\boldsymbol{\beta}_n$，使得对于 $\boldsymbol{V}$ 的任意向量 ξ 来说，如果 $\xi=\sum\limits_{i=1}^{n}x_i\boldsymbol{\alpha}_i$，则 $\boldsymbol{\sigma}(\xi)=\sum\limits_{i=1}^{r}x_i\boldsymbol{\beta}_i$，这里 $0\leqslant r\leqslant n$ 是一个定数.

6.4 线性变换的值域与核

6.1 节中，介绍了线性变换的值域与核的概念，本节主要研究线性变换的值域与核，并探究这两个子空间的维数与线性空间维数的关系.

首先来研究 $\boldsymbol{\sigma(V)}$ 及 $\boldsymbol{\sigma^{-1}(0)}$ 的结构及关系.

定理 6.4.1 设 $\boldsymbol{V}$ 为数域 $\boldsymbol{F}$ 上 n 维线性空间，$\boldsymbol{\sigma \in L(V)}$, $\boldsymbol{\varepsilon_1,\cdots,\varepsilon_n}$ 为 $\boldsymbol{V}$ 的一个基，$\boldsymbol{\sigma}$ 在 $\boldsymbol{\varepsilon_1,\cdots,\varepsilon_n}$ 下的矩阵为 $\boldsymbol{A}$，则

（1）$\boldsymbol{\sigma(V)=L[\sigma(\varepsilon_1),\sigma(\varepsilon_2),\cdots,\sigma(\varepsilon_n)]}$；

（2）$R(\boldsymbol{\sigma})=R(\boldsymbol{A})$；

（3）$\boldsymbol{\sigma^{-1}(0)=\{\xi\mid\xi=(\varepsilon_1,\cdots,\varepsilon_n)X, AX=0\}}$.

证明 （1）设 $\boldsymbol{\xi}$ 是 $\boldsymbol{V}$ 中任一向量，可用基的线性组合表示为

$$\boldsymbol{\xi}=x_1\boldsymbol{\varepsilon}_1+x_2\boldsymbol{\varepsilon}_2+\cdots+x_n\boldsymbol{\varepsilon}_n$$

于是

$$\boldsymbol{\sigma}(\boldsymbol{\xi})=x_1\boldsymbol{\sigma}(\boldsymbol{\varepsilon}_1)+x_2\boldsymbol{\sigma}(\boldsymbol{\varepsilon}_2)+\cdots+x_n\boldsymbol{\sigma}(\boldsymbol{\varepsilon}_n)$$

这个式子说明，$\boldsymbol{\sigma(\xi)\in L[\sigma(\varepsilon_1),\sigma(\varepsilon_2),\cdots,\sigma(\varepsilon_n)]}$，因此 $\boldsymbol{\sigma(V)}$ 包含在 $\boldsymbol{L[\sigma(\varepsilon_1),\sigma(\varepsilon_2),\cdots,\sigma(\varepsilon_n)]}$ 内，这个式子还表明基象组的线性组合还是一个象，因此 $\boldsymbol{L[\sigma(\varepsilon_1),\sigma(\varepsilon_2),\cdots,\sigma(\varepsilon_n)]}$ 包含在 $\boldsymbol{\sigma(V)}$ 内. 这样，$\boldsymbol{\sigma(V)=L[\sigma(\varepsilon_1),\sigma(\varepsilon_2),\cdots,\sigma(\varepsilon_n)]}$.

（2）根据（1），$\boldsymbol{\sigma}$ 的秩等于基象组的秩. 另外，矩阵 $\boldsymbol{A}$ 是由基象组的坐标按列排成的. 若在 n 维线性空间中取定了一组基之后，把 $\boldsymbol{V}$ 的每一个向量与坐标对应起来，我们就得到 $\boldsymbol{V}$ 到 $\boldsymbol{F}^n$ 的同构对应. 同构对应保持向量组的一切线性关系，因此基象组与它们的坐标组有相同的秩，即 $R(\boldsymbol{\sigma})=R(\boldsymbol{A})$.

（3）设 $\boldsymbol{\xi\in\sigma^{-1}(0)}$，则 $\boldsymbol{\sigma(\xi)=0}$，设 $\boldsymbol{\xi}=k_1\boldsymbol{\varepsilon}_1+k_2\boldsymbol{\varepsilon}_2+\cdots+k_n\boldsymbol{\varepsilon}_n$，则

$$\boldsymbol{\sigma}(\boldsymbol{\xi})=k_1\boldsymbol{\sigma}(\boldsymbol{\varepsilon}_1)+k_2\boldsymbol{\sigma}(\boldsymbol{\varepsilon}_2)+\cdots+k_n\boldsymbol{\sigma}(\boldsymbol{\varepsilon}_n)=(\boldsymbol{\varepsilon}_1,\boldsymbol{\varepsilon}_2,\cdots,\boldsymbol{\varepsilon}_n)\boldsymbol{A}\begin{pmatrix}k_1\\k_2\\\vdots\\k_n\end{pmatrix}$$

由 $\boldsymbol{\varepsilon_1,\cdots,\varepsilon_n}$ 为 $\boldsymbol{V}$ 的基及 $\boldsymbol{\sigma(\xi)=0}$ 可得

$$\boldsymbol{A}\begin{pmatrix}k_1\\k_2\\\vdots\\k_n\end{pmatrix}=\boldsymbol{0}$$

故 $\boldsymbol{\sigma^{-1}(0)=\{\xi=(\varepsilon_1,\cdots,\varepsilon_n)X\mid AX=0\}}$.

注： 由于 $\boldsymbol{\sigma}$ 在不同基下的矩阵相似，而相似矩阵有相同的秩，故计算 $R(\boldsymbol{\sigma})$ 时与基的选择无关.

定理 6.4.2 令 V 为数域 F 上 n 维线性空间，$\sigma \in L(V)$，则 σ 的秩 $+\sigma$ 的零度 $=n$.

证明 设 σ 的零度等于 r. 在 $\sigma^{-1}(\mathbf{0})$ 核中取一组基 $\alpha_1,\alpha_2,\cdots,\alpha_r$，并把它扩充成 V 的一组基 $\alpha_1,\alpha_2,\cdots,\alpha_r,\alpha_{r+1},\cdots,\alpha_n$，根据定理 6.4.1，$\sigma(V)$ 是由基象组

$$\sigma(\alpha_1),\sigma(\alpha_2),\cdots,\sigma(\alpha_r),\sigma(\alpha_{r+1}),\cdots,\sigma(\alpha_n)$$

生成的. 但是 $\sigma(\alpha_i)=\mathbf{0}(i=1,2,\cdots,r)$，所以 $\sigma(V)$ 是由 $\sigma(\alpha_{r+1}),\cdots,\sigma(\alpha_n)$ 生成的. 现在来证明 $\sigma(\alpha_{r+1}),\cdots,\sigma(\alpha_n)$ 就是 $\sigma(V)$ 的一组基. 为此，只需证明它们线性无关. 设 $\sum\limits_{i=r+1}^{n} k_i\sigma(\alpha_i)=\mathbf{0}$ 成立，则

$$\sigma\left(\sum_{i=r+1}^{n} k_i\alpha_i\right)=\mathbf{0}$$

这说明向量 $\sum\limits_{i=r+1}^{n} k_i\alpha_i$ 属于 $\sigma^{-1}(\mathbf{0})$. 因此可被核的基线性表示：

$$\sum_{i=r+1}^{n} k_i\alpha_i=\sum_{i=1}^{r} k_i\alpha_i$$

由 $\alpha_1,\alpha_2,\cdots,\alpha_r,\cdots,\alpha_n$ 线性无关可推出 $k_i=0(i=1,2,\cdots,n)$. 因此 $\sigma(\alpha_{r+1}),\sigma(\alpha_{r+2}),\cdots,\sigma(\alpha_n)$ 线性无关，所以 σ 的秩 $=n-r$，于是 σ 的秩 $+\sigma$ 的零度 $=n$. 即 $\dim\sigma^{-1}(\mathbf{0})+\dim\sigma(V)=n$.

关于定理 6.4.2 的说明：尽管有 $\dim\sigma(V)+\dim\sigma^{-1}(\mathbf{0})=\dim V$，但 $\sigma(V)+\sigma^{-1}(\mathbf{0})$ 却不一定等于 V，原因是 $\sigma(V)\cap\sigma^{-1}(\mathbf{0})$ 不一定为零子空间.

推论 6.4.1 令 V 为数域 F 上 n 维线性空间，$\sigma \in L(V)$，则 σ 为单射当且仅当 σ 为满射.

证明 （充分性）σ 为满射，则 $\sigma(V)=V$，即 σ 的秩为 n，从而 $\dim\sigma^{-1}(\mathbf{0})=0$，则 $\sigma^{-1}(\mathbf{0})=\{0\}$，故 σ 是单射.

（必要性）σ 为单射，则 $\sigma^{-1}(\mathbf{0})=\{0\}$，从而 $\dim\sigma^{-1}(\mathbf{0})=0$，则 $\dim\sigma(V)=n$，故有 $\sigma(V)=V$，即 σ 为满射.

例 6.4.1 设 A 是一个 $n\times n$ 矩阵，且 $A^2=A$，证明 A 相似于一个对角矩阵.

$$B=\begin{pmatrix}1 & & & & & & \\ & 1 & & & & & \\ & & \ddots & & & & \\ & & & 1 & & & \\ & & & & 0 & & \\ & & & & & \ddots & \\ & & & & & & 0\end{pmatrix}$$

证明 取 n 维线性空间 V 以及 V 的一组基 $\varepsilon_1,\varepsilon_2,\cdots,\varepsilon_r,\cdots,\varepsilon_n$. 定义线性变换 σ 如下：

$$\sigma(\varepsilon_1,\varepsilon_2,\cdots,\varepsilon_n)=(\varepsilon_1,\varepsilon_2,\cdots,\varepsilon_n)A$$

即矩阵 A 为线性变换 σ 关于基 $\varepsilon_1,\varepsilon_2,\cdots,\varepsilon_r,\cdots,\varepsilon_n$ 的矩阵.

又由 $A^2=A$，可知 $\sigma^2=\sigma$．我们首先证明 $V=\sigma(V)\oplus\sigma^{-1}(0)$，由定理 6.4.2 有 $\dim\sigma(V)+\dim\sigma^{-1}(0)=n$，设 $\alpha\in\sigma(V)\cap\sigma^{-1}(0)$，由 $\alpha\in\sigma(V)$，则存在 $\beta\in V$，$\alpha=\sigma(\beta)$，那么 $\sigma(\alpha)=\sigma(\sigma\beta)=\sigma^2(\beta)=\sigma(\beta)=\alpha$，又由 $\alpha\in\sigma^{-1}(0)$，则 $\sigma\alpha=0$，故 $\alpha=0$ 即 $\sigma(V)\cap\sigma^{-1}(0)=\{0\}$，从而 $V=\sigma(V)\oplus\sigma^{-1}(0)$．

在 $\sigma(V)$ 中取一组基 $\eta_1,\eta_2,\cdots,\eta_r$，在 $\sigma^{-1}(0)$ 中取一组基 $\eta_{r+1},\eta_{r+2},\cdots,\eta_n$，则 $\eta_1,\cdots,\eta_r,\eta_{r+1},\cdots,\eta_n$ 就是 V 的一组基. 显然

$$\sigma(\eta_1)=\eta_1,\sigma(\eta_2)=\eta_2,\cdots,\sigma(\eta_r)=\eta_r,$$

$$\sigma(\eta_{r+1})=0,\sigma(\eta_{r+2})=0,\cdots,\sigma(\eta_n)=0$$

这就是说

$$\sigma(\eta_1,\eta_2,\cdots,\eta_n)=(\eta_1,\eta_2,\cdots,\eta_n)B$$

B 为线性变换 σ 关于基 $\eta_1,\cdots,\eta_r,\eta_{r+1},\cdots,\eta_n$ 的矩阵，由定理 6.3.5 知矩阵 A 与 B 相似. 前面得到了线性变换的值域与核的结构，下面来探究如何求线性变换的值域和核.

设 V 是数域 F 上的 n 维线性空间，σ 是 V 的线性变换.

（1）核 $\sigma^{-1}(0)$ 的求法：

① 取定 V 的一组基 $\alpha_1,\alpha_2,\cdots,\alpha_n$，求出 σ 在该基下的矩阵 A；

② 解齐次线性方程组 $AX=0$，得其一个基础解系 $\eta_1,\eta_2,\cdots,\eta_{n-r}(r=R(A))$；

③ 令 $\gamma_k=(\alpha_1,\alpha_2,\cdots,\alpha_n)\eta_k(k=1,2,\cdots,n-r)$，得 $\sigma^{-1}(0)$ 的一组基 $\gamma_1,\gamma_2,\cdots,\gamma_{n-r}$，且

$$\begin{aligned}\sigma^{-1}(0)&=L[\gamma_1,\gamma_2,\cdots,\gamma_{n-r}]\\&=\{k_1\gamma_1+k_2\gamma_2+\cdots+k_{n-r}\gamma_{n-r}\,|\,k_1,k_2,\cdots,k_{n-r}\in F\}\end{aligned}$$

（2）值域 $\sigma(V)$ 的求法：

① 取定 V 的一组基 $\alpha_1,\alpha_2,\cdots,\alpha_n$，求出 σ 在该基下的矩阵 A；

② 设矩阵 A 的列向量组为 $\eta_1,\eta_2,\cdots,\eta_n$，求出 $\eta_1,\eta_2,\cdots,\eta_n$ 的一个极大线性无关组 $\eta_{i_1},\eta_{i_2},\cdots,\eta_{i_r}$，就得到 $\sigma(\alpha_1),\sigma(\alpha_2),\cdots,\sigma(\alpha_n)$ 的一个极大线性无关组 $\sigma(\alpha_{i_1}),\sigma(\alpha_{i_2}),\cdots,\sigma(\alpha_{i_r})$，则 $\sigma(\alpha_{i_1}),\sigma(\alpha_{i_2}),\cdots,\sigma(\alpha_{i_r})$ 就是 $\sigma(V)$ 的一组基. 即

$$\begin{aligned}\sigma(V)&=L[\sigma(\alpha_{i_1}),\sigma(\alpha_{i_2}),\cdots,\sigma(\alpha_{i_r})]\\&=\{l_{i_1}\sigma(\alpha_{i_1})+l_{i_2}\sigma(\alpha_{i_2})+\cdots+l_{i_r}\sigma(\alpha_{i_r})|l_{i_1},l_{i_2},\cdots,l_{i_r}\in F\}\end{aligned}$$

例 6.4.2 设三维线性空间 V 的线性变换 σ 在基 $\varepsilon_1,\varepsilon_2,\varepsilon_3$ 下的矩阵为

$$A=\begin{pmatrix}1&1&2\\-1&1&0\\-1&0&-1\end{pmatrix}$$

求 σ 的核及其维数.

解 设 $\xi\in\sigma^{-1}(0)$，它在基 $\varepsilon_1,\varepsilon_2,\varepsilon_3$ 下的坐标为 (x_1,x_2,x_3)，即 $\xi=x_1\varepsilon_1+x_2\varepsilon_2+x_3\varepsilon_3$．由

$\sigma(\xi)=\mathbf{0}$，得

$$\sigma(\xi)=\sigma(x_1\varepsilon_1+x_2\varepsilon_2+x_3\varepsilon_3)=(\varepsilon_1,\varepsilon_2,\varepsilon_3)A\begin{pmatrix}x_1\\x_2\\x_3\end{pmatrix}=\mathbf{0}$$

由于$\varepsilon_1,\varepsilon_2,\varepsilon_3$是一组基，所以

$$\begin{pmatrix}1&1&2\\-1&1&0\\-1&0&-1\end{pmatrix}\begin{pmatrix}x_1\\x_2\\x_3\end{pmatrix}=\begin{pmatrix}0\\0\\0\end{pmatrix}$$

解此齐次线性方程组，得到其一个基础解系$\alpha=(1,1,-1)^{\mathrm{T}}$，于是可得$\sigma^{-1}(\mathbf{0})$的一组基$\xi=(\varepsilon_1,\varepsilon_2,\varepsilon_3)\alpha=\varepsilon_1+\varepsilon_2-\varepsilon_3$，即$\sigma^{-1}(\mathbf{0})=L[\xi]=L[\varepsilon_1+\varepsilon_2-\varepsilon_3]$，且$\dim\sigma^{-1}(\mathbf{0})=1$.

例 6.4.3 令$V=\left\{X=\begin{pmatrix}x_{11}&x_{12}\\x_{21}&x_{22}\end{pmatrix},x_{ij}\in\mathbf{R}\right\}$，定义变换$\sigma:V\to V$，对于$X\in V$，

$$\sigma(X)=\begin{pmatrix}1&1\\1&1\end{pmatrix}X\begin{pmatrix}1&2\\-1&1\end{pmatrix}.$$

（1）证明σ是线性变换；

（2）求σ的值域$\sigma(V)$的基与维数；

（3）求σ的核$\sigma^{-1}(\mathbf{0})$的基与维数.

证明（1）$\forall a,b\in\mathbf{R},\ X,Y\in V$，有

$$\sigma(aX+bY)=\begin{pmatrix}1&1\\1&1\end{pmatrix}(aX+bY)\begin{pmatrix}1&2\\-1&1\end{pmatrix}=a\sigma(X)+b\sigma(Y)$$

从而σ是一个线性变换.

（2）显然$E_1=\begin{pmatrix}1&0\\0&0\end{pmatrix}$，$E_2=\begin{pmatrix}0&1\\0&0\end{pmatrix}$，$E_3=\begin{pmatrix}0&0\\1&0\end{pmatrix}$，$E_4=\begin{pmatrix}0&0\\0&1\end{pmatrix}$是$V$的一组基. 根据线性变换$\sigma$的定义可得

$$\sigma(E_1)=\begin{pmatrix}1&2\\1&2\end{pmatrix}=\sigma(E_3)，\ \sigma(E_2)=\begin{pmatrix}-1&1\\-1&1\end{pmatrix}=\sigma(E_4)$$

从而 V 的值域$\sigma(V)$由$\begin{pmatrix}1&2\\1&2\end{pmatrix}$，$\begin{pmatrix}-1&1\\-1&1\end{pmatrix}$生成，则$\begin{pmatrix}1&2\\1&2\end{pmatrix}$，$\begin{pmatrix}-1&1\\-1&1\end{pmatrix}$线性无关，即为值域$\sigma(V)$的一组基，因而$\dim\sigma(V)=2$.

（3）对于$X\in\sigma^{-1}(\mathbf{0})$，有$\sigma(X)=\mathbf{0}$. 因为

$$\begin{aligned}\sigma(X)&=\begin{pmatrix}1&1\\1&1\end{pmatrix}X\begin{pmatrix}1&2\\-1&1\end{pmatrix}=\begin{pmatrix}1&1\\1&1\end{pmatrix}\begin{pmatrix}x_{11}&x_{12}\\x_{21}&x_{22}\end{pmatrix}\begin{pmatrix}1&2\\-1&1\end{pmatrix}\\&=\begin{pmatrix}x_{11}+x_{21}&x_{12}+x_{22}\\x_{11}+x_{21}&x_{12}+x_{22}\end{pmatrix}\begin{pmatrix}1&2\\-1&1\end{pmatrix}\\&=\begin{pmatrix}x_{11}+x_{21}-x_{12}-x_{22}&2x_{11}+2x_{21}+x_{12}+x_{22}\\x_{11}+x_{21}-x_{12}-x_{22}&2x_{11}+2x_{21}+x_{12}+x_{22}\end{pmatrix}\end{aligned}$$

从而有

$$\begin{cases} x_{11}+x_{21}-x_{12}-x_{22}=0 \\ x_{11}+x_{21}-x_{12}-x_{22}=0 \\ 2x_{11}+2x_{21}+x_{12}+x_{22}=0 \\ 2x_{11}+2x_{21}+x_{12}+x_{22}=0 \end{cases} \Rightarrow \begin{cases} x_{11}+x_{21}-x_{12}-x_{22}=0 \\ 2x_{11}+2x_{21}+x_{12}+x_{22}=0 \end{cases}$$

即

$$\begin{cases} x_{11}+x_{21}=0 \\ x_{12}+x_{22}=0 \end{cases}$$

得到 $\boldsymbol{\sigma}^{-1}(\mathbf{0})$ 的一组基 $\begin{pmatrix} 1 & 0 \\ -1 & 0 \end{pmatrix}$，$\begin{pmatrix} 0 & 1 \\ 0 & -1 \end{pmatrix}$，且 $\dim\boldsymbol{\sigma}^{-1}(\mathbf{0})=2.$

例 6.4.4 设 $\boldsymbol{V}$ 是全体次数不超过 n 的实系数多项式组成的实数域上的线性空间，定义 $\boldsymbol{V}$ 上的线性变换

$$\boldsymbol{\sigma}(f(x))=xf'(x)-f(x),\ f(x)\in\boldsymbol{V}$$

（1）求 $\boldsymbol{\sigma}$ 的核 $\boldsymbol{\sigma}^{-1}(\mathbf{0})$ 与值域 $\boldsymbol{\sigma}(\boldsymbol{V})$；

（2）证明：$\boldsymbol{V}=\boldsymbol{\sigma}^{-1}(\mathbf{0})\oplus\boldsymbol{\sigma}(\boldsymbol{V})$.

解 （1）取 $\boldsymbol{V}$ 的一组基 $1, x, \cdots, x^n$，则

$$\boldsymbol{\sigma}(1,x,x^2,\cdots,x^n)=(-1,0,x^2,\cdots,(n-1)x^n)=(1,x,x^2,\cdots,x^n)\boldsymbol{A}$$

其中

$$\boldsymbol{A}=\begin{pmatrix} -1 & 0 & 0 & \cdots & 0 \\ 0 & 0 & 0 & \cdots & 0 \\ 0 & 0 & 1 & \cdots & 0 \\ \vdots & \vdots & \vdots & & \vdots \\ 0 & 0 & 0 & \cdots & n-1 \end{pmatrix}$$

解得 $\boldsymbol{AX}=\mathbf{0}$ 的基础解系为 $\boldsymbol{\alpha}=(0,1,0,\cdots,0)^{\mathrm{T}}$，则 $f_1(x)=(1,x,x^2,\cdots,x^n)\boldsymbol{\alpha}=x$ 为 $\boldsymbol{\sigma}^{-1}(\mathbf{0})$ 的一组基，因而 $\dim\boldsymbol{\sigma}^{-1}(\mathbf{0})=1$，有

$$\begin{aligned} \boldsymbol{\sigma}(\boldsymbol{V}) &= \boldsymbol{L}[\boldsymbol{\sigma}(1),\boldsymbol{\sigma}(x),\boldsymbol{\sigma}(x^2),\cdots,\boldsymbol{\sigma}(x^n)] \\ &= \boldsymbol{L}[-1,0,x^2,\cdots,(n-1)x^n]=\boldsymbol{L}[1,x^2,\cdots,x^n] \end{aligned}$$

即 $1,x^2,\cdots,x^n$ 为 $\boldsymbol{\sigma}(\boldsymbol{V})$ 的一组基，且 $\dim\boldsymbol{\sigma}(\boldsymbol{V})=n.$

（2）因为

$$\boldsymbol{\sigma}^{-1}(\mathbf{0})+\boldsymbol{\sigma}(\boldsymbol{V})=\boldsymbol{L}[x]+\boldsymbol{L}[1,x^2,\cdots,x^n]=\boldsymbol{L}[1,x,x^2,\cdots,x^n]=\boldsymbol{V}$$

又

$$\dim\boldsymbol{V}=n+1=\dim\boldsymbol{\sigma}^{-1}(\mathbf{0})+\dim\boldsymbol{\sigma}(\boldsymbol{V})$$

所以 $\boldsymbol{V}=\boldsymbol{\sigma}^{-1}(\mathbf{0})\oplus\boldsymbol{\sigma}(\boldsymbol{V})$.

定理 6.4.3 设 $\boldsymbol{\sigma}$ 是数域 $\boldsymbol{F}$ 上线性空间 $\boldsymbol{V}$ 的线性变换，则

（1）$\boldsymbol{\sigma}(\boldsymbol{V})\supseteq\boldsymbol{\sigma}^2(\boldsymbol{V})\supseteq\boldsymbol{\sigma}^3(\boldsymbol{V})\supseteq\cdots$.

（2）$\ker\boldsymbol{\sigma}\subseteq\ker\boldsymbol{\sigma}^2\subseteq\ker\boldsymbol{\sigma}^3\subseteq\cdots\cdots$.

（3）$\boldsymbol{\sigma}(\boldsymbol{V})\subseteq\ker\boldsymbol{\sigma}$ 的充分必要条件是 $\boldsymbol{\sigma}^2=0.$

证明 （1）由 $\boldsymbol{\sigma}^k(\boldsymbol{\alpha}) \in \boldsymbol{\sigma}^k(\boldsymbol{V}), \boldsymbol{\sigma}^k(\boldsymbol{\alpha}) = \boldsymbol{\sigma}^{k-1}(\boldsymbol{\sigma}(\boldsymbol{\alpha})) \in \boldsymbol{\sigma}^{k-1}(\boldsymbol{V})$，得

$$\boldsymbol{\sigma}^k(\boldsymbol{V}) \subseteq \boldsymbol{\sigma}^{k-1}(\boldsymbol{V})\ (k = 2, 3, \cdots)$$

即

$$\boldsymbol{\sigma}(\boldsymbol{V}) \supseteq \boldsymbol{\sigma}^2(\boldsymbol{V}) \supseteq \boldsymbol{\sigma}^3(\boldsymbol{V}) \supseteq \cdots$$

（2）$\forall \boldsymbol{\alpha} \in \ker \boldsymbol{\sigma}^s$，则 $\boldsymbol{\sigma}^s(\boldsymbol{\alpha}) = \boldsymbol{0}$. 于是 $\boldsymbol{\sigma}^{s+1}(\boldsymbol{\alpha}) = \boldsymbol{\sigma}(\boldsymbol{\sigma}^s(\boldsymbol{\alpha})) = \boldsymbol{\sigma}(\boldsymbol{0}) = \boldsymbol{0}$，所以 $\boldsymbol{\alpha} \in \ker \boldsymbol{\sigma}^{s+1}$，故 $\ker \boldsymbol{\sigma}^s \subseteq \ker \boldsymbol{\sigma}^{s+1} (s = 1, 2, \cdots)$.

（3）(充分性) $\forall \boldsymbol{\sigma}(\boldsymbol{\alpha}) \in \boldsymbol{\sigma}(\boldsymbol{V}), \boldsymbol{\sigma}(\boldsymbol{\sigma}(\boldsymbol{\alpha})) = \boldsymbol{\sigma}^2(\boldsymbol{\alpha}) = \boldsymbol{0}$，从而有 $\boldsymbol{\sigma}(\boldsymbol{\alpha}) \subseteq \boldsymbol{\sigma}^{-1}(\boldsymbol{0})$，所以 $\boldsymbol{\sigma}(\boldsymbol{\alpha}) \subseteq \boldsymbol{\sigma}^{-1}(\boldsymbol{0})$.（必要性）$\forall \boldsymbol{\alpha} \in \boldsymbol{V}$，由 $\boldsymbol{\sigma}(\boldsymbol{V}) \subseteq \ker \boldsymbol{\sigma}$ 得 $\boldsymbol{\sigma}(\boldsymbol{\alpha}) \in \ker \boldsymbol{\sigma}$，故 $\boldsymbol{\sigma}^2(\boldsymbol{\alpha}) = \boldsymbol{\sigma}^2(\boldsymbol{\alpha}) = \boldsymbol{0}$，则 $\boldsymbol{\sigma}^2 = \theta$.

习题 6.4

1. 设 $\boldsymbol{\sigma}$ 是线性空间 $\boldsymbol{V}$ 的一个线性变换，$\boldsymbol{\sigma}$ 的值域 $\boldsymbol{\sigma}(\boldsymbol{V})$=______；$\boldsymbol{\sigma}$ 的核 $\boldsymbol{\sigma}^{-1}(\boldsymbol{0})$=______.

2. 设 a 是数域 $\boldsymbol{F}$ 中的数，给定线性空间 $\boldsymbol{F}^3$ 的变换 $\boldsymbol{\sigma}$ 如下：

$$\boldsymbol{\sigma}: (x_1, x_2, x_3)^{\mathrm{T}} \mapsto (2x_1 - x_2, x_2 + x_3, ax_1 + x_3)^{\mathrm{T}}$$

（1）证明：$\boldsymbol{\sigma}$ 是 $\boldsymbol{V}$ 的线性变换；

（2）求 $\boldsymbol{\sigma}$ 的值域与核；

（3）确定出 a 为何值时 $\boldsymbol{\sigma}$ 是可逆的.

3. 设 $\boldsymbol{\varepsilon}_1, \boldsymbol{\varepsilon}_2, \boldsymbol{\varepsilon}_3, \boldsymbol{\varepsilon}_4$ 是四维线性空间 $\boldsymbol{V}$ 的一组基，已知线性变换 $\boldsymbol{\sigma}$ 在这组基下的矩阵为

$$\begin{pmatrix} 1 & 0 & 2 & 1 \\ -1 & 2 & 1 & 3 \\ 1 & 2 & 5 & 5 \\ 2 & -2 & 1 & -2 \end{pmatrix}$$

（1）求 $\boldsymbol{\sigma}$ 在基 $\boldsymbol{\eta}_1 = \boldsymbol{\varepsilon}_1 - 2_2 + \boldsymbol{\varepsilon}_4$, $\boldsymbol{\eta}_2 = 3\boldsymbol{\varepsilon}_2 - \boldsymbol{\varepsilon}_3 - \boldsymbol{\varepsilon}_4$, $\boldsymbol{\eta}_3 = \boldsymbol{\varepsilon}_3 + \boldsymbol{\varepsilon}_4$, $\boldsymbol{\eta}_4 = 2\boldsymbol{\varepsilon}_4$ 下的矩阵；

（2）求 $\boldsymbol{\sigma}$ 的核与值域；

（3）在 $\boldsymbol{\sigma}$ 的核中选一组基，把它扩充为 $\boldsymbol{V}$ 的一组基，并求 $\boldsymbol{\sigma}$ 在这组基下的矩阵；

（4）在 $\boldsymbol{\sigma}$ 的值域中选一组基，把它扩充为 $\boldsymbol{V}$ 的一组基，并求 $\boldsymbol{\sigma}$ 在这组基下的矩阵.

4. 设 $\boldsymbol{\sigma}$ 是数域 $\boldsymbol{F}$ 上 n 维线性空间 $\boldsymbol{V}$ 的线性变换，且 $\boldsymbol{\sigma}^2 = \boldsymbol{e}$（单位变换），证明：

（1）$(\boldsymbol{\sigma} + \boldsymbol{e})^{-1}(\boldsymbol{0}) = \left\{ \boldsymbol{\alpha} - \dfrac{1}{2}(\boldsymbol{\sigma} + \boldsymbol{e})(\boldsymbol{\alpha}) \middle| \boldsymbol{\alpha} \in \boldsymbol{V} \right\}$；

（2）$\boldsymbol{V} = (\boldsymbol{\sigma} + \boldsymbol{e})(\boldsymbol{V}) \oplus (\boldsymbol{\sigma} + \boldsymbol{e})^{-1}(\boldsymbol{0})$.

5. 设 $\boldsymbol{\sigma}, \boldsymbol{\tau}$ 是线性空间 $\boldsymbol{V}$ 的线性变换且 $\boldsymbol{\sigma\tau} = k\boldsymbol{e}, k$ 为非零数，$\boldsymbol{e}$ 为恒等线性变换，证明：

（1）$\boldsymbol{\sigma}^{-1}(\boldsymbol{0}) = \left\{ \boldsymbol{\alpha} - \dfrac{1}{k}\boldsymbol{\tau\sigma}(\boldsymbol{\alpha}) \middle| \boldsymbol{\alpha} \in \boldsymbol{V} \right\}$；

（2）$\boldsymbol{V} = \boldsymbol{\sigma}^{-1}(\boldsymbol{0}) \oplus \boldsymbol{\tau}(\boldsymbol{V})$.

6. 设 $\boldsymbol{\sigma}, \boldsymbol{\tau}$ 是数域 $\boldsymbol{F}$ 上 n 维线性空间 $\boldsymbol{V}$ 的两个线性变换，且 $\boldsymbol{\sigma}^2 = \boldsymbol{\sigma}$，证明：

（1）$\forall \boldsymbol{\alpha} \in \boldsymbol{V}$，都有 $\boldsymbol{\alpha} - \boldsymbol{\sigma}(\boldsymbol{\alpha}) \in \boldsymbol{\sigma}^{-1}(\boldsymbol{0})$；

（2）$\boldsymbol{\sigma}^{-1}(\boldsymbol{0}) \subseteq \boldsymbol{\tau}^{-1}(\boldsymbol{0})$ 当且仅当 $\boldsymbol{\tau} = \boldsymbol{\tau\sigma}$.

6.5 特征值与特征向量

工程技术中的振动问题和稳定性问题，往往归结为一个方阵的特征值和特征向量的问题，特征值、特征向量的概念，不仅在理论上很重要，而且可以直接用来解决实际问题. 本节首先来研究矩阵的特征值与特征向量.

定义 6.5.1 设 $\boldsymbol{A}$ 是数域 $\boldsymbol{F}$ 上 n 阶方阵，若对于数 $\lambda \in \boldsymbol{F}$，存在 n 维非零向量 ξ，使得

$$\boldsymbol{A}\xi = \lambda\xi \tag{6.5.1}$$

成立，则称数 λ 为方阵 $\boldsymbol{A}$ 的一个特征值，非零向量 ξ 称为 $\boldsymbol{A}$ 的属于特征值 λ 的一个特征向量.

说明：式（6.5.1）可以等价地写成

$$(\lambda\boldsymbol{E} - \boldsymbol{A})\xi = \boldsymbol{0} \tag{6.5.2}$$

而式（6.5.2）存在非零列向量的充分必要条件是

$$|\lambda\boldsymbol{E} - \boldsymbol{A}| = 0 \tag{6.5.3}$$

即
$$\begin{vmatrix} \lambda - a_{11} & -a_{12} & \cdots & -a_{1n} \\ -a_{21} & \lambda - a_{22} & \cdots & -a_{2n} \\ \vdots & \vdots & \cdots & \vdots \\ -a_{n1} & -a_{n2} & \cdots & \lambda - a_{nn} \end{vmatrix} = 0$$

定义 6.5.2 设 λ 是一个未知量，矩阵 $\lambda\boldsymbol{E} - \boldsymbol{A}$ 称为 $\boldsymbol{A}$ 的特征矩阵，行列式 $f_A(\lambda) = |\lambda\boldsymbol{E} - \boldsymbol{A}|$ 称为矩阵 $\boldsymbol{A}$ 的特征多项式，方程 $|\lambda\boldsymbol{E} - \boldsymbol{A}|=0$ 称为 $\boldsymbol{A}$ 的特征方程，它的根称为 $\boldsymbol{A}$ 的特征值，$\boldsymbol{A}$ 的特征值也称为 $\boldsymbol{A}$ 的特征根.

说明：

（1）特征方程在复数范围内恒有解，其个数为方程的次数（重根按重数计算），因此，n 阶方阵 $\boldsymbol{A}$ 在复数范围内有 n 个特征值.

（2）若 ξ 是 $\boldsymbol{A}$ 的属于特征值 λ 的特征向量，则 ξ 的任何一个非零倍数 $k\xi(k \neq 0)$ 也是 $\boldsymbol{A}$ 的属于特征值 λ 的特征向量，且可以推广到有限个的情形（$k_1\xi_1 + k_2\xi_2 + \cdots + k_s\xi_s$）.

（3）特征向量不是被特征值唯一决定. 相反，特征值却是被特征向量唯一决定，因为一个特征向量只能属于一个特征值.

算法 6.5.1 n 阶方阵 A 的特征值和特征向量的求法：

（1）计算 $\boldsymbol{A}$ 的特征多项式 $f_A(\lambda) = |\lambda\boldsymbol{E} - \boldsymbol{A}|$，求出特征方程 $f_A(\lambda) = |\lambda\boldsymbol{E} - \boldsymbol{A}|=0$ 的全部根，即 $\boldsymbol{A}$ 的全部特征值；

（2）对求出的每个特征值 λ_i，求齐次线性方程组 $(\lambda_i\boldsymbol{E} - \boldsymbol{A})\boldsymbol{X} = \boldsymbol{0}$ 的一组基础解系 $\xi_1,\xi_2,\cdots,\xi_s$，则 $k_1\xi_1 + k_2\xi_2 + \cdots + k_s\xi_s(k_1,k_2,\cdots,k_s$ 不全为 0）是 $\boldsymbol{A}$ 的属于特征值 λ_i 的全部特征向量.

例 6.5.1 求矩阵

$$A=\begin{pmatrix}-1 & 1 & 0\\ -4 & 3 & 0\\ 1 & 0 & 2\end{pmatrix}$$

的特征值和特征向量.

解 A的特征多项式为

$$|\lambda E-A|=\begin{vmatrix}\lambda+1 & -1 & 0\\ 4 & \lambda-3 & 0\\ -1 & 0 & \lambda-2\end{vmatrix}=(\lambda-2)(\lambda-1)^2$$

所以A的特征值为$\lambda_1=2,\lambda_2=\lambda_3=1$.

当$\lambda_1=2$时，求解齐次线性方程组$(2E-A)X=0$，由

$$2E-A=\begin{pmatrix}3 & -1 & 0\\ -4 & -1 & 0\\ 1 & 0 & 0\end{pmatrix}\rightarrow\begin{pmatrix}1 & 0 & 0\\ 0 & 1 & 0\\ 0 & 0 & 0\end{pmatrix}$$

得基础解系

$$\xi_1=(0,0,1)^{\mathrm{T}}$$

所以$k_1\xi_1(k_1\neq 0)$是对应于$\lambda_1=2$的全部特征向量.

当$\lambda_2=\lambda_3=1$时，求解齐次线性方程组$(E-A)X=0$，由

$$E-A=\begin{pmatrix}2 & -1 & 0\\ 4 & -2 & 0\\ -1 & 0 & -1\end{pmatrix}\rightarrow\begin{pmatrix}1 & 0 & 1\\ 0 & 1 & 2\\ 0 & 0 & 0\end{pmatrix}$$

得基础解系

$$\xi_2=(1,2,-1)^{\mathrm{T}}$$

所以$k_2\xi_2(k_2\neq 0)$是对应于$\lambda_2=\lambda_3=1$的全部特征向量.

例 6.5.2 求矩阵

$$A=\begin{pmatrix}4 & 6 & 0\\ -3 & -5 & 0\\ -3 & -6 & 1\end{pmatrix}$$

的特征值和特征向量.

解 A的特征多项式为

$$|\lambda E-A|=\begin{vmatrix}\lambda-4 & -6 & 0\\ 3 & \lambda+5 & 0\\ 3 & 6 & \lambda-1\end{vmatrix}=(\lambda-1)^2(\lambda+2)$$

所以A的特征值为$\lambda_1=-2,\lambda_2=\lambda_3=1$.

当 $\lambda_1=-2$ 时，求解齐次线性方程组 $(-2\boldsymbol{E}-\boldsymbol{A})\boldsymbol{X}=\boldsymbol{0}$，由

$$-2\boldsymbol{E}-\boldsymbol{A}=\begin{pmatrix}-6&-6&0\\3&3&0\\3&6&-3\end{pmatrix}\to\begin{pmatrix}1&0&1\\0&1&-1\\0&0&0\end{pmatrix}$$

得基础解系

$$\xi_1=(-1,1,1)^{\mathrm{T}}$$

所以 $k_1\xi_1(k_1\neq 0)$ 为对应于 $\lambda_1=-2$ 的全部特征向量.

当 $\lambda_2=\lambda_3=1$ 时，求解齐次线性方程组 $(\boldsymbol{E}-\boldsymbol{A})\boldsymbol{X}=\boldsymbol{0}$，由

$$\boldsymbol{E}-\boldsymbol{A}=\begin{pmatrix}-3&-6&0\\3&6&0\\3&6&0\end{pmatrix}\to\begin{pmatrix}1&2&0\\0&0&0\\0&0&0\end{pmatrix}$$

得基础解系

$$\xi_2=\begin{pmatrix}-2\\1\\0\end{pmatrix},\ \xi_3=\begin{pmatrix}0\\0\\1\end{pmatrix}$$

所以 $k_2\xi_2+k_3\xi_3(k_2^2+k_3^2\neq 0)$ 为对应于 $\lambda_2=\lambda_3=1$ 的全部特征向量.

下面探究方阵特征值与特征向量的性质.

性质 6.5.1　n 阶矩阵 $\boldsymbol{A}$ 与它的转置矩阵 $\boldsymbol{A}^{\mathrm{T}}$ 的特征值相同.

证明　因为

$$\left|\lambda\boldsymbol{E}-\boldsymbol{A}^{\mathrm{T}}\right|=\left|(\lambda\boldsymbol{E}-\boldsymbol{A})^{\mathrm{T}}\right|=\left|\lambda\boldsymbol{E}-\boldsymbol{A}\right|$$

所以 $\boldsymbol{A}$ 与 $\boldsymbol{A}^{\mathrm{T}}$ 的特征多项式相同，从而它们的特征值相同.

在

$$\left|\lambda\boldsymbol{E}-\boldsymbol{A}\right|=\begin{vmatrix}\lambda-a_{11}&-a_{12}&\cdots&-a_{1n}\\-a_{21}&\lambda-a_{22}&\cdots&-a_{2n}\\\vdots&\vdots&&\vdots\\-a_{n1}&-a_{n2}&\cdots&\lambda-a_{nn}\end{vmatrix}$$

的展开式中，有一项是主对角线上元素的连乘积 $(\lambda-a_{11})(\lambda-a_{22})\cdots(\lambda-a_{nn})$，展开式中的其余项，至多包含 $n-2$ 个主对角线上的元素，它的 λ 的次数最多是 $n-2$. 因此特征多项式中含 λ 的 n 次与 $n-1$ 次的项只能在主对角线上元素的连乘积中出现，它们是

$$\lambda^n-(a_{11}+a_{22}+\cdots+a_{nn})\lambda^{n-1}$$

在特征多项式中令 $\lambda=0$，即得常数项 $\left|-\boldsymbol{A}\right|=(-1)^n\left|\boldsymbol{A}\right|$.

因此，如果只写特征多项式的前两项与常数项，就有

$$
\begin{aligned}
f_A(\lambda) &= |\lambda \boldsymbol{E} - \boldsymbol{A}| = \lambda^n - (a_{11} + a_{22} + \cdots + a_{nn})\lambda^{n-1} + \cdots + (-1)^n |\boldsymbol{A}| \\
&= (\lambda - \lambda_1)(\lambda - \lambda_2)\cdots(\lambda - \lambda_n)
\end{aligned} \tag{6.5.4}
$$

由根与系数的关系可知，$\boldsymbol{A}$ 的全体特征值的和为 $a_{11} + a_{22} + \cdots + a_{nn}$（称为 $\boldsymbol{A}$ 的迹）. 而 $\boldsymbol{A}$ 的全体特征值的积为 $|\boldsymbol{A}|$.

性质 6.5.2 设 n 阶矩阵 $\boldsymbol{A} = (a_{ij})$ 的特征值为 $\lambda_1, \lambda_2, \cdots, \lambda_n$，则有

（1）$\lambda_1 + \lambda_2 + \cdots + \lambda_n = a_{11} + a_{22} + \cdots + a_{nn}$；

（2）$\lambda_1 \lambda_2 \cdots \lambda_n = |\boldsymbol{A}|$.

特征多项式 $f_A(\lambda)$ 的分解式（6.5.4）的 n 个根 $\lambda_1, \lambda_2, \cdots, \lambda_n$ 可能有重复，如果 $\lambda_1, \lambda_2, \cdots, \lambda_t$ 是 $f_A(\lambda)$ 的全部不同的特征值，则 $f_A(\lambda)$ 的分解式写成

$$
f_A(\lambda) = (\lambda - \lambda_1)^{n_1} (\lambda - \lambda_2)^{n_2} \cdots (\lambda - \lambda_t)^{n_t}
$$

其中，每个一次因式 $\lambda - \lambda_i$ 的指数 n_i 称为特征值 λ_i 的代数重数，至少为 1，各根的代数重数之和 $n_1 + n_2 + \cdots + n_t = n$.

推论 6.5.1 n 阶矩阵 $\boldsymbol{A}$ 可逆的充分必要条件是 $\boldsymbol{A}$ 的任一特征值不为零.

性质 6.5.3 设 λ 是 n 阶矩阵 $\boldsymbol{A}$ 的特征值，当 $\boldsymbol{A}$ 可逆时，$\dfrac{1}{\lambda}$ 是 $\boldsymbol{A}^{-1}$ 的特征值，$\dfrac{|\boldsymbol{A}|}{\lambda}$ 是 $\boldsymbol{A}^*$ 的特征值.

性质 6.5.4 设 λ 是 $\boldsymbol{A}$ 的特征值，则 λ^m 是 $\boldsymbol{A}^m$ 的特征值，$\varphi(\lambda)$ 是 $\varphi(\boldsymbol{A})$ 的特征值，其中 $\varphi(\lambda)$ 是 λ 的多项式，$\varphi(\boldsymbol{A})$ 是矩阵 $\boldsymbol{A}$ 的多项式.

例 6.5.3 设 3 阶矩阵 $\boldsymbol{A}$ 的特征值为 $1, -1, 2$，求 $|\boldsymbol{A}^* + 3\boldsymbol{A} - \boldsymbol{E}|$.

解 因为 $\boldsymbol{A}$ 的特征值为 $1, -1, 2$，则 $|\boldsymbol{A}| = -2 \neq 0$，从而

$$
|\boldsymbol{A}^* + 3\boldsymbol{A} - \boldsymbol{E}| = \frac{|\boldsymbol{A}||\boldsymbol{A}^* + 3\boldsymbol{A} - \boldsymbol{E}|}{|\boldsymbol{A}|} = \frac{|\boldsymbol{A}\boldsymbol{A}^* + 3\boldsymbol{A}^2 - \boldsymbol{A}|}{-2} = \frac{|-2\boldsymbol{E} + 3\boldsymbol{A}^2 - \boldsymbol{A}|}{-2}
$$

由矩阵 $\boldsymbol{A}$ 的特征值为 $1, -1, 2$，易知 $-2\boldsymbol{E} + 3\boldsymbol{A}^2 - \boldsymbol{A}$ 的特征值为 $0, 2, 8$，故 $|-2\boldsymbol{E} + 3\boldsymbol{A}^2 - \boldsymbol{A}| = 0$，即 $|\boldsymbol{A}^* + 3\boldsymbol{A} - \boldsymbol{E}| = 0$.

例 6.5.4 已知 3 阶矩阵 $\boldsymbol{A}$ 的特征值为 $1, -1, 0$，对应的特征向量分别为 $\boldsymbol{p}_1, \boldsymbol{p}_2, \boldsymbol{p}_3$，设 $\boldsymbol{B} = \boldsymbol{A}^2 - 2\boldsymbol{A} + 3\boldsymbol{E}$，求 $\boldsymbol{B}^{-1}$ 的特征值与特征向量.

解 已知 $\boldsymbol{A}$ 的特征值为 $1, -1, 0$，由推论 6.4.2 知，$\boldsymbol{B}$ 的特征值为

$$
1^2 - 2 + 3 = 2, \quad (-1)^2 + 2 + 3 = 6, \quad 0^2 - 2 \cdot 0 + 3 = 3
$$

故 $\boldsymbol{B}$ 可逆. 由题设 $\boldsymbol{B}\boldsymbol{p}_1 = 2\boldsymbol{p}_1$，$\boldsymbol{B}\boldsymbol{p}_2 = 6\boldsymbol{p}_2$，$\boldsymbol{B}\boldsymbol{p}_3 = 3\boldsymbol{p}_3$，于是

$$
\boldsymbol{B}^{-1}\boldsymbol{p}_1 = \frac{1}{2}\boldsymbol{p}_1, \quad \boldsymbol{B}^{-1}\boldsymbol{p}_2 = \frac{1}{6}\boldsymbol{p}_2, \quad \boldsymbol{B}^{-1}\boldsymbol{p}_3 = \frac{1}{3}\boldsymbol{p}_3
$$

即 $\boldsymbol{B}^{-1}$ 的特征值为 $\frac{1}{2},\frac{1}{6},\frac{1}{3}$，对应的特征向量分别为 $\boldsymbol{p}_1,\boldsymbol{p}_2,\boldsymbol{p}_3$.

结合特征值与相似矩阵，有下列结论：

性质 6.5.5 若 n 阶矩阵 $\boldsymbol{A}$ 与 $\boldsymbol{B}$ 相似，则 $\boldsymbol{A}$ 与 $\boldsymbol{B}$ 的特征多项式相同，从而 $\boldsymbol{A}$ 与 $\boldsymbol{B}$ 的特征值相同.

证明 因 $\boldsymbol{A}$ 与 $\boldsymbol{B}$ 相似，即有可逆矩阵 $\boldsymbol{P}$，使 $\boldsymbol{P}^{-1}\boldsymbol{A}\boldsymbol{P}=\boldsymbol{B}$，则

$$|\lambda \boldsymbol{E}-\boldsymbol{B}|=|\lambda \boldsymbol{E}-\boldsymbol{P}^{-1}\boldsymbol{A}\boldsymbol{P}|=|\boldsymbol{P}^{-1}(\lambda \boldsymbol{E}-\boldsymbol{A})\boldsymbol{P}|=|\lambda \boldsymbol{E}-\boldsymbol{A}|$$

故 $\boldsymbol{A}$ 与 $\boldsymbol{B}$ 的特征多项式相等，从而特征值相同.

应该指出，性质 6.5.5 的逆命题是不成立的，特征多项式相同的矩阵不一定是相似的.例如

$$\boldsymbol{A}=\begin{pmatrix}1 & 0\\ 0 & 1\end{pmatrix},\quad \boldsymbol{B}=\begin{pmatrix}1 & 1\\ 0 & 1\end{pmatrix}$$

它们的特征多项式都是 $(\lambda-1)^2$，但 $\boldsymbol{A}$ 和 $\boldsymbol{B}$ 不相似，因为和 $\boldsymbol{A}$ 相似的矩阵只能是 $\boldsymbol{A}$ 本身.

性质 6.5.6 若 n 阶矩阵 $\boldsymbol{A}$ 与对角矩阵 $\mathrm{diag}(\lambda_1,\lambda_2,\cdots,\lambda_n)$ 相似，则 $\lambda_1,\lambda_2,\cdots,\lambda_n$ 即 $\boldsymbol{A}$ 的 n 个特征值.

证明 由 $\boldsymbol{A}$ 与对角矩阵 $\mathrm{diag}(\lambda_1,\lambda_2,\cdots,\lambda_n)$ 相似，故存在可逆矩阵 $\boldsymbol{P}$，使

$$\boldsymbol{P}^{-1}\boldsymbol{A}\boldsymbol{P}=\mathrm{diag}(\lambda_1,\lambda_2,\cdots,\lambda_n)$$

则

$$\boldsymbol{A}\boldsymbol{P}=\boldsymbol{P}\mathrm{diag}(\lambda_1,\lambda_2,\cdots,\lambda_n)$$

设 $\boldsymbol{P}=(p_1,p_2,\cdots,p_n)$，则 $\boldsymbol{A}p_1=\lambda_1 p_1,\boldsymbol{A}p_2=\lambda_2 p_2,\cdots,\boldsymbol{A}p_n=\lambda_n p_n$，由于 $\boldsymbol{P}=(p_1,p_2,\cdots,p_n)$ 可逆，故 $p_1,p_2,\cdots,p_n$ 均不为零. 即 $\lambda_1,\lambda_2,\cdots,\lambda_n$ 为 $\boldsymbol{A}$ 的 n 个特征值，$p_1,p_2,\cdots,p_n$ 为矩阵 $\boldsymbol{A}$ 的分别属于 $\lambda_1,\lambda_2,\cdots,\lambda_n$ 的特征值.

例 6.5.5 设 $\boldsymbol{A},\boldsymbol{B}$ 均为 n 阶方阵，则 $\boldsymbol{AB}$ 与 $\boldsymbol{BA}$ 有相同的特征多项式.

证明 （1）若 $\boldsymbol{A},\boldsymbol{B}$ 中有一个可逆，不妨设 $\boldsymbol{A}$ 可逆，则 $\boldsymbol{BA}=\boldsymbol{A}^{-1}\boldsymbol{ABA}$，即 $\boldsymbol{BA}$ 与 $\boldsymbol{AB}$ 相似，从而 $|\lambda\boldsymbol{E}_n-\boldsymbol{AB}|=|\lambda\boldsymbol{E}_n-\boldsymbol{BA}|$.

（2）若 $\boldsymbol{A},\boldsymbol{B}$ 均不可逆，则特征方程 $|\lambda\boldsymbol{E}_n-\boldsymbol{A}|=0$ 只有有限个根，故存在 t 使得 $|\boldsymbol{A}-t\boldsymbol{E}_n|\neq 0$，由（1）知 $\boldsymbol{B}(\boldsymbol{A}-t\boldsymbol{E}_n)$ 与 $(\boldsymbol{A}-t\boldsymbol{E}_n)\boldsymbol{B}$ 有相同的特征多项式，即

$$|\lambda\boldsymbol{E}_n-\boldsymbol{BA}+t\boldsymbol{B}|=|\lambda\boldsymbol{E}_n-\boldsymbol{AB}+t\boldsymbol{B}|$$

将上式看作 t 的多项式，则有无限个 t 使之成立，因而它必是零多项式，从而上式在 $t=0$ 时仍成立，即 $|\lambda\boldsymbol{E}_n-\boldsymbol{AB}|=|\lambda\boldsymbol{E}_n-\boldsymbol{BA}|$.

例 6.5.6 设 a_i,b_i 满足 $\sum\limits_{i=1}^{n}a_ib_i=0(\,i=1,2,\cdots,n)$，求矩阵

$$\boldsymbol{A}=\begin{pmatrix}a_1^2+b_1^2 & a_1a_2+b_1b_2 & \cdots & a_1a_n+b_1b_n\\ a_2a_1+b_2b_1 & a_2^2+b_2^2 & \cdots & a_2a_n+b_2b_n\\ \vdots & \vdots & & \vdots\\ a_na_1+b_nb_1 & a_na_2+b_nb_2 & \cdots & a_n^2+b_n^2\end{pmatrix}$$

的特征值.

解 矩阵 $\boldsymbol{A}$ 可以写成

$$\boldsymbol{A}=\begin{pmatrix} a_1 & b_1 \\ a_2 & b_2 \\ \vdots & \vdots \\ a_n & b_n \end{pmatrix}\begin{pmatrix} a_1 & a_2 & \cdots & a_n \\ b_1 & b_2 & \cdots & b_n \end{pmatrix}$$

的形式，利用例 3.6.9 的结论，有

$$|\lambda\boldsymbol{E}-\boldsymbol{A}|=\lambda^{n-2}\left|\lambda\boldsymbol{E}_2-\begin{pmatrix} a_1 & a_2 & \cdots & a_n \\ b_1 & b_2 & \cdots & b_n \end{pmatrix}\begin{pmatrix} a_1 & b_1 \\ a_2 & b_2 \\ \vdots & \vdots \\ a_n & b_n \end{pmatrix}\right|$$

$$=\lambda^{n-2}\begin{vmatrix} \lambda-\sum\limits_{i=1}^{n}a_i^2 & -\sum\limits_{i=1}^{n}a_ib_i \\ -\sum\limits_{i=1}^{n}a_ib_i & \lambda-\sum\limits_{i=1}^{n}b_i^2 \end{vmatrix}=\lambda^{n-2}(\lambda-\sum_{i=1}^{n}a_i^2)(\lambda-\sum_{i=1}^{n}b_i^2)$$

从而 $\boldsymbol{A}$ 的特征值为 $0(n-2$重) 及 $\sum\limits_{i=1}^{n}a_i^2,\sum\limits_{i=1}^{n}b_i^2$.

前面讨论了矩阵的特征值与特征向量，下面将讨论线性变换的特征值和特征向量，首先给出线性变换的特征值与特征向量的定义.

定义 6.5.3 设 $\boldsymbol{\sigma}$ 是数域 $\boldsymbol{F}$ 上线性空间 $\boldsymbol{V}$ 的一个线性变换，如果对于数域 $\boldsymbol{F}$ 中一个数 λ，若存在线性空间 $\boldsymbol{V}$ 的一个非零向量 ξ，使得

$$\boldsymbol{\sigma}(\xi)=\lambda\xi$$

那么称 λ 为 $\boldsymbol{\sigma}$ 的一个特征值，称 ξ 为 $\boldsymbol{\sigma}$ 的属于特征值 λ 的一个特征向量.

从几何上来看，特征向量的方向经过线性变换后，保持在同一条直线上，这时或者方向不变 $(\lambda>0)$ 或者方向相反 $(\lambda<0)$，至于 $\lambda=0$ 时，特征向量经过线性变换变成 0.

如果 ξ 是线性变换 $\boldsymbol{\sigma}$ 的属于特征值 λ_0 的特征向量，那么 ξ 的任何一个非零倍数 $k\xi$ 也是 $\boldsymbol{\sigma}$ 的属于特征值 λ_0 的特征向量. 这说明特征向量不是被特征值所唯一决定的. 相反，特征值却是被特征向量所唯一决定的，因为一个特征向量只能属于一个特征值.

下面来研究线性变换的特征值与特征向量的求法.

设 $\boldsymbol{V}$ 是数域 $\boldsymbol{F}$ 上 n 维线性空间，$\varepsilon_1,\varepsilon_2,\cdots,\varepsilon_n$ 是它的一组基，线性变换 $\boldsymbol{\sigma}$ 在这组基下的矩阵是 $\boldsymbol{A}$. 设 λ 是矩阵 $\boldsymbol{A}$ 的特征值，它的一个特征向量 ξ 在 $\varepsilon_1,\varepsilon_2,\cdots,\varepsilon_n$ 下的坐标是 $x_{01},x_{02},\cdots,x_{0n}$，则 $\boldsymbol{\sigma}(\xi)$ 的坐标是

$$\boldsymbol{A}\begin{pmatrix} x_{01} \\ x_{02} \\ \vdots \\ x_{0n} \end{pmatrix}$$

$\lambda\xi$ 的坐标是

$$\lambda\begin{pmatrix}x_{01}\\x_{02}\\\vdots\\x_{0n}\end{pmatrix}$$

因此，由 $\sigma(\xi)=\lambda\xi$ 可得坐标之间的等式

$$\boldsymbol{A}\begin{pmatrix}x_{01}\\x_{02}\\\vdots\\x_{0n}\end{pmatrix}=\lambda\begin{pmatrix}x_{01}\\x_{02}\\\vdots\\x_{0n}\end{pmatrix}$$

或

$$(\lambda\boldsymbol{E}-\boldsymbol{A})\begin{pmatrix}x_{01}\\x_{02}\\\vdots\\x_{0n}\end{pmatrix}=\boldsymbol{0}$$

上面的分析说明，如果 λ 是线性变换 σ 的特征值，那么 λ 一定是矩阵 $\boldsymbol{A}$ 的特征多项式的一个根；反过来，如果 λ 是矩阵 $\boldsymbol{A}$ 的特征多项式在数域 $\boldsymbol{F}$ 中的一个根，即 $|\lambda\boldsymbol{E}-\boldsymbol{A}|=0$，那么齐次方程组 $(\lambda\boldsymbol{E}-\boldsymbol{A})\boldsymbol{X}=\boldsymbol{0}$ 就有非零解. 这时，如果 $(x_{01},x_{02},\cdots,x_{0n})$ 是方程组 $(\lambda\boldsymbol{E}-\boldsymbol{A})\boldsymbol{X}=\boldsymbol{0}$ 的一个非零解，那么非零向量

$$\xi=x_{01}\varepsilon_1+x_{02}\varepsilon_2+\cdots+x_{0n}\varepsilon_n$$

满足 $\sigma(\xi)=\lambda\xi$，即 λ 是线性变换 σ 的一个特征值，ξ 是属于特征值 λ 的一个特征向量.

算法 6.5.2 线性变换 σ 的特征值和特征向量的求法：

（1）在线性空间 $\boldsymbol{V}$ 中取一组基 $\varepsilon_1,\varepsilon_2,\cdots,\varepsilon_n$，写出 σ 在这组基下的矩阵 $\boldsymbol{A}$；

（2）求出 $\boldsymbol{A}$ 的特征多项式 $f_A(\lambda)=|\lambda\boldsymbol{E}-\boldsymbol{A}|$ 在数域 $\boldsymbol{F}$ 中全部的根，它们也是线性变换 σ 的全部特征值；

（3）用求得的特征值 λ_i，解方程组 $(\lambda_i\boldsymbol{E}-\boldsymbol{A})\boldsymbol{X}=0$，求出一组基础解系，它们就是属于这个特征值的几个线性无关的特征向量在基 $\varepsilon_1,\varepsilon_2,\cdots,\varepsilon_n$ 下的坐标，这样，也就求出了属于每个特征值的全部线性无关的特征向量.

定义 6.5.4 设 σ 是数域 $\boldsymbol{F}$ 上线性空间 $\boldsymbol{V}$ 的一个线性变换，矩阵 $\boldsymbol{A}$ 是 σ 在 $\boldsymbol{V}$ 的某组基下的矩阵，$\boldsymbol{A}$ 的特征多项式 $f_A(\lambda)=|\lambda\boldsymbol{E}-\boldsymbol{A}|$ 称为线性变换 σ 的特征多项式，也可记作 $f_\sigma(\lambda)=|\lambda\boldsymbol{E}-\boldsymbol{A}|$.

例 6.5.7 在 n 维线性空间中，数乘变换 K 在任意一组基下的矩阵都是 $k\boldsymbol{E}$，它的特征多项式是 $|\lambda\boldsymbol{E}-k\boldsymbol{E}|=(\lambda-k)^n$.

因此，数乘变换 K 的特征值只有 k，由定义可知，每个非零向量都是属于数乘变换 K 的特征向量.

例 6.5.8 设 σ 是 $\boldsymbol{F}^3$ 的一个线性变换. 已知基

$$\varepsilon_1=\begin{pmatrix}1\\0\\0\end{pmatrix},\varepsilon_2=\begin{pmatrix}0\\1\\0\end{pmatrix},\varepsilon_3=\begin{pmatrix}0\\0\\1\end{pmatrix}\text{及}\ \sigma(\varepsilon_1)=\begin{pmatrix}5\\6\\-3\end{pmatrix},\sigma(\varepsilon_2)=\begin{pmatrix}-1\\0\\1\end{pmatrix},\sigma(\varepsilon_3)=\begin{pmatrix}1\\2\\1\end{pmatrix}$$

试求：σ 的全部特征根及特征向量.

解 σ 关于标准基 $\varepsilon_1=\begin{pmatrix}1\\0\\0\end{pmatrix},\varepsilon_2=\begin{pmatrix}0\\1\\0\end{pmatrix},\varepsilon_3=\begin{pmatrix}0\\0\\1\end{pmatrix}$ 的矩阵为

$$A=\begin{pmatrix}5&-1&1\\6&0&2\\-3&1&1\end{pmatrix}$$

那么 A 的特征多项式为 $|\lambda E-A|=(\lambda-2)^3$，且特征根为 $\lambda_1=\lambda_2=\lambda_3=2$.

解齐次线性方程组 $(2E-A)X=0$，得出基础解系

$$\eta_1=\begin{pmatrix}1\\3\\0\end{pmatrix},\eta_2=\begin{pmatrix}0\\1\\1\end{pmatrix}$$

得出特征向量

$$\xi_1=\varepsilon_1+3\varepsilon_2,\quad \xi_2=\varepsilon_2+\varepsilon_3$$

则 σ 的属于特征值 $\lambda=2$ 的全部特征向量为

$$\xi=k_1\xi_1+k_2\xi_2=k_1\varepsilon_1+(3k_1+k_2)\varepsilon_2+k_2\varepsilon_3 \text{（这里 } k_1,k_2 \text{ 不全为零）}$$

由特征向量定义可以看出，每个特征值都对应有很多特征向量，下面给出每个特征值的特征向量加上零向量构成的集合的一些性质.

对于方阵 A 的任意一个特征值 λ_0，齐次线性方程组 $(\lambda_0E-A)X=0$ 的解空间 $V_{\lambda_0}=\{X|(\lambda_0E-A)X=0\}$ 不为零，其维数 $m\geqslant1$，V_{λ_0} 中的所有非零向量就是属于特征值 λ_0 的全部特征向量.

定义 6.5.5 设 $\lambda_0\in F$ 是矩阵 $A\in M_n(F)$ 的特征值，则 $V_{\lambda_0}=\{X|(\lambda_0E-A)X=0\}$ 称为矩阵 A 的属于特征值 λ_0 的特征子空间. $\dim V_{\lambda_0}$ 称为矩阵 A 的特征值 λ_0 的几何重数（也有书上把几何重数称为度数）.

设 $\lambda_0\in F$ 是线性空间 V 的线性变换 σ 的特征值，则 $V_{\lambda_0}=\{\alpha|\sigma(\alpha)=\lambda_0\alpha,\alpha\in V\}$ 称为线性变换 σ 的属于特征值 λ_0 的特征子空间. $\dim V_{\lambda_0}$ 称为线性变换 σ 的特征值 λ_0 的几何重数（也有书上把几何重数称为度数），λ_0 作为线性变换 σ 的特征多项式的重数称为代数重数或重数.

定理 6.5.1 线性空间 V 的线性变换 σ 的属于不同特征值 $\lambda_i(i=1,2,\cdots,t)$ 的特征子空间 $V_{\lambda_i}=\{\alpha|\sigma(\alpha)=\lambda_i\alpha,\alpha\in V\}$ 的和是直和.

证明 要证 $V_{\lambda_1},V_{\lambda_1},\cdots,V_{\lambda_t}$ 的和是直和，只需证明：对任意一组 $v_i\in V_{\lambda_i}(1\leqslant i\leqslant t)$，$v_1+v_2+\cdots+v_t=0$ 当且仅当 $v_1=v_2=\cdots=v_t=0$.

对每个 $1\leqslant i\leqslant t$，由于 $v_i\in V_{\lambda_i}(1\leqslant i\leqslant t)$，有 $\sigma(v_i)=\lambda_iv_i$，将 σ 一次又一次作用于等式

$$\boldsymbol{v}_1+\boldsymbol{v}_2+\cdots+\boldsymbol{v}_t=\boldsymbol{0} \tag{6.5.5}$$

两边，连续作用$t-1$次，依次得

$$\begin{gathered}
\lambda_1\boldsymbol{v}_1+\lambda_2\boldsymbol{v}_2+\cdots+\lambda_t\boldsymbol{v}_t=\boldsymbol{0}\\
\lambda_1^2\boldsymbol{v}_1+\lambda_2^2\boldsymbol{v}_2+\cdots+\lambda_t^2\boldsymbol{v}_t=\boldsymbol{0}\\
\vdots\\
\lambda_1^{t-1}\boldsymbol{v}_1+\lambda_2^{t-1}\boldsymbol{v}_2+\cdots+\lambda_t^{t-1}\boldsymbol{v}_t=\boldsymbol{0}
\end{gathered}$$

写成矩阵形式

$$(\boldsymbol{v}_1,\boldsymbol{v}_2,\cdots,\boldsymbol{v}_t)\boldsymbol{A}=\boldsymbol{0} \tag{6.5.6}$$

其中矩阵

$$\boldsymbol{A}=\begin{pmatrix}1 & \lambda_1 & \lambda_1^2 & \cdots & \lambda_1^{t-1}\\ 1 & \lambda_2 & \lambda_2^2 & \cdots & \lambda_2^{t-1}\\ \vdots & \vdots & \vdots & & \vdots\\ 1 & \lambda_t & \lambda_t^2 & \cdots & \lambda_t^{t-1}\end{pmatrix}$$

$\boldsymbol{A}$的行列式是范德蒙行列式，即$|\boldsymbol{A}|=\prod\limits_{1\leqslant j<i\leqslant t}(\lambda_i-\lambda_j)\neq 0$，因而$\boldsymbol{A}$是可逆矩阵，在式（6.5.6）两边右乘$\boldsymbol{A}^{-1}$，得$(\boldsymbol{v}_1,\boldsymbol{v}_2,\cdots,\boldsymbol{v}_t)=0$，即$\boldsymbol{v}_1=\boldsymbol{v}_2=\cdots=\boldsymbol{v}_t=\boldsymbol{0}$.

例 6.5.12 设$\boldsymbol{\sigma}$为n维线性空间$\boldsymbol{V}$的一个线性变换，且$\boldsymbol{\sigma}^2=\boldsymbol{e}$. 证明：

（1）$\boldsymbol{\sigma}$的特征值只能是1或-1.

（2）若用$\boldsymbol{V}_1$与$\boldsymbol{V}_{-1}$分别表示$\boldsymbol{\sigma}$对应于特征值1与-1的特征子空间，$\boldsymbol{V}=\boldsymbol{V}_1\oplus\boldsymbol{V}_{-1}$.

证明 （1）设λ为线性变换$\boldsymbol{\sigma}$的特征值，ξ为$\boldsymbol{\sigma}$的属于特征值λ的特征向量，则由$\boldsymbol{\sigma}^2=\boldsymbol{e}$可得$(\lambda^2-1)\boldsymbol{\xi}=\boldsymbol{0}$，由$\boldsymbol{\xi}\neq\boldsymbol{0}$知$\lambda^2=1$，即$\lambda=1$或$\lambda=-1$.

（2）易见$\boldsymbol{V}_1=\{\boldsymbol{\alpha}|\boldsymbol{\sigma}(\boldsymbol{\alpha})=\boldsymbol{\alpha}\}$，$\boldsymbol{V}_{-1}=\{\boldsymbol{\alpha}|\boldsymbol{\sigma}(\boldsymbol{\alpha})=-\boldsymbol{\alpha}\}$. 显然$\boldsymbol{V}_1+\boldsymbol{V}_{-1}\subset\boldsymbol{V}$.

又$\forall\boldsymbol{\alpha}\in\boldsymbol{V}$，有$\boldsymbol{\alpha}=\dfrac{\boldsymbol{\alpha}+\boldsymbol{\sigma}(\boldsymbol{\alpha})}{2}+\dfrac{\boldsymbol{\alpha}-\boldsymbol{\sigma}(\boldsymbol{\alpha})}{2}$.

经检验$\dfrac{\boldsymbol{\alpha}+\boldsymbol{\sigma}(\boldsymbol{\alpha})}{2}\in\boldsymbol{V}_1$，$\dfrac{\boldsymbol{\alpha}-\boldsymbol{\sigma}(\boldsymbol{\alpha})}{2}\in\boldsymbol{V}_{-1}$. 所以$\boldsymbol{V}\subset\boldsymbol{V}_1+\boldsymbol{V}_{-1}$，从而$\boldsymbol{V}_1+\boldsymbol{V}_{-1}=\boldsymbol{V}$.

又$\forall\boldsymbol{\alpha}\in\boldsymbol{V}_1\cap\boldsymbol{V}_{-1}$，即$\boldsymbol{\sigma}(\boldsymbol{\alpha})=\boldsymbol{\alpha},\boldsymbol{\sigma}(\boldsymbol{\alpha})=-\boldsymbol{\alpha}$，则$\boldsymbol{\alpha}=\boldsymbol{0}$，所以$\boldsymbol{V}_1\cap\boldsymbol{V}_{-1}=\{\boldsymbol{0}\}$，故有$\boldsymbol{V}=\boldsymbol{V}_1\oplus\boldsymbol{V}_{-1}$.

习题 6.5

1. 求矩阵$\boldsymbol{A}=\begin{pmatrix}3 & 2 & 7\\ 0 & 2 & 4\\ 0 & 0 & 5\end{pmatrix}$，$\boldsymbol{B}=\begin{pmatrix}5 & 6 & -3\\ -1 & 0 & 1\\ 1 & 2 & -1\end{pmatrix}$的特征值与特征向量.

2. 设$\boldsymbol{A}=\begin{pmatrix}3 & 1 & 0\\ -4 & -1 & 0\\ 4 & -8 & -2\end{pmatrix}$，试由$\boldsymbol{A}$的特征多项式和特征根写出$\boldsymbol{A}^{-1}$的伴随阵$(\boldsymbol{A}^{-1})^*$的特征多项式和特征根.

3. 设 n 阶矩阵 $\boldsymbol{A}=(a_{ij})$ 的特征根是 $\lambda_1,\lambda_2,\cdots,\lambda_n$，证明：$\sum_{i=1}^{n}\lambda_i^2=\sum_{i=1}^{n}\sum_{j=1}^{n}a_{ij}a_{ji}$.

4. 设 λ_1,λ_2 是方阵 $\boldsymbol{A}$ 的两个不同的特征值，ξ_1,ξ_2 是 $\boldsymbol{A}$ 的分别属于 λ_1,λ_2 的特征向量，证明：$\xi_1+\xi_2$ 不是 $\boldsymbol{A}$ 的特征向量.

5. 设 $\boldsymbol{A},\boldsymbol{B}$ 都是 n 阶矩阵，$\boldsymbol{E}$ 为 n 阶单位阵，若 $\boldsymbol{E}-\boldsymbol{AB}$ 可逆，则 $\boldsymbol{E}-\boldsymbol{BA}$ 可逆.

6. 设 $\boldsymbol{\sigma}$ 为线性空间 $\boldsymbol{V}$ 的一个线性变换，且 $\boldsymbol{\sigma}^2=\boldsymbol{\sigma}$.

（1）证明：$\boldsymbol{\sigma}$ 的特征值只能是 1 或 0.

（2）若用 $\boldsymbol{V}_1$ 与 $\boldsymbol{V}_0$ 分别表示对应于特征值 1 与 0 的特征子空间，证明 $\boldsymbol{V}=\boldsymbol{V}_1\oplus\boldsymbol{V}_0$.

7. 设 $\boldsymbol{\sigma}$ 是复数域 $\boldsymbol{C}$ 上线性空间上 $\boldsymbol{V}$ 的线性变换，若 $\boldsymbol{\sigma}$ 关于线性空间 $\boldsymbol{V}$ 的一个基 $\boldsymbol{\varepsilon}_1,\boldsymbol{\varepsilon}_2$ 的矩阵为 $\boldsymbol{A}=\begin{pmatrix}0 & a\\ -a & 0\end{pmatrix}, a\neq 0$，求 $\boldsymbol{\sigma}$ 的特征根与特征向量.

8. 设 $\boldsymbol{\alpha}_1,\boldsymbol{\alpha}_2,\boldsymbol{\alpha}_3$ 是三维线性空间 $\boldsymbol{V}$ 的一组基，线性变换 $\boldsymbol{\sigma}$ 在这组基下的矩阵是

$$\boldsymbol{A}=\begin{pmatrix}3 & 2 & -1\\ -2 & -2 & 2\\ 3 & 6 & -1\end{pmatrix},\boldsymbol{B}=\begin{pmatrix}2 & 2 & -2\\ 2 & 5 & -4\\ -2 & -4 & 5\end{pmatrix}$$

求 $\boldsymbol{\sigma}$ 的特征值与特征向量.

6.6 对角化

关于相似矩阵，我们关心的一个问题是，与 $\boldsymbol{A}$ 相似的矩阵中，最简单的形式是什么？由于对角矩阵最简单，是否任何一个方阵都相似于一个对角矩阵呢？下面我们就来研究这个问题.

定义 6.6.1 若 n 阶矩阵 $\boldsymbol{A}$ 与对角矩阵 Λ 相似，则称 $\boldsymbol{A}$ 是可相似对角化的，简称 $\boldsymbol{A}$ 可对角化，并称 Λ 是 $\boldsymbol{A}$ 的相似标准形.

设已找到可逆矩阵 $\boldsymbol{P}$，使 $\boldsymbol{P}^{-1}\boldsymbol{AP}=\mathrm{diag}(\lambda_1,\lambda_2,\cdots,\lambda_n)$. 将 $\boldsymbol{P}$ 用其列向量表示为 $\boldsymbol{P}=(p_1,p_2,\cdots,p_n)$，由 $\boldsymbol{P}^{-1}\boldsymbol{AP}=\mathrm{diag}(\lambda_1,\lambda_2,\cdots,\lambda_n)=\Lambda$，得 $\boldsymbol{AP}=\boldsymbol{P}\Lambda$，即

$$\begin{aligned}\boldsymbol{A}(\boldsymbol{p}_1,\boldsymbol{p}_2,\cdots,\boldsymbol{p}_n)&=(\boldsymbol{p}_1,\boldsymbol{p}_2,\cdots,\boldsymbol{p}_n)\mathrm{diag}(\lambda_1,\lambda_2,\cdots,\lambda_n)\\ &=(\lambda_1\boldsymbol{p}_1,\lambda_2\boldsymbol{p}_2,\cdots,\lambda_n\boldsymbol{p}_n)\end{aligned}$$

于是有 $\boldsymbol{Ap}_i=\lambda_i\boldsymbol{p}_i$（$i=1,2,\cdots,n$）.

可见，$\boldsymbol{P}$ 的列向量 $\boldsymbol{p}_i$ 就是 $\boldsymbol{A}$ 的对应于特征值 λ_i 的特征向量. 又因 $\boldsymbol{P}$ 可逆，所以 $\boldsymbol{p}_1,\boldsymbol{p}_2,\cdots,\boldsymbol{p}_n$ 线性无关. 由上述推导过程可以反推回去. 这样我们就证明了下述定理：

定理 6.6.1 n 阶矩阵 $\boldsymbol{A}$ 可相似对角化的充分必要条件是 $\boldsymbol{A}$ 有 n 个线性无关的特征向量.

定理 6.6.2 设 $\xi_1,\cdots,\xi_m$ 是 n 阶矩阵 $\boldsymbol{A}$ 的属于互不相等的特征值 $\lambda_1,\cdots,\lambda_m$ 的特征向量，则 $\xi_1,\cdots,\xi_m$ 线性无关.

证明 假设 $t_1\xi_1+t_2\xi_2+\cdots+t_m\xi_m=\boldsymbol{0}$, $t_i\in F,i=1,2,\cdots,m$.

令 $t_i\xi_i=\boldsymbol{\eta}_i$，则 $A\boldsymbol{\eta}_i=\lambda_i\boldsymbol{\eta}_i$（$i=1,2,\cdots,m$），且 $\boldsymbol{\eta}_1+\boldsymbol{\eta}_2+\cdots+\boldsymbol{\eta}_m=\boldsymbol{0}$.

分别用 $\boldsymbol{E},\boldsymbol{A},\boldsymbol{A}^2,\cdots,\boldsymbol{A}^{m-1}$ 左乘以 $\boldsymbol{\eta}_1+\boldsymbol{\eta}_2+\cdots+\boldsymbol{\eta}_m=\boldsymbol{0}$ 两端，再由 $\boldsymbol{A}^k\boldsymbol{\eta}_i=\lambda_i^k\boldsymbol{\eta}_i$（$k=1,2,\cdots,m-1$; $i=1,\cdots,t$），得

$$\begin{cases}\boldsymbol{\eta}_1+\boldsymbol{\eta}_2+\cdots+\boldsymbol{\eta}_m=\boldsymbol{0}\\ \lambda_1\boldsymbol{\eta}_1+\lambda_2\boldsymbol{\eta}_2+\cdots+\lambda_m\boldsymbol{\eta}_m=\boldsymbol{0}\\ \lambda_1^2\boldsymbol{\eta}_1+\lambda_2^2\boldsymbol{\eta}_2+\cdots+\lambda_m^2\boldsymbol{\eta}_m=\boldsymbol{0}\\ \qquad\vdots\\ \lambda_1^{m-1}\boldsymbol{\eta}_1+\lambda_2^{m-1}\boldsymbol{\eta}_2+\cdots+\lambda_m^{m-1}\boldsymbol{\eta}_m=\boldsymbol{0}\end{cases}$$

即

$$(\boldsymbol{\eta}_1,\boldsymbol{\eta}_2,\cdots,\boldsymbol{\eta}_m)\boldsymbol{A}=\boldsymbol{0}$$

这里 $\boldsymbol{A}=\begin{pmatrix}1 & \lambda_1 & \cdots & \lambda_1^{m-1}\\ 1 & \lambda_2 & \cdots & \lambda_2^{m-1}\\ \vdots & \vdots & & \vdots\\ 1 & \lambda_m & \cdots & \lambda_m^{m-1}\end{pmatrix}$，由 $\lambda_i(i=1,2,\cdots,m)$ 互不相等及范德蒙行列式知

$$|\boldsymbol{A}|=\prod_{m\geqslant i>j\geqslant 1}(\lambda_i-\lambda_j)\neq 0$$

从而矩阵 $\boldsymbol{A}$ 可逆，则 $(\boldsymbol{\eta}_1,\boldsymbol{\eta}_2,\cdots,\boldsymbol{\eta}_m)=\boldsymbol{0}$，从而可得 $\boldsymbol{\eta}_i=\boldsymbol{0}(i=1,2,\cdots,m)$，即 $t_i\xi_i=\boldsymbol{0}(i=1,2,\cdots,m)$，再由 ξ_i 不等于零得 $t_i=0(i=1,2,\cdots,m)$，故 $\xi_1,\cdots,\xi_m$ 线性无关.

说明：属于矩阵不同特征值的特征向量是线性无关的. 从而可得下列结论：

推论 6.6.1 若 n 阶矩阵 $\boldsymbol{A}$ 的 n 个特征值互不相等，则 $\boldsymbol{A}$ 可相似对角化.

另外，定理 6.6.2 还可以进一步推广为：

定理 6.6.3 设 $\lambda_1,\cdots,\lambda_m$ 是数域 $\boldsymbol{F}$ 上 n 阶矩阵 $\boldsymbol{A}$ 的不同特征值，而 $\xi_{i1},\cdots,\xi_{ik_i}$ 是 $\boldsymbol{A}$ 的属于特征值 $\lambda_i(i=1,2,\cdots,m)$ 的线性无关的特征向量，则向量组

$$\xi_{11},\cdots,\xi_{1k_1},\cdots,\xi_{m1},\cdots,\xi_{mk_m}$$

也线性无关.

证明 假设 $t_{11}\xi_{11}+t_{12}\xi_{12}+\cdots+t_{1k_1}\xi_{1k_1}+\cdots+t_{m1}\xi_{m1}+t_{m2}\xi_{m2}+\cdots+t_{mk_m}\xi_{mk_m}=\boldsymbol{0},t_{ij}\in\boldsymbol{F}$.

令 $t_{i1}\xi_{i1}+t_{i2}\xi_{i2}+\cdots+t_{ik_i}\xi_{ik_i}=\boldsymbol{\eta}_i$，则 $A\boldsymbol{\eta}_i=\lambda_i\boldsymbol{\eta}_i(i=1,2,\cdots,m)$，且 $\boldsymbol{\eta}_1+\boldsymbol{\eta}_2+\cdots+\boldsymbol{\eta}_m=\boldsymbol{0}$.

分别用 $\boldsymbol{E},\boldsymbol{A},\boldsymbol{A}^2,\cdots,\boldsymbol{A}^{m-1}$ 左乘以 $\boldsymbol{\eta}_1+\boldsymbol{\eta}_2+\cdots+\boldsymbol{\eta}_m=\boldsymbol{0}$ 两端，再由 $\boldsymbol{A}^k\boldsymbol{\eta}_i=\lambda_i^k\boldsymbol{\eta}_i$ ($k=1,2,\cdots,m-1$; $i=1,2,\cdots,m$)，由此有

$$\begin{cases}\boldsymbol{\eta}_1+\boldsymbol{\eta}_2+\cdots+\boldsymbol{\eta}_m=\boldsymbol{0}\\ \lambda_1\boldsymbol{\eta}_1+\lambda_2\boldsymbol{\eta}_2+\cdots+\lambda_m\boldsymbol{\eta}_m=\boldsymbol{0}\\ \lambda_1^2\boldsymbol{\eta}_1+\lambda_2^2\boldsymbol{\eta}_2+\cdots+\lambda_m^2\boldsymbol{\eta}_m=\boldsymbol{0}\\ \qquad\vdots\\ \lambda_1^{m-1}\boldsymbol{\eta}_1+\lambda_2^{m-1}\boldsymbol{\eta}_2+\cdots+\lambda_m^{m-1}\boldsymbol{\eta}_m=\boldsymbol{0}\end{cases}$$

即

$$(\boldsymbol{\eta}_1,\boldsymbol{\eta}_2,\cdots,\boldsymbol{\eta}_m)\begin{pmatrix}1 & \lambda_1 & \cdots & \lambda_1^{m-1}\\ 1 & \lambda_2 & \cdots & \lambda_2^{m-1}\\ \vdots & \vdots & & \vdots\\ 1 & \lambda_m & \cdots & \lambda_m^{m-1}\end{pmatrix}=\boldsymbol{0}$$

设
$$A=\begin{pmatrix}1 & \lambda_1 & \cdots & \lambda_1^{m-1}\\ 1 & \lambda_2 & \cdots & \lambda_2^{m-1}\\ \vdots & \vdots & & \vdots\\ 1 & \lambda_m & \cdots & \lambda_k^{m-1}\end{pmatrix}$$

由 $\lambda_i(i=1,2,\cdots,k)$ 互不相等及范德蒙行列式

$$|A|=\begin{pmatrix}1 & \lambda_1 & \cdots & \lambda_1^{m-1}\\ 1 & \lambda_2 & \cdots & \lambda_2^{m-1}\\ \vdots & \vdots & & \vdots\\ 1 & \lambda_m & \cdots & \lambda_k^{m-1}\end{pmatrix}=\prod_{m\geqslant i>j\geqslant 1}(\lambda_i-\lambda_j)\neq 0$$

知矩阵 A 可逆，从而有 $\eta_i=\mathbf{0}$，即 $t_{i1}\xi_{i1}+t_{i2}\xi_{i2}+\cdots+t_{ik_i}\xi_{ik_i}=\mathbf{0}$，再由 $\xi_{i1},\xi_{i2},\cdots,\xi_{ik_i}$ 线性无关得 $t_{i1}=t_{i2}=\cdots=t_{ik_i}=0(i=1,2,\cdots,m)$，故 $\xi_{11},\cdots,\xi_{1r_1},\cdots,\xi_{m1},\cdots,\xi_{mr_m}$ 线性无关.

从定理 6.6.3 得出，设 $\lambda_1,\cdots,\lambda_m$ 是数域 F 上 n 级矩阵 A 的所有不同的特征值，$\xi_{i1},\cdots,\xi_{ir_i}$ 是齐次线性方程组 $(\lambda_i E-A)X=\mathbf{0}$ 的一个基础解系（$i=1,2,\cdots,m$），则 A 的特征向量组 $\xi_{11},\cdots,\xi_{1k_1},\cdots,\xi_{m1},\cdots,\xi_{mk_m}$ 一定线性无关，如果 $k_1+k_2+\cdots+k_m=n$，则 A 有 n 个线性无关的特征向量，从而 A 可对角化；如果 $k_1+k_2+\cdots+k_m<n$，则 A 没有 n 个线性无关的特征向量，从而 A 不可对角化.

从上面的讨论得到如下定理.

定理 6.6.4 数域 F 上 n 阶矩阵 A 可对角化的充分必要条件是属于 A 的每个特征值 λ_i 的几何重数等于代数重数，即 λ_i 的线性无关的特征向量的个数恰好等于该特征值的重数，也即对 A 的每个 k_i 重特征值 λ_i，矩阵 $\lambda_i E-A$ 的秩等于 $n-k_i$.

说明：$R(\lambda_i E-A)=n-k_i$，则 $(\lambda_i E-A)X=\mathbf{0}$ 的基础解系所含的向量个数为 $n-(n-k_i)=k_i$.

例 6.6.1 设 $A=\begin{pmatrix}0 & 0 & 1\\ 1 & 1 & a\\ 1 & 0 & 0\end{pmatrix}$，问 a 为何值时，矩阵 A 可对角化?

解 由

$$|\lambda E-A|=\begin{vmatrix}\lambda & 0 & -1\\ -1 & \lambda-1 & -a\\ -1 & 0 & \lambda\end{vmatrix}=(\lambda+1)(\lambda-1)^2$$

得 A 的特征值 $\lambda_1=-1,\lambda_2=\lambda_3=1$.

对应 $\lambda_1=-1$，解方程 $(-E-A)X=\mathbf{0}$，可求得1个线性无关的特征向量（非零即无关）. 故矩阵 A 可对角化当且仅当对应重根 $\lambda_2=\lambda_3=1$ 有 2 个线性无关的特征向量，当且仅当方程 $(E-A)X=\mathbf{0}$ 的系数矩阵 $E-A$ 的秩 $R(E-A)=3-2=1$.

$$E-A=\begin{pmatrix}1 & 0 & -1\\ -1 & 0 & -a\\ -1 & 0 & 1\end{pmatrix}\to\begin{pmatrix}1 & 0 & -1\\ 0 & 0 & -1-a\\ 0 & 0 & 0\end{pmatrix}$$

由 $R(\boldsymbol{E}-\boldsymbol{A})=1$，则 $-a-1=0$，即 $a=-1$.

故当 $a=-1$ 时，矩阵 $\boldsymbol{A}$ 可对角化.

我们知道，并非每一个矩阵都可对角化，那么如何判断 n 阶矩阵 $\boldsymbol{A}$ 是否可对角化？我们可以采用如下具体步骤：

（1）求出 $\boldsymbol{A}$ 的全部不同特征值，设为 $\lambda_1,\cdots,\lambda_m$.

（2）对每个特征值 λ_i，解齐次线性方程组 $(\lambda_i\boldsymbol{E}-\boldsymbol{A})\boldsymbol{X}=0$，可得属于特征值 λ_i 的线性无关的特征向量，设为 $\boldsymbol{\xi}_{i1},\boldsymbol{\xi}_{i2},\cdots,\boldsymbol{\xi}_{ik_i}\ (i=1,2,\cdots,m)$.

（3）若 $k_1+k_2+\cdots+k_m=n$，则 $\boldsymbol{A}$ 可对角化；若 $k_1+k_2+\cdots+k_m<n$，则 $\boldsymbol{A}$ 不可对角化.

（4）当 $\boldsymbol{A}$ 可对角化时，把 n 个线性无关的特征向量当作矩阵 $\boldsymbol{P}$ 的列向量，即令

$$\boldsymbol{P}=(\boldsymbol{\xi}_{11},\cdots,\boldsymbol{\xi}_{1k_1},\cdots,\boldsymbol{\xi}_{m1},\cdots,\boldsymbol{\xi}_{mk_m})$$

则 $\boldsymbol{P}^{-1}\boldsymbol{A}\boldsymbol{P}=\mathrm{diag}(\lambda_1,\cdots,\lambda_1,\lambda_2,\cdots,\lambda_2,\cdots,\lambda_m,\cdots,\lambda_m)$ 成对角矩阵，其主对角线上的元素恰好是 $\boldsymbol{A}$ 的所有互不相等的特征值，并且 $\boldsymbol{P}$ 的列向量顺序与对角元素顺序对应.

例 6.6.2 判断矩阵 $\boldsymbol{A}=\begin{pmatrix}1&-2&2\\-2&-2&4\\2&4&-2\end{pmatrix}$ 可否对角化，若能，将它化为标准形.

解 由

$$|\lambda\boldsymbol{E}-\boldsymbol{A}|=\begin{vmatrix}\lambda-1&2&-2\\2&\lambda+2&-4\\2&4&-2\end{vmatrix}=(\lambda+7)(\lambda-2)^2$$

得 $\boldsymbol{A}$ 的特征值 $\lambda_1=-7,\lambda_2=\lambda_3=2$.

当 $\lambda_1=-7$ 时，解方程组 $(-7\boldsymbol{E}-\boldsymbol{A})\boldsymbol{X}=\boldsymbol{0}$，可得一个线性无关特征向量（基础解系）为 $\boldsymbol{\xi}_1=(1,1,2)^{\mathrm{T}}$；

当 $\lambda_2=\lambda_3=2$ 时，解方程组 $(2\boldsymbol{E}-\boldsymbol{A})\boldsymbol{X}=\boldsymbol{0}$，由

$$2\boldsymbol{E}-\boldsymbol{A}=\begin{pmatrix}1&2&-2\\2&4&-4\\-2&-4&4\end{pmatrix}\to\begin{pmatrix}1&2&-2\\0&0&0\\0&0&0\end{pmatrix}$$

可得两个线性无关特征向量（基础解系）为

$$\boldsymbol{\xi}_2=(2,0,1)^{\mathrm{T}},\ \boldsymbol{\xi}_3=(0,0,1)^{\mathrm{T}}$$

由于 $\boldsymbol{\xi}_1,\boldsymbol{\xi}_2,\boldsymbol{\xi}_3$ 线性无关，即 $\boldsymbol{A}$ 有三个线性无关的特征向量，所以 A 可对角化.

令 $\boldsymbol{P}=(\boldsymbol{\xi}_1,\boldsymbol{\xi}_2,\boldsymbol{\xi}_3)=\begin{pmatrix}1&2&0\\2&0&1\\2&1&1\end{pmatrix}$，则 $\boldsymbol{P}^{-1}\boldsymbol{A}\boldsymbol{P}=\mathrm{diag}(-7,2,2)$.

例 6.6.3 设 $\boldsymbol{A}=\begin{pmatrix}2&-1&2\\5&a&3\\-1&b&-2\end{pmatrix}$ 的一个特征向量为 $p=\begin{pmatrix}1\\1\\-1\end{pmatrix}$.

（1）求参数 a,b 的值及 $\boldsymbol{A}$ 的与特征向量 $\boldsymbol{p}$ 对应的特征值；

（2）$\boldsymbol{A}$ 与对角阵是否相似？

解（1）设 $\boldsymbol{A}$ 的与特征向量 $\boldsymbol{p}$ 相对应的特征值为 λ，可得方程组 $(\lambda\boldsymbol{E}-\boldsymbol{A})\boldsymbol{p}=\boldsymbol{0}$，即

$$\begin{pmatrix}\lambda-2 & 1 & -2\\ -5 & \lambda-a & -3\\ 1 & -b & \lambda+2\end{pmatrix}\begin{pmatrix}1\\1\\-1\end{pmatrix}=\begin{pmatrix}0\\0\\0\end{pmatrix}$$

得
$$\begin{cases}\lambda+1=0\\ \lambda-a-2=0\\ -\lambda-b+1=0\end{cases}$$

解得
$$\begin{cases}\lambda=-1\\ a=-3\\ b=0\end{cases}$$

（2）由

$$|\lambda\boldsymbol{E}-\boldsymbol{A}|=\begin{vmatrix}\lambda-2 & 1 & -2\\ -5 & \lambda+3 & -3\\ 1 & 0 & \lambda+2\end{vmatrix}=(\lambda+1)^3=0$$

知 $\boldsymbol{A}$ 有三重特征值 $\lambda_1=\lambda_2=\lambda_3=-1$.

由

$$-\boldsymbol{E}-\boldsymbol{A}=\begin{pmatrix}-3 & 1 & -2\\ -5 & 2 & -3\\ 1 & 0 & 1\end{pmatrix}\to\begin{pmatrix}1 & 0 & 1\\ 0 & 1 & 1\\ 0 & 0 & 0\end{pmatrix}$$

可知 $R(-\boldsymbol{E}-\boldsymbol{A})=2$，$n-R(-\boldsymbol{E}-\boldsymbol{A})=3-2=1$.

故 3 阶方阵 $\boldsymbol{A}$ 与 $\lambda=-1$ 对应的线性无关的特征向量仅有 1 个. 所以 $\boldsymbol{A}$ 与对角阵不相似.

定义 6.6.2 设 σ 是 n 维线性空间 $\boldsymbol{V}$ 的一个线性变换，如果存在 $\boldsymbol{V}$ 的一组基使得 σ 这组一基下的矩阵为对角矩阵，则称线性变换 σ 可对角化.

前面讨论了矩阵可对角化，那么线性变换的可对角化与矩阵的可对角化有什么关系呢？下面的定理给出了结论.

定理 6.6.5 设 σ 是数域 $\boldsymbol{F}$ 上 n 维线性空间 $\boldsymbol{V}$ 的一个线性变换，n 阶矩阵 $\boldsymbol{A}$ 是 σ 在 $\boldsymbol{V}$ 的一组基 $\alpha_1,\alpha_2,\cdots,\alpha_n$ 下的矩阵，则 σ 对角化的充要条件是 $\boldsymbol{A}$ 在数域 $\boldsymbol{F}$ 上可对角化.

证明 已知 $\boldsymbol{A}$ 是 σ 在 $\boldsymbol{V}$ 的一组基 $\alpha_1,\alpha_2,\cdots,\alpha_n$ 下的矩阵，如果 σ 可对角化，根据定义，存在 $\boldsymbol{V}$ 的另一组基 $\beta_1,\beta_2,\cdots,\beta_n$，使得 σ 在这组基 $\beta_1,\beta_2,\cdots,\beta_n$ 下的矩阵是一个对角矩阵，比如 $\boldsymbol{D}$，根据一个线性变换在不同基下的矩阵相似可知 $\boldsymbol{A}$ 与 $\boldsymbol{D}$ 相似，即存在数域 $\boldsymbol{F}$ 上一个可逆矩阵 $\boldsymbol{T}$，使得 $\boldsymbol{T}^{-1}\boldsymbol{AT}=\boldsymbol{D}$，因此 $\boldsymbol{A}$ 在数域 $\boldsymbol{F}$ 上可对角化.

反之，如果 $\boldsymbol{A}$ 在数域 $\boldsymbol{F}$ 上可对角化，那么它相似于数域 $\boldsymbol{F}$ 上的一个对角矩阵，比如说 $\boldsymbol{D}$，

则存在可逆矩阵 $\boldsymbol{T}$，使得 $\boldsymbol{T}^{-1}\boldsymbol{A}\boldsymbol{T}=\boldsymbol{D}$，令 $(\beta_1,\beta_2,\cdots,\beta_n)=(\alpha_1,\alpha_2,\cdots,\alpha_n)\boldsymbol{T}$，由 $\boldsymbol{T}$ 可逆知 $\beta_1,\beta_2,\cdots,\beta_n$ 是 $\boldsymbol{V}$ 的一组基，且

$$\begin{aligned}\sigma(\beta_1,\beta_2,\cdots,\beta_n)&=\sigma(\alpha_1,\alpha_2,\cdots,\alpha_n)\boldsymbol{T}=(\alpha_1,\alpha_2,\cdots,\alpha_n)\boldsymbol{A}\boldsymbol{T}\\&=(\beta_1,\beta_2,\cdots,\beta_n)\boldsymbol{T}^{-1}\boldsymbol{A}\boldsymbol{T}=(\beta_1,\beta_2,\cdots,\beta_n)\boldsymbol{D}\end{aligned}$$

即 σ 在基 $\beta_1,\beta_2,\cdots,\beta_n$ 下的矩阵为 $\boldsymbol{D}$，因此 σ 可对角化.

由定理 6.6.5，结合定理 6.6.1 和推论 6.6.1，可得如下线性变换相关结论.

定理 6.6.6 设 σ 是数域 $\boldsymbol{F}$ 上 n 维线性空间 $\boldsymbol{V}$ 的一个线性变换，σ 的矩阵可以在某一基下为对角矩阵（可对角化）的充要条件是 σ 有 n 个线性无关的特征向量.

证明 （必要性）设 σ 可对角化，即存在 $\boldsymbol{V}$ 的基 $\alpha_1,\alpha_2,\cdots,\alpha_n$，$\sigma$ 在此基下是对角矩阵

$$\begin{pmatrix}\lambda_1 & & & \\ & \lambda_2 & & \\ & & \ddots & \\ & & & \lambda_n\end{pmatrix}$$

即 $\sigma(\alpha_i)=\lambda_i\alpha_i\ (i=1,2,\cdots,n)$，因此 $\alpha_1,\alpha_2,\cdots,\alpha_n$ 是 $\boldsymbol{V}$ 的 n 个线性无关的特征向量.

（充分性）设 σ 有 n 个线性无关的特征向量 $\alpha_1,\alpha_2,\cdots,\alpha_n$，那么取 $\alpha_1,\alpha_2,\cdots,\alpha_n$ 为基，在这组基下 σ 的矩阵是对角矩阵.

推论 6.6.2 若数域 $\boldsymbol{F}$ 上 n 维线性空间 $\boldsymbol{V}$ 的线性变换 σ 有 n 个不同的特征值，则 σ 可对角化.

推论 6.6.3 若数域 $\boldsymbol{F}$ 上 n 维线性空间 $\boldsymbol{V}$ 的线性变换 σ 的特征多项式无重根，则 σ 可对角化.

当 σ 的特征多项式有重根时，可以用不同特征子空间的维数和来判别这个线性变换的矩阵能不能成为对角形.

由定理 6.5.3 可以得到如下结论.

推论 6.6.4 设数域 $\boldsymbol{F}$ 上 n 维线性空间 $\boldsymbol{V}$ 的线性变换 σ 的不同特征值为 $\lambda_1,\lambda_2,\cdots,\lambda_r$，$\boldsymbol{V}_{\lambda_i}=\{\xi\in V\mid\sigma(\xi)=\lambda_i\xi\}$，则 σ 可对角化的充分必要条件是 $\sum\limits_{i=1}^{r}\dim\boldsymbol{V}_{\lambda_i}=n$.

证明 （充分性）若 $\sum\limits_{i=1}^{r}\dim\boldsymbol{V}_{\lambda_i}=n$，从每一 $\boldsymbol{V}_{\lambda_i}$ 中取一组基，合起来就是 $\boldsymbol{V}$ 的基，σ 在这组基下的矩阵就是对角型.

（必要性）若 σ 可对角化，则 σ 有 n 个线性无关的特征向量作成 $\boldsymbol{V}$ 的基，将这些基向量按属于 λ_i 分类，就分别是 $\boldsymbol{V}_{\lambda_i}$ 的基，因此有 $\sum\limits_{i=1}^{r}\dim\boldsymbol{V}_{\lambda_i}=n$.

推论 6.6.4 的另一种说法就是：设 $\boldsymbol{A}$ 的特征多项式 $f(\lambda)$ 不同特征根为 $\lambda_1,\lambda_2,\cdots,\lambda_r$，$\boldsymbol{V}_{\lambda_i}=\{\xi\in\boldsymbol{V}\mid\sigma(\xi)=\lambda_i\xi\}$，则 $\boldsymbol{A}$ 可对角化当且仅当 $\dim\boldsymbol{V}_{\lambda_i}$ 等于 λ_i 的重数($i=1,2,\cdots,r$)，即 λ_i 的几何重数等于代数重数($i=1,2,\cdots,r$).

习题 6.6

1. n阶方阵$\boldsymbol{A}$称为可对角化，若存在可逆阵$\boldsymbol{X}$，使$\boldsymbol{X}^{-1}\boldsymbol{A}\boldsymbol{X}$为__________.

2. 判断题：如果数域$\boldsymbol{F}$上n维线性空间$\boldsymbol{V}$的线性变换σ可对角化，那么σ的特征值必互不相同.　　(　　)

3. 已知矩阵

$$\boldsymbol{A}=\begin{pmatrix} 1 & -1 & 1 \\ 2 & -2 & 2 \\ -1 & 1 & -1 \end{pmatrix},\boldsymbol{A}=\begin{pmatrix} 3 & 2 & -1 \\ -2 & -2 & 2 \\ 3 & 6 & -1 \end{pmatrix},\boldsymbol{A}=\begin{pmatrix} 5 & 6 & -3 \\ -1 & 0 & 1 \\ 1 & 2 & -1 \end{pmatrix}$$

（1）求矩阵$\boldsymbol{A}$的特征值与特征向量；

（2）判断矩阵$\boldsymbol{A}$是否可以对角化，若可以对角化，求可逆阵$\boldsymbol{T}$，使$\boldsymbol{T}^{-1}\boldsymbol{A}\boldsymbol{T}$为对角形矩阵.

4. 设矩阵$\boldsymbol{A}=\begin{pmatrix} 1 & -1 & 1 \\ x & 4 & y \\ -3 & -3 & 5 \end{pmatrix}$有 3 个线性无关的特征向量，$\lambda=2$是$\boldsymbol{A}$的二重特征值.

（1）试求x,y的值；

（2）将矩阵$\boldsymbol{A}$对角化；

（3）求$\boldsymbol{A}^n(n\in\mathbf{Z}^+)$.

5. 设$\alpha_1,\alpha_2,\alpha_3$是数域$\boldsymbol{F}$上三维线性空间$\boldsymbol{V}$的一组基，线性变换$\sigma$在这组基下的矩阵为$\boldsymbol{A}=\begin{pmatrix} 1 & 0 & -3 \\ 0 & 1 & 2 \\ -1 & 0 & 3 \end{pmatrix}$.

（1）证明：$\boldsymbol{A}$可对角化；

（2）求矩阵$\boldsymbol{P}$，使$\boldsymbol{P}^{-1}\boldsymbol{A}\boldsymbol{P}=\Lambda$为对角矩阵；

（3）求的一组基β_1,β_2,β_3，使σ在这组基下的矩阵为Λ.

6.7 不变子空间

对于给定的n维线性空间$\boldsymbol{V}$，$\sigma\in L(\boldsymbol{V})$，如何才能选到$\boldsymbol{V}$的一个基，使$\sigma$关于这个基的矩阵具有尽可能简单的形式. 一个线性变换关于不同基的矩阵是相似的，因而问题也可以这样提出：在一切彼此相似的n阶矩阵中，如何选出一个形式尽可能简单的矩阵. 本节介绍不变子空间的概念，来说明线性变换的矩阵的化简与线性变换的内在联系.

定义 6.7.1　设σ是数域$\boldsymbol{F}$上线性空间$\boldsymbol{V}$的线性变换，$\boldsymbol{W}$是$\boldsymbol{V}$的一个子空间. 如果$\boldsymbol{W}$中的向量在σ下的像仍在$\boldsymbol{W}$中，换句话说，对于$\boldsymbol{W}$中任一向量ξ，有$\sigma(\xi)\in\boldsymbol{W}$，就称$\boldsymbol{W}$是$\sigma$的不变子空间，简称$\sigma$-子空间.

例 6.7.1　线性空间$\boldsymbol{V}$和零子空间$\{\mathbf{0}\}$，对于每个线性变换σ，都是σ-子空间.

例 6.7.2　设σ是数域$\boldsymbol{F}$上线性空间$\boldsymbol{V}$的线性变换，那么$\mathrm{Im}\sigma$和$\mathrm{Ker}\sigma$是$\boldsymbol{V}$的σ-子空间.

证明 先证 $\operatorname{Im}\sigma$ 是 σ 的不变子空间.

因为 $\mathbf{0}\in V, \sigma(\mathbf{0})=\mathbf{0}\in\operatorname{Im}\sigma$，所以 $\operatorname{Im}\sigma$ 非空. 由于对任意 $k\in F, \xi,\eta\in\operatorname{Im}\sigma$，存在 $\alpha,\beta\in V$，使得 $\xi=\sigma(\alpha),\eta=\sigma(\beta)$，而

$$\xi+\eta=\sigma(\alpha)+\sigma(\beta)=\sigma(\alpha+\beta)\in\operatorname{Im}\sigma$$

$$k\xi=k\sigma(\alpha)=\sigma(k\alpha)\in\operatorname{Im}\sigma$$

因此 $\operatorname{Im}\sigma$ 是 V 的子空间. 任取 $\xi\in\operatorname{Im}\sigma$，则 $\xi\in V,\sigma(\xi)\in\operatorname{Im}\sigma$，所以 $\operatorname{Im}\sigma$ 是 σ 的不变子空间.

再证 $\operatorname{Ker}\sigma$ 是 σ 的不变子空间.

因为 $\mathbf{0}\in\operatorname{Ker}\sigma$，所以 $\operatorname{Ker}\sigma$ 非空. 对任意 $k\in F,\alpha,\beta\in\operatorname{Ker}\sigma$，有 $\sigma(\alpha)=\mathbf{0},\sigma(\beta)=\mathbf{0}$，于是

$$\sigma(\alpha+\beta)=\sigma(\alpha)+\sigma(\beta)=\mathbf{0},\ \sigma(k\alpha)=k\sigma(\alpha)=\mathbf{0}$$

即有 $\alpha+\beta,k\alpha\in\operatorname{Ker}\sigma$，所以 $\operatorname{Ker}\sigma$ 是 V 的子空间. 由于 $\operatorname{Ker}\sigma$ 中的向量在 σ 下的像都是零向量，故 $\operatorname{Ker}\sigma$ 是 σ 的不变子空间.

例 6.7.3 若线性变换 σ 与 τ 是可交换的，则 τ 的核与值都是 σ-子空间.

因为 σ 的多项式 $f(\sigma)$ 是和 σ 可交换的，所以 $f(\sigma)$ 的值域与核都是 σ-子空间.

特征子空间与一维不变子空间之间有着紧密的联系. 设 W 是一维 σ-子空间，ξ 是 W 中任意一个非零向量，它构成 W 的一个基. 按 σ-子空间的定义，$\sigma(\xi)\in W$，它必是 ξ 的一个倍数：

$$\sigma(\xi)=\lambda_0\xi$$

这说明 ξ 是 σ 的特征向量，而 W 即由 ξ 生成的一维 σ-子空间.

反过来，设 ξ 是 σ 属于特征值 λ_0 的一个特征向量，则 ξ 及其任一倍数在 σ 下的像是原像的 λ_0 倍，仍旧是 ξ 的一个倍数. 这说明 ξ 的倍数构成一个一维 σ-子空间.

显然，σ 的属于特征值 λ_0 的一个特征子空间 V_{λ_0} 也是 σ 的不变子空间.

注： σ-子空间的和与交仍是 σ-子空间.

例 6.7.4 设 σ 是数域 F 上线性空间 V 的线性变换，α 是线性空间 V 的非零向量. 若向量组 $\alpha,\sigma(\alpha),\sigma^2(\alpha),\cdots,\sigma^{m-1}(\alpha)$ 线性无关，而 $\alpha,\sigma(\alpha),\sigma^2(\alpha),\cdots,\sigma^{m-1}(\alpha),\sigma^m(\alpha)$ 线性相关，证明：子空间 $W=L[\alpha,\sigma(\alpha),\sigma^2(\alpha),\cdots,\sigma^{m-1}(\alpha)]$ 是 σ 的不变子空间，并求 σ 在该组基下的矩阵.

证明 因为 $\alpha,\sigma(\alpha),\sigma^2(\alpha),\cdots,\sigma^{m-1}(\alpha)$ 线性无关，而 $\alpha,\sigma(\alpha),\sigma^2(\alpha),\cdots,\sigma^{m-1}(\alpha),\sigma^m(\alpha)$ 线性相关，那么 $\sigma^m(\alpha)$ 可由 $\alpha,\sigma(\alpha),\sigma^2(\alpha),\cdots,\sigma^{m-1}(\alpha)$ 线性表出，存在 $l_0,l_1,l_2,\cdots,l_{m-1}\in F$ 使

$$\sigma^m(\alpha)=l_0\alpha+l_1\sigma(\alpha)+l_2\sigma^2(\alpha)+\cdots+l_{m-1}\sigma^{m-1}(\alpha)$$

$\forall\xi\in W$，则存在 $k_0,k_1,k_2,\cdots,k_{m-1}\in F$ 使

$$\xi=k_0\alpha+k_1\sigma(\alpha)+k_2\sigma^2(\alpha)+\cdots+k_{m-1}\sigma^{m-1}(\alpha)$$

则
$$\sigma(\xi)=k_0\sigma(\alpha)+k_1\sigma^2(\alpha)+k_2\sigma^3(\alpha)+\cdots+k_{m-2}\sigma^{m-1}(\alpha)+k_{m-1}\sigma^m(\alpha)$$

即
$$\sigma(\xi)=k_{m-1}l_0\alpha+(k_{m-1}l_1+k_0)\sigma(\alpha)+(k_{m-1}l_2+k_1)\sigma^2(\alpha)+\cdots+(k_{m-1}l_{m-1}+k_{m-2})\sigma^{m-1}(\alpha)$$

则有 $\sigma(\xi)\in W$.

这就证明了 W 是 σ 的不变子空间.

显然

$$\sigma[\alpha,\sigma(\alpha),\sigma^2(\alpha),\cdots,\sigma^{m-1}(\alpha)]=(\alpha,\sigma(\alpha),\sigma^2(\alpha),\cdots,\sigma^{m-1}(\alpha))\begin{pmatrix}0&0&\cdots&0&l_0\\1&0&\cdots&0&l_1\\0&1&\cdots&0&l_2\\\vdots&\vdots&&\vdots&\vdots\\0&0&0&1&l_{m-1}\end{pmatrix}$$

故 σ 在基 $\alpha,\sigma(\alpha),\sigma^2(\alpha),\cdots,\sigma^{m-1}(\alpha)$ 下的矩阵为

$$\begin{pmatrix}0&0&\cdots&0&l_0\\1&0&\cdots&0&l_1\\0&1&\cdots&0&l_2\\\vdots&\vdots&&\vdots&\vdots\\0&0&0&1&l_{m-1}\end{pmatrix}$$

定理 6.7.1 设 σ 是 n 维线性空间 V 的一个线性变换, W 是 V 的子空间, $\alpha_1,\alpha_2,\cdots,\alpha_r$ 是 W 的基，则 W 是 σ 的不变子空间的充要条件是 $\sigma(\alpha_1),\sigma(\alpha_2),\cdots,\sigma(\alpha_r)$ 在 W 中.

证明 必要性显然，下证充分性.

显然 $\sigma(W)=L[\sigma(\alpha_1),\sigma(\alpha_2),\cdots,\sigma(\alpha_r)]$，由于每个 $\sigma(\alpha_i)\in W(i=1,2,\cdots,r)$，所以 $\sigma(W)\subset W$，故 W 是 σ 的不变子空间.

设 σ 是线性空间 V 的线性变换, W 是 σ 的不变子空间. 由于 W 中向量在 σ 下的像仍在 W 中，这就使得有可能不必在整个空间 V 中来考虑 σ，而只在不变子空间 W 中考虑 σ，即把 σ 看成是 W 的一个线性变换，称为 σ 在不变子空间 W 上引起的变换. 为了区别起见，用符号 $\sigma|W$ 来表示它；但是在很多情况下，仍然用 σ 来表示.

必须在概念上弄清楚 σ 与 $\sigma|W$ 的异同：σ 是 V 的线性变换, V 中每个向量在 σ 下都有确定的像；$\sigma|W$ 是不变子空间 W 上的线性变换，对于 W 中任一向量 α，有

$$(\sigma|W)(\alpha)=\sigma(\alpha)$$

但是对于 V 中不属于 W 的向量 η 来说，$(\sigma|W)(\eta)$ 是没有意义的.

例如，任一线性变换在它的核上引起的变换就是零变换，而在特征子空间 V_{λ_0} 上引起的变换是数乘变换 λ_0.

下面讨论不变子空间与线性变换矩阵化简之间的关系.

（1）设 σ 是 n 维线性空间 V 的线性变换, W 是 V 的 σ - 子空间. 在 W 中取一组基 $\varepsilon_1,\varepsilon_2,\cdots,\varepsilon_k$，并且把它扩充成 V 的一组基

$$\varepsilon_1,\varepsilon_2,\cdots,\varepsilon_k,\varepsilon_{k+1},\cdots,\varepsilon_n \tag{6.7.1}$$

那么，σ 在这组基下的矩阵具有下列形状：

$$\begin{pmatrix} a_{11} & \cdots & a_{1k} & a_{1,k+1} & \cdots & a_{1n} \\ \vdots & & \vdots & \vdots & & \vdots \\ a_{k1} & & a_{kk} & a_{k,k+1} & \cdots & a_{kn} \\ 0 & \cdots & 0 & a_{k+1,k+1} & \cdots & a_{k+1,n} \\ \vdots & & \vdots & \vdots & & \vdots \\ 0 & \cdots & 0 & a_{n,k+1} & \cdots & a_{nn} \end{pmatrix} = \begin{pmatrix} \boldsymbol{A}_1 & \boldsymbol{A}_3 \\ \boldsymbol{O} & \boldsymbol{A}_2 \end{pmatrix} \tag{6.7.2}$$

其中，左上角的 k 级矩阵 $\boldsymbol{A}_1$ 就是 $\sigma|\boldsymbol{W}$ 在基 $\varepsilon_1,\varepsilon_2,\cdots,\varepsilon_k$ 下的矩阵.

（2）设 $\boldsymbol{V}$ 分解成若干个 σ - 子空间的直和：

$$\boldsymbol{V} = \boldsymbol{W}_1 \oplus \boldsymbol{W}_2 \oplus \cdots \oplus \boldsymbol{W}_s$$

在每一个 σ - 子空间 $\boldsymbol{W}_i$ 中取基

$$\varepsilon_{i1},\varepsilon_{i2},\cdots,\varepsilon_{in_i}\ (i=1,2,\cdots,s)$$

并把它们合并起来成为 $\boldsymbol{V}$ 的一组基 $\varepsilon_{11},\cdots,\varepsilon_{1n_1},\cdots,\varepsilon_{s1},\cdots,\varepsilon_{sn_s}$. 则在这组基下，$\sigma$ 的矩阵具有准对角形状：

$$\begin{pmatrix} \boldsymbol{A}_1 & & & \\ & \boldsymbol{A}_2 & & \\ & & \ddots & \\ & & & \boldsymbol{A}_s \end{pmatrix} \tag{6.7.3}$$

其中，$\boldsymbol{A}_i(i=1,2,\cdots,s)$ 就是 $\sigma|\boldsymbol{W}$ 在基 $\varepsilon_{i1},\varepsilon_{i2},\cdots,\varepsilon_{in_i}$ 下的矩阵.

反之，如果线性变换 σ 在基 $\varepsilon_{11},\cdots,\varepsilon_{1n_1},\cdots,\varepsilon_{s1},\cdots,\varepsilon_{sn_s}$ 下的矩阵是准对角形（6.7.4），则由基 $\varepsilon_{i1},\varepsilon_{i2},\cdots,\varepsilon_{in_i}$ 生成的子空间 $\boldsymbol{W}_i$ 是 σ - 子空间.

由此可知，矩阵分解为准对角形与空间分解为不变子空间的直和是相当的.

例 6.7.5 设 σ 是 n 维线性空间 $\boldsymbol{V}$ 的可逆线性变换，$\boldsymbol{V}$ 的子空间 $\boldsymbol{W}$ 是 σ 的不变子空间，证明 W 也是 σ^{-1} 的不变子空间.

证明 取 $\boldsymbol{W}$ 的一组基 $\alpha_1,\cdots,\alpha_r$，并扩充成 $\boldsymbol{V}$ 的一组基 $\alpha_1,\cdots,\alpha_r,\alpha_{r+1},\cdots,\alpha_n$，则 σ 在这组基下的矩阵为

$$\boldsymbol{A} = \begin{pmatrix} \boldsymbol{A}_1 & \boldsymbol{B} \\ \boldsymbol{O} & \boldsymbol{A}_2 \end{pmatrix}$$

其中，$\boldsymbol{A}_1$ 是 r 阶方阵，$\boldsymbol{A}_2$ 是 $n-r$ 阶方阵，$\boldsymbol{B}$ 是 $r\times(n-r)$ 矩阵. 由于 σ^{-1} 在这组基下的矩阵为

$$\boldsymbol{A}^{-1} = \begin{pmatrix} \boldsymbol{A}_1 & \boldsymbol{B} \\ \boldsymbol{O} & \boldsymbol{A}_2 \end{pmatrix}^{-1} = \begin{pmatrix} \boldsymbol{A}_1^{-1} & -\boldsymbol{A}_1^{-1}\boldsymbol{B}\boldsymbol{A}_2^{-1} \\ \boldsymbol{O} & \boldsymbol{A}_2^{-1} \end{pmatrix}$$

故 $\boldsymbol{W}$ 也是 σ^{-1} 的不变子空间.

习题 6.7

1. 证明：如果 $\boldsymbol{W}_1,\boldsymbol{W}_2$ 都是 σ - 子空间，那么 $\boldsymbol{W}_1+\boldsymbol{W}_2$ 与 $\boldsymbol{W}_1\cap\boldsymbol{W}_2$ 也是 σ - 子空间.
2. 设 $\boldsymbol{V}$ 的两个线性变换 σ 与 τ 是可交换的，试证：τ 的值域和核都是 σ 的不变子空间.

3. 设 V 是复数域上的 n 维线性空间，σ 与 τ 是 V 上的线性变换，且 $\sigma\tau=\tau\sigma$.

证明：

（1）如果 λ_0 是 σ 的一个特征值，那么 V_{λ_0} 是 τ 的不变子空间；

（2）σ,τ 至少有一个公共的特征向量.

6.8 哈密顿-凯莱定理与最小多项式

定理 6.8.1[哈密顿-凯莱（Hamilton-Caylay）定理] 设 A 是数域 F 上一个 n 阶矩阵，$f(\lambda)=|\lambda E-A|$ 是 A 的特征多项式，则

$$f(A)=A^n-(a_{11}+a_{22}+\cdots+a_{nn})A^{n-1}+\cdots+(-1)^n|A|E=O$$

证明 设 $B(\lambda)$ 为 $\lambda E-A$ 的伴随矩阵，则

$$B(\lambda)(\lambda E-A)=\left|\lambda E-A\right|E=f(\lambda)E \tag{6.8.1}$$

由于矩阵 $B(\lambda)$ 的元素都是行列式 $\left|\lambda E-A\right|$ 中的元素的代数余子式，因而都是 λ 的多项式，其次数都不超过 $n-1$，故 $B(\lambda)$ 可以写成如下形式

$$B(\lambda)=\lambda^{n-1}B_0+\lambda^{n-2}B_1+\cdots+\lambda B_{n-2}+B_{n-1}$$

这里，各个 B_i 均为 n 阶数字矩阵. 因此有

$$B(\lambda)(\lambda E-A)=\lambda^n B_0+\lambda^{n-1}(B_1-B_0A)+\cdots+\lambda(B_{n-1}+B_{n-2}A)-B_{n-1}A \tag{6.8.2}$$

另外，显然有

$$f(\lambda)E=\lambda^n E+a_1\lambda^{n-1}E+\cdots+a_{n-1}\lambda E+a_nE \tag{6.8.3}$$

由式（6.8.1）~式（6.8.3）得

$$\begin{cases} B_0=E \\ B_1-B_0A=a_1E \\ \quad\vdots \\ B_{n-1}-B_{n-2}A=a_{n-1}E \\ -B_{n-1}A=a_nE \end{cases} \tag{6.8.4}$$

以 $A^n,A^{n-1},\cdots,A,E$ 依次右乘方程组（6.8.4）的第一式，第二式，……，第 $n+1$ 式，并将它们相加，则左边变成零矩阵，而右边即 $f(A)$，故有 $f(A)=O$（零矩阵）.

例 6.8.1 设 $A=\begin{pmatrix}1&0&2\\0&-1&1\\0&1&0\end{pmatrix}$，试计算 $\varphi(A)=2A^8-3A^5+A^4+A^2-4E$.

解 A 的特征多项式为

$$f(\lambda)=|\lambda E-A|=\lambda^3-2\lambda+1$$

取多项式 $\varphi(\lambda)=2\lambda^8-3\lambda^5+\lambda^4+\lambda^2-4$，以 $f(\lambda)$ 去除 $\varphi(\lambda)$ 得

$$\varphi(\lambda)=(2\lambda^5+4\lambda^3-5\lambda^2+9\lambda-14)f(\lambda)+f(\lambda)$$

这里，余式 $r(\lambda)=24\lambda^2-37\lambda+10$.

由哈密顿-凯莱定理，$f(\boldsymbol{A})=\boldsymbol{O}$，所以

$$\varphi(\boldsymbol{A})=24\boldsymbol{A}^2-37\boldsymbol{A}+10\boldsymbol{E}=\begin{pmatrix}-3 & 48 & -26\\ 0 & 95 & -61\\ 0 & -61 & 34\end{pmatrix}$$

推论 6.8.1 设 σ 是有限维空间 $\boldsymbol{V}$ 的线性变换，$f(\lambda)$ 是 σ 的特征多项式，那么 $f(\sigma)=\theta$.

下面应用 Hamilton-Cayley 定理将空间 $\boldsymbol{V}$ 按特征值分解成不变子空间的直和，称为根子空间分解.

定理 6.8.2* 设线性变换 σ 的特征多项式为 $f(x)$，它可分解成一次因式的乘积 $f(\lambda)=(\lambda-\lambda_1)^{r_1}(\lambda-\lambda_2)^{r_2}\cdots(\lambda-\lambda_s)^{r_s}$，则 $\boldsymbol{V}$ 可分解成不变子空间 $\boldsymbol{W}_i$ 的直和，即

$$\boldsymbol{V}=\boldsymbol{W}_1\oplus\boldsymbol{W}_2\oplus\cdots\oplus\boldsymbol{W}_s$$

其中，$\boldsymbol{W}_i=\{\xi\mid(\sigma-\lambda_i\boldsymbol{e})^{r_i}\xi=\boldsymbol{0},\xi\in\boldsymbol{V}\}$.

证明 $\boldsymbol{W}_i=\{\xi\mid(\sigma-\lambda_i\boldsymbol{e})^{r_i}\xi=\boldsymbol{0},\xi\in\boldsymbol{V}\}=\mathrm{Ker}((\sigma-\lambda_i\boldsymbol{e})^{r_i})$，由例 6.7.3 可知 $\boldsymbol{W}_i$ 是 σ 的不变子空间.

令 $f_i(\lambda)=\dfrac{f(\lambda)}{(\lambda-\lambda_i)^{r_i}}=\prod\limits_{j\neq i}(\lambda-\lambda_j)^{r_j}$，因为 $\lambda_1,\lambda_2,\cdots,\lambda_s$ 两两不同，所以 $f_1(\lambda),f_2(\lambda),\cdots,f_s(\lambda)$ 互素，存在 $u_1(\lambda),u_2(\lambda),\cdots,u_s(\lambda)$ 使 $u_1(\lambda)f_1(\lambda)+u_2(\lambda)f_2(\lambda)+\cdots+u_s(\lambda)f_s(\lambda)=1$.

故 $u_1(\sigma)f_1(\sigma)+u_2(\sigma)f_2(\sigma)+\cdots+u_s(\sigma)f_s(\sigma)=\boldsymbol{e}$（恒等变换）.

则 $\forall\alpha\in\boldsymbol{V}$，有

$$\alpha=u_1(\sigma)f_1(\sigma)(\alpha)+u_2(\sigma)f_2(\sigma)(\alpha)+\cdots+u_s(\sigma)f_s(\sigma)(\alpha)$$

因为 $(\sigma-\lambda_i\boldsymbol{e})^{r_i}u_i(\sigma)f_i(\sigma)(\alpha)=u_i(\sigma)f(\sigma)(\alpha)=\boldsymbol{0}$，所以 $u_i(\sigma)f_i(\sigma)(\alpha)\in\boldsymbol{W}_i$，故 $\boldsymbol{V}=\boldsymbol{W}_1+\boldsymbol{W}_2+\cdots+\boldsymbol{W}_s$.

下面来证明零向量的表示法唯一.

设 $\boldsymbol{0}=\beta_1+\beta_2+\cdots\beta_s,\beta_i\in\boldsymbol{W}_i$，则 $(\sigma-\lambda_i\boldsymbol{e})^{r_i}(\beta_i)=\boldsymbol{0}\ (i=1,2,\cdots,s)$.

而 $i\neq j$ 时，$(\lambda-\lambda_i)^{r_i}\mid f_j(\lambda)$，所以 $f_j(\sigma)(\beta_i)=\boldsymbol{0}$.

将 $f_j(\sigma)$ 作用于 $\boldsymbol{0}=\beta_1+\beta_2+\cdots+\beta_s$ 两边，得

$$\boldsymbol{0}=f_j(\sigma)(\beta_j),\ \beta_j=(u_1(\sigma)f_1(\sigma)+u_2(\sigma)f_2(\sigma)+\cdots+u_s(\sigma)f_s(\sigma))(\beta_j)=\boldsymbol{0}$$

于是
$$\boldsymbol{V}=\boldsymbol{W}_1\oplus\boldsymbol{W}_2\oplus\cdots\oplus\boldsymbol{W}_s$$

根据哈密顿-凯莱定理，任给数域 $\boldsymbol{F}$ 上一个 n 级矩阵 $\boldsymbol{A}$，总可以找到数域 $\boldsymbol{F}$ 上一个多项式 $f(x)$，使 $f(\boldsymbol{A})=\boldsymbol{O}$. 如果多项式 $f(x)$ 使 $f(\boldsymbol{A})=\boldsymbol{O}$，就称 $f(x)$ 以 $\boldsymbol{A}$ 为根，或称 $f(x)$ 为 $\boldsymbol{A}$ 的零化多项式. 当然，以 $\boldsymbol{A}$ 为根的多项式有很多，其中次数最低的首项系数为 1 的以 $\boldsymbol{A}$ 为根的多项式称为 $\boldsymbol{A}$ 的最小多项式（也有书上称极小多项式）.

定理 6.8.3 矩阵 $\boldsymbol{A}$ 的任何零化多项式都被其最小多项式所整除.

证明 设$\varphi(\lambda)$是$\boldsymbol{A}$的任一零化多项式，又$m(\lambda)$是$\boldsymbol{A}$的最小多项式，以$m(\lambda)$除$\varphi(\lambda)$即得$\varphi(\lambda)=q(\lambda)m(\lambda)+r(\lambda)$，这里$r(\lambda)$如不为0则其次数小于$m(\lambda)$的次数. 于是有$\varphi(\boldsymbol{A})=q(\boldsymbol{A})m(\boldsymbol{A})+r(\boldsymbol{A})$. 因为$\varphi(\boldsymbol{A})=m(\boldsymbol{A})=\boldsymbol{O}$，所以有$r(\boldsymbol{A})=\boldsymbol{O}$，即$r(\lambda)$也是$\boldsymbol{A}$的零化多项式. 如果$r(\lambda)\neq 0$，则$r(\lambda)$的次数小于$m(\lambda)$的次数，这与$m(\lambda)$为最小多项式矛盾. 所以，只能有$r(\lambda)\equiv 0$，故$m(\lambda)\mid\varphi(\lambda)$.

定理 6.8.4 矩阵$\boldsymbol{A}$的最小多项式是唯一的.

证明 若$m(\lambda)$与$n(\lambda)$均为$\boldsymbol{A}$的最小多项式，那么每一个最小多项式都可被另一个所整除，因此两者只有常数因子的差别. 常数因子必定等于1，因为两者的首项系数都为1. 故$m(\lambda)=n(\lambda)$.

定理 6.8.5 矩阵$\boldsymbol{A}$的最小多项式的根必定是$\boldsymbol{A}$的特征根；反之，$\boldsymbol{A}$的特征根也必定是$\boldsymbol{A}$的最小多项式的根.

证明 因$\boldsymbol{A}$的特征多项式$f(\lambda)=|\lambda\boldsymbol{E}-\boldsymbol{A}|$是$\boldsymbol{A}$的零化多项式，故$f(\lambda)$可被$\boldsymbol{A}$的最小多项式$m(\lambda)$所整除，即$m(\lambda)$是$f(\lambda)$的因式，所以$m(\lambda)$的根都是$f(\lambda)$的根.

反之，若λ_0是$\boldsymbol{A}$的一个特征根，且$\boldsymbol{AX}=\lambda_0\boldsymbol{X},\ \boldsymbol{X}\neq\boldsymbol{0}$. 又设$\boldsymbol{A}$的最小多项式$m(\lambda)=\lambda^k+a_1\lambda^{k-1}+\cdots+a_{k-1}\lambda+a_k$，则

$$\begin{aligned}m(\boldsymbol{A})\boldsymbol{X}&=\boldsymbol{A}^k\boldsymbol{X}+a_1\boldsymbol{A}^{k-1}\boldsymbol{X}+\cdots+a_{k-1}\boldsymbol{AX}+a_k\boldsymbol{X}\\&=\lambda_0^k\boldsymbol{X}+a_1\lambda_0^{k-1}\boldsymbol{X}+\cdots+a_{k-1}\lambda_0\boldsymbol{X}+a_k\boldsymbol{X}=m(\lambda_0)\boldsymbol{X}\end{aligned}$$

由于$m(\boldsymbol{A})=\boldsymbol{O}$，又$\boldsymbol{X}\neq\boldsymbol{0}$，所以$m(\lambda_0)=0$，即$\lambda_0$是$m(\lambda)$的根.

推论 6.8.2 设矩阵$\boldsymbol{A}\in\mathbf{C}^{n\times n}$的所有不同的特征值为$\lambda_1,\lambda_2,\cdots\lambda_s$，又$\boldsymbol{A}$的特征多项式为

$$f(\lambda)=|\lambda\boldsymbol{E}-\boldsymbol{A}|=(\lambda-\lambda_1)^{k_1}(\lambda-\lambda_2)^{k_2}\cdots(\lambda-\lambda_s)^{k_s}$$

则$\boldsymbol{A}$的最小多项式必具有如下形式：

$$m(\lambda)=(\lambda-\lambda_1)^{n_1}(\lambda-\lambda_2)^{n_2}\cdots(\lambda-\lambda_s)^{n_s}$$

这里，$n_i\leqslant k_i\,(i=1,2,\cdots s)$.

根据哈密顿-凯莱定理可知，矩阵$\boldsymbol{A}$的最小多项式是$\boldsymbol{A}$的特征多项式的一个因式. 这就给出了一个求最小多项式的方法.

例 6.8.2 求矩阵$\boldsymbol{A}=\begin{pmatrix}3&-3&2\\-1&5&-2\\-1&3&0\end{pmatrix}$的最小多项式$m(\lambda)$.

解 $\boldsymbol{A}$的特征多项式为

$$f(\lambda)=|\lambda\boldsymbol{E}-\boldsymbol{A}|=(\lambda-2)^2(\lambda-4)$$

故$\boldsymbol{A}$的最小多项式只能是$m(\lambda)=(\lambda-2)(\lambda-4)$，或$m(\lambda)=f(\lambda)$.

但由$m(\boldsymbol{A})=(\boldsymbol{A}-2\boldsymbol{E})(\boldsymbol{A}-4\boldsymbol{E})=\boldsymbol{O}$可知，$\boldsymbol{A}$的最小多项式应为$m(\lambda)=(\lambda-2)(\lambda-4)$而不是$f(\lambda)$.

例 6.8.3 数量矩阵$k\boldsymbol{E}$的最小多项式为$x-k$，特别地，单位矩阵的最小多项式为$x-1$，零矩阵的最小多项式为x. 另外，如果$\boldsymbol{A}$的最小多项式是1次多项式，那么$\boldsymbol{A}$一定是数量矩阵.

例 6.8.4 设 $\boldsymbol{A}=\begin{pmatrix}1 & 1 & \\ & 1 & \\ & & 1\end{pmatrix}$，求 $\boldsymbol{A}$ 的最小多项式.

解 $\boldsymbol{A}$ 的最小多项式为 $(x-1)^2$.

例 6.8.5 设

$$\boldsymbol{A}=\begin{pmatrix}1 & 1 & & \\ & 1 & & \\ & & 1 & \\ & & & 2\end{pmatrix},\quad \boldsymbol{B}=\begin{pmatrix}1 & 1 & & \\ & 1 & & \\ & & 2 & \\ & & & 2\end{pmatrix}$$

$\boldsymbol{A}$ 与 $\boldsymbol{B}$ 的最小多项式都等于 $(x-1)^2(x-2)$，但是它们的特征多项式不同，因此 $\boldsymbol{A}$ 和 $\boldsymbol{B}$ 不是相似的.

定理 6.8.6 设 $\boldsymbol{A}$ 是一个准对角矩阵

$$\boldsymbol{A}=\begin{pmatrix}\boldsymbol{A}_1 & & & \\ & \boldsymbol{A}_2 & & \\ & & \ddots & \\ & & & \boldsymbol{A}_s\end{pmatrix}$$

$\boldsymbol{A}_i$ 的最小多项式为 $g_i(x)(i=1,2,\cdots,s)$，那么 $\boldsymbol{A}$ 的最小多项式为

$$g(x)=[g_1(x),g_2(x),\cdots,g_s(x)]\text{（表示最小公倍式）}$$

证明 $\boldsymbol{A}_i$ 的最小多项式为 $g_i(x)(i=1,2,\cdots,s)$，则 $g_i(\boldsymbol{A}_i)=\boldsymbol{O}$，又 $g_i(x)\mid g(x)$，故 $g(\boldsymbol{A}_i)=\boldsymbol{O}$ $(i=1,2,\cdots,s)$. 设 $\boldsymbol{A}$ 的最小多项式为 $m(x)$. 各 $g_i(x)$ 的最小公倍式为 $g(x)=[g_1(x),g_2(x),\cdots,g_s(x)]$，则 $g(\boldsymbol{A})=\boldsymbol{O}$，故

$$g(\boldsymbol{A})=\begin{pmatrix}g(\boldsymbol{A}_1) & & & \\ & g(\boldsymbol{A}_2) & & \\ & & \ddots & \\ & & & g(\boldsymbol{A}_s)\end{pmatrix}=\boldsymbol{O}$$

因此 $m(x)\mid g(x)$.

又

$$m(\boldsymbol{A})=\begin{pmatrix}m(\boldsymbol{A}_1) & & & \\ & m(\boldsymbol{A}_2) & & \\ & & \ddots & \\ & & & m(\boldsymbol{A}_s)\end{pmatrix}=\boldsymbol{O}$$

因此对每个 i，有 $m(\boldsymbol{A}_i)=\boldsymbol{O}$，即 $g_i(x)\mid m(x)$. 而 $g(x)$ 是各 $g_i(x)$ 的最小公倍式，则 $g(x)\mid m(x)$，由最小多项式是首 1 的，故 $m(x)=g(x)$.

例 6.8.6 设 $\boldsymbol{A}=\begin{pmatrix}2 & 0 & 0 & 0\\ 0 & 2 & 0 & 0\\ 0 & 0 & 1 & 1\\ 0 & 0 & 0 & 1\end{pmatrix}$，求 $\boldsymbol{A}$ 的最小多项式.

解 设

$$A=\begin{pmatrix} A_1 & \\ & A_2 \end{pmatrix}, A_1=\begin{pmatrix} 2 & 0 \\ 0 & 2 \end{pmatrix}, A_2=\begin{pmatrix} 1 & 1 \\ 0 & 1 \end{pmatrix}$$

易知 $A_1=\begin{pmatrix} 2 & 0 \\ 0 & 2 \end{pmatrix}$ 的最小多项式为 $g_1(\lambda)=(\lambda-2)$，$A_2=\begin{pmatrix} 1 & 1 \\ 0 & 1 \end{pmatrix}$ 的最小多项式为 $g_2(\lambda)=(\lambda-1)^2$，由定理 6.8.6 知，$A$ 的最小多项式为

$$g(\lambda)=[g_1(\lambda),g_2(\lambda)]=(\lambda-2)(\lambda-1)^2$$

习题 6.8

1. $A=\begin{pmatrix} & & 1 \\ & 1 & \\ 1 & & \end{pmatrix}$ 的最小多项式为__________.

2. n 阶矩阵 $J=\begin{pmatrix} a & & & \\ 1 & a & & \\ & \ddots & \ddots & \\ & & 1 & a \end{pmatrix}$ 的最小多项式为__________.

3. 求下列矩阵的最小多项式：

（1）$A=\begin{pmatrix} 0 & 0 & 1 \\ 0 & 1 & 0 \\ 1 & 0 & 0 \end{pmatrix}$；（2）$B=\begin{pmatrix} 3 & -1 & -3 & 1 \\ -1 & 3 & 1 & -3 \\ 3 & -1 & -3 & 1 \\ -1 & 3 & 1 & -3 \end{pmatrix}$；（3）$C=\begin{pmatrix} 1 & 0 & 0 & 0 \\ 0 & 1 & 0 & 0 \\ 0 & 0 & 2 & 1 \\ 0 & 0 & 0 & 2 \end{pmatrix}$.

4. 设 $A=\begin{pmatrix} 1 & 0 & 0 \\ 0 & -1 & 1 \\ 0 & 2 & 0 \end{pmatrix}$，计算：

（1）$2A^8-3A^5+A^4+A^2+54A-104E$；（2）$A^{2022}$.

6.9 例题详细解答

6.9 更多的例题

例 6.9.1 设 V 是数域 F 上 n 维线性空间，证明：V 中任意线性变换必可表示为一个可逆线性变换与一个幂等变换（σ 是幂等变换，即 σ 满足 $\sigma^2=\sigma$）的乘积.

例 6.9.2 设 σ 是数域 F 上 n 维线性空间 V 的线性变换，$\sigma^{n-1}\neq 0$ 但 $\sigma^n=0$. 证明：V 的与 σ 可交换的任一线性变换 τ 都可以表示为 $\tau=a_0+a_1\sigma+\cdots+a_{n-1}\sigma^{n-1}$.

例 6.9.3 设 σ 是实数域 $\mathbf{R}$ 上线性空间 V 的一个线性变换，若 $f(x),g(x),h(x)\in\mathbf{R}[x]$ 满足 $h(x)=f(x)g(x)$，且 $(f(x),g(x))=1$，则 $\operatorname{Ker} h(\sigma)=\operatorname{Ker} f(\sigma)\oplus\operatorname{Ker} g(\sigma)$.

例 6.9.4 试求 n 阶方阵 $A=a^2\begin{pmatrix} 1 & b & \cdots & b \\ b & 1 & \cdots & b \\ \vdots & \vdots & & \vdots \\ b & b & \cdots & 1 \end{pmatrix}$ 的特征根（其中 $0<b\leqslant 1, a^2>0$），并证明

$\lambda = a^2[1+(n-1)b]$是$\boldsymbol{A}$的最大特征根.

例 6.9.5 设σ是线性空间$\boldsymbol{V}$上的线性变换，α是$\boldsymbol{V}$的非零向量，若向量组$\alpha,\sigma(\alpha),\cdots,\sigma^{m-1}(\alpha)$线性无关，而$\sigma^m(\alpha)$与它们线性相关，证明：子空间$\boldsymbol{W}=\boldsymbol{L}[\alpha,\sigma(\alpha),\cdots,\sigma^{m-1}(\alpha)]$是$\sigma$的不变子空间.

例 6.9.6 设$a_0,a_1,\cdots,a_{n-1}$是n个实数，$\boldsymbol{C}$是如下n阶方阵

$$\boldsymbol{C}=\begin{pmatrix} 0 & 1 & 0 & \cdots & 0 & 0 \\ 0 & 0 & 1 & \cdots & 0 & 0 \\ \vdots & \vdots & \vdots & & \vdots & \vdots \\ 0 & 0 & 0 & \cdots & 0 & 1 \\ -a_0 & -a_1 & -a_2 & \cdots & -a_{n-2} & -a_{n-1} \end{pmatrix}$$

（1）若λ是$\boldsymbol{C}$的特征值，试证：$(1,\lambda,\lambda^2,\cdots,\lambda^{n-1})^{\mathrm{T}}$是矩阵$\boldsymbol{C}$的属于特征值$\lambda$的特征向量；

（2）若$\lambda_1,\lambda_2,\cdots,\lambda_n$是矩阵$\boldsymbol{C}$的两两互异的特征值，试求可逆矩阵$\boldsymbol{P}$，使得$\boldsymbol{P}^{-1}\boldsymbol{CP}$为对角矩阵.

例 6.9.7 设$f(x)=x^{12}+2x^{11}-2x^{10}-3x^9-2x^8+9x^6-4x^5+x^4-6x^2+11x$，$\boldsymbol{A}=\begin{pmatrix} 1 & 0 & 2 \\ 0 & -1 & 1 \\ 0 & 1 & 0 \end{pmatrix}$，求：

（1）$\boldsymbol{A}$的特征值；

（2）$\boldsymbol{A}^{-1}$的特征值；

（3）$f(\boldsymbol{A})$；

（4）$f(\boldsymbol{A})$的特征根.

例 6.9.8 设$\boldsymbol{V}$为数域$\boldsymbol{P}$上n维线性空间，σ和τ为线性变换且满足$\sigma\tau=\tau\sigma$，又设λ_0是σ的一个特征值，则

（1）$\boldsymbol{V}_{\lambda_0}=\{\alpha\in\boldsymbol{V}\mid$存在正整数$m$，使$(\sigma-\lambda_0\varepsilon)^m(\alpha)=\boldsymbol{0}\}$是$\sigma$的不变子空间，其中$\varepsilon$是单位变换；

（2）$\boldsymbol{V}_{\lambda_0}$也是$\tau$的不变子空间.

例 6.9.9（大学数学竞赛 2020 年初赛题） 设σ是n维复线性空间$\mathbf{C}^n$的一个线性变换，$\boldsymbol{e}$表示恒等变换，证明以下两条等价：

（1）$\sigma=k\boldsymbol{e},k\in\mathbf{C}$；

（2）存在σ的$n+1$个特征向量$\boldsymbol{v}_1,\boldsymbol{v}_2,\cdots,\boldsymbol{v}_{n+1}$，这$n+1$个向量中任何$n$个向量均线性无关.

线性变换自测题

一、填空题

1. 设$\boldsymbol{V}$是数域$\boldsymbol{F}$上的线性空间，而σ是$\boldsymbol{V}$上一个线性变换. 那么σ是单射的充要条件是________________. σ是满射的充要条件是________________.

2. 设线性变换σ在$\boldsymbol{V}_3$的基$\{\varepsilon_1,\varepsilon_2,\varepsilon_3\}$下的矩阵是$\boldsymbol{A}=\begin{pmatrix} a_{11} & a_{12} & a_{13} \\ a_{21} & a_{22} & a_{23} \\ a_{31} & a_{32} & a_{33} \end{pmatrix}$，那么$\sigma$关于基

$\{\boldsymbol{\varepsilon}_3,\boldsymbol{\varepsilon}_1+\boldsymbol{\varepsilon}_2,2\boldsymbol{\varepsilon}_1\}$的矩阵是________________.

3. 在 $\boldsymbol{F}^3$ 中的线性变换 $\boldsymbol{\sigma}\begin{pmatrix}x_1\\x_2\\x_3\end{pmatrix}=\begin{pmatrix}2x_1-x_2\\x_2+x_3\\x_1\end{pmatrix}$，那么 $\boldsymbol{\sigma}$ 关于基 $\boldsymbol{\varepsilon}_1=\begin{pmatrix}1\\0\\0\end{pmatrix},\boldsymbol{\varepsilon}_2=\begin{pmatrix}0\\1\\0\end{pmatrix},\boldsymbol{\varepsilon}_1=\begin{pmatrix}0\\0\\1\end{pmatrix}$ 的矩阵是________________.

4. $(\lambda_0\boldsymbol{E}-\boldsymbol{A})\boldsymbol{X}=\boldsymbol{0}$ 的________________都是 $\boldsymbol{A}$ 矩阵的属于 λ_0 的特征向量.

5. 设 $\boldsymbol{V}$ 是数域 $\boldsymbol{F}$ 上的 n 维线性空间，$\boldsymbol{\sigma}\in\boldsymbol{L}(\boldsymbol{V}),\boldsymbol{\sigma}$ 的不同的特征根是 $\lambda_1,\lambda_2,\cdots,\lambda_t$，则 $\boldsymbol{\sigma}$ 可对角化的充要条件是________________.

6. 设 $\boldsymbol{\sigma}$ 是数域 $\boldsymbol{F}$ 上 n 维线性空间 $\boldsymbol{V}$ 的线性变换，λ 是 $\boldsymbol{\sigma}$ 的一个特征根，则 $\dim \boldsymbol{V}_\lambda$ ____________ λ 的重数.

7. 设$\boldsymbol{A}$为数域$\boldsymbol{F}$上秩为r的n阶矩阵,定义n维列线性空间$\boldsymbol{F}^n$的线性变换$\boldsymbol{\sigma}$：$\boldsymbol{\sigma}(\xi)=\boldsymbol{A}\xi,\xi\in\boldsymbol{F}^n$，则 $\boldsymbol{\sigma}^{-1}(\boldsymbol{0})=$________________，$\dim(\boldsymbol{\sigma}^{-1}(\boldsymbol{0}))=$________，$\dim(\boldsymbol{\sigma}(\boldsymbol{F}^n))=$________.

8. 复矩阵 $\boldsymbol{A}=(a_{ij})_{n\times n}$ 的全体特征值的和等于________________，而全体特征值的积等于________________.

9. 数域 $\boldsymbol{F}$ 上 n 维线性空间 $\boldsymbol{V}$ 的全体线性变换所成的线性空间 $\boldsymbol{L}(\boldsymbol{V})$ 为________________维线性空间，它与________________同构.

10. 设 n 阶矩阵 $\boldsymbol{A}$ 的全体特征值为 $\lambda_1,\lambda_2,\cdots,\lambda_n$，$f(x)$ 为任一多项式，则 $f(\boldsymbol{A})$ 的全体特征值为________________.

二、选择题

1. 对于数域 $\boldsymbol{F}$ 上线性空间 $\boldsymbol{V}$ 的零变换 $\boldsymbol{\theta}$ 的象与核的维数分别是（　　）.

A. 0，n　　B. n，0　　C. 0，0　　D. n，n

2. “有相同的特征多项式”这是两个矩阵相似的（　　）条件.

A. 充分　　B. 必要　　C. 充分必要　　D. 以上都不对

3. 对于数域 $\boldsymbol{F}$ 上线性空间 $\boldsymbol{V}$ 的数乘变换来说，（　　）不变子空间.

A. 只有一个　　B. 每个子空间都是　　C. 不存在　　D. 存在且有限个

4. 若线性变换 $\boldsymbol{\sigma}$ 与 $\boldsymbol{\tau}$ 是（　　），则 $\boldsymbol{\tau}$ 的象与核都是 $\boldsymbol{\sigma}$ 的不变子空间.

A. 互逆的　　B. 可交换的　　C. 不等的　　D. 不可换的

5. 设 $\boldsymbol{\sigma}$ 是数域 $\boldsymbol{F}$ 上 n 维线性空间 $\boldsymbol{V}$ 的一线性变换，已知 $\boldsymbol{\sigma}$ 不是可逆变换，下面条件能保证 $\mathrm{Im}\boldsymbol{\sigma}\cap\mathrm{Ker}\boldsymbol{\sigma}=\{\boldsymbol{0}\}$ 的是（　　）.

A. $\boldsymbol{\sigma}$ 在某组基下的矩阵 $\boldsymbol{A}$ 满足 $\boldsymbol{A}^n=\boldsymbol{O}$

B. $\boldsymbol{\sigma}$ 在某组基下的矩阵 $\boldsymbol{A}$ 满足 $\boldsymbol{A}^2=\boldsymbol{A}$

C. $\dim \mathrm{Im}\boldsymbol{\sigma}=\dim\mathrm{Ker}\boldsymbol{\sigma}$

D. $\dim\mathrm{Im}\boldsymbol{\sigma}+\dim\mathrm{Ker}\boldsymbol{\sigma}=n$

6. 设 $\boldsymbol{\sigma}$ 是数域 $\boldsymbol{F}$ 上 n 维线性空间 $\boldsymbol{V}$ 的一线性变换，若 $\mathrm{Ker}(\boldsymbol{\sigma})=\{\boldsymbol{0}\}$. 则下面说法正确的是（　　）.

A. 无特征根零　　B. 有特征根零

C. 有无特征根零不确定　　D. 以上都不对

7. 设 $\boldsymbol{\sigma}$ 是 n 维线性空间 $\boldsymbol{V}$ 的线性变换，那么下列说法错误的是（　　）.

A. σ 是单射当且仅当 $\mathrm{Ker}\sigma=\{\mathbf{0}\}$　　B. σ 是满射当且仅当 $\mathrm{Im}\sigma=V$

C. σ 是双射当且仅当 $\mathrm{Ker}\sigma=\{\mathbf{0}\}$　　D. σ 是双射 σ 当且仅当是单位映射

8. 设三阶方阵 $\boldsymbol{A}$ 有特征值为 $\lambda_1=1,\lambda_2=-1,\lambda_3=2$，其对应的特征向量分别是 $\boldsymbol{\alpha}_1,\boldsymbol{\alpha}_2,\boldsymbol{\alpha}_3$，设 $\boldsymbol{P}=(\boldsymbol{\alpha}_3,\boldsymbol{\alpha}_2,\boldsymbol{\alpha}_1)$，则 $\boldsymbol{P}^{-1}\boldsymbol{AP}=$（　　）.

A. $\begin{pmatrix}1&0&0\\0&-1&0\\0&0&2\end{pmatrix}$　　B. $\begin{pmatrix}-1&0&0\\0&1&0\\0&0&2\end{pmatrix}$

C. $\begin{pmatrix}2&0&0\\0&-1&0\\0&0&1\end{pmatrix}$　　D. $\begin{pmatrix}2&0&0\\0&1&0\\0&0&-1\end{pmatrix}$

9. 设 $\boldsymbol{A}$ 为可逆方阵，则 $\boldsymbol{A}$ 的特征值（　　）.

A. 全部为零　　B. 不全部为零　　C. 全部非零　　D. 全为正数

10. 设 $\boldsymbol{A}$ 为 n 阶可逆矩阵，λ 是 $\boldsymbol{A}$ 的一个特征值，$\boldsymbol{A}^*$ 为 $\boldsymbol{A}$ 的伴随矩阵，则 $\boldsymbol{A}^*$ 的特征值之一是（　　）.

A. $\lambda^{-1}|\boldsymbol{A}|^n$　　B. $\lambda^{-1}|\boldsymbol{A}|$　　C. $\lambda|\boldsymbol{A}|$　　D. $\lambda|\boldsymbol{A}|^n$

三、判断题

1. 设 σ 是线性空间 V 的一个线性变换，$\boldsymbol{\alpha}_1,\boldsymbol{\alpha}_2,\cdots,\boldsymbol{\alpha}_s\in V$ 线性无关，则向量组 $\sigma(\boldsymbol{\alpha}_1),\sigma(\boldsymbol{\alpha}_2),\cdots,\sigma(\boldsymbol{\alpha}_s)$ 也线性无关.（　　）

2. 取定 $\boldsymbol{A}\in\boldsymbol{M}_n(\boldsymbol{F})$，对任意的 n 阶矩阵 $\boldsymbol{X}\in\boldsymbol{M}_n(\boldsymbol{F})$，定义 $\sigma(\boldsymbol{X})=\boldsymbol{AX}-\boldsymbol{XA}$，则 σ 是 $\boldsymbol{M}_n(\boldsymbol{F})$ 的一个线性变换.（　　）

3. 对线性空间 V 的任意线性变换 σ，有线性变换 τ，使 $\sigma\tau=e$（e 是单位变换）.（　　）

4. 数域 $\boldsymbol{F}$ 上的线性空间 V 及其零子空间，对 V 的每个线性变换来说，都是不变子空间.（　　）

5. 在数域 $\boldsymbol{F}$ 上的 n 维线性空间 V 中取定一组基后，V 的全体线性变换与 $\boldsymbol{F}$ 上全体 n 阶矩阵之间就建立了一个一一对应.（　　）

6. 线性变换在不同基下对应的矩阵是相似的.（　　）

7. 线性变换 σ 的特征向量之和，仍为 σ 的特征向量.（　　）

8. 设 σ 为 n 维线性空间 V 的一个线性变换，则由 σ 的秩 $+\sigma$ 的零度 $=n$，有 $V=\sigma(V)\oplus\sigma^{-1}(\mathbf{0})$.（　　）

9. n 阶方阵 $\boldsymbol{A}$ 至少有一特征值为零的充分必要条件是 $|\boldsymbol{A}|=0$.（　　）

10. 最小多项式是特征多项式的因式.（　　）

四、计算题

1. 判断矩阵 $\boldsymbol{A}$ 是否可对角化？若可对角化，求一个可逆矩阵 $\boldsymbol{P}$，使其成对角形.

$$\boldsymbol{A}=\begin{pmatrix}1&3&3\\3&1&3\\3&3&1\end{pmatrix}$$

2. 令 $\boldsymbol{F}^4$ 表示数域 $\boldsymbol{F}$ 上四元列空间. 取

$$\boldsymbol{A}=\begin{pmatrix}1 & -1 & 5 & -1\\ 1 & 1 & -2 & 3\\ 3 & -1 & 8 & 1\\ 1 & 3 & -9 & 7\end{pmatrix}$$

对 $\forall\xi\in\boldsymbol{F}^4$，令 $\sigma(\xi)=\boldsymbol{A}\xi$，求线性变换 σ 的核和象的维数.

3. 在空间 $\boldsymbol{F}[x]_n$ 中，设线性变换 σ 为 $\sigma(f(x))=f(x+1)-f(x)$，试求 σ 在基 $\varepsilon_0=1$，$\varepsilon_i=x(x-1)\cdots(x-i+1)\dfrac{1}{i!}(i=1,2,\cdots,n-1)$ 下的矩阵 $\boldsymbol{A}$.

4. 求复数域上线性空间 $\boldsymbol{V}$ 的线性变换 σ 的特征值与特征向量. 已知 σ 在基 $\varepsilon_1,\varepsilon_2,\varepsilon_3$ 下的矩阵为

$$\boldsymbol{A}=\begin{pmatrix}3 & 1 & 0\\ -4 & -1 & 0\\ 4 & -8 & -2\end{pmatrix}$$

5. 给定 $\boldsymbol{F}^3$ 的两组基 $\varepsilon_1,\varepsilon_2,\varepsilon_3$ 与 η_1,η_2,η_3，这里

$$\varepsilon_1=\begin{pmatrix}1\\0\\0\end{pmatrix},\varepsilon_2=\begin{pmatrix}2\\1\\0\end{pmatrix},\varepsilon_3=\begin{pmatrix}1\\1\\1\end{pmatrix},\eta_1=\begin{pmatrix}1\\0\\0\end{pmatrix},\eta_2=\begin{pmatrix}2\\2\\-1\end{pmatrix},\eta_3=\begin{pmatrix}2\\-1\\-1\end{pmatrix}$$

定义线性变换 σ：$\sigma(\varepsilon_i)=\eta_i(i=1,2,3)$. 求由基 $\varepsilon_1,\varepsilon_2,\varepsilon_3$ 到基 η_1,η_2,η_3 的过渡矩阵，并求该过渡矩阵的最小多项式.

五、证明题

1. 设 σ 是线性空间 $\boldsymbol{V}$ 的线性变换，那么 $\boldsymbol{W}=\boldsymbol{L}[\xi]$ 是 σ 的一维不变子空间当且仅当 ξ 是 σ 的属于某特征根 λ_0 的特征向量.

2. 设 n 阶矩阵 $\boldsymbol{A}=(a_{ij})$ 的特征根是 $\lambda_1,\lambda_2,\cdots,\lambda_n$，证明：$\sum\limits_{i=1}^{n}\lambda_i^2=\sum\limits_{i=1}^{n}\sum\limits_{j=1}^{n}a_{ij}a_{ji}$.

3. 设 $\boldsymbol{V}$ 是复数域 $\mathbf{C}$ 上的线性空间，σ 与 τ 是 $\boldsymbol{V}$ 的线性变换，并且 $\sigma\tau=\tau\sigma$，证明：如果 λ_0 是 σ 的一个特征根，那么特征子空间 V_{λ_0} 也是 τ 的不变子空间，σ 与 τ 至少有一个公共的特征向量.

4. 设 $\boldsymbol{A}$ 是 n 阶矩阵，且有 $R(\boldsymbol{A}+\boldsymbol{E})+R(\boldsymbol{A}-\boldsymbol{E})=n,\boldsymbol{A}\neq\boldsymbol{E}$，证明：$-1$ 是 $\boldsymbol{A}$ 的特征值.

5.（考研真题）设 $\boldsymbol{M}_n(\boldsymbol{F})$ 表示数域 $\boldsymbol{F}$ 上的 n 阶方阵全体，设 $\boldsymbol{A}_1,\boldsymbol{A}_2,\cdots,\boldsymbol{A}_n$ 是 $\boldsymbol{M}_n(\boldsymbol{F})$ 中的 n 个非零矩阵且满足条件 $\boldsymbol{A}_i^2=\boldsymbol{A}_i,\boldsymbol{A}_i\boldsymbol{A}_j=\boldsymbol{0}\ (i\neq j,i,j=1,2,\cdots,n)$，证明：在 $\boldsymbol{M}_n(\boldsymbol{F})$ 中存在可逆矩阵 $\boldsymbol{T}$，使 $\boldsymbol{T}^{-1}\boldsymbol{A}_i\boldsymbol{T}=\boldsymbol{E}_{ii}(i=1,2,\cdots,n)$，其中 $\boldsymbol{E}_{ii}$ 表示第 i 行第 i 列的元素为 1，其他元素全为零的矩阵.

第 7 章

若尔当（Jordan）标准形

7.1 λ-矩阵及其标准形

设 F 是数域，λ 是一个文字，作多项式环 $F[\lambda]$，如果一个矩阵的元素是 λ 的多项式，即 $F[\lambda]$ 的元素，就称为 λ-矩阵（也有书上称之为多项式矩阵）. 本章讨论 λ-矩阵的一些性质，并用这些性质来证明关于若尔当标准形的主要定理.

因为数域 F 中的数也是 $F[\lambda]$ 的元素，所以在 λ-矩阵中也包括以数为元素的矩阵. 为了与 λ-矩阵相区别，把以数域 F 中的数为元素的矩阵称为数字矩阵. 以下用 $\boldsymbol{A}(\lambda),\boldsymbol{B}(\lambda),\cdots$ 等表示 λ-矩阵.

我们知道，$F[\lambda]$ 中的元素可以作加、减、乘三种运算，并且它们与数的运算有相同的运算规律. 而矩阵加法与乘法的定义只是用到其中元素的加法与乘法，因此可以同样定义 λ-矩阵的加法与乘法，它们与数字矩阵的运算有相同的运算规律.

行列式的定义也只用到其中元素的加法与乘法，因此，同样可以定义一个 $n\times n$ 的 λ-矩阵的行列式. 一般地，λ-矩阵的行列式是 λ 的一个多项式，它与数字矩阵的行列式有相同的性质.

定义 7.1.1 如果 λ-矩阵 $\boldsymbol{A}(\lambda)$ 中有一个 $r(r\geqslant 1)$ 阶子式不为零，而所有 $r+1$ 阶子式（如果有的话）全为零，则称 $\boldsymbol{A}(\lambda)$ 的秩为 r. 零矩阵的秩规定为零.

定义 7.1.2 一个 n 阶 λ-矩阵 $\boldsymbol{A}(\lambda)$ 称为可逆的，如果有一个 $n\times n$ 的 λ-矩阵 $\boldsymbol{B}(\lambda)$ 使

$$\boldsymbol{A}(\lambda)\boldsymbol{B}(\lambda)=\boldsymbol{B}(\lambda)\boldsymbol{A}(\lambda)=\boldsymbol{E} \tag{7.1.1}$$

这里，$\boldsymbol{E}$ 是 n 阶单位矩阵. 满足式（7.1.1）的矩阵 $\boldsymbol{B}(\lambda)$（它是唯一的）称为 $\boldsymbol{A}(\lambda)$ 的逆矩阵，记为 $\boldsymbol{A}^{-1}(\lambda)$.

定理 7.1.1 一个 $n\times n$ 的 λ-矩阵 $\boldsymbol{A}(\lambda)$ 可逆的充分必要条件为行列式 $|\boldsymbol{A}(\lambda)|$ 是一个非零的数.

证明 若 $\boldsymbol{A}(\lambda)$ 可逆，则存在 n 阶 λ 矩阵 $\boldsymbol{A}(\lambda)$ 使 $\boldsymbol{A}(\lambda)\boldsymbol{B}(\lambda)=\boldsymbol{E}$. 两边取行列式，得 $|\boldsymbol{A}(\lambda)\boldsymbol{B}(\lambda)|=1$，由于 $|\boldsymbol{A}(\lambda)|,|\boldsymbol{B}(\lambda)|$ 都是 λ 的多项式，故其次数为零，即 $|\boldsymbol{A}(\lambda)|$ 是非零常数.

反之，设 $|\boldsymbol{A}(\lambda)|=d$，$d$ 是非零常数，$\boldsymbol{A}(\lambda)$ 的伴随矩阵是 $\boldsymbol{A}^*(\lambda)$，则 $\dfrac{\boldsymbol{A}^*(\lambda)}{d}$ 是 n 阶 λ-矩阵，并且 $\boldsymbol{A}(\lambda)\dfrac{\boldsymbol{A}^*(\lambda)}{d}=\boldsymbol{E}$，因此 $\boldsymbol{A}(\lambda)$ 可逆，且 $\boldsymbol{A}(\lambda)^{-1}=\dfrac{\boldsymbol{A}^*(\lambda)}{d}$.

λ-矩阵也可以有初等变换.

定义 7.1.3 下面的三种变换叫作 λ- 矩阵的初等变换：

（1）矩阵的两行（列）互换位置；

（2）矩阵的某一行（列）乘以非零的常数 c；

（3）矩阵有某一行（列）加另一行（列）的 $\varphi(\lambda)$ 倍，$\varphi(\lambda)$ 是一个多项式.

和数字矩阵的初等变换一样，可以引进初等矩阵. 例如，将单位矩阵的第 j 行的 $\varphi(\lambda)$ 倍加到第 i 行，得

$$
\begin{array}{c} \\ \boldsymbol{E}(i.j(\varphi))= \end{array}
\begin{array}{c}
\qquad\qquad\quad i\text{列} \qquad\quad j\text{列} \\
\begin{pmatrix}
1 & & & & & & \\
& \ddots & & & & & \\
& & 1 & \cdots & \varphi(\lambda) & & \\
& & & \ddots & \vdots & & \\
& & & & 1 & & \\
& & & & & \ddots & \\
& & & & & & 1
\end{pmatrix}
\begin{array}{l} \\ \\ i\text{行} \\ \\ j\text{行} \\ \\ \\ \end{array}
\end{array}
$$

仍用 $\boldsymbol{E}(i,j)$ 表示由单位矩阵经过第 i 行（列）第 j 行（列）互换位置所得的初等矩阵，用 $\boldsymbol{E}(i(c))$ 表示用非零常数 c 乘单位矩阵第 i 行（列）所得的初等矩阵，用 $\boldsymbol{E}(i,j(\varphi))$ 表示由单位矩阵经过第 j 行（ i 列）乘 $\varphi(\lambda)$ 加到第 i 行（ j 列）互换位置所得的初等矩阵. 同样地，对一个 $s\times n$ 的 λ- 矩阵 $\boldsymbol{A}(\lambda)$ 作一次初等变换相当于在 $\boldsymbol{A}(\lambda)$ 的左边乘上相应 $s\times s$ 的初等矩阵；对 $\boldsymbol{A}(\lambda)$ 作一次初等列变换相当于 $\boldsymbol{A}(\lambda)$ 在的右边乘上相应的 $n\times n$ 的初等矩阵.

初等矩阵都是可逆的，并且有

$$\boldsymbol{E}(i,j)^{-1}=\boldsymbol{E}(i,j)\,,\ \boldsymbol{E}(i(c))^{-1}=\boldsymbol{E}(i(c^{-1}))\,,\boldsymbol{E}(i,j(\varphi))^{-1}=\boldsymbol{E}(i,j(-\varphi))$$

由此得出初等变换具有可逆性：设 λ- 矩阵 $\boldsymbol{A}(\lambda)$ 经初等变换变成 $\boldsymbol{B}(\lambda)$，这相当于对 $\boldsymbol{A}(\lambda)$ 左乘或右乘一个初等矩阵. 再用此初等矩阵的逆矩阵来乘 $\boldsymbol{B}(\lambda)$ 就变回 $\boldsymbol{A}(\lambda)$，而这逆矩阵仍是初等矩阵，因而由 $\boldsymbol{B}(\lambda)$ 可经初等变换变回 $\boldsymbol{A}(\lambda)$.

定义 7.1.4 λ- 矩阵 $\boldsymbol{A}(\lambda)$ 称为与 $\boldsymbol{B}(\lambda)$ 等价，如果可以经过一系列初等变换将 $\boldsymbol{A}(\lambda)$ 化为 $\boldsymbol{B}(\lambda)$.

等价是 λ- 矩阵之间的一种关系，这个关系显然具有下列三个性质：

（1）反身性：每一个 λ- 矩阵与它自身等价.

（2）对称性：若 $\boldsymbol{A}(\lambda)$ 与 $\boldsymbol{B}(\lambda)$ 等价，则 $\boldsymbol{B}(\lambda)$ 与 $\boldsymbol{A}(\lambda)$ 等价.

（3）传递性：若 $\boldsymbol{A}(\lambda)$ 与 $\boldsymbol{B}(\lambda)$ 等价，$\boldsymbol{B}(\lambda)$ 与 $\boldsymbol{C}(\lambda)$ 等价，则 $\boldsymbol{A}(\lambda)$ 与 $\boldsymbol{C}(\lambda)$ 等价.

应用初等变换与初等矩阵的关系得，矩阵 $\boldsymbol{A}(\lambda)$ 与 $\boldsymbol{B}(\lambda)$ 等价的充要条件为存在一系列初等矩阵 $\boldsymbol{P}_1,\boldsymbol{P}_2,\cdots,\boldsymbol{P}_l,\boldsymbol{Q}_1,\boldsymbol{Q}_2,\cdots,\boldsymbol{Q}_t$，使 $\boldsymbol{A}(\lambda)=\boldsymbol{P}_1\boldsymbol{P}_2\cdots\boldsymbol{P}_l\boldsymbol{B}(\lambda)\boldsymbol{Q}_1\boldsymbol{Q}_2\cdots\boldsymbol{Q}_t$.

这一节主要证明任意一个 λ- 矩阵可以经过初等变换化为某种对角矩阵. 为此，首先证明下面的引理.

引理 7.1.1 若 λ- 矩阵 $\boldsymbol{A}(\lambda)=(a_{ij}(\lambda))_{m\times n}$ 的左上角元素 $a_{11}(\lambda)\neq 0$，并且 $\boldsymbol{A}(\lambda)$ 中至少有一个元素不能被 $a_{11}(\lambda)$ 所整除，则必可找到一个与 $\boldsymbol{A}(\lambda)$ 等价的 λ- 矩阵 $\boldsymbol{B}(\lambda)$，其左上角元素 $b_{11}(\lambda)$ 也不等于零，且 $b_{11}(\lambda)$ 的次数低于 $a_{11}(\lambda)$ 的次数.

证明 根据 $A(\lambda)$ 中不能被 $a_{11}(\lambda)$ 除尽的元素所在的位置，分三种情况来讨论：

（1）若 $A(\lambda)$ 的第一列中有某个元素 $a_{i1}(\lambda)$ 不能被 $a_{11}(\lambda)$ 整除，则用 $a_{11}(\lambda)$ 去除 $a_{i1}(\lambda)$ 可得 $a_{i1}(\lambda)=q(\lambda)a_{11}(\lambda)+r(\lambda)$，其中余式 $r(\lambda)\neq 0$，且次数低于 $a_{11}(\lambda)$ 的次数，则有

$$
A(\lambda)=\begin{pmatrix} a_{11}(\lambda) & a_{12}(\lambda) & \cdots & a_{1n}(\lambda) \\ \vdots & \vdots & & \vdots \\ a_{i1}(\lambda) & a_{i2}(\lambda) & \cdots & a_{in}(\lambda) \\ \vdots & \vdots & & \vdots \\ a_{m1}(\lambda) & a_{m2}(\lambda) & \cdots & a_{mn}(\lambda) \end{pmatrix}
$$

$$
\to\begin{pmatrix} a_{11}(\lambda) & a_{12}(\lambda) & \cdots & a_{1n}(\lambda) \\ \vdots & \vdots & & \vdots \\ r(\lambda) & a_{i2}(\lambda)-q(\lambda)a_{12}(\lambda) & \cdots & a_{in}(\lambda)-q(\lambda)a_{1n}(\lambda) \\ \vdots & \vdots & & \vdots \\ a_{m1}(\lambda) & a_{m2}(\lambda) & \cdots & a_{mn}(\lambda) \end{pmatrix}
$$

$$
\to\begin{pmatrix} r(\lambda) & a_{i2}(\lambda)-q(\lambda)a_{12}(\lambda) & \cdots & a_{in}(\lambda)-q(\lambda)a_{1n}(\lambda) \\ \vdots & \vdots & & \vdots \\ a_{11}(\lambda) & a_{12}(\lambda) & \cdots & a_{1n}(\lambda) \\ \vdots & \vdots & & \vdots \\ a_{m1}(\lambda) & a_{m2}(\lambda) & \cdots & a_{mn}(\lambda) \end{pmatrix}=B(\lambda)
$$

即 $B(\lambda)$ 已达到要求.

（2）若 $A(\lambda)$ 的第一行中有某个元素 $a_{1j}(\lambda)$ 不能被 $a_{11}(\lambda)$ 整除，则证明方法与（1）类似.

（3）若 $A(\lambda)$ 的第一行与第一列的各个元素均可被 $a_{11}(\lambda)$ 整除，但 $A(\lambda)$ 中至少有某个元素 $a_{ij}(\lambda)(i,j>1)$ 不能被 $a_{11}(\lambda)$ 整除. 此时可设 $a_{i1}(\lambda)=\varphi(\lambda))a_{11}(\lambda)$，则有

$$
A(\lambda)\to\begin{pmatrix} a_{11}(\lambda) & \cdots & a_{1j}(\lambda) & \cdots & a_{1n}(\lambda) \\ \vdots & & \vdots & & \vdots \\ 0 & \cdots & a_{ij}(\lambda)-\varphi(\lambda)a_{1j}(\lambda) & \cdots & a_{in}(\lambda)-\varphi(\lambda)a_{1n}(\lambda) \\ \vdots & & \vdots & & \vdots \\ a_{m1}(\lambda) & \cdots & a_{mj}(\lambda) & \cdots & a_{mn}(\lambda) \end{pmatrix}
$$

$$
\to\begin{pmatrix} a_{11}(\lambda) & \cdots & a_{ij}(\lambda)+(1-\varphi(\lambda))a_{1j}(\lambda) & \cdots & a_{in}(\lambda)+(1-\varphi(\lambda))a_{1n}(\lambda) \\ \vdots & & \vdots & & \vdots \\ 0 & \cdots & a_{ij}(\lambda)-\varphi(\lambda)a_{1j}(\lambda) & \cdots & a_{in}(\lambda)-\varphi(\lambda)a_{1n}(\lambda) \\ \vdots & & \vdots & & \vdots \\ a_{m1}(\lambda) & \cdots & a_{mj}(\lambda) & \cdots & a_{mn}(\lambda) \end{pmatrix}
$$

$$
=A_1(\lambda)
$$

则 $A_1(\lambda)$ 的第一行中已至少有一个元素 $a_{ij}(\lambda)+(1-\varphi(\lambda))a_{1j}(\lambda)=f(\lambda)$ 不能被左上角元素 $a_{11}(\lambda)$ 所整除，因为 $a_{11}(\lambda)\mid a_{1j}(\lambda)$，推出 $a_{11}(\lambda)\mid f(\lambda)$ 不成立. 因此情形（3）可归结为已证明了的情形（2）.

定理 7.1.2 任意一个非零的 n 阶 λ-矩阵 $A(\lambda)$ 都等价于下列形式的矩阵：

$$\begin{pmatrix} d_1(\lambda) & & & & & & \\ & d_2(\lambda) & & & & & \\ & & \ddots & & & & \\ & & & d_r(\lambda) & & & \\ & & & & 0 & & \\ & & & & & \ddots & \\ & & & & & & 0 \end{pmatrix}$$

其中，$d_i(\lambda)(i=1,2,\cdots,r)$是首项系数为1的多项式，且$d_i(\lambda)\mid d_{i+1}(\lambda)\ (i=1,2,\cdots,r-1)$. 这个矩阵称为$n$阶矩阵$\boldsymbol{A}(\lambda)$的标准形[又称施密斯（Smith）标准形，也称法式].

证明 对n阶作数学归纳.

若$n=1$，则$\boldsymbol{A}(\lambda)$是1阶矩阵，结论显然成立.

现在设$n>1$，不妨设$a_{11}(\lambda)\neq 0$，否则可以通过交换$\boldsymbol{A}(\lambda)$的行、列总能使左上角的元素非零. 如果$a_{11}(\lambda)$不能整除$\boldsymbol{A}(\lambda)$的所有元素，由引理存在$\boldsymbol{B}_1(\lambda)=(b_{ij}^{(1)}(\lambda))$与$\boldsymbol{A}(\lambda)$等价，且$\partial(a_{11}(\lambda))>\partial(b_{11}^{(1)}(\lambda))$，如此进行下去，得到两个序列

$$\boldsymbol{A}(\lambda)\sim\boldsymbol{B}_1(\lambda)\sim\boldsymbol{B}_2(\lambda)\sim\cdots$$

$$\partial(a_{11}(\lambda))>\partial(b_{11}^{(1)}(\lambda))>\partial(b_{11}^{(2)}(\lambda))>\cdots$$

由多项式的次数是非负整数，上述过程不能无限进行下去，设经过s步终止，即存在$\boldsymbol{B}_s(\lambda)\sim\boldsymbol{A}(\lambda)$，且$b_{11}^{(s)}(\lambda)$整除$\boldsymbol{B}_s(\lambda)$的所有元素，设$b_{ij}^{(s)}(\lambda)=b_{11}^{(s)}(\lambda)q_{ij}(\lambda)$，将$\boldsymbol{B}_s(\lambda)$的第一行乘$-q_{i1}(\lambda)(i=1,2,\cdots,m)$，依次加第2行，…，第$m$行，然后将第1列乘$-q_{1j}(\lambda)\ (j=1,2,\cdots,n)$依次加到第2列，…，第$n$列，最后将第一行除以$b_{11}^{(s)}(\lambda)$的首项系数，得

$$\begin{pmatrix} d_1(\lambda) & 0 & \cdots & 0 \\ 0 & & & \\ \vdots & & \boldsymbol{A}_1(\lambda) & \\ 0 & & & \end{pmatrix}$$

由$\boldsymbol{A}_1(\lambda)$中的元素都是$\boldsymbol{B}_s(\lambda)$中元素的组合，故$d_1(\lambda)$整除$\boldsymbol{A}_1(\lambda)$的全部元素.

若$\boldsymbol{A}_1(\lambda)=0$，结论已证. 若$\boldsymbol{A}_1(\lambda)\neq 0$，则对$\boldsymbol{A}_1(\lambda)$重复上面的过程，进而把$\boldsymbol{A}(\lambda)$化为

$$\begin{pmatrix} d_1(\lambda) & 0 & \cdots & 0 \\ 0 & d_2(\lambda) & \cdots & 0 \\ 0 & 0 & & \\ \vdots & \vdots & \boldsymbol{A}_2(\lambda) & \\ 0 & 0 & & \end{pmatrix}$$

其中，$d_1(\lambda),d_2(\lambda)$是首项系数为1的多项式，$d_1(\lambda)$整除$d_2(\lambda)$，$d_2(\lambda)$整除$\boldsymbol{A}_2(\lambda)$的所有元素，如此进行下去，最后$\boldsymbol{A}(\lambda)$化为标准形.

推论 7.1.1 任意一个非零的$s\times n$的λ-矩阵$\boldsymbol{A}(\lambda)$都等价于下列形式的矩阵：

$$\begin{pmatrix} \Lambda_r & \boldsymbol{O} \\ \boldsymbol{O} & \boldsymbol{O} \end{pmatrix}$$

其中，Λ_r是r阶对角矩阵

$$\Lambda_r=\begin{pmatrix} d_1(\lambda) & & & \\ & d_2(\lambda) & & \\ & & \ddots & \\ & & & d_r(\lambda) \end{pmatrix}$$

式中，$d_i(\lambda)(i=1,2,\cdots,r)$是首项系数为1的多项式，且

$$d_i(\lambda)\,|\,d_{i+1}(\lambda),\ \ i=1,2,\cdots,r-1$$

这个矩阵称为矩阵$\boldsymbol{A}(\lambda)$的标准形[也称史密斯（Smith）标准形].

例 7.1.1 求λ-矩阵

$$\boldsymbol{A}(\lambda)=\begin{pmatrix} -\lambda+1 & 2\lambda-1 & \lambda \\ \lambda & \lambda^2 & -\lambda \\ \lambda^2+1 & \lambda^2+\lambda-1 & -\lambda^2 \end{pmatrix}$$

的标准形.

解 对$\boldsymbol{A}(\lambda)$作初等变换：

$$\boldsymbol{A}(\lambda)\to\begin{pmatrix} 1 & 2\lambda-1 & \lambda \\ 0 & \lambda^2 & -\lambda \\ 1 & \lambda^2+\lambda-1 & -\lambda^2 \end{pmatrix}\to\begin{pmatrix} 1 & 2\lambda-1 & \lambda \\ 0 & \lambda^2 & -\lambda \\ 0 & \lambda^2-\lambda & -\lambda^2-\lambda \end{pmatrix}$$

$$\to\begin{pmatrix} 1 & 0 & 0 \\ 0 & \lambda^2 & -\lambda \\ 0 & \lambda^2-\lambda & -\lambda^2-\lambda \end{pmatrix}\to\begin{pmatrix} 1 & 0 & 0 \\ 0 & \lambda & \lambda^2 \\ 0 & -\lambda^2+\lambda & \lambda^2+\lambda \end{pmatrix}$$

$$\to\begin{pmatrix} 1 & 0 & 0 \\ 0 & \lambda & \lambda^2 \\ 0 & 0 & \lambda^3+\lambda \end{pmatrix}\to\begin{pmatrix} 1 & 0 & 0 \\ 0 & \lambda & 0 \\ 0 & 0 & \lambda^3+\lambda \end{pmatrix}$$

上式最后一个矩阵就是所求的标准形.

推论 7.1.2 矩阵$\boldsymbol{A}(\lambda)$可逆的充分必要条件是它可以表成一些初等矩阵的乘积.

推论 7.1.3 两个$s\times n$的λ-矩阵$\boldsymbol{A}(\lambda)$与$\boldsymbol{B}(\lambda)$等价的充要条件是存在一个$s\times s$可逆λ-矩阵$\boldsymbol{P}(\lambda)$与一个$n\times n$可逆λ-矩阵$\boldsymbol{Q}(\lambda)$，使

$$\boldsymbol{B}(\lambda)=\boldsymbol{P}(\lambda)\boldsymbol{A}(\lambda)\boldsymbol{Q}(\lambda)$$

习题 7.1

1. 求下列λ-矩阵的标准形.

（1）$\begin{pmatrix} \lambda^3-\lambda & 2\lambda^2 \\ \lambda^2+5\lambda & 3\lambda \end{pmatrix}$；

（2）$\begin{pmatrix} 1-\lambda & \lambda^2 & \lambda \\ \lambda & \lambda & -\lambda \\ 1+\lambda^2 & \lambda^2 & -\lambda^2 \end{pmatrix}$；

（3）$\begin{pmatrix} \lambda(\lambda+1) & 0 & 0 \\ 0 & \lambda & 0 \\ 0 & 0 & (\lambda+1)^2 \end{pmatrix}$；

（4）$\begin{pmatrix} 0 & \lambda(\lambda+1) & 0 \\ \lambda & 0 & \lambda+1 \\ 0 & 0 & \lambda-2 \end{pmatrix}$.

7.2 λ-矩阵的等价不变量

现在来证明，λ-矩阵的标准形是唯一的. 为此我们引入：

1）行列式因子

定义 7.2.1 设λ-矩阵$\boldsymbol{A}(\lambda)$的秩为r，对于正整数$k, 1 \leqslant k \leqslant r$，$\boldsymbol{A}(\lambda)$中必有非零的$k$阶子式. $\boldsymbol{A}(\lambda)$中全部k阶子式的首项系数为1的最大公因式$D_k(\lambda)$称为$\boldsymbol{A}(\lambda)$的k阶行列式因子.

由定义可知，对于秩为r的λ-矩阵，行列式因子一共有r个. 行列式因子的意义就在于，它在初等变换下是不变的.

定理 7.2.1 等价的λ-矩阵具有相同的秩与相同的各阶行列式因子.

证明 设λ-矩阵$\boldsymbol{A}(\lambda)$经过一次行初等变换化为$\boldsymbol{B}(\lambda)$，$f(\lambda)$与$g(\lambda)$分别是$\boldsymbol{A}(\lambda)$与$\boldsymbol{B}(\lambda)$的k阶行列式因子. 需要证明$f(\lambda)=g(\lambda)$. 分三种情况讨论：

（1）$\boldsymbol{A}(\lambda) \xrightarrow{r_i \leftrightarrow r_j} \boldsymbol{B}(\lambda)$，此时，$\boldsymbol{B}(\lambda)$的每个$k$阶子式或者等于$\boldsymbol{A}(\lambda)$的某个$k$阶子式，或者与$\boldsymbol{A}(\lambda)$的某个$k$阶子式反号，所以$f(\lambda)$是$\boldsymbol{B}(\lambda)$的$k$阶子式的公因式，从而$f(\lambda) \mid g(\lambda)$.

（2）$\boldsymbol{A}(\lambda) \xrightarrow{c \times r_i} \boldsymbol{B}(\lambda)$，此时，$\boldsymbol{B}(\lambda)$的每个$k$阶子式或者等于$\boldsymbol{A}(\lambda)$的某个$k$阶子式，或者等于$\boldsymbol{A}(\lambda)$的某个$k$阶子式的$c$倍. 所以$f(\lambda)$是$\boldsymbol{B}(\lambda)$的$k$阶子式的公因式，从而$f(\lambda) \mid g(\lambda)$.

（3）$\boldsymbol{A}(\lambda) \xrightarrow{r_i + \varphi r_j} \boldsymbol{B}(\lambda)$，此时，$\boldsymbol{B}(\lambda)$中那些包含$i$行与$j$行的$k$阶子式和那些不包含$i$行的$k$阶子式都等于$\boldsymbol{A}(\lambda)$中对应的$k$阶子式；$\boldsymbol{B}(\lambda)$中那些包含$i$行但不包含$j$行的$k$阶子式，按$i$行分成两个部分，等于$\boldsymbol{A}(\lambda)$的一个$k$阶子式与另一个$k$阶子式的$\pm\varphi(\lambda)$倍的和，也就是$\boldsymbol{A}(\lambda)$的两个$k$阶子式的线性组合，所以$f(\lambda)$是$\boldsymbol{B}(\lambda)$的$k$阶子式的公因式，从而$f(\lambda) \mid g(\lambda)$.

对于列变换，可以作同样讨论. 总之，$\boldsymbol{A}(\lambda)$经过一系列的初等变换变成$\boldsymbol{B}(\lambda)$，那么$f(\lambda) \mid g(\lambda)$. 又由于初等变换的可逆性，$\boldsymbol{B}(\lambda)$经过一系列的初等变换可以变成$\boldsymbol{A}(\lambda)$，从而也有$g(\lambda) \mid f(\lambda)$.

当$\boldsymbol{A}(\lambda)$所有的k阶子式为零时，$\boldsymbol{B}(\lambda)$所有的k阶子式也等于零；反之亦然. 故$\boldsymbol{A}(\lambda)$与$\boldsymbol{B}(\lambda)$有相同的各阶行列式因子，从而有相同的秩.

现在来计算标准形矩阵的行列式因子. 设标准形为

$$\begin{pmatrix} d_1(\lambda) & & & & & & \\ & d_2(\lambda) & & & & & \\ & & \ddots & & & & \\ & & & d_r(\lambda) & & & \\ & & & & 0 & & \\ & & & & & \ddots & \\ & & & & & & 0 \end{pmatrix} \tag{7.2.1}$$

其中，$d_1(\lambda), d_2(\lambda), \cdots, d_r(\lambda)$是首项系数为1的多项式，且$d_i(\lambda) \mid d_{i+1}(\lambda) \ (i=1,2,\cdots,r-1)$. 不难证明，在这种形式的矩阵中，如果一个$k$阶子式包含的行与列的标号不完全相同，那么这个$k$阶子式一定为零. 因此，为了计算$k$阶行列式因子，只要看由$i_1, i_2, \cdots, i_k (1 \leqslant i_1, i_2, \cdots, i_k \leqslant r)$行与$i_1, i_2, \cdots, i_k (1 \leqslant i_1, i_2, \cdots, i_k \leqslant r)$列组成的$k$阶子式即可，而这个$k$阶子式等于

$$d_{i_1}(\lambda)d_{i_2}(\lambda)\cdots d_{i_k}(\lambda)$$

显然，这种 k 阶子式的最大公因式就是

$$d_1(\lambda)d_2(\lambda)\cdots d_k(\lambda)$$

定理 7.2.2 λ-矩阵的标准形是唯一的.

证明 设式（7.2.1）是 $\boldsymbol{A}(\lambda)$ 的标准形. 由于 $\boldsymbol{A}(\lambda)$ 与式（7.2.1）等价，它们有相同的秩与相同的行列式因子，因此，$\boldsymbol{A}(\lambda)$ 的秩就是标准形的主对角线上非零元素的个数 r，$\boldsymbol{A}(\lambda)$ 的 k 阶行列式因子就是

$$D_k(\lambda)=d_1(\lambda)d_2(\lambda)\cdots d_k(\lambda),\quad k=1,2,\cdots,r$$

于是

$$d_1(\lambda)=D_1(\lambda),\ d_2(\lambda)=\frac{D_2(\lambda)}{D_1(\lambda)},\cdots,d_r(\lambda)=\frac{D_r(\lambda)}{D_{r-1}(\lambda)} \tag{7.2.2}$$

即 $\boldsymbol{A}(\lambda)$ 的标准形（7.2.1）的主对角线上的非零元素是被 $\boldsymbol{A}(\lambda)$ 的行列式因子所唯一决定的，所以 $\boldsymbol{A}(\lambda)$ 的标准形是唯一的.

由式（7.2.2）可以看出，在 λ-矩阵的行列式因子之间，有关系式

$$D_k(\lambda)\mid D_{k+1}(\lambda),\quad k=1,2,\cdots,r-1 \tag{7.2.3}$$

在计算 λ-矩阵的行列式因子时，常常是先计算最高阶的行列式因子. 这样，由式（7.2.3）就大致确定了低阶行列式因子的范围.

例 7.2.1 求下列 λ-矩阵 $\boldsymbol{A}(\lambda)$ 的行列式因子.

$$\boldsymbol{A}(\lambda)=\begin{pmatrix}\lambda-2 & -1 & 0\\ 0 & \lambda-2 & -1\\ 0 & 0 & \lambda-2\end{pmatrix}$$

解 所给矩阵的右上角的二阶子式为 1，所以其行列式因子为 $D_2(\lambda)=1$，因而 $D_1(\lambda)=1$，显然 $\boldsymbol{D}_3(\lambda)=(\lambda-2)^2$.

2）不变因子

定义 7.2.2 λ-矩阵 $\boldsymbol{A}(\lambda)$ 的标准形的主对角线上的非零元素 $d_1(\lambda),d_2(\lambda),\cdots,d_r(\lambda)$ 称为 λ-矩阵 $\boldsymbol{A}(\lambda)$ 的不变因子.

式（7.2.2）给出了不变因子与行列式因子的关系.

由等价的两个 λ-矩阵有相同的标准形及不变因子与行列式因子的关系，根据定理 7.2.1 可得下列结论.

推论 7.2.1 两个 λ-矩阵等价的充要条件是它们有相同的不变因子.

例 7.2.2 求数域 $\boldsymbol{F}$ 上 n 阶可逆 λ–矩阵 $\boldsymbol{A}(\lambda)$ 的不变因子.

解 由 $\boldsymbol{A}(\lambda)$ 可逆知 $R(\boldsymbol{A}(\lambda))=n$，且 $|\boldsymbol{A}(\lambda)|=d\neq 0,d\in\boldsymbol{F}$，所以 $D_n(\lambda)=1$，从而 $\boldsymbol{A}(\lambda)$ 的 n 个行列式因子为 $D_1(\lambda)=D_2(\lambda)=\cdots=D_n(\lambda)=1$，故 $\boldsymbol{A}(\lambda)$ 的 n 个不变因子为 $d_1(\lambda)=d_2(\lambda)=\cdots=d_n(\lambda)=1$.

3）初等因子

定义 7.2.3 数域 $\boldsymbol{F}$ 上 λ-矩阵 $\boldsymbol{A}(\lambda)$ 的每个次数大于零的不变因子在数域 $\boldsymbol{F}$ 上分解成互不相同的首项为 1 的不可约因式方幂的乘积，所有这些不可约因式的方幂（相同的必须按出现的次数计算）称为 λ-矩阵 $\boldsymbol{A}(\lambda)$ 在数域 $\boldsymbol{F}$ 上的初等因子.

由于不可约多项式的概念与数域有关，因此初等因子也与数域有关，初等因子是首项为 1 的不可约因式的方幂的全体，如有相同，则重复计算，不能省略.

例 7.2.3 设 9 阶矩阵 $\boldsymbol{A}$ 的不变因子是

$$\underbrace{1,1,\cdots,1}_{7个},(\lambda-1)(\lambda^2+1),(\lambda-1)^2(\lambda^2+1)(\lambda^2-2)$$

分别在有理数域、实数域、复数域上求矩阵 $\boldsymbol{A}$ 的初等因子.

解 $\boldsymbol{A}$ 在有理数域内的初等因子为

$$(\lambda-1),(\lambda-1)^2,(\lambda^2+1),(\lambda^2+1),(\lambda^2-2)$$

$\boldsymbol{A}$ 在实数域内的初等因子为

$$(\lambda-1),(\lambda-1)^2,(\lambda^2+1),(\lambda^2+1),(\lambda-\sqrt{2}),(\lambda+\sqrt{2})$$

$\boldsymbol{A}$ 在有理数域内的初等因子为

$$(\lambda-1),(\lambda-1)^2,(\lambda+i),(\lambda+i),(\lambda-i),(\lambda-i),(\lambda-\sqrt{2}),(\lambda+\sqrt{2})$$

定义 7.2.4 设矩阵 $\boldsymbol{A}$ 是数域 $\boldsymbol{F}$ 上的数字矩阵，$\lambda\boldsymbol{E}-\boldsymbol{A}$ 称为矩阵 $\boldsymbol{A}$ 的特征矩阵，$\lambda\boldsymbol{E}-\boldsymbol{A}$ 的行列式因子、不变因子和数域 $\boldsymbol{F}$ 上的初等因子分别称为数字矩阵 $\boldsymbol{A}$ 的行列式因子、不变因子和数域 $\boldsymbol{F}$ 上的初等因子.

说明：后面讨论初等因子，除非特别说明都是在复数域内讨论.

定义 7.2.3 给出了由不变因子求初等因子的方法，下面进一步来说明不变因子和初等因子的关系.

首先，假设 n 阶数字矩阵 $\boldsymbol{A}$ 的不变因子 $d_1(\lambda),d_2(\lambda),\cdots,d_n(\lambda)$ 为已知. 将 $d_i(\lambda)(i=1,2,\cdots,n)$ 分解成互不相同的一次因式方幂的乘积：

$$d_1(\lambda)=(\lambda-\lambda_1)^{k_{11}}(\lambda-\lambda_2)^{k_{12}}\cdots(\lambda-\lambda_r)^{k_{1r}}$$
$$d_2(\lambda)=(\lambda-\lambda_1)^{k_{21}}(\lambda-\lambda_2)^{k_{22}}\cdots(\lambda-\lambda_r)^{k_{2r}}$$
$$\vdots$$
$$d_n(\lambda)=(\lambda-\lambda_1)^{k_{n1}}(\lambda-\lambda_2)^{k_{n2}}\cdots(\lambda-\lambda_r)^{k_{nr}}$$

则其中对应于 $k_{ij}\geqslant 1$ 的方幂 $(\lambda-\lambda_j)^{k_{ij}}\quad(k_{ij}\geqslant 1)$ 就是 $\boldsymbol{A}$ 的全部初等因子.

注意不变因子满足下列条件

$$d_i(\lambda)\,|\,d_{i+1}(\lambda)\quad(i=1,2,\cdots,n-1)$$

从而 $$(\lambda-\lambda_j)^{k_{ij}}\,|\,(\lambda-\lambda_j)^{k_{i+1,j}}\quad(i=1,2,\cdots,n-1;\,j=1,2,\cdots,r)$$

因此在 $d_1(\lambda),d_2(\lambda),\cdots,d_n(\lambda)$ 的分解式中，属于同一个一次因式的方幂的指数有递增的性质，即

$$k_{1j} \leqslant k_{2j} \leqslant \cdots \leqslant k_{nj} \quad (j=1,2,\cdots,r)$$

这说明，同一个一次因式的方幂做成的初等因子中，方次最高的必定出现在 $d_n(\lambda)$ 的分解中，方次次高的必定出现在 $d_{n-1}(\lambda)$ 的分解中. 如此顺推下去，可知属于同一个一次因式的方幂的初等因子在不变因子的分解式中出现的位置是唯一确定的.

上面的分析介绍了一个如何从初等因子和矩阵的阶数唯一地求出不变因子的方法. 设一个 n 阶矩阵的全部初等因子为已知，在全部初等因子中将同一个一次因式 $(\lambda-\lambda_j)(j=1,2,\cdots,r)$ 的方幂的那些初等因子按降幂排列，而且当这些初等因子的个数不足 n 时，就在后面补上适当个数的 1，使得凑成 n 个. 设所得排列为

$$(\lambda-\lambda_j)^{k_{nj}}, (\lambda-\lambda_j)^{k_{n-1,j}}, \cdots, (\lambda-\lambda_j)^{k_{1j}} \ (j=1,2,\cdots,r)$$

令
$$d_i(\lambda)=(\lambda-\lambda_1)^{k_{i1}}(\lambda-\lambda_2)^{k_{i2}}\cdots(\lambda-\lambda_r)^{k_{ir}} \quad (i=1,2,\cdots,n)$$

则 $d_1(\lambda), d_2(\lambda), \cdots, d_n(\lambda)$ 就是 $\boldsymbol{A}$ 的不变因子.

其次，需要说明的是，对一般 λ-矩阵 $\boldsymbol{A}(\lambda)$，要知道 $\boldsymbol{A}(\lambda)$ 的秩才能由初等因子求出不变因子. 秩的条件是必不可少的，例如

$$\boldsymbol{A}(\lambda)=\begin{pmatrix}(\lambda-1)^2 & 0 & 0\\ 0 & 0 & 0\\ 0 & 0 & 0\end{pmatrix},\ \boldsymbol{B}(\lambda)=\begin{pmatrix}1 & 0 & 0\\ 0 & (\lambda-1)^2 & 0\\ 0 & 0 & 0\end{pmatrix}$$

$\boldsymbol{A}(\lambda)$ 与 $\boldsymbol{B}(\lambda)$ 有相同的不变因子 $(\lambda-1)^2$，但 $R(\boldsymbol{A}(\lambda))=1, R(\boldsymbol{B}(\lambda))=2,$，故 $\boldsymbol{A}(\lambda)$ 与 $\boldsymbol{B}(\lambda)$ 不等价.

例 7.2.4 设 7 阶数字矩阵 $\boldsymbol{A}$ 的全部初等因子为

$$\lambda, \lambda, (\lambda-1), (\lambda-1)^2, (\lambda+1), (\lambda+2)$$

试求矩阵 $\boldsymbol{A}$ 的不变因子.

解 初等因子有 4 个不同的不可约因式 $\lambda, (\lambda-1)^2, (\lambda+1), (\lambda+2)$，将所有初等因子按降幂顺序排成 4 行 7 列：

$$\begin{matrix}\lambda & \lambda & 1 & 1 & 1 & 1 & 1\\ (\lambda-1)^2 & (\lambda-1) & 1 & 1 & 1 & 1 & 1\\ (\lambda+1) & 1 & 1 & 1 & 1 & 1 & 1\\ (\lambda+2) & 1 & 1 & 1 & 1 & 1 & 1\end{matrix}$$

各列元素相乘得到矩阵 $\boldsymbol{A}$ 的 7 个不变因子：

$$d_7(\lambda)=\lambda(\lambda-1)^2(\lambda+1)(\lambda+2),\quad d_6(\lambda)=\lambda(\lambda-1),$$

$$d_5(\lambda)=d_4(\lambda)=d_3(\lambda)=d_2(\lambda)=d_1(\lambda)=1$$

例 7.2.5 设秩为 5 的 λ-矩阵 $\boldsymbol{A}(\lambda)$ 的全部初等因子为

$$\lambda, \lambda^2, (\lambda+1)^2, (\lambda+1)^3, (\lambda-1), (\lambda-1)^2$$

试求矩阵 $\boldsymbol{A}(\lambda)$ 的不变因子.

解 初等因子由 3 个不同的不可约因式 $\lambda,(\lambda-1),(\lambda+1)$，将所有初等因子按降幂顺序排成 3 行 5 列：

$$\begin{matrix} \lambda^2 & \lambda & 1 & 1 & 1 \\ (\lambda+1)^3 & (\lambda+1)^2 & 1 & 1 & 1 \\ (\lambda-1)^2 & (\lambda-1) & 1 & 1 & 1 \end{matrix}$$

各列元素相乘得到矩阵 $\boldsymbol{A}(\lambda)$ 的 5 个不变因子：

$$d_5(\lambda)=\lambda^2(\lambda+1)^3(\lambda-1)^2, d_4(\lambda)=\lambda(\lambda+1)^2(\lambda-1), d_3(\lambda)=d_2(\lambda)=d_1(\lambda)=1$$

下面我们给出求矩阵初等因子的方法.

定理 7.2.3 n 阶对角 λ-矩阵的初等因子等于其主对角线上各元素的一次因式的方幂的全体（相同的按出现的次数计算）.

为了证明定理 7.2.3，首先证明下面的引理.

引理 7.2.1 设

$$\boldsymbol{A}(\lambda)=\begin{pmatrix} f_1(\lambda)g_1(\lambda) & 0 \\ 0 & f_2(\lambda)g_2(\lambda) \end{pmatrix},\ \boldsymbol{B}(\lambda)=\begin{pmatrix} f_2(\lambda)g_2(\lambda) & 0 \\ 0 & f_1(\lambda)g_2(\lambda) \end{pmatrix}$$

如果多项式 $f_1(\lambda),f_2(\lambda)$，$g_1(\lambda),g_2(\lambda)$ 满足 $(f_i(\lambda),g_j(\lambda))=1\,(i,j=1,2)$，则 $\boldsymbol{A}(\lambda)$ 和 $\boldsymbol{B}(\lambda)$ 等价.

证明 显然 $\boldsymbol{A}(\lambda)$ 和 $\boldsymbol{B}(\lambda)$ 有相同的二阶行列式因子，他们的一阶行列式因子分别为

$$D_{\boldsymbol{A}}(\lambda)=(f_1(\lambda)g_1(\lambda), f_2(\lambda)g_2(\lambda))$$

和

$$D_{\boldsymbol{B}}(\lambda)=(f_2(\lambda)g_1(\lambda), f_1(\lambda)g_2(\lambda))$$

由多项式最大公因式的性质可知

$$D_{\boldsymbol{A}}(\lambda)=D_{\boldsymbol{B}}(\lambda)=(f_1(\lambda),f_2(\lambda))(g_1(\lambda),g_2(\lambda))$$

因而 $\boldsymbol{A}(\lambda)$ 和 $\boldsymbol{B}(\lambda)$ 有相同的各阶行列式因子，故 $\boldsymbol{A}(\lambda)$ 和 $\boldsymbol{B}(\lambda)$ 等价.

注：

引理 7.2.1 的证明利用了结论：如果多项式 $f_1(\lambda),f_2(\lambda)$，$g_1(\lambda),g_2(\lambda)$ 满足 $(f_i(\lambda),g_j(\lambda))=1$ $(i,j=1,2)$，则

$$(f_1(\lambda)g_1(\lambda), f_2(\lambda)g_2(\lambda))=(f_1(\lambda),f_2(\lambda))\cdot(g_1(\lambda),g_2(\lambda))$$

现证明定理 7.2.3.

证明* 把 $\lambda\boldsymbol{E}-\boldsymbol{A}$ 用初等变换化为对角矩阵

$$\boldsymbol{D}(\lambda)=\begin{pmatrix} h_1(\lambda) & & & \\ & h_2(\lambda) & & \\ & & \ddots & \\ & & & h_n(\lambda) \end{pmatrix}$$

其中，每个$h_i(\lambda)$是首1多项式，为了便于讨论，$h_i(\lambda)$表示成一次因式的方幂.

$$h_i(\lambda)=(\lambda-\lambda_1)^{k_{i1}}(\lambda-\lambda_2)^{k_{i2}}\cdots(\lambda-\lambda_r)^{k_{ir}},\quad i=1,2,\cdots,n$$

这里$k_{ij}\geqslant 0\,(i=1,2,\cdots,n;\ j=1,2,\cdots,r)$.

对于每一个相同的一次因式的方幂$(\lambda-\lambda_j)^{k_{1j}}$，$(\lambda-\lambda_j)^{k_{2j}}$，$\cdots$，$(\lambda-\lambda_j)^{k_{nj}}\,(j=1,2,\cdots,r)$，在$\boldsymbol{D}(\lambda)$的主对角线上按升幂排列后，得到一个新的对角矩阵$\boldsymbol{D}'(\lambda)$，则$\boldsymbol{D}'(\lambda)$是$\lambda\boldsymbol{E}-\boldsymbol{A}$的标准形，因而所有不为1的$(\lambda-\lambda_j)^{k_{ij}}$是$\boldsymbol{A}$的初等因子组. 先对$\lambda-\lambda_1$的方幂进行讨论，令

$$g_i(\lambda)=(\lambda-\lambda_2)^{k_{i2}}\cdots(\lambda-\lambda_r)^{k_{ir}},\quad i=1,2,\cdots,n$$

则

$$h_i(\lambda)=(\lambda-\lambda_1)^{k_{i1}}g_i(\lambda),\quad i=1,2,\cdots,n$$

显然$(\lambda-\lambda_j)^{k_{i1}}$与$g_j(\lambda)(j=1,2,\cdots,n)$互素，如果相邻的一对指数$k_{i1}>k_{i+1,1}$，由引理7.2.1，矩阵

$$\begin{pmatrix}(\lambda-\lambda_1)^{k_{i1}}g_i(\lambda) & \\ & (\lambda-\lambda_1)^{k_{i+1,1}}g_{i+1}(\lambda)\end{pmatrix}$$

与

$$\begin{pmatrix}(\lambda-\lambda_1)^{k_{i+1,1}}g_i(\lambda) & \\ & (\lambda-\lambda_1)^{k_{i1}}g_{i+1}(\lambda)\end{pmatrix}$$

等价，从而$\boldsymbol{D}(\lambda)$与对角矩阵

$$\boldsymbol{D}_1(\lambda)=\begin{pmatrix}(\lambda-\lambda_1)^{k_{11}}g_1(\lambda) & & & & & \\ & \ddots & & & & \\ & & (\lambda-\lambda_1)^{k_{i+1,1}}g_i(\lambda) & & & \\ & & & (\lambda-\lambda_1)^{k_{i1}}g_{i+1}(\lambda) & & \\ & & & & \ddots & \\ & & & & & (\lambda-\lambda_1)^{k_{n1}}g_n(\lambda)\end{pmatrix}$$

等价. 然后对$\boldsymbol{D}_1(\lambda)$进行讨论，如此继续下去，直到对角矩阵主对角线上元素所含$\lambda-\lambda_1$的方幂按升幂排列为止，依次对$\lambda-\lambda_2,\lambda-\lambda_3,\cdots,\lambda-\lambda_r$的方幂作同样的处理，最后得到与$\boldsymbol{D}(\lambda)$等价的对角矩阵$\boldsymbol{D}'(\lambda)$，$\boldsymbol{D}'(\lambda)$的主对角线上每一个一次因式的方幂均按升幂排列，故$\boldsymbol{D}'(\lambda)$是$\lambda\boldsymbol{E}-\boldsymbol{A}$的标准形，因此

$$h_i(\lambda)=(\lambda-\lambda_1)^{k_{i1}}(\lambda-\lambda_2)^{k_{i2}}\cdots(\lambda-\lambda_r)^{k_{ir}},\quad i=1,2,\cdots,n$$

的$(\lambda-\lambda_j)^{k_{ij}}\,(k_{ij}>0)$都是$\boldsymbol{A}$的初等因子.

需要说明的是，定理7.2.3的结论在一般数域上也是成立的，但是要把一次因式改为不可约因式.

例 7.2.6 求矩阵

$$\boldsymbol{A}=\begin{pmatrix}1 & & & \\ & 2 & & \\ & & -1 & \\ & & & -2\end{pmatrix}$$

的全部不变因子和初等因子.

解 （方法一：先求不变因子再求初等因子）因为 A 的特征矩阵为

$$\lambda E - A = \begin{pmatrix} \lambda-1 & & & \\ & \lambda-2 & & \\ & & \lambda+1 & \\ & & & \lambda+2 \end{pmatrix}$$

所以 $\lambda E - A$ 的行列式因子为

$$D_4(\lambda) = |\lambda E - A| = (\lambda^2-1)(\lambda^2-4), \quad D_3(\lambda) = D_2(\lambda) = D_1(\lambda)=1$$

A 的不变因子为

$$d_1(\lambda) = d_2(\lambda) = d_3(\lambda) = 1$$

$$d_4(\lambda) = \frac{D_4(\lambda)}{D_3(\lambda)} = (\lambda-1)(\lambda+1)(\lambda-2)(\lambda+2)$$

而次数大于零的不变因子只有 $d_4(\lambda)$，因此 A 的全部初等因子为

$$\lambda-1, \lambda+1, \lambda-2, \lambda+2$$

（方法二：先求初等因子再求不变因子）因为 A 的特征矩阵为

$$\lambda E - A = \begin{pmatrix} \lambda-1 & & & \\ & \lambda-2 & & \\ & & \lambda+1 & \\ & & & \lambda+2 \end{pmatrix}$$

由定理 7.2.3 可知，$\lambda E - A$ 的初等因子为

$$\lambda-1, \lambda+1, \lambda-2, \lambda+2$$

由初等因子互素知，不变因子为

$$d_4(\lambda) = (\lambda-1)(\lambda+1)(\lambda-2)(\lambda+2), \quad d_3(\lambda) = d_2(\lambda) = d_1(\lambda) = 1$$

由定理 7.2.3 容易得到下列结论.

推论 7.2.2 设 $A(\lambda)$ 为分块对角阵

$$A(\lambda) = \begin{pmatrix} A_1(\lambda) & & & \\ & A_2(\lambda) & & \\ & & \ddots & \\ & & & A_s(\lambda) \end{pmatrix}$$

则每个子块 $A_i(\lambda)(i=1,2,\cdots,s)$ 的初等因子都是 $A(\lambda)$ 的初等因子，并且 $A(\lambda)$ 的每个初等因子必是某个子块 $A_i(\lambda)(i=1,2,\cdots,s)$ 的初等因子.

例 7.2.7 求 λ- 矩阵

$$
\boldsymbol{A}(\lambda)=\begin{pmatrix} \lambda^2+\lambda & 0 & 0 & 0 \\ 0 & \lambda & 0 & 0 \\ 0 & 0 & (\lambda+1)^2 & \lambda+1 \\ 0 & 0 & -2 & \lambda-2 \end{pmatrix}
$$

的史密斯标准形.

解 令

$$
\boldsymbol{A}(\lambda)=\begin{pmatrix} \boldsymbol{A}_1(\lambda) & & \\ & \boldsymbol{A}_2(\lambda) & \\ & & \boldsymbol{A}_3(\lambda) \end{pmatrix}
$$

其中

$$
\boldsymbol{A}_1(\lambda)=\lambda^2+\lambda, \boldsymbol{A}_2(\lambda)=\lambda, \boldsymbol{A}_3(\lambda)=\begin{pmatrix} (\lambda+1)^2 & \lambda+1 \\ -2 & \lambda-2 \end{pmatrix}
$$

容易求得 $\boldsymbol{A}_1(\lambda)$ 的初等因子为 $\lambda,\lambda+1$，$\boldsymbol{A}_2(\lambda)$ 的初等因子为 λ，$\boldsymbol{A}_3(\lambda)$ 的初等因子为 $\lambda,\lambda+1,\lambda-1$，由推论 7.2.2 得，$\boldsymbol{A}(\lambda)$ 的全部初等因子为

$$
\lambda,\lambda,\lambda,\lambda+1,\lambda+1,\lambda-1
$$

因而可求得 $\boldsymbol{A}(\lambda)$ 的不变因子

$$
d_4(\lambda)=\lambda(\lambda-1)(\lambda+1)，d_3(\lambda)=\lambda(\lambda+1)，d_2(\lambda)=\lambda，d_1(\lambda)=1
$$

故 $\boldsymbol{A}(\lambda)$ 的史密斯标准形为

$$
\begin{pmatrix} 1 & 0 & 0 & 0 \\ 0 & \lambda & 0 & 0 \\ 0 & 0 & \lambda(\lambda+1) & \\ 0 & 0 & & \lambda(\lambda+1)(\lambda-1) \end{pmatrix}
$$

习题 7.2

1. 求下列 λ-矩阵的不变因子与初等因子.

（1）$\begin{pmatrix} \lambda-2 & 0 & 0 \\ -1 & \lambda-2 & 0 \\ 0 & -1 & \lambda-2 \end{pmatrix}$；（2）$\begin{pmatrix} \lambda+a & b & 1 & 0 \\ -b & \lambda+a & 0 & 1 \\ 0 & 0 & \lambda+a & b \\ 0 & 0 & -b & \lambda+a \end{pmatrix}$.

2. 证明

$$
\begin{pmatrix} \lambda & -1 & 0 & \cdots & 0 & 0 \\ 0 & \lambda & -1 & \cdots & 0 & 0 \\ 0 & 0 & \lambda & \cdots & 0 & 0 \\ \vdots & \vdots & \vdots & & \vdots & \vdots \\ 0 & 0 & 0 & \cdots & \lambda & -1 \\ a_n & a_{n-1} & a_{n-2} & \cdots & a_2 & \lambda+a_1 \end{pmatrix}
$$

的不变因子为 $d_1(\lambda)=\cdots=d_{n-1}(\lambda)=1$，$d_n(\lambda)=\lambda^n+a_1\lambda^{n-1}+\cdots+a_{n-1}\lambda+a_0$.

3. 已知五阶矩阵 $\boldsymbol{A}(\lambda)$ 的不变因子，求初等因子、行列式因子.

（1）$1,\ 1,\ \lambda,\lambda^2(\lambda-1),\lambda^2(\lambda-1)^3(\lambda+1)^2$；

（2）$1,\ \lambda+1,\lambda^2(\lambda-1)(\lambda+1),\lambda^2(\lambda-1)^3(\lambda+1)^2,\ \lambda^3(\lambda-1)^3(\lambda+1)^2$.

4. 已知秩为 5 的矩阵 $\boldsymbol{A}(\lambda)$ 的初等因子，求不变因子、行列式因子、标准形.

（1）$\lambda,\lambda^2,(\lambda-1)^2,\lambda^2,(\lambda-1)^3,(\lambda+1)^2,(\lambda+1)^3$；

（2）$\lambda+1,\ \lambda,\ (\lambda-1),\ (\lambda+1),\ \lambda^2,\ (\lambda-1)^3,\ (\lambda+1)^2,\ \lambda^3,\ (\lambda-1)^3,\ (\lambda+1)^3$.

5. 求数字矩阵

$$\boldsymbol{A}=\begin{pmatrix}2 & -1 & 1\\ 0 & 3 & -1\\ 2 & 1 & 3\end{pmatrix},\quad \boldsymbol{B}=\begin{pmatrix}2 & 0 & 0\\ -4 & -1 & 0\\ 4 & -8 & 2\end{pmatrix}$$

的行列式因子、不变因子和初等因子.

7.3 矩阵相似的条件

在求一个数字矩阵 $\boldsymbol{A}$ 的特征值和特征向量时曾出现过 λ-矩阵 $\lambda\boldsymbol{E}-\boldsymbol{A}$，我们称它为 $\boldsymbol{A}$ 的特征矩阵. 这一节的主要结论是，证明两个 n 阶数字矩阵 $\boldsymbol{A}$ 和 $\boldsymbol{B}$ 相似的充要条件是它们的特征矩阵 $\lambda\boldsymbol{E}-\boldsymbol{A}$ 和 $\lambda\boldsymbol{E}-\boldsymbol{B}$ 等价.

引理 7.3.1 如果有 $n\times n$ 数字矩阵 $\boldsymbol{P}_0,\boldsymbol{Q}_0$，使

$$\lambda\boldsymbol{E}-\boldsymbol{A}=\boldsymbol{P}_0(\lambda\boldsymbol{E}-\boldsymbol{B})\boldsymbol{Q}_0 \tag{7.3.1}$$

则 $\boldsymbol{A}$ 和 $\boldsymbol{B}$ 相似.

证明 式（7.3.1）右边展开，得等式 $\lambda\boldsymbol{E}-\boldsymbol{A}=\lambda\boldsymbol{P}_0\boldsymbol{Q}_0-\boldsymbol{P}_0\boldsymbol{B}\boldsymbol{Q}_0$，比较两端 λ 的同次幂的系数矩阵，得 $\boldsymbol{E}=\boldsymbol{P}_0\boldsymbol{Q}_0,\boldsymbol{A}=\boldsymbol{P}_0\boldsymbol{B}\boldsymbol{Q}_0$，由此 $\boldsymbol{P}_0=\boldsymbol{Q}_0^{-1},\boldsymbol{A}=\boldsymbol{Q}_0^{-1}\boldsymbol{B}\boldsymbol{Q}_0$，故 $\boldsymbol{A}$ 和 $\boldsymbol{B}$ 相似.

$\lambda\boldsymbol{E}-\boldsymbol{A}=\boldsymbol{P}_0(\lambda\boldsymbol{E}-\boldsymbol{B})\boldsymbol{Q}_0$ 说明，特征矩阵 $\lambda\boldsymbol{E}-\boldsymbol{A}$ 和 $\lambda\boldsymbol{E}-\boldsymbol{B}$ 等价. 一般情况下，它们等价的充要条件是：$\lambda\boldsymbol{E}-\boldsymbol{A}=\boldsymbol{P}(\lambda)(\lambda\boldsymbol{E}-\boldsymbol{B})\boldsymbol{Q}(\lambda)$，其中 $\boldsymbol{P}(\lambda),\boldsymbol{Q}(\lambda)$ 可逆. 怎样用数字矩阵 $\boldsymbol{P},\boldsymbol{Q}$ 代替 $\boldsymbol{P}(\lambda),\boldsymbol{Q}(\lambda)$ 呢？回想起多项式的带余除法，对多项式 $f(x),x-a$，存在多项式 $q(x)$ 和数字 r，使 $f(x)=(x-a)q(x)+r$.

将上述结果推广到 λ-矩阵.

引理 7.3.2 对于任何不为零的 n 阶数字矩阵 $\boldsymbol{A}$ 及 λ-矩阵 $\boldsymbol{U}(\lambda)$ 和 $\boldsymbol{V}(\lambda)$，一定存在 λ-矩阵 $\boldsymbol{Q}(\lambda)$ 和 $\boldsymbol{R}(\lambda)$ 以及数字矩阵 $\boldsymbol{U}_0$ 和 $\boldsymbol{V}_0$，使

$$\boldsymbol{U}(\lambda)=(\lambda\boldsymbol{E}-\boldsymbol{A})\boldsymbol{Q}(\lambda)+\boldsymbol{U}_0 \tag{7.3.2}$$

$$\boldsymbol{V}(\lambda)=\boldsymbol{R}(\lambda)(\lambda\boldsymbol{E}-\boldsymbol{A})+\boldsymbol{V}_0 \tag{7.3.3}$$

证明 把 $\boldsymbol{U}(\lambda)$ 改写成矩阵多项式：

$$\boldsymbol{U}(\lambda)=\boldsymbol{D}_0\lambda^m+\boldsymbol{D}_1\lambda^{m-1}+\cdots+\boldsymbol{D}_{m-1}\lambda+\boldsymbol{D}_m \tag{7.3.4}$$

这里，$\boldsymbol{D}_0,\boldsymbol{D}_1,\cdots,\boldsymbol{D}_{m-1},\boldsymbol{D}_m$ 是 n 阶数字矩阵，$\boldsymbol{D}_0\neq 0$.

如果 $m=0$，$\boldsymbol{U}(\lambda)$ 是数字矩阵，结论显然成立.

若 $m>0$，令

$$\boldsymbol{Q}(\lambda)=\boldsymbol{Q}_0\lambda^{m-1}+\boldsymbol{Q}_1\lambda^{m-2}+\cdots+\boldsymbol{Q}_{m-2}\lambda+\boldsymbol{Q}_{m-1}$$

这里，$\boldsymbol{Q}_0,\boldsymbol{Q}_1,\cdots,\boldsymbol{Q}_{m-2},\boldsymbol{Q}_{m-1}$ 是待定数字矩阵，于是

$$\begin{aligned}(\lambda\boldsymbol{E}-\boldsymbol{A})\boldsymbol{Q}(\lambda)&=(\lambda\boldsymbol{E}-\boldsymbol{A})(\boldsymbol{Q}_0\lambda^{m-1}+\boldsymbol{Q}_1\lambda^{m-2}+\cdots+\boldsymbol{Q}_{m-2}\lambda+\boldsymbol{Q}_{m-1})\\&=\boldsymbol{Q}_0\lambda^{m}+(\boldsymbol{Q}_1-\boldsymbol{A}\boldsymbol{Q}_0)\lambda^{m-1}+\cdots+(\boldsymbol{Q}_{m-1}-\boldsymbol{A}\boldsymbol{Q}_{m-1})\lambda-\boldsymbol{A}\boldsymbol{Q}_{m-1}\end{aligned}$$

要想使式（7.3.2）成立，只需取

$$\boldsymbol{D}_0=\boldsymbol{Q}_0,\boldsymbol{D}_1=\boldsymbol{Q}_1-\boldsymbol{A}\boldsymbol{Q}_0,\cdots,\boldsymbol{D}_{m-1}=\boldsymbol{Q}_{m-1}-\boldsymbol{A}\boldsymbol{Q}_{m-2},\boldsymbol{D}_m=\boldsymbol{U}_0-\boldsymbol{A}\boldsymbol{Q}_{m-1}$$

解得

$$\boldsymbol{Q}_0=\boldsymbol{D}_0,\boldsymbol{Q}_1=\boldsymbol{D}_1+\boldsymbol{A}\boldsymbol{D}_0,\cdots,\boldsymbol{Q}_{m-1}=\boldsymbol{D}_{m-1}+\boldsymbol{A}\boldsymbol{Q}_{m-2},\boldsymbol{U}_0=\boldsymbol{D}_m+\boldsymbol{A}\boldsymbol{Q}_{m-1}$$

用完全相同的方法可以求得 $\boldsymbol{R}(\lambda)$ 和 $\boldsymbol{V}_0$，使式（7.3.3）成立.

定理 7.3.1 设 $\boldsymbol{A},\boldsymbol{B}$ 是数域 $\boldsymbol{F}$ 上两个 n 阶矩阵，$\boldsymbol{A}$ 与 $\boldsymbol{B}$ 相似的充要条件是它们的特征矩阵 $\lambda\boldsymbol{E}-\boldsymbol{A}$ 和 $\lambda\boldsymbol{E}-\boldsymbol{B}$ 等价.

证明 （必要性）设 $\boldsymbol{A}$ 与 $\boldsymbol{B}$ 相似，则存在可逆矩阵 $\boldsymbol{P}$，使 $\boldsymbol{P}^{-1}\boldsymbol{A}\boldsymbol{P}=\boldsymbol{B}$，于是

$$\boldsymbol{P}^{-1}(\lambda\boldsymbol{E}-\boldsymbol{A})\boldsymbol{P}=\boldsymbol{P}^{-1}\lambda\boldsymbol{E}\boldsymbol{P}-\boldsymbol{P}^{-1}\boldsymbol{A}\boldsymbol{P}=\lambda\boldsymbol{E}-\boldsymbol{B}$$

因此 $\lambda\boldsymbol{E}-\boldsymbol{A}$ 和 $\lambda\boldsymbol{E}-\boldsymbol{B}$ 等价.

（充分性）设 $\lambda\boldsymbol{E}-\boldsymbol{A}$ 和 $\lambda\boldsymbol{E}-\boldsymbol{B}$ 等价，存在可逆的 λ- 矩阵 $\boldsymbol{P}(\lambda)$ 和 $\boldsymbol{Q}(\lambda)$，使

$$\boldsymbol{P}(\lambda)(\lambda\boldsymbol{E}-\boldsymbol{A})\boldsymbol{Q}(\lambda)=\lambda\boldsymbol{E}-\boldsymbol{B}$$

由 $\boldsymbol{P}(\lambda)$ 可逆，且

$$(\lambda\boldsymbol{E}-\boldsymbol{A})\boldsymbol{Q}(\lambda)=\boldsymbol{P}(\lambda)^{-1}(\lambda\boldsymbol{E}-\boldsymbol{B}) \tag{7.3.5}$$

对 $\boldsymbol{Q}(\lambda)$ 作带余除法：

$$\boldsymbol{Q}(\lambda)=\boldsymbol{U}(\lambda)(\lambda\boldsymbol{E}-\boldsymbol{B})+\boldsymbol{Q}_0,\boldsymbol{Q}_0\in\boldsymbol{M}_n(\boldsymbol{F})$$

代入式（7.3.5），整理得

$$(\lambda\boldsymbol{E}-\boldsymbol{A})\boldsymbol{Q}_0=(\boldsymbol{P}(\lambda)^{-1}-(\lambda\boldsymbol{E}-\boldsymbol{A})\boldsymbol{U}(\lambda))(\lambda\boldsymbol{E}-\boldsymbol{B}) \tag{7.3.6}$$

式（7.3.6）左边的次数不超过 1，因而右边的第一个因子必须是数字矩阵，比较两边 λ 的系数矩阵，可见

$$\boldsymbol{Q}_0=\boldsymbol{P}(\lambda)^{-1}-(\lambda\boldsymbol{E}-\boldsymbol{A})\boldsymbol{U}(\lambda) \tag{7.3.7}$$

式（7.3.7）两端左乘 $\boldsymbol{P}(\lambda)$，移项得

$$\boldsymbol{P}(\lambda)\boldsymbol{Q}_0+\boldsymbol{P}(\lambda)(\lambda\boldsymbol{E}-\boldsymbol{A})\boldsymbol{U}(\lambda)=\boldsymbol{E} \tag{7.3.8}$$

对 $\boldsymbol{P}(\lambda)$ 作带余除法：

$$P(\lambda)=(\lambda E-B)V(\lambda)+P_0, P_0\in M_n(F)$$

考虑到

$$P(\lambda)(\lambda E-A)=(\lambda E-B)Q(\lambda)^{-1}$$

式（7.3.8）可以化为

$$P_0Q_0+(\lambda E-B)(V(\lambda)Q_0+Q(\lambda)^{-1}U(\lambda))=E \tag{7.3.9}$$

式（7.3.9）右边是零次的，因此左边第二项

$$V(\lambda)Q_0+Q(\lambda)^{-1}U(\lambda)=O$$

从而 $P_0Q_0=E$，Q_0 可逆，将式（7.3.7）代入式（7.3.6）得

$$(\lambda E-A)Q_0=Q_0(\lambda E-B)\text{，即 } Q_0^{-1}(\lambda E-A)Q_0=(\lambda E-B)$$

由引理 7.3.1，知 A 与 B 相似.

应该指出，由于 $|\lambda E-A|=f_A(\lambda)=\lambda^n-\mathrm{tr}(A)\lambda^{n-1}+\cdots+(-1)^n|A|\neq 0$，故此 n 阶矩阵的特征矩阵的秩一定是 n. 因此，n 阶矩阵的不变因子总是有 n 个，并且，它们的乘积就等于这个矩阵的特征多项式.

因为两个 λ-矩阵等价的充要条件是它们有相同的不变因子，所以由定理 7.2.1、推论 7.2.1 和定理 7.3.1，即得以下结论.

定理 7.3.2 设 $A,B\in M_n(F)$，则下列条件等价:

（1）A,B 相似；

（2）A,B 有相同的行列式因子；

（2）A,B 有相同的不变因子；

（2）A,B 有相同的初等因子.

以上结果说明，不变因子是矩阵的相似不变量，因此我们可以把一个线性变换的任一矩阵的不变因子(它们与该矩阵的选取无关)定义为此线性变换的不变因子.

习题 7.3

1. 证明 $\begin{bmatrix}\lambda_0 & 0 & 0\\ 1 & \lambda_0 & 0\\ 0 & 1 & \lambda_0\end{bmatrix}$ 与 $\begin{bmatrix}\lambda_0 & 0 & 0\\ a & \lambda_0 & 0\\ 0 & a & \lambda_0\end{bmatrix}$（$a$ 为任一非零实数）相似.

2. 判断下列两组矩阵是否相似.

（1）$A=\begin{pmatrix}-1 & 1 & 0\\ -4 & 3 & 0\\ 1 & 0 & 2\end{pmatrix}$，$B=\begin{pmatrix}3 & 0 & 8\\ 3 & -1 & 6\\ -2 & 0 & -5\end{pmatrix}$；

（2）$A=\begin{pmatrix}-1 & 1 & 0\\ -4 & 3 & 0\\ 1 & 0 & 2\end{pmatrix}$，$C=\begin{pmatrix}2 & 0 & 0\\ 0 & 1 & 1\\ 1 & 0 & 1\end{pmatrix}$.

7.4 若尔当（Jordan）形矩阵

由前面的讨论可知，并不是对于每一个线性变换都有一组基，使它在这组基下的矩阵成为对角形. 那么，在适当选择的基下，一个线性变换能化简成什么形状？

定义 7.4.1 形式为

$$\boldsymbol{J}(\lambda,t)=\begin{pmatrix}\lambda & 0 & \cdots & 0 & 0 & 0\\ 1 & \lambda & \cdots & 0 & 0 & 0\\ \vdots & \vdots & & \vdots & \vdots & \vdots\\ 0 & 0 & \cdots & 1 & \lambda & 0\\ 0 & 0 & \cdots & 0 & 1 & \lambda\end{pmatrix}_{t\times t}$$

的矩阵称为若尔当（Jordan）块，其中 λ 是复数. 由若干个若尔当块组成的准对角矩阵称为若尔当（Jordan）形矩阵，其一般形状如

$$\begin{pmatrix}\boldsymbol{J}_1 & & & \\ & \boldsymbol{J}_2 & & \\ & & \ddots & \\ & & & \boldsymbol{J}_s\end{pmatrix}$$

其中

$$\boldsymbol{J}_i=\begin{pmatrix}\lambda_i & & & & \\ 1 & \lambda_i & & & \\ & \ddots & \ddots & & \\ & & 1 & \lambda_i & \\ & & & 1 & \lambda_i\end{pmatrix}_{k_i\times k_i}$$

并且 $\lambda_1,\lambda_2,\cdots,\lambda_s$ 中有一些可以相等.

例如

$$\begin{pmatrix}2 & 0 & 0\\ 1 & 2 & 0\\ 0 & 1 & 2\end{pmatrix},\begin{pmatrix}0 & 0 & 0 & 0\\ 1 & 0 & 0 & 0\\ 0 & 1 & 0 & 0\\ 0 & 0 & 1 & 0\end{pmatrix},\begin{pmatrix}i & 0\\ 1 & i\end{pmatrix}$$

都是若尔当块，而

$$\begin{pmatrix}1 & 0 & 0 & 0 & 0 & 0\\ 1 & 1 & 0 & 0 & 0 & 0\\ 0 & 0 & 4 & 0 & 0 & 0\\ 0 & 0 & 0 & 4 & 0 & 0\\ 0 & 0 & 0 & 1 & 4 & 0\\ 0 & 0 & 0 & 0 & 1 & 4\end{pmatrix}$$

是一个若尔当形矩阵，它由三个若尔当块组成.

一阶若尔当块就是一阶矩阵，因此若尔当形矩阵中包含对角矩阵.

说明：有些教材中定义 $\boldsymbol{J}(\lambda,t)=\begin{pmatrix}\lambda & 1 & \cdots & 0 & 0 & 0\\ 0 & \lambda & \cdots & 0 & 0 & 0\\ \vdots & \vdots & & \vdots & \vdots & \vdots\\ 0 & 0 & \cdots & & \lambda & 1\\ 0 & 0 & \cdots & 0 & & \lambda\end{pmatrix}_{t\times t}$ 为若尔当块.

我们用初等因子的理论来解决若尔当标准形的计算问题. 首先计算若尔当标准形的初等因子.

定理 7.4.1 若尔当块

$$\boldsymbol{J}_0=\begin{pmatrix}\lambda_0 & 0 & \cdots & 0 & 0\\ 1 & \lambda_0 & \cdots & 0 & 0\\ 0 & 1 & \cdots & 0 & 0\\ \vdots & \vdots & & \vdots & \vdots\\ 0 & 0 & \cdots & 1 & \lambda_0\end{pmatrix}_{n\times n}$$

的初等因子是 $(\lambda-\lambda_0)^n$.

证明 考虑它的特征矩阵

$$\lambda\boldsymbol{E}-\boldsymbol{J}_0=\begin{pmatrix}\lambda-\lambda_0 & 0 & \cdots & 0 & 0\\ -1 & \lambda-\lambda_0 & \cdots & 0 & 0\\ 0 & -1 & \cdots & 0 & 0\\ \vdots & \vdots & & \vdots & \vdots\\ 0 & 0 & \cdots & -1 & \lambda-\lambda_0\end{pmatrix}$$

显然 $|\lambda\boldsymbol{E}-\boldsymbol{J}_0|=(\lambda-\lambda_0)^n$，这就是 $\lambda\boldsymbol{E}-\boldsymbol{J}_0$ 的 n 阶行列式因子. 由于 $\lambda\boldsymbol{E}-\boldsymbol{J}_0$ 有一个 $n-1$ 阶子式，即

$$\begin{vmatrix}-1 & \lambda-\lambda_0 & \cdots & 0 & 0\\ 0 & -1 & \cdots & 0 & 0\\ \vdots & \vdots & & \vdots & \vdots\\ 0 & 0 & \cdots & -1 & \lambda-\lambda_0\\ 0 & 0 & \cdots & 0 & -1\end{vmatrix}=(-1)^{n-1}$$

所以它的 $n-1$ 阶行列式因子是1，从而它的 $n-1$ 阶以下各阶的行列式因子全是1. 因此它的不变因子

$$d_1(\lambda)=\cdots=d_{n-1}(\lambda)=1\,,d_n(\lambda)=(\lambda-\lambda_0)^n$$

由此即得，$\boldsymbol{J}_0$ 的初等因子是 $(\lambda-\lambda_0)^n$.

再利用推论 7.2.2，结合定理 7.4.1，很容易算出若尔当形矩阵的初等因子.

推论 7.4.1 若尔当形矩阵

$$\boldsymbol{J}=\mathrm{diag}(\boldsymbol{J}_1,\boldsymbol{J}_2,\cdots,\boldsymbol{J}_s)$$

的全部初等因子是 $(\lambda-\lambda_i)^{k_i}\,(i=1,2,\cdots,s)$，其中

$$J_i=\begin{pmatrix}\lambda_i & & & & \\ 1 & \lambda_i & & & \\ & \ddots & \ddots & & \\ & & 1 & \lambda_i & \\ & & & 1 & \lambda_i\end{pmatrix}_{k_i\times k_i}$$

证明 设

$$J=\begin{pmatrix}J_1 & & & \\ & J_2 & & \\ & & \ddots & \\ & & & J_s\end{pmatrix}$$

是一个若尔当形矩阵，其中

$$J_i=\begin{pmatrix}\lambda_i & 0 & \cdots & 0 & 0\\ 1 & \lambda_i & \cdots & 0 & 0\\ 0 & 1 & \cdots & 0 & 0\\ \vdots & \vdots & & \vdots & \vdots\\ 0 & 0 & \cdots & 1 & \lambda_i\end{pmatrix}_{k_i\times k_i},\quad i=1,2,\cdots,s$$

既然 J_i 的初等因子是 $(\lambda-\lambda_i)^{k_i}\,(i=1,2,\cdots,s)$，所以 $\lambda E-J_i$ 与

$$\begin{pmatrix}1 & & & \\ & 1 & & \\ & & \ddots & \\ & & & (\lambda-\lambda_i)^{k_i}\end{pmatrix}$$

等价. 于是

$$\lambda E-J=\begin{pmatrix}\lambda E_{k_1}-J_1 & & & \\ & \lambda E_{k_2}-J_2 & & \\ & & \ddots & \\ & & & \lambda E_{k_s}-J_s\end{pmatrix}$$

与

$$\begin{pmatrix}1 & & & & & & & & & & & \\ & \ddots & & & & & & & & & & \\ & & 1 & & & & & & & & & \\ & & & (\lambda-\lambda_1)^{k_1} & & & & & & & & \\ & & & & 1 & & & & & & & \\ & & & & & \ddots & & & & & & \\ & & & & & & 1 & & & & & \\ & & & & & & & (\lambda-\lambda_2)^{k_2} & & & & \\ & & & & & & & & 1 & & & \\ & & & & & & & & & \ddots & & \\ & & & & & & & & & & 1 & \\ & & & & & & & & & & & (\lambda-\lambda_s)^{k_s}\end{pmatrix}$$

等价. 因此，$\boldsymbol{J}$ 的全部初等因子是

$$(\lambda-\lambda_1)^{k_1},(\lambda-\lambda_2)^{k_2},\cdots,(\lambda-\lambda_s)^{k_s}$$

这就是说，每个若尔当形矩阵的全部初等因子是由它的全部若尔当形矩阵的初等因子构成的. 由于每个若尔当块完全由它的阶数 n 与主对角线上元素 λ_0 所刻画，而这两个数都反映在它的初等因子 $(\lambda-\lambda_0)^n$ 中. 因此，若尔当块被它的初等因子唯一决定. 由此可见，若尔当形矩阵除去其中若尔当块排列的次序外被它的初等因子唯一决定.

定理 7.4.2 每个 n 阶的复数矩阵 $\boldsymbol{A}$ 都与一个若尔当形矩阵相似，这个若尔当形矩阵除去其中若尔当块的排列次序外是被矩阵 $\boldsymbol{A}$ 唯一决定的，它称为 $\boldsymbol{A}$ 的若尔当标准形.

证明 设 n 阶矩阵 $\boldsymbol{A}$ 的初等因子组是

$$(\lambda-\lambda_1)^{k_1},(\lambda-\lambda_2)^{k_2},\cdots,(\lambda-\lambda_s)^{k_s} \tag{7.4.1}$$

这里，$\lambda_1,\lambda_2,\cdots,\lambda_s$ 是复数，$k_1+k_2+\cdots+k_s=n$. 由推论 7.4.1 知，若尔当形矩阵

$$\boldsymbol{J}=\begin{pmatrix} \boldsymbol{J}_{k_1}(\lambda_1) & & & \\ & \boldsymbol{J}_{k_2}(\lambda_2) & & \\ & & \ddots & \\ & & & \boldsymbol{J}_{k_s}(\lambda_s) \end{pmatrix}$$

的初等因子组也是式（7.4.1），因此 $\boldsymbol{A}$ 相似于 $\boldsymbol{J}$. 如果 $\boldsymbol{A}$ 与另一若尔当形矩阵 $\boldsymbol{J}'$ 相似，则 $\boldsymbol{J}$ 与 $\boldsymbol{J}'$ 有相同的初等因子组，因而 $\boldsymbol{J}$ 与 $\boldsymbol{J}'$ 有相同的若尔当块，那么它们至多有若尔当块的排列顺序的差别.

定理 7.4.2 换成线性变换的语言就是：

定理 7.4.3 设 σ 是复数域上的 n 维线性空间 $\boldsymbol{V}$ 的线性变换，则在 $\boldsymbol{V}$ 中必定存在一个基，使 σ 在这个基下的矩阵是若尔当形矩阵. 并且，这个若尔当形矩阵除去其中若尔当块的排列次序外是被 σ 唯一确定的.

证明 设 σ 在 $\boldsymbol{V}$ 的基 $\boldsymbol{\alpha}_1,\boldsymbol{\alpha}_2,\cdots,\boldsymbol{\alpha}_n$ 下的矩阵是 $\boldsymbol{A}$，由定理 7.4.1，存在可逆矩阵 $\boldsymbol{P}$ 使得 $\boldsymbol{P}^{-1}\boldsymbol{A}\boldsymbol{P}=\boldsymbol{J}$，其中 $\boldsymbol{J}$ 是若尔当形矩阵. 令

$$(\boldsymbol{\beta}_1,\boldsymbol{\beta}_2,\cdots,\boldsymbol{\beta}_n)=(\boldsymbol{\alpha}_1,\boldsymbol{\alpha}_2,\cdots,\boldsymbol{\alpha}_n)\boldsymbol{P}$$

则 σ 在基 $\boldsymbol{\beta}_1,\boldsymbol{\beta}_2,\cdots,\boldsymbol{\beta}_n$ 下的矩阵是若尔当形矩阵 $\boldsymbol{J}$. 由定理 7.4.1，唯一性成立.

由于对角矩阵是若尔当形矩阵，它由一阶若尔当块构成，从而初等因子都是一次的，因此有下列结论：

定理 7.4.4 设 $\boldsymbol{A}\in\boldsymbol{M}_n(\mathbf{C})$，则下列条件等价：

（1）$\boldsymbol{A}$ 可对角化.

（2）$\boldsymbol{A}$ 的初等因子都是一次的.

（3）$\boldsymbol{A}$ 的所有不变因子都没有重根.

例 7.4.1 求矩阵 $\boldsymbol{A}=\begin{pmatrix}-1 & 2 & -6\\ 1 & 0 & 3\\ 1 & -1 & 4\end{pmatrix}$ 的若尔当标准形.

解 先求 $\lambda\boldsymbol{E}-\boldsymbol{A}$ 的初等因子:

$$\lambda\boldsymbol{E}-\boldsymbol{A}=\begin{pmatrix}\lambda+1 & -2 & 6\\ -1 & \lambda & -3\\ -1 & 1 & \lambda-4\end{pmatrix}\to\begin{pmatrix}0 & \lambda-1 & \lambda^2-3\lambda+2\\ 0 & \lambda-1 & -\lambda+1\\ -1 & 1 & \lambda-4\end{pmatrix}$$

$$\to\begin{pmatrix}1 & 0 & 0\\ 0 & \lambda-1 & -\lambda+1\\ 0 & \lambda-1 & \lambda^2-2\lambda+1\end{pmatrix}\to\begin{pmatrix}1 & 0 & 0\\ 0 & \lambda-1 & 0\\ 0 & 0 & (\lambda-1)^2\end{pmatrix}$$

所以 $\boldsymbol{A}$ 的全部初等因子为 $\lambda-1,\ (\lambda-1)^2$，故 $\boldsymbol{A}$ 的若尔当标准形是

$$J=\begin{pmatrix}1 & 0 & 0\\ 0 & 1 & 0\\ 0 & 1 & 1\end{pmatrix}$$

例 7.4.2 求矩阵 $\boldsymbol{B}=\begin{pmatrix}a & -b & & & & \\ -b & a & 1 & & & \\ & & a & -b & & \\ & & -b & a & 1 & \\ & & & & a & -b\\ & & & & -b & a\end{pmatrix}$ $(a\neq 0,b\neq 0)$ 的若尔当标准形.

解
$$\lambda\boldsymbol{E}-\boldsymbol{B}=\begin{pmatrix}\lambda-a & b & & & & \\ b & \lambda-a & -1 & & & \\ & & \lambda-a & b & & \\ & & b & \lambda-a & -1 & \\ & & & & \lambda-a & b\\ & & & & b & \lambda-a\end{pmatrix}$$

由于两个 5 阶子式

$$\begin{vmatrix}\lambda-a & b & & & \\ b & \lambda-a & -1 & & \\ & & \lambda-a & b & \\ & & b & \lambda-a & -1\\ & & & & \lambda-a\end{vmatrix}=[(\lambda-a)^2-b^2]^2(\lambda-a)$$

与
$$\begin{vmatrix}b & & & & \\ \lambda-a & -1 & & & \\ & \lambda-a & b & & \\ & & \lambda-a & -1 & \\ & & & \lambda-a & b\end{vmatrix}=b^3\neq 0$$

是互素的，所以 $D_5(\lambda)=1$，从而 $D_1(\lambda)=\cdots=D_4(\lambda)=1$.

又
$$D_6(\lambda)=|\lambda\boldsymbol{E}-\boldsymbol{B}|=[(\lambda-a)^2-b^2]^3$$

所以 $\boldsymbol{B}$ 的不变因子为

$$d_1(\lambda)=\cdots=d_5(\lambda)=1,d_6(\lambda)=D_6(\lambda)=(\lambda-a-b)^3(\lambda-a+b)^3$$

$\boldsymbol{B}$ 的初等因子为

$$(\lambda-a-b)^3,(\lambda-a+b)^3$$

故若尔当标准形为

$$\begin{pmatrix} a+b & & & & & \\ 1 & a+b & & & & \\ & 1 & a+b & & & \\ & & & a-b & & \\ & & & 1 & a-b & \\ & & & & 1 & a-b \end{pmatrix}$$

虽然前面证明了每个复数矩阵 $\boldsymbol{A}$ 都与一个若尔当形矩阵相似，并且有了具体求矩阵 $\boldsymbol{A}$ 的若尔当标准形的方法，但是并没有谈到如何确定过渡矩阵 $\boldsymbol{P}$，使 $\boldsymbol{P}^{-1}\boldsymbol{AP}$ 成若尔当标准形的问题. 下面来解决这个问题.

理论依据：方阵 $\boldsymbol{A}$ 与若尔当标准形 $\boldsymbol{J}$ 相似，即存在可逆阵 $\boldsymbol{P}$，使得 $\boldsymbol{A}=\boldsymbol{PJP}^{-1}$. 下面简单介绍 $\boldsymbol{T}$ 的求法.

设 $\boldsymbol{A}\in \boldsymbol{M}_n(\mathbf{C})$，$\boldsymbol{P}=(\boldsymbol{p}_1,\boldsymbol{p}_2,\cdots,\boldsymbol{p}_n)\in \boldsymbol{M}_n(\mathbf{C})$，$\boldsymbol{J}=(\boldsymbol{j}_1,\boldsymbol{j}_2,\cdots,\boldsymbol{j}_n)\in \boldsymbol{M}_n(\mathbf{C})$，由 $\boldsymbol{AP}=\boldsymbol{PJ}$，即

$$\boldsymbol{A}(\boldsymbol{p}_1,\boldsymbol{p}_2,\cdots,\boldsymbol{p}_n)=(\boldsymbol{p}_1,\boldsymbol{p}_2,\cdots,\boldsymbol{p}_n)(\boldsymbol{j}_1,\boldsymbol{j}_2,\cdots,\boldsymbol{j}_n)$$

得
$$\begin{cases} \boldsymbol{Ap}_1=(\boldsymbol{p}_1,\boldsymbol{p}_2,\cdots,\boldsymbol{p}_n)\boldsymbol{j}_1 \\ \boldsymbol{Ap}_2=(\boldsymbol{p}_1,\boldsymbol{p}_2,\cdots,\boldsymbol{p}_n)\boldsymbol{j}_2 \\ \quad\vdots \\ \boldsymbol{Ap}_n=(\boldsymbol{p}_1,\boldsymbol{p}_2,\cdots,\boldsymbol{p}_n)\boldsymbol{j}_n \end{cases}$$

解上述方程，选取适当的 $\boldsymbol{p}_1,\boldsymbol{p}_2,\cdots,\boldsymbol{p}_n$ 即可.

例 7.4.3 $\boldsymbol{A}=\begin{pmatrix} -2 & 2 & -1 \\ 0 & -2 & 0 \\ 1 & 4 & 0 \end{pmatrix}$，求相似变换矩阵 $\boldsymbol{P}$，使得 $\boldsymbol{A}$ 与若尔当标准形 $\boldsymbol{J}$ 相似.

解
$$\lambda\boldsymbol{E}-\boldsymbol{A}=\begin{pmatrix} \lambda+2 & -2 & 1 \\ 0 & \lambda+2 & 0 \\ -1 & -4 & \lambda \end{pmatrix}\longrightarrow\begin{pmatrix} 1 & 0 & 0 \\ 0 & 1 & 0 \\ 0 & 0 & (\lambda+1)^2(\lambda+2) \end{pmatrix}$$

则初等因子为 $(\lambda+1)^2,\lambda+2$，所以

$$J=\begin{pmatrix}-1&0&0\\1&-1&0\\0&0&-2\end{pmatrix}$$

设 $\boldsymbol{P}=(\boldsymbol{p}_1,\boldsymbol{p}_2,\boldsymbol{p}_3)$，由 $\boldsymbol{AP}=\boldsymbol{PJ}$，即

$$\boldsymbol{A}(\boldsymbol{p}_1,\boldsymbol{p}_2,\boldsymbol{p}_3)=(\boldsymbol{p}_1,\boldsymbol{p}_2,\boldsymbol{p}_3)\begin{pmatrix}-1&0&0\\1&-1&0\\0&0&-2\end{pmatrix}$$

得

$$\begin{cases}\boldsymbol{A}\boldsymbol{p}_1=-\boldsymbol{p}_1+\boldsymbol{p}_2 & (7.4.2)\\ \boldsymbol{A}\boldsymbol{p}_2=-\boldsymbol{p}_2 & (7.4.3)\\ \boldsymbol{A}\boldsymbol{p}_3=-2\boldsymbol{p}_3 & (7.4.4)\end{cases}$$

解上述方程，在式(7.4.3)中取 $\boldsymbol{p}_2=(-1,0,1)^{\mathrm T}$，代入式(7.4.2)，在式(7.4.2)中取 $\boldsymbol{p}_1=(0,0,1)^{\mathrm T}$，在式（7.4.4）中取 $\boldsymbol{p}_3=(-8,0,2)^{\mathrm T}$. 所以

$$\boldsymbol{P}=\begin{pmatrix}0&-1&-8\\0&0&1\\1&1&2\end{pmatrix}$$

使

$$\boldsymbol{P}^{-1}\boldsymbol{AP}=\boldsymbol{J}=\begin{pmatrix}-1&&\\1&-1&\\&&-2\end{pmatrix}$$

注：式（7.4.3）、式（7.4.4）求解 $\boldsymbol{p}_2,\boldsymbol{p}_3$，实际上是求特征值 $-1,-2$ 的特征向量. $\boldsymbol{p}_1$ 的选取不唯一.

注：这里 $\boldsymbol{P}=\begin{pmatrix}1&-1&-8\\0&0&1\\0&1&2\end{pmatrix}$，$\boldsymbol{P}^{-1}=\begin{pmatrix}1&6&1\\0&-2&1\\0&1&0\end{pmatrix}$，容易验证 $\boldsymbol{P}^{-1}\boldsymbol{AP}=\begin{pmatrix}-1&&\\1&-1&\\&&-2\end{pmatrix}$. 同时发现这种相似变换矩阵不唯一.

例 7.4.4 已知矩阵 $\boldsymbol{A}=\begin{pmatrix}2&-1&-1\\2&-1&-2\\-1&1&2\end{pmatrix}$，求矩阵 $\boldsymbol{A}$ 的若尔当标准形 $\boldsymbol{J}$ 及可逆矩阵 $\boldsymbol{P}$，使 $\boldsymbol{P}^{-1}\boldsymbol{AP}=\boldsymbol{J}$.

解

$$\lambda\boldsymbol{E}-\boldsymbol{A}=\begin{pmatrix}\lambda-2&1&1\\-2&\lambda+1&2\\1&-1&\lambda-2\end{pmatrix}$$

则初等因子为 $(\lambda-1),(\lambda-1)^2$，故 $\boldsymbol{A}$ 的若尔当标准形为

$$J=\begin{pmatrix}1&&\\&1&\\&1&1\end{pmatrix}$$

再设 $\boldsymbol{P}=(\boldsymbol{X}_1,\boldsymbol{X}_2,\boldsymbol{X}_3)$，由 $\boldsymbol{P}^{-1}\boldsymbol{A}\boldsymbol{P}=\boldsymbol{J}$，得

$$\boldsymbol{A}(\boldsymbol{X}_1,\boldsymbol{X}_2,\boldsymbol{X}_3)=(\boldsymbol{X}_1,\boldsymbol{X}_2,\boldsymbol{X}_3)\boldsymbol{J}$$

于是

$$(\boldsymbol{A}\boldsymbol{X}_1,\boldsymbol{A}\boldsymbol{X}_2,\boldsymbol{A}\boldsymbol{X}_3)=(\boldsymbol{X}_1,\boldsymbol{X}_2+\boldsymbol{X}_3,\boldsymbol{X}_3)$$

即
$$(\boldsymbol{E}-\boldsymbol{A})\boldsymbol{X}_1=\boldsymbol{0},\quad (\boldsymbol{E}-\boldsymbol{A})\boldsymbol{X}_2=-\boldsymbol{X}_3,\quad (\boldsymbol{E}-\boldsymbol{A})\boldsymbol{X}_3=\boldsymbol{0}$$

解方程 $(\boldsymbol{E}-\boldsymbol{A})\boldsymbol{X}_1=\boldsymbol{0}$，得基础解系 $\boldsymbol{e}_1=(1,1,0)^{\mathrm{T}},\boldsymbol{e}_2=(1,0,1)^{\mathrm{T}}$. 选取 $\boldsymbol{X}_1=(1,1,0)^{\mathrm{T}}$. 又由于方程 $(\boldsymbol{E}-\boldsymbol{A})\boldsymbol{X}_3=\boldsymbol{0}$ 与 $(\boldsymbol{E}-\boldsymbol{A})\boldsymbol{X}_1=\boldsymbol{0}$ 是相同的，所以 $(\boldsymbol{E}-\boldsymbol{A})\boldsymbol{X}_3=\boldsymbol{0}$ 的任一解具有以下形式：$\boldsymbol{X}_3=c_1\boldsymbol{e}_1+c_2\boldsymbol{e}_2=(c_1+c_2,c_1,c_2)^{\mathrm{T}}$. 为使方程 $(\boldsymbol{E}-\boldsymbol{A})\boldsymbol{X}_2=-\boldsymbol{X}_3$ 有解，可选择 c_1,c_2 的值使下面两矩阵的秩相等：

$$\boldsymbol{E}-\boldsymbol{A}=\begin{pmatrix}-1&1&1\\-2&2&2\\1&-1&-1\end{pmatrix},\quad \begin{pmatrix}-1&1&1&c_1+c_2\\-2&2&2&c_1\\1&-1&-1&c_2\end{pmatrix}$$

这样可得 $c_1=2,c_2=-1$，故 $\boldsymbol{X}_3=(1,2,-1)^{\mathrm{T}}$. 将 $\boldsymbol{X}_3$ 代入，可得 $\boldsymbol{X}_2=(1,0,0)^{\mathrm{T}}$. 取 $\boldsymbol{P}=(\boldsymbol{X}_1,\boldsymbol{X}_2,\boldsymbol{X}_3)$，即 $\boldsymbol{P}=\begin{pmatrix}1&1&1\\1&0&2\\0&0&-1\end{pmatrix}$，便有 $\boldsymbol{P}^{-1}\boldsymbol{A}\boldsymbol{P}=\boldsymbol{J}$.

定理 7.4.5 设矩阵 $\boldsymbol{A}\in\boldsymbol{M}_n(\mathbf{C})$，则 $\boldsymbol{A}$ 的最小多项式可以由

$$m_A(\lambda)=(\lambda-\lambda_1)^{d_1}(\lambda-\lambda_2)^{d_2}\cdots(\lambda-\lambda_s)^{d_s}$$

给出，其中 $\lambda_i(i=1,2,\cdots,s)$ 是 A 的相异的特征根，$d_i(i=1,2,\cdots,s)$ 是在 $\boldsymbol{A}$ 的若尔当形 $\boldsymbol{J}$ 中包含 λ_i 的各分块的最大阶数.

证明* 设 $\boldsymbol{A}$ 以及与 $\boldsymbol{A}$ 相似的若尔当标准形 $\boldsymbol{J}$ 的特征多项式为

$$f_A(\lambda)=(\lambda-\lambda_1)^{m_1}(\lambda-\lambda_2)^{m_2}\cdots(\lambda-\lambda_s)^{m_s}$$

其中，λ_i 是 $\boldsymbol{A}$ 的相异的特征根；m_i 是特征值 λ_i 的重数，且 $\sum\limits_{i=1}^{s}m_i=n$.

由推论 6.8.2 知，$\boldsymbol{A}$ 的最小多项式具有如下形式：

$$m_A(\lambda)=(\lambda-\lambda_1)^{d_1}(\lambda-\lambda_2)^{d_2}\cdots(\lambda-\lambda_s)^{d_s}$$

其中，d_i 为不超过 m_i 的正整数. 又由最小多项式定义，有 $m_A(\boldsymbol{A})=0$.

下面来确定常数 $d_i(i=1,2,\cdots,s)$.

因为

$$\boldsymbol{J}=\begin{pmatrix}\boldsymbol{J}_1&&&\\&\boldsymbol{J}_2&&\\&&\ddots&\\&&&\boldsymbol{J}_s\end{pmatrix}_{n\times n}$$

其中 $$\boldsymbol{J}_i=\begin{pmatrix}\boldsymbol{J}_{i1} & & & \\ & \boldsymbol{J}_{i2} & & \\ & & \ddots & \\ & & & \boldsymbol{J}_{ir_i}\end{pmatrix}_{m_i\times m_i}$$

式中 $$\boldsymbol{J}_{ik}=\begin{pmatrix}\lambda_i & & & \\ 1 & \lambda_i & & \\ & 1 & \ddots & \\ & & 1 & \lambda_i\end{pmatrix}_{n_{ik}\times n_{ik}}\quad(k=1,2,\cdots,r_i,n_{i1}+n_{i2}+\cdots+n_{ir_i}=m_i)$$

所以 $\lambda\boldsymbol{E}-\boldsymbol{J}$ 是以 $(\lambda\boldsymbol{E}-\boldsymbol{J}_{11}),(\lambda\boldsymbol{E}-\boldsymbol{J}_{12}),\cdots,(\lambda\boldsymbol{E}-\boldsymbol{J}_{1r_1}),\cdots,(\lambda\boldsymbol{E}-\boldsymbol{J}_{s1}),(\lambda\boldsymbol{E}-\boldsymbol{J}_{s2}),\cdots,(\lambda\boldsymbol{E}-\boldsymbol{J}_{sr_s})$ 为主对角线上的元素的分块对角矩阵.

分块的初等因子分别为

$$(\lambda-\lambda_1)^{n_{11}},(\lambda-\lambda_1)^{n_{12}},\cdots,(\lambda-\lambda_1)^{n_{1r_1}},\cdots,(\lambda-\lambda_s)^{n_{s1}},(\lambda-\lambda_s)^{n_{s2}},\cdots,(\lambda-\lambda_s)^{n_{sr_s}}$$

由初等因子与不变因子的关系，可得 $\lambda\boldsymbol{E}-\boldsymbol{J}$ 的不变因子的最后一项

$$d_n(\lambda)=(\lambda-\lambda_1)^{d_1}\cdots(\lambda-\lambda_s)^{d_s}$$

这里，$d_i=\max\{n_{i1},n_{i2},\cdots,n_{ir_i}\}(i=1,2,\cdots,s)$，由不变因子是等价不变量，矩阵 $\boldsymbol{A}$ 的最后一项不变因子也是 $d_n(\lambda)=(\lambda-\lambda_1)^{d_1}\cdots(\lambda-\lambda_s)^{d_s}$.

由不变因子与最小多项式的关系，知最小多项式为

$$m_A(\lambda)=(\lambda-\lambda_1)^{d_1}(\lambda-\lambda_2)^{d_2}\cdots(\lambda-\lambda_s)^{d_s}$$

这里，$d_i=\max\{n_{i1},n_{i2},\cdots,n_{ir_i}\}(i=1,2,\cdots,s)$.

推论 7.4.2 当 $\boldsymbol{A}$ 的所有特征值都相异时，$\boldsymbol{A}$ 的最小多项式 $m_A(\lambda)$ 就是 $\boldsymbol{A}$ 的特征多项式 $f(\lambda)=|\lambda\boldsymbol{E}-\boldsymbol{A}|$.

在一般情况下，$\boldsymbol{A}$ 的最小多项式可以通过求出它的若尔当标准形 $\boldsymbol{J}$ 获得.

例 7.4.5 已知矩阵 $\boldsymbol{A}$ 的若尔当标准形为

$$\boldsymbol{J}=\begin{pmatrix}1 & & & & & \\ 1 & 1 & & & & \\ & 1 & 1 & & & \\ & & & 2 & & \\ & & & 1 & 2 & \\ & & & & & 2\end{pmatrix}$$

求 $\boldsymbol{A}$ 的最小多项式.

解 $\boldsymbol{J}$ 中包含 $\lambda_1=1$ 的若尔当块的阶数 $d_1=3$，包含 $\lambda_2=2$ 的若尔当块的最大阶数 $d_2=2$，因此 $\boldsymbol{A}$ 的最小多项式为

$$m_A(\lambda)=(\lambda-1)^3(\lambda-2)^2$$

例 7.4.6 证明

$$A(\lambda)=\begin{pmatrix} \lambda & 0 & 0 & \cdots & 0 & a_n \\ -1 & \lambda & 0 & \cdots & 0 & a_{n-1} \\ 0 & -1 & \lambda & \cdots & 0 & a_{n-2} \\ \vdots & \vdots & \vdots & & \vdots & \vdots \\ 0 & 0 & 0 & \cdots & \lambda & a_2 \\ 0 & 0 & 0 & \cdots & -1 & \lambda+a_1 \end{pmatrix}$$

的不变因子是$\overbrace{1,1,\cdots,1}^{n-1}, f(\lambda)$，其中$f(\lambda)=\lambda^n+a_1\lambda^{n-1}+\cdots+a_{n-1}\lambda+a_n$.

证明 因为$A(\lambda)$的左下角的$n-1$阶子式为$(-1)^{n-1}$，所以$D_{n-1}(\lambda)=1$，于是

$$D_1(\lambda)=D_2(\lambda)=\cdots=D_{n-1}(\lambda)$$

将$|A(\lambda)|$的第二行，第三行，……，第$n-1$行，第n行分别乘以$\lambda,\lambda^2,\cdots,\lambda^{n-2},\lambda^{n-1}$都加至第一行上，依第一行展开即得

$$D_n(\lambda)=|A(\lambda)|=\lambda^n+a_1\lambda^{n-1}+\cdots+a_{n-1}\lambda+a_n$$

因此，$A(\lambda)$的不变因子是$\overbrace{1,1,\cdots,1}^{n-1}, f(\lambda)$.

定理 7.4.6 A的最小多项式是A的初等因子的最小公倍式.

证明 由于相似矩阵有相同的初等因子，只要对A的若尔当标准形矩阵J证明即可.

设
$$J=\begin{pmatrix} J_1 & & & \\ & J_2 & & \\ & & \ddots & \\ & & & J_S \end{pmatrix}$$

其中
$$J_i=\begin{pmatrix} \lambda_i & & & \\ 1 & \lambda_i & \ddots & \\ & \ddots & \ddots & \\ & & 1 & \lambda_i \end{pmatrix},\ i=1,2,\cdots,s$$

并且$\sum_{i=1}^{s}n_i=n.$ 已知J_i的最小多项式是$(\lambda-\lambda_i)^{n_i}$，现在对任一多项式$f(\lambda)$有

$$f(J)=\begin{pmatrix} f(J_1) & & & \\ & f(J_2) & & \\ & & \ddots & \\ & & & f(J_s) \end{pmatrix}$$

因此$f(J)=0$当且仅当$f(J_1)=f(J_2)=\cdots=f(J_s)=0$. 这就是说，$f(\lambda)$是$J$的零化多项式，$f(\lambda)$是$J_1,J_2,\cdots,J_s$的零化多项式. 进一步，$g(\lambda)$是$J$的最小多项式必须$g(\lambda)$是$J_1,J_2,\cdots,J_s$的零化多项式，因此$f(\lambda)$是$J_1,J_2,\cdots,J_s$的最小多项式的公倍式；另外，这些$J_i$的最小多项式的任一公倍式必须是$J$的零化多项式，因而被$g(\lambda)$整除. 故$J$的最小多项式必须是$J_1,J_2,\cdots,J_s$的最小多项式，即$J$的初等因子$(\lambda-\lambda_1)^{n_1}(\lambda-\lambda_2)^{n_2}\cdots(\lambda-\lambda_s)^{n_s}$的最小公倍式.

定理 7.4.7 A的最小多项式恰为A的最后一个不变因子.

证明 由于 A 的最后一个不变因子 $d_n(\lambda)$ 具有性质 $d_i(\lambda)\mid d_n(\lambda)\ (i=1,2,\cdots,n-1)$，所以 $d_n(\lambda)$ 中包含 A 的初等因子所有互异一次因式的指数最高的幂，它恰是 A 的全部初等因子的最小公倍式，命题得证.

由定理 7.4.7 可知，A 的最小多项式实质为 A 的最后一个不变因子 $d_n(\lambda)$，而 $d_n(\lambda)=\dfrac{D_n(\lambda)}{D_{n-1}(\lambda)}$，其中 $D_n(\lambda)$ 为 A 的 n 阶行列式因子，故可得求 A 的最小多项式的方法.

例 7.4.7 求矩阵

$$\boldsymbol{A}=\begin{pmatrix}0&1&0&0\\0&0&1&0\\0&0&0&1\\-5&-4&-3&-2\end{pmatrix}$$

的最小多项式.

解

$$D_4=|\lambda\boldsymbol{E}-\boldsymbol{A}|=\begin{vmatrix}\lambda&-1&0&0\\0&\lambda&-1&0\\0&0&\lambda&-1\\5&4&3&\lambda+2\end{vmatrix}=\lambda^4+2\lambda^3+3\lambda^2+4\lambda+5$$

$\lambda\boldsymbol{E}-\boldsymbol{A}$ 右上角有一个三阶子式

$$\begin{vmatrix}-1&0&0\\\lambda&-1&0\\0&\lambda&-1\end{vmatrix}=-1$$

则

$$D_1=D_2=D_3=1$$

$$d_1=1,\ d_2=1,\ d_3=1,\ d_4=\lambda^4+2\lambda^3+3\lambda^2+4\lambda+5$$

所以 $\boldsymbol{A}(\lambda)$ 的不变因子是 1，1，1，$\lambda^4+2\lambda^3+3\lambda^2+4\lambda+5$，它的最小多项式为 $\lambda^4+2\lambda^3+3\lambda^2+4\lambda+5$.

由定理 7.4.6、定理 7.4.7 可得下面的结论.

定理 7.4.8 设矩阵 $\boldsymbol{A}\in\boldsymbol{M}_n(\mathbf{C})$，则 $\boldsymbol{A}$ 可对角化当且仅当 $\boldsymbol{A}$ 的最小多项式没有重根.

例 7.4.8 设矩阵 $\boldsymbol{A}\in\boldsymbol{M}_n(\mathbf{C})$，且满足 $\boldsymbol{A}^2+\boldsymbol{A}=2\boldsymbol{E}$，证明：$\boldsymbol{A}$ 对角化.

证明 由 $\boldsymbol{A}^2+\boldsymbol{A}=2\boldsymbol{E}$ 得 $\boldsymbol{A}^2+\boldsymbol{A}-2\boldsymbol{E}=\boldsymbol{O}$，即 $f(x)=x^2+x-2=(x+2)(x-1)$ 为矩阵 $\boldsymbol{A}$ 的零化多项式，而 $\boldsymbol{A}$ 的最小多项式为 $\boldsymbol{A}$ 的零化多项式的因子，由 $f(x)=x^2+x-2=(x+2)(x-1)$ 无重根知 $\boldsymbol{A}$ 的最小多项式也无重根，由定理 7.4.8 可知 $\boldsymbol{A}$ 可对角化.

最后指出，如果规定上三角形矩阵

$$\begin{pmatrix}\lambda&1&&&&\\&\lambda&1&&&\\&&\lambda&\ddots&&\\&&&\ddots&1&\\&&&&\lambda&1\\&&&&&\lambda\end{pmatrix}$$

为若尔当块，应用完全类似的方法，可以证明相关结论也成立.

习题 7.4

1. 求下列复矩阵的若尔当标准形.

（1）$\boldsymbol{A}=\begin{pmatrix}1 & 2 & 0\\ 0 & 2 & 0\\ -2 & -2 & -1\end{pmatrix}$；（2）$\boldsymbol{B}=\begin{pmatrix}13 & 16 & 16\\ -5 & -7 & -6\\ -6 & -8 & -7\end{pmatrix}$.

2. 已知矩阵

$$\boldsymbol{A}=\begin{pmatrix}-1 & -2 & 6\\ -1 & 0 & 3\\ -1 & -1 & 4\end{pmatrix},\quad \boldsymbol{A}=\begin{pmatrix}3 & -4 & 0 & 2\\ 4 & -5 & -2 & 4\\ 0 & 0 & 3 & -2\\ 0 & 0 & 2 & -1\end{pmatrix}$$

分别求可逆矩阵 $\boldsymbol{P}$，使 $\boldsymbol{P}^{-1}\boldsymbol{AP}=\boldsymbol{J}$，这里 $\boldsymbol{J}$ 是矩阵 $\boldsymbol{A}$ 的若尔当标准形.

3. （2020 中山大学）已知 5 阶矩阵

$$\boldsymbol{A}=\begin{pmatrix}0 & 1 & & & \\ & 0 & 1 & & \\ & & 0 & 1 & \\ & & & 0 & 1\\ & & & & 0\end{pmatrix}$$

求 $\boldsymbol{A}^2$ 的若尔当标准形.

4. （2020 中国海洋大学）已知矩阵

$$\boldsymbol{A}=\begin{pmatrix}1 & -1 & 2\\ 3 & -3 & 6\\ 2 & -2 & 4\end{pmatrix}$$

（1）求出 $\boldsymbol{A}$ 的特征矩阵的等价标准形；

（2）写出 $\boldsymbol{A}$ 的不变因子、行列式因子和初等因子；

（3）写出 $\boldsymbol{A}$ 的特征多项式和最小多项式；

（4）写出 $\boldsymbol{A}$ 的若尔当标准形.

5. （2020 北京科技大学）设矩阵

$$\boldsymbol{A}=\begin{pmatrix}1 & 0 & 0\\ x & 1 & 0\\ 1 & 0 & -2\end{pmatrix}$$

求矩阵 $\boldsymbol{A}$ 可能有怎样的若尔当标准形.

6. （2012 华东师范大学）求矩阵

$$A=\begin{pmatrix}5&0&-4&-4\\6&8&1&8\\14&7&-6&0\\-6&-7&-1&-7\end{pmatrix}$$

的特征多项式、初等因子组、极（最）小多项式以及若尔当标准形.

7. 设矩阵 $\boldsymbol{A}\in \boldsymbol{M}_n(\mathbf{C})$，且满足 $\boldsymbol{A}^3-6\boldsymbol{A}^2+11\boldsymbol{A}-6\boldsymbol{E}=\boldsymbol{O}$，证明：$\boldsymbol{A}$ 对角化.

8. 设 $\boldsymbol{A}\in \boldsymbol{M}_5(\mathbf{C})$，若 $\boldsymbol{A}$ 的特征多项式和最小多项式分别为 $f(x)=(x+1)^3(x-1)^2(x-2)$，$m(x)=(x+1)^2(x-1)(x-2)$，求矩阵 $\boldsymbol{A}$ 的行列式因子、不变因子、初等因子及若尔当标准型.

7.5* 矩阵的有理标准形

7.4 节证明了复数域上任一矩阵 $\boldsymbol{A}$ 可相似于一个若尔当形矩阵. 这一节将对任意数域 $\boldsymbol{F}$ 来讨论类似的问题. 我们将证明数域 $\boldsymbol{F}$ 上任一矩阵必相似于一个有理标准形矩阵.

定义 7.5.1 对数域 $\boldsymbol{F}$ 上的一个多项式 $d(\lambda)=\lambda^n+a_1\lambda^{n-1}+\cdots+a_n$，称矩阵

$$\boldsymbol{A}=\begin{pmatrix}0&0&\cdots&0&-a_n\\1&0&\cdots&0&-a_{n-1}\\0&1&\cdots&0&-a_{n-2}\\\vdots&\vdots&&\vdots&\vdots\\0&0&\cdots&1&-a_1\end{pmatrix}\qquad(7.5.1)$$

为多项式 $d(\lambda)$ 的伴侣阵.

容易证明，$\boldsymbol{A}$ 的不变因子（即 $\lambda\boldsymbol{E}-\boldsymbol{A}$ 的不变因子）是 $\underbrace{1,1,\cdots,1}_{n-1\text{个}},d(\lambda)$.

定义 7.5.2 下列准对角矩阵

$$\boldsymbol{A}=\begin{pmatrix}\boldsymbol{A}_1&&&\\&\boldsymbol{A}_2&&\\&&\ddots&\\&&&\boldsymbol{A}_s\end{pmatrix}\qquad(7.5.2)$$

其中，$\boldsymbol{A}_i$ 分别是数域 $\boldsymbol{F}$ 上某些多项式 $d_i(\lambda)(i=1,2,\cdots,s)$ 的伴侣阵，且满足 $d_1(\lambda)\mid d_2(\lambda)\mid\cdots\mid d_s(\lambda)$，$\boldsymbol{A}$ 就称为数域 $\boldsymbol{F}$ 上的一个有理标准形矩阵.

引理 7.5.1 式（7.5.2）中矩阵 $\boldsymbol{A}$ 的不变因子为 $1,1,\cdots,1,d_1(\lambda),d_2(\lambda),\cdots,d_s(\lambda)$，其中 1 的个数等于 $d_1(\lambda),d_2(\lambda),\cdots,d_s(\lambda)$ 的次数之和 n 减去 s.

定理 7.5.1 数域 $\boldsymbol{F}$ 上 $n\times n$ 方阵 $\boldsymbol{A}$ 相似于唯一的一个有理标准形，称为 $\boldsymbol{A}$ 的有理标准形.

把定理 7.5.1 的结论变成线性变换形式的结论（即定理 7.5.2）.

定理 7.5.2 设 $\mathcal{A}$ 是数域 $\boldsymbol{F}$ 上 n 维线性空间 $\boldsymbol{V}$ 的线性变换，则在 $\boldsymbol{V}$ 中存在一组基，使 $\mathcal{A}$ 在该基下的矩阵是有理标准形，并且这个有理标准形由 $\mathcal{A}$ 唯一决定，称为 $\mathcal{A}$ 的有理标准形.

例 7.5.1 设 3×3 矩阵 $\boldsymbol{A}$ 的初等因子为 $(\lambda-1)^2,(\lambda-1)$，则它的不变因子是 $1,(\lambda-1),(\lambda-1)^2$，它的有理标准形为

$$\begin{pmatrix} 1 & 0 & 0 \\ 0 & 0 & -1 \\ 0 & 1 & 2 \end{pmatrix}$$

7.6 更多的例题

7.6 例题详细解答

例 7.6.1 求矩阵 $\boldsymbol{A}=\begin{pmatrix} -1 & -2 & 6 \\ -1 & 0 & 3 \\ -1 & -1 & 4 \end{pmatrix}$ 的若尔当标准形.

例 7.6.2 求矩阵

$$\boldsymbol{A}=\begin{pmatrix} 3 & 0 & 8 \\ 3 & -1 & 6 \\ -2 & 0 & -5 \end{pmatrix}$$

的不变因子、初等因子、若尔当标准形及最小多项式.

例 7.6.3 设 n 为奇数，$\boldsymbol{A},\boldsymbol{B}$ 为两个实 n 阶方阵，且 $\boldsymbol{BA}=\boldsymbol{0}$，记 $\boldsymbol{A}+\boldsymbol{J}_A$ 的特征值集合为 $\boldsymbol{S}_1$，$\boldsymbol{B}+\boldsymbol{J}_B$ 的特征值集合为 $\boldsymbol{S}_2$，其中 $\boldsymbol{J}_A,\boldsymbol{J}_B$ 分别表示矩阵 $\boldsymbol{A},\boldsymbol{B}$ 的若尔当标准形，求证：$\boldsymbol{0}\in\boldsymbol{S}_1\cup\boldsymbol{S}_2$.

例 7.6.4 设 $\boldsymbol{A}$ 是数域 $\boldsymbol{F}$ 上的 n 阶方阵，其矩阵的特征多项式 $\boldsymbol{M}_A(\lambda)=|\lambda\boldsymbol{E}-\boldsymbol{A}|$ 能分解成 $\boldsymbol{F}$ 上一次因子之积，则 $\boldsymbol{A}=\boldsymbol{M}+\boldsymbol{N}$，其中 $\boldsymbol{M}$ 是幂零阵，$\boldsymbol{N}$ 相似于对角阵，且 $\boldsymbol{MN}=\boldsymbol{NM}$.

例 7.6.5 设 $\boldsymbol{A}$ 是 n 阶方阵，若有自然数 m 使 $\boldsymbol{A}^m=\boldsymbol{E}$，证明 $\boldsymbol{A}$ 可以对角化.

例 7.6.6 设 $R(\boldsymbol{A}^k)=R(\boldsymbol{A}^{k+1})$，证明：如果 $\boldsymbol{A}$ 有零特征值，则零特征值对应的初等因子次数不超过 k.

例 7.6.7 n 阶方阵 $\boldsymbol{A}$ 称为 m 次幂零矩阵，如果存在一个自然数 m 使 $\boldsymbol{A}^m=\boldsymbol{0}$，同时 $\boldsymbol{A}^k\neq\boldsymbol{0}\,(1\leqslant k\leqslant m-1)$. 证明所有 n 阶 $n-1$ 次幂零矩阵彼此相似，并求它们的若尔当标准形.

例 7.6.8 设 3 阶矩阵 $\boldsymbol{A}$ 满足 $\boldsymbol{A}^2-3\boldsymbol{A}+2\boldsymbol{E}=\boldsymbol{O}$，写出 $\boldsymbol{A}$ 的若尔当标准形的所有可能形式.

若尔当标准形自测题

一、填空题

1. 已知 5 阶 λ-矩阵 $\boldsymbol{A}(\lambda)$ 的各阶行列式因子为 $D_1(\lambda)=D_2(\lambda)=D_3(\lambda)=1, D_4(\lambda)=\lambda(\lambda-1)$, $D_5(\lambda)=\lambda^3(\lambda-1)^2$，则 $\boldsymbol{A}(\lambda)$ 的不变因子为____________，$\boldsymbol{A}(\lambda)$ 的 Smith 标准形为____________.

2. 设 $\boldsymbol{A}\in\boldsymbol{M}_8(\mathbf{C})$，若 $\boldsymbol{A}$ 的初等因子 $\lambda-1,\lambda-1,\lambda+i,\lambda-i,(\lambda+i)^2,(\lambda-i)^2$，则 $\boldsymbol{A}$ 的不变因子为____________，$\boldsymbol{A}$ 的若尔当标准形为____________.

3. 设 $\boldsymbol{A}\in\mathbf{C}^{n\times n}$，若 $\lambda\boldsymbol{E}-\boldsymbol{A}$ 的标准形为

$$\begin{pmatrix} d_1(\lambda) & & & \\ & d_2(\lambda) & & \\ & & \ddots & \\ & & & d_n(\lambda) \end{pmatrix}$$

则 $\boldsymbol{A}$ 的特征多项式 $|\lambda\boldsymbol{E}-\boldsymbol{A}|=$__________，$\boldsymbol{A}$ 的最小多项式为__________.

4. 矩阵 $\boldsymbol{A}(\lambda)=\begin{pmatrix}\lambda & 0 & \cdots & 0 & a_n\\ -1 & \lambda & \cdots & 0 & a_{n-1}\\ \vdots & \vdots & & \vdots & \vdots\\ 0 & 0 & \cdots & \lambda & a_2\\ 0 & 0 & \cdots & -1 & \lambda+a_1\end{pmatrix}$ 的不变因子为__________.

5. 已知 4 阶 λ-矩阵 $\boldsymbol{A}(\lambda)$ 的行列式因子为 $D_1(\lambda)=\lambda, D_2(\lambda)=\lambda^2, D_3(\lambda)=\lambda^3(\lambda-1)$，则 $\boldsymbol{A}(\lambda)$ 的不变因子为__________，$\boldsymbol{A}(\lambda)$ 的标准形为____________________.

6. 已知 4 阶 λ-矩阵 $\boldsymbol{B}(\lambda)$ 的不变因子为 $d_1(\lambda)=d_2(\lambda)=\lambda, d_3(\lambda)=\lambda(\lambda+1)$，则 $\boldsymbol{B}(\lambda)$ 的行列式因子为__________，标准形为____________________.

7. 设 $\boldsymbol{C}(\lambda)$ 为 n 阶 λ-矩阵，秩为 r，$\boldsymbol{C}(\lambda)$ 的行列式因子有__________个，不变因子有______________个.

8. 4 阶数字矩阵 $\boldsymbol{A}$ 的最小多项式为 $(\lambda^2-1)(\lambda^2-4)$，写出矩阵 $\boldsymbol{A}$ 的若尔当标准形____________.

9. n 阶数字矩阵不变因子有__________个.

10. 若 4 阶方阵 $\boldsymbol{A}$ 的初等因子为 $\lambda+1, (\lambda-1)^2, \lambda$，则 $\boldsymbol{A}$ 的不变因子为__________，行列式因子为____________________.

二、判断题

1. $n\times n$ 的 λ-矩阵 $\boldsymbol{A}(\lambda)$ 可逆当且仅当 $\boldsymbol{A}(\lambda)$ 的秩 $=n$.　(　　)

2. λ-矩阵 $\boldsymbol{A}(\lambda)$ 可逆当且仅当 $|\boldsymbol{A}(\lambda)|\neq 0$.　(　　)

3. $\boldsymbol{A}(\lambda)$ 与 $\boldsymbol{B}(\lambda)$ 等价当且仅当它们有相同的行列式因子.　(　　)

4. 设 $\boldsymbol{A},\boldsymbol{B}\in\mathbf{C}^{n\times n}$，则 $\boldsymbol{A}$ 与 $\boldsymbol{B}$ 相似的充要条件是它们有相同的不变因子.　(　　)

5. 复矩阵 $\boldsymbol{A}$ 与对角矩阵相似当且仅当它的不变因子全是一次的.　(　　)

6. $\boldsymbol{A},\boldsymbol{B}$ 等价，则 $\lambda\boldsymbol{E}-\boldsymbol{A},\lambda\boldsymbol{E}-\boldsymbol{B}$ 等价.　(　　)

7. $\lambda\boldsymbol{E}-\boldsymbol{A},\lambda\boldsymbol{E}-\boldsymbol{B}$ 等价，则 $\boldsymbol{A},\boldsymbol{B}$ 等价.　(　　)

8. 若 4 阶数字方阵 $\boldsymbol{A}$ 的行列式因子为 $D_1(\lambda)=D_2(\lambda)=1, D_3(\lambda)=\lambda^2, D_4(\lambda)=\lambda^4$，则 $\boldsymbol{A}$ 的初等因子为 λ^2,λ^2.　(　　)

9. 设 4 阶数字矩阵 $\boldsymbol{A}$ 的初等因子为 $\lambda-1, (\lambda+1)^2, \lambda$，$\boldsymbol{A}$ 的若尔当标准形是 $\begin{pmatrix}1 & 0 & 0 & 0\\ 0 & -1 & 0 & 0\\ 0 & 1 & -1 & 0\\ 0 & 0 & 0 & 0\end{pmatrix}$.　(　　)

10. 若 $\boldsymbol{A},\boldsymbol{B}$ 的特征矩阵有相同的各阶行列式因子，则 $\boldsymbol{A},\boldsymbol{B}$ 相似.　(　　)

三、选择题

1. 下列λ-矩阵，可逆的矩阵是（　　）.

A. $\begin{pmatrix} \lambda & \lambda^2 \\ 1 & \lambda \end{pmatrix}$　　B. $\begin{pmatrix} \lambda & \lambda^2+\lambda \\ 1 & \lambda \end{pmatrix}$

C. $\begin{pmatrix} \lambda & \lambda^2+2 \\ 1 & \lambda \end{pmatrix}$　　D. $\begin{pmatrix} \lambda & \lambda^2-2 \\ 1 & \lambda+1 \end{pmatrix}$

2. 5阶数字矩阵$\boldsymbol{A}$的初等因子可能为（　　）.

A. $(\lambda-1)^4,(\lambda-2)^2,(\lambda-3)$　　B. $(\lambda-1)^2,(\lambda-2)^2,(\lambda-3)$

C. $(\lambda-1)^2,(\lambda-2)^4,(\lambda-3)$　　D. $(\lambda-1)^2,(\lambda-2)^2,(\lambda-3)^2$

3. 下列结论中正确的是（　　）.（多选）

A. 两个λ-矩阵等价的充要条件是它们有相同的行列式因子.

B. 两个λ-矩阵等价的充要条件是它们有相同的不变因子.

C. 两个$s\times n$的λ-矩阵$\boldsymbol{A}(\lambda)$与$\boldsymbol{B}(\lambda)$等价的充要条件为，有一个$s\times s$可逆矩阵与一个$n\times n$可逆矩阵$\boldsymbol{Q}(\lambda)$，使$\boldsymbol{B}(\lambda)=\boldsymbol{P}(\lambda)\boldsymbol{A}(\lambda)\boldsymbol{Q}(\lambda)$

D. 设$\boldsymbol{A},\boldsymbol{B}$是数域$\boldsymbol{F}$上两个$n\times n$矩阵，$\boldsymbol{A}$与$\boldsymbol{B}$相似的充要条件是它们的特征矩阵$\lambda\boldsymbol{E}-\boldsymbol{A}$和$\lambda\boldsymbol{E}-\boldsymbol{B}$等价

4. 4阶数字矩阵$\boldsymbol{A}$的初等因子为$(\lambda-1),(\lambda-1)^2,(\lambda-3)$，则其不变因子为（　　）.

A. $1, (\lambda-1), (\lambda-3), (\lambda-1)^2$　　B. $1, 1, (\lambda-1)(\lambda-3), (\lambda-1)^2$

C. $1, 1,(\lambda-1),(\lambda-3)(\lambda-1)^2$　　D. $1, 1, (\lambda-3), (\lambda-1)^3$

5. 3阶数字矩阵$\boldsymbol{A}$的初等因子为$(\lambda-1),(\lambda-1)^2$，则其行列式因子为（　　）.

A. $1, (\lambda-1), (\lambda-1)^2$　　B. $1, 1, (\lambda-1)^2$

C. $1, (\lambda-1), (\lambda-1)^3$　　D. $1, 1, (\lambda-1)^3$

6. 3阶数字矩阵$\boldsymbol{A}$的初等因子为$(\lambda-1),(\lambda-1)^2$，则其若尔当标准形为（　　）.

A. $\boldsymbol{J}=\begin{pmatrix} 1 & 0 & 0 \\ 0 & 1 & 0 \\ 0 & 0 & 1 \end{pmatrix}$　　B. $\boldsymbol{J}=\begin{pmatrix} 1 & 0 & 0 \\ 1 & 1 & 0 \\ 0 & 0 & 1 \end{pmatrix}$

C. $\boldsymbol{J}=\begin{pmatrix} 1 & 0 & 0 \\ 1 & 1 & 0 \\ 0 & 1 & 1 \end{pmatrix}$　　D. $\boldsymbol{J}=\begin{pmatrix} 1 & 0 & 0 \\ 1 & 1 & 0 \\ 1 & 1 & 1 \end{pmatrix}$

7. 矩阵$\boldsymbol{A}=\begin{pmatrix} 1 & 0 & 0 \\ 1 & 1 & 0 \\ 0 & 0 & 0 \end{pmatrix}$的不变因子为（　　）.

A. $1, (\lambda-1), (\lambda-1)^2$　　B. $1, \lambda, (\lambda-1)^2$

C. $1, 1, (\lambda-1)^3$　　D. $1, 1, \lambda(\lambda-1)^2$

8. 矩阵 $\boldsymbol{A}=\begin{pmatrix}1&0&0\\1&1&0\\0&0&0\end{pmatrix}$ 的行列式因子为（　　）.

A. $1, (\lambda-1), (\lambda-1)^2$　　B. $1, \lambda, (\lambda-1)^2$

C. $1, 1, \lambda(\lambda-1)^2$　　D. $1, \lambda, \lambda(\lambda-1)^2$

9. 下列结论中正确的是（　　）.（多选）

A. 两个同阶复数矩阵相似的充要条件是它们有相同的初等因子

B. 每个 n 阶的复数矩阵 $\boldsymbol{A}$ 都与一个若尔当形矩阵相似，且这个若尔当形矩阵除去其中若尔当块的排列次序外是被矩阵 $\boldsymbol{A}$ 唯一决定的

C. 复数矩阵 $\boldsymbol{A}$ 与对角矩阵相似的充要条件是 $\boldsymbol{A}$ 的不变因子都没有重根

D. 复数矩阵 $\boldsymbol{A}$ 与对角矩阵相似的充要条件是 $\boldsymbol{A}$ 的初等因子全为一次的

10. 设3阶矩阵 $\boldsymbol{A}$ 的初等因子为 $(\lambda-1)^2, (\lambda-1)$，则它的最小多项式是（　　）.

A. $(\lambda-1)$　　B. $(\lambda-1)^2$

C. $(\lambda-1)+(\lambda-1)^2$　　D. $(\lambda-1)^3$

四、计算题

1. 设 $\boldsymbol{A}=\begin{pmatrix}3&0&0\\0&-1&4\\-1&-1&3\end{pmatrix}$，求：

（1）$\boldsymbol{A}$ 的最小多项式；（2）$\boldsymbol{A}$ 的初等因子；（3）$\boldsymbol{A}$ 的若尔当标准形.

2. 化 λ-矩阵 $\boldsymbol{A}(\lambda)=\begin{pmatrix}1-\lambda&\lambda^2&\lambda\\\lambda&\lambda&-\lambda\\1+\lambda^2&\lambda^2&-\lambda^2\end{pmatrix}$ 为标准形.

3. 设 $\boldsymbol{A}$ 为3阶幂等矩阵，写出 $\boldsymbol{A}$ 的一切可能的若尔当标准形.

4. 设 $\boldsymbol{A}\in \boldsymbol{M}_5(\mathbf{C})$，若 $\boldsymbol{A}$ 的特征多项式和最小多项式分别为 $f(x)=(x-2)^3(x+7)^2$，$m(x)=(x-2)^2(x+7)$，求矩阵 $\boldsymbol{A}$ 的若尔当标准形.

5. 求下列矩阵的若尔当标准形及相似变换矩阵.

（1）$\boldsymbol{A}=\begin{pmatrix}5&4&1\\0&1&1\\0&0&1\end{pmatrix}$；　　（2）$\boldsymbol{A}=\begin{pmatrix}4&5&-2\\-2&-2&1\\-1&-1&1\end{pmatrix}$.

五、证明题

1. 已知矩阵 $\boldsymbol{A}$ 满足 $\boldsymbol{A}^3=3\boldsymbol{A}^2+\boldsymbol{A}-3\boldsymbol{E}$，证明：$\boldsymbol{A}$ 可对角化.

2. 设矩阵 $\boldsymbol{B}=\begin{pmatrix}0 & 2021 & 2022\\ 0 & 0 & 2023\\ 0 & 0 & 0\end{pmatrix}$，证明 $\boldsymbol{X}^2=\boldsymbol{B}$ 无解，这里 $\boldsymbol{X}$ 是 3 阶未知复方阵.

3. 已知 $n(n\geqslant 3)$ 阶 λ- 矩阵 $\boldsymbol{A}(\lambda)$，证明：$D_k^2(\lambda)\mid D_{k-1}(\lambda)D_{k+1}(\lambda)$，其中 $D_k(\lambda)$ 为 $\boldsymbol{A}(\lambda)$ 的 $k(2\leqslant k\leqslant n)$ 阶行列式因子.

4. 若 n 阶非零实矩阵 $\boldsymbol{A}$ 的特征值全为零，则存在自然数 k，使 $\boldsymbol{A}^k=\boldsymbol{O}$.

5. 设 $\boldsymbol{A}$ 为 n 阶若尔当形矩阵，则 $\boldsymbol{A}$ 与 $\boldsymbol{A}^{\mathrm{T}}$ 相似.

第8章

欧几里得空间

在线性空间中我们定义了向量加法和数量乘法两种运算，但就诸多几何问题而言，仅有这些概念是不够的，还得考虑向量的长度和夹角等，我们将内积引入线性空间，从而得到欧几里得空间（Euclidean Space），简称欧氏空间. 欧氏空间是一个特别的度量空间，它使得我们能够对其拓扑性质，在包含了欧氏几何和非欧几何的流形的定义上发挥了作用.

8.1　欧氏空间的概念

定义 8.1.1　设V是实数域$\mathbf{R}$上一个线性空间，如果对于V中任意一对向量α,β，定义了一个二元实函数，称为内积，记作(α,β). 它具有以下性质：

（1）$(\alpha,\beta)=(\beta,\alpha)$；

（2）$(k\alpha,\beta)=k(\alpha,\beta)$；

（3）$(\alpha+\beta,\gamma)=(\alpha,\gamma)+(\beta,\gamma)$；

（4）$(\alpha,\alpha)\geqslant 0$，当且仅当$\alpha=\mathbf{0}$时，$(\alpha,\alpha)=0$，

这里α,β,γ是V中的任意的向量，k是任意实数，这样的线性空间V称为欧几里得空间（简称欧氏空间）.

例 8.1.1　在线性空间$\mathbf{R}^n$中，对于向量$\alpha=(a_1,a_2,\cdots,a_n)^{\mathrm{T}}$，$\beta=(b_1,b_2,\cdots,b_n)^{\mathrm{T}}$，定义内积：

$$(\alpha,\beta)=a_1b_1+a_2b_2+\cdots+a_nb_n \tag{8.1.1}$$

则内积（8.1.1）适合定义中的条件，这样$\mathbf{R}^n$就成为一个欧几里得空间. 仍用$\mathbf{R}^n$来表示这个欧几里得空间. 这里的内积称为标准内积.

当$n=3$时，式（8.1.1）就是几何空间中的向量的内积在直角坐标系中的坐标表达式.

例 8.1.2　在$\mathbf{R}^n$里，对于向量$\alpha=(a_1,a_2,\cdots,a_n)^{\mathrm{T}}$，$\beta=(b_1,b_2,\cdots,b_n)^{\mathrm{T}}$，定义内积：

$$(\alpha,\beta)=a_1b_1+2a_2b_2+\cdots+na_nb_n \tag{8.1.2}$$

则内积（8.1.2）适合定义中的条件，这样$\mathbf{R}^n$就成为一个欧几里得空间. 仍用$\mathbf{R}^n$来表示这个欧几里得空间.

注：对同一个线性空间可以引入不同的内积，使得它们作成欧几里得空间. 由于内积的定义不同，从而它们是两个不同的欧氏空间. 后面所讲的欧氏空间$\mathbf{R}^n$均指式（8.1.1）所述的欧氏空间（除非特别说明）.

例 8.1.3　在闭区间$[a,b]$上的所有实连续函数所成的空间$\mathbf{C}(a,b)$中，对于函数$f(x),g(x)$定

义内积：

$$(f(x),g(x))=\int_a^b f(x)g(x)\mathrm{d}x \tag{8.1.3}$$

对于内积（8.1.3），$\mathbf{C}(a,b)$ 构成一个欧几里得空间.

同样地，线性空间 $\mathbf{R}[x],\mathbf{R}[x]_n$ 对于内积（8.1.2）也构成欧几里得空间.

由定义 8.1.1 中条件（1）可知内积是对称的，因而 $(\alpha,k\beta)=(k\beta,\alpha)=k(\alpha,\beta)=k(\beta,\alpha)$ 与 $(\alpha,\beta+\gamma)=(\beta+\gamma,\alpha)=(\beta,\alpha)+(\gamma,\alpha)=(\alpha,\beta)+(\alpha,\gamma)$ 成立.

定义 8.1.2 非负实数 $\sqrt{(\alpha,\alpha)}$ 称为向量 α 的长度（或称范数），记为 $|\alpha|$（也有书上记作 $\|\alpha\|$）.

显然，向量的长度一般是正数，只有零向量的长度才是零，对于 $\mathbf{R}^n$ 的标准内积定义的欧氏空间，若 $\alpha=(x_1,x_2,\cdots,x_n)^{\mathrm{T}}$，则

$$|\alpha|=\sqrt{x_1^2+x_2^2+\cdots+x_n^2}$$

长度为 1 的向量叫做单位向量. 如果 $\alpha\neq 0$，由上式可知，向量 $\dfrac{1}{|\alpha|}\alpha$ 就是一个单位向量. 用向量 α 的长度去除向量 α，得到一个与 α 成比例的单位向量，通常称为把 α 单位化.

定理 8.1.1 设 V 是实数域 $\mathbf{R}$ 上的线性空间，$\alpha,\beta\in V$，k 是任意实数，则

（1）（正齐性）$|k\alpha|=|k||\alpha|$；

（2）（柯西-施瓦兹不等式）$|(\alpha,\beta)|\leqslant|\alpha||\beta|$；

（3）（三角不等式）$|\alpha+\beta|\leqslant|\alpha|+|\beta|$.

证明 （1）$|k\alpha|^2=(k\alpha,k\alpha)=k^2(\alpha,\alpha)=k^2|\alpha|^2$，故 $|k\alpha|=|k||\alpha|$.

（2）当 $\beta\neq\mathbf{0}$ 时，$(\alpha+t\beta,\alpha+t\beta)\geqslant 0$，对任意 $t\in\mathbf{R}$ 成立，而

$$(\alpha+t\beta,\alpha+t\beta)=t^2(\beta,\beta)+2t(\alpha,\beta)+(\alpha,\alpha)$$

则

$$t^2(\beta,\beta)+2t(\alpha,\beta)+(\alpha,\alpha)\geqslant 0$$

由 $\beta\neq\mathbf{0}$ 知 $(\beta,\beta)>0$，则

$$\Delta=4(\alpha,\beta)^2-4(\alpha,\alpha)(\beta,\beta)\leqslant 0$$

即 $|(\alpha,\beta)|\leqslant|\alpha|\cdot|\beta|$. 当 $\beta=\mathbf{0}$ 时，结论显然成立.

（3）

$$|\alpha+\beta|^2=(\alpha+\beta,\alpha+\beta)=|\alpha|^2+2(\alpha,\beta)+|\beta|^2$$

由（2）得 $|(\alpha,\beta)|\leqslant|\alpha||\beta|$，故有

$$|\alpha+\beta|^2=|\alpha|^2+2(\alpha,\beta)+|\beta|^2\leqslant|\alpha|^2+2|\alpha||\beta|+|\beta|^2=(|\alpha|+|\beta|)^2$$

即 $|\alpha+\beta|\leqslant|\alpha|+|\beta|$.

对于例 8.1.1 的欧氏空间 $\mathbf{R}^n$，柯西-施瓦兹不等式就是

$$|a_1b_1+a_2b_2+\cdots+a_nb_n|\leqslant\sqrt{a_1^2+a_2^2+\cdots+a_n^2}\sqrt{b_1^2+b_2^2+\cdots+b_n^2}$$

对于例 8.1.3 的欧氏空间 $\mathbf{C}(a,b)$，柯西-施瓦兹不等式就是

$$\left|\int_a^b f(x)g(x)\mathrm{d}x\right| \leqslant \left(\int_a^b f^2(x)\mathrm{d}x\right)^{\frac{1}{2}}\left(\int_a^b g^2(x)\mathrm{d}x\right)^{\frac{1}{2}}$$

定义 8.1.3 非零向量 $\boldsymbol{\alpha},\boldsymbol{\beta}$ 的夹角 $\langle\boldsymbol{\alpha},\boldsymbol{\beta}\rangle$ 规定为

$$\langle\boldsymbol{\alpha},\boldsymbol{\beta}\rangle = \arccos\frac{(\boldsymbol{\alpha},\boldsymbol{\beta})}{|\boldsymbol{\alpha}||\boldsymbol{\beta}|},\quad 0 \leqslant \langle\boldsymbol{\alpha},\boldsymbol{\beta}\rangle \leqslant \pi$$

定义 8.1.4 如果向量 $\boldsymbol{\alpha},\boldsymbol{\beta}$ 的内积为零，即 $(\boldsymbol{\alpha},\boldsymbol{\beta})=0$，那么 $\boldsymbol{\alpha},\boldsymbol{\beta}$ 称为正交或互相垂直，记为 $\boldsymbol{\alpha}\perp\boldsymbol{\beta}$.

两个非零向量正交的充要条件是它们的夹角为 $\dfrac{\pi}{2}$.

只有零向量才与自身正交.

在欧几里得空间中同样有勾股定理，即当 $\boldsymbol{\alpha},\boldsymbol{\beta}$ 正交时，$|\boldsymbol{\alpha}+\boldsymbol{\beta}|^2=|\boldsymbol{\alpha}|^2+|\boldsymbol{\beta}|^2$.

事实上，$|\boldsymbol{\alpha}+\boldsymbol{\beta}|^2=(\boldsymbol{\alpha}+\boldsymbol{\beta},\boldsymbol{\alpha}+\boldsymbol{\beta})=|\boldsymbol{\alpha}|^2+2(\boldsymbol{\alpha},\boldsymbol{\beta})+|\boldsymbol{\beta}|^2=|\boldsymbol{\alpha}|^2+|\boldsymbol{\beta}|^2$.

不难将勾股定理推广到多个向量的情形，即如果向量 $\boldsymbol{\alpha}_1,\boldsymbol{\alpha}_2,\cdots,\boldsymbol{\alpha}_m$ 两两正交，那么

$$|\boldsymbol{\alpha}_1+\boldsymbol{\alpha}_2+\cdots+\boldsymbol{\alpha}_m|^2=|\boldsymbol{\alpha}_1|^2+|\boldsymbol{\alpha}_2|^2+\cdots+|\boldsymbol{\alpha}_m|^2$$

在以上的讨论中，对欧式空间的维数没有限制，在下面的研究中，我们假定空间是有限维的.

设 $\boldsymbol{V}$ 是一个 n 维欧几里得空间，在 $\boldsymbol{V}$ 中取一组基 $\boldsymbol{\varepsilon}_1,\boldsymbol{\varepsilon}_2,\cdots,\boldsymbol{\varepsilon}_n$，对于 $\boldsymbol{V}$ 中任意两个向量：

$$\boldsymbol{\alpha}=x_1\boldsymbol{\varepsilon}_1+x_2\boldsymbol{\varepsilon}_2+\cdots+x_n\boldsymbol{\varepsilon}_n,\quad \boldsymbol{\beta}=y_1\boldsymbol{\varepsilon}_1+y_2\boldsymbol{\varepsilon}_2+\cdots+y_n\boldsymbol{\varepsilon}_n$$

由内积的性质得

$$(\boldsymbol{\alpha},\boldsymbol{\beta})=(x_1\boldsymbol{\varepsilon}_1+x_2\boldsymbol{\varepsilon}_2+\cdots+x_n\boldsymbol{\varepsilon}_n,y_1\boldsymbol{\varepsilon}_1+y_2\boldsymbol{\varepsilon}_2+\cdots+y_n\boldsymbol{\varepsilon}_n)=\sum_{i=1}^n\sum_{j=1}^n(\boldsymbol{\varepsilon}_i,\boldsymbol{\varepsilon}_j)x_iy_j$$

令

$$a_{ij}=(\boldsymbol{\varepsilon}_i,\boldsymbol{\varepsilon}_j),\quad i,j=1,2,\cdots,n \tag{8.1.4}$$

显然

$$a_{ij}=a_{ji},\quad (\boldsymbol{\alpha},\boldsymbol{\beta})=\sum_{i=1}^n\sum_{j=1}^n a_{ij}x_iy_j \tag{8.1.5}$$

利用矩阵，$(\boldsymbol{\alpha},\boldsymbol{\beta})$ 还可以写成

$$(\boldsymbol{\alpha},\boldsymbol{\beta})=\boldsymbol{X}^{\mathrm{T}}\boldsymbol{A}\boldsymbol{Y} \tag{8.1.6}$$

其中

$$\boldsymbol{X}=\begin{pmatrix}x_1\\x_2\\\vdots\\x_n\end{pmatrix},\quad \boldsymbol{Y}=\begin{pmatrix}y_1\\y_2\\\vdots\\y_n\end{pmatrix}$$

分别是 $\boldsymbol{\alpha},\boldsymbol{\beta}$ 在基 $\boldsymbol{\varepsilon}_1,\boldsymbol{\varepsilon}_2,\cdots,\boldsymbol{\varepsilon}_n$ 下的坐标，而矩阵 $\boldsymbol{A}=(a_{ij})_{nn}$ 称为基 $\boldsymbol{\varepsilon}_1,\boldsymbol{\varepsilon}_2,\cdots,\boldsymbol{\varepsilon}_n$ 的度量矩阵. 上面的讨论表明，在知道了一组基的度量矩阵之后，任意两个向量的内积可以通过坐标按式（8.1.5）或式（8.1.6）来计算，因而度量矩阵完全确定了内积.

例 8.1.4 设 $A=(a_{ij})$ 是一个 n 阶对称矩阵，而 $\alpha=\begin{pmatrix}x_1\\x_2\\\vdots\\x_n\end{pmatrix}$，$\beta=\begin{pmatrix}y_1\\y_2\\\vdots\\y_n\end{pmatrix}$ 是 $\mathbf{R}^n$ 中的两个向量，在 $\mathbf{R}^n$ 中定义内积 (α,β) 为 $(\alpha,\beta)=\alpha^{\mathrm{T}}A\beta$.

（1）求单位向量 $\varepsilon_1=\begin{pmatrix}1\\0\\\vdots\\0\end{pmatrix},\varepsilon_2=\begin{pmatrix}0\\1\\\vdots\\0\end{pmatrix},\cdots,\varepsilon_n=\begin{pmatrix}0\\0\\\vdots\\1\end{pmatrix}$ 的度量矩阵；

（2）写出这个空间中的柯西-施瓦兹不等式.

解 （1）因为

$$(\varepsilon_i,\varepsilon_j)=(0,\cdots,\underset{i}{1},\cdots,0)\begin{pmatrix}a_{11}&\cdots&a_{1n}\\\vdots&&\vdots\\a_{n1}&\cdots&a_{nn}\end{pmatrix}\begin{pmatrix}0\\\vdots\\1\\\vdots\\0\end{pmatrix}j$$
$$=a_{ij}\ (i,j=1,2,\cdots,n)$$

所以 $\varepsilon_1,\varepsilon_2,\cdots,\varepsilon_n$ 的度量矩阵为 A.

（2）因为

$$(\alpha,\beta)=\alpha^{\mathrm{T}}A\beta=\sum_{i=1}^{n}\sum_{j=1}^{n}a_{ij}x_iy_j,$$
$$|\alpha|=\sqrt{(\alpha,\alpha)}=\sqrt{\sum_{i=1}^{n}\sum_{j=1}^{n}a_{ij}x_ix_j},$$
$$|\beta|=\sqrt{(\beta,\beta)}=\sqrt{\sum_{i=1}^{n}\sum_{j=1}^{n}a_{ij}y_iy_j}$$

所以在这个欧氏空间中柯西-施瓦兹不等式为

$$\left|\sum_{i=1}^{n}\sum_{j=1}^{n}a_{ij}x_iy_j\right|\leqslant\sqrt{\sum_{i=1}^{n}\sum_{j=1}^{n}a_{ij}x_ix_j}\cdot\sqrt{\sum_{i=1}^{n}\sum_{j=1}^{n}a_{ij}y_iy_j}$$

类似线性空间的同构，下面我们来讨论欧氏空间的同构.

定义 8.1.5 实数域 $\mathbf{R}$ 上欧氏空间 V 与 V' 称为同构的，如果由 V 到 V' 有一个双射 σ，满足

（1）$\sigma(\alpha+\beta)=\sigma(\alpha)+\sigma(\beta)$；

（2）$\sigma(k\alpha)=k\sigma(\alpha)$；

（3）$(\sigma(\alpha),\sigma(\beta))=(\alpha,\beta)$，

这里 $\alpha,\beta\in V,k\in\mathbf{R}$，这样的映射 σ 称为 V 到 V' 的同构映射.

由定义 8.1.5，如果 σ 是欧氏空间 V 到 V' 的一个同构映射，那么也是 V 到 V' 作为线性空间的同构映射. 因此，同构的欧氏空间必有相同的维数.

设V是一个n维欧氏空间，在V中取一组两两正交的单位向量组$\varepsilon_1,\varepsilon_2,\cdots,\varepsilon_n$为基，在这组基下，$V$的每个向量$\alpha$都可表示成$\alpha=x_1\varepsilon_1+x_2\varepsilon_2+\cdots+x_n\varepsilon_n$.

令$\sigma(\alpha)=\begin{pmatrix}x_1\\x_2\\\vdots\\x_n\end{pmatrix}\in\mathbf{R}^n$，就是$V$到$\mathbf{R}^n$的一个双射，并且适合定义 8.1.5 中的条件（1）（2）. 同时σ也适合条件（3），因而σ是V到$\mathbf{R}^n$的一个同构映射，由此可知，每个n维的欧氏空间都与$\mathbf{R}^n$同构.

同构作为欧氏空间之间的关系具有反身性、对称性与传递性.

既然每个n维欧氏空间都与$\mathbf{R}^n$同构，按对称性与传递性，任意两个n维欧氏空间都同构.

定理 8.1.2 两个有限维欧氏空间同构当且仅当它们的维数相等.

定理 8.1.2 说明，从抽象的观点看，欧氏空间的结构完全被它们的维数决定.

习题 8.1

1. 证明：在一个欧氏空间里，对于任意向量ξ,η，有以下等式成立.

（1）$|\xi+\eta|^2+|\xi-\eta|^2=2|\xi|^2+2|\eta|^2$；（2）$(\xi,\eta)=\dfrac{1}{4}|\xi+\eta|^2-\dfrac{1}{4}|\xi-\eta|^2$.

在解析几何里，等式（1）的几何意义是什么？

2. 在欧氏空间$\mathbf{R}^4$里，已知一组基$\alpha_1=\begin{pmatrix}1\\1\\1\\1\end{pmatrix},\alpha_2=\begin{pmatrix}1\\1\\1\\0\end{pmatrix},\alpha_3=\begin{pmatrix}1\\1\\0\\0\end{pmatrix},\alpha_4=\begin{pmatrix}1\\0\\0\\0\end{pmatrix}$，求基$\alpha_1,\alpha_2,\alpha_3,\alpha_4$的度量矩阵，并求$\alpha_1$与$\alpha_2$的夹角.

3. 在欧氏空间$\mathbf{R}^4$里找出两个单位向量，使它们同时与向量

$$\alpha=\begin{pmatrix}2\\1\\-4\\0\end{pmatrix},\quad\beta=\begin{pmatrix}-1\\-1\\2\\2\end{pmatrix},\quad\gamma=\begin{pmatrix}3\\2\\-6\\-2\end{pmatrix}$$

中每一个正交.

4. 设$\alpha_1,\alpha_2,\cdots,\alpha_n,\beta$都是欧氏空间$V$的向量，且$\beta$是$\alpha_1,\alpha_2,\cdots,\alpha_n$的线性组合，证明：如果$\beta$与$\alpha_i$正交$(i=1,2,\cdots,n)$，那么$\beta=\mathbf{0}$.

5. 设$\alpha_1,\alpha_2,\cdots,\alpha_n$是欧氏空间$V$的$n$个向量. 行列式

$$G(\alpha_1,\alpha_2,\cdots,\alpha_n)=\begin{vmatrix}(\alpha_1,\alpha_1)&(\alpha_1,\alpha_2)&\cdots&(\alpha_1,\alpha_n)\\(\alpha_2,\alpha_1)&(\alpha_2,\alpha_2)&\cdots&(\alpha_2,\alpha_n)\\\vdots&\vdots&&\vdots\\(\alpha_n,\alpha_1)&(\alpha_n,\alpha_2)&\cdots&(\alpha_n,\alpha_n)\end{vmatrix}$$

叫做$\alpha_1,\alpha_2,\cdots,\alpha_n$的格拉姆（Gram）行列式. 证明$G(\alpha_1,\alpha_2,\cdots,\alpha_n)=0$当且仅当$\alpha_1,\alpha_2,\cdots,\alpha_n$线性

相关.

6. 设 $\boldsymbol{\alpha},\boldsymbol{\beta}$ 是欧氏空间两个线性无关的向量，满足以下条件：$\dfrac{2(\boldsymbol{\alpha},\boldsymbol{\beta})}{(\boldsymbol{\alpha},\boldsymbol{\alpha})}$ 和 $\dfrac{2(\boldsymbol{\alpha},\boldsymbol{\beta})}{(\boldsymbol{\beta},\boldsymbol{\beta})}$ 都是小于或等于零的整数，则 $\boldsymbol{\alpha},\boldsymbol{\beta}$ 的夹角只可能是 $\dfrac{\pi}{2},\dfrac{2\pi}{3},\dfrac{3\pi}{4}$ 或 $\dfrac{5\pi}{6}$.

7. 证明：对于任意实数 $a_1,a_2,\cdots,a_n$，$\sum\limits_{i=1}^{n}|a_i|\leqslant\sqrt{n(a_1^2+a_2^2+a_3^3+\cdots+a_n^2)}$.

8. 设 $\boldsymbol{\alpha}_1,\boldsymbol{\alpha}_2,\cdots,\boldsymbol{\alpha}_m$，$\boldsymbol{\beta}_1,\boldsymbol{\beta}_2,\cdots,\boldsymbol{\beta}_m$，是欧氏空间中的两组向量，如果 $(\boldsymbol{\alpha}_i,\boldsymbol{\alpha}_j)=(\boldsymbol{\beta}_i,\boldsymbol{\beta}_j)$（$i,j=1,2,\cdots,m$）则 $\boldsymbol{V}_1=L[\boldsymbol{\alpha}_1,\boldsymbol{\alpha}_2,\cdots,\boldsymbol{\alpha}_m]$ 与 $\boldsymbol{V}_2=L[\boldsymbol{\beta}_1,\boldsymbol{\beta}_2,\cdots,\boldsymbol{\beta}_m]$ 同构.

8.2 标准正交基

定义 8.2.1 欧氏空间 $\boldsymbol{V}$ 的一组非零的向量，如果它们两两正交，就称为一个正交向量组.

应该指出，按定义 8.2.1，由单个非零向量所成的向量组也是正交向量组. 当然，以下讨论的正交向量组都是非空的.

定理 8.2.1 欧氏空间 $\boldsymbol{V}$ 的一组向量 $\boldsymbol{\alpha}_1,\boldsymbol{\alpha}_2,\cdots,\boldsymbol{\alpha}_r$ 为正交向量组，则它们为线性无关向量组.

证明 设有 $\lambda_1,\lambda_2,\cdots,\lambda_r\in\mathbf{R}$ 使 $\sum\limits_{i=1}^{r}\lambda_i\boldsymbol{\alpha}_i=\mathbf{0}$. 因为 $\boldsymbol{\alpha}_1,\boldsymbol{\alpha}_2,\cdots,\boldsymbol{\alpha}_r$ 为正交向量组，分别对 $\boldsymbol{\alpha}_k\,(k=1,2,\cdots,r)$ 与 $\sum\limits_{i=1}^{r}\lambda_i\boldsymbol{\alpha}_i=\mathbf{0}$ 两端作内积，即得 $\lambda_k(\boldsymbol{\alpha}_k,\boldsymbol{\alpha}_k)=0$. 因 $\boldsymbol{\alpha}_k\neq\mathbf{0}$，故 $(\boldsymbol{\alpha}_k,\boldsymbol{\alpha}_k)=|\boldsymbol{\alpha}_k|^2\neq0$，从而 $\lambda_k=0\,(k=1,2,\cdots,r)$，于是 $\boldsymbol{\alpha}_1,\boldsymbol{\alpha}_2,\cdots,\boldsymbol{\alpha}_r$ 线性无关.

正交向量组是线性无关的. 这个结果说明，在 n 维欧氏空间中，两两正交的非零向量不能超过 n 个.

定义 8.2.2 在 n 维欧氏空间 $\boldsymbol{V}$ 中，由 n 个向量组成的正交向量组称为正交基，由单位向量组成的正交基称为标准正交基（规范正交基）.

对一组正交基进行单位化就得到一组标准正交基.

设 $\boldsymbol{\varepsilon}_1,\boldsymbol{\varepsilon}_2,\cdots,\boldsymbol{\varepsilon}_n$ 是一组标准正交基，由定义有

$$(\boldsymbol{\varepsilon}_i,\boldsymbol{\varepsilon}_j)=\begin{cases}1,\ i=j\\0,\ i\neq j\end{cases}\tag{8.2.1}$$

显然，式（8.2.1）完全刻画了标准正交基的性质. 换句话说，一组基为标准正交基的充要条件是它的度量矩阵为单位矩阵. 由此，在 n 维欧氏空间中，标准正交基是存在的.

在标准正交基下，向量的坐标可以通过内积简单地表示出来，即

$$\boldsymbol{\alpha}=(\boldsymbol{\varepsilon}_1,\boldsymbol{\alpha})\boldsymbol{\varepsilon}_1+(\boldsymbol{\varepsilon}_2,\boldsymbol{\alpha})\boldsymbol{\varepsilon}_2+\cdots+(\boldsymbol{\varepsilon}_n,\boldsymbol{\alpha})\boldsymbol{\varepsilon}_n\tag{8.2.2}$$

在标准正交基下，内积有特别简单的表达式. 设

$$\boldsymbol{\alpha}=x_1\boldsymbol{\varepsilon}_1+x_2\boldsymbol{\varepsilon}_2+\cdots+x_n\boldsymbol{\varepsilon}_n,\quad \boldsymbol{\beta}=y_1\boldsymbol{\varepsilon}_1+y_2\boldsymbol{\varepsilon}_2+\cdots+y_n\boldsymbol{\varepsilon}_n$$

那么

$$(\boldsymbol{\alpha},\boldsymbol{\beta})=x_1y_1+x_2y_2+\cdots+x_ny_n=\boldsymbol{X}^{\mathrm{T}}\boldsymbol{Y}\tag{8.2.3}$$

这个表达式正是几何中向量的内积在直角坐标系中坐标表达式的推广.

应该指出，内积的表达式（8.2.3），对于任一组标准正交基都是一样的. 这说明，所有的标准正交基在欧氏空间中有相同的地位.

下面讨论标准正交基的存在性及其正交化方法，首先给出下面的定理.

定理 8.2.2 设 $\boldsymbol{\alpha}_1,\boldsymbol{\alpha}_2,\cdots,\boldsymbol{\alpha}_r$ 是欧氏空间 $\boldsymbol{V}$ 的一组线性无关的向量组，那么可以求出 $\boldsymbol{V}$ 的一个正交组 $\boldsymbol{\beta}_1,\boldsymbol{\beta}_2,\cdots,\boldsymbol{\beta}_r$，使得 $\boldsymbol{\beta}_k(k=1,2,\cdots,r)$ 可由 $\boldsymbol{\alpha}_1,\boldsymbol{\alpha}_2,\cdots,\boldsymbol{\alpha}_r$ 线性表示，并且满足定理要求的正交组为

$$\begin{cases}\boldsymbol{\beta}_1=\boldsymbol{\alpha}_1\\ \boldsymbol{\beta}_k=\boldsymbol{\alpha}_k-\sum\limits_{j=1}^{k-1}\dfrac{(\boldsymbol{\beta}_j,\boldsymbol{\alpha}_r)}{(\boldsymbol{\beta}_j,\boldsymbol{\beta}_j)}\boldsymbol{\beta}_j,\ k=2,\cdots,r\end{cases}$$

证明 取

$$\begin{aligned}&\boldsymbol{\beta}_1=\boldsymbol{\alpha}_1\\ &\boldsymbol{\beta}_2=\boldsymbol{\alpha}_2-\frac{(\boldsymbol{\beta}_1,\boldsymbol{\alpha}_2)}{(\boldsymbol{\beta}_1,\boldsymbol{\beta}_1)}\boldsymbol{\beta}_1\\ &\quad\vdots\\ &\boldsymbol{\beta}_r=\boldsymbol{\alpha}_r-\frac{(\boldsymbol{\beta}_1,\boldsymbol{\alpha}_r)}{(\boldsymbol{\beta}_1,\boldsymbol{\beta}_1)}\boldsymbol{\beta}_1-\frac{(\boldsymbol{\beta}_2,\boldsymbol{\alpha}_r)}{(\boldsymbol{\beta}_2,\boldsymbol{\beta}_2)}\boldsymbol{\beta}_2-\cdots-\frac{(\boldsymbol{\beta}_{r-1},\boldsymbol{\alpha}_r)}{(\boldsymbol{\beta}_{r-1},\boldsymbol{\beta}_{r-1})}\boldsymbol{\beta}_{r-1}\end{aligned}$$

容易验证 $\boldsymbol{\beta}_1,\boldsymbol{\beta}_2,\cdots,\boldsymbol{\beta}_r$ 两两正交，非零. 然后将它们单位化，即令

$$\boldsymbol{e}_1=\frac{\boldsymbol{\beta}_1}{\|\boldsymbol{\beta}_1\|},\boldsymbol{e}_2=\frac{\boldsymbol{\beta}_2}{\|\boldsymbol{\beta}_2\|},\cdots,\boldsymbol{e}_r=\frac{\boldsymbol{\beta}_r}{\|\boldsymbol{\beta}_r\|}$$

则 $\boldsymbol{e}_1,\boldsymbol{e}_2,\cdots,\boldsymbol{e}_r$ 就是 $\boldsymbol{V}$ 的一个标准正交向量组.

定理 8.2.2 所给出的方法称为施密特（Schmidt）正交化方法，这个过程称为施密特（Schmidt）正交化过程.

例 8.2.1 试用施密特正交化方法把下列向量组正交化单位化.

$$\boldsymbol{\alpha}_1=\begin{pmatrix}1\\-1\\0\end{pmatrix},\boldsymbol{\alpha}_2=\begin{pmatrix}2\\0\\1\end{pmatrix},\boldsymbol{\alpha}_3=\begin{pmatrix}1\\-1\\1\end{pmatrix}$$

解

$$\boldsymbol{\beta}_1=\boldsymbol{\alpha}_1=\begin{pmatrix}1\\-1\\0\end{pmatrix}$$

$$\boldsymbol{\beta}_2=\boldsymbol{\alpha}_2-\frac{(\boldsymbol{\beta}_1,\boldsymbol{\alpha}_2)}{(\boldsymbol{\beta}_1,\boldsymbol{\beta}_1)}\boldsymbol{\beta}_1=\begin{pmatrix}2\\0\\1\end{pmatrix}-\frac{2}{2}\begin{pmatrix}1\\-1\\0\end{pmatrix}=\begin{pmatrix}1\\1\\1\end{pmatrix}$$

$$\boldsymbol{\beta}_3=\boldsymbol{\alpha}_3-\frac{(\boldsymbol{\beta}_1,\boldsymbol{\alpha}_3)}{(\boldsymbol{\beta}_1,\boldsymbol{\beta}_1)}\boldsymbol{\beta}_1-\frac{(\boldsymbol{\beta}_2,\boldsymbol{\alpha}_3)}{(\boldsymbol{\beta}_2,\boldsymbol{\beta}_2)}\boldsymbol{\beta}_2=\begin{pmatrix}1\\-1\\1\end{pmatrix}-\begin{pmatrix}1\\-1\\0\end{pmatrix}-\frac{1}{3}\begin{pmatrix}1\\1\\1\end{pmatrix}=\frac{1}{3}\begin{pmatrix}-1\\-1\\2\end{pmatrix}$$

将 $\boldsymbol{\beta}_1,\boldsymbol{\beta}_2,\boldsymbol{\beta}_3$ 单位化，即

$$e_1=\frac{\beta_1}{|\beta_1|}=\frac{1}{\sqrt{2}}\begin{pmatrix}1\\-1\\0\end{pmatrix},\qquad e_2=\frac{\beta_2}{|\beta_2|}=\frac{1}{\sqrt{3}}\begin{pmatrix}1\\1\\1\end{pmatrix},\qquad e_3=\frac{\beta_3}{|\beta_3|}=\frac{1}{\sqrt{6}}\begin{pmatrix}-1\\-1\\2\end{pmatrix}$$

例 8.2.2 考虑定义在闭区间 $[0,2\pi]$ 上一切连续函数作成的欧氏空间 $\mathbf{C}[0,2\pi]$. 函数组：$1,\cos x,\sin x,\cdots,\cos nx,\sin nx,\cdots$. 构成 $\mathbf{C}[0,2\pi]$ 的一个正交组.

把上面的每一向量除以它的长度，就得到 $\mathbf{C}[0,2\pi]$ 的一个标准正交组：

$$\frac{1}{\sqrt{2\pi}},\frac{1}{\sqrt{\pi}}\cos x,\frac{1}{\sqrt{\pi}}\sin x,\cdots,\frac{1}{\sqrt{\pi}}\cos nx,\frac{1}{\sqrt{\pi}}\sin nx,\cdots$$

例 8.2.3 欧氏空间 $\mathbf{R}^n$ 的基 $\boldsymbol{\varepsilon}_i=(0,\cdots,0,\overset{(i)}{1},0,\cdots,0)^{\mathrm{T}}\ (i=1,2,\cdots,n)$ 是 $\mathbf{R}^n$ 的一个标准正交基.

推论 8.2.1 设 $\boldsymbol{\alpha}_1,\boldsymbol{\alpha}_2,\cdots,\boldsymbol{\alpha}_m$ 是 n 维欧氏空间 $\boldsymbol{V}$ 的一个线性无关的向量组，则存在正交向量组 $\boldsymbol{\beta}_1,\boldsymbol{\beta}_2,\cdots,\boldsymbol{\beta}_m$ 和主对角元全是1的上三角矩阵 $\boldsymbol{R}_{m\times m}$，使得

$$(\boldsymbol{\beta}_1,\boldsymbol{\beta}_2,\cdots,\boldsymbol{\beta}_m)=(\boldsymbol{\alpha}_1,\boldsymbol{\alpha}_2,\cdots,\boldsymbol{\alpha}_m)\boldsymbol{R}$$

证明 由定理 8.2.1 的证明过程可以直接写出该上三角矩阵.

令
$$k_{ij}=\frac{(\boldsymbol{\beta}_i,\boldsymbol{\alpha}_j)}{(\boldsymbol{\beta}_i,\boldsymbol{\beta}_i)},\ \ i,j=1,2,\cdots,m$$

则由施密特正交化公式得

$$\begin{aligned}
\boldsymbol{\beta}_1&=\boldsymbol{\alpha}_1\\
\boldsymbol{\beta}_2&=\boldsymbol{\alpha}_2-k_{12}\boldsymbol{\beta}_1\\
&\ \ \vdots\\
\boldsymbol{\beta}_r&=\boldsymbol{\alpha}_r-k_{1r}\boldsymbol{\beta}_1-k_{2r}\boldsymbol{\beta}_2-\cdots-k_{(n-1),r}\boldsymbol{\beta}_{r-1}
\end{aligned}$$

解得
$$\begin{aligned}
\boldsymbol{\alpha}_1&=\boldsymbol{\beta}_1\\
\boldsymbol{\alpha}_2&=\boldsymbol{\beta}_2+k_{12}\boldsymbol{\beta}_1\\
&\ \ \vdots\\
\boldsymbol{\alpha}_r&=\boldsymbol{\beta}_r+k_{1r}\boldsymbol{\beta}_1+k_{2r}\boldsymbol{\beta}_2+\cdots+k_{(n-1),r}\boldsymbol{\beta}_{r-1}
\end{aligned}$$

写成矩阵形式为

$$(\boldsymbol{\alpha}_1,\boldsymbol{\alpha}_2,\cdots,\boldsymbol{\alpha}_r)=(\boldsymbol{\beta}_1,\boldsymbol{\beta}_2,\cdots,\boldsymbol{\beta}_r)\begin{pmatrix}1&k_{12}&\cdots&k_{1m}\\0&1&\cdots&k_{2m}\\\vdots&\vdots&&\vdots\\0&0&\cdots&1\end{pmatrix}$$

显然，上三角矩阵 $\begin{pmatrix}1&k_{12}&\cdots&k_{1m}\\0&1&\cdots&k_{2m}\\\vdots&\vdots&&\vdots\\0&0&\cdots&1\end{pmatrix}$ 可逆，记逆矩阵为 $\boldsymbol{R}_{m\times m}$，且 $\boldsymbol{R}_{m\times m}$ 的主对角元全为1，即

$$(\boldsymbol{\beta}_1,\boldsymbol{\beta}_2,\cdots,\boldsymbol{\beta}_m)=(\boldsymbol{\alpha}_1,\boldsymbol{\alpha}_2,\cdots,\boldsymbol{\alpha}_m)\boldsymbol{R}$$

可见，向量组 $\boldsymbol{\alpha}_1,\boldsymbol{\alpha}_2,\cdots,\boldsymbol{\alpha}_m$ 与向量组 $\boldsymbol{\beta}_1,\boldsymbol{\beta}_2,\cdots,\boldsymbol{\beta}_m$ 等价.

由推论 8.2.1 容易得到下面的结论.

推论 8.2.2 对于 n 维欧氏空间 $\boldsymbol{V}$ 中任意一组基 $\varepsilon_1,\varepsilon_2,\cdots,\varepsilon_n$，都可以找到一组标准正交基 $\eta_1,\eta_2,\cdots,\eta_n$，使 $\boldsymbol{L}[\varepsilon_1,\varepsilon_2,\cdots,\varepsilon_i]=\boldsymbol{L}[\eta_1,\eta_2,\cdots,\eta_i](i=1,2,\cdots,n)$，且由基 $\varepsilon_1,\varepsilon_2,\cdots,\varepsilon_n$ 到基 $\eta_1,\eta_2,\cdots,\eta_n$ 的过渡矩阵是上三角形的.

定理 8.2.3 n 维欧氏空间 $\boldsymbol{V}$ 中任一个标准正交向量组都能扩充成一组标准正交基.

证明 设 $\boldsymbol{\alpha}_1,\boldsymbol{\alpha}_2,\cdots,\boldsymbol{\alpha}_r$ 是欧氏空间 $\boldsymbol{V}$ 的一标准正交向量组，显然它是线性无关的，因此可以扩充成 V 的一组基 $\boldsymbol{\alpha}_1,\boldsymbol{\alpha}_2,\cdots,\boldsymbol{\alpha}_r,\boldsymbol{\beta}_{r+1},\boldsymbol{\beta}_{r+2},\cdots,\boldsymbol{\beta}_n$，用施密特正交化方法将其正交标准化，这一过程中 $\boldsymbol{\alpha}_1,\boldsymbol{\alpha}_2,\cdots,\boldsymbol{\alpha}_r$ 并不改变，则得到 $\boldsymbol{V}$ 的一标准正交基 $\boldsymbol{\alpha}_1,\boldsymbol{\alpha}_2,\cdots,\boldsymbol{\alpha}_r,\boldsymbol{\alpha}_{r+1},\boldsymbol{\alpha}_{r+2},\cdots,\boldsymbol{\alpha}_n$.

现在转向讨论正交矩阵.

定义 8.2.3 n 阶实数矩阵 $\boldsymbol{A}$ 称为正交矩阵，如果 $\boldsymbol{A}^{\mathrm{T}}\boldsymbol{A}=\boldsymbol{E}$.

性质 8.2.1 $\boldsymbol{A}$ 是 n 阶正交矩阵当且仅当 $\boldsymbol{A}^{-1}=\boldsymbol{A}^{\mathrm{T}}$.

性质 8.2.2 $\boldsymbol{A}$ 是 n 阶正交矩阵当且仅当 $\boldsymbol{A}$ 的行（列）向量组成 n 维欧氏空间 $\mathbf{R}^n$ 的一个标准正交基.

证明 （必要性）设 $\boldsymbol{A}$ 是正交矩阵，则有 $\boldsymbol{A}^{\mathrm{T}}\boldsymbol{A}=\boldsymbol{E}$，令 $\boldsymbol{A}=(\boldsymbol{\alpha}_1,\boldsymbol{\alpha}_2,\cdots,\boldsymbol{\alpha}_n)$，有

$$\boldsymbol{A}^{\mathrm{T}}\boldsymbol{A}=\begin{pmatrix}\boldsymbol{\alpha}_1^{\mathrm{T}}\\\boldsymbol{\alpha}_2^{\mathrm{T}}\\\vdots\\\boldsymbol{\alpha}_n^{\mathrm{T}}\end{pmatrix}(\boldsymbol{\alpha}_1,\boldsymbol{\alpha}_2,\cdots,\boldsymbol{\alpha}_n)=\begin{pmatrix}\boldsymbol{\alpha}_1^{\mathrm{T}}\boldsymbol{\alpha}_1 & \boldsymbol{\alpha}_{11}^{\mathrm{T}}\boldsymbol{\alpha}_2 & \cdots & \boldsymbol{\alpha}_1^{\mathrm{T}}\boldsymbol{\alpha}_2\\\boldsymbol{\alpha}_2^{\mathrm{T}}\boldsymbol{\alpha}_1 & \boldsymbol{\alpha}_2^{\mathrm{T}}\boldsymbol{\alpha}_2 & \cdots & \boldsymbol{\alpha}_2^{\mathrm{T}}\boldsymbol{\alpha}_n\\\vdots & \vdots & & \vdots\\\boldsymbol{\alpha}_n^{\mathrm{T}}\boldsymbol{\alpha}_1 & \boldsymbol{\alpha}_n^{\mathrm{T}}\boldsymbol{\alpha}_2 & \cdots & \boldsymbol{\alpha}_n^{\mathrm{T}}\boldsymbol{\alpha}_n\end{pmatrix}$$

在欧氏空间 $\mathbf{R}^n$ 中有 $\boldsymbol{\alpha}_i^{\mathrm{T}}\boldsymbol{\alpha}_j=(\boldsymbol{\alpha}_i,\boldsymbol{\alpha}_j)\,(i,j=1,2,\cdots,n)$，则

$$\boldsymbol{A}^{\mathrm{T}}\boldsymbol{A}=\begin{pmatrix}(\boldsymbol{\alpha}_1,\boldsymbol{\alpha}_1) & (\boldsymbol{\alpha}_1,\boldsymbol{\alpha}_2) & \cdots & (\boldsymbol{\alpha}_1,\boldsymbol{\alpha}_n)\\(\boldsymbol{\alpha}_2,\boldsymbol{\alpha}_1) & (\boldsymbol{\alpha}_2,\boldsymbol{\alpha}_2) & \cdots & (\boldsymbol{\alpha}_2,\boldsymbol{\alpha}_n)\\\vdots & \vdots & & \vdots\\(\boldsymbol{\alpha}_n,\boldsymbol{\alpha}_1) & (\boldsymbol{\alpha}_n,\boldsymbol{\alpha}_2) & \cdots & (\boldsymbol{\alpha}_n,\boldsymbol{\alpha}_n)\end{pmatrix}=\boldsymbol{E}$$

故

$$(\boldsymbol{\alpha}_i,\boldsymbol{\alpha}_j)=\begin{cases}1, & i=j\\0, & i\neq j\end{cases}\quad(i,j=1,2,\cdots,n)$$

因而 $\boldsymbol{\alpha}_1,\boldsymbol{\alpha}_2,\cdots,\boldsymbol{\alpha}_n$ 是 $\mathbf{R}^n$ 的标准正交基.

（充分性）设 $\boldsymbol{\alpha}_1,\boldsymbol{\alpha}_2,\cdots,\boldsymbol{\alpha}_n$ 是 $\mathbf{R}^n$ 的一个标准正交基，以上过程可逆，有 $\boldsymbol{A}^{\mathrm{T}}\boldsymbol{A}=\boldsymbol{E}$，从而 A 是正交矩阵.

性质 8.2.3 正交矩阵的行列式为 ±1.

证明 由正交矩阵的定义知，$\boldsymbol{A}^{\mathrm{T}}\boldsymbol{A}=\boldsymbol{E}$，两边同时取行列式，得 $\left|\boldsymbol{A}^{\mathrm{T}}\boldsymbol{A}\right|=|\boldsymbol{E}|=1$，又由于 $\left|\boldsymbol{A}^{\mathrm{T}}\right|=|\boldsymbol{A}|$，则 $|\boldsymbol{A}|^2=1$，即 $|\boldsymbol{A}|=\pm1$.

性质 8.2.4 $\boldsymbol{A}$ 是 n 阶正交矩阵，则 $\boldsymbol{A}^{-1},\boldsymbol{A}^{\mathrm{T}},\boldsymbol{A}^*$ 都是正交矩阵.

证明 **由** $(\boldsymbol{A}^{-1})^{\mathrm{T}}\boldsymbol{A}^{-1}=(\boldsymbol{A}^{\mathrm{T}})^{-1}\boldsymbol{A}^{-1}=(\boldsymbol{A}\boldsymbol{A}^{\mathrm{T}})^{-1}=\boldsymbol{E}^{-1}=\boldsymbol{E}$，则 $\boldsymbol{A}^{-1}$ 为正交矩阵.

又 $(\boldsymbol{A}^{\mathrm{T}})^{\mathrm{T}}\boldsymbol{A}^{\mathrm{T}}=\boldsymbol{A}\boldsymbol{A}^{\mathrm{T}}=\boldsymbol{E}$，则 $\boldsymbol{A}^{\mathrm{T}}$ 为正交矩阵. 从而

$$(A^*)^{\mathrm{T}} A^* = (|A| A^{-1})^{\mathrm{T}} |A| A^{-1} = |A| (A^{-1})^{\mathrm{T}} |A| A^{-1} = |A|^2 (A^{-1})^{\mathrm{T}} A^{-1} = E$$

故 A^* 为正交矩阵.

性质 8.2.5 若 A,B 是 n 阶正交矩阵，则 AB 为正交矩阵.

证明 由 $(AB)(AB)^{\mathrm{T}} = A(BB^{\mathrm{T}})A^{\mathrm{T}} = AA^{\mathrm{T}} = E$，知 AB 为正交矩阵.

性质 8.2.6 若 A 是 n 阶正交矩阵，且 A 为上（下）三角矩阵，则 A 的主对角线上元素为 1 或 -1.

证明 （以上三角正交矩阵为例）设

$$A = \begin{pmatrix} a_{11} & a_{12} & \cdots & a_{1n} \\ 0 & a_{22} & \cdots & a_{2n} \\ \vdots & \vdots & & \vdots \\ 0 & 0 & \cdots & a_{nn} \end{pmatrix} = (\alpha_1, \alpha_2, \cdots, \alpha_n)$$

由 $A^{\mathrm{T}} A = E$ 得

$$\begin{pmatrix} a_{11} & 0 & \cdots & 0 \\ a_{12} & a_{22} & \cdots & 0 \\ \vdots & \vdots & & \vdots \\ a_{1n} & a_{2n} & \cdots & a_{nn} \end{pmatrix} \begin{pmatrix} a_{11} & a_{12} & \cdots & a_{1n} \\ 0 & a_{22} & \cdots & a_{2n} \\ \vdots & \vdots & & \vdots \\ 0 & 0 & \cdots & a_{nn} \end{pmatrix} = \begin{pmatrix} 1 & 0 & \cdots & 0 \\ 0 & 1 & \cdots & 0 \\ \vdots & \vdots & & \vdots \\ 0 & 0 & \cdots & 1 \end{pmatrix}$$

即

$$(\alpha_i, \alpha_j) = \begin{cases} 1, & i = j \\ 0, & i \neq j \end{cases} \quad (i, j = 1, 2, \cdots, n)$$

由 $(\alpha_1, \alpha_1) = 1$，得 $a_{11} = \pm 1$. 继而由 $(\alpha_1, \alpha_j) = 0, j = 2, \cdots, n$，得 $a_{1j} = 0, j = 2, \cdots, n$.

又由 $(\alpha_2, \alpha_2) = 1$，得 $a_{22}^2 = 1$，从而 $a_{22} = \pm 1$.

由于 $(\alpha_2, \alpha_j) = 0\,(j = 3, \cdots, n)$，得 $a_{2j} = 0\,(j = 3, \cdots, n)$，依次下去，可得 $a_{kj} = 0(j = k+1, \cdots, n, k = 1, \cdots, n)$，$a_{kk} = \pm 1(k = 1, \cdots, n)$.

故 A 是主对角线元为 ± 1 的对角矩阵.

（同理可证下三角正交矩阵的情形）

性质 8.2.7 设在 n 维欧氏空间中由标准正交基 $\varepsilon_1, \varepsilon_2, \cdots, \varepsilon_n$ 对基 $\eta_1, \eta_2, \cdots, \eta_n$ 的过渡矩阵是 A，那么 $\eta_1, \eta_2, \cdots, \eta_n$ 是标准正交基的充分必要条件是 A 为正交矩阵.

证明 设 $A = (a_{ij}) = (\alpha_1, \alpha_2, \cdots, \alpha_n)$，则

$$(\eta_1, \eta_2, \cdots, \eta_n) = (\varepsilon_1, \varepsilon_2, \cdots, \varepsilon_n) \begin{pmatrix} a_{11} & a_{12} & \cdots & a_{1n} \\ a_{21} & a_{22} & \cdots & a_{2n} \\ \vdots & \vdots & & \vdots \\ a_{n1} & a_{n2} & \cdots & a_{nn} \end{pmatrix}$$

则由 $\varepsilon_1, \varepsilon_2, \cdots, \varepsilon_n$ 为标准正交基可得

$$(\eta_i, \eta_j) = (\alpha_i, \alpha_j) \tag{8.2.4}$$

（充分性）若 A 为正交矩阵，则 $(\alpha_i, \alpha_j) = \delta_{ij}$. 由式（8.2.4）得 $(\eta_i, \eta_j) = \delta_{ij}$，故 $\eta_1, \eta_2, \cdots, \eta_n$ 为标准正交基.

（必要性）若$\eta_1,\eta_2,\cdots,\eta_n$是标准正交基，则有$(\eta_i,\eta_j)=\delta_{ij}$. 由式（8.2.4）得$(\alpha_i,\alpha_j)=\delta_{ij}$，即$A$为正交矩阵.

这里
$$\delta_{ij}=\begin{cases}1,\ i=j\\0,\ i\neq j\end{cases}$$

例 8.2.4 设A,B为n阶正交矩阵且$|A|=-|B|$，则$A+B$必不可逆.

证明 由

$$\begin{aligned}|A+B|&=|BB^{\mathrm{T}}A+BA^{\mathrm{T}}A|=|B||B^{\mathrm{T}}+A^{\mathrm{T}}||A|\\&=-|B|^2|B^{\mathrm{T}}+A^{\mathrm{T}}|=-|(A+B)^{\mathrm{T}}|=-|A+B|\end{aligned}$$

得$|A+B|=0$，即$A+B$不可逆.

定理 8.2.4 每一个n阶可逆（非奇异）实矩阵A都可以唯一地表示成

$$A=UT$$

的形式. 这里U是一个正交矩阵，T是一个上三角形实矩阵，且主对角线上元素都是正数.

证明 先证存在性. 由于A为n阶可逆（非奇异）实矩阵，故$A=(\alpha_1,\alpha_2,\cdots,\alpha_n)$的列向量$\alpha_1,\alpha_2,\cdots,\alpha_n$线性无关，从而为$\mathbf{R}^n$的一组基，将其正交化单位化，可得一组标准正交基

$$\begin{cases}\eta_1=\dfrac{1}{|\alpha_1|}\alpha_1\\\eta_2=-\dfrac{1}{|\beta_2|}(\alpha_2,\eta_1)\eta_1+\dfrac{1}{|\beta_2|}\alpha_2\\\qquad\vdots\\\eta_n=-\dfrac{(\alpha_n,\eta_1)}{|\beta_n|}\eta_1-\cdots-\dfrac{(\alpha_n,\eta_{n-1})}{|\beta_n|}\eta_{n-1}+\dfrac{1}{\beta_n}\alpha_n\end{cases}$$

其中
$$\begin{cases}\beta_1=\alpha_1\\\beta_2=\alpha_2-(\alpha_2,\eta_1)\eta_1\\\qquad\vdots\\\beta_n=\alpha_n-(\alpha_n,\eta_1)-\cdots-(\alpha_n,\eta_{n-1})\eta_{n-1}\end{cases}$$

则有
$$\begin{cases}\alpha_1=t_{11}\eta_1\\\alpha_2=t_{12}\eta_1+t_{22}\eta_2\\\qquad\vdots\\\alpha_n=t_{1n}\eta_1+t_{2n}\eta_2+\cdots+t_{nn}\eta_n\end{cases}$$

其中，$t_{ii}=|\beta_i|>0(i=1,2,\cdots,n)$.

即
$$A=(\alpha_1,\alpha_2,\cdots\alpha_n)=(\eta_1,\eta_2,\cdots,\eta_n)\begin{pmatrix}t_{11}&t_{12}&\cdots&t_{1n}\\&t_{22}&\cdots&t_{2n}\\&&\ddots&\vdots\\&&&t_{nn}\end{pmatrix}$$

令

$$T=\begin{pmatrix} t_{11} & \cdots & t_{1n} \\ & \ddots & \vdots \\ & & t_{nn} \end{pmatrix}$$

则 $\boldsymbol{T}$ 是上三角矩阵，且主对角线元素 $t_{ii}>0$.

另外，由于 $\boldsymbol{\eta}_i$ 是 n 维列向量，不妨记

$$\boldsymbol{\eta}_i=\begin{pmatrix} b_{1i} \\ b_{2i} \\ \vdots \\ b_{ni} \end{pmatrix}, \quad i=1,2\cdots,n$$

且令

$$\boldsymbol{Q}=\begin{pmatrix} b_{11} & \cdots & b_{1n} \\ \vdots & & \vdots \\ b_{n1} & \cdots & b_{nn} \end{pmatrix}=(\boldsymbol{\eta}_1,\boldsymbol{\eta}_2,\cdots,\boldsymbol{\eta}_n)$$

则有 $\boldsymbol{A}=\boldsymbol{QT}$ ，由于 $\boldsymbol{\eta}_1,\boldsymbol{\eta}_2,\cdots,\boldsymbol{\eta}_n$ 是一组标准正交基，故 $\boldsymbol{Q}$ 是正交矩阵.

再证唯一性. 设 $\boldsymbol{A}=\boldsymbol{Q}_1\boldsymbol{T}_1=\boldsymbol{QT}$ 是两种分解，其中 $\boldsymbol{Q},\boldsymbol{Q}_1$ 是正交矩阵，$\boldsymbol{T},\boldsymbol{T}_1$ 是主对角线元素大于零的上三角阵，则 $\boldsymbol{Q}_1^{-1}\boldsymbol{Q}=\boldsymbol{T}_1\boldsymbol{T}^{-1}$，由于 $\boldsymbol{Q}_1^{-1}\boldsymbol{Q}$ 是正交矩阵，从而 $\boldsymbol{T}_1\boldsymbol{T}^{-1}$ 也是正交矩阵，且 $\boldsymbol{T}_1\boldsymbol{T}^{-1}$ 为上三角阵，故 $\boldsymbol{T}_1\boldsymbol{T}^{-1}$ 是主对角线元为 1 或 -1 的对角阵（性质 8.2.6），但是 $\boldsymbol{T}$ 与 $\boldsymbol{T}_1$ 的主对角线元大于零，所以 $\boldsymbol{T}_1\boldsymbol{T}^{-1}$ 的主对角线元只能是 1，故 $\boldsymbol{T}_1\boldsymbol{T}^{-1}=\boldsymbol{E}$ ，即证 $\boldsymbol{T}_1=\boldsymbol{T}$. 进而有 $\boldsymbol{Q}=\boldsymbol{Q}_1$，从而分解是唯一的.

习题 8.2

1. 试用施密特法把下列向量组正交化单位化.

$$\boldsymbol{\alpha}_1=\begin{pmatrix}1\\1\\1\end{pmatrix},\boldsymbol{\alpha}_2=\begin{pmatrix}1\\2\\3\end{pmatrix},\boldsymbol{\alpha}_3=\begin{pmatrix}1\\8\\9\end{pmatrix}$$

2. 在欧氏空间 $\mathbf{C}[-1,1]$ 里，对于线性无关的向量组 $1,x,x^2,x^3$ 施行施密特正交化方法，求出一个标准正交组.

3. 求齐次线性方程组

$$\begin{cases} x_1+x_2-x_3+x_4-3x_5=0 \\ x_1+x_2-3x_3+x_5=0 \end{cases}$$

的解空间的一组标准正交基.

4. 设 $\boldsymbol{\alpha}_1,\boldsymbol{\alpha}_2,\cdots,\boldsymbol{\alpha}_m$ 是 n 维欧氏空间 $\boldsymbol{V}$ 的一个标准正交组，证明：对于任意 $\boldsymbol{\xi}\in\boldsymbol{V}$ ，以下不等式成立.

$$\sum_{i=1}^{m}(\boldsymbol{\xi},\boldsymbol{\alpha}_i)^2\leqslant|\boldsymbol{\xi}|^2$$

5. 设 $\boldsymbol{U}$ 是一个三阶正交矩阵，且 $\det \boldsymbol{U}=1$. 证明：

（1）$\boldsymbol{U}$ 有一个特征根等于 1；

（2）$\boldsymbol{U}$ 的特征多项式有形状 $f(x)=x^3-tx^2+tx-1$，$-1\leqslant t\leqslant 3$.

6. 设 $\boldsymbol{A}$ 是正交矩阵，则

（1）如果 $|\boldsymbol{A}|=1$，那么 $\boldsymbol{A}$ 的每个元素等于它自己的代数余子式；

（2）如果 $|\boldsymbol{A}|=-1$，那么 $\boldsymbol{A}$ 的每个元素等于它自己的代数余子式乘以 -1.

7. 设 $\boldsymbol{A},\boldsymbol{B}$ 为奇数阶正交矩阵且 $|\boldsymbol{A}|=|\boldsymbol{B}|$，证明 $\boldsymbol{A}-\boldsymbol{B}$ 不可逆.

8.3　正交变换

定义 8.3.1　欧氏空间 $\boldsymbol{V}$ 的线性变换 σ 叫做一个正交变换，如果它保持向量的内积不变，即对任意的 $\alpha,\beta\in \boldsymbol{V}$，都有 $(\sigma(\alpha),\sigma(\beta))=(\alpha,\beta)$.

正交变换可以从几个不同方面加以刻画.

定理 8.3.1　设 σ 是维欧氏空间的一个线性变换，于是下面四个命题是相互等价的：

（1）σ 是正交变换；

（2）σ 保持向量的长度不变，即对于 $\alpha\in \boldsymbol{V}$, $|\sigma(\alpha)|=|\alpha|$；

（3）如果 $\varepsilon_1,\varepsilon_2,\cdots,\varepsilon_n$ 是标准正交基，那么 $\sigma(\varepsilon_1),\sigma(\varepsilon_2),\cdots,\sigma(\varepsilon_n)$ 也是标准正交基；

（4）σ 在任一组标准正交基下的矩阵是正交矩阵.

证明　首先证明（1）与（2）等价.

如果 σ 是正交变换，那么 $(\sigma(\alpha),\sigma(\alpha))=(\alpha,\alpha)$，即 $|\sigma(\alpha)|^2=|\alpha|^2$，两边开方得 $|\sigma(\alpha)|=|\alpha|$. 反过来，如果 σ 保持向量的长度不变，那么对任意 $\alpha,\beta\in \boldsymbol{V}$ 有

$$(\sigma(\alpha),\sigma(\alpha))=(\alpha,\alpha),(\sigma(\beta),\sigma(\beta))=(\beta,\beta),(\sigma(\alpha+\beta),\sigma(\alpha+\beta))=(\alpha+\beta,\alpha+\beta)$$

最后的等式展开得

$$(\sigma(\alpha),\sigma(\alpha))+2(\sigma(\alpha),\sigma(\beta))+(\sigma(\beta),\sigma(\beta))=(\alpha,\alpha)+2(\alpha,\beta)+(\beta,\beta)$$

再利用前两个等式，有 $(\sigma(\alpha),\sigma(\beta))=(\alpha,\beta)$. 这就是说，$\sigma$ 是正交变换.

其次证明（1）与（3）等价.

设 $\varepsilon_1,\varepsilon_2,\cdots,\varepsilon_n$ 是一组标准正交基，即

$$(\varepsilon_i,\varepsilon_j)=\begin{cases}1, & i=j\\ 0, & i\neq j\end{cases}\quad (i,j=1,2,\cdots,n)$$

如果 σ 是正交变换，那么

$$(\sigma(\varepsilon_i),\sigma(\varepsilon_j))=\begin{cases}1, & i=j\\ 0, & i\neq j\end{cases}\quad (i,j=1,2,\cdots,n)$$

这就是说，$\sigma(\varepsilon_1),\sigma(\varepsilon_2),\cdots,\sigma(\varepsilon_n)$ 是标准正交基. 反过来，如果 $\sigma(\varepsilon_1),\sigma(\varepsilon_2),\cdots,\sigma(\varepsilon_n)$ 是标准正交基，由 $\alpha=x_1\varepsilon_1+x_2\varepsilon_2+\cdots+x_n\varepsilon_n$，$\beta=y_1\varepsilon_1+y_2\varepsilon_2+\cdots+y_n\varepsilon_n$ 与 $\sigma(\alpha)=x_1\sigma(\varepsilon_1)+x_2\sigma(\varepsilon_2)+\cdots+x_n\sigma(\varepsilon_n)$，$\sigma(\beta)=y_1\sigma(\varepsilon_1)+y_2\sigma(\varepsilon_2)+\cdots+y_n\sigma(\varepsilon_n)$，得

$$(\alpha,\beta)=x_1y_1+x_2y_2+\cdots+x_ny_n=(\sigma(\alpha),\sigma(\beta))$$

因而σ是正交变换.

最后证明（1）与（4）等价.

设σ在标准正交基$\varepsilon_1,\varepsilon_2,\cdots,\varepsilon_n$下的矩阵为$\boldsymbol{A}$，即

$$(\sigma(\varepsilon_1),\sigma(\varepsilon_2),\cdots,\sigma(\varepsilon_n))=(\varepsilon_1,\varepsilon_2,\cdots,\varepsilon_n)\boldsymbol{A}$$

如果$\sigma(\varepsilon_1),\sigma(\varepsilon_2),\cdots,\sigma(\varepsilon_n)$是标准正交基，那么$\boldsymbol{A}$可以看作由标准正交基$\varepsilon_1,\varepsilon_2,\cdots,\varepsilon_n$到$\sigma(\varepsilon_1),\sigma(\varepsilon_2),\cdots,\sigma(\varepsilon_n)$的过渡矩阵，因而$\boldsymbol{A}$是正交矩阵．反过来，如果$\boldsymbol{A}$是正交矩阵，那么$\sigma(\varepsilon_1),\sigma(\varepsilon_2),\cdots,\sigma(\varepsilon_n)$就是标准正交基.

综上，我们就证明了定理 8.3.1（1）至（4）的等价性.

推论 8.3.1　正交变换保持向量的夹角不变，即

$$\theta=\arccos\frac{(\alpha,\beta)}{|\alpha||\beta|}=\arccos\frac{(\sigma(\alpha),\sigma(\beta))}{|\sigma(\alpha)||\sigma(\beta)|}$$

注意：推论 8.3.1 的逆命题不一定成立．例如$\sigma(\xi)=2\xi$，显然保持角度不变，但是不保持长度不变，故不是正交变换.

当取定了欧氏空间$\boldsymbol{V}$的标准正交基之后，正交变换与正交矩阵是一一对应的，并且保持乘法运算，因此研究正交变换可归结为研究正交矩阵.

推论 8.3.2　两正交变换的积仍是正交变换，正交变换的逆变换也是正交变换.

证明　设σ,τ均为正交变换，则

$$|\sigma\tau(\alpha)|=|\sigma(\tau(\alpha))|=|\tau(\alpha)|=|\alpha|,\ |\sigma^{-1}\sigma(\alpha)|=|\sigma\sigma^{-1}(\alpha)|=|\sigma^{-1}(\alpha)|=|\alpha|$$

即$\sigma\tau,\sigma^{-1}$为正交变换.

定义 8.3.2（正交变换的分类）　若正交变换σ关于某一标准正交基的矩阵为$\boldsymbol{U}$，若$|\boldsymbol{U}|=1$时称σ为第一类正交变换，并称为旋转；若$|\boldsymbol{U}|=-1$时称σ为第二类正交变换，并称为反射.

例 8.3.1　在欧氏空间$\boldsymbol{V}$中任取一组标准正交基$\varepsilon_1,\varepsilon_2,\cdots,\varepsilon_n$，定义线性变换$\sigma$为$\sigma(\varepsilon_1)=-\varepsilon_1$，$\sigma(\varepsilon_i)=\varepsilon_i\ (i=2,3,\cdots,n)$，容易验证$\sigma$就是一个第二类正交变换．从几何上看，这是一个镜面反射.

例 8.3.2　设$\sigma\in\boldsymbol{L}(\mathbf{R}^3)$，令$\sigma(\xi)=(x_2,x_3,x_1)^{\mathrm{T}}$，$\forall\xi=(x_1,x_2,x_3)^{\mathrm{T}}\in\mathbf{R}^3$．则$\sigma$是$\mathbf{R}^3$的一个正交变换.

证明　$\forall\xi\in\mathbf{R}^3$，$(\sigma(\xi),\sigma(\xi))=x_2^2+x_3^2+x_1^2=x_1^2+x_2^2+x_3^2=(\xi,\xi)$，即$\sigma$保持向量的长度不变，故为正交变换.

例 8.3.3　将V_2的每一向量旋转一个角ϕ的正交变换关于V_2的任意标准正交基的矩阵是

$$\boldsymbol{A}=\begin{pmatrix}\cos\phi & -\sin\phi\\ \sin\phi & \cos\phi\end{pmatrix}$$

显然$|\boldsymbol{A}|=1$，故旋转变换是第一类正交变换.

习题 8.3

1. 设 σ 是欧氏空间 V 的一个变换，且对 ξ,η 有 $(\sigma(\xi),\sigma(\eta))=(\xi,\eta)$，证明：$\sigma$ 是 V 的一个线性变换，因而是一个正交变换.

2. 设 $\alpha_1,\alpha_2,\cdots,\alpha_n$ 和 $\beta_1,\beta_2,\cdots,\beta_n$ 是 n 维欧氏空间 V 的两个标准正交基. 证明：

（1）存在 V 的一个正交变换 σ，使 $\sigma(\alpha_i)=\beta_i\ (i=1,2,\cdots,n)$.

（2）如果 V 的一个正交变换 τ 使得 $\tau(\alpha_1)=\beta_1$，那么 $\tau(\alpha_2),\cdots,\tau(\alpha_n)$ 所生成的子空间与由 $\beta_2,\cdots,\beta_n$ 所生成的子空间重合.

3. 设 V 是一个 n 维欧氏空间，$\alpha\in V$ 是一个非零向量. 对于 $\xi\in V$，规定 $\tau(\xi)=\xi-\dfrac{2(\xi,\alpha)}{(\alpha,\alpha)}\alpha$.

证明：

（1）τ 是 V 的一个正交变换，且 $\tau^2=e$，e 是单位变换. 这样的正交变换叫做由向量 α 所决定的一个镜面反射.

（2）存在 V 的一个标准正交基，使得 τ 关于这个基的矩阵有如下形状：

$$\begin{pmatrix} -1 & 0 & 0 & \cdots & 0 \\ 0 & 1 & 0 & \cdots & 0 \\ 0 & 0 & 1 & \cdots & 0 \\ \vdots & \vdots & \vdots & & \vdots \\ 0 & 0 & 0 & \cdots & 1 \end{pmatrix}$$

在三维欧氏空间里说明线性变换 τ 的几何意义.

4. 令 V 是一个 n 维欧氏空间. 证明：

（1）对 V 中任意两不同单位向量 α,β，存在一个镜面反射 τ，使得 $\tau(\alpha)=\beta$.

（2）V 中每一正交变换 σ 都可以表示成若干个镜面反射的乘积.

8.4 对称变换与实对称矩阵

问题：欧氏空间 V 中的线性变换 σ 应该满足什么条件，才能使它在某个正交基下的矩阵是对角形?

首先给出对称变换的定义.

定义 8.4.1 设 σ 是欧氏空间 V 中的线性变换，如果 $\forall\alpha,\beta\in V$，都有 $(\sigma(\alpha),\beta)=(\alpha,\sigma(\beta))$，则称 σ 是 V 的一个对称变换.

例 8.4.1 以下 $\mathbf{R}^3$ 的线性变换中，指出哪些是对称变换?

（1）$\sigma_1(x_1,x_2,x_3)^{\mathrm T}=(x_1+x_2,x_2+x_3,x_3+x_1)^{\mathrm T}$;

（2）$\sigma_2(x_1,x_2,x_3)^{\mathrm T}=(x_1+x_3,x_2-2x_3,x_1-2x_2+x_3)^{\mathrm T}$;

（3）$\sigma_3(x_1,x_2,x_3)^{\mathrm T}=(x_2,-x_1,-x_3)^{\mathrm T}$.

解 设 $\alpha=(x_1,x_2,x_3)^{\mathrm T},\beta=(y_1,y_2,y_3)^{\mathrm T}\in\mathbf{R}^3$.

（1）$\sigma_1(\alpha)=(x_1+x_2,x_2+x_3,x_3+x_1)^{\mathrm{T}}$，$\sigma_1(\beta)=(y_1+y_2,y_2+y_3,y_3+y_1)^{\mathrm{T}}$

显然

$$(\sigma_1(\alpha),\beta)=(x_1y_1+x_2y_1,x_2y_2+x_3y_2,x_3y_3+x_1y_3)^{\mathrm{T}}$$

$$(\alpha,\sigma_1(\beta))=(x_1y_1+x_1y_2,x_2y_2+x_2y_3,x_3y_3+x_3y_1)^{\mathrm{T}}$$

则 $(\sigma_1(\alpha),\beta)\neq(\alpha,\sigma_1(\beta))$，故 σ_1 不是对称变换.

（2）$\sigma_2(\alpha)=(x_1+x_3,x_2-2x_3,x_1-2x_2+x_3)^{\mathrm{T}}$，$\sigma_2(\beta)=(y_1+y_3,y_2-2y_3,y_1-2y_2+y_3)^{\mathrm{T}}$

显然

$$(\sigma_2(\alpha),\beta)=(x_1y_1+x_3y_1,x_2y_2-2x_3y_2,x_1y_3-2x_2y_3+x_3y_3)^{\mathrm{T}}$$

$$(\alpha,\sigma_2(\beta))=(x_1y_1+x_1y_3,x_2y_2-2x_2y_3,x_3y_1-2x_3y_2+x_3y_3)^{\mathrm{T}}$$

则 $(\sigma_2(\alpha),\beta)\neq(\alpha,\sigma_2(\beta))$，故 σ_2 不是对称变换.

（3）$\sigma_3(\alpha)=(x_2,-x_1,-x_3)$，$\sigma_3(\beta)=(y_2,-y_1,-y_3)^{\mathrm{T}}$

显然

$$(\sigma_3(\alpha),\beta)=(x_2y_1,-x_1y_2,-x_3y_3)^{\mathrm{T}},(\alpha,\sigma_3(\beta))=(x_1y_2,-x_2y_1,-x_3y_3)^{\mathrm{T}}$$

则 $(\sigma_3(\alpha),\beta)=(\alpha,\sigma_3(\beta))$，故 σ_3 是对称变换.

下面研究对称变换与对称矩阵的关系.

定理 8.4.1　n 维欧氏空间 V 中的线性变换 σ 是对称变换的充分必要条件为关于任意一个标准正交基的矩阵是实对称矩阵.

证明　（必要性）设 σ 是对称变换，σ 关于 V 的标准正交基 $\alpha_1,\alpha_2,\cdots,\alpha_n$ 的矩阵是 $A=(a_{ij}), A\in M_n(\mathbf{R})$，即

$$(\sigma(\alpha_1),\sigma(\alpha_2)\cdots\sigma(\alpha_n))=(\alpha_1,\alpha_2,\cdots,\alpha_n)A$$

则

$$\sigma(\alpha_i)=\sum_{k=1}^{n}a_{ki}\alpha_k，\ 1\leqslant i\leqslant n$$

因 σ 是对称变换，$\alpha_1,\alpha_2,\cdots,\alpha_n$ 是标准正交基，所以

$$a_{ji}=(\sum_{k=1}^{n}a_{ki}\alpha_k,\alpha_j)=(\sigma(\alpha_i),\alpha_j)=(\alpha_i,\sigma(\alpha_j))=(\alpha_i,\sum_{k=1}^{n}a_{kj}\alpha_k)=a_{ij}$$

故 A 是对称矩阵.

（充分性）设 σ 关于 V 的标准正交基 $\alpha_1,\alpha_2\cdots\alpha_n$ 的矩阵是 $A=(a_{ij})$ 是实对称矩阵，即

$$(\sigma(\alpha_1),\sigma(\alpha_2)\cdots\sigma(\alpha_n))=(\alpha_1,\alpha_2\cdots\alpha_n)A,\quad A=A^{\mathrm{T}}$$

对任意 $\alpha,\beta\in V$，有

$$\alpha=x_1\alpha_1+x_2\alpha_2+\cdots+x_n\alpha_n=(\alpha_1,\alpha_2\cdots\alpha_n)X$$

$$\beta=y_1\alpha_1+y_2\alpha_2+\cdots+y_n\alpha_n=(\alpha_1,\alpha_2\cdots\alpha_n)Y$$

于是

$$\sigma(\alpha)=(\alpha_1,\alpha_2,\cdots,\alpha_n)AX，\sigma(\beta)=(\alpha_1,\alpha_2,\cdots,\alpha_n)AY$$

其中 $\boldsymbol{AX}, \boldsymbol{AY}$ 分别是 $\sigma(\beta), \sigma(\beta)$ 关于标准正交基 $\alpha_1, \alpha_2, \cdots, \alpha_n$ 的坐标列向量，因此

$$(\sigma(\alpha), \beta) = (\boldsymbol{AX})^{\mathrm{T}} \boldsymbol{Y} = \boldsymbol{X}^{\mathrm{T}} \boldsymbol{A}^{\mathrm{T}} \boldsymbol{Y}, \quad (\alpha, \sigma(\beta)) = \boldsymbol{X}^{\mathrm{T}} (\boldsymbol{AY}) = \boldsymbol{X}^{\mathrm{T}} \boldsymbol{AY}$$

因为 $\boldsymbol{A} = \boldsymbol{A}^{\mathrm{T}}$，故 $(\sigma(\alpha), \beta) = (\alpha, \sigma(\beta))$.

定理 8.4.2 实对称矩阵的特征根都是实数.

证明 设复数 λ 为对称矩阵 $\boldsymbol{A}$ 的特征值，复向量 $\boldsymbol{X}$ 为对应的特征向量，即

$$\boldsymbol{AX} = \lambda \boldsymbol{X}, \boldsymbol{X} \neq \boldsymbol{0}$$

以 $\overline{\lambda}$ 表示 λ 的共轭复数，$\overline{\boldsymbol{X}}$ 表示 $\boldsymbol{X}$ 的共轭复向量，则

$$\boldsymbol{A}\overline{\boldsymbol{X}} = \overline{\boldsymbol{A}} \cdot \overline{\boldsymbol{X}} = \overline{(\boldsymbol{AX})} = \overline{\lambda \boldsymbol{X}} = \overline{\lambda} \cdot \overline{\boldsymbol{X}}$$

于是

$$\overline{\boldsymbol{X}}^{\mathrm{T}} \cdot \boldsymbol{A} \cdot \boldsymbol{X} = \overline{\boldsymbol{X}}^{\mathrm{T}} (\boldsymbol{AX}) = \overline{\boldsymbol{X}}^{\mathrm{T}} \cdot \lambda \boldsymbol{X} = \lambda \overline{\boldsymbol{X}}^{\mathrm{T}} \cdot \boldsymbol{X}$$

$$\overline{\boldsymbol{X}}^{\mathrm{T}} \cdot \boldsymbol{A} \cdot \boldsymbol{X} = (\overline{\boldsymbol{X}}^{\mathrm{T}} \cdot \boldsymbol{A}^{\mathrm{T}}) \boldsymbol{X} = (\boldsymbol{A}\overline{\boldsymbol{X}})^{\mathrm{T}} \cdot \boldsymbol{X} = (\overline{\lambda} \cdot \overline{\boldsymbol{X}})^{\mathrm{T}} \cdot \boldsymbol{X} = \overline{\lambda} \cdot \overline{\boldsymbol{X}}^{\mathrm{T}} \cdot \boldsymbol{X}$$

以上两式相减，得

$$(\overline{\lambda} - \lambda)(\overline{\boldsymbol{X}}^{\mathrm{T}} \cdot \boldsymbol{X}) = \boldsymbol{0}$$

由假设 $\boldsymbol{X} \neq \boldsymbol{0}$，有

$$\overline{\boldsymbol{X}}^{\mathrm{T}} \cdot \boldsymbol{X} = \sum_{i=1}^{n} \overline{x_i} \cdot x_i = \sum_{i=1}^{n} |x_i|^2 \neq 0$$

故 $\overline{\lambda} - \lambda = 0$，即 $\overline{\lambda} = \lambda$，这说明 λ 为实数，即对称变换的特征多项式在复数域内的根都是实根.

定理 8.4.3 n 维欧氏空间的一个对称变换的属于不同特征值的特征向量彼此正交.

证明 设 σ 是 n 维欧氏空间 $\boldsymbol{V}$ 的一个对称变换，λ, μ 是 σ 的两个不同的特征值，ξ, η 是线性变换 σ 的属于特征值 λ, μ 的特征向量. 则 $\sigma(\xi) = \lambda\xi,\ \sigma(\eta) = \mu\eta$，有

$$\lambda(\xi, \eta) = (\lambda\xi, \eta) = (\sigma(\xi), \eta) = (\xi, \sigma(\eta)) = (\xi, \mu\eta) = \mu(\xi, \eta)$$

因为 $\lambda \neq \mu$，所以 $(\xi, \eta) = 0$. 这就证明了 σ 属于不同特征值的特征向量彼此正交.

定理 8.4.4 设 $\boldsymbol{A}$ 是一个 n 阶实对称矩阵，那么存在一个 n 阶正交矩阵 $\boldsymbol{P}$，使得 $\boldsymbol{P}^{\mathrm{T}}\boldsymbol{AP}$ 是一个对角形.

证明 对阶数 n 作数学归纳.

当 $n = 1$ 时显然成立.

假设 $n-1$ 阶实对称矩阵时结论成立，考虑 n 阶实对称矩阵 $\boldsymbol{A}$.

设 λ_1 是 $\boldsymbol{A}$ 的一个特征值，ε_1 是属于 λ_1 的特征向量，那么 $\boldsymbol{A}\varepsilon_1 = \lambda_1\varepsilon_1$. 由于特征向量的非零倍数仍为特征向量，故可设 ε_1 为单位向量，再将其扩充为 $\mathbf{R}^n$ 上一组标准正交基 $\varepsilon_1, \varepsilon_2, \cdots, \varepsilon_n$，则

$$\boldsymbol{A}(\varepsilon_1, \varepsilon_2, \cdots, \varepsilon_n) = (\varepsilon_1, \varepsilon_2, \cdots, \varepsilon_n) = \begin{pmatrix} \lambda_1 & \boldsymbol{\alpha}^{\mathrm{T}} \\ \boldsymbol{0} & \boldsymbol{A}_1 \end{pmatrix}$$

令 $\boldsymbol{P}_1 = (\varepsilon_1, \varepsilon_2, \cdots, \varepsilon_n)$，则 $\boldsymbol{P}_1$ 为正交矩阵，且

$$P_1^{\mathrm{T}}AP_1 = P_1^{-1}AP_1 = \begin{pmatrix} \lambda_1 & \boldsymbol{\alpha}^{\mathrm{T}} \\ \mathbf{0} & A_1 \end{pmatrix}$$

又因为 A 为对称矩阵，则

$$\begin{pmatrix} \lambda_1 & \boldsymbol{\alpha}^{\mathrm{T}} \\ \mathbf{0} & A_1 \end{pmatrix}^{\mathrm{T}} = \begin{pmatrix} \lambda_1 & \boldsymbol{\alpha}^{\mathrm{T}} \\ \mathbf{0} & A_1 \end{pmatrix}，即 \begin{pmatrix} \lambda_1 & \mathbf{0} \\ \boldsymbol{\alpha} & A_1^{\mathrm{T}} \end{pmatrix} = \begin{pmatrix} \lambda_1 & \boldsymbol{\alpha}^{\mathrm{T}} \\ \mathbf{0} & A_1 \end{pmatrix}$$

故 $\boldsymbol{\alpha}=\mathbf{0}, A_1 = A_1^{\mathrm{T}}$，由归纳假设，存在正交矩阵 P_2 使 $P_2^{-1}A_1P_2 = \mathrm{diag}(\lambda_2,\cdots,\lambda_n)$.

令 $P = P_1\begin{pmatrix} 1 & \mathbf{0} \\ \mathbf{0} & P_2 \end{pmatrix}$，则 C 为正交矩阵（正交矩阵的乘积为正交矩阵），且

$$P^{-1}AP = \mathrm{diag}(\lambda_1,\lambda_2,\cdots,\lambda_n)$$

其中，$\lambda_i(i=1,2,\cdots,n)$ 为 A 的特征值.

注：按下列步骤求出使 $P^{\mathrm{T}}AP$（A 是实对称矩阵）为对角形的正交矩阵 P：

（1）求实对称矩阵 A 的全部特征根.

（2）对每个不同的特征根 λ，求出齐次线性方程解 $(\lambda E - A)X = \mathbf{0}$ 的基础解系，并将其正交化单位化，得到 A 的属于特征根 λ 的一组两两正交的单位特征向量.

（3）以这些单位特征向量为列作成一个矩阵 U，则 U 就是所要求的正交阵.

例 8.4.2 设实对称阵 $A=\begin{pmatrix} 1 & -2 & 0 \\ -2 & 2 & -2 \\ 0 & -2 & 3 \end{pmatrix}$，求正交阵 P，使 $P^{-1}AP = P^{\mathrm{T}}AP = \Lambda$ 为对角矩阵.

解 由矩阵 A 的特征方程

$$|\lambda E - A| = \begin{vmatrix} \lambda-1 & 2 & 0 \\ 2 & \lambda-2 & 2 \\ 0 & 2 & \lambda-3 \end{vmatrix} = (\lambda-5)(\lambda^2-\lambda-6+4) = (\lambda-5)(\lambda+1)(\lambda-2) = 0$$

解得 A 的特征值 $\lambda_1=-1, \lambda_2=2, \lambda_3=5$.

对 $\lambda_1=-1$，由

$$-E-A = \begin{pmatrix} -2 & 2 & 0 \\ 2 & -3 & 2 \\ 0 & 2 & -4 \end{pmatrix} \to \begin{pmatrix} 1 & 0 & -2 \\ 0 & 1 & -2 \\ 0 & 0 & 0 \end{pmatrix}$$

得 $(-E-A)X=\mathbf{0}$ 的基础解系 $\xi_1=(2,2,1)^{\mathrm{T}}$.

对 $\lambda_2=2$，由

$$2E-A = \begin{pmatrix} 1 & 2 & 0 \\ 2 & 0 & 2 \\ 0 & 2 & -1 \end{pmatrix} \to \begin{pmatrix} 1 & 0 & 1 \\ 0 & 1 & -\frac{1}{2} \\ 0 & 0 & 0 \end{pmatrix}$$

得 $(2E-A)X=\mathbf{0}$ 的基础解系 $\xi_2=(-2,1,2)^{\mathrm{T}}$.

对 $\lambda_3=5$，由

$$5E-A=\begin{pmatrix}4&2&0\\2&3&2\\0&2&2\end{pmatrix}\to\begin{pmatrix}1&0&-\frac{1}{2}\\0&1&1\\0&0&0\end{pmatrix}$$

得 $(5E-A)X=0$ 的基础解系 $\xi_3=(1,-2,2)^{\mathrm{T}}$.

由 $\lambda_1,\lambda_2,\lambda_3$ 互异知 ξ_1,ξ_2,ξ_3 正交，将它们单位化，即

$$p_1=\frac{\xi_1}{\|\xi_1\|}=\frac{1}{3}\begin{pmatrix}2\\2\\1\end{pmatrix},\quad p_2=\frac{\xi_2}{\|\xi_2\|}=\frac{1}{3}\begin{pmatrix}-2\\1\\2\end{pmatrix},\quad p_3=\frac{\xi_3}{\|\xi_3\|}=\frac{1}{3}\begin{pmatrix}1\\-2\\2\end{pmatrix}$$

令
$$P=(p_1,p_2,p_3)=\frac{1}{3}\begin{pmatrix}2&-2&1\\2&-1&-2\\1&-2&2\end{pmatrix}$$

则 P 为正交阵，且

$$P^{\mathrm{T}}AP=P^{-1}AP=\Lambda=\begin{pmatrix}\lambda_1&&\\&\lambda_2&\\&&\lambda_3\end{pmatrix}=\begin{pmatrix}-1&&\\&2&\\&&5\end{pmatrix}$$

注：P 的列向量的次序要与 Λ 的对角元素的次序相一致：

（1）若令 $P=(p_1,p_3,p_2)$，则对角阵 $\Lambda=\begin{pmatrix}\lambda_1&&\\&\lambda_3&\\&&\lambda_2\end{pmatrix}=\begin{pmatrix}-1&&\\&5&\\&&2\end{pmatrix}$；

（2）若令 $P=(p_3,p_2,p_1)$，则对角阵 $\Lambda=\begin{pmatrix}\lambda_3&&\\&\lambda_2&\\&&\lambda_1\end{pmatrix}=\begin{pmatrix}5&&\\&2&\\&&-1\end{pmatrix}$.

例 8.4.3 设 $A=\begin{pmatrix}0&-1&1\\-1&0&1\\1&1&0\end{pmatrix}$，求一个正交阵 P，使 $P^{-1}AP=P^{\mathrm{T}}AP=\Lambda$ 为对角矩阵.

解 由矩阵 A 的特征方程

$$|\lambda E-A|=\begin{vmatrix}\lambda&1&-1\\1&\lambda&-1\\-1&-1&\lambda\end{vmatrix}=(\lambda-1)(\lambda^2+\lambda-2)=(\lambda-1)^2(\lambda+2)=0$$

解得 A 的特征值 $\lambda_1=-2,\lambda_2=1$（二重根）.

对 $\lambda_1=-2$，由

$$-2E-A=\begin{pmatrix}-2&1&-1\\1&-2&-1\\-1&-1&-2\end{pmatrix}\to\begin{pmatrix}1&0&1\\0&1&1\\0&0&0\end{pmatrix}$$

得 $(-2\boldsymbol{E}-\boldsymbol{A})\boldsymbol{X}=\boldsymbol{0}$ 的基础解系 $\xi_1=(-1,-1,1)^{\mathrm{T}}$.

将 ξ_1 单位化，得

$$\boldsymbol{p}_1=\frac{1}{\sqrt{3}}\begin{pmatrix}-1\\-1\\1\end{pmatrix}$$

对 $\lambda_2=1$（二重根），由

$$\boldsymbol{E}-\boldsymbol{A}=\begin{pmatrix}1&1&-1\\1&1&-1\\-1&-1&1\end{pmatrix}\to\begin{pmatrix}1&1&-1\\0&0&0\\0&0&0\end{pmatrix}$$

得 $(\boldsymbol{E}-\boldsymbol{A})\boldsymbol{X}=\boldsymbol{0}$ 的基础解系 $\xi_2=(-1,1,0)^{\mathrm{T}}$, $\xi_3=(1,0,1)^{\mathrm{T}}$.

将 ξ_2,ξ_3 正交化，令

$$\eta_2=\xi_2,\eta_3=\xi_3-\frac{[\eta_2,\xi_3]}{\|\eta_2\|^2}\eta_2=\begin{pmatrix}1\\0\\1\end{pmatrix}+\frac{1}{2}\begin{pmatrix}-1\\1\\0\end{pmatrix}=\frac{1}{2}\begin{pmatrix}1\\1\\2\end{pmatrix}$$

再将 η_2,η_3 单位化，令

$$\boldsymbol{p}_2=\frac{\eta_2}{\|\eta_2\|}=\frac{1}{\sqrt{2}}\begin{pmatrix}-1\\1\\0\end{pmatrix},\boldsymbol{p}_3=\frac{\eta_3}{\|\eta_3\|}=\frac{1}{\sqrt{6}}\begin{pmatrix}1\\1\\2\end{pmatrix}$$

最后令

$$\boldsymbol{P}=(\boldsymbol{p}_1,\boldsymbol{p}_2,\boldsymbol{p}_3)=\frac{1}{\sqrt{6}}\begin{pmatrix}-\sqrt{2}&-\sqrt{3}&1\\-\sqrt{2}&\sqrt{3}&1\\\sqrt{2}&0&2\end{pmatrix}$$

$\boldsymbol{P}$ 即为所求的矩阵，使 $\boldsymbol{P}^{-1}\boldsymbol{A}\boldsymbol{P}=\boldsymbol{P}^{\mathrm{T}}\boldsymbol{A}\boldsymbol{P}=\Lambda=\begin{pmatrix}\lambda_1&&\\&\lambda_2&\\&&\lambda_2\end{pmatrix}=\begin{pmatrix}-2&&\\&1&\\&&1\end{pmatrix}$ 为对角矩阵.

例 8.4.4 设 $\boldsymbol{A}=\begin{pmatrix}2&-1\\-1&2\end{pmatrix}$，求 $\boldsymbol{A}^n$.

解 （1）先将 $\boldsymbol{A}$ 对角化求出正交阵 $\boldsymbol{P}$.

$$|\boldsymbol{A}-\lambda\boldsymbol{E}|=\begin{vmatrix}2-\lambda&-1\\-1&2-\lambda\end{vmatrix}=(\lambda-1)(\lambda-3)=0,\lambda_1=1,\lambda_2=3$$

由 $(\boldsymbol{A}-\boldsymbol{E})\boldsymbol{X}=\boldsymbol{0},(\boldsymbol{A}-3\boldsymbol{E})\boldsymbol{X}=\boldsymbol{0}$ 分别得基础解系 $\xi_1=\begin{pmatrix}1\\1\end{pmatrix},\xi_2=\begin{pmatrix}1\\-1\end{pmatrix}$，则

$$\boldsymbol{P}=(\xi_1,\xi_2)=\begin{pmatrix}1&1\\1&-1\end{pmatrix},\boldsymbol{P}^{-1}=\frac{1}{2}\begin{pmatrix}1&1\\1&-1\end{pmatrix}$$

有 $$\Lambda = \boldsymbol{P}^{-1}\boldsymbol{A}\boldsymbol{P} = \begin{pmatrix} 1 & 0 \\ 0 & 3 \end{pmatrix}$$

（2）利用 $\boldsymbol{\Lambda}^n = \boldsymbol{P}^{-1}\boldsymbol{A}^n\boldsymbol{P}$ 求 $\boldsymbol{A}^n$.

$$\boldsymbol{A}^n = \boldsymbol{P}\boldsymbol{\Lambda}^n\boldsymbol{P}^{-1} = \frac{1}{2}\begin{pmatrix} 1 & 1 \\ 1 & -1 \end{pmatrix}\cdot\begin{pmatrix} 1 & 0 \\ 0 & 3^n \end{pmatrix}\cdot\begin{pmatrix} 1 & 1 \\ 1 & -1 \end{pmatrix} = \frac{1}{2}\begin{pmatrix} 1+3^n & 1-3^n \\ 1-3^n & 1+3^n \end{pmatrix}$$

由对称矩阵与对称变换的关系，关于对称变换同样有下列结论.

定理 8.4.5 设 σ 是 n 维欧氏空间 $\boldsymbol{V}$ 的一个对称变换，那么存在 $\boldsymbol{V}$ 的一个标准正交基，使得 σ 关于这个基的矩阵是对角形式.

证明 设 $\alpha_1,\alpha_2,\cdots,\alpha_n$ 是 n 维欧氏空间 $\boldsymbol{V}$ 的标准正交基，σ 在这组基下的矩阵为 $\boldsymbol{A}$，则 $\boldsymbol{A}$ 是 n 阶实对称矩阵，由定理 8.4.4 知，存在 n 阶正交矩阵 $\boldsymbol{C}$，使得 $\boldsymbol{C}^{-1}\boldsymbol{A}\boldsymbol{C} = \boldsymbol{\Lambda}$ 为对角阵，令

$$(\beta_1,\beta_2,\cdots,\beta_n) = (\alpha_1,\alpha_2,\cdots,\alpha_n)\boldsymbol{C}$$

由于 $\boldsymbol{C}$ 是正交矩阵，$\alpha_1,\alpha_2,\cdots,\alpha_n$ 是标准正交基，由性质 8.2.7 知，$\beta_1,\beta_2,\cdots,\beta_n$ 也是 $\boldsymbol{V}$ 的标准正交基，且在基下的矩阵 Λ 为对角矩阵.

习题 8.4

1. 设 $\boldsymbol{A},\boldsymbol{B}$ 均为 n 阶实对称矩阵，证明：存在正交矩阵 $\boldsymbol{P}$ 使 $\boldsymbol{P}^{\mathrm{T}}\boldsymbol{A}\boldsymbol{P} = \boldsymbol{B}$ 的充要条件是 $\boldsymbol{A},\boldsymbol{B}$ 的特征多项式的根全部相同.

2. 设 $\boldsymbol{A} = \begin{pmatrix} 2 & 2 & -2 \\ 2 & 5 & -4 \\ -2 & -4 & 5 \end{pmatrix}$，求正交矩阵 $\boldsymbol{T}$ 使得 $\boldsymbol{T}^{-1}\boldsymbol{A}\boldsymbol{T} = \mathrm{diag}(\lambda_1,\lambda_2,\lambda_3)$，其中 $\lambda_1,\lambda_2,\lambda_3$ 是 $\boldsymbol{A}$ 的特征值.

3. 设 $\boldsymbol{A} = \begin{pmatrix} 2 & 1 & 1 \\ 1 & 2 & 1 \\ 1 & 1 & 2 \end{pmatrix}$，求正交矩阵 $\boldsymbol{T}$ 使得 $\boldsymbol{T}^{-1}\boldsymbol{A}\boldsymbol{T} = \mathrm{diag}(\lambda_1,\lambda_2,\lambda_3)$，其中 $\lambda_1,\lambda_2,\lambda_3$ 是 $\boldsymbol{A}$ 的特征值.

4. 欧氏空间 $\boldsymbol{V}$ 中的线性变换 σ 称为反对称的，如果对任意 $\alpha,\beta\in\boldsymbol{V}$ 有 $(\sigma(\alpha),\beta) = -(\alpha,\sigma(\beta))$. 证明：$\sigma$ 为反对称的充分必要条件是 σ 在一组标准正交基下的矩阵 $\boldsymbol{A}$ 为反对称的.

5. 设 $\boldsymbol{A}$ 为 n 阶实对称矩阵，且 $\boldsymbol{A}^2 = 2\boldsymbol{A}$，又 $R(\boldsymbol{A}) < n$，求：
（1）$\boldsymbol{A}$ 的全部特征值；（2）行列式 $|\boldsymbol{E}-\boldsymbol{A}|$ 的值.

8.5 子空间的正交性

1）子空间的正交性

定义 8.5.1 设 $\boldsymbol{V}_1,\boldsymbol{V}_2$ 是欧氏空间 $\boldsymbol{V}$ 中两个子空间. 如果对于任意的 $\alpha\in\boldsymbol{V}_1,\beta\in\boldsymbol{V}_2$，恒有 $(\alpha,\beta)=0$，则称 $\boldsymbol{V}_1,\boldsymbol{V}_2$ 为正交的，记为 $\boldsymbol{V}_1\perp\boldsymbol{V}_2$. 一个向量 α，如果对于任意的 $\beta\in\boldsymbol{V}_1$，恒有 $(\alpha,\beta)=0$，则称 α 与子空间 $\boldsymbol{V}_1$ 正交，记为 $\alpha\perp\boldsymbol{V}_1$.

因为只有零向量与它自身正交，所以由$\boldsymbol{V}_1 \perp \boldsymbol{V}_2$可知$\boldsymbol{V}_1 \cap \boldsymbol{V}_2 = \{\boldsymbol{0}\}$，事实上由$\boldsymbol{\alpha} \perp \boldsymbol{V}_1$，$\boldsymbol{\alpha} \in \boldsymbol{V}_1$可知$\boldsymbol{\alpha} = \boldsymbol{0}$.

定理 8.5.1　欧氏空间$\boldsymbol{V}$的两个正交子空间$\boldsymbol{V}_1, \boldsymbol{V}_2$的和$\boldsymbol{V}_1 + \boldsymbol{V}_2$是直和.

证明　如果存在$\boldsymbol{\alpha} \in \boldsymbol{V}_1$, $\boldsymbol{\beta} \in \boldsymbol{V}_2$，使得$\boldsymbol{\alpha} + \boldsymbol{\beta} = \boldsymbol{0}$，则

$$0 = (0, \boldsymbol{\alpha}) = (\boldsymbol{\alpha} + \boldsymbol{\beta}, \boldsymbol{\alpha}) = (\boldsymbol{\alpha}, \boldsymbol{\alpha}) + (\boldsymbol{\beta}, \boldsymbol{\alpha}) = (\boldsymbol{\alpha}, \boldsymbol{\alpha})$$

所以$\boldsymbol{\alpha} = \boldsymbol{0}$. 同理可证$\boldsymbol{\beta} = \boldsymbol{0}$.

因而零向量的表示方式是唯一的，即$\boldsymbol{V}_1 + \boldsymbol{V}_2$是直和.

定理 8.5.1 的推广：如果子空间$\boldsymbol{V}_1, \boldsymbol{V}_2, \cdots, \boldsymbol{V}_s$两两正交，那么和$\boldsymbol{V}_1 + \boldsymbol{V}_2 + \cdots + \boldsymbol{V}_s$是直和.

（证明留作自行练习）

定义 8.5.2　子空间$\boldsymbol{V}_2$称为子空间$\boldsymbol{V}_1$的一个正交补，如果$\boldsymbol{V}_1 \perp \boldsymbol{V}_2$，并且$\boldsymbol{V}_1 + \boldsymbol{V}_2 = \boldsymbol{V}$.

显然，如果$\boldsymbol{V}_2$是$\boldsymbol{V}_1$的正交补，那么$\boldsymbol{V}_1$也是$\boldsymbol{V}_2$的正交补.

定理 8.5.2　n维欧氏空间$\boldsymbol{V}$的每一个子空间$\boldsymbol{V}_1$都有唯一的正交补.

证明　若$\boldsymbol{V}_1 = \{\boldsymbol{0}\}$，则$\boldsymbol{V}$就是$\boldsymbol{V}_1$的正交补. 若$\boldsymbol{V}_1$是$\boldsymbol{V}$的$m(m \leqslant n)$维子空间，我们取$\boldsymbol{V}_1$的一组正交基$\boldsymbol{e}_1, \boldsymbol{e}_2, \cdots, \boldsymbol{e}_m$，并将其扩充为$\boldsymbol{V}$的一组正交基$\boldsymbol{e}_1, \boldsymbol{e}_2, \cdots, \boldsymbol{e}_m, \boldsymbol{e}_{m+1}, \cdots, \boldsymbol{e}_n$，显然$\boldsymbol{V}_2 = \boldsymbol{L}[\boldsymbol{e}_{m+1}, \cdots, \boldsymbol{e}_n]$就是$\boldsymbol{V}_1$的正交补.

下证唯一性. 设$\boldsymbol{V}_2, \boldsymbol{V}_3$是$\boldsymbol{V}_1$的正交补，则$\boldsymbol{V} = \boldsymbol{V}_1 \oplus \boldsymbol{V}_2 = \boldsymbol{V}_1 \oplus \boldsymbol{V}_3$. 令$\boldsymbol{\alpha} \in \boldsymbol{V}_2$，则$\boldsymbol{\alpha} \in \boldsymbol{V}$，故存在$\boldsymbol{\alpha}_1 \in \boldsymbol{V}_1, \boldsymbol{\alpha}_3 \in \boldsymbol{V}_3$，使得$\boldsymbol{\alpha} = \boldsymbol{\alpha}_1 + \boldsymbol{\alpha}_3$. 因为$\boldsymbol{\alpha} \perp \boldsymbol{\alpha}_1, \boldsymbol{\alpha}_1 \perp \boldsymbol{\alpha}_3$，所以$0 = (\boldsymbol{\alpha}, \boldsymbol{\alpha}_1) = (\boldsymbol{\alpha}_1 + \boldsymbol{\alpha}_3, \boldsymbol{\alpha}_1) = (\boldsymbol{\alpha}_1, \boldsymbol{\alpha}_1) + (\boldsymbol{\alpha}_3, \boldsymbol{\alpha}_1) = (\boldsymbol{\alpha}_1, \boldsymbol{\alpha}_1)$，于是$\boldsymbol{\alpha}_1 = \boldsymbol{0}$. 由此可得$\boldsymbol{\alpha} = \boldsymbol{\alpha}_3 \in \boldsymbol{V}_3$，即$\boldsymbol{V}_2 \subseteq \boldsymbol{V}_3$. 同理可证$\boldsymbol{V}_3 \subseteq \boldsymbol{V}_2$，因此$\boldsymbol{V}_2 = \boldsymbol{V}_3$.

$\boldsymbol{V}_1$的正交补记为$\boldsymbol{V}_1^{\perp}$，由定义可知

$$\dim \boldsymbol{V}_1 + \dim \boldsymbol{V}_1^{\perp} = n, \boldsymbol{V} = \boldsymbol{V}_1 \oplus \boldsymbol{V}_1^{\perp}$$

推论 8.5.1　$\boldsymbol{V}_1^{\perp}$恰由所有与$\boldsymbol{V}_1$正交的向量组成.

由分解式$\boldsymbol{V} = \boldsymbol{V}_1 \oplus \boldsymbol{V}_1^{\perp}$可知，$\boldsymbol{V}$中任一向量$\boldsymbol{\alpha}$都可以唯一分解成$\boldsymbol{\alpha} = \boldsymbol{\alpha}_1 + \boldsymbol{\alpha}_2$，其中$\boldsymbol{\alpha}_1 \in \boldsymbol{V}_1, \boldsymbol{\alpha}_2 \in \boldsymbol{V}_2$. 称$\boldsymbol{\alpha}_1$为向量$\boldsymbol{\alpha}$在子空间$\boldsymbol{V}_1$上的内射影.

2）点到子空间的距离

定义 8.5.3　设$\boldsymbol{V}$是欧氏空间，$\boldsymbol{\alpha}, \boldsymbol{\beta} \in \boldsymbol{V}$，则向量$\boldsymbol{\alpha} - \boldsymbol{\beta}$的长度$|\boldsymbol{\alpha} - \boldsymbol{\beta}|$称为向量$\boldsymbol{\alpha}$与$\boldsymbol{\beta}$的距离，记为$d(\boldsymbol{\alpha}, \boldsymbol{\beta})$. 设$\boldsymbol{W}$是$\boldsymbol{V}$的子空间，则点$\boldsymbol{\alpha}$到$\boldsymbol{W}$的距离定义为

$$d(\boldsymbol{\alpha}, \boldsymbol{W}) = \min_{\boldsymbol{\beta} \in \boldsymbol{W}} d(\boldsymbol{\alpha}, \boldsymbol{\beta})$$

不难证明，距离满足如下性质：

（1）$d(\boldsymbol{\alpha}, \boldsymbol{\beta}) = d(\boldsymbol{\beta}, \boldsymbol{\alpha})$；

（2）$d(\boldsymbol{\alpha}, \boldsymbol{\beta}) \geqslant 0$，并且仅当$\boldsymbol{\alpha} = \boldsymbol{\beta}$时等号才成立；

（3）$d(\boldsymbol{\alpha}, \boldsymbol{\beta}) \leqslant d(\boldsymbol{\alpha}, \boldsymbol{\gamma}) + d(\boldsymbol{\gamma}, \boldsymbol{\beta})$.（三角不等式）

在初等几何中，我们知道点到直线（或平面）的距离以垂线最短，在欧氏空间中也有类似的结论：欧氏空间V的一个向量$\boldsymbol{\alpha}$到子空间W的各个向量之间的距离也以“垂线”$|\boldsymbol{\alpha} - \boldsymbol{\beta}|$最短.

定理 8.5.3　设$\boldsymbol{W}$是欧氏空间$\boldsymbol{V}$的子空间，$\boldsymbol{\alpha} \in \boldsymbol{V}$，设$\boldsymbol{\beta} \in \boldsymbol{W}$且满足条件$(\boldsymbol{\alpha} - \boldsymbol{\beta}) \perp \boldsymbol{W}$，则

$\forall \gamma \in \boldsymbol{W}$，都有$|\boldsymbol{\alpha}-\boldsymbol{\beta}| \leqslant |\boldsymbol{\alpha}-\boldsymbol{\gamma}|$.

证明 因为$\boldsymbol{\beta}-\boldsymbol{\gamma} \in \boldsymbol{W}$，故$(\boldsymbol{\alpha}-\boldsymbol{\beta}) \perp (\boldsymbol{\beta}-\boldsymbol{\gamma})$. 又$\boldsymbol{\alpha}-\boldsymbol{\gamma}=(\boldsymbol{\alpha}-\boldsymbol{\beta})+(\boldsymbol{\beta}-\boldsymbol{\gamma})$，所以

$$|\boldsymbol{\alpha}-\boldsymbol{\gamma}|^2=|\boldsymbol{\alpha}-\boldsymbol{\beta}|^2+|\boldsymbol{\beta}-\boldsymbol{\gamma}|^2$$

于是$|\boldsymbol{\alpha}-\boldsymbol{\beta}| \leqslant |\boldsymbol{\alpha}-\boldsymbol{\gamma}|$.

这时，称$\boldsymbol{\beta}$为$\boldsymbol{\alpha}$在$\boldsymbol{W}$上的投影（正射影）.

3）最小二乘法*

定义 8.5.4 对于非齐次线性方程组$\boldsymbol{AX}=\boldsymbol{b}$，若$R(\boldsymbol{A})=R(\bar{\boldsymbol{A}})$，则称$\boldsymbol{AX}=\boldsymbol{b}$为相容方程组，若$R(\boldsymbol{A})<R(\bar{\boldsymbol{A}})$，则称$\boldsymbol{AX}=\boldsymbol{b}$为不相容方程组.

显然，不相容方程组没有解.

给定不相容方程组$\boldsymbol{AX}=\boldsymbol{b}$，这里$\boldsymbol{A}=(a_{ij})_{s\times n}, \boldsymbol{b}=(b_1,b_2,\cdots,b_s)^{\mathrm{T}}$，$\boldsymbol{X}=(x_1,x_2,\cdots,x_n)^{\mathrm{T}}$. 则使平方偏差$\delta=\sum\limits_{i=1}^{s}(a_{i1}x_1+a_{i2}x_2+\cdots+a_{in}x_n-b_i)^2$最小的一组数$x_1^0,x_2^0,\cdots,x_n^0$，称为此方程组的最小二乘解，求最小二乘解的方法叫做最小二乘法.

令$\boldsymbol{Y}=\boldsymbol{AX}$，则$\delta=|\boldsymbol{Y}-\boldsymbol{b}|^2$. 所谓的最小二乘法，是要找一组数$x_1^0,x_2^0,\cdots,x_n^0$，使$\boldsymbol{Y}$与$\boldsymbol{b}$的距离最小.

设$\boldsymbol{A}=(\boldsymbol{\alpha}_1,\boldsymbol{\alpha}_2,\cdots,\boldsymbol{\alpha}_n)$，则

$$\boldsymbol{Y}=x_1\boldsymbol{\alpha}_1+x_2\boldsymbol{\alpha}_2+\cdots+x_n\boldsymbol{\alpha}_n \in \boldsymbol{L}[\boldsymbol{\alpha}_1,\boldsymbol{\alpha}_2,\cdots,\boldsymbol{\alpha}_n]$$

最小二乘法可以叙述为：在$\boldsymbol{L}[\boldsymbol{\alpha}_1,\boldsymbol{\alpha}_2,\cdots,\boldsymbol{\alpha}_n]$中找一向量$\boldsymbol{Y}$，使得向量$\boldsymbol{b}$到它的距离比到子空间$\boldsymbol{L}[\boldsymbol{\alpha}_1,\boldsymbol{\alpha}_2,\cdots,\boldsymbol{\alpha}_n]$其他向量的距离都短，即向量$\boldsymbol{C}=\boldsymbol{b}-\boldsymbol{Y}=\boldsymbol{b}-\boldsymbol{AX}$必须垂直于子空间$\boldsymbol{L}[\boldsymbol{\alpha}_1,\boldsymbol{\alpha}_2,\cdots,\boldsymbol{\alpha}_n]$. 而保证这一结论成立的充分必要条件是

$$(\boldsymbol{C},\boldsymbol{\alpha}_1)=(\boldsymbol{C},\boldsymbol{\alpha}_2)=\cdots=(\boldsymbol{C},\boldsymbol{\alpha}_n)=0$$

即
$$\boldsymbol{\alpha}_1^{\mathrm{T}}\boldsymbol{C}=\boldsymbol{0}, \boldsymbol{\alpha}_2^{\mathrm{T}}\boldsymbol{C}=\boldsymbol{0},\cdots,\boldsymbol{\alpha}_n^{\mathrm{T}}\boldsymbol{C}=\boldsymbol{0}$$

这组等式相当于

$$\boldsymbol{A}^{\mathrm{T}}(\boldsymbol{b}-\boldsymbol{AX})=\boldsymbol{0}\text{，亦即 }\boldsymbol{A}^{\mathrm{T}}\boldsymbol{AX}=\boldsymbol{A}^{\mathrm{T}}\boldsymbol{b}$$

这就是最小二乘解所满足的代数方程.

定理 8.5.4 设$\boldsymbol{A}$是一个$m\times n$矩阵，$\boldsymbol{\beta}$是m元列线性空间$\mathbf{R}^m$中的一个向量，则n元方程组$\boldsymbol{A}^{\mathrm{T}}\boldsymbol{AX}=\boldsymbol{A}^{\mathrm{T}}\boldsymbol{\beta}$必有解.

证明 设$\boldsymbol{W}$是$\boldsymbol{A}$的列空间，则它是$\mathbf{R}^m$的一个子空间，并且它可表示成$\boldsymbol{W}=\{\boldsymbol{AX} \mid \boldsymbol{X}\in\mathbf{R}^n\}$，由定理 8.5.2 知$\boldsymbol{W}$的正交补存在，于是由$\boldsymbol{\beta}\in\mathbf{R}^m$，存在$\boldsymbol{X}_0\in\mathbf{R}^n$使得$\boldsymbol{AX}_0$是$\boldsymbol{\beta}$在$\boldsymbol{W}$上的正射影（内射影），因而$\boldsymbol{\beta}-\boldsymbol{AX}_0$是$\boldsymbol{\beta}$关于$\boldsymbol{W}$的正交分量，已知$\boldsymbol{A}$的列两组$\boldsymbol{A}_1,\boldsymbol{A}_2,\cdots,\boldsymbol{A}_n$中每一个$\boldsymbol{A}_i(i=1,\cdots,n)$都在$\boldsymbol{W}$中，那么$\boldsymbol{A}_i\perp(\boldsymbol{\beta}-\boldsymbol{AX}_0)$，所以$(\boldsymbol{A}_i,\boldsymbol{\beta}-\boldsymbol{AX}_0)=0$，从而由$\mathbf{R}^m$中内积的定义，得$\boldsymbol{A}_i^{\mathrm{T}}(\boldsymbol{\beta}-\boldsymbol{AX}_0)=0(i=1,\cdots,n)$，从而$\boldsymbol{A}^{\mathrm{T}}(\boldsymbol{\beta}-\boldsymbol{AX}_0)=\boldsymbol{0}$，即$\boldsymbol{A}^{\mathrm{T}}\boldsymbol{AX}_0=\boldsymbol{A}^{\mathrm{T}}\boldsymbol{\beta}$，故$\boldsymbol{X}_0$是$\boldsymbol{A}^{\mathrm{T}}\boldsymbol{AX}=\boldsymbol{A}^{\mathrm{T}}\boldsymbol{\beta}$的一个解，从而证明了$n$元方程组$\boldsymbol{A}^{\mathrm{T}}\boldsymbol{AX}=\boldsymbol{A}^{\mathrm{T}}\boldsymbol{\beta}$必有解.

我们知道，n元方程组 $\boldsymbol{AX}=\boldsymbol{\beta}$ 不一定有解，但是n元方程组 $\boldsymbol{A}^{\mathrm{T}}\boldsymbol{AX}=\boldsymbol{A}^{\mathrm{T}}\boldsymbol{\beta}$ 必有解，这是个有趣的结论. 我们称 $\boldsymbol{A}^{\mathrm{T}}\boldsymbol{AX}=\boldsymbol{A}^{\mathrm{T}}\boldsymbol{\beta}$ 的解为 $\boldsymbol{AX}=\boldsymbol{\beta}$ 的最小二乘解.

例 8.5.1 求方程组 $\begin{cases} x_1+x_2=1 \\ x_1+x_3=2 \\ x_1+x_2+x_3=0 \\ x_1+2x_2-x_3=-1 \end{cases}$ 的最小二乘解.

解 因为

$$\boldsymbol{A}^{\mathrm{T}}\boldsymbol{A}=\begin{pmatrix} 1 & 1 & 1 & 1 \\ 1 & 0 & 1 & 2 \\ 0 & 1 & 1 & -1 \end{pmatrix}\begin{pmatrix} 1 & 1 & 0 \\ 1 & 0 & 1 \\ 1 & 1 & 1 \\ 1 & 2 & -1 \end{pmatrix}=\begin{pmatrix} 4 & 4 & 1 \\ 4 & 6 & -1 \\ 1 & -1 & 3 \end{pmatrix}$$

$$\boldsymbol{A}^{\mathrm{T}}\boldsymbol{b}=\begin{pmatrix} 1 & 1 & 1 & 1 \\ 1 & 0 & 1 & 2 \\ 0 & 1 & 1 & -1 \end{pmatrix}\begin{pmatrix} 1 \\ 2 \\ 0 \\ -1 \end{pmatrix}=\begin{pmatrix} 2 \\ -1 \\ 3 \end{pmatrix}$$

解方程组

$$\begin{pmatrix} 4 & 4 & 1 \\ 4 & 6 & -1 \\ 1 & -1 & 3 \end{pmatrix}\begin{pmatrix} x_1 \\ x_2 \\ x_3 \end{pmatrix}=\begin{pmatrix} 2 \\ -1 \\ 3 \end{pmatrix}$$

求得最小二乘解 $x_1=\frac{17}{6}, x_2=-\frac{13}{6}, x_3=-\frac{4}{6}$.

容易知道方程组 $\begin{cases} x_1+x_2=1 \\ x_1+x_3=2 \\ x_1+x_2+x_3=0 \\ x_1+2x_2-x_3=-1 \end{cases}$ 并没有解，但是有最小二乘解.

例 8.5.2 已知某种材料在生产过程中的废品率 y 与某种化学成分 x 有关. 下表中记载了某工厂生产中 y 与相应的 x 的几次数值：

y/%	1.00	0.9	0.9	0.81	0.60	0.56	0.35
x/%	3.6	3.7	3.8	3.9	4.0	4.1	4.2

试找出 y 对 x 的一个近似公式.

解 设 y 对 x 的一个近似公式为 $\boldsymbol{Y}=\boldsymbol{AX}$，易知

$$\boldsymbol{A}=\begin{pmatrix} 3.6 & 1 \\ 3.7 & 1 \\ 3.8 & 1 \\ 3.9 & 1 \\ 4.0 & 1 \\ 4.0 & 1 \\ 4.2 & 1 \end{pmatrix},\quad \boldsymbol{B}=\begin{pmatrix} 1.00 \\ 0.90 \\ 0.90 \\ 0.81 \\ 0.60 \\ 0.56 \\ 0.35 \end{pmatrix}$$

最小二乘解 a,b 所满足的方程就是

$$\boldsymbol{A}^{\mathrm{T}}\boldsymbol{A}\begin{pmatrix}a\\b\end{pmatrix}-\boldsymbol{A}^{\mathrm{T}}\boldsymbol{B}=\boldsymbol{0}$$

即
$$\begin{cases}106.75a+27.3b-19.675=0\\27.3a+7b-5.12=0\end{cases}$$

解得 $a=-1.05,b=4.81$（取三位有效数字）.

习题 8.5

1. 证明：欧氏空间 $\boldsymbol{V}$ 的每一个子空间 $\boldsymbol{W}$，都有唯一的正交补.

2. 设 $\boldsymbol{V}_1$ 是 n 维欧氏空间 $\boldsymbol{V}$ 上的一个子空间，$\boldsymbol{V}_1^{\perp}$ 是 $\boldsymbol{V}_1$ 的正交补.

（1）证明：$\boldsymbol{V}=\boldsymbol{V}_1\oplus\boldsymbol{V}_1^{\perp}$；

（2）设 $\boldsymbol{\sigma}$ 是 $\boldsymbol{V}$ 到 $\boldsymbol{V}_1$ 的投影变换，即 $\forall\boldsymbol{\alpha}=\boldsymbol{\alpha}_1+\boldsymbol{\alpha}_2\in\boldsymbol{V}$, $\boldsymbol{\alpha}_1\in\boldsymbol{V}_1$, $\boldsymbol{\sigma}(\boldsymbol{\alpha})=\boldsymbol{\alpha}_1$，证明：$\boldsymbol{\sigma}$ 是 $\boldsymbol{V}$ 上的对称变换且 $\boldsymbol{\sigma}^2=\boldsymbol{\sigma}$.

3. 设 $\boldsymbol{V}$ 是一个 n 维欧氏空间. 证明：

（1）如果 $\boldsymbol{W}$ 是 $\boldsymbol{V}$ 的一个子空间，那么 $(\boldsymbol{W}^{\perp})^{\perp}=\boldsymbol{W}$.

（2）如果 $\boldsymbol{W}_1,\boldsymbol{W}_2$ 都是 $\boldsymbol{V}$ 的子空间，且 $\boldsymbol{W}_1\subseteq\boldsymbol{W}_2$，那么 $\boldsymbol{W}_2^{\perp}\subseteq\boldsymbol{W}_1^{\perp}$.

（3）如果 $\boldsymbol{W}_1,\boldsymbol{W}_2$ 都是 $\boldsymbol{V}$ 的子空间，那么 $(\boldsymbol{W}_1+\boldsymbol{W}_2)^{\perp}=\boldsymbol{W}_1^{\perp}\cap\boldsymbol{W}_2^{\perp}$.

4. 设 $\boldsymbol{W}=\boldsymbol{L}[\boldsymbol{\alpha}_1,\boldsymbol{\alpha}_2,\cdots,\boldsymbol{\alpha}_s]$，则 $\boldsymbol{\alpha}\perp\boldsymbol{W}\Leftrightarrow\boldsymbol{\alpha}\perp\boldsymbol{\alpha}_i$（$i=1,2,\cdots,s$）.

5. 设 $\boldsymbol{\sigma}$ 是 n 维欧氏空间 $\boldsymbol{V}$ 的一个正交变换，证明：如果 $\boldsymbol{V}$ 的一个子空间 $\boldsymbol{W}$ 在 $\boldsymbol{\sigma}$ 下不变，那么 $\boldsymbol{W}$ 的正交补 $\boldsymbol{W}^{\perp}$ 也在 $\boldsymbol{\sigma}$ 下不变.

6. 求齐次线性方程组

$$\begin{cases}x_1+x_2-x_3+x_4-3x_5=0\\x_1+x_2-3x_3+x_5=0\end{cases}$$

的解空间的正交补的一组基和维数.

7. 证明：$\mathbf{R}^3$ 中向量 (x_0,y_0,z_0) 到平面 $\boldsymbol{W}=\{(x,y,z)\in\mathbf{R}^3\mid ax+by+cz=0\}$ 的最短距离等于 $\dfrac{|ax_0+by_0+cz_0|}{\sqrt{a^2+b^2+c^2}}$.

8. 证明：实系数线性方程组 $\sum\limits_{j=1}^{n}a_{ij}x_j=b_i(i=1,2,\cdots,n)$ 有解的充分且必要条件是向量 $\boldsymbol{\beta}=(b_1,b_2,\cdots,b_n)^{\mathrm{T}}\in\mathbf{R}^n$ 与齐次线性方程组 $\sum\limits_{j=1}^{n}a_{ji}x_j=0$ $(i=1,2,\cdots,n)$ 的解空间正交.

9. 求线性方程组 $\begin{cases}x_1-x_2=0\\x_1-x_2=1\end{cases}$ 的最小二乘解.

8.6 更多的例题

8.6 例题详细解答

例 8.6.1 在实多项式空间 $\mathbf{R}[t]_{n+1}$ 中，定义二元实函数

$$(f(t),g(t))=\sum_{i=0}^{n} f\left(\frac{i}{n}\right) g\left(\frac{i}{n}\right),\quad \forall f(t),g(t)\in P[t]_{n+1}$$

（1）证明 $(f(t),g(t))$ 是 $\mathbf{R}[t]_{n+1}$ 的内积；

（2）当 $n=1$ 时，取 $f(t)=t, g(t)=t+a$，问 a 为何值时，$f(t)$ 与 $g(t)$ 正交？

例 8.6.2 设 α 是欧氏空间 V 的一个非零向量，$\alpha_1,\alpha_2,\cdots,\alpha_n\in V$ 满足条件

$$(\alpha_i,\alpha)>0\quad (i=1,2,\cdots,n)$$

$$(\alpha_i,\alpha_j)\leqslant 0\quad (i,j=1,2,\cdots,n;i\neq j)$$

证明：$\alpha_1,\alpha_2,\cdots,\alpha_n$ 线性无关.

例 8.6.3 设在线性空间 $\mathbf{R}^4$ 中规定内积（不一定是标准内积）后得到欧氏空间 V，且 V 的基 $\alpha_1=(1,-1,0,0)^{\mathrm{T}},\alpha_2=(-1,2,0,0)^{\mathrm{T}},\alpha_3=(0,1,2,1)^{\mathrm{T}},\alpha_4=(1,0,1,1)^{\mathrm{T}}$ 的度量矩阵为

$$\boldsymbol{A}=\begin{pmatrix} 2 & -3 & 0 & 1\\ -3 & 6 & 0 & -1\\ 0 & 0 & 13 & 9\\ 1 & -1 & 9 & 7 \end{pmatrix}$$

（1）求基 $\varepsilon_1=(1,0,0,0)^{\mathrm{T}},\varepsilon_2=(0,1,0,0)^{\mathrm{T}},\varepsilon_3=(0,0,1,0)^{\mathrm{T}},\varepsilon_4=(0,0,0,1)^{\mathrm{T}}$ 的度量矩阵；

（2）求与向量组 $\beta_1=(1,1,-1,1)^{\mathrm{T}},\beta_2=(1,-1,-1,1)^{\mathrm{T}},\beta_3=(2,1,1,3)^{\mathrm{T}}$ 都正交的单位向量.

例 8.6.4 设 α 与 β 是 n 维欧氏空间 V 中两个不同的向量，且 $|\alpha|=|\beta|=1$，证明 $(\alpha,\beta)\neq 1$.

例 8.6.5 设 $\boldsymbol{A},\boldsymbol{B}$ 是 n 阶正交阵，且 $|\boldsymbol{A}|\neq|\boldsymbol{B}|$，证明：$\boldsymbol{A}+\boldsymbol{B}$ 为不可逆矩阵.

例 8.6.6 证明：实系数线性方程组 $\sum_{j=1}^{n} a_{ij}x_j=b_i\ (i=1,2,\cdots,n)$ 有解的充分必要条件是向量 $\beta=(b_1,b_2,\cdots,b_n)^{\mathrm{T}}\in\mathbf{R}^n$ 与齐次线性方程组 $\sum_{j=1}^{n} a_{ji}x_j=0\ (i=1,2,\cdots,n)$ 的解空间正交.

例 8.6.7 设 σ 是 n 维欧氏空间 V 的线性变换，如果 σ 满足下列三个条件中的任意两个，则它必满足第三个：（1）σ 是正交变换；（2）σ 是对称变换；（3）$\sigma^2=e$ 是单位变换.

例 8.6.8 设 η 是欧氏空间中一单位向量，定义 $\sigma(\alpha)=\alpha-2(\eta,\alpha)\eta$. 证明：

（1）σ 是正交变换，这样的正交变换称为镜面反射；

（2）σ 是第二类的；

（3）如果 n 维欧氏空间中正交变换 σ 以 1 作为一个特征值，且属于特征值 1 的特征子空间 V_1 的维数为 $n-1$，那么 σ 是镜面反射.

例 8.6.9 设 α,β 是欧氏空间 V 中两个不同的单位向量，证明：存在一镜面反射 σ，使 $\sigma(\alpha)=\beta$.

欧几里得空间自测题

一、填空题

1. 设V是一个欧氏空间，$\xi \in V$，若对任意$\eta \in V$都有$(\xi,\eta)=0$，则$\xi=$____________.

2. 在欧氏空间$\mathbf{R}^3$中，向量$\alpha=(1,0,-1)^{\mathrm{T}}$，$\beta=(0,1,0)^{\mathrm{T}}$，那么$(\alpha,\beta)=$____________，$|\alpha|=$____________.

3. 在n维欧氏空间V中，向量ξ在标准正交基$\eta_1,\eta_2,\cdots,\eta_n$下的坐标是$(x_1,x_2,\cdots,x_n)^{\mathrm{T}}$，那么$(\xi,\eta_i)=$____________，$|\xi|=$____________.

4. 两个有限维欧氏空间同构的充要条件是____________.

5. 已知A是一个正交矩阵，那么$A^{-1}=$____________，$|A|^2=$____________.

6. 欧氏空间$\mathbf{R}^4$中，$\alpha=(2,1,3,2)^{\mathrm{T}},\beta=(1,2,-2,1)^{\mathrm{T}}$，则$|\alpha|=$____________,$|\beta|=$____________，$\langle\alpha,\beta\rangle=$____________.

7. σ为欧氏空间V的线性变换，则σ为正交变换当且仅当____________；σ为对称变换当且仅当____________.

8. 设$\alpha_1=(0,-1,1)^{\mathrm{T}},\alpha_2=(2,1,-2)^{\mathrm{T}},\beta=k\alpha_1+\alpha_2$，若$\beta$与$\alpha_2$正交，则$k=$____________.

9. A,B为n阶正交矩阵，且$|A|>0,|B|<0$，则$|AB|=$____________.

10. α,β,γ是三维欧氏空间$\mathbf{R}^3$的向量，则式子$(\alpha,\beta)\gamma,\left(\dfrac{\alpha}{|\alpha|},\dfrac{\beta}{|\beta|}\right),(\gamma,(\alpha-\beta))$中表示向量的是____________.

二、判断题

1. 在实线性空间$\mathbf{R}^2$中，对于向量$\alpha=(x_1,x_2)^{\mathrm{T}},\beta=(y_1,y_2)^{\mathrm{T}}$，定义$(\alpha,\beta)=(x_1y_1+x_2y_2+1)^{\mathrm{T}}$，那么$\mathbf{R}^2$构成欧氏空间. (　　)

2. 在n维实线性空间$\mathbf{R}^n$中，对于向量$\alpha=(a_1,a_2,\cdots,a_n)^{\mathrm{T}},\beta=(b_1,b_2,\cdots,b_n)^{\mathrm{T}}$，定义$(\alpha,\beta)=a_1b_1$，则$\mathbf{R}^n$构成欧氏空间. (　　)

3. $\varepsilon_1,\varepsilon_2,\cdots,\varepsilon_n$是$n$维欧氏空间$V$的一组基，$(x_1,x_2,\cdots,x_n)^{\mathrm{T}}$与$(y_1,y_2,\cdots,y_n)^{\mathrm{T}}$分别是$V$中的向量$\alpha,\beta$在这组基下的坐标，则$(\alpha,\beta)=x_1y_1+x_2y_2+\cdots+x_ny_n$. (　　)

4. 对于欧氏空间V中任意向量η，$\dfrac{1}{|\eta|}$是V中一个单位向量. (　　)

5. 两个同阶实对称矩阵的最小多项式相同，则它们相似. (　　)

6. 设V是一个欧氏空间，$\alpha,\beta\in V$，并且$|\alpha|=|\beta|$，则$\alpha+\beta$与$\alpha-\beta$正交. (　　)

7. 设V是一个欧氏空间，$\alpha,\beta\in V$，并且$(\alpha,\beta)=0$，则α,β线性无关. (　　)

8. 欧氏空间V中保持任两个非零向量的夹角不变的线性变换必为正交变换. (　　)

9. 设A与B都是n阶正交矩阵，则AB也是正交矩阵. (　　)

10. 欧氏空间$\mathbf{R}^2$中，$\sigma\begin{pmatrix}x\\y\end{pmatrix}=\begin{pmatrix}2x+y\\x-2y\end{pmatrix}$为对称变换. (　　)

三、选择题

1. 设$\boldsymbol{\alpha},\boldsymbol{\beta}$是相互正交的$n$维实向量，则下列各式中错误的是（　　）.

A. $|\boldsymbol{\alpha}+\boldsymbol{\beta}|^2=|\boldsymbol{\alpha}|^2+|\boldsymbol{\beta}|^2$　　B. $|\boldsymbol{\alpha}+\boldsymbol{\beta}|=|\boldsymbol{\alpha}-\boldsymbol{\beta}|$

C. $|\boldsymbol{\alpha}-\boldsymbol{\beta}|^2=|\boldsymbol{\alpha}|^2+|\boldsymbol{\beta}|^2$　　D. $|\boldsymbol{\alpha}+\boldsymbol{\beta}|=|\boldsymbol{\alpha}|+|\boldsymbol{\beta}|$

2. $\boldsymbol{A}$是n阶实方阵，则$\boldsymbol{A}$是正交矩阵的充要条件是（　　）.

A. $\boldsymbol{A}\boldsymbol{A}^{-1}=\boldsymbol{E}$　　B. $\boldsymbol{A}=\boldsymbol{A}^{\mathrm{T}}$

C. $\boldsymbol{A}^{-1}=\boldsymbol{A}^{\mathrm{T}}$　　D. $\boldsymbol{A}^2=\boldsymbol{E}$

3. 对于n阶实对称矩阵$\boldsymbol{A}$，以下结论正确的是（　　）.

A. 一定有n个不同的特征根

B. 属于不同特征根的特征向量必线性无关，但不一定正交

C. 存在正交矩阵$\boldsymbol{P}$，使$\boldsymbol{P}^{\mathrm{T}}\boldsymbol{A}\boldsymbol{P}$成对角形

D. 它的特征根一定是整数

4. 设σ是n维欧氏空间$\boldsymbol{V}$的对称变换，则（　　）.

A. σ只有一组n个两两正交的特征向量

B. σ的特征向量彼此正交

C. σ有n个两两正交的特征向量

D. σ有n个两两正交的特征向量$\Leftrightarrow\sigma$有n个不同的特征根

5. 已知$\boldsymbol{\alpha}=(a_1,a_2,\cdots,a_n)^{\mathrm{T}}$，$\boldsymbol{\beta}=(b_1,b_2,\cdots,b_n)^{\mathrm{T}}$，定义：$(\boldsymbol{\alpha},\boldsymbol{\beta})=k_1a_1b_1+k_2a_2b_2+\cdots+k_na_nb_n$，则满足下列何种情况可使$\mathbf{R}^n$作成欧氏空间？（　　）

A. $k_1=k_2=\cdots=k_n=0$

B. $k_1,k_2,\cdots,k_n$是全不为零的实数

C. $k_1,k_2,\cdots,k_n$都是大于零的实数

D. $k_1,k_2,\cdots,k_n$全是不小于零的实数

6. 下列命题正确的是（　　）.

A. 两个正交变换的线性组合仍是正交变换

B. 两个对称变换的线性组合仍是对称变换

C. 对称变换将正交向量组变为正交向量组

D. 对称变换必是可逆线性变换

7. 若欧氏空间$\mathbf{R}^3$的线性变换σ关于$\mathbf{R}^3$的一个标准正交基矩阵为$\boldsymbol{A}=\begin{pmatrix}1&0&0\\0&0&0\\0&0&-1\end{pmatrix}$，则下列正确的是（　　）.

A. σ是对称变换　　B. σ是对称变换且是正交变换

C. σ不是对称变换　　D. σ是正交变换

8. 若σ是n维欧氏空间$\boldsymbol{V}$的一个对称变换，则下列成立的选项是（　　）.

A. σ 关于 V 的仅一个标准正交基的矩阵是对称矩阵

B. σ 关于 V 的任意基的矩阵都是对称矩阵

C. σ 关于 V 的任意标准正交基的矩阵都是对称矩阵

D. σ 关于 V 的非标准正交基的矩阵一定不是对称矩阵

9. 若 σ 是 n 维欧氏空间 V 的对称变换，则有（　　）.

A. σ 一定有 n 个两两不等的特征根

B. σ 一定有 n 个特征根重根按重数算

C. σ 的特征根的个数 $<n$

D. σ 无特征根

10. $\forall \boldsymbol{\alpha}=\begin{pmatrix} a_1 & a_2 \\ a_3 & a_4 \end{pmatrix}, \boldsymbol{\beta}=\begin{pmatrix} b_1 & b_2 \\ b_3 & b_4 \end{pmatrix} \in \mathbf{R}^{2\times 2}$，如下定义实数 $(\boldsymbol{\alpha},\boldsymbol{\beta})$ 中作成 $\mathbf{R}^{2\times 2}$ 内积的是（　　）.

A. $(\boldsymbol{\alpha},\boldsymbol{\beta})=a_1b_1$　　　　B. $(\boldsymbol{\alpha},\boldsymbol{\beta})=a_1b_1+a_2b_2+a_3b_3$

C. $(\boldsymbol{\alpha},\boldsymbol{\beta})=a_1b_1+a_4b_4$　　　　D. $(\boldsymbol{\alpha},\boldsymbol{\beta})=a_1b_1+2a_2b_2+3a_3b_3+4a_4b_4$

四、计算题

1. 把向量组 $\boldsymbol{\alpha}_1=(2,-1,0)^{\mathrm{T}}, \boldsymbol{\alpha}_2=(2,0,1)^{\mathrm{T}}$ 扩充成 $\mathbf{R}^3$ 中的一组标准正交基.

2. 若在 $\mathbf{R}^3$ 中规定任意两个向量 $\boldsymbol{\xi}=(x_1,x_2,x_3)^{\mathrm{T}}, \boldsymbol{\eta}=(y_1,y_2,y_3)^{\mathrm{T}}$ 的内积为 $(\boldsymbol{\xi},\boldsymbol{\eta})=x_1y_1+2x_2y_2+3x_3y_3$，求 $\boldsymbol{\alpha}=(1,0,1)^{\mathrm{T}}$ 与 $\boldsymbol{\beta}=(1,2,0)^{\mathrm{T}}$ 的夹角.

3. 设 $\boldsymbol{\alpha}_1,\boldsymbol{\alpha}_2,\boldsymbol{\alpha}_3$ 是 3 维欧氏空间 V 的一组基，其度量矩阵为 $\begin{pmatrix} 1 & -1 & 2 \\ -1 & 2 & -1 \\ 2 & -1 & 6 \end{pmatrix}$.

（1）令 $\boldsymbol{\gamma}=\boldsymbol{\alpha}_1+\boldsymbol{\alpha}_2$，证明 $\boldsymbol{\gamma}$ 是一个单位向量；

（2）若 $\boldsymbol{\beta}=\boldsymbol{\alpha}_1+\boldsymbol{\alpha}_2+k\boldsymbol{\alpha}_3$ 与 $\boldsymbol{\gamma}$ 正交，求 k 的值.

4. 设 $\boldsymbol{A}=\begin{pmatrix} 2 & -2 & 0 \\ -2 & 1 & -2 \\ 0 & -2 & 0 \end{pmatrix}$，求正交矩阵 $\boldsymbol{P}$，使 $\boldsymbol{P}^{\mathrm{T}}\boldsymbol{A}\boldsymbol{P}$ 为对角形.

5. 设 $\boldsymbol{A}$ 为三阶实对称矩阵，其特征值 $\lambda_1=-1, \lambda_2=\lambda_3=1$，已知属于 λ_1 的特征向量 $\boldsymbol{\alpha}_1=\begin{pmatrix} 0 \\ 1 \\ 1 \end{pmatrix}$，求 $\boldsymbol{A}$.

五、证明题

1. 在 $\mathbf{R}^2$ 中，对任意向量 $\boldsymbol{\alpha}=(a_1,a_2)^{\mathrm{T}}$，$\boldsymbol{\beta}=(b_1,b_2)^{\mathrm{T}}$，定义

$$(\boldsymbol{\alpha},\boldsymbol{\beta})=\boldsymbol{\alpha}^{\mathrm{T}}\begin{pmatrix} 1 & -1 \\ -1 & 4 \end{pmatrix}\boldsymbol{\beta}$$

（1）证明：$\mathbf{R}^2$ 构成欧氏空间.

（2）写出这个欧氏空间的柯西-施瓦兹不等式.

2. 设 $\boldsymbol{\alpha}_1,\boldsymbol{\alpha}_2,\cdots,\boldsymbol{\alpha}_n$ 为 n 维欧氏空间 $\boldsymbol{V}$ 的一组基，证明：这组基是标准正交基的充分必要条件是对 $\boldsymbol{V}$ 中任意向量 $\boldsymbol{\alpha}$ 都有 $\boldsymbol{\alpha}=(\boldsymbol{\alpha},\boldsymbol{\alpha}_1)\boldsymbol{\alpha}_1+(\boldsymbol{\alpha},\boldsymbol{\alpha}_2)\boldsymbol{\alpha}_2+\cdots+(\boldsymbol{\alpha},\boldsymbol{\alpha}_n)\boldsymbol{\alpha}_n$.

3. 证明：设 $\boldsymbol{A}$ 为实 n 阶实对称矩阵，且 $\boldsymbol{A}^2=\boldsymbol{A}$，证明：存在正交矩阵 $\boldsymbol{P}$ 使

$$\boldsymbol{P}^{-1}\boldsymbol{A}\boldsymbol{P}=\begin{pmatrix}1 & & & & & \\ & \ddots & & & & \\ & & 1 & & & \\ & & & 0 & & \\ & & & & \ddots & \\ & & & & & 0\end{pmatrix}$$

4. 设 $\boldsymbol{A},\boldsymbol{B}$ 为 n（n 为奇数）阶正交矩阵，且 $|\boldsymbol{A}|=|\boldsymbol{B}|$，证明：$|\boldsymbol{A}-\boldsymbol{B}|=0$.

5. 在欧氏空间 $\boldsymbol{W}=\mathbf{R}[x]_4$ 中，内积为 $(f(x),g(x))=\int_{-1}^{1}f(x)g(x)\mathrm{d}x$，设 $\boldsymbol{W}_1=\boldsymbol{L}[1,x]$, $\boldsymbol{W}_2=\boldsymbol{L}\left[x^2-\frac{1}{3}x,x^3-\frac{3}{5}x^2\right]$ 是 $\boldsymbol{W}$ 的子空间，证明：$\boldsymbol{W}_1$ 与 $\boldsymbol{W}_2$ 互为正交补.

第 9 章

二 次 型

二次型（Quadratic Form）是高等代数的重要内容之一，二次型的系统研究是从 18 世纪开始的，它起源于对二次曲线和二次曲面的分类问题的讨论，将二次曲线和二次曲面的方程变形，选择有主轴方向的轴作为坐标轴以简化方程的形状.

二次型常常出现在许多实际应用和理论研究中，有很大的实际使用价值. 它不仅在数学的许多分支中用到，而且在物理学中也会经常用到，其中实二次型中的正定二次型占有特殊的位置. 二次型的定性与其矩阵的定性之间具有一一对应关系. 因此，二次型的正定性判别可转化为对称矩阵的正定性判别，并将其实现应用价值.

9.1 二次型的矩阵形式和矩阵的合同

定义 9.1.1 含有 n 个变量 $x_1,x_2,\cdots,x_n$ 的二次齐次多项式

$$\begin{aligned} f &= f(x_1,x_2,\cdots,x_n) \\ &= a_{11}x_1^2 + a_{22}x_2^2 + a_{33}x_3^2 + \cdots + a_{nn}x_n^2 + \\ &\quad 2a_{12}x_1x_2 + 2a_{13}x_1x_3 + \cdots + 2a_{1n}x_1x_n + \\ &\quad 2a_{23}x_2x_3 + \cdots + 2a_{2n}x_2x_n + \cdots + \\ &\quad 2a_{n-1,n}x_{n-1}x_n \end{aligned}$$

称为 n 元二次型（其中 $a_{ii}x_i^2$ 称为平方项，$a_{ij}x_ix_j, i \neq j$ 称为混乘项）.

若取 $a_{ij}=a_{ji}$，则 $2a_{ij}x_ix_j = a_{ij}x_ix_j + a_{ji}x_jx_i$，于是上式可以写成

$$\begin{aligned} f &= a_{11}{x_1}^2 + a_{12}x_1x_2 + a_{13}x_1x_3 + \cdots + a_{1n}x_1x_n + \\ &\quad a_{21}x_2x_1 + a_{22}x_2^2 + a_{23}x_2x_3 + \cdots + a_{2n}x_2x_n + \cdots + \\ &\quad a_{n1}x_nx_1 + a_{n2}x_nx_2 + a_{n3}x_nx_3 + \cdots + a_{nn}x_n^2 \\ &= x_1(a_{11}x_1 + a_{12}x_2 + a_{13}x_3 + \cdots + a_{1n}x_n) + \\ &\quad x_2(a_{21}x_1 + a_{22}x_2 + a_{23}x_3 + \cdots + a_{2n}x_n) + \cdots + \\ &\quad x_n(a_{n1}x_1 + a_{n2}x_2 + a_{n3}x_3 + \cdots + a_{nn}x_n) \\ &\triangleq \sum_{i=1}^{n}(\sum_{j=1}^{n} a_{ij}x_ix_j) \end{aligned}$$

$$
=(x_1,x_2,\cdots,x_n)\begin{pmatrix} a_{11}x_1+a_{12}x_2+a_{13}x_3+\cdots+a_{1n}x_n \\ a_{21}x_1+a_{22}x_2+a_{23}x_3+\cdots+a_{2n}x_n \\ \vdots \\ a_{n1}x_1+a_{n2}x_2+a_{n3}x_3+\cdots+a_{nn}x_n \end{pmatrix}
$$

$$
=(x_1,x_2,\cdots,x_n)\begin{pmatrix} a_{11} & a_{12} & \cdots & a_{1n} \\ a_{21} & a_{22} & \cdots & a_{2n} \\ \vdots & \vdots & & \vdots \\ a_{n1} & a_{n2} & \cdots & a_{nn} \end{pmatrix}\begin{pmatrix} x_1 \\ x_2 \\ \vdots \\ x_n \end{pmatrix}
$$

$$
=\boldsymbol{X}^{\mathrm{T}}\boldsymbol{A}\boldsymbol{X}
$$

其中

$$
\boldsymbol{X}=\begin{pmatrix} x_1 \\ x_2 \\ \vdots \\ x_n \end{pmatrix},\quad \boldsymbol{A}=\begin{pmatrix} a_{11} & a_{12} & \cdots & a_{1n} \\ a_{21} & a_{22} & \cdots & a_{2n} \\ \vdots & \vdots & \cdots & \vdots \\ a_{n1} & a_{n2} & \cdots & a_{nn} \end{pmatrix}
$$

称 $\boldsymbol{f}=\boldsymbol{f}(\boldsymbol{X})=\boldsymbol{X}^{\mathrm{T}}\boldsymbol{A}\boldsymbol{X}$ 为二次型的矩阵形式.

由 $a_{ij}=a_{ji}$，故 $\boldsymbol{A}$ 为对称矩阵，即 $\boldsymbol{A}^{\mathrm{T}}=\boldsymbol{A}$. 称对称矩阵 $\boldsymbol{A}$ 为该二次型的矩阵. 二次型 $\boldsymbol{f}$ 称为对称矩阵 $\boldsymbol{A}$ 的二次型. 对称矩阵 $\boldsymbol{A}$ 的秩 $R(\boldsymbol{A})$ 称为二次型的秩. 在这种情况下，二次型 $\boldsymbol{f}$ 与对称矩阵 $\boldsymbol{A}$ 之间通过 $\boldsymbol{f}(\boldsymbol{X})=\boldsymbol{X}^{\mathrm{T}}\boldsymbol{A}\boldsymbol{X}$ 建立起一一对应关系，故往往用对称矩阵 $\boldsymbol{A}$ 的性质来讨论二次型 $\boldsymbol{f}$ 的性质.

当 a_{ij} 为复数时，$\boldsymbol{f}$ 称为复二次型；当 a_{ij} 为实数时，$\boldsymbol{f}$ 称为实二次型.

例 9.1.1 设二次型 $\boldsymbol{f}(x_1,x_2,x_3)=x_1^2+2x_1x_2+2x_1x_3+3x_2^2-x_3^2$，求 $\boldsymbol{f}$ 的矩阵，并求 $\boldsymbol{f}$ 的秩.

解 $\boldsymbol{f}(x_1,x_2,x_3)=x_1^2+2x_1x_2+2x_1x_3+3x_2^2-x_3^2$ 对应的对称矩阵是

$$
\boldsymbol{A}=\begin{pmatrix} 1 & 1 & 1 \\ 1 & 3 & 0 \\ 1 & 0 & -1 \end{pmatrix}
$$

容易求得 $R(\boldsymbol{A})=3$，所以二次型 $\boldsymbol{f}$ 的秩为 3.

例 9.1.2 求二次型 $\boldsymbol{f}(x_1,x_2,x_3)=(x_1+x_2)^2+(x_2-x_3)^2+(x_1+x_3)^2$ 的秩.

解 将二次型展开整理得

$$
\boldsymbol{f}(x_1,x_2,x_3)=2x_1^2+2x_2^2+2x_3^2+2x_1x_2+2x_1x_3-2x_2x_3
$$

从而二次型的矩阵为

$$
\boldsymbol{A}=\begin{pmatrix} 2 & 1 & 1 \\ 1 & 2 & -1 \\ 1 & -1 & 2 \end{pmatrix}
$$

可求得 $R(\boldsymbol{A})=2$，故二次型 $\boldsymbol{f}$ 的秩为 2.

讨论二次型的一个重要任务是经线性替换将其化为标准二次型.

定义 9.1.2 设 $x_1,x_2,\cdots,x_n$ 与 $y_1,y_2,\cdots,y_n$ 是两组文字，系数在数域 $\boldsymbol{F}$ 中的一组关系式

$$\begin{cases} x_1 = c_{11}y_1 + c_{12}y_2 + \cdots + c_{1n}y_n \\ x_2 = c_{21}y_1 + c_{22}y_2 + \cdots + c_{2n}y_n \\ \quad\vdots \\ x_n = c_{n1}y_1 + b_{n2}y_2 + \cdots + c_{nn}y_n \end{cases} \tag{9.1.1}$$

称为由 $x_1, x_2, \cdots, x_n$ 到 $y_1, y_2, \cdots, y_n$ 的一个线性替换，简称线性替换.

线性替换（9.1.1）可以写成矩阵形式 $\boldsymbol{X} = \boldsymbol{CY}$，其中

$$\boldsymbol{X} = \begin{pmatrix} x_1 \\ x_2 \\ \vdots \\ x_n \end{pmatrix}, \boldsymbol{Y} = \begin{pmatrix} y_1 \\ y_2 \\ \vdots \\ y_n \end{pmatrix}, \boldsymbol{C} = \begin{pmatrix} c_{11} & c_{12} & \cdots & c_{1n} \\ c_{21} & c_{22} & \cdots & c_{2n} \\ \vdots & \vdots & & \vdots \\ c_{n1} & c_{n2} & \cdots & c_{nn} \end{pmatrix}$$

如果行列式 $|\boldsymbol{C}| \neq 0$，则称线性替换（9.1.1）是非退化的.

对于二次型 $\boldsymbol{f(X)} = \boldsymbol{X}^{\mathrm{T}}\boldsymbol{AX}$ 而言，经非退化线性替换 $\boldsymbol{X} = \boldsymbol{CY}$，将其化成

$$\boldsymbol{f(X)} = \boldsymbol{X}^{\mathrm{T}}\boldsymbol{AX} = (\boldsymbol{CY})^{\mathrm{T}}\boldsymbol{A}(\boldsymbol{CY}) = \boldsymbol{Y}^{\mathrm{T}}(\boldsymbol{C}^{\mathrm{T}}\boldsymbol{AC})\boldsymbol{Y}$$

若记 $\boldsymbol{B} = \boldsymbol{C}^{\mathrm{T}}\boldsymbol{AC}$ 则 $\boldsymbol{f(X)} = \boldsymbol{Y}^{\mathrm{T}}\boldsymbol{BY}$，由于 $\boldsymbol{B}^{\mathrm{T}} = (\boldsymbol{C}^{\mathrm{T}}\boldsymbol{AC})^{\mathrm{T}} = \boldsymbol{C}^{\mathrm{T}}\boldsymbol{AC} = \boldsymbol{B}$，则 $\boldsymbol{B}$ 为对称矩阵，故 $\boldsymbol{f} = \boldsymbol{Y}^{\mathrm{T}}\boldsymbol{BY}$ 为关于 $y_1, y_2, \cdots, y_n$ 的二次型.

关于 $\boldsymbol{A}$ 与 $\boldsymbol{B} = \boldsymbol{C}^{\mathrm{T}}\boldsymbol{AC}$ 的关系，下面给出合同矩阵的定义.

定义 9.1.3 设 $\boldsymbol{A}, \boldsymbol{B}$ 为两个 n 阶方阵，如果存在可逆矩阵 $\boldsymbol{C}$ 使得 $\boldsymbol{C}^{\mathrm{T}}\boldsymbol{AC} = \boldsymbol{B}$，则称矩阵 $\boldsymbol{A}$ 合同于矩阵 $\boldsymbol{B}$，或称 $\boldsymbol{A}$ 与 $\boldsymbol{B}$ 为合同矩阵.

由以上定义可以看出，二次型 $\boldsymbol{f(X)} = \boldsymbol{X}^{\mathrm{T}}\boldsymbol{AX}$ 的矩阵 $\boldsymbol{A}$ 与经过可逆线性替换 $\boldsymbol{X} = \boldsymbol{CY}$ 得到的二次型 $\boldsymbol{f} = \boldsymbol{Y}^{\mathrm{T}}\boldsymbol{BY}$ 的矩阵 $\boldsymbol{B} = \boldsymbol{C}^{\mathrm{T}}\boldsymbol{AC}$ 是合同矩阵.

矩阵合同的基本性质有：

（1）自反（反身）性：任意方阵 $\boldsymbol{A}$ 与其自身合同.

因为 $\boldsymbol{E}^{\mathrm{T}}\boldsymbol{AE} = \boldsymbol{A}$.

（2）对称性：若 $\boldsymbol{A}$ 与 $\boldsymbol{B}$ 合同，则 $\boldsymbol{B}$ 与 $\boldsymbol{A}$ 合同.

若 $\boldsymbol{A}$ 与 $\boldsymbol{B}$ 合同，则存在可逆阵 $\boldsymbol{C}$ 使 $\boldsymbol{C}^{\mathrm{T}}\boldsymbol{AC} = \boldsymbol{B}$，则 $(\boldsymbol{C}^{\mathrm{T}})^{-1}\boldsymbol{B}(\boldsymbol{C}^{-1}) = \boldsymbol{A}$，即 $(\boldsymbol{C}^{-1})^{\mathrm{T}}\boldsymbol{B}(\boldsymbol{C}^{-1}) = \boldsymbol{A}$，故 $\boldsymbol{B}$ 与 $\boldsymbol{A}$ 合同.

（3）传递性：若 $\boldsymbol{A}$ 与 $\boldsymbol{B}$ 合同，$\boldsymbol{B}$ 与 $\boldsymbol{C}$ 合同，则 $\boldsymbol{A}$ 合同于 $\boldsymbol{C}$.

因为 $\boldsymbol{B} = \boldsymbol{C}_1^{\mathrm{T}}\boldsymbol{AC}_1, \boldsymbol{C} = \boldsymbol{C}_2^{\mathrm{T}}\boldsymbol{BC}_2$，得 $\boldsymbol{C} = \boldsymbol{C}_2^{\mathrm{T}}(\boldsymbol{C}_1^{\mathrm{T}}\boldsymbol{AC}_1)\boldsymbol{C}_2 = (\boldsymbol{C}_1\boldsymbol{C}_2)^{\mathrm{T}}\boldsymbol{A}(\boldsymbol{C}_1\boldsymbol{C}_2)$，故 $\boldsymbol{A}$ 与 $\boldsymbol{C}$ 合同.

矩阵的合同关系是一种等价关系，合同矩阵显然有相同的秩，并且与对称矩阵合同的矩阵仍然是对称矩阵，从而得到下列结论：

定理 9.1.1 数域 $\boldsymbol{F}$ 上二次型 $\boldsymbol{f(X)} = \boldsymbol{X}^{\mathrm{T}}\boldsymbol{AX}$ 经过非退化线性替换 $\boldsymbol{X} = \boldsymbol{CY}$ 得到一个与原二次型秩相同的二次型

$$\boldsymbol{f(X)} = \boldsymbol{X}^{\mathrm{T}}\boldsymbol{AX} = \boldsymbol{Y}^{\mathrm{T}}\boldsymbol{BY}$$

这里 $\boldsymbol{B} = \boldsymbol{C}^{\mathrm{T}}\boldsymbol{AC}$，即新二次型的矩阵与原二次型的矩阵合同，且秩相同.

定义 9.1.4 设有数域 $\boldsymbol{F}$ 上的二次型 $\boldsymbol{f(X)} = \boldsymbol{X}^{\mathrm{T}}\boldsymbol{AX}$ 及 $\boldsymbol{g(Y)} = \boldsymbol{Y}^{\mathrm{T}}\boldsymbol{BY}$，如果可以通过变量的

非退化线性替换将一个变成另一个，则称 $f(X)$ 与 $g(Y)$ 为等价二次型.

定理 9.1.2 数域 F 上的两个二次型等价的充分必要条件是它们的矩阵合同.

证明（必要性）设 $f(X)=X^{\mathrm{T}}AX$ 与 $g(Y)=Y^{\mathrm{T}}BY$ 等价，所以存在非退化线性替换 $X=CY$ 使得 $f(X)=g(Y)$. 由于 $f(X)=X^{\mathrm{T}}AX=(CY)^{\mathrm{T}}A(CY)=Y^{\mathrm{T}}(C^{\mathrm{T}}AC)Y$，所以 $B=C^{\mathrm{T}}AC$，即 B 与 A 合同.

（充分性）因为 $f(X)=X^{\mathrm{T}}AX$ 与 $g(Y)=Y^{\mathrm{T}}BY$ 的矩阵合同，则存在可逆阵 C，使得 $B=C^{\mathrm{T}}AC$. 令 $X=CY$，便得到非退化线性替换，将 $f(X)$ 变成 $g(Y)$，从而两二次型等价.

显然，两个二次型等价有相同的秩.

在本节最后，给出矩阵的等价、相似、合同三种关系的逻辑关系：

（1）若矩阵 A 经过若干次初等变换得到矩阵 B，则 A 与 B 等价，即 A 与 B 等价当且仅当存在可逆阵 P,Q 使 $PAQ=B$ 成立.

（2）矩阵 A 与 B 相似当且仅当存在可逆阵 P 使 $P^{-1}AP=B$.

（3）矩阵 A 与 B 合同当且仅当存在可逆阵 P 使 $P^{\mathrm{T}}AP=B$.

通过以上三种关系的逻辑关系可以看出，两个矩阵相似则这两个矩阵等价，两个矩阵合同则这两个矩阵等价. 但两个矩阵有等价关系不一定有相似或合同关系.

习题 9.1

1. 写出下列二次型的矩阵，并求其秩.

（1）$f(x_1,x_2,x_3)=2x_1x_2+2x_1x_3-6x_2x_3$；

（2）$f(x_1,x_2,x_3,x_4)=x_1^2-x_2^2-3x_3^2+4x_1x_2-6x_4x_3$；

（3）$f=(x_1,x_2,x_3)\begin{pmatrix}3 & 6 & -4\\ 4 & -2 & 7\\ 6 & -2 & 0\end{pmatrix}\begin{pmatrix}x_1\\ x_2\\ x_3\end{pmatrix}$.

2. 设 A,B 均为 n 阶矩阵，且 A,B 合同，则（　　）.

A. A,B 相似　　B. $|A|=|B|$

C. $R(A)=R(B)$　　D. A,B 有相同的特征值

3. 设 $A\in M_n(F)$，若 $A=A^{\mathrm{T}}$ 且 A 可逆，则 A 与 A^{-1} 合同.

4. 设 $A,B\in M_n(F)$，若 $A=A^{\mathrm{T}}$ 且 A 与 B 合同，则 $B=B^{\mathrm{T}}$.

9.2 二次型的标准形

由定理 8.4.4 可知一个实对称矩阵都正交相似于一个对角矩阵，由正交矩阵的逆矩阵等于其转置可得一个实对称矩阵都与一个对角矩阵合同，利用这个结论我们可得到这样的结论：一个实二次型都可合同于一个只含平方项的二次型. 我们把这种只含平方项的二次型称为二次型的标准形.

定义 9.2.1 在数域 F 上，与二次型 $f(X)=X^{\mathrm{T}}AX$ 等价的只含平方项的二次型

$$f = d_1 y_1^2 + d_2 y_2^2 + \cdots + d_n y_n^2 \tag{9.2.1}$$

称为二次型 $\boldsymbol{f}(\boldsymbol{X}) = \boldsymbol{X}^{\mathrm{T}}\boldsymbol{A}\boldsymbol{X}$ 的标准形.

下面我们将用三种方法来求二次型的标准形.

1）用配方法化二次型为标准形

定理 9.2.1 数域 $\boldsymbol{F}$ 上任意一个二次型都可以经过配方法找到非退化线性替换变成平方和（9.2.1）的形式.

证明 采用数学归纳法.

（1）当 $n=1$ 时，二次型为 $\boldsymbol{f}(x_1) = a_{11}x_1^2$，已经是平方和的形式；

（2）假设对所有 $n-1$ 元二次型定理结论都成立，则对 n 元二次型

$$\boldsymbol{f}(x_1, x_2, \cdots, x_n) = \sum_{i=1}^{n}\sum_{j=1}^{n} a_{ij}x_i x_j \ (a_{ij} = a_{ji})$$

下面分三种情形讨论.

情形 1：如果二次型 $\boldsymbol{f}(x_1, x_2, \cdots, x_n)$ 含某文字例如 x_1 的平方项，即 $a_{11} \neq 0$，则集中二次型中含 x_1 的所有交叉项，然后与 x_1^2 配方，并作线性替换

$$\begin{cases} y_1 = x_1 + c_{12}x_2 + \cdots + c_{1n}x_n \\ y_2 = x_2 \\ \quad \vdots \\ y_n = x_n \end{cases} \quad (c_{1j} \in \boldsymbol{F}, j = 2, \cdots, n) \tag{9.2.2}$$

得 $\boldsymbol{f} = a_{11}y_1^2 + \boldsymbol{g}(y_2, \cdots, y_n)$，这里 $\boldsymbol{X} = \boldsymbol{C}\boldsymbol{Y}$，且

$$\boldsymbol{C} = \begin{pmatrix} 1 & -c_{12} & \cdots & -c_{1n} \\ 0 & 1 & \cdots & 0 \\ \vdots & \vdots & & \vdots \\ 0 & 0 & \cdots & 1 \end{pmatrix}$$

矩阵 $\boldsymbol{C}$ 显然可逆，故 $\boldsymbol{X} = \boldsymbol{C}\boldsymbol{Y}$ 是非退化线性替换.

由于 $\boldsymbol{g}(y_2, \cdots, y_n)$ 是 $y_2, \cdots, y_n$ 的 $n-1$ 元二次型，由归纳假设，它能用非退化线性替换

$$\begin{cases} z_2 = b_{22}y_2 + b_{23}y_3 + \cdots + b_{2n}y_n \\ z_3 = b_{32}y_2 + b_{33}y_3 + \cdots + b_{3n}y_n \\ \quad \vdots \\ z_n = b_{n2}y_2 + b_{n3}y_3 + \cdots + b_{nn}y_n \end{cases} \quad (b_{ij} \in \boldsymbol{F}, i, j = 2, \cdots, n)$$

化为标准形 $d_2z_2^2 + d_3z_3^2 + \cdots + d_nz_n^2$. 非退化线性替换为 $\boldsymbol{Y} = \boldsymbol{B}^{-1}\boldsymbol{Z}$，且

$$\boldsymbol{B} = \begin{pmatrix} b_{22} & b_{23} & \cdots & b_{2n} \\ b_{32} & b_{33} & \cdots & b_{3n} \\ \vdots & \vdots & & \vdots \\ b_{n2} & b_{n3} & \cdots & b_{nn} \end{pmatrix}$$

令
$$\begin{cases} z_1 = y_1 \\ z_2 = b_{22}y_2 + b_{23}y_3 + \cdots + b_{2n}y_n \\ z_3 = b_{32}y_2 + b_{33}y_3 + \cdots + b_{3n}y_n \quad (b_{ij} \in \boldsymbol{F}, i, j = 2, \cdots, n) \\ \quad\vdots \\ z_n = b_{n2}y_2 + b_{n3}y_3 + \cdots + b_{nn}y_n \end{cases} \tag{9.2.3}$$

于是经非退化线性替换（9.2.3）得

$$\boldsymbol{f}(x_1, x_2, \cdots, x_n) = a_{11}z_1^2 + d_2z_2^2 + d_3z_3^2 + \cdots + d_nz_n^2$$

这里的非退化线性替换为 $\boldsymbol{Y} = \boldsymbol{D}^{-1}\boldsymbol{Z}$，且 $\boldsymbol{D} = \begin{pmatrix} 1 & 0 \\ 0 & \boldsymbol{B} \end{pmatrix}$，总的线性替换为 $\boldsymbol{X} = \boldsymbol{C}\boldsymbol{D}^{-1}\boldsymbol{Z}$.

根据归纳法原理，定理得证.

情形 2：如果二次型 $\boldsymbol{f}(x_1, x_2, \cdots, x_n)$ 不含平方项，即 $a_{ii} = 0\ (i = 1, 2, \cdots, n)$，但含某一个 $a_{ij} \neq 0\,(i \neq j)$，则可先作非退化线性替换 $\begin{cases} x_i = y_i + y_j \\ x_j = y_i - y_j \\ x_k = y_k \end{cases} (k = 1, 2, \cdots, n; k \neq i, j)$，把 $\boldsymbol{f}$ 化为一个含平方项 y_i^2 的二次型，再用情形1的方法化为标准形.

情形 3：若 $a_{11} = a_{12} = \cdots = a_{1n} = 0$，由对称性 $a_{21} = a_{31} = \cdots = a_{n1} = 0$，此时 $\boldsymbol{f} = \sum_{i=2}^{n}\sum_{j=2}^{n} a_{ij}x_ix_j$ 是 $n-1$ 元二次型，由归纳假设，它能用非退化线性替换化为标准形.

例 9.2.1 设 $\boldsymbol{f} = x_1^2 + 2x_1x_2 + 2x_1x_3 + 2x_2^2 + 4x_2x_3 + x_3^2$，试将二次型 $\boldsymbol{f}$ 化成标准形，并写出所用的非退化线性替换.

解 由于

$$\begin{aligned} \boldsymbol{f} &= x_1^2 + 2x_1x_2 + 2x_1x_3 + 2x_2^2 + 4x_2x_3 + x_3^2 \\ &= (x_1^2 + (2x_2 + 2x_3)x_1) + 2x_2^2 + 4x_2x_3 + x_3^2 \\ &= ((x_1 + x_2 + x_3)^2 - (x_2 + x_3)^2) + 2x_2^2 + 4x_2x_3 + x_3^2 \\ &= (x_1 + x_2 + x_3)^2 + (x_2^2 + 2x_2x_3) \\ &= (x_1 + x_2 + x_3)^2 + (x_2 + x_3)^2 - x_3^2 \end{aligned}$$

令
$$\begin{cases} y_1 = x_1 + x_2 + x_3 \\ y_2 = \qquad x_2 + x_3 \\ y_3 = \qquad\qquad x_3 \end{cases}$$

即
$$\begin{cases} x_1 = y_1 - y_2 \\ x_2 = \qquad y_2 - y_3 \\ x_3 = \qquad\qquad y_3 \end{cases}$$

则 $\boldsymbol{f}$ 的标准形为 $y_1^2 + y_2^2 - y_3^2$. 所用的非退化线性替换为

$$\begin{cases} x_1 = y_1 - y_2 \\ x_2 = \qquad y_2 - y_3 \\ x_3 = \qquad\qquad y_3 \end{cases}$$

即 $\boldsymbol{X}=\boldsymbol{CY}$，这里 $\boldsymbol{C}=\begin{pmatrix}1 & -1 & 0\\ 0 & 1 & -1\\ 0 & 0 & 1\end{pmatrix}$.

例 9.2.2 将 $\boldsymbol{f}(x_1,x_2,x_3)=-4x_1x_2+2x_1x_3+2x_2x_3$ 化为标准形，并求所用的非退化线性替换矩阵 $\boldsymbol{C}$.

解 由于已知二次型不含平方项，但 x_1x_2 的系数不为零，故可以令

$$\begin{cases}x_1=y_1+y_2\\ x_2=y_1-y_2\\ x_3=y_3\end{cases} \tag{9.2.4}$$

则

$$\begin{aligned}\boldsymbol{f}\left(x_1,x_2,x_3\right)&=-4y_1^2+4y_2^2+4y_1y_3\\ &=-4y_1^2+4y_1y_3-y_3^2+y_3^2+4y_2^2\\ &=-(2y_1-y_3)^3+y_3^2+4y_2^2\end{aligned}$$

再作非退化线性替换

$$\begin{cases}y_1=\dfrac{1}{2}z_1+\dfrac{1}{2}z_3\\ y_2=z_2\\ y_3=z_3\end{cases} \tag{9.2.5}$$

则原二次型的标准形为

$$\boldsymbol{f}(x_1,x_2,x_3)=-z_1^2+4z_2^2+z_3^2$$

最后将式（9.2.5）代入式（9.2.4），可得非退化线性替换

$$\begin{cases}x_1=\dfrac{1}{2}z_1+z_2+\dfrac{1}{2}z_3\\ x_2=\dfrac{1}{2}z_1-z_2+\dfrac{1}{2}z_3\\ x_3=z_3\end{cases} \tag{9.2.6}$$

于是相应的替换矩阵为

$$\boldsymbol{C}=\begin{pmatrix}1 & 1 & 0\\ 1 & -1 & 0\\ 0 & 0 & 1\end{pmatrix}\begin{pmatrix}\dfrac{1}{2} & 0 & \dfrac{1}{2}\\ 0 & 1 & 0\\ 0 & 0 & 1\end{pmatrix}=\begin{pmatrix}\dfrac{1}{2} & 0 & \dfrac{1}{2}\\ \dfrac{1}{2} & -1 & \dfrac{1}{2}\\ 0 & 0 & 1\end{pmatrix}$$

且

$$\boldsymbol{C}^{\mathrm{T}}\boldsymbol{AC}=\begin{pmatrix}-1 & 0 & 0\\ 0 & 4 & 0\\ 0 & 0 & 1\end{pmatrix}$$

定理 9.2.1 说明，二次型 $\boldsymbol{f}(x_1,x_2,\cdots,x_n)$ 都可经非退化线性替换化成平方和. 这就是说，任何一个二次型都可经非退化线性替换化成标准形.

由于二次型 $\boldsymbol{f}$ 与对称矩阵 $\boldsymbol{A}$ 一一对应，而任一二次型 $\boldsymbol{f}$ 经配方法一定可以标准化，即存在可逆线性替换 $\boldsymbol{X}=\boldsymbol{CY}$ 使得 $\boldsymbol{f}=\boldsymbol{f}(\boldsymbol{X})=\boldsymbol{X}^{\mathrm{T}}\boldsymbol{AX}=(\boldsymbol{CY})^{\mathrm{T}}\boldsymbol{A}(\boldsymbol{CY})=\boldsymbol{Y}^{\mathrm{T}}(\boldsymbol{C}^{\mathrm{T}}\boldsymbol{AC})\boldsymbol{Y}$ 为标准形，即

$$C^{\mathrm{T}}AC = D = \begin{pmatrix} d_1 & & & \\ & d_2 & & \\ & & \ddots & \\ & & & d_n \end{pmatrix}$$

为对角矩阵.

至此，我们分别用配方法证明了以下定理.

定理 9.2.2 对于任一对称矩阵 A，存在可逆矩阵 C 使 $C^{\mathrm{T}}AC = D$ 为对角矩阵，即任一对称矩阵都与一个对角矩阵合同.

注： 在定理 9.2.2 中，A 的合同对角矩阵 $D = \begin{pmatrix} d_1 & & & \\ & d_2 & & \\ & & \ddots & \\ & & & d_n \end{pmatrix}$ 的对角线元素 $d_1, d_2, \cdots, d_n$ 与配方法的过程有关，采用不同方法得到的数可以不相同.

2）合同变换法化二次型为标准型

定理 9.2.2 说明，对任一对称矩阵 A，存在可逆矩阵 C 使 $C^{\mathrm{T}}AC = D$ 为对角矩阵，即一个对称矩阵都与一个对角矩阵合同. 下面从合同变换的角度再来探究该问题.

定义 9.2.2 矩阵的下列三种变换称为矩阵的合同变换：

（1）交换矩阵的 i, j 两行，再交换矩阵的 i, j 两列；

（2）以一个非零的数 k 乘矩阵的第 i 行，再用 k 乘矩阵的第 i 列；

（3）把矩阵的第 j 行乘 k 加到 i 行，再把矩阵的第 j 列乘 k 加到 i 列.

注： 对矩阵 A 施行一次合同变换是对 A 作一对行列同型的初等变换.

显然，$E(i,j)^{\mathrm{T}} = E(i,j)$，$E(i(k))^{\mathrm{T}} = E(i(k))$，$E(i,j(k))^{\mathrm{T}} = E(j,i(k))$.

考察对角矩阵 $D = C^{\mathrm{T}}AC$，由于 C 为可逆矩阵，故 C 可以写成若干个初等矩阵的乘积，即存在初等矩阵 $P_1, P_2, \cdots, P_s$，使 $C = P_1P_2\cdots P_s$，于是

$$D = C^{\mathrm{T}}AC = P_s^{\mathrm{T}}\cdots P_2^{\mathrm{T}}P_1^{\mathrm{T}}AP_1P_2\cdots P_s \tag{9.2.7}$$

$$C = P_1P_2\cdots P_s = EP_1P_2\cdots P_s \tag{9.2.8}$$

式（9.2.7）与式（9.2.8）说明，矩阵 A 经行列同型的初等变换（合同变换）化为对角矩阵 D 的同时，矩阵 E 经与矩阵 A 同样的初等列变换化为矩阵 C.

将上面两式合并起来写成分块矩阵的形式，有

$$\begin{pmatrix} P_s^{\mathrm{T}} & 0 \\ 0 & E \end{pmatrix}\cdots\begin{pmatrix} P_2^{\mathrm{T}} & 0 \\ 0 & E \end{pmatrix}\begin{pmatrix} P_1^{\mathrm{T}} & 0 \\ 0 & E \end{pmatrix}\begin{pmatrix} A \\ E \end{pmatrix}P_1P_2\cdots P_s = \begin{pmatrix} D \\ C \end{pmatrix}$$

即

$$\begin{pmatrix} P_s & 0 \\ 0 & E \end{pmatrix}^{\mathrm{T}}\cdots\begin{pmatrix} P_2 & 0 \\ 0 & E \end{pmatrix}^{\mathrm{T}}\begin{pmatrix} P_1 & 0 \\ 0 & E \end{pmatrix}^{\mathrm{T}}\begin{pmatrix} A \\ E \end{pmatrix}P_1P_2\cdots P_s = \begin{pmatrix} D \\ C \end{pmatrix}$$

由此可以看出，对由 A 与 E 竖排而成的 $2n \times n$ 型矩阵 $\begin{pmatrix} A \\ E \end{pmatrix}_{2n\times n}$ 作相当于右乘矩阵 $P_1, P_2, \cdots, P_s$

的列初等变换，再对其中 $\boldsymbol{A}$ 所在部分作相当于左乘矩阵 $\boldsymbol{P}_1^{\mathrm{T}},\boldsymbol{P}_2^{\mathrm{T}},\cdots,\boldsymbol{P}_s^{\mathrm{T}}$ 的行初等变换，则矩阵 $\boldsymbol{A}$ 所在部分变为对角矩阵 $\boldsymbol{D}$，而单位矩阵 $\boldsymbol{E}$ 所在部分相应的变为所用的可逆矩阵 $\boldsymbol{C}$.

例 9.2.3 设 $\boldsymbol{A}=\begin{pmatrix}1&1&1\\1&2&2\\1&2&1\end{pmatrix}$，利用合同变换法求可逆矩阵 $\boldsymbol{C}$，使 $\boldsymbol{C}^{\mathrm{T}}\boldsymbol{A}\boldsymbol{C}=\boldsymbol{D}$ 为对角矩阵.

解 由

$$\begin{pmatrix}\boldsymbol{A}\\\boldsymbol{E}\end{pmatrix}=\begin{pmatrix}1&1&1\\1&2&2\\1&2&1\\1&0&0\\0&1&0\\0&0&1\end{pmatrix}\xrightarrow[\substack{r_2-r_1\\r_3-r}]{\substack{c_2-c_1\\c_3-c_1}}\begin{pmatrix}1&0&0\\0&1&1\\0&1&0\\1&-1&-1\\0&1&0\\0&0&1\end{pmatrix}\xrightarrow[r_3-r_2]{c_3-c_2}\begin{pmatrix}1&0&0\\0&1&0\\0&0&-1\\1&-1&0\\0&1&-1\\0&0&1\end{pmatrix}$$

得所求可逆矩阵 $\boldsymbol{C}=\begin{pmatrix}1&-1&0\\0&1&-1\\0&0&1\end{pmatrix}$，对角矩阵 $\boldsymbol{D}=\boldsymbol{C}^{\mathrm{T}}\boldsymbol{A}\boldsymbol{C}=\begin{pmatrix}1&0&0\\0&1&0\\0&0&-1\end{pmatrix}$.

例 9.2.4 求一个非退化线性替换，将二次型 $f=2x_1x_2+2x_1x_3-4x_2x_3$ 化成标准形.

解 由于二次型 f 所对应的矩阵为

$$\boldsymbol{A}=\begin{pmatrix}0&1&1\\1&0&-2\\1&-2&0\end{pmatrix}$$

利用合同变换法对 $\boldsymbol{A}$ 进行合同对角化，即

$$\begin{pmatrix}\boldsymbol{A}\\\boldsymbol{E}\end{pmatrix}=\begin{pmatrix}0&1&1\\1&0&-2\\1&-2&0\\1&0&0\\0&1&0\\0&0&1\end{pmatrix}\xrightarrow[r_1+r_2]{c_1+c_2}\begin{pmatrix}2&1&-1\\1&0&-2\\-1&-2&0\\1&0&0\\1&1&0\\0&0&1\end{pmatrix}$$

$$\xrightarrow[\substack{r_2-\frac{1}{2}r_1\\r_3+\frac{1}{2}r_1}]{\substack{c_2-\frac{1}{2}c_1\\c_3+\frac{1}{2}c_1}}\begin{pmatrix}2&0&0\\0&-\frac{1}{2}&-\frac{3}{2}\\0&-\frac{3}{2}&-\frac{1}{2}\\1&-\frac{1}{2}&\frac{1}{2}\\1&\frac{1}{2}&\frac{1}{2}\\0&0&1\end{pmatrix}\xrightarrow[r_3-3r_2]{c_3-3c_2}\begin{pmatrix}2&0&0\\0&-\frac{1}{2}&0\\0&0&4\\1&-\frac{1}{2}&2\\1&\frac{1}{2}&-1\\0&0&1\end{pmatrix}$$

所以

$$C=\begin{pmatrix}1 & -\frac{1}{2} & 2\\ 1 & \frac{1}{2} & -1\\ 0 & 0 & 1\end{pmatrix},\ |C|=1\neq 0,\ 且\ D=C^{\mathrm{T}}AC=\begin{pmatrix}2 & 0 & 0\\ 0 & -\frac{1}{2} & 0\\ 0 & 0 & 4\end{pmatrix}$$

令 $X=CY$，即

$$\begin{cases}x_1=y_1-\frac{1}{2}y_2+2y_3\\ x_2=y_1+\frac{1}{2}y_2-y_3\\ x_3=\qquad\qquad\quad y_3\end{cases}$$

将该非退化线性替换代入原二次型，可得其标准形：

$$\begin{aligned}f=X^{\mathrm{T}}AX&=(CY)^{\mathrm{T}}A(CY)=Y^{\mathrm{T}}(C^{\mathrm{T}}AC)Y\\&=Y^{\mathrm{T}}DY=2y_1^2-\frac{1}{2}y_2^2+4y_3^2\end{aligned}$$

例 9.2.5 设 A 是 n 阶对称矩阵，A 的秩是 r，证明：存在秩为 $n-r$ 的对称矩阵 B，使 $AB=O$.

证明 由题设知，A 的合同标准形

$$D=\begin{pmatrix}d_1 &&&&&&\\ & d_2 &&&&&\\ && \ddots &&&&\\ &&& d_r &&&\\ &&&& 0 &&\\ &&&&& \ddots &\\ &&&&&& 0\end{pmatrix},\ d_i\neq 0,\ i=1,2,\cdots,r$$

则存在可逆矩阵 P，使 $P^{\mathrm{T}}AP=D$，对 D 来说，显然有秩为 $n-r$ 的矩阵

$$C=\begin{pmatrix}0 &&&&&&\\ & 0 &&&&&\\ && \ddots &&&&\\ &&& 0 &&&\\ &&&& c_{r+1} &&\\ &&&&& \ddots &\\ &&&&&& c_n\end{pmatrix},\ c_j\neq 0,\ j=r+1,\cdots,n$$

使 $DC=O$，于是 $P^{\mathrm{T}}APC=O$. 由矩阵 P 可逆知 $APC=O$，从而 $APCP^{\mathrm{T}}=O$. 令 $PCP^{\mathrm{T}}=B$，因为 P 是可逆的，PCP^{T} 与 C 的秩相等，且 PCP^{T} 是对称的，所以 B 是秩为 $n-r$ 的对称矩阵，且 $AB=O$.

3）正交变换法化实二次型为标准形

前面定理 8.4.4 已经得出下列结论：由于任一 n 阶实对称矩阵 $\boldsymbol{A}$ 都可以正交相似对角化，即存在 n 阶正交矩阵 $\boldsymbol{P}$ 使得 $\boldsymbol{P}^{\mathrm{T}}\boldsymbol{AP}=\boldsymbol{P}^{-1}\boldsymbol{AP}=\boldsymbol{\Lambda}$，$\boldsymbol{\Lambda}$ 为由 $\boldsymbol{A}$ 的特征值为对角元素的对称矩阵，从而任一实对称矩阵都可以合同对角化.

由此可得到下面的结论.

定理 9.2.3 任一实二次型 $f(\boldsymbol{X})=\boldsymbol{X}^{\mathrm{T}}\boldsymbol{AX}$，总存在正交变换 $\boldsymbol{X}=\boldsymbol{PY}$，使

$$f(\boldsymbol{X})=\boldsymbol{X}^{\mathrm{T}}\boldsymbol{AX}=(\boldsymbol{PY})^{\mathrm{T}}\boldsymbol{A}(\boldsymbol{PY})=\boldsymbol{Y}^{\mathrm{T}}(\boldsymbol{P}^{\mathrm{T}}\boldsymbol{AP})\boldsymbol{Y}$$

为标准形

$$f=\lambda_1{y_1}^2+\lambda_2{y_2}^2+\cdots+\lambda_n{y_n}^2$$

其中，$\lambda_1,\lambda_2,\cdots,\lambda_n$ 恰好为实二次型 f 的实对称矩阵 $\boldsymbol{A}$ 的 n 个特征值.（很多书上称之为主轴问题）

通过以上讨论，可得利用正交变换法化实二次型为标准形的基本步骤：

（1）将实二次型 f 写成矩阵形式 $f(\boldsymbol{X})=\boldsymbol{X}^{\mathrm{T}}\boldsymbol{AX}$，求出实对称矩阵 $\boldsymbol{A}$；

（2）求出 $\boldsymbol{A}$ 的所有特征值 $\lambda_1,\lambda_2,\cdots,\lambda_n$；

（3）求出 $\boldsymbol{A}$ 的不同特征值对应的线性无关的特征向量 $\xi_1,\xi_2,\cdots,\xi_n$；

（4）将特征向量 $\xi_1,\xi_2,\cdots,\xi_n$ 正交化，再单位化，得 $\boldsymbol{p}_1,\boldsymbol{p}_2,\cdots,\boldsymbol{p}_n$，记

$$\boldsymbol{P}=(\boldsymbol{p}_1,\boldsymbol{p}_2,\cdots,\boldsymbol{p}_n),\quad \boldsymbol{\Lambda}=\begin{pmatrix}\lambda_1&&&\\&\lambda_2&&\\&&\ddots&\\&&&\lambda_n\end{pmatrix}$$

（5）作正交替换 $\boldsymbol{X}=\boldsymbol{PY}$，则

$$\begin{aligned}f(\boldsymbol{X})&=\boldsymbol{X}^{\mathrm{T}}\boldsymbol{AX}=(\boldsymbol{PY})^{\mathrm{T}}\boldsymbol{A}(\boldsymbol{PY})=\boldsymbol{Y}^{\mathrm{T}}(\boldsymbol{P}^{\mathrm{T}}\boldsymbol{AP})\boldsymbol{Y}\\&=\boldsymbol{y}^{\mathrm{T}}\boldsymbol{\Lambda y}=\lambda_1{y_1}^2+\lambda_2{y_2}^2+\cdots+\lambda_n{y_n}^2\end{aligned}$$

例 9.2.6 将二次型 $f=17{x_1}^2+14{x_2}^2+14{x_3}^2-4x_1x_2-4x_1x_3-8x_2x_3$ 利用正交变换 $\boldsymbol{X}=\boldsymbol{PY}$ 化成标准形.

解 （1）二次型 f 对应的实对称矩阵为

$$\boldsymbol{A}=\begin{pmatrix}17&-2&-2\\-2&14&-4\\-2&-4&14\end{pmatrix}$$

（2）求 $\boldsymbol{A}$ 的特征值.

$$|\lambda\boldsymbol{E}-\boldsymbol{A}|=\begin{vmatrix}\lambda-17&2&2\\2&\lambda-14&4\\0&0&\lambda-18\end{vmatrix}=(\lambda-18)^2(\lambda-9)=0$$

解得 $\lambda_1=9,\lambda_2=\lambda_3=18$.

（3）求 $\boldsymbol{A}$ 的线性无关的特征向量.

对 $\lambda_1=9$，由

$$(9\boldsymbol{E}-\boldsymbol{A})=\begin{pmatrix}-8&2&2\\2&-5&4\\2&4&-5\end{pmatrix}\to\begin{pmatrix}1&0&-\frac{1}{2}\\0&1&-1\\0&0&0\end{pmatrix}$$

解得 $(9\boldsymbol{E}-\boldsymbol{A})\boldsymbol{X}=\boldsymbol{0}$ 的基础解系 $\xi_1=(1,2,2)^{\mathrm{T}}$.

对 $\lambda_2=\lambda_3=18$，由

$$18\boldsymbol{E}-\boldsymbol{A}=\begin{pmatrix}1&2&2\\2&4&4\\2&4&4\end{pmatrix}\to\begin{pmatrix}1&2&2\\0&0&0\\0&0&0\end{pmatrix}$$

解得 $(18\boldsymbol{E}-\boldsymbol{A})\boldsymbol{X}=\boldsymbol{0}$ 的基础解系 $\xi_2=(-2,1,0)^{\mathrm{T}},\xi_3=(-2,0,1)^{\mathrm{T}}$.

（4）将（3）所求的特征向量正交化单位化.

由 ξ_1 与 ξ_2,ξ_3 正交，故只需将 ξ_2,ξ_3 正交化，令

$$\alpha_1=\xi_1=\begin{pmatrix}1\\2\\2\end{pmatrix},\quad \alpha_2=\xi_2=\begin{pmatrix}-2\\1\\0\end{pmatrix},\quad \alpha_3=\xi_3-\frac{(\alpha_2,\xi_3)}{(\alpha_2,\alpha_2)}\alpha_2=\frac{1}{5}\begin{pmatrix}-2\\-4\\5\end{pmatrix}$$

再单位化，令

$$\boldsymbol{p}_1=\frac{\alpha_1}{\|\alpha_1\|}=\frac{1}{3}\begin{pmatrix}1\\2\\2\end{pmatrix},\quad \boldsymbol{p}_2=\frac{\alpha_2}{\|\alpha_2\|}=\frac{1}{\sqrt{5}}\begin{pmatrix}-2\\1\\0\end{pmatrix},\quad \boldsymbol{p}_3=\frac{\alpha_3}{\|\alpha_3\|}=\frac{1}{3\sqrt{5}}\begin{pmatrix}-2\\-4\\5\end{pmatrix}$$

令 $\boldsymbol{P}=(\boldsymbol{p}_1,\boldsymbol{p}_2,\boldsymbol{p}_3)$，即为所求的正交矩阵，所求的正交线性替换为 $\boldsymbol{X}=\boldsymbol{PY}$，且在正交替换 $\boldsymbol{X}=\boldsymbol{PY}$ 下原二次型化成标准形

$$f=9{y_1}^2+18{y_2}^2+18{y_3}^2$$

例 9.2.7 已知三元二次型 $\boldsymbol{X'AX}$ 经正交变换化为 $2y_1^2-y_2^2-y_3^2$，又知 $\boldsymbol{A}^*\alpha=\alpha$，其中 $\alpha=(1,1,-1)^{\mathrm{T}}$，$\boldsymbol{A}^*$ 为 $\boldsymbol{A}$ 的伴随矩阵，求此二次型的表达式.

解 由条件知 $\boldsymbol{A}$ 的特征值为 $2,-1,-1$，则 $|\boldsymbol{A}|=2$，$\boldsymbol{A}^*$ 的特征值为 $\frac{|\boldsymbol{A}|}{\lambda}$，即 $1,-2,-2$.

已知 α 是 $\boldsymbol{A}^*$ 特征值为 1 的特征向量，得 α 是 $\boldsymbol{A}$ 特征值为 2 的特征向量. 设 $\boldsymbol{A}$ 关于特征值 -1 的特征向量为 $\beta=(x_1,x_2,x_3)^{\mathrm{T}}$，则 β 与 α 正交，有 $x_1+x_2-x_3=0$，解得 $\beta_1=(1,-1,0)^{\mathrm{T}}$，$\beta_2=(1,0,1)^{\mathrm{T}}$.

令 $\boldsymbol{P}=(\alpha,\beta_1,\beta_2)$，则

$$\boldsymbol{P}^{-1}\boldsymbol{AP}=\begin{pmatrix}2&&\\&-1&\\&&-1\end{pmatrix}=\boldsymbol{\Lambda}$$

故 $$A=P\Lambda P^{-1}=\begin{pmatrix}0&1&-1\\1&0&-1\\-1&-1&0\end{pmatrix},\ \text{即}\ X^{\mathrm{T}}AX=2x_1x_2-2x_1x_3-2x_2x_3$$

习题 9.2

1. 将下列二次型化为标准形，并求所用的非退化线性替换矩阵.

（1）$f=x_1^2+2x_2^2+5x_3^2+2x_1x_2+2x_1x_3+6x_2x_3$；

（2）$f=2x_1x_2+2x_2x_3$.

2. 求二次型 $f(x_1,x_2)=2x_1^2-2x_1x_2+2x_2^2$ 的标准形. 并求得到标准形和所用的非退化线性替换.（要求用三种不同的方法求其标准形以及所用的非退化线性替换）

3. 求一个正交变换 $X=PY$，将二次型 $f=2x_1x_2+2x_1x_3-2x_1x_4-2x_2x_3+2x_2x_4+2x_3x_4$ 化为标准形.

4. 二次曲面 $x^2+ay^2+z^2+2bxy+2xz+2yz=4$ 可经正交线性替换 $\begin{pmatrix}x\\y\\z\end{pmatrix}=P\begin{pmatrix}\xi\\\eta\\\varsigma\end{pmatrix}$ 化为椭圆柱面方程 $\eta^2+4\varsigma^2=4$，求 a,b 的值与正交阵 P.

5. 写出二次型 $\sum_{i=1}^{3}\sum_{j=1}^{3}|i-j|x_ix_j$ 的矩阵，并将这个二次型化为标准形.

6. 证明：一个非奇异的对称矩阵必与它的逆矩阵合同.

7. 令 A 是数域 F 上一个 n 阶反（斜）对称矩阵，即满足条件 $A^{\mathrm{T}}=-A$.

（1）A 必与如下形式的一个矩阵合同：

$$\begin{pmatrix}0&1&&&&&&0\\-1&0&&&&&&\\&&\ddots&&&&&\\&&&0&1&&&\\&&&-1&0&&&\\&&&&&0&&\\&&&&&&\ddots&\\0&&&&&&&0\end{pmatrix}$$

（2）反（斜）对称矩阵的秩一定是偶数.

（3）数域 F 上两个 n 阶反（斜）对称矩阵合同的充要条件是它们有相同的秩.

9.3 二次型的规范形

9.2 节已经得出，任意二次型都可以标准化，虽然标准形的形式并不唯一，它的系数依赖于线性替换所用的可逆矩阵. 下面将讨论复数域和实数域上的标准形.

1）复二次型的规范形

设 $f(x_1,x_2,\cdots,x_n)$ 是一个复系数二次型，由 9.2 节得出，经过一适当的非退化线性替换后可化成标准形

$$f=d_1y_1^{\ 2}+d_2y_2^{\ 2}+\cdots+d_ry_r^{\ 2},\ d_i\in C,d_i\neq 0,i=1,\cdots,r \tag{9.3.1}$$

其中 r 为二次型的秩.

因为复数总可以开平方，再作非退化线性替换

$$\begin{cases}y_1=\dfrac{1}{\sqrt{d_1}}z_1\\ y_2=\dfrac{1}{\sqrt{d_2}}z_2\\ \quad\vdots\\ y_r=\dfrac{1}{\sqrt{d_r}}z_r\\ y_{r+1}=z_{r+1}\\ \quad\vdots\\ y_n=z_n\end{cases}$$

则式（9.3.1）变成

$$z_1^2+z_2^2+\cdots+z_r^2 \tag{9.3.2}$$

式（9.3.2）称为复二次型 $f(x_1,x_2,\cdots,x_n)$ 的规范形（也有书上称典范型）.

显然，复二次型的规范形完全被原二次型的秩所决定，因此有以下结论.

定理 9.3.1 任意一个复二次型，经过一适当的非退化线性替换总可以化为规范形；且规范形是唯一的.

由复二次型与复对称矩阵一一对应，因此有下列结论.

定理 9.3.2 任一复对称矩阵合同于一个形如

$$\begin{pmatrix}E_r & O\\ O & O\end{pmatrix}$$

的对角矩阵.

定理 9.3.3 复数域上两个 n 阶对称矩阵合同的充分必要条件是它们有相同的秩. 两个复二次型等价的充分必要条件是它们有相同的秩.

证明 显然，只要证明第一个论断.

（必要性）由定理 9.1.1 知，等价的二次型有相同的秩，合同的矩阵有相同的秩.

（充分性）若两个二次型有相同的秩，即它们的矩阵 A,B 有相同的秩，设为 r，由定理 9.3.2 知，它们都合同与一个形如 $\begin{pmatrix}E_r & O\\ O & O\end{pmatrix}$ 的矩阵. 由矩阵合同的传递性知 A 与 B 合同. 亦即对应的二次型等价.

2）实二次型的规范形

综上所述，只要知道复二次型的秩就能写出其规范形，但是对于实二次型，标准形形如

$$f = d_1 y_1^2 + d_2 y_2^2 + \cdots + d_p y_p^2 - d_{p+1} y_{p+1}^2 - \cdots - d_r y_r^2$$

其中 $d_i > 0$，$i = 1, 2, \cdots, r$，$r = R(\boldsymbol{A})$ 为 $\boldsymbol{f}$ 的秩.
进而化成

$$f = (\sqrt{d_1} y_1)^2 + (\sqrt{d_2} y_2)^2 + \cdots (\sqrt{d_p} y_p)^2 - (\sqrt{d_{p+1}} y_{p+1})^2 - \cdots - (\sqrt{d_r} y_r)^2$$

若再作可逆线性替换

$$\begin{cases} y_1 = \dfrac{1}{\sqrt{d_1}} z_1 \\ y_2 = \qquad \dfrac{1}{\sqrt{d_2}} z_2 \\ \quad \vdots \qquad\qquad\qquad \ddots \\ y_r = \qquad\qquad\qquad \dfrac{1}{\sqrt{d_r}} z_r \\ y_{r+1} = \qquad\qquad\qquad\qquad z_{r+1} \\ \quad \vdots \qquad\qquad\qquad\qquad\qquad \ddots \\ y_n = \qquad\qquad\qquad\qquad\qquad\qquad z_n \end{cases}$$

则
$$f = z_1^2 + \cdots + z_p^2 - z_{p+1}^2 - \cdots - z_r^2$$

即二次型 $\boldsymbol{f}$ 最终可化成以上形式的标准形，此种标准形称为实二次型的规范形. 显然，实二次型的规范形完全被 r 与 p 这两个数所决定. 因此有以下定理.

定理 9.3.4 实数域上的每一个 n 元二次型都与如下形式的一个二次型等价：

$$z_1^2 + \cdots + z_p^2 - z_{p+1}^2 - \cdots - z_r^2$$

这里，r 是所给二次型的秩.

由实二次型与实对称矩阵一一对应，因此有下列结论.

定理 9.3.5 实数域上每一个 n 阶对称矩阵 $\boldsymbol{A}$ 都合同于如下形式的一个矩阵：

$$\begin{pmatrix} \boldsymbol{E}_p & & \\ & -\boldsymbol{E}_{r-p} & \\ & & \boldsymbol{O} \end{pmatrix}$$

这里，r 等于矩阵 $\boldsymbol{A}$ 的秩.

定理 9.3.6（惯性定理） 设实数域 $\mathbf{R}$ 上 n 元二次型

$$f(x_1 x_2, \cdots, x_n) = \sum_{i=1}^{n} \sum_{j=1}^{n} a_{ij} x_i x_j, \ a_{ij} = a_{ji}$$

等价于两个规范形

$$y_1^2+\cdots+y_p^2-y_{p+1}^2-\cdots-y_r^2, \quad z_1^2+\cdots+z_q^2-z_{q+1}^2-\cdots-z_r^2$$

则 $p=q$.

证明 设实二次型 $f(x_1,x_2\cdots,x_n)$ 经过非退化的线性替换 $\boldsymbol{X}=\boldsymbol{BY}$ 化为规范形

$$y_1^2+\cdots+y_p^2-y_{p+1}^2-\cdots-y_r^2$$

而经过非退化的线性替换 $\boldsymbol{X}=\boldsymbol{CZ}$ 化为规范形

$$z_1^2+\cdots+z_q^2-z_{q+1}^2-\cdots-z_r^2$$

现在用反证法证明 $p=q$. 设 $p>q$. 由以上假设，有

$$y_1^2+\cdots+y_p^2-y_{p+1}^2-\cdots-y_r^2=z_1^2+\cdots+z_q^2-z_{q+1}^2-\cdots-z_r^2 \tag{9.3.3}$$

其中

$$\boldsymbol{Z}=\boldsymbol{C}^{-1}\boldsymbol{BY} \tag{9.3.4}$$

令

$$\boldsymbol{C}^{-1}\boldsymbol{B}=\boldsymbol{G}=\begin{pmatrix} g_{11} & g_{12} & \cdots & g_{1n} \\ g_{21} & g_{22} & \cdots & g_{2n} \\ \vdots & \vdots & & \vdots \\ g_{n1} & g_{n2} & \cdots & g_{nn} \end{pmatrix}$$

式（9.3.4）即

$$\begin{cases} z_1=g_{11}y_1+g_{12}y_2+\cdots+g_{1n}y_n \\ z_2=g_{21}y_1+g_{22}y_2+\cdots+g_{2n}y_n \\ \quad\vdots \\ z_n=g_{n1}y_1+g_{n2}y_2+\cdots+g_{nn}y_n \end{cases} \tag{9.3.5}$$

考虑齐次线性方程组：

$$\begin{cases} g_{11}y_1+g_{12}y_2+\cdots+g_{1n}y_n=0 \\ g_{21}y_1+g_{22}y_2+\cdots+g_{2n}y_n=0 \\ \quad\vdots \\ g_{q1}y_1+g_{q2}y_2+\cdots+g_{qn}y_n=0 \\ y_{p+1}=0 \\ \quad\vdots \\ y_n=0 \end{cases} \tag{9.3.6}$$

方程(9.3.6)含有 n 个未知量，而方程的个数为 $q+(n-p)=n-(p-q)<n$ ，故方程组(9.3.6)有非零解. 令 $(y_1,\cdots,y_p,y_{p+1},\cdots,y_n)=(k_1,\cdots,k_p,k_{p+1},\cdots,k_n)$ 是式（9.3.6）的一个非零解，显然 $k_{p+1}=\cdots=k_n=0$. 因此，把这组解代入式（9.3.3）的左端，得 $k_1^2+\cdots+k_p^2>0$.

通过式（9.3.5）将这组解代入式（9.3.3）的右端，因为它是式（9.3.6）的解，故

$$z_1=\cdots=z_q=0$$

而

$$-z_{q+1}^2-\cdots-z_r^2\leqslant 0$$

这是一个矛盾，即 $p>q$ 不可能，从而 $p\leqslant q$. 同理可证 $q\leqslant p$. 故 $p=q$.

由定理 9.3.6 可知，实数域上的每一个二次型都与唯一的规范形 $z_1^2+\cdots+z_q^2-z_{q+1}^2-\cdots-z_r^2$ 等价.

定义 9.3.1 在实二次型 $f(x_1,x_2,\cdots,x_n)$ 的规范形中，正平方项的个数 p 称为 $f(x_1,x_2,\cdots,x_n)$ 的正惯性指数；负平方项的个数 $r-p$ 称为 $f(x_1,x_2,\cdots,x_n)$ 的负惯性指数；它们的差 $p-(r-p)=2p-r$ 称为符号差.

因此，由惯性定理可知：一个实二次型的秩、正负惯指数和符号差都是唯一确定的.

推论 9.3.1 实数域上的两个 n 元二次型等价的充分必要条件是它们有相同的秩和符号差.

推论 9.3.2 实数域上一切 n 元二次型可以分成 $\frac{1}{2}(n+1)(n+2)$ 类，属于同一类的二次型彼此等价，属于不同类的二次型互不等价.

证明 n 元实二次型的秩有 $n+1$ 种可能：$0,1,2,\cdots,n$. 而秩为 $r(\leqslant n)$ 的实二次型的正惯性指数有 $r+1$ 种可能：$0,1,\cdots,r$. 因此，n 元实二次型按合同关系分类的情况如下：

秩为 0，正惯性指数为 0，共 1 种；

秩为 1，正惯性指数为 0,1，共 2 种；

秩为 2，正惯性指数为 0,1,2，共 3 种；

⋮

秩为 n，正惯性指数为 $0,1,2,\cdots,n$，共 $n+1$ 种.

因此，n 元实二次型等价的合同类总数为

$$1+2+3+\cdots+n+(n+1)=\frac{(n+1)(n+2)}{2}$$

例 9.3.1 实二次型的秩为 r，正惯性指数为 p，符号差为 s，则它们之间的关系是什么？试证 r 和 s 有相同的奇偶性，且 $|s|\leqslant r$.

证明 设负惯性指数为 q，因为 $s=p-q$，$r=p+q$，所以 $r+s=2p$ 为偶数. 故 r 和 s 有相同的奇偶性. 又因为 $|s|=|p-q|\leqslant p+q=r$，所以 $|s|\leqslant r$.

例 9.3.2 化实二次型 $f=2x_1^2+4x_1x_2+x_2^2+3x_3^2$ 为规范形，并求其正、负惯性指数.

解 由

$$\begin{aligned}f&=2(x_1^2+2x_1x_2+x_2^2)-x_2^2+3x_3^2\\&=2(x_1+x_2)^2-x_2^2+3x_3^2\\&=[\sqrt{2}(x_1+x_2)]^2-x_2^2+(\sqrt{3}x_3)^2\end{aligned}$$

令
$$\begin{cases}y_1=\sqrt{2}(x_1+x_2)\\y_2=\sqrt{3}x_3\\y_3=x_2\end{cases}$$

则 $f=y_1^2+y_2^2-y_3^2$ 为其规范形，且正惯性指数 $p=2$，负惯性指数 $q=1$.

习题 9.3

1. 求二次型 $f(x_1,x_2)=2x_1^2-2x_1x_2+2x_2^2$ 的规范形. 并求得到标准形和规范形分别所用的非退化线性替换.(建议用三种不同的方法求其标准形以及所用的非退化线性替换)

2. 将下列二次型化为规范形，并求所用的非退化线性替换矩阵.

(1) $f=x_1^2+2x_2^2+5x_3^2+2x_1x_2+2x_1x_3+6x_2x_3$；(2) $f=2x_1x_2+2x_2x_3$.

3. 设二次型 $f(x_1,x_2,x_3)=ax_1^2+ax_2^2+(a-1)x_3^2+2x_1x_3-2x_2x_3$. 若二次型 $f(x_1,x_2,x_3)$ 的规范形为 $y_1^2+y_2^2$，求 a 的值.

4. 确定实二次型 $x_1x_2+x_3x_4+\cdots+x_{2n-1}x_{2n}$ 的秩和符号差.

5. 证明：实二次型 $\sum_{i=1}^{n}\sum_{j=1}^{n}(\lambda ij+i+j)x_ix_j\,(n>1)$ 的秩和符号差与 λ 无关.

6. 设 $\boldsymbol{S}$ 是复数域上一个 n 阶对称矩阵. 证明：存在复数域上一个矩阵 $\boldsymbol{A}$，使得 $\boldsymbol{S}=\boldsymbol{A}^{\mathrm{T}}\boldsymbol{A}$.

7. 证明：一个实二次型 $f(x_1,x_2,\cdots,x_n)$ 可以分解成两个实系数 n 元一次齐次多项式的乘积的充分且必要条件为或者 f 的秩等于 1，或者 f 的秩等于 2 并且符号差等于 0.

8. 令

$$\boldsymbol{A}=\begin{pmatrix}5&4&3\\4&5&3\\3&3&2\end{pmatrix},\boldsymbol{B}=\begin{pmatrix}4&0&-6\\0&1&0\\-6&0&9\end{pmatrix}$$

证明 $\boldsymbol{A}$ 与 $\boldsymbol{B}$ 在实数域上合同，并且求一可逆实矩阵 $\boldsymbol{P}$，使得 $\boldsymbol{P}^{\mathrm{T}}\boldsymbol{A}\boldsymbol{P}=\boldsymbol{B}$.

9.4 实二次型定性判别

定义 9.4.1 设有二次型 $f(\boldsymbol{X})=\boldsymbol{X}^{\mathrm{T}}\boldsymbol{A}\boldsymbol{X}$，$\boldsymbol{A}$ 为实对称矩阵.

(1) 如果对任何非零向量 $\boldsymbol{X}$，都有 $\boldsymbol{X}^{\mathrm{T}}\boldsymbol{A}\boldsymbol{X}>0$ 成立，则称 $f(\boldsymbol{X})=\boldsymbol{X}^{\mathrm{T}}\boldsymbol{A}\boldsymbol{X}$ 为正定二次型，矩阵 $\boldsymbol{A}$ 称为正定矩阵.

(2) 如果对任何非零向量 $\boldsymbol{X}$，都有 $\boldsymbol{X}^{\mathrm{T}}\boldsymbol{A}\boldsymbol{X}<0$ 成立，则称 $f(\boldsymbol{X})=\boldsymbol{X}^{\mathrm{T}}\boldsymbol{A}\boldsymbol{X}$ 为负定二次型，矩阵 $\boldsymbol{A}$ 称为负定矩阵.

(3) 如果对任何非零向量 $\boldsymbol{X}$，都有 $\boldsymbol{X}^{\mathrm{T}}\boldsymbol{A}\boldsymbol{X}\geqslant 0$ 成立，则称 $f(\boldsymbol{X})=\boldsymbol{X}^{\mathrm{T}}\boldsymbol{A}\boldsymbol{X}$ 为半正定二次型，矩阵 $\boldsymbol{A}$ 称为半正定矩阵.

(4) 如果对任何非零向量 $\boldsymbol{X}$，都有 $\boldsymbol{X}^{\mathrm{T}}\boldsymbol{A}\boldsymbol{X}\leqslant 0$ 成立，则称 $f(\boldsymbol{X})=\boldsymbol{X}^{\mathrm{T}}\boldsymbol{A}\boldsymbol{X}$ 为半负定二次型，矩阵 $\boldsymbol{A}$ 称为半负定矩阵.

注：二次型及其矩阵的正定、负定、半正定、半负定统称为二次型及其矩阵的有定性. 不具备有定性的二次型及其矩阵称为不定的.

例 9.4.1 已知 $\boldsymbol{A},\boldsymbol{B}$ 是 n 阶正定矩阵，则 $\boldsymbol{A}+\boldsymbol{B}$ 为正定矩阵.

证明 由 $\boldsymbol{A},\boldsymbol{B}$ 是 n 阶正定矩阵，则 $\boldsymbol{A},\boldsymbol{B}$ 是 n 阶对称矩阵，从而 $\boldsymbol{A}+\boldsymbol{B}$ 是 n 阶对称矩阵.

由 $\boldsymbol{A},\boldsymbol{B}$ 是 n 阶正定矩阵，则对任意非零向量 $\boldsymbol{X}$，都有 $\boldsymbol{X}^{\mathrm{T}}\boldsymbol{AX}>0,\boldsymbol{X}^{\mathrm{T}}\boldsymbol{BX}>0$，从而

$$\boldsymbol{X}^{\mathrm{T}}(\boldsymbol{A}+\boldsymbol{B})\boldsymbol{X}=\boldsymbol{X}^{\mathrm{T}}\boldsymbol{AX}+\boldsymbol{X}^{\mathrm{T}}\boldsymbol{BX}>0$$

由正定矩阵定义知，$\boldsymbol{A}+\boldsymbol{B}$ 为正定矩阵.

定理 9.4.1 实二次型 $\boldsymbol{f}(x_1,x_2,\cdots,x_n)=\boldsymbol{X}^{\mathrm{T}}\boldsymbol{AX}(\boldsymbol{A}^{\mathrm{T}}=\boldsymbol{A})$ 是正定二次型的充要条件是它的正惯性指数等于 n.

证明 设实二次型 $\boldsymbol{f}(x_1,x_2,\cdots,x_n)=\boldsymbol{X}^{\mathrm{T}}\boldsymbol{AX}$ 经线性替换 $\boldsymbol{X}=\boldsymbol{PY}$ 化为标准形

$$\boldsymbol{f}=d_1y_1^2+d_2y_2^2+\cdots+d_ny_n^2 \tag{9.4.1}$$

其中 $d_i\in\mathbf{R}\ (i=1,2,\cdots,n)$. 由于 $\boldsymbol{P}$ 为可逆矩阵，所以 $x_1,x_2,\cdots,x_n$ 不全为零时 $y_1,y_2,\cdots,y_n$ 也不全为零，反之亦然.

（必要性）如果 $\boldsymbol{f}$ 是正定二次型，那么当 $x_1,x_2,\cdots,x_n$ 不全为零，即 $y_1,y_2,\cdots,y_n$ 不全为零时，有

$$\boldsymbol{f}=d_1y_1^2+d_2y_2^2+\cdots+d_ny_n^2>0 \tag{9.4.2}$$

若存在某个 $d_i(1\leqslant i\leqslant n)$，如 $d_n\leqslant 0$，则对 $y_1=y_2=\cdots=y_{n-1}=0,y_n=1$ 这组不全为零的数，代入式（9.4.1）后得 $\boldsymbol{f}=d_n\leqslant 0$. 这与 $\boldsymbol{f}$ 是正定二次型矛盾. 因此，必有 $d_i>0\ (i=1,2,\cdots,n)$，即 $\boldsymbol{f}$ 的正惯性指数等于 n.

（充分性）如果 f 的正惯性指数等于 n，则 $d_i>0\ (i=1,2,\cdots,n)$，于是当 $x_1,x_2,\cdots,x_n$ 不全为零，即当 $y_1,y_2,\cdots,y_n$ 不全为零时式（9.4.2）成立，从而 $\boldsymbol{f}$ 是正定型.

推论 9.4.1 二次型 $\boldsymbol{f}(x)=\boldsymbol{X}^{\mathrm{T}}\boldsymbol{AX}$ 正定的充分必要条件是 $-\boldsymbol{f}(x)=-\boldsymbol{X}^{\mathrm{T}}\boldsymbol{AX}$ 为负定二次型.

推论 9.4.2 n 元二次型 $\boldsymbol{f}(x)=\boldsymbol{X}^{\mathrm{T}}\boldsymbol{AX}$ 为负定二次型的充分必要条件是它的标准形的 n 个系数全为负数，即它的负惯性指数 $q=n$，亦即它的规范形中的 n 个系数全为 -1.

由定理 9.4.2 结合定理 9.2.3，可以得到下列结论.

推论 9.4.3（特征值判别法） 对称矩阵 $\boldsymbol{A}$ 为正定的充分必要条件是 $\boldsymbol{A}$ 的特征值全为正数.

由正定与负定的关系，可以得到下列结论.

推论 9.4.4 对称矩阵 $\boldsymbol{A}$ 为负定的充分必要条件是 $\boldsymbol{A}$ 的特征值全为负数.

例 9.4.2 设 $\boldsymbol{A}$ 为正定矩阵，证明：

（1）$\boldsymbol{A}^{-1}$；（2）$k\boldsymbol{A}(k>0)$；（3）$\boldsymbol{A}^m,m\in\mathbf{Z}$；（4）$\boldsymbol{A}^*$；（5）$\boldsymbol{A}^{\mathrm{T}}$ 都是正定矩阵.

证明 设 $\boldsymbol{A}$ 的全部特征值为 $\lambda_1,\lambda_2,\cdots,\lambda_n$. 由 $\boldsymbol{A}$ 正定，则 $\lambda_i>0(i=1,2,\cdots,n)$，于是

（1）$\boldsymbol{A}^{-1}$ 的全部特征值为 $\dfrac{1}{\lambda_1},\dfrac{1}{\lambda_2},\cdots,\dfrac{1}{\lambda_n}$ 均大于零，故 $\boldsymbol{A}^{-1}$ 正定；

（2）$k\boldsymbol{A}$ 的全部特征值为 $k\lambda_1,k\lambda_2,\cdots,k\lambda_n$，因为 $k>0$，故 $k\boldsymbol{A}$ 的特征值都大于零，$k\boldsymbol{A}$ 正定；

（3）$\boldsymbol{A}^m(m\in\mathbf{Z})$ 的全部特征值为 $\lambda_1^m,\lambda_2^m,\cdots,\lambda_n^m$，故 $\boldsymbol{A}^m(m\in\mathbf{Z})$ 的特征值都大于零，$\boldsymbol{A}^m(m\in\mathbf{Z})$ 正定；

（4）因为 $\boldsymbol{A}^*=\dfrac{1}{|\boldsymbol{A}|}\boldsymbol{A}^{-1}$，由 $\boldsymbol{A}$ 正定知 $|\boldsymbol{A}|>0$，由（1）知 $\boldsymbol{A}^{-1}$ 正定，再由（2）知 $\boldsymbol{A}^*$ 正定.

（5）由 A^{T} 与 A 有相同的特征值，则 A 正定，故 A^{T} 正定.

例 9.4.3 已知 $A-E$ 是 n 阶正定矩阵，证明 $E-A^{-1}$ 为正定矩阵.

证明 由 $A-E$ 正定知 A 是实对称矩阵，从而

$$(E-A^{-1})^{\mathrm{T}}=E^{\mathrm{T}}-(A^{\mathrm{T}})^{-1}=E-A^{-1}$$

即 $E-A^{-1}$ 也是实对称矩阵.

设 A 的特征值为 $\lambda_k\ (k=1,2,\cdots,n)$，则 $A-E$ 的特征值为 $\lambda_k-1\ (k=1,2,\cdots,n)$，从而 $E-A^{-1}$ 的特征值为 $1-\dfrac{1}{\lambda_k}\ (k=1,2,\cdots,n)$.

又因为 $A-E$ 是正定矩阵，所以 $\lambda_k-1>0$，从而 $\dfrac{1}{\lambda_k}<1$，故 $1-\dfrac{1}{\lambda_k}>0\ (k=1,2,\cdots,n)$，即 $E-A^{-1}$ 的特征值全大于零，故 $E-A^{-1}$ 为正定矩阵.

定理 9.4.2 实二次型 $f(x_1,x_2,\cdots,x_n)=X^{\mathrm{T}}AX(A^{\mathrm{T}}=A)$ 是正定二次型的充要条件是矩阵 A 与单位矩阵合同.

证明 （必要性）实二次型 $f(x_1,x_2,\cdots,x_n)=X^{\mathrm{T}}AX(A^{\mathrm{T}}=A)$ 是正定二次型，则由定理 9.4.1 知，f 的规范形为 $f(x_1,x_2,\cdots,x_n)=y_1^2+y_2^2+\cdots+y_n^2$，即存在非退化线性替换 $X=CY$（其中 C 可逆），使得

$$f(x_1,x_2,\cdots,x_n)=X^{\mathrm{T}}AX=(CY)^{\mathrm{T}}A(CY)=Y^{\mathrm{T}}C^{\mathrm{T}}ACY=y_1^2+y_2^2+\cdots+y_n^2$$

所以 $C^{\mathrm{T}}AC=E$，故矩阵 A 与单位矩阵合同.

（充分性）矩阵 A 与单位矩阵合同，则存在可逆矩阵 C，使得 $C^{\mathrm{T}}AC=E$，令 $X=CY$，则

$$f(x_1,x_2,\cdots,x_n)=X^{\mathrm{T}}AX=(CY)^{\mathrm{T}}A(CY)=Y^{\mathrm{T}}C^{\mathrm{T}}ACY=y_1^2+y_2^2+\cdots+y_n^2$$

因此，由定理 9.4.1 知 f 是正定二次型.

推论 9.4.5 实二次型 $f(x_1,x_2,\cdots,x_n)=X^{\mathrm{T}}AX(A^{\mathrm{T}}=A)$ 是正定二次型的充要条件是矩阵 $A=P^{\mathrm{T}}P$（P 是实可逆矩阵）.

证明 （必要性）实二次型 $f(x_1,x_2,\cdots,x_n)=X^{\mathrm{T}}AX(A^{\mathrm{T}}=A)$ 是正定二次型，则由定理 9.4.2 知，存在可逆矩阵 C 使得 $C^{\mathrm{T}}AC=E$，则

$$A=(C^{\mathrm{T}})^{-1}C^{-1}=(C^{-1})^{\mathrm{T}}C^{-1}$$

令 $P=C^{-1}$，则

$$A=P^{\mathrm{T}}P$$

（充分性）若 $A=P^{\mathrm{T}}P$，则

$$f(x_1,x_2,\cdots,x_n)=X^{\mathrm{T}}AX=X^{\mathrm{T}}AX=X^{\mathrm{T}}P^{\mathrm{T}}PX=(PX)^{\mathrm{T}}(PX)$$

令 $Y=PX$，则

$$f(x_1,x_2,\cdots,x_n)=Y^{\mathrm{T}}Y=y_1^2+y_2^2+\cdots+y_n^2$$

所以 $|A|>0$ 为正定二次型.

定义 9.4.2 设 $A=(a_{ij})$ 是一个 n 阶实对称矩阵，位于 A 的前 k 行和前 k 列的子式

$$A_k=\begin{pmatrix} a_{11} & a_{12} & \cdots & a_{1k} \\ a_{21} & a_{22} & \cdots & a_{2k} \\ \vdots & \vdots & & \vdots \\ a_{k1} & a_{k2} & \cdots & a_{kk} \end{pmatrix}$$

称为 A 的 k 阶顺序主子式.

定理 9.4.3（顺序主子式判别法） 对称矩阵 A 为正定的充分必要条件是 A 各阶顺序主子式都为正，即

$$a_{11}>0,\ \begin{vmatrix} a_{11} & a_{12} \\ a_{21} & a_{22} \end{vmatrix}>0,\ \cdots,\ \begin{vmatrix} a_{11} & \cdots & a_{1n} \\ \vdots & & \vdots \\ a_{n1} & \cdots & a_{nn} \end{vmatrix}>0$$

这个定理称为赫尔维茨定理.

证明 （必要性）实二次型 $f(x_1,x_2,\cdots,x_n)=X^{\mathrm{T}}AX(A^{\mathrm{T}}=A)$ 是正定二次型，以 A_k 表示 A 的 k 阶顺序主子式，下证 $|A_k|>0\ (k=1,2,\cdots,n)$，考虑以 A_k 为矩阵的二次型

$$g(x_1,x_2,\cdots,x_k)=\sum_{i=1}^{k}\sum_{j=1}^{k}a_{ij}x_ix_j$$

由于 $g(x_1,x_2,\cdots,x_k)=f(x_1,x_2,\cdots,x_k,0,\cdots,0)$，所以当 $x_1,x_2,\cdots,x_k$ 不全为零时，由 f 正定二次型可知 $g>0$，从而 g 为正定二次型，故 $|A_k|>0$，即 A 的顺序主子式也全大于零.

（充分性）对二次型的元数 n 作数学归纳.

当 $n=1$ 时，$f(x_1)=a_{11}x_1^2$，由条件知 $a_{11}>0$，所以 $f(x_1)$ 是正定的.

假设充分性的判断对于 $n-1$ 元的二次型成立，现在来证 n 元的情形.

令
$$A=\begin{pmatrix} a_{11} & \cdots & a_{1,n-1} \\ \vdots & & \vdots \\ a_{n-1,1} & \cdots & a_{n-1,n-1} \end{pmatrix},\ \alpha=\begin{pmatrix} a_{1n} \\ \vdots \\ a_{n-1,n} \end{pmatrix}$$

于是矩阵 A 可以分块写成 $A=\begin{pmatrix} A_1 & \alpha \\ \alpha^{\mathrm{T}} & a_{nn} \end{pmatrix}$，则 A_1 的顺序主子式也全大于零，由归纳法假定，A_1 是正定矩阵，则存在可逆的 $n-1$ 阶矩阵 G，使得 $G^{\mathrm{T}}AG=E_{n-1}$.

令 $C_1=\begin{pmatrix} G & 0 \\ 0 & 1 \end{pmatrix}$，则

$$C_1^{\mathrm{T}}AC_1=\begin{pmatrix} G^{\mathrm{T}} & 0 \\ 0 & 1 \end{pmatrix}\begin{pmatrix} A_1 & \alpha \\ \alpha^{\mathrm{T}} & a_{nn} \end{pmatrix}\begin{pmatrix} G & 0 \\ 0 & 1 \end{pmatrix}=\begin{pmatrix} E_{n-1} & G^{\mathrm{T}}\alpha \\ \alpha' G & a_{nn} \end{pmatrix}$$

令 $C_2=\begin{pmatrix} E_{n-1} & -G^{\mathrm{T}}a \\ 0 & 1 \end{pmatrix}$，则

$$C_2^{\mathrm{T}}C_1^{\mathrm{T}}AC_1C_2=\begin{pmatrix} E_{n-1} & 0 \\ 0 & a_{nn}-\alpha^{\mathrm{T}}GG^{\mathrm{T}}\alpha \end{pmatrix}$$

令 $C=C_1C_2$，$a_{nn}-\alpha^{\mathrm{T}}GG^{\mathrm{T}}\alpha=d$，则

$$C^{\mathrm{T}}AC=\begin{pmatrix}1&&&\\&1&&\\&&\ddots&\\&&&d\end{pmatrix}$$

两边取行列式得，$|C|^2|A|=d$，则由条件$|A|>0$，有$d>0$. 从而

$$\begin{pmatrix}1&&&\\&\ddots&&\\&&1&\\&&&d\end{pmatrix}=\begin{pmatrix}1&&&\\&\ddots&&\\&&1&\\&&&\sqrt{d}\end{pmatrix}\begin{pmatrix}1&&&\\&\ddots&&\\&&1&\\&&&1\end{pmatrix}\begin{pmatrix}1&&&\\&\ddots&&\\&&1&\\&&&\sqrt{d}\end{pmatrix}$$

所以矩阵A与单位矩阵合同，故A是正定矩阵即f是正定二次型.

由对称矩阵A为负定当且仅当$-A$为正定，即$|-A_k|=(-1)^k|A_k|>0$，可得下列结论：

推论 9.4.6 对称矩阵A为负定的充分必要条件是A的奇数阶顺序主子式都为负，偶数阶顺序主子式都为正，即

$$(-1)^r\begin{vmatrix}a_{11}&\cdots&a_{1n}\\\vdots&&\vdots\\a_{r1}&\cdots&a_{rr}\end{vmatrix}>0,\ r=1,2,\cdots,n$$

例 9.4.4 判断二次型$f=-5x^2-6y^2-4z^2+4xy+4xz$的正定性.

解 由f的二次型矩阵$A=\begin{pmatrix}-5&2&2\\2&-6&0\\2&0&-4\end{pmatrix}$，得

一阶主子式$a_{11}=-5<0$；

二阶主子式$\begin{vmatrix}-5&2\\2&-6\end{vmatrix}=30-4=26>0$；

三阶主子式$|A|=\begin{vmatrix}-5&2&2\\2&-6&0\\2&0&-4\end{vmatrix}=-80<0$.

根据赫尔维茨定理（定理 9.4.3）可知A为负定矩阵，故f为负定二次型.

注： 若给出二次型f，判断其正定性，一般是利用赫尔维茨定理来判断f对应的二次型矩阵A的正定性，进而判断f的正定性，这是一种方便有效的方法，请同学们牢记.

例 9.4.5 当λ何值时，二次型$f=x_1^{\ 2}+2x_1x_2+4x_1x_3+2x_2^{\ 2}+6x_2x_3+\lambda x_3^{\ 2}$为正定二次型？

解 由于二次型f的矩阵$A=\begin{pmatrix}1&1&2\\1&2&3\\2&3&\lambda\end{pmatrix}$，故由赫尔维茨定理可知，若$f$正定，则

$$|a_{11}|=|1|=1>0,\ \begin{vmatrix}a_{11}&a_{12}\\a_{21}&a_{22}\end{vmatrix}=\begin{vmatrix}1&1\\1&2\end{vmatrix}=1>0,\ |A|=\begin{vmatrix}1&1&2\\1&2&3\\2&3&\lambda\end{vmatrix}>0$$

得 $\lambda-5>0$ 即 $\lambda>5$．故当 $\lambda>5$ 时，f 为正定二次型.

类似前面对正定的讨论，同样有关于半正定的下列结论：

二次型 $f(x_1,x_2,\cdots,x_n)$ 半正定，当且仅当 A 为半正定矩阵；

当且仅当 $f(x_1,x_2,\cdots,x_n)=X^{\mathrm{T}}AX\geqslant 0$；

当且仅当 $f(x_1,x_2,\cdots,x_n)$ 的标准形 $d_1y_1^2+d_2y_2^2+\cdots+d_ny_n^2$ 中的系数 $d_i\geqslant 0\ (i=1,2,\cdots n)$；

当且仅当 $f(x_1,x_2,\cdots,x_n)$ 的正惯性指数等于 r；

当且仅当 $f(x_1,x_2,\cdots,x_n)$ 的负惯性指数等于零；

当且仅当 $f(x_1,x_2,\cdots,x_n)$ 的规范性为 $y_1^2+y_2^2+\cdots+y_r^2$；

当且仅当 A 合同于矩阵 $\begin{pmatrix} E_r & O \\ O & O \end{pmatrix}$；

当且仅当存在矩阵 C 使得 $A=C^{\mathrm{T}}C$；

当且仅当 A 的主子式全大于等于零；

当且仅当 $-f(x_1,x_2,\cdots,x_n)$ 半负定.

习题 9.4

1. 判断下列二次型的正定性.

（1）$f(x_1,x_2,x_3)=2x_1^2+4x_2^2+5x_3^2-4x_1x_3$；

（2）$x_1^2+3x_2^2+5x_3^2+2x_1x_2-4x_1x_3$；

（3）$f=5x_1^2+x_2^2+5x_3^2+4x_1x_2-8x_1x_3-4x_2x_3$.

2. 已知二次型 $f(x_1,x_2,x_3)=(x_1^2+2x_2^2+(1-k)x_3^2+2kx_1x_2+2x_1x_3$ 正定，求 k 的取值范围.

3. 设 A 为 n 阶实对称矩阵，且满足 $A^3-6A^2+11A-6E=O$，证明 A 是正定矩阵.

4. 证明：对于任意实对称矩阵 A，总存在足够大的实数 t，使得 $tE+A$ 是正定的.

5. 证明：n 阶实对称矩阵 $A=(a_{ij})$ 是正定的，当且仅当对于任意 $1\leqslant i_1<i_2<\cdots<i_k\leqslant n$, k 阶子式

$$\begin{vmatrix} a_{i_1i_1} & a_{i_1i_2} & \cdots & a_{i_1i_k} \\ a_{i_2i_1} & a_{i_2i_2} & \cdots & a_{i_2i_k} \\ \vdots & \vdots & & \vdots \\ a_{i_ki_1} & a_{i_ki_2} & \cdots & a_{i_ki_k} \end{vmatrix}>0,\quad k=1,2,\cdots,n$$

6. 设 A,B 分别为 m 阶，n 阶正定矩阵，试判定分块矩阵 $C=\begin{pmatrix} A & O \\ O & B \end{pmatrix}$ 是否为正定矩阵.

7. 设 A 是一个正定对称矩阵，证明：存在一个正定对称矩阵 S 使得 $A=S^2$.

8. 设 A 是一个 n 阶可逆实矩阵，证明：存在一个正定对称矩阵 S 和一个正交矩阵 U，使得 $A=US$.

9.5 更多的例题

9.5 例题详细解答

例 9.5.1 设二次型 $f(x_1,x_2,x_3)=x_1^2+x_2^2+x_3^2+2\alpha x_1x_2+2x_1x_3+2\beta x_2x_3$ 经过正交线性替换 $\boldsymbol{X}=\boldsymbol{PY}$ 化成 $f(x_1,x_2,x_3)=y_2^2+2y_3^2$，其中 $\boldsymbol{X}=(x_1,x_2,x_3)^{\mathrm{T}},\boldsymbol{Y}=(y_1,y_2,y_3)^{\mathrm{T}}$ 是三维列向量，$\boldsymbol{P}$ 是三阶正交矩阵，求常数 α,β，并求所用的正交线性替换.

例 9.5.2 判定 n 元二次型 $(n+1)\sum_{i=1}^{n}x_i^2-\left(\sum_{i=1}^{n}x_i\right)^2$ 是否正定.

例 9.5.3 若 $\boldsymbol{A}$ 是 n 阶方阵，且对任意的非零向量 $\boldsymbol{\alpha}$，都有 $\boldsymbol{\alpha}^{\mathrm{T}}\boldsymbol{A}\boldsymbol{\alpha}>0$. 证明：存在正定矩阵 $\boldsymbol{B}$ 及反对称矩阵 $\boldsymbol{C}$，使得 $\boldsymbol{A}=\boldsymbol{B}+\boldsymbol{C}$，并且对任意向量 $\boldsymbol{X}$，都有 $\boldsymbol{X}^{\mathrm{T}}\boldsymbol{AX}=\boldsymbol{X}^{\mathrm{T}}\boldsymbol{BX},\boldsymbol{X}^{\mathrm{T}}\boldsymbol{CX}=0$.

例 9.5.4 设 $\boldsymbol{A},\boldsymbol{B}$ 分别为 m,n 阶正定矩阵，试判定分块矩阵 $\boldsymbol{C}=\begin{pmatrix}\boldsymbol{A}&\boldsymbol{O}\\\boldsymbol{O}&\boldsymbol{B}\end{pmatrix}$ 是否正定矩阵.

例 9.5.5 设 $\boldsymbol{D}=\begin{pmatrix}\boldsymbol{A}&\boldsymbol{C}\\\boldsymbol{C}^{\mathrm{T}}&\boldsymbol{B}\end{pmatrix}$ 为正定矩阵，其中 $\boldsymbol{A},\boldsymbol{B}$ 分别为 m,n 阶对称矩阵，$\boldsymbol{C}$ 为 $m\times n$ 矩阵.

（1）计算 $\boldsymbol{P}^{\mathrm{T}}\boldsymbol{DP}$，其中 $\boldsymbol{P}=\begin{pmatrix}\boldsymbol{E}_m&-\boldsymbol{A}^{-1}\boldsymbol{C}\\\boldsymbol{O}&\boldsymbol{E}_n\end{pmatrix}$；

（2）利用（1）的结果判断矩阵 $\boldsymbol{B}-\boldsymbol{C}^{\mathrm{T}}\boldsymbol{A}^{-1}\boldsymbol{C}$ 是否为正定矩阵，并证明你的结论.

例 9.5.6 设 $\boldsymbol{A}=\begin{pmatrix}\boldsymbol{A}_{11}&\boldsymbol{A}_{12}\\\boldsymbol{A}_{21}&\boldsymbol{A}_{22}\end{pmatrix}$ 是一对称矩阵，且 $|\boldsymbol{A}_{11}|\neq 0$，证明：存在 $\boldsymbol{T}=\begin{pmatrix}\boldsymbol{E}&\boldsymbol{C}\\\boldsymbol{O}&\boldsymbol{E}\end{pmatrix}$，使 $\boldsymbol{T}^{\mathrm{T}}\boldsymbol{AT}=\begin{pmatrix}\boldsymbol{A}_{11}&\boldsymbol{O}\\\boldsymbol{O}&*\end{pmatrix}$，其中*表示一个阶数与 $\boldsymbol{A}_{22}$ 相同的矩阵.

例 9.5.7 如果 $\boldsymbol{A}$ 是正定矩阵，那么 $|\boldsymbol{A}|\leqslant a_{11}\cdot a_{22}\cdot\cdots\cdot a_{nn}$，等号成立当且仅当 $\boldsymbol{A}$ 为对角形矩阵.

例 9.5.8 如果 $\boldsymbol{A}=(a_{ij})$ 是 n 级实可逆矩阵，那么

$$|\boldsymbol{A}|^2\leqslant\prod_{i=1}^{n}(a_{1i}^2+a_{2i}^2+\cdots+a_{ni}^2)\text{（Hadamard 不等式）}$$

例 9.5.9 设有 n 元二次型 $f(x_1,x_2,\cdots x_n)=(x_1+a_1x_2)^2+(x_2+a_2x_3)^2+\cdots+(x_n+a_nx_1)^2$，其中 $a_i(i=1,2,\cdots,n)$ 为实数，试问：当 $a_1,a_2,\cdots,a_n$ 满足何种条件时，二次型 $f(x_1,\cdots,x_n)$ 为正定二次型.

例 9.5.10 若 $\boldsymbol{A}$ 是 n 阶实对称阵，证明：$\boldsymbol{A}$ 半正定的充要条件是对任何 $\mu>0$，$\boldsymbol{B}=\mu\boldsymbol{E}+\boldsymbol{A}$ 正定.

例 9.5.11 设 $\boldsymbol{A}=(a_{ij})$ 是 n 阶正定阵，证明：

（1）对任意 $i\neq j$，都有 $|a_{ij}|<(a_{ii}a_{jj})^{\frac{1}{2}}$；

（2）$\boldsymbol{A}$ 的绝对值最大元素必在主对角线上.

二次型自测题

一、选择题

1. 二次型 $f(x_1,x_2,x_3)=5x_1^2+5x_2^2+cx_3^2-2x_1x_2+6x_1x_3-6x_2x_3$ 的秩为 2，则 $c=$（　　）.

A. 4　　　B. 3　　　C. 2　　　D. 1

2. 设 $\boldsymbol{A},\boldsymbol{B}$ 均为 n 阶矩阵，且 $\boldsymbol{A},\boldsymbol{B}$ 合同，则（　　）.

A. $\boldsymbol{A},\boldsymbol{B}$ 相似　　　B. $|\boldsymbol{A}|=|\boldsymbol{B}|$

C. $R(\boldsymbol{A})=R(\boldsymbol{B})$　　　D. $\boldsymbol{A},\boldsymbol{B}$ 有相同的特征值

3. 下列矩阵（　　）与 $\boldsymbol{A}=\mathrm{diag}(-2,3,5)$ 矩阵合同.

A. $\boldsymbol{A}=\mathrm{diag}(-2,-3,4)$　　　B. $\boldsymbol{A}=\mathrm{diag}(3,3,1)$

C. $\boldsymbol{A}=\mathrm{diag}(-2,0,1)$　　　D. $\boldsymbol{A}=\mathrm{diag}(-1,2,3)$

4. 设矩阵 $\boldsymbol{A}=\begin{pmatrix}2&-1&-1\\-1&2&-1\\-1&-1&2\end{pmatrix}$，$\boldsymbol{B}=\begin{pmatrix}1&0&0\\0&1&0\\0&0&0\end{pmatrix}$，则 $\boldsymbol{A}$ 与 $\boldsymbol{B}$（　　）.

A. 合同，且相似　　　B. 合同，但不相似

C. 不合同，但相似　　　D. 既不合同，也不相似

5. 实对称矩阵 $\boldsymbol{A}$ 与 $\boldsymbol{B}=\begin{pmatrix}0&0&3\\0&1&0\\3&0&0\end{pmatrix}$ 合同，则二次型 $\boldsymbol{X}^{\mathrm{T}}\boldsymbol{A}\boldsymbol{X}$ 的规范形为（　　）.

A. $y_1^2+y_2^2+y_3^2$　　　B. $y_1^2-y_2^2-y_3^2$

C. $y_1^2-y_2^2+y_3^2$　　　D. $-y_2^2+y_3^2$

6. n 阶实对称矩阵 $\boldsymbol{A}$ 正定的充要条件是（　　）.

A. 二次型 $\boldsymbol{X}^{\mathrm{T}}\boldsymbol{A}\boldsymbol{X}$ 的负惯性指数为零

B. $\boldsymbol{A}$ 没有负特征值

C. 存在 n 阶矩阵使得 $\boldsymbol{A}=\boldsymbol{C}^{\mathrm{T}}\boldsymbol{C}$

D. $\boldsymbol{A}$ 与 n 阶单位矩阵合同

7. 若二次型 $f(x_1,x_2,x_3)=\lambda(x_1^2+x_2^2+x_3^2)+2x_1x_2+2x_1x_3-2x_2x_3$ 正定，则 λ 的取值范围是（　　）.

A. $(-\infty,2)$　　　B. $(-\sqrt{2},\sqrt{2})$

C. $(2,+\infty)$　　　D. $(-1,1)$

8. 设有实二次型 $\boldsymbol{X}^{\mathrm{T}}\boldsymbol{A}\boldsymbol{X}$，其中 $\boldsymbol{A}$ 为 n 阶实对称矩阵，且 $\boldsymbol{A}$ 的秩为 m，则 f 的标准形中含有平方项的个数为（　　）.

A. n 个　　　B. m 个

C. $n-m$ 个　　　D. $m-n$ 个

9. 下列矩阵合同于单位矩阵的是（　　）.

A. $\begin{pmatrix}1&1&1\\1&1&1\\1&1&1\end{pmatrix}$　　　B. $\begin{pmatrix}1&0&1\\0&1&0\\1&0&1\end{pmatrix}$

C. $\begin{pmatrix}1&2&1\\2&7&1\\1&1&8\end{pmatrix}$　　　D. $\begin{pmatrix}2&-1&2\\-1&0&-3\\2&-3&4\end{pmatrix}$

10. 设 $f(x_1,x_2,\cdots,x_n)$ 为 n 元实二次型，则 $f(x_1,x_2,\cdots,x_n)$ 负定的充要条件为（　　）.

A. 负惯性指数= f 的秩　　B. 正惯性指数=0

C. 符号差= $-n$　　D. f 的秩= n

二、判断题

1. 设 A,B 为 n 阶方阵，若存在 n 阶方阵 C，使 $C^{T}AC=B$，则 A 与 B 合同.　（　　）

2. 若 A 为正定矩阵，则 A 的主对角线上的元素皆大于零.　（　　）

3. 若 A 为 n 阶可逆矩阵，则 $A^{T}A$ 为正定矩阵.　（　　）

4. 实对称矩阵 A 半正定当且仅当 A 的所有顺序主子式全大于或等于零.　（　　）

5. 任意两个同阶的正定矩阵合同.　（　　）

6. 非退化线性替换把不定二次型变为不定二次型.　（　　）

7. 若实二次型 $f(x_1,x_2,\cdots,x_n)=\sum_{i=1}^{n}\sum_{j=1}^{n}a_{ij}x_ix_j$ 的符号差为 s，令 $b_{ij}=-a_{ij}$，则二次型 $g(x_1,x_2,\cdots,x_n)=\sum_{i=1}^{n}\sum_{j=1}^{n}b_{ij}x_ix_j$ 的符号差为 $-s$.　（　　）

8. 实二次型 $f(x_1,x_2\cdots x_n)$ 负定，则它的矩阵 A 的偶数阶顺序主子式全小于零.　（　　）

9. 令 $A=\begin{pmatrix}A_1 & O\\ O & A_2\end{pmatrix},B=\begin{pmatrix}B_1 & O\\ O & B_2\end{pmatrix}$，如果 A_1 与 B_1 合同，A_2 与 B_2 合同，则 A 与 B 合同.

（　　）

10. 若实对称矩阵 A 的最小多项式为 $m(x)=x^3-4x$，则 A 为正定矩阵.　（　　）

三、填空题

1. 二次型 $f(x_1,x_2,x_3)=(x_1+x_2)^2+(x_2-x_3)^2+(x_3+x_1)^2$ 的秩为__________.

2. $f(x_1,x_2,x_3,x_4)=3x_1^2-2x_1x_3+4x_1x_4-5x_2^2-6x_2x_3+x_3^2+8x_3x_4-7x_4^2$ 的矩阵__________.

3. n 阶复对称矩阵的集合按合同分类，可分为__________类.

4. 实二次型 $f(x_1,x_2,\cdots,x_n)=x_1x_2+x_2x_3+\cdots+x_{n-1}x_n$ 的正惯性指数等于__________.

5. 秩为 n 的 n 元实二次型 f 和 $-f$ 合同，则 f 的正惯性指数等于__________.

6. n 阶实对称矩阵的集合按合同分类，可分为__________类.

7. 二次型 $f=3x_1^2+3x_2^2+5x_3^2+4x_1x_3+2tx_2x_3$ 正定，则 t 的取值范围是__________.

8. 设 α 为 n 维实列向量，且 $\alpha^{T}\alpha=1,A=E-\alpha\alpha^{T}$，则 $f=X^{T}AX$ 的符号差为__________.

9. 设实对称矩阵 A 的秩为 r，符号差为 s，则 $|s|$ 与 r 的大小关系是__________.

10. 设 n 阶实对称矩阵 A 的特征值分别为 $1,2,\cdots,n$，则当 t__________时，$tE-A$ 是正定的.

四、计算题

1. 在实数域中化二次型 $f(x_1,x_2,x_3)=4x_1^2+x_2^2+x_3^2-4x_1x_2+4x_1x_3-3x_2x_3$ 为规范形并写出相

应非退化线性替换.

2. t 取何值时，二次型 $x_1^2+x_2^2+5x_3^2+2tx_1x_2-2x_1x_3+4x_2x_3$ 为正定二次型.

3. 设 $\boldsymbol{A}$ 为三阶实对称矩阵，且满足条件 $\boldsymbol{A}^2+2\boldsymbol{A}=\boldsymbol{O}$，已知 $\boldsymbol{A}$ 的秩 $R(\boldsymbol{A})=2$.

（1）求 $\boldsymbol{A}$ 的全部特征值；

（2）当 k 为何值时，矩阵 $\boldsymbol{A}+k\boldsymbol{E}$ 为正定矩阵，其中 $\boldsymbol{E}$ 为三阶单位矩阵.

4. 用正交线性替换将二次型 $f(x_1,x_2,x_3)=x_1x_2+x_1x_3+x_2x_3$ 化为标准形，写出所用的线性替换及线性替换的矩阵，并求出 f 的正惯性指数与符号差.

5. 设 $\boldsymbol{A}=\begin{pmatrix}1&0&1\\0&2&0\\1&0&1\end{pmatrix}$，矩阵 $\boldsymbol{B}=(k\boldsymbol{E}+\boldsymbol{A})^2$，其中 k 为实数，$\boldsymbol{E}$ 为单位矩阵. 求对角矩阵 $\boldsymbol{\Lambda}$，使 $\boldsymbol{B}$ 与 $\boldsymbol{\Lambda}$ 相似，并求 k 为何值时，$\boldsymbol{B}$ 为正定矩阵.

五、证明题

1. 证明：$n\sum_{i=1}^{n}x_i^2-\left(\sum_{i=1}^{n}x_i\right)^2$ 是半正定的.

2. 设 $\boldsymbol{A}$ 是 n 阶正定矩阵，证明：$|\boldsymbol{A}+2\boldsymbol{E}|>2^n$.

3. 设 $\boldsymbol{A}$ 为 n 阶实对称矩阵，且 $\boldsymbol{A}^3-5\boldsymbol{A}^2+7\boldsymbol{A}=3\boldsymbol{E}$，证明：$\boldsymbol{A}$ 为正定矩阵.

4. 设 $\boldsymbol{A},\boldsymbol{B}$ 为 n 阶正定矩阵，证明：$\boldsymbol{AB}$ 正定的充要条件是 $\boldsymbol{A}$ 与 $\boldsymbol{B}$ 为可交换矩阵.

5. 设 $\lambda_1\leqslant\lambda_2\leqslant\cdots\leqslant\lambda_n$ 是 n 阶实对称矩阵 $\boldsymbol{A}$ 的全部特征值，证明：对任意 n 维向量 $\boldsymbol{X}$ 都有 $\lambda_1\boldsymbol{X}^{\mathrm{T}}\boldsymbol{X}\leqslant\boldsymbol{X}^{\mathrm{T}}\boldsymbol{A}\boldsymbol{X}\leqslant\lambda_n\boldsymbol{X}^{\mathrm{T}}\boldsymbol{X}$.

参考文献

[1] 丁南庆，刘公祥，纪庆忠，郭学军. 高等代数[M]. 北京：科学出版社，2021.

[2] 樊启斌. 高等代数典型问题与方法[M]. 北京：高等教育出版社，2021.

[3] 安军，蒋娅. 高等代数[M]. 北京：北京大学出版社，2016.

[4] 王萼芳，石生明. 高等代数[M]. 5 版. 北京：高等教育出版社，2019.

[5] 席南华. 基础代数（第一卷）[M]. 北京：科学出版社，2016.

[6] 席南华. 基础代数（第二卷）[M]. 北京：科学出版社，2018.

[7] 姚慕生，吴泉水，谢启鸿. 高等代数学[M]. 3 版. 上海：复旦大学出版社，2014.

[8] 李尚志. 线性代数[M]. 北京：高等教育出版社，2008.

[9] 张禾瑞，郝鈵新. 高等代数[M]. 5 版. 北京：高等教育出版社，2007.

[10] 阳庆节. 高等代数简明教程[M]. 2 版. 北京：中国人民大学出版社，2015.

[11] 丘维声. 线性代数[M]. 北京：北京大学出版社，2002.

[12] 杨子胥. 高等代数题选精解[M]. 北京：高等教育出版社，2008.

[13] 杜现昆，徐晓伟，马晶，等. 高等代数[M]. 北京：科学出版社，2017.

[14] 郭龙先，张毅敏，何建琼. 高等代数[M]. 北京：科学出版社，2011.

[15] 刘金旺. 线性代数[M]. 上海：复旦大学出版社，2010.

[16] 同济大学数学系. 线性代数[M]. 上海：同济大学出版社，2011.

[17] 吴赣昌. 线性代数[M]. 北京：中国人民大学出版社，2012.

[18] 刘玉森，苏仲阳. 高等代数应试训练[M]. 北京：地质出版社，1995.

[19] 郭嵩. 高等代数[M]. 北京：科学出版社，2016.

[20] 黄益生. 高等代数[M]. 北京：清华大学出版社，2014.

[21] 朱尧辰. 高等代数范例选解[M]. 合肥：中国科学技术大学出版社，2015.

[22] 姚慕生，谢启鸿. 高等代数[M]. 3 版. 上海：复旦大学出版社，2021.